Ingo Müller

# Grundzüge der Thermodynamik

Springer-Verlag Berlin Heidelberg GmbH

Professor Dr. Dr. h.c. INGO MÜLLER
Technische Universität Berlin
Sekr. HF2, Fakultät III
(Prozeßwissenschaften, Thermodynamik)
Straße des 17. Juni 135
D - 10623 Berlin
*e-mail: im@thermodynamik.tu-berlin.de*

ISBN 978-3-540-42210-5

Die Deutsche Bibliothek – CIP-Einheitsaufnahme

**Müller, Ingo:**
Grundzüge der Thermodynamik: mit historischen Anmerkungen / Ingo Müller. – 3. Auflage –
Berlin; Heidelberg; New York; Barcelona; Hongkong; London; Mailand; Paris; Tokio: Springer, 2001
ISBN 978-3-540-42210-5        ISBN 978-3-642-56474-1 (eBook)
DOI 10.1007/978-3-642-56474-1



http://www.springer.de



Einbandentwurf: design & production, Heidelberg
Satz: Camera ready-Vorlage vom Autor
Gedruckt auf säurefreiem Papier    SPIN: 11428305    55/3111/kk - 5 4 3 2 1

# Ingo Müller

# Grundzüge der Thermodynamik

## mit historischen Anmerkungen

**Dritte Auflage**

Mit 175 Abbildungen

Springer

Kollegen, Mitarbeiter und Studenten haben zu diesem Buch beigetragen; manche viel, andere wenig, aber alle etwas.

Manfred Achenbach, Giselle Alves, Jutta Ansorg, Teodor Atanackovic, Jörg Au, Elvira Barbera, Andreas Bensberg, Andreas Bormann, Michel Bornert, Tamara Borowski, Wolfgang Dreyer, Heinrich Ehrenstein, Fritz Falk, Semlin Fu, Uwe Glasauer, Anja Hofmann, Yongzhong Huo, Oliver Kastner, Wolfgang Kitsche, Gilberto M. Kremer, Thomas Lauke, I-Shih Liu, Wilson Marques jr., Angelo Morro, Olav Müller, Wolfgang H. Müller, Mario Pitteri, Daniel Reitebuch, Roland Rydzewski, Stefan Seelecke, Ute Stephan, Peter Strehlow, Henning Struchtrup, Wolf Weiss, Krzysztof Wilmanski, Huibin Xu, Giovanni Zanzotto.

Mark Warmbrunn hat die Karikaturen gezeichnet.

Die Abbildungen stammen von Herrn Rudolf Hentschel, und Frau Marlies Hentschel hat das Manuskript geschrieben.

Allen sei gedankt.

Ingo Müller

Berlin,den 30.3.2001

# Inhaltsverzeichnis

## 11 Thermodynamik irreversibler Prozesse ....................... 435



## Namen- und Sachverzeichnis ....................................... 455

# 1 Aufgabe der Thermodynamik und ihre Bilanzgleichungen

## 1.1 Die Felder der Mechanik und Thermodynamik

### 1.1.1 Massendichte, Geschwindigkeit und Temperatur

Dichte, Geschwindigkeit und Temperatur sind während eines Prozesses nicht an allen Stellen eines Körpers gleich, noch sind sie zeitlich konstant. Man sagt deshalb, Dichte, Geschwindigkeit und Temperatur seien zeitabhängige *Felder*.

Ziel der Strömungsmechanik ist die Berechnung der Felder von Geschwindigkeit $w_i(x_n, t)$ und Massendichte $\rho(x_n, t)$ innerhalb eines Körpers.

Ziel der Thermodynamik ist die Berechnung der Felder von Geschwindigkeit $w_i(x_n, t)$ und Massendichte $\rho(x_n, t)$ *und Temperatur* $T(x_n, t)$ innerhalb eines Körpers.

Die Thermodynamik beschreibt daher den Zustand des Körpers genauer als die Strömungsmechanik, denn sie berücksichtigt zusätzlich zu Bewegung und Trägheit auch noch, wie warm der Körper ist.

An der Berührungsfläche zwischen zwei Körpern ist die Temperatur stetig. Diese Eigenschaft definiert die Temperatur, und sie ist Grundlage aller Temperaturmessungen. Von manchen Autoren wird diese Stetigkeitseigenschaft der Temperatur als *Nullter Hauptsatz der Thermodynamik* bezeichnet.

Die meisten Thermometer beruhen auf der Wärmeausdehnung von Stoffen. Zur historischen Entwicklung von Thermometer und Temperaturskala finden sich einige Anmerkungen in Absatz 1.1.2. Wir werden die allgemein gebräuchliche Celsius–Skala verwenden sowie die für wissenschaftliche Zwecke übliche absolute oder Kelvin–Skala. Die Gradeinteilung beider Skalen ist identisch, so daß sich der Schmelzpunkt von Eis und der Siedepunkt von Wasser bei Normaldruck um 100 Grad unterscheiden. Die Maßzahlen dieser Fixpunkte lauten

$$0°\,C \text{ und } 100°\,C \quad \text{bzw.} \quad 273{,}15\,K \text{ und } 373{,}15\,K.$$

## 1.1.2  Historisches zur Temperatur

Die Begriffe warm und kalt sind natürlich uralt, aber die Quantifizierung dieser Empfindungen geschah erst im frühen 17. Jahrhundert, als auch in anderen Gebieten die moderne wissenschaftliche Begriffsbildung einsetzte. Die Temperatur wurde eingeführt, – anfänglich auch gelegentlich als Temperament bezeichnet –, aber es ist unklar, wer als erster ein funktionierendes Thermometer mit Skala erfand.

Der venezianische Diplomat Gianfrancesco SAGREDO glaubte zunächst, das Luftthermometer sei von dem Padovaner Arzt Sanctorius SANCTORIUS (1561–1636) erfunden worden. Doch sein verehrter Meister Galileo GALILEI (1564–1642) reklamierte diese Erfindung für sich selbst, und Sagredo erkannte diesen Anspruch an.

Der Waliser Arzt Robert FLUDD (1574–1637) scheint von mehreren Prioritätsansprüchen  gewußt zu haben. Er kommentiert diese, indem er sagt:

> "...the instrument has many counterfeit masters or patrons in this our age,
> who, because that they have a litte altered the shape of the modell, do
> vainly glory and give out, that  it is a masterpiece of  their own finding out."

Fludd schreibt, er habe über ein Thermometer gelesen

> "... in a manuscript of five hundred years antiquity at the least."

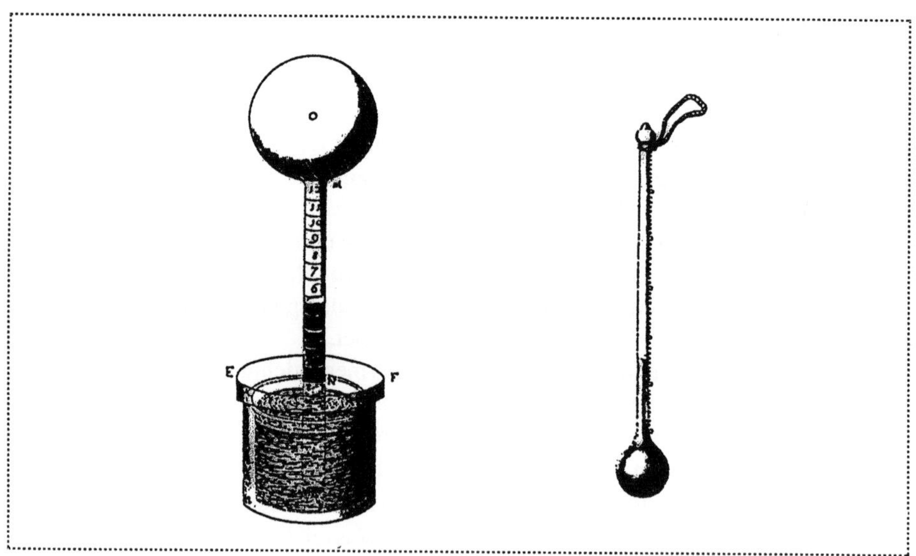

**Abb.1.1** Links:  Das offene Luftthermometer von Fludd (1626).
Rechts: Das geschlossene Florentiner Thermometer mit
Alkohol-Wasser–Füllung (1641).

Middleton[1.1] vermutet, daß Fludd Kenntnis hatte von einer Kopie des Werkes "De ingeniis spiritalibus" von PHILON von Byzantium ($\approx$ 300 v. Chr.). Philon hatte herausgefunden, daß Luft sich mit wachsender Temperatur ausdehnt. In Abb. $1.1_L$ sehen wir ein von Fludd in seinem Buch "Meteorologica Cosmica" abgebildetes Luftthermometer. Wenn sich die Außenluft erwärmt, dehnt sich die Luft in der Kugel aus und drückt die Wassersäule nach unten. Man beachte, daß dieses "Thermometer" auch auf äußere Luftdruckschwankungen anspricht; es ist gleichzeitig Barometer. Beim geschlossenen Thermometer wird diese Doppelfunktion vermieden. Abb. $1.1_R$ zeigt eines der frühesten Geräte: das Florentiner Thermometer, mit "Weingeist" gefüllt, der sich bei Berührung der Kugel mit einem warmen Körper in das darüber befindliche Vakuum hinein ausdehnt.

GIOVANFRANCESCO SAGREDO a GALILEO in Firenze.

Venezia, 7 febbraio 1615.

Molto Ill.ro S.r Ecc.mo

Con questi istrumenti ho chiaramente veduto, esser molto più freda l'acqua de' nostri pozzi il verno che l'estate; e per me credo che l'istesso avenga delle fontane vive et luochi soteranei, ancorché il senso nostro giudichi diversamente.

Et per fine li baccio la mano.

In Venetia, a 7 Febraro 1615.
Di V. S. Ecc.ma

Tutto suo
Il Sag.

Mi perdoni: non ho tempo di riveder queste.

**Abb. 1.2** Galileo Galilei; Ausriß aus einem Brief Sagredos an Galilei.

Zurück zu Sagredo und Galilei: Am 7. Februar 1615 schrieb Sagredo an den Molto Illustre Signor Eccellentissimo, seinen Lehrer und Meister. Er beschreibt Beobachtungen mit seinen Thermometern[1.2], siehe Abb. 1.2. Der hübsche Satz in der Mitte des Briefes lautet in der Übersetzung:

> "Mit diesen Instrumenten konnte ich ganz klar feststellen, daß unser
> Brunnenwasser im Winter  viel kälter ist als im Sommer; ... auch ,
> wenn unsere Sinne das anders beurteilen."

---

[1.1] W.E. Knowles Middleton. A History of the Thermometer and its Use in Meteorology. Johns Hopkins Press, Baltimore, Md. (1966). Die meisten der Zitate und  Bilder dieses Abschnitts sind Middletons Buch entnommen.

[1.2] Le Opere de Galileo Galilei. Ed. Naz. Vol. XII, Firenze, Tipografia di G. Barbera (1902).

Diese Bemerkung illustriert in anschaulicher Weise, wie subjektiv die Wärmeempfindung unserer Haut sein kann.

Sagredo spricht auch von Graden. Wie er diese definiert, wissen wir nicht. Jedermann hatte seine eigene Gradeinteilung, und häufig wurde die Maßzahl bei steigender Temperatur geringer, so etwa bei dem Fludd-Thermometer von Abb. 1.1. oder bei dem Thermometer des Engländers John PATRICK, hergestellt um 1700, welches die folgenden Bezeichnungen trägt:

| | | | | | |
|---|---|---|---|---|---|
| 90° | Extream Cold | 55° | Cold Air | 15° | Sultry |
| 85° | Great Frost | 45° | Temperate Air | 5° | Very Hott |
| 75° | Hard Frost | 35° | Warm Air | 0° | Extream Hott |
| 65° | Frost | 25° | Hott | | |

In der Folge bemühten sich viele Wissenschaftler um eine einheitliche Skala, und bald wurde erkannt, daß es nützlich ist, zwei Fixpunkte einzuführen. Schon der Napolitanische Professor Sebastiano BARTOLO (1635–1676) schlug dafür die Temperaturen von Schnee und von siedendem Wasser vor, aber das wurde nicht unmittelbar akzeptiert. Andere interessante Vorschläge waren

> Gefrierpunkt von Wasser und Schmelzpunkt von Butter,
> Temperatur einer Salz-Eis Mischung und die eines tiefen Kellers,
> Gefrierpunkt von Wasser und menschliche Körpertemperatur.

Der letzte Vorschlag stammt von Isaac NEWTON (1642–1727); er teilte das Intervall in 12 gleiche Teile mit dem Gefrierpunkt bei 0 und der Körpertemperatur bei 12.

Der Danziger Kaufmann Daniel Gabriel FAHRENHEIT (1686–1736) glaubte – aus unerfindlichen Gründen – , drei Fixpunkte seien besser als zwei. Er führte sie ein bei

> der Temperatur einer Mischung von Eis, Wasser und "Seesalz",
> der Temperatur einer solchen Mischung ohne Seesalz und
> der Temperatur in der Achselhöhle eines "lebenden Mannes bei guter Gesundheit".

Diese Temperaturen nennt er 0 Grad, 32 Grad und 96 Grad. Asimov [1.3] spekuliert, daß die Zahl 96 die Newton'sche 12-Teilung widerspiegelt, nur daß Fahrenheit jedes Newton'sche Grad noch achtmal unterteilt habe. Und weiter nach Asimov: Später habe Fahrenheit diese Skala leicht verändert, um den Siedepunkt von Wasser bei 212 Grad zu haben, genau 180 Grad über dem Gefrierpunkt. So kam die Körpertemperatur auf 98,6° Fahrenheit. Diese Skala wird bis heute in den USA benutzt.

Die bei uns gebräuchliche Skala geht auf den schwedischen Astronomen Aulus Cornelius CELSIUS (1701–1744) zurück, der den Siedepunkt auf 0 Grad legte und den Gefrierpunkt auf 100 Grad; auch Celsius zählte also "rückwärts". Erst sein Nachfolger als Leiter des Observatoriums Uppsala, Märten STRÖMER (1707–1770), kehrte die Zählrichtung um. Das Datum ist bekannt, da das Observatorium täglich Wetterbeobachtungen publizierte; es war der 13. April 1750, sechs Jahre nach Celsius' Tod. Dieser Tag markiert den Beginn der uns geläufigen "Celsius"-Skala.

Aus den  gemachten Angaben bestimmt man leicht die Umrechnung zwischen den Maßzahlen C und F auf der Celsius– und der Fahrenheit–Skala. Es gilt $C = 5/9(F - 32)$  .

---

[1.3]  Asimov's Biographical Encyclopedia of Science and Technology. Pan Reference Books, London & Sydney (1978).

## 1.2  Bilanzgleichungen

### 1.2.1  Die Erhaltungssätze der Thermodynamik

Um die fünf Felder $w_i(x_n,t)$, $\rho(x_n,t)$ und $T(x_n,t)$ bestimmen zu können, braucht man fünf Feldgleichungen, und diese leitet man her aus den fünf Erhaltungssätzen der Mechanik und Thermodynamik, nämlich

> Massenerhaltungssatz oder Kontinuitätsgleichung
> Impulserhaltungssatz oder Newton'sche Bewegungsgleichung
> Energieerhaltungssatz oder Erster Hauptsatz der Thermodynamik.

Mathematisch gesehen sind diese Erhaltungssätze alle vom Typ der Bilanzgleichungen. Um nutzlose Wiederholungen bei der Formulierung der genannten Erhaltungssätze zu vermeiden, werden wir deshalb zunächst die Bilanzgleichung *als solche* diskutieren, d. h. eine Bilanz für eine generelle Größe $\Psi$, die erst später als Masse, Impuls und Energie identifiziert wird.

### 1.2.2  Bilanzen für abgeschlossene und offene Systeme

Im allgemeinen bewegen sich die Oberflächen $\partial V$ thermodynamischer Systeme vom Volumen V mit der Geschwindigkeit $u_i$. Dadurch ändern sich Form, Größe und Lage des Systems. Eine Bilanzgleichung für eine generelle Größe $\Psi$ mit der Dichte $\rho\psi$ , - d. h. dem *spezifischen*, auf die Masse bezogenen Wert $\psi$ -, ist eine Gleichung für die zeitliche Änderung

$$\frac{d}{dt}\int \rho\psi dV\,. \tag{1.1}$$

Die Gleichung lautet

$$\frac{d}{dt}\int_V \rho\psi dV = -\int_{\partial V} \rho\psi(w_i - u_i)n_i dA - \int_{\partial V} \Phi_i n_i dA + \int_V \rho\pi dV + \int_V \rho\varsigma dV\,. \tag{1.2}$$

Dabei steht das erste Oberflächenintegral für den konvektiven Fluß durch die Oberfläche, und das zweite steht für den nichtkonvektiven Fluß; $n_i$ ist die (äußere) Normale zu $\partial V$. Der konvektive Flußdichtevektor $\rho\psi(w_i - u_i)$ verschwindet, wenn die Oberfläche sich mit der Geschwindigkeit $w_i$ des Körpers bewegt; $\Phi_i$ heißt der nichtkonvektive Flußdichtevektor. Die beiden Volumenintegrale rechts in (1.2) geben die Produktion von $\Psi$ in V an, bzw. die Zufuhr von $\Psi$ in das Innere von V hinein. Zufuhr erfolgt durch äußere Einflüsse wie Schwerkraft und die

Absorption von Strahlung; solche Einflüsse lassen sich im Prinzip ausschalten bzw. von außen beeinflussen. Die Produktion dagegen ist Folge thermodynamischer Prozesse im Innern, wie Reibung und Wärmeleitung; sie läßt sich von außen nicht beeinflussen. Bei Erhaltungsgrößen allerdings sind die Produktionen gleich Null. Diese Eigenschaft charakterisiert eine Erhaltungsgröße.

Das System heißt ein *abgeschlossenes* System, wenn überall auf $\partial V$ gilt $w_i n_i = u_i n_i$. Dann reduziert sich Gleichung (1.2) auf die Form

$$\frac{d}{dt} \int_V \rho \psi \, dV = - \int_{\partial V} \Phi_i n_i \, dA + \int_V \rho \pi \, dV + \int_V \rho \varsigma \, dV \; . \tag{1.3}$$

Das System heißt ein *ruhendes offenes* System, wenn auf $\partial V$ überall gilt $u_i n_i = 0$. Dann hängt V nicht von der Zeit ab, und es gilt

$$\frac{d}{dt} \int_V \rho \psi \, dV = \int_V \frac{\partial \rho \psi}{\partial t} \, dV \; .$$

Folglich reduziert sich die Gleichung (1.2) auf die Form

$$\int_V \frac{\partial \rho \psi}{\partial t} \, dV = - \int_{\partial V} (\rho \psi w_i + \Phi_i) n_i \, dA + \int_V \rho \pi \, dV + \int_V \rho \varsigma \, dV \; . \tag{1.4}$$

## 1.2.3  Lokale Bilanz in regulären Punkten

Wir erinnern uns an den Gauß'schen Satz für eine glatte Funktion $a(x_n)$. Nach diesem Satz ist das Oberflächenintegral über die Funktion $a(x_n) n_i(x_n)$ gleich dem Volumenintegral über das Gradientenfeld $\frac{\partial a}{\partial x_i}$:

$$\int_{\partial V} a n_i \, dA = \int_V \frac{\partial a}{\partial x_i} \, dV \; . \tag{1.5}$$

Wendet man diesen Satz auf das Oberflächenintegral in (1.4) an, so ergibt sich für diese Gleichung

$$\int_V \left( \frac{\partial \rho \psi}{\partial t} + \frac{\partial (\rho \psi w_i + \Phi_i)}{\partial x_i} - \rho \pi - \rho \varsigma \right) dV = 0 \; , \tag{1.6}$$

vorausgesetzt, daß $\rho,\psi,w_i$ und $\Phi_i$ glatte Funktionen sind. Da diese Gleichung für beliebige Volumina V gelten soll, – auch beliebig kleine –, muß der Integrand selbst verschwinden, nicht nur das Integral. So erhalten wir in regulären Punkten, d. h. wo immer die Glattheit gegeben ist, die generelle Bilanzgleichung als partielle Differentialgleichung der Form

$$\frac{\partial\rho\psi}{\partial t} + \frac{\partial(\rho\psi w_i + \Phi_i)}{\partial x_i} - \rho(\pi + \rho\varsigma) = 0. \quad . \tag{1.7}$$

## 1.3   Massenbilanz

### 1.3.1   Integrale und lokale Massenbilanzen

In einem abgeschlossenen System ist die Masse konstant , und wir schreiben

$$\frac{d}{dt}\int_V \rho dV = 0 \quad . \tag{1.8}$$

Der Vergleich mit der allgemeinen Form (1.2) zeigt, daß im Falle der Massenbilanz die dort auftretenden generellen Größen wie folgt interpretiert werden müssen.

| $\Psi$ | $\psi$ | $\Phi_i$ | $\pi$ | $\varsigma$ |
|---|---|---|---|---|
| Masse | 1 | 0 | 0 | 0 |

Mit diesen Zuordnungen lautet die Massenbilanz in einem ruhenden offenen System nach (1.4)

$$\int_V \frac{\partial\rho}{\partial t}dV + \int_{\partial V} \rho w_i n_i dA = 0 \tag{1.9}$$

und die lokale Bilanz  (1.7) in regulären Punkten schreibt sich in der Form

$$\frac{\partial\rho}{\partial t} + \frac{\partial\rho w_i}{\partial x_i} = 0 . \tag{1.10}$$

Die Masse ist eine Erhaltungsgröße, darum ist $\pi = 0$, und es gibt auch keine Möglichkeit, einem System Masse zuzuführen, außer durch die Oberfläche. Darum ist $\varsigma = 0$ und der nichtkonvektive Fluß $\Phi_i$ ist ebenfalls gleich Null.

## 1.3.2  Beispiel zur Massenbilanz: Düsenströmung

Wir betrachten eine Strömung durch eine Düse, wie in der Abb. 1.3 dargestellt. Die Strömung sei stationär, d. h. für jedes feste $x_i$ ist der Zustand zeitlich konstant; formal heißt dies, daß die partielle Ableitung $\partial/\partial t$ von $\rho$, $w_i$ und T verschwindet. Die gestrichelte Linie deutet ein offenes Volumen V an, dessen Oberfläche $\partial V$ aus zwei Düsenquerschnitten $A^I$ und $A^{II}$ und der Mantelfläche an der Düsenwand besteht. Die Massenbilanz (1.9) reduziert sich dann auf die Gleichung

$$\int\limits_{\partial V} \rho w_i n_i \, dA = 0 \quad . \tag{1.11}$$

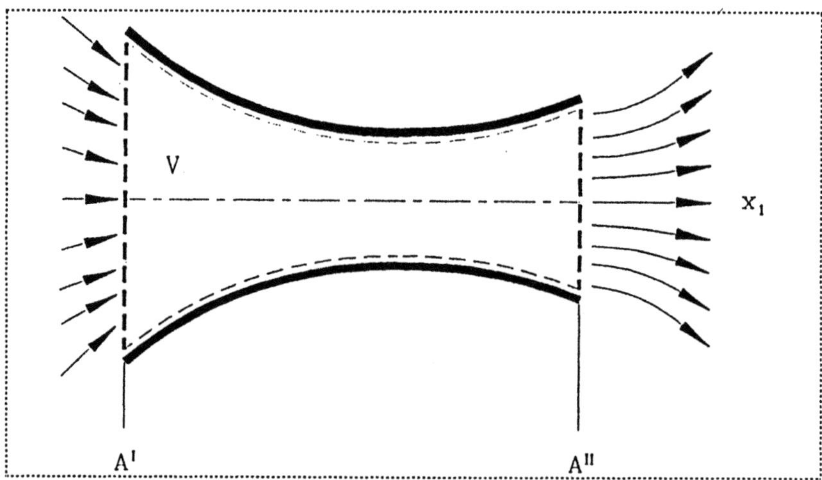


**Abb.1.3**  Zur Kontinuitätsgleichung

Die Mantelfläche liefert keinen Beitrag zum Integral, da auf ihr $w_i$ senkrecht zu $n_i$ ist, so daß $w_i n_i = 0$ gilt. Auf $A^I$ ist $n_i = (-1, 0, 0)$, und auf $A^{II}$ gilt $n_i = (1, 0, 0)$. Folglich kann (1.11) geschrieben werden als

$$-\int\limits_{A^I} \rho w_1 \, dA + \int\limits_{A^{II}} \rho w_1 \, dA = 0 \quad .$$

Nehmen wir noch an, daß $\rho$ und $w_1$ auf einem Querschnitt näherungsweise überall gleich sind, so folgt

$$\rho w_1 A \Big|_I = \rho w_1 A \Big|_{II} \; . \tag{1.12}$$

Wir schließen, daß $\rho w_1 A$ entlang der Düse konstant ist; $\rho$, $w_1$ und A ändern sich, aber ihr Produkt bleibt konstant. Das Produkt $\rho w_1 A$ stellt den konvektiven Massenfluß durch den Querschnitt A dar, und es hat sich eingebürgert, dafür $\dot{m}$ zu schreiben. Damit kann man (1.12) ausdrücken als

$$\dot{m} = \rho w_1 A = \text{const.} \tag{1.13}$$

Dieses stationäre Strömungsproblem ist der spezielle Fall, in dem der Massenerhaltungssatz zuerst ausgesprochen wurde: als "Kontinuität" des Massenstromes. Das heißt, was über $A^I$ an Masse in das Volumen V hineinfließt, fließt über $A^{II}$ wieder heraus. Daher nennt man diesen Erhaltungssatz auch die Kontinuitätsgleichung, vor allem in der Strömungslehre.

Bei einer inkompressiblen Flüssigkeit, wo $\rho$ konstant ist, gilt natürlich $w_1 A = \text{const}$, d. h. die Strömungsgeschwindigkeit $w_1$ ist umgekehrt proportional zur Querschnittsfläche A.


## 1.4    Impulsbilanz

### 1.4.1    Integrale und lokale Impulsbilanzen

Die Newton'sche Bewegungsgleichung besagt, daß in einem abgeschlossenen System der Impuls

$$\int_V \rho w_i \, dV$$

sich ändert durch die Wirkung der auf das System ausgeübten Kräfte. Diese sind von zweierlei Art.

i)  Spannungskräfte auf die Oberfläche $\displaystyle \int_{\partial V} t_j \, dA = \int_{\partial V} t_{ji} \, n_i \, dA$ .

ii) Volumenkräfte $\displaystyle \int_V \rho f_j \, dV$ .

$t_j dA$ ist die j-Komponete der Kraft auf das Flächenelement dA. Und $t_{ji} dA$ mit $i = j$ ist der Anteil der j-Komponente, der senkrecht zu dA steht, während $t_{ji} dA$ mit $i \neq j$ die Tangentialkomponenten der Kraft $t_j dA$ sind. $t_{ji}$ heißt der Spannungstensor; Abb. 1.4. illustriert die Bedeutung seiner Komponenten, allerdings der Übersichtlichkeit halber nur für den zweidimensionalen Fall. Im Gegensatz zu der Spannungskraftdichte $t_j$ ist der Spannungstensor $t_{ji}$ unabhängig von der Orientierung des Flächenelements.

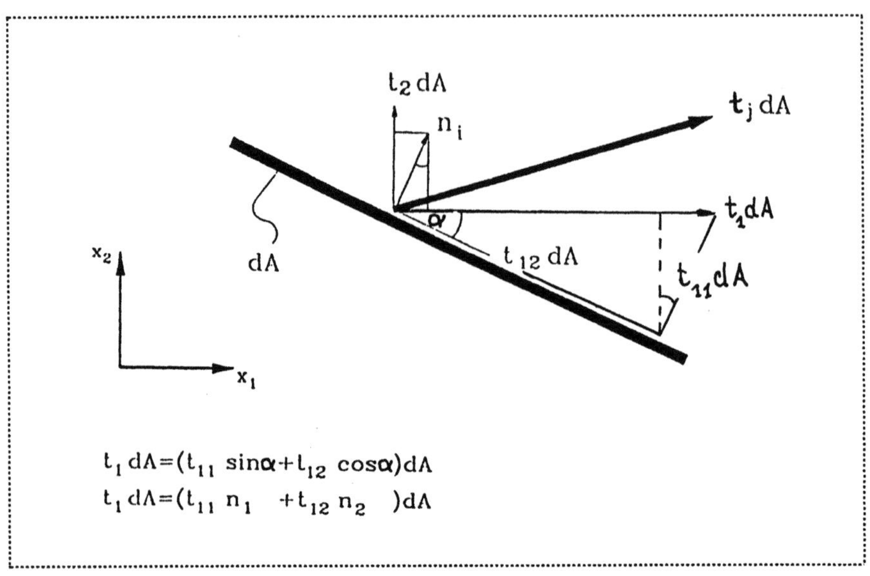


$$t_1\,dA = (t_{11}\,\sin\alpha + t_{12}\,\cos\alpha)\,dA$$
$$t_1\,dA = (t_{11}\,n_1 + t_{12}\,n_2\,)\,dA$$

**Abb. 1.4** Zu den Komponenten $t_{11}$ und $t_{12}$ des Spannungstensors.

$f_j$ ist die spezifische Volumenkraft. In allen hier interessierenden Fällen ist das die Schwerkraft, und wir werden immer, – falls die Schwerkraft überhaupt berücksichtigt wird –, das Koordinatensystem so wählen, daß gilt

$$f_j = (0,0,-g) \quad \text{mit} \quad g = 9{,}8067\,\frac{m}{s^2} \quad .$$

Folglich lautet die Newton'sche Bewegungsgleichung für ein abgeschlossenes System

$$\frac{d}{dt}\int_V \rho w_j\,dV = \int_{\partial V} t_{ji}\,n_i\,dA + \int_V \rho f_j\,dV \,. \tag{1.14}$$

Sie hat die Form einer Bilanzgleichung, und durch Vergleich mit der generellen Bilanz (1.2) finden wir die folgenden Zuordnungen.

| $\Psi$ | $\psi$ | $\Phi_i$ | $\pi$ | $\varsigma$ |
|---|---|---|---|---|
| Impuls | $w_j$ | $-t_{ji}$ | 0 | $f_j$ |

Wir sprechen vom *Erhaltungs*satz des Impulses, da die Produktion verschwindet, d. h., in Abwesenheit der Kräfte ist der Impuls konstant.

Damit schreibt sich die Bilanz für ruhende offene Systeme als

$$\int\limits_V \frac{\partial \rho w_j}{\partial t}\, dV + \int\limits_{\partial V} (\rho w_j w_i - t_{ji})n_i\, dA = \int\limits_V \rho f_j\, dV \quad , \tag{1.15}$$

und die lokale Bilanz in regulären Punkten lautet

$$\frac{\partial \rho w_j}{\partial t} + \frac{\partial(\rho w_j w_i - t_{ji})}{\partial x_i} = \rho f_j \quad . \tag{1.16}$$

## 1.4.2 Druck

In einer Flüssigkeit mit homogenem Geschwindigkeitsfeld zeigt die Spannungskraft $t_{ji}n_i dA$ auf ein Flächenelement senkrecht zu dem Element , und ihr Betrag ist von seiner Orientierung unabhängig. Offenbar muß dann gelten

$$t_{ji} n_i = -p n_j$$

und zwar für alle $n_k$. Daraus folgt, indem man nacheinander $n_k = (1,0,0)$, $n_k = (0,1,0)$ und $n_k = (0,0,1)$ wählt,

$$t_{ji} = -p \delta_{ij} \quad \text{mit} \quad \delta_{ij} = \begin{cases} 1 & i = j \\ 0 & i \neq j \end{cases} \quad . \tag{1.17}$$

Man sagt, der Spannungstensor sei *isotrop*. Das gilt insbesondere in einer ruhenden Flüssigkeit. Der Faktor p heißt der Druck; das Minuszeichen in (1.17) beruht auf der Konvention, die Kraft der Flüssigkeit auf ihren Behälter positiv zu zählen. Nach seiner Definition ist p die Kraft, die eine ruhende Flüssigkeit auf die Flächeneinheit ausübt.

Wenn in der Flüssigkeit ein unhomogenes Geschwindigkeitsfeld herrscht, so enthält der Spannungstensor zusätzlich zum Druck viskose Reibungskräfte, die wir später angeben werden.

## 1.4.3 Beispiel I zur Impulsbilanz: Druckverlauf in ruhender inkompressibler Flüssigkeit

Mit $w_i = 0$, $t_{ji} = -p\delta_{ji}$ und $f_i = (0,0,-g)$ werden aus der Impulsbilanz (1.16) die drei Differentialgleichungen für den Druck

$$\frac{\partial p}{\partial x_1} = 0 \quad \frac{\partial p}{\partial x_2} = 0 \quad \frac{\partial p}{\partial x_3} = -\rho g \qquad . \qquad (1.18)$$

Es folgt, daß p nur von $x_3$ abhängt und, – da in einer inkompressiblen Flüssigkeit $\rho$ = const ist –, daß gilt

$$p = p_0 - \rho g x_3 \quad , \qquad (1.19)$$

wenn $p_0$ der Druck an der Flüssigkeitsoberfläche bei $x_3 = 0$ ist. Der Druck p nimmt also mit zunehmender Tiefe linear zu. Im Wasser mit $\rho = 10^3$ kg/m$^3$ hat die Druckzunahme auf 10 m Tiefe den Wert von ca. 1 bar.


## 1.4.4  Historisches zu Druck und Luftdruck. Druckeinheiten.

Evangelista TORRICELLI (1608-1647) war Mitarbeiter von Galilei, und dieser beauftragte Torricelli, die Wirkungsweise einer Wasserhebepumpe zu untersuchen. Abb. 1.5. zeigt die Prinzipskizze einer solchen Pumpe. Beim Heben des Kolbens wird das Wasser unter dem Kolben mitgehoben. Dies wurde damals durch den "horror vacui" der Natur erklärt; denn würde das Wasser nicht folgen, so entstünde unter dem Kolben offenbar ein Vakuum. Trotzdem, um mehr als ca. 10 m läßt sich eine Wassersäule auf diese Weise nicht anheben, und bei weiterem Heben entsteht unter dem Kolben tatsächlich ein Vakuum. Torricelli erklärte diese Beobachtungen wie folgt: Luft, sagt er, hat Gewicht, und dieses Gewicht lastet auf der Wasserfläche außerhalb der Pumpe. Beim Heben des Kolbens wird Wasser durch das Gewicht der Luft in den Zylinder hineingedrückt und steigt solange, bis der Wasserdruck dem Luftdruck gleich ist.

Torricelli prüfte diese Idee, indem er eine ca. 1 m lange, an einem Ende geschlossene Röhre mit Quecksilber füllte und mit dem offenen Ende nach unten in eine Wasserbad steckte. Quecksilber mit einer Dichte von $\rho_{Hg}$ = 13,595 gr/cm$^3$ bei  0° C hat ein viel größeres Gewicht als Wasser , und tatsächlich lief bei  Torricellis Versuch ein Teil des Quecksilbers aus, es blieb  nur eine Säule von $H_{Hg}$ = 760 mm Höhe in der Röhre. Oberhalb bildete sich ein Vakuum  – das heute Torricelli-Vakuum genannt wird – in dem sich nur geringe Mengen Quecksilberdampf befanden.

Damit kann man auch die genaue Maximalhöhe $H_{H_2O}$ der Wassersäule in der Hebepumpe berechnen. Wenn Quecksilber und Wasser den gleichen Druck ausüben sollen, so muß laut (1.19) gelten

$$\rho_{Hg} \cdot H_{Hg} = \rho_{H_2O} H_{H_2O} \quad \Rightarrow \quad H_{H_2O} = 10{,}33 m \quad .$$

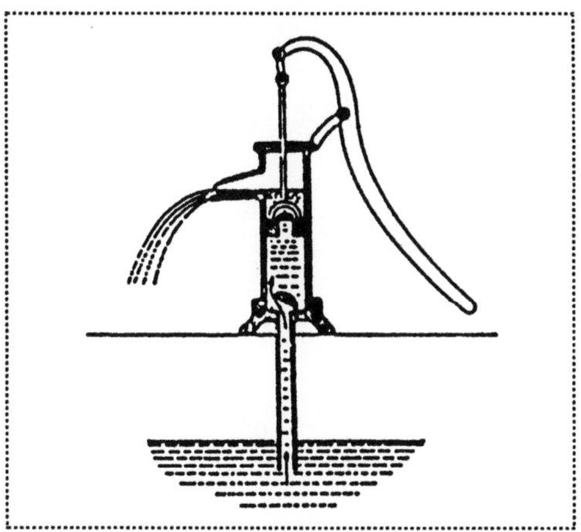

**Abb. 1.5** Zum Prinzip einer Hebepumpe.

Torricelli hatte so auch das erste Barometer konstruiert. Tatsächlich stellte er fest, daß die Höhe seiner Quecksilbersäule je nach Wetter um ein paar Millimeter schwankte. Heute noch nennen wir Torricelli zu Ehren den Druck von 1mm Quecksilber "1 Torr".

Das Gewicht der Quecksilbersäule von 760 mm ist gleich dem Gewicht der Luft über dem gleichen Querschnitt. Um zu einer Abschätzung der Dicke $H_L$ der Lufthülle zu kommen, kann man einmal annehmen, die Luftdichte sei unabhängig von der Höhe gleich ihrem Wert $\rho_L = 1{,}293$ kg /m$^3$ an der Erdoberfläche. Damit ergäbe sich $H_L$ aus

$$\rho_{Hg} \cdot 760\text{mm} = \rho_L H_L \quad \Rightarrow \quad H_L = 7991\text{m} \quad .$$

Wenn auch die Annahme konstanter Luftdichte schlecht ist, so war nach Torricelli immerhin klar, daß die Lufthülle der Erde ziemlich dünn ist, jedenfalls im Vergleich zum Erdradius.

Den Druck von 760 mm Hg von 0° C bezeichnet man als 1 physikalische Atmosphäre, abgekürzt 1 atm. Es gilt

$$1\,\text{atm} = \rho_{Hg} g H_{Hg} = 1{,}01325 \cdot 10^5 \frac{N}{m^2} \quad .$$

Neben der physikalischen Atmosphäre hat man auch eine technische Atmosphäre definiert, die man als 1at abkürzt. Es gilt

$$1\text{at} = 1\frac{kp}{cm^2} \quad ,$$

wobei 1 kp das Gewicht von 1 kg unter Wirkung der Erdbeschleunigung $g = 9{,}8067 \frac{m}{s^2}$ ist.

Folglich gilt

$$1\,\text{at} = 0{,}9807 \cdot 10^5 \frac{N}{m^2} \quad .$$

Heute benutzt man als Druckeinheit das Pascal oder das bar. Es gilt

$$1\text{Pa} = 1\frac{N}{m^2} \quad \text{und} \quad 1\text{bar} = 10^5 \frac{N}{m^2} \quad .$$

## 1.4.5  Beispiel zum Druck: Auftriebsgesetz von Archimedes

Die Oberflächenkraft auf einen in eine Flüssigkeit eingetauchten Körper ist

$$F_j = \int_{\partial V} t_{ji} n_i dA \ .$$

Wenn die Flüssigkeit ruht, so gilt  $t_{ji} = -p\delta_{ji}$   und

$$F_j = -\int_{\partial V} pn_j dA \quad .$$

Unter Verwendung des Gauß'schen Satzes (1.5) folgt

$$F_j = -\int_V \frac{\partial p}{\partial x_j} dV \qquad \text{mit} \qquad \frac{\partial p}{\partial x_j} = (0,0,-\rho g) \ , \ \text{siehe (1.18)}$$

$$F_j = mg\,(0,0,1),$$

wo  $m = \int_V \rho dV$  die Masse der verdrängten Flüssigkeitsmenge ist. Das ist das
Auftriebsgesetz von ARCHIMEDES (287-212 v.Chr.).

## 1.4.6  Beispiel II zur Impulsbilanz: Raketengrundgleichung

Wir nehmen an, eine Rakete mit der (momentanen) Masse m befinde sich im
schwerelosen und luftleeren Raum. Die Verbrennungsrate des Brennstoffs sei
$-\frac{dm}{dt} = \mu$ , und die Ausstoßgeschwindigkeit $a$ der Brenngase bzgl. der Rakete sei
konstant. Zu bestimmen ist $\frac{dw}{dt}$ , die Beschleunigung der Rakete.

   Wir benutzen die Impulsbilanz in der Form (1.14) und wählen als Kontrollvolumen V ein Volumen , welches die Rakete und alle ausgestoßenen Brenngase
enthält, siehe Abb. 1.6. Dann gilt

$$\frac{d}{dt}\left( \int_V \rho w dV \right) = 0 \quad .$$

Der Impuls in V setzt sich zusammen aus dem Impuls m(t)w(t) des Raketenkör-
pers und des zur Zeit t noch nicht abgebrannten Treibstoffs sowie aus dem Impuls
der ausgestoßenen Brenngase. Diese haben alle eine verschiedene Geschwindigkeit, je nachdem, wann sie ausgestoßen wurden.

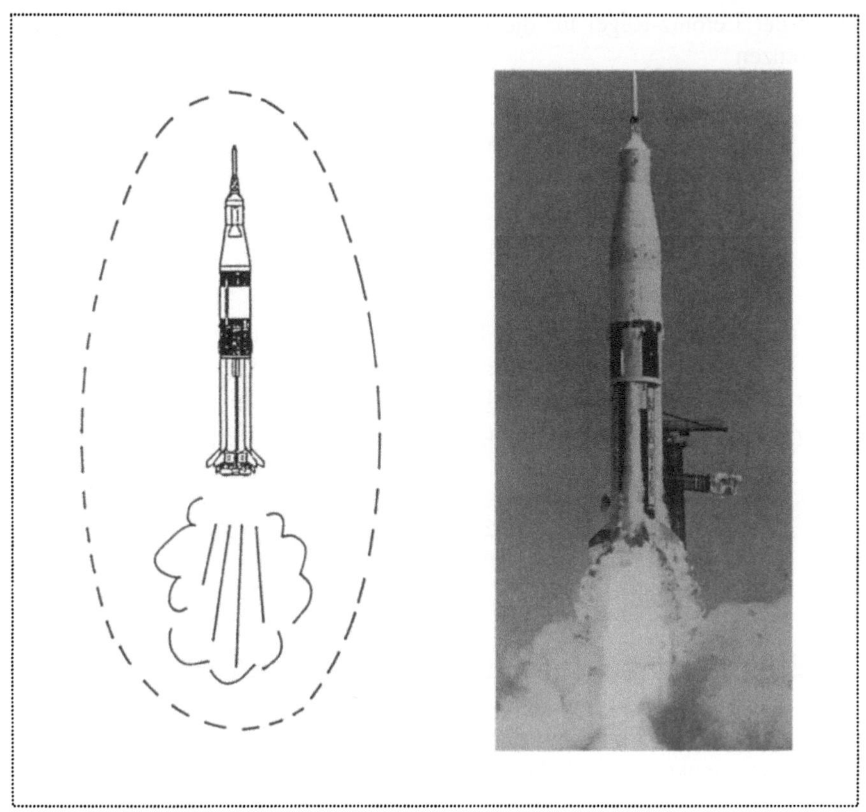

**Abb. 1.6** Zur Raketengrundgleichung .
[Saturn 1B-Trägerrakete mit Apollo-Kapsel. 1. Start
am 26.2.1966. Leergewicht 84 t, Treibstoffgewicht 506 t,
Nutzlast 17 t. Verbrennungsrate der 1. Stufe 2600 kg/s
Startschub $7{,}1 \cdot 10^6$ N]

Wenn ein Massenelement der Brenngase im Zeitintervall zwischen $\tau$ und $\tau+d\tau$ ausgestoßen wurde, so hat es die Geschwindigkeit $w(\tau)-a$, und seine Masse ist $-\frac{dm}{dt}\,d\tau = \mu d\tau$ ; sein Impuls ist also $\mu d\tau(w(\tau)-a)$. Die gesamte Brenngasmenge hat also zur Zeit t den Impuls $\mu\int_{t_0}^{t}(w(\tau)-a)d\tau$ , wenn $t_0$ der Zündzeitpunkt ist. Folglich lautet der Impulssatz

$$\frac{d(m(t)w(t))}{dt} + \frac{d}{dt}\int_{t_0}^{t}\mu(w(\tau)-a)d\tau = 0$$

und nach der Leibniz-Regel für die Differentiation von Integralen mit veränderlichen Grenzen

$$\frac{d(m(t)w(t))}{dt} + \mu(w(t) - a) = 0 \quad \text{oder, da} \quad \mu = -\frac{dm(t)}{dt} \quad ,$$

$$m(t)\frac{dw(t)}{dt} = \mu a \; . \tag{1.20}$$

Das ist die Raketengrundgleichung. Die rechte Seite heißt der Schub der Rakete. Aus den bei Abb. 1.6. angegebenen Daten folgt als Ausstoßgeschwindigkeit der Saturn-1B-Trägerrakete $a = 2730\text{m/sec}$. Mit $m(t) = m(t_0) - \mu(t - t_0)$ und $w(t_0) = 0$ ergibt sich aus (1.20) durch Integration

$$w(t) = a \ln \frac{m(t_0)}{m(t_0) - \mu(t - t_0)} \; .$$

## 1.4.7 Beispiel III zur Impulsbilanz: Konvektiver Impulsfluß

Wir halten eine ebene Platte mit der Fläche A aus dem Fenster eines fahrenden Autos und zwar senkrecht zur Fahrtrichtung, und wir schätzen die Kraft ab, mit der die Platte gestützt werden muß, um dem Impulsfluß der von vorn anströmenden Luft das Gleichgewicht zu halten, siehe Abb. 1.7. Die Strömung sei stationär und die Anströmung sei horizontal. Für die Zwecke der Abschätzung setzen wir $t_{ij} = -p\delta_{ij}$, d.h. wir vernachlässigen viskose Reibungskräfte. Dann lautet die 1-Komponente der Impulsbilanz (1.15)

$$\int_{\partial V} (\rho w_1 w_i n_i + p n_1)dA = 0$$

$n_1$ ist gleich Null auf der Mantelfläche $A_M$ von $\partial V$ und gleich $\pm 1$ auf der rechten bzw. linken Begrenzungsfläche. Weiterhin ist links $w_1 = 0$, und rechts ist $p = p_0$ sowie $w_i n_i = w_1$. Also ergibt sich die Kraft, welche die anströmende Luft auf die Platte ausübt als

$$\int_{A_L} pdA = (p_0 + \rho w_1^2)A + \int_{A_M} \rho w_1 w_i n_i dA \quad .$$

Wir vernachlässigen das Produkt $w_1 w_i n_i$ auf der Mantelfläche; denn wo $w_1$ groß ist, ist $w_i n_i$ klein und umgekehrt. Damit folgt

$$\int_{A_L} pdA - p_0A = \rho w_1^2 A \quad .$$

$p_0$ ist auch der Druck auf der Rückseite der Platte. Also ist $\displaystyle\int_{A_L} pdA - p_0A = \rho w_1^2 A$

die Kraft, mit der die Platte gegen die anströmende Luft gestützt werden muß. Für die Luftdichte $\rho = 1{,}29$ kg/m$^3$ und die Geschwindigkeit $w_1 = 100$ km/h ergibt sich $\rho w_1^2 A \approx 10^3$ PaA. Auf eine handtellergroße Fläche von $A = 100$ cm$^2$ übt die Strömung folglich eine Kraft von 10 N aus.

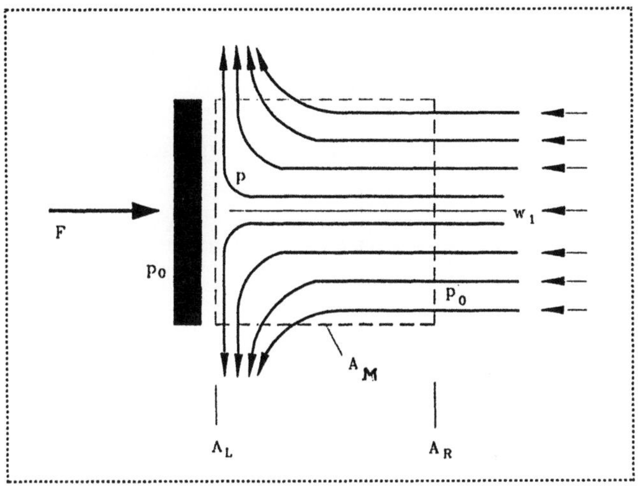


**Abb. 1.7** Zum konvektiven Impulsfluß.

## 1.4.8 Beispiel IV zur Impulsbilanz: Düsenströmung

Wir betrachten wieder die schon in Abb. 1.3. vorgestellte stationäre Strömung und wenden den Impulssatz (1.15) auf das Volumen mit der gestrichelten Oberfläche $\partial V$ an. Es interessiert uns nur die 1-Komponente der Impulsbilanz, und wir vernachlässigen auch hier wieder Reibungskräfte, so daß $t_{ij} = - p\delta_{ij}$ gilt. Dann bleibt

$$\int_{\partial V} \left( \rho w_1 w_i n_i + pn_1 \right) dA = 0 \quad .$$

Die Mantelfläche liefert keinen Beitrag zu dem ersten Term im Integranden, da dort $w_i n_i = 0$ ist. Auf den Querschnittsflächen $A^I$ und $A^{II}$ ist $n_i = (-1,0,0)$ bzw.

$n_i = (1,0,0)$. Wir nehmen an, daß $\rho, w_i$ und $p$ auf jedem Querschnitt überall gleich sind und erhalten

$$-(\rho^I w_1^{I2} + p^I)A^I + (\rho^{II} w_1^{II2} + p^{II})A^{II} + \int_{A_M} p n_1 dA = 0 \quad , \qquad (1.21)$$

wo $A_M$ die Mantelfläche ist.

Die Gleichung (1.21) gestattet keinen unmittelbaren Vergleich der Verhältnisse in den beiden Querschnitten I und II, da wir den Wert des Mantelintegrals nicht kennen. Um trotzdem zu einer interpretierbaren Aussage zu kommen, betrachtet man zwei dicht nebeneinander liegende Querschnitte, siehe Abb. 1.8. Dann kann man eine Taylor-Entwicklung vornehmen und schreiben

$$(\rho^{II} w_1^{II2} + p^{II})A^{II} - (\rho^I w_1^{I2} + p^I)A^I = \frac{d(\rho w_1^2 + p)A}{dx_1} dx_1 \quad . \qquad (1.22)$$

Außerdem kann man in diesem Fall das Mantelintegral schreiben als

$$\int_{A_M} p n_1 dA = p n_1 A_M = p \sin \alpha \, A_M = p\left(-\frac{dA}{dx_1} dx_1\right) \quad . \qquad (1.23)$$

Denn $A_M \sin \alpha$ ist gleich der Verkleinerung der Querschnittsfläche. Abb.1.8 versucht, diese Aussage zu verdeutlichen.

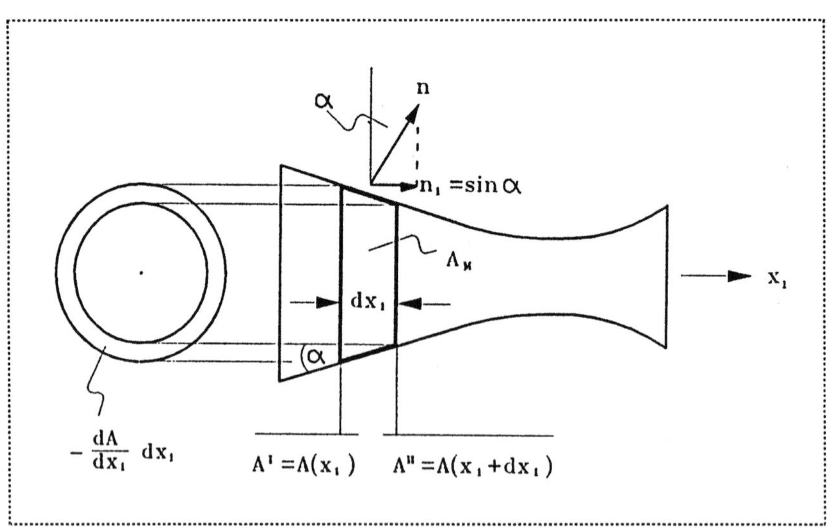


**Abb. 1.8** Zur Impulsbilanz der Düsenströmung

Einsetzen von (1.22) und (1.23) in (1.21) ergibt

$$\frac{d\rho w_1^2 A}{dx_1} + \frac{dpA}{dx_1} - p\frac{dA}{dx_1} = 0 \qquad \text{und mit} \qquad \rho w_1 A = \text{const},$$

$$\frac{d\dfrac{w_1^2}{2}}{dx_1} = -\frac{1}{\rho}\frac{dp}{dx_1} \quad . \tag{1.24}$$

Für eine schlanke Düse sind $w_2$ und $w_3$ sehr viel kleiner als $w_1$, und dann ist $\frac{1}{2}w_1^2 \approx \frac{1}{2}w^2$ gleich der kinetischen Energie des strömenden Stoffes pro Masseneinheit. Man kann dann (1.24) ausdrücken, indem man sagt, die kinetische Energie der Strömung nehme in dem Maße zu, wie der Druck abnimmt.

## 1.4.9  Beispiel V zur Impulsbilanz: Bernoulli–Gleichung

Wir spezialisieren die Impulsbilanz (1.16) auf die stationäre Strömung einer inkompressiblen und reibungsfreien Flüssigkeit im Schwerefeld

$$\rho = \text{const} \ , \quad t_{ji} = -p\delta_{ji} \ , \quad \frac{\partial w_i}{\partial x_i} = 0 \ , \quad f_j = (0,0,-g) = -\frac{\partial g x_3}{\partial x_j} , \tag{1.25}$$

wo $(1.25)_3$ für $\rho = \text{const}$ aus der Massenbilanz (1.10) folgt . Damit gilt

$$\rho w_i \frac{\partial w_j}{\partial x_i} + \frac{\partial p}{\partial x_j} + \frac{\partial \rho g x_3}{\partial x_j} = 0$$

oder nach skalarer Multiplikation mit $w_j$

$$w_j \frac{\partial}{\partial x_j}\left(\frac{\rho}{2}w^2 + p + \rho g x_3\right) = 0 \quad . \tag{1.26}$$

Das ist die Bernoulli–Gleichung; sie besagt, daß die Größe

$$\frac{\rho}{2}w^2 + p + \rho g x_3$$

entlang einer Stromlinie des Strömungsfeldes konstant ist. Insbesondere: Wo die Geschwindigkeit groß ist, ist der Druck klein.

Die Bernoulli–Gleichung kann man dazu benutzen, um Geschwindigkeiten in einem Rohr durch Druckmessungen zu bestimmen, siehe Abb. 1.9. Es gilt nämlich bei bekanntem $p_0$ und $w_0$

$$w = \sqrt{w_0^2 + \frac{2}{\rho}\left(p_0 - p\right)} \quad ,$$

und $p_0 - p = \rho g(H_0 - H)$ wird durch die Säulenhöhe in den Meßröhrchen angezeigt.

Eine andere Anwendung der Bernoulli–Gleichung betrifft die Umwandlung von kinetischer in potentielle Energie. So gilt beim nach oben gerichteten Wasserstrahl $\frac{\rho}{2}w^2 + \rho g x_3 = \text{const}$, da der Druck überall gleich ist. Die beim Austritt des Strahls aus einem Schlauch vorhandene Geschwindigkeit $w_A$ trägt den Strahl von der Höhe 0 auf die Höhe h, wobei nach Bernoulli gilt

$$\frac{1}{2}w_A^2 = gh \, .$$

Drückt man das Schlauchende zusammen, so erhöht sich nach Absatz 1.2.3 die Austrittsgeschwindigkeit umgekehrt proportional zur Austrittsfläche, und das austretende Wasser erreicht eine größere Höhe.

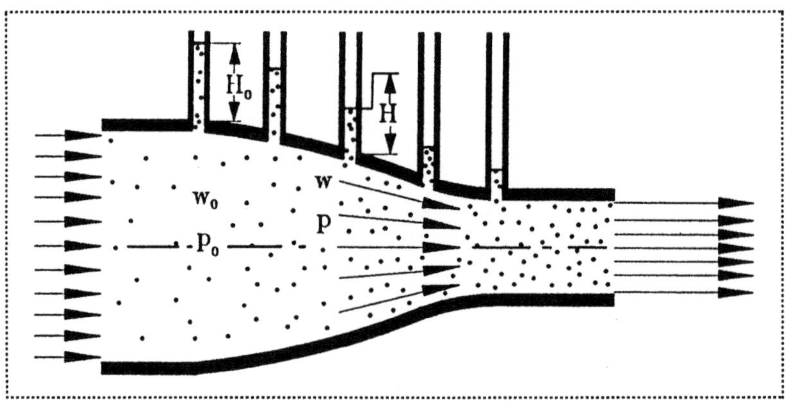


**Abb. 1.9** Zur Druckmessung in einer Düse.

## 1.4.10 Beispiel zur Bernoulli-Gleichung: Auftriebsformel von Kutta-Joukovsky

Eine ebene Platte, die unter dem Winkel $\alpha$ gegen eine Strömung angestellt ist, siehe Abb. 1.10, erfährt eine Kraft A in vertikaler Richtung, die wir den Auftrieb nennen. Diese Kraft hält ein Flugzeug in der Luft, und wir wollen sie berechnen. Die Kraft F der Strömung auf die Fläche rührt von der Druckdifferenz auf Unter- und Oberseite her, und wir schreiben

$$F = -\oint p(x, y = 0)bdx = +\oint \frac{\rho}{2} w^2(x, y = 0)bdx, \qquad (1.27)$$

wo b die Breite des Flügels senkrecht zur Zeichenebene ist. Die Integrale sind Kurvenintegrale entlang der Stromlinie, die an der Fläche anliegt, sie werden im Uhrzeigersinn durchlaufen. Die Gleichung $(1.27)_2$ entsteht durch Anwendung der Bernoulli-Gleichung, da hier der Schwerkraftterm vernachlässigt werden kann und da die Konstante sich bei der Ausführung des Kurvenintegrals heraushebt.

Wenn der Anstellwinkel $\alpha$ klein ist, so kann man $w^2 \approx w_x^2$ setzen. Ferner gilt $w_x(x, y = 0) = V\cos\alpha + \delta w_x(x, y = 0)$, und da die Störung $\delta w_x(x, y = 0)$ der Strömungsgeschwindigkeit durch die Fläche gegenüber der x-Komponente $V\cos\alpha$ der Anströmgeschwindigkeit als klein angesehen werden kann, kann man approximieren wie folgt

$$\begin{aligned} w^2(x, y = 0) &\approx \left(V\cos\alpha + \delta w_x(x, y = 0)\right)^2 \\ &\approx V^2\cos^2\alpha + 2V\cos\alpha\,\delta w_x(x, y = 0), \quad \text{also} \qquad (1.28) \\ w^2(x, y = 0) &\approx -V^2\cos^2\alpha + 2V\cos\alpha\,w_x(x, y = 0) \end{aligned}$$

Einsetzen in (1.27) liefert – wiederum wegen des verschwindenden Beitrags der Konstante

$$F = \rho bV\cos\alpha \underbrace{\oint w_x(x, y = 0)dx}_{\text{Zirkulation } \Gamma} = \rho bV\cos\alpha\,\Gamma.$$

Der Auftrieb A ist die Vertikalkomponente dieser Kraft, siehe Abb. 1.10, und es folgt die Formel von Kutta-Joukovsky

$$A = \rho bV\Gamma, \qquad (1.29)$$

die den Auftrieb mit der Zirkulation des Strömungsfeldes um die Tragfläche in Beziehung setzt. Eine der Grundaufgaben der Aerodynamik besteht darin, aus der Profilform des Tragflügels die Zirkulation zu berechnen. Das tun wir hier nicht; nur soviel sei gesagt: Bei der angestellten Platte – wie in Abb. 1.10 – erhält man $\Gamma = \pi lV\sin\alpha$, und folglich ist der Auftrieb der flach angestellten Platte gegeben durch

$$A = 2\pi\alpha\frac{\rho}{2}V^2bl. \qquad (1.30)$$

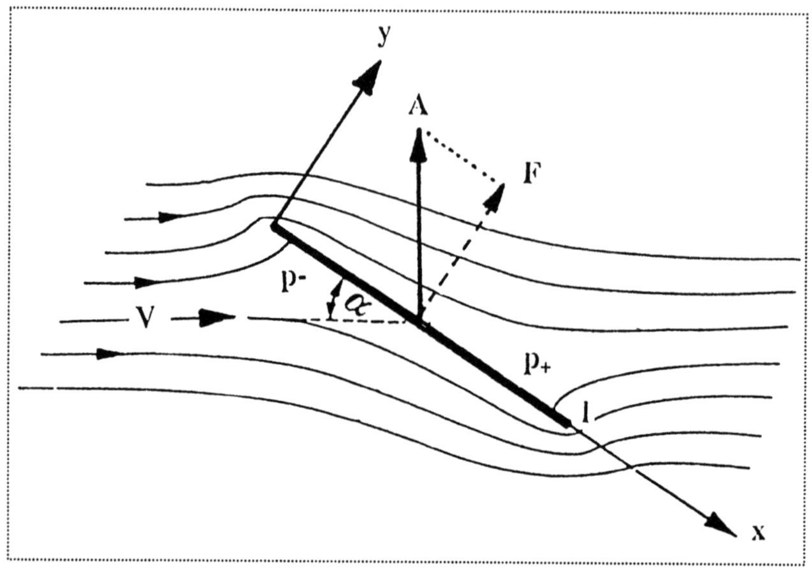

**Abb. 1.10** Zum Auftrieb einer angestellten Platte

# 1.5    Energiebilanz

## 1.5.1 Kinetische Energie, potentielle Energie und vier Arten der inneren Energie

*Kinetische Energie der atomaren Bewegung, „Wärmeenergie".*

Wir wissen aus der Mechanik, daß die kinetische Energie eines Körpers in potentielle Energie umgewandelt werden kann und umgekehrt. Wir haben dies in Absatz 1.4.9 im Zusammenhang mit der Bernoulli–Gleichung diskutiert.

Ein anschaulicheres Beispiel für die Umwandlung von kinetischer in potentielle Energie erhält man bei einem Auto der Masse $m = 2 \cdot 10^3$ kg, welches mit $v = 36$ km / h auf einen Hügel zurollt. Es hat anfänglich eine Energie von $\frac{m}{2} v^2 = 10^5$ J und kann damit eine Höhe von H von ca. 5m auf dem Hügel erreichen; ohne Reibung und mit $g \approx 10$ m / s$^2$ ! Man sagt dann, die kinetische Energie des Autos sei in die potentielle Energie mgH übergegangen, und man kann sie zurückgewinnen, indem man das Auto wieder herunterrollen lässt: Die Summe aus kinetischer und potentieller Energie ist bei diesem Vorgang konstant, sie ist eine *Erhaltungsgröße*. Das ist ein Lehrsatz aus der Punktmechanik und aus der Mechanik starrer Körper, der so alt ist wie Newton's Prinzipien.

Erst gegen Mitte des 19. Jahrhunderts kam die Erkenntnis, dass die Energie selbst dann erhalten bleibt, wenn das Auto gegen einen Baum fährt. Die kinetische Energie des Autos verteilt sich beim Zusammenstoß auf die Atome, und ein großer Teil geht in kinetische Energie der ungeordneten Atombewegung über. Der Rest erhöht die interatomare potentielle Energie. Man sieht die Energie dann nicht mehr und sagt darum, die kinetische Energie sei in *innere* Energie übergegangen. Aber man kann sie fühlen und als „Wärme" messen, – jedenfalls den Teil, der sich in der ungeordneten atomaren Bewegung wiederfindet: *Tatsächlich ist die Temperatur ein Maß für die (mittlere) kinetische Energie der Atome in einem insgesamt ruhenden Körper.*

Insbesondere bei Wasser gilt: Wenn man die kinetische Energie der Moleküle eines Gramms um insgesamt 1 Joule vergrößert, so erhöht sich die Temperatur um $\frac{1}{4,18}$ K; bei Luft sind dies ca. 1 K und bei Eisen 2,2 K.

Führt man die kinetische Energie ($10^5$J) des fahrenden Autos einem Liter Wasser zu, so erwärmt sich dieses um 25 K. Ein Hammer von 1 kg, der mit der Geschwindigkeit von 40 m/s auf 10 gr Eisen trifft, heizt dieses um 180 K auf; drei Hammerschläge bringen es zur Rotglut.

*Potentielle Energie der intermolekularen Wechselwirkung.*
*„van-der-Waals-Energie".*

Aber die kinetische Energie der Atome oder Moleküle ist nicht der einzige Beitrag zur inneren Energie. Moleküle ziehen sich an, und wenn man sie trennen will, muß man Arbeit leisten, um die potentielle Energie zwischen den Molekülen zu erhöhen. Wenn also eine Flüssigkeit oder ein Dampf expandiert, so daß die Moleküle ihren (mittleren) Abstand vergrößern, so erhöht sich die *potentielle* Energie eines jeden Molekülpaares und damit die *innere Energie* des Körpers.

Das bekannteste und auffälligste Phänomen, bei dem die potentielle Energie der Moleküle erhöht wird, ist die Verdampfung. Bei der Verdampfung von 1gr Wasser zum Beispiel – bei 1 atm – erhöht sich die innere Energie um 2087 J; und dabei bleibt die molekulare *kinetische* Energie, d. h. die Temperatur unverändert. Die Energie des oben erwähnten Autos würde also nur gerade ausreichen, um etwa 50 gr Wasser zu verdampfen.

Man nennt die Wechselwirkungskräfte zwischen den Atomen oder Molekülen van-der-Waals-Kräfte und die damit verbundene Energie die van-der-Waals-Energie nach dem holländischen Physiker van der Waals (siehe Absatz 2.5.10), der die intermolekulare Wechselwirkung zuerst erkannt hat. Die van-der-Waals-Kräfte wehren sich nicht nur gegen eine Trennung zweier Moleküle, sondern auch gegen eine allzu starke Annäherung. Darum wächst die van-der-Waals-Energie beim Biegen eines Blechs nicht nur in den Teilen, die einer Zugspannung unterliegen, sondern auch in denen, die einer Druckspannung ausgesetzt sind. Man spricht hierbei meist von der elastischen Energie; diese spielt bei der Beurteilung der „Knautschzone" eines Autos eine wichtige Rolle.

*Chemische Bindungsenergie zwischen Molekülen, „Reaktionswärme".*

Ein dritter Beitrag zur inneren Energie ist die chemische Bindungsenergie der Moleküle. So wird z.B. bei der Zerlegung von Wasser nach der Reaktion $2H_2O \rightarrow 2H_2 + O_2$ pro Gramm Wasser eine Energie von ca. $1{,}6 \cdot 10^4$ J benötigt – achtmal soviel wie bei der Verdampfung. Die Energie $K = 10^5$ J des erwähnten Autos würde nur gerade 6 gr Wasser zerlegen können.

Umgekehrt wird die Energie $1{,}6 \cdot 10^4$ J frei, wenn ein Gramm Wasser aus einer Mischung von Wasserstoff und Sauerstoff – Knallgas – entsteht. Unter geeigneten Bedingungen verläuft diese Reaktion explosionsartig, und die freiwerdende Energie geht in kinetische Energie der Moleküle über, man spricht dabei von der Reaktionswärme.

Die menschliche Nahrung enthält Stoffe, die bei den chemischen Umwandlungen des Verdauungsvorgangs Energie freisetzen. Diese Energie hält Kreislauf und Körpertemperatur aufrecht. Pro Tag ist dazu eine Energiemenge von ca. $8 \cdot 10^6$ J nötig – das Achtzigfache (!) der kinetischen Energie des fahrenden Autos. Anschaulicher wird das vielleicht, wenn wir sagen, daß ein Mensch fast dieselbe Energie verbraucht wie eine 100 W Glühlampe.

Der Energiebedarf von Mensch und Tier wird durch chemische Reaktionen gedeckt. Dabei verbindet sich Sauerstoff mit dem Kohlenstoff und dem Wasserstoff der Nährstoffe. Die Reaktionsprodukte sind Kohlendioxid $CO_2$ und Wasser. Es gibt drei Klassen von Nährstoffen:

- Kohlehydrate, repräsentativ: Glukose $C_6H_{12}O_6$, siehe Abb. 1.11.
- Eiweiße oder Proteine. Dies sind Polymere verschiedener Aminosäuren, die mit Peptidbindungen verknüpft sind. Sie sind zu vielfältig, als dass man eine repräsentative Formel angeben könnte.
- Fette, repräsentativ: Triolein $C_{57}H_{104}O_6$, siehe Abb. 1.11.
  Das sind Stoffe, die durch Wasserabscheidung (Veresterung) aus Glyzerin und Fettsäuren entstehen.

Da Fettmoleküle im Vergleich zu Kohlehydraten prozentual mehr Kohlen- und Wasserstoffatome enthalten als Sauerstoffatome, liefern sie mehr Energie. In der Tat kann man die Energieausbeute bei der Verbrennung von ein Gramm Glukose bzw. ein Gramm Triolein in die chemischen Reaktionsgleichungen einschreiben. Man erhält

$$C_6H_{12}O_6 + 6O_2 \rightarrow 6CO_2 + 6H_2O - 17{,}1\frac{kJ}{gr}$$
$$C_{57}H_{104}O_6 + 80O_2 \rightarrow 57CO_2 + 52H_2O - 39{,}5\frac{kJ}{gr}, \qquad (1.31)$$

so daß die Verbrennung des Fetts mehr als doppelt soviel Energie liefert als die Verbrennung von Kohlehydraten. Die Reaktionswärmen der Eiweißstoffe liegen zwischen diesen Werten. Man mißt diese Wärmen in einem Kalorimeter, nachdem man die Nährstoffe in einer Flamme verbrennen lässt.

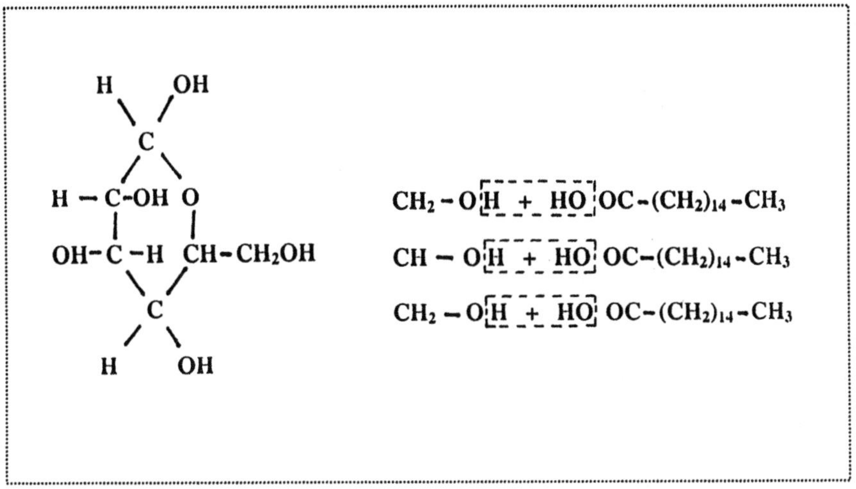

$$CH_2-O[H + HO]OC-(CH_2)_{14}-CH_3$$
$$CH-O[H + HO]OC-(CH_2)_{14}-CH_3$$
$$CH_2-O[H + HO]OC-(CH_2)_{14}-CH_3$$

**Abb. 1.11**  Links:  Glukosemolekül in Ringform [1.4]
Rechts:  Veresterungen von Glyzerin mit 3 Oleinsäuren

Im tierischen Körper erfolgt die Verbrennung – offensichtlich ohne Flamme – durch Vermittlung von Enzymen sehr langsam; aber das ändert nichts an den Reaktionswärmen. Daß kein energetischer Unterschied zwischen der Verbrennung in der offenen Flamme und der biologischen Verbrennung besteht, wurde gegen Ende des 19. Jahrhunderts durch sorgfältige Messungen bewiesen. Damit wurde die Vorstellung einer speziellen Lebenskraft – vis viva – für organische Umsetzungen ad absurdum geführt.

Die Masse an Glukose, die ein Mensch am Tag verbrennen muss, um seinen Energiebedarf von $8 \cdot 10^6$ J zu decken, beträgt nach (1.31) offensichtlich 468 gr. Bei Fett sind es nur 203 gr. Fett ist also der effektivere Energiespeicher, und darum setzt der Körper in guten Zeiten Fett an, um für schlechte Zeiten gerüstet zu sein.

---

[1.4] Der Name Kohlehydrate stammt von dem französichen Chemiker Gay Lussac, siehe Absatz 2.3.2. Dieser glaubte, Glukose sei eine Verbindung von 6 Kohlenstoffatomen, jedes verbunden mit einem Wassermolekül, also „hydratisiert". Das war ganz falsch, aber zu Zeiten von Gay Lussac waren die Vorstellungen von chemischer Wertigkeit und von den Valenzen der Atome noch nicht zuverlässig entwickelt. Der Name ist daher unpassend, aber nicht mehr zu ändern.

*Nuklearenergie*

Sowohl bei der Spaltung schwerer Atomkerne in mittelschwere Teilstücke als auch bei der Fusion leichter Kerne zu schwereren wird Energie frei. So entsteht bei der Fusion von zwei Wasserstoffkernen mit zwei Neutronen zu einem Heliumkern eine Reaktionswärme von $4{,}53 \cdot 10^{-12}$ J. Wäre der menschliche Organismus in der Lage, diese Fusion enzymatisch gesteuert im Prozess der Verdauung durchzuführen, so wäre der tägliche Energiebedarf von $8 \cdot 10^6$ J durch Einnahme von $4 \cdot 10^{19}$ schweren Wasserstoffmolekülen zu decken. D.h. die tägliche Nahrungsmasse könnte auf $14 \cdot 10^{-6}$ gr gesenkt werden.

Natürlich geht das so nicht – nicht auf dieser Welt, jedenfalls nicht ausserhalb eines Science Fiction Romans. Auf der Erde ist die Fusion von Wasserstoff zu Helium nur in der Wasserstoffbombe gelungen. Aber die Sonne deckt ihren Energiebedarf auf diese Weise. Pro Tag strahlt die Sonne die Energiemenge von ca. $3 \cdot 10^{31}$ J ab; und falls dieser Betrag ganz durch die Wasserstoff-Helium-Fusion gedeckt werden soll, so muss die Sonne täglich $6 \cdot 10^{42}$ Heliumkerne produzieren mit einer Masse von $4 \cdot 10^{16}$ kg.

*Wärme in Arbeit*

Daß die mechanische kinetische oder potentielle Energie in innere Energie oder "Wärme" umgewandelt werden kann, ohne ihren Wert zu ändern, ist erst in der Mitte des 19. Jahrhunderts erkannt worden. Und diese Erkenntnis wurde für so wichtig gehalten, daß man sie einen Hauptsatz nennt, den *Ersten Hauptsatz der Thermodynamik*. Einige Umstände dieser Entdeckung werden in Absatz 1.9 beschrieben.

Wenn nun mechanische Energie leicht in Wärme umgewandelt werden kann, – etwa beim Zusammenstoß eines Autos mit einem Baum, – so sollte auch der umgekehrte Vorgang möglich sein: Wärme in Arbeit. Und in der Tat: Eines der Hauptanliegen der technischen Thermodynamik ist der Bau und das Studium der Wärmekraftmaschinen, die mechanische Energie aus innerer Energie gewinnen. Wir untersuchen die Möglichkeiten zu diesem Zweck in späteren Kapiteln.

## 1.5.2  Integrale und lokale Energiebilanzen

Die innere Energie U kann ebenso wie die kinetische Energie K als Integral über ihre Dichte geschrieben werden

$$U + K = \int_V \rho\left(u + \frac{1}{2}w^2\right)dV \quad . \tag{1.32}$$

u und $\frac{1}{2}w^2$ sind die spezifischen Werte von innerer und kinetischer Energie, d. h. auf die Masse bezogene Werte. Die Energiebilanz für ein abgeschlossenes System bestimmt die zeitliche Änderung von U + K.

Die Änderung der *kinetischen* Energie ergibt sich als Arbeitsleistung $\dot{A}$ der Spannungs- und Volumkräfte, und wir schreiben nach Absatz 1.4.1

$$\dot{A} = \int_{\partial V} t_{ji}\, n_i\, w_j\, dA + \int_V \rho f_j\, w_j\, dV \quad . \tag{1.33}$$

Ist $\dot{A} > 0$, so wird Arbeit zugeführt, anderenfalls – d. h. für $\dot{A} < 0$ – wird Arbeit abgeführt. Die *innere* Energie ändert sich wegen Ein- und Ausfluß von innerer Energie durch die Oberfläche $\partial V$ und wegen Absorption von Strahlungsenergie im Inneren. Wir schreiben

$$\dot{Q} = -\int_{\partial V} q_i\, n_i\, dA + \int_V \rho z\, dV \quad . \tag{1.34}$$

$q_i$ ist der Vektor der Flußdichte der inneren Energie, und wir nennen diesen Vektor den *Wärmefluß*. Das Minuszeichen ist gewählt worden, damit U zunimmt, wenn $q_i$ in V hineinzeigt. z ist die spezifische, d. h. massebezogene absorbierte Wärmestrahlung. $\dot{Q}$ bezeichnet die am abgeschlossenen System pro Zeiteinheit übertragene innere Energie; man nennt $\dot{Q}$ die *Wärmeleistung*. Ist $\dot{Q} = 0$, so nennen wir das System adiabat (griechisch a "nicht" + diabainein "hindurchgehen"). Für $\dot{Q} > 0$ wird Wärme zugeführt, ansonsten , – d. h. für $\dot{Q} < 0$ –, wird Wärme abgeführt.

Die Gleichungen (1.32) bis (1.34) lassen sich zusammenfassen zur Energiebilanz eines abgeschlossenen Systems

$$\frac{d}{dt}\int_V \rho\left(u + \frac{1}{2}w^2\right)dV = \int_{\partial V}(t_{ji}\,w_j - q_i)\,n_i\,dA + \int_V \rho(f_i\,w_i + z)\,dV \quad . \tag{1.35}$$

Der Vergleich mit der generellen Formel (1.2) liefert die folgenden Zuordnungen.

| $\Psi$ | $\psi$ | $\Phi_i$ | $\pi$ | $\varsigma$ |
|:---:|:---:|:---:|:---:|:---:|
| Energie | $u + \frac{1}{2}w^2$ | $-t_{ji}\,w_j + q_i$ | 0 | $f_i w_j + z$ |

Hiermit können wir auch die anderen Formeln der Energiebilanz leicht anschreiben. Für ruhende offene Systeme

$$\int\limits_V \frac{\partial \rho\left(u + \frac{1}{2}w^2\right)}{\partial t}\,dV + \int\limits_{\partial V}\left\{\rho\left(u + \frac{1}{2}w^2\right)w_i - t_{ji}w_j + q_i\right\}n_i\,dA = \int\limits_V \rho(f_j w_j + z)\,dV$$

$$(1.36)$$

und für reguläre Punkte

$$\frac{\partial \rho\left(u + \frac{1}{2}w^2\right)}{\partial t} + \frac{\partial\left\{\rho\left(u + \frac{1}{2}w^2\right)w_i - t_{ji}w_j + q_i\right\}}{\partial x_i} = \rho(f_j w_j + z) \qquad . \qquad (1.37)$$

Ohne Volumkraft, Strahlungszufuhr und Oberflächenflüsse ist die Energie im abgeschlossenen System konstant. Das heißt, die Energie ist eine Erhaltungsgröße, die Energieproduktion ist gleich Null.

Die drei Gleichungen (1.35) bis (1.37) stellen verschiedene Formen des Energiesatzes oder des *Ersten Hauptsatzes der Thermodynamik* dar.

### 1.5.3  Potentielle Energie

Falls die Volumkraft $f_i$ sich schreiben läßt als Gradient $-\dfrac{\partial\varphi}{\partial x_i}$ eines zeitunabhängigen Potentials $\varphi$, – so wie z.B. im Schwerefeld mit $\varphi = gx_3$ –, so sagt man das Kraftfeld sei konservativ. Dann kann die Leistung der Volumkraft wie folgt umgeschrieben werden

$$\begin{aligned}
\int\limits_V \rho\, f_i w_i\,dV &= -\int\limits_V \rho\frac{\partial\varphi}{\partial x_i}w_i\,dV \\[2ex]
&= -\int\limits_V \frac{\partial\rho\varphi w_i}{\partial x_i}\,dV + \int\limits_V \varphi\frac{\partial\rho w_i}{\partial x_i}\,dV
\end{aligned}$$

Mit Gauß'schem Satz (1.5) und Massenbilanz (1.10) erhält man

$$\int\limits_V \rho\, f_i w_i\,dV = -\int\limits_V \frac{\partial\rho\varphi}{\partial t}\,dV - \int\limits_{\partial V} \rho\varphi w_i n_i\,dA \quad .$$

Einsetzen in (1.36) und Umordnung ergibt

$$\int\limits_V \frac{\partial \rho\left(u + \varphi + \frac{1}{2}w^2\right)}{\partial t}\,dV + \int\limits_{\partial V}\left\{\rho\left(u + \varphi + \tfrac{1}{2}w^2\right)w_i - t_{ji}w_j + q_i\right\}n_i\,dA = \int\limits_V \rho z\,dV. \quad (1.38)$$

Wenn z = 0 ist, d.h. wenn in V keine Wärmestrahlung absorbiert wird, so kann man diese Gleichung als Erhaltungssatz ansehen für die Summe aus innerer Energie sowie *potentieller Energie* $\int_V \rho\varphi dV$ und kinetischer Energie.

## 1.5.4  Beispiel I zum Energiesatz: Düsenströmung

Wir betrachten noch einmal – wie in den Absätzen 1.3.2 und 1.4.8 – die in Abb. 1.3 dargestellte stationäre Strömung durch eine Düse. Dort hatten wir die Aussagen von Massen- und Impulsbilanz auf die Düsenströmung abgeleitet. Jetzt beschäftigt uns die Energiebilanz. Wir nehmen an, daß auf $\partial V$ gilt $q_i = 0$, $t_{ji} = -p\delta_{ji}$ und erhalten aus (1.36)

$$\int_{\partial V} \rho \left( u + \frac{p}{\rho} + \frac{1}{2} w^2 \right) w_i n_i dA = 0 \; ,$$

wenn Schwerkraft und Strahlungszufuhr ignoriert werden. Wegen $w_i n_i = 0$ auf der Mantelfläche tragen nur die Querschnittsflächen zu dem Integral bei. Näherungsweise sollen $\rho$, $p$, $u$ und $w^2 \approx w_1^2$ auf einem Querschnitt homogen sein. Dann folgt wie früher und mit $\dot{m} = \rho w_1 A = \text{const}$ (siehe (1.13))

$$u + \frac{p}{\rho} + \frac{1}{2} w^2 \bigg|_I = u + \frac{p}{\rho} + \frac{1}{2} w^2 \bigg|_{II} \quad \text{oder} \quad u + \frac{p}{\rho} + \frac{1}{2} w^2 = \text{const}. \qquad (1.39)$$

Die Kombination $u + p/\rho$ heißt spezifische Enthalpie (griechisch: en "darin" + thalpos "Wärme"), also Wärmeinhalt; sie wird mit dem Buchstaben h bezeichnet. Darum kann man schreiben

$$h + \frac{1}{2} w^2 = \text{const} , \qquad (1.40)$$

oder in Worten: Die Zunahme der kinetischen Energie der Strömung geschieht auf Kosten der Enthalpie, des "Wärmeinhalts": Der Wärmeinhalt wird in kinetische Energie umgesetzt.

## 1.5.5  Beispiel II zum Energiesatz: Adiabate Drosselung

Die Drosselung ist eine Methode zur Druckabsenkung in einer Rohrströmung. Abb. 1.12 zeigt schematisch ein Drosselventil und eine Kontrollfläche $\partial V$.

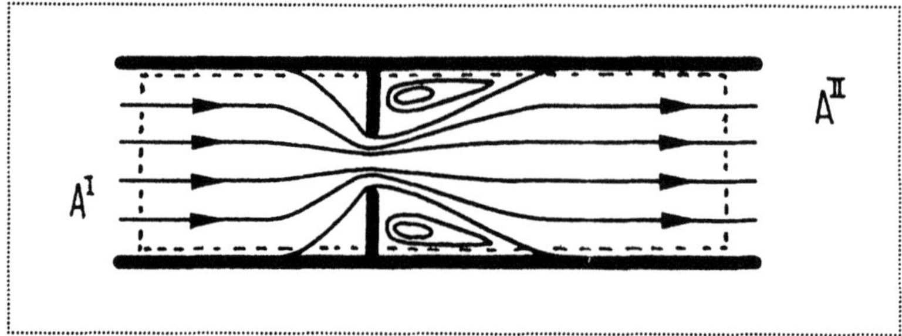


**Abb. 1.12** Drosselventil (schematisch).

Die An- und Abströmung sei stationär. Auf der Mantelfläche sind Geschwindigkeit und Wärmefluß gleich Null. Dann folgt aus (1.36), daß das Integral

$$\int_A \left\{ \rho \left( u + \frac{1}{2} w^2 \right) w_i - t_{ji} w_j + q_i \right\} n_i \, dA$$

über die beiden Querschnittsflächen $A^I$ und $A^{II}$ gleich ist.

Wir nehmen an, daß auf den beiden Querschnittsflächen $A^I$ und $A^{II}$ gilt $q_i = 0$ und $t_{ji} = -p\delta_{ji}$ , und daß auf $A^I$ und $A^{II}$ die Felder $\rho$, $p$, $u$ und $w_i$ homogen sind. Außerdem soll die kinetische Energie $\frac{1}{2}w^2$ im Vergleich zur inneren Energie vernachlässigbar klein sein; die Gültigkeit dieser letzten Annahme wird durch die zeitlich in die Strömung hineinragenden Sperren gewährleistet, die zu einer Verwirbelung der Strömung führen und damit zur Umwandlung kinetischer in innere Energie. Dann folgt mit $\dot{m} = \rho w_1 A = const$

$$u^I + \frac{p^I}{\rho^I} = u^{II} + \frac{p^{II}}{\rho^{II}} \qquad oder \quad h^I = h^{II}, \qquad (1.41)$$

D.h., bei der Drosselung bleibt die Enthalpie $h$ unverändert: die adiabate Drosselung ist ein isenthalper Prozeß.

Beachte jedoch, dass im Innern des Kontrollvolumens, d.h. irgendwo zwischen den Flächen $A^I$ und $A^{II}$, wo die Verwirbelung auftritt, der Spannungstensor $t_{ij}$ auch Scherkomponenten enthält. Diese machen sich in (1.41) nicht bemerkbar, da die Scherkomponenten auf der Oberfläche des Kontrollvolumens keine Arbeit leisten, bzw. sogar gleich Null sind.

## 1.5.6  Beispiel III zum Energiesatz: Verdampfung

Wir betrachten Dampf und siedende Flüssigkeit unter dem Druck $p$ in einem Zylinder, siehe Abb. 1.13. Wir bilanzieren Masse und Energie in dem in Abb. 1.13 durch Strichelung angedeuteten schmalen Kontrollvolumen. Um in diesem Volumen stationäre Verhältnisse zu haben, muß es langsam mit der Phasengrenzfläche absinken, so daß unten, wo $n_i = (0,0,-1)$ ist, Flüssigkeit eintritt, und oben, wo gilt $n_i = (0,0,1)$, Dampf austritt. Die Bilanzen lauten dann

$$\int_{\partial V} \rho w_i n_i \, dA = 0 \quad \text{und} \quad \int_{\partial V} \left( \rho(u + \tfrac{1}{2} w^2) w_i n_i - t_{ji} n_i w_j + q_i n_i \right) dA = 0 .$$

Zu beiden Seiten der Phasengrenze gelte $t_{ji} = - p \, \delta_{ji}$ mit demselben Druck p, und die kinetische Energie sei gegenüber der inneren Energie vernachlässigbar. Ein seitlicher Wärmeein- und -ausfluß sei ausgeschlossen. Zu den Integralen tragen dann nur die Ober- und Unterfläche bei, und mit den dort angegebenen Werten von $n_i$ ergibt sich

$$\rho' w_3' = \rho'' w_3'' \quad \text{und} \quad \rho' w_3' \left( u' + \frac{p'}{\rho'} \right) + q_3' = \rho'' w_3'' \left( u'' + \frac{p''}{\rho''} \right) + q_3''. \qquad (1.42)$$

Dabei kennzeichnen $'$ und $''$ Größen in Flüssigkeit und Dampf.

Wir kombinieren die beiden Gleichungen (1.38) und erinnern uns, daß $u + p/\rho$ die spezifische Enthalpie h ist. Dann ergibt sich

$$h'' - h' = r \quad \text{mit} \quad r \equiv \frac{q_3' - q_3''}{\rho w_3} . \qquad (1.43)$$

r heißt die spezifische Verdampfungswärme. Sie ist nach $(1.43)_2$ definiert als Differenz der Wärmeflüsse rein und raus aus der Phasengrenze bezogen auf die (gleiche) Massenflußdichte $\rho w_3$ in beiden Phasen.

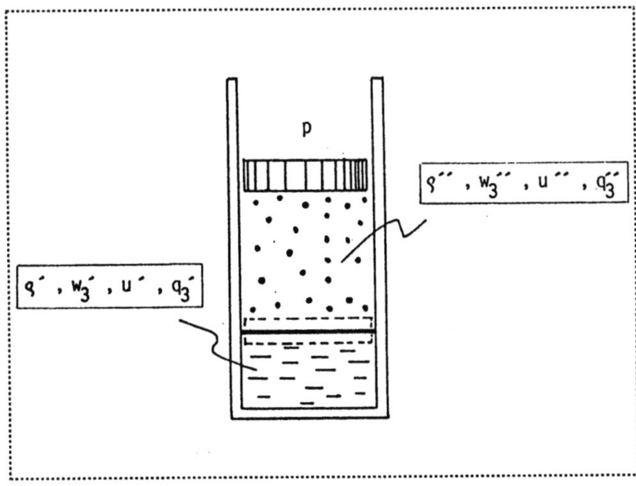


**Abb. 1.13** Zur Verdampfung einer Flüssigkeit.

Damit ist die spezifische Verdampfungswärme die pro verdampfter Masseneinheit in der Grenzfläche zur Phasenumwandlung verbrauchte Energie. Sie ist nach $(1.43)_1$ gleich der Enthalpiedifferenz $h'' - h'$ von Dampf und Flüssigkeit.

## 1.5.7  Beispiel IV zum Energiesatz: Fön

Bei der Strömung durch einen Fön werden – im Gegensatz zur Düsenströmung – dem strömenden Gas Wärme und Arbeit zugeführt, siehe Abb. 1.14. Wie bei den bisher behandelten stationären Strömungen benutzen wir den Energiesatz (1.36) für ruhende offene Systeme – unter Vernachlässigung von Strahlung und Schwerkraft – und erhalten für die in der Abbildung angedeutete Kontrollfläche die Gleichung

$$\int_{\partial V} \left\{ \rho \left( u + \frac{1}{2} w^2 \right) w_i - t_{ji} w_j + q_i \right\} n_i dA = 0 \ .$$

Auf der Mantelfläche ist $w_i = 0$, aber $q_i$ ist ungleich Null, denn über einen Teil der Mantelfläche wird die Wärmeleistung $\dot{Q}$ zugeführt. Auf den Querschnittsflächen dagegen nehmen wir an, daß gilt $q_i = 0$; darüber hinaus soll dort gelten $t_{ji} = - p\delta_{ji}$, *außer da, wo die Querschnittsfläche $A^I$ die Antriebswelle des Flügelrades schneidet*. So erhalten wir mit der nunmehr gewohnten Annahme über die Homogenität der Felder $\rho$, $p$, $u$ und $w_1$ auf den Querschnitten

$$-\rho \left( u + \frac{p}{\rho} + \frac{1}{2} w^2 \right) w_1 A \Bigg|_{I} + \rho \left( u + \frac{p}{\rho} + \frac{1}{2} w^2 \right) w_1 A \Bigg|_{II} - \int_{A_W} t_{ji} w_j n_i dA - \dot{Q} = 0. \quad (1.44)$$

Auf der Wellenschnittfläche $A_w$ herrscht eine Torsionsspannung und eine Tangentialgeschwindigkeit. Die Verteilung dieser Felder wird in der Mechanik berechnet; hier interessiert uns nur, daß durch sie dem System Arbeit zugeführt wird, und wir schreiben

$$\dot{A} = \int_{A_W} t_{ji} w_j n_i dA \quad .$$

Damit und wegen $\rho w_1 A = \dot{m} = const$ läßt sich (1.44) schreiben als

$$\left\{ \left( h + \frac{1}{2} w^2 \right) \Bigg|_{II} - \left( h + \frac{1}{2} w^2 \right) \Bigg|_{I} \right\} \dot{m} = \dot{A} + \dot{Q} \ . \quad (1.45)$$

Arbeitsleistung $\dot{A}$ und Wärmeleistung $\dot{Q}$ führen im strömenden Gas zu einem Zuwachs an Enthalpie und kinetischer Energie. Später, in Absatz 2.3.8, nach Einführung der Zustandsgleichungen für Luft werden wir die Verhältnisse am Fön genauer studieren.

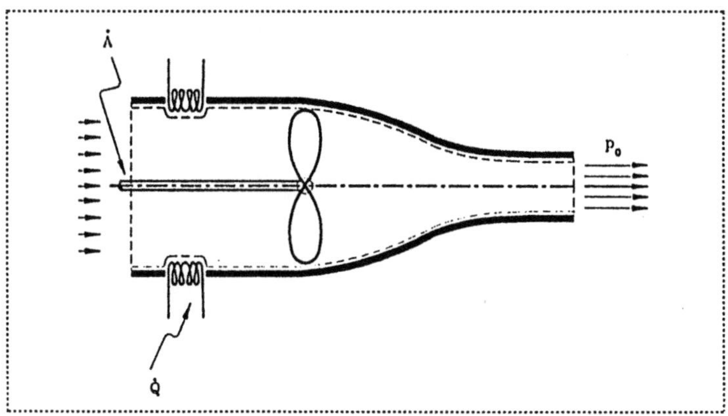


**Abb. 1.14** Fön (schematisch).

## 1.5.8 Beispiel V zum Energiesatz: Turbine

Dampf expandiert auf dem Weg vom Dampfkessel zum Kondensator. Er durchströmt dabei einen Diffusor, in den das Turbinenrad eingebaut ist, und setzt dieses in Bewegung., siehe Abb. 1.15. An der Turbinenwelle kann die Leistung $\dot{A}$ abgenommen werden. Die Energiebilanz schreibt sich nicht anders als beim Fön, nur daß der Term $\dot{Q}$ in (1.45) wegfällt, da die Expansion näherungsweise adiabat erfolgt. Wir erhalten für die spezifische zugeführte Leistung

$$\left( h + \frac{1}{2} w^2 \right)\Bigg|_{II} - \left( h + \frac{1}{2} w^2 \right)\Bigg|_{I} = \dot{A}/\dot{m}$$

und bei Vernachlässigung der kinetischen Energie

$$h_{II} - h_{I} = \dot{A}/\dot{m} \, . \tag{1.46}$$

$\dot{A}/\dot{m}$ ist die zugeführte Arbeitsleistung geteilt durch den Massenstrom. Dieser Quotient stellt die übertragene spezifische Arbeit dar, die Arbeit pro Masse. Sie ist nach (1.46) gleich der spezifischen Enthalpiedifferenz, und sie ist negativ in der Turbine, da dort Arbeit abgegeben wird.

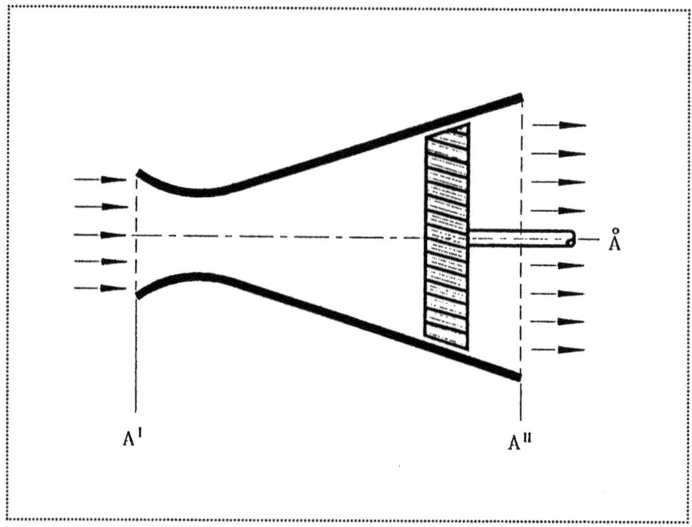

**Abb. 1.15** Zur Energiebilanz an der Turbine.

## 1.6 Bilanz der Inneren Energie

### 1.6.1 Ableitung aus Energie-, Impuls- und Massenbilanz

Die Energiebilanz (1.37) enthält eine Redundanz, denn sie setzt die zeitliche Änderung der inneren Energie in Beziehung zu den zeitlichen Änderungen von Dichte und Geschwindigkeit; diese Größen jedoch werden schon von der Massen- und Impulsbilanz bestimmt, siehe (1.10) und (1.16). Man kann sich von dieser Redundanz befreien und zwar – beginnend mit (1.37) – durch eine Zerlegung der Energiebilanz wie folgt.

$$\frac{\partial \rho u}{\partial t} + \frac{\partial(\rho u w_i + q_i)}{\partial x_i} - t_{ji}\frac{\partial w_j}{\partial x_i} - \rho z$$

$$+ \frac{\partial \frac{\rho}{2} w^2}{\partial t} + \frac{\partial \frac{\rho}{2} w^2 w_i}{\partial x_i} - \frac{\partial t_{ji}}{\partial x_i} w_j - \rho f_j w_j = 0 \ . \tag{1.47}$$

Zur Umformung der zweiten Zeile machen wir die leichte Zwischenrechnung

$$\frac{\partial \frac{\rho}{2} w^2}{\partial t} + \frac{\partial \frac{\rho}{2} w^2 w_i}{\partial x_i} = \frac{1}{2} w^2 \underbrace{\left( \frac{\partial \rho}{\partial t} + \frac{\partial \rho w_i}{\partial x_i} \right)}_{} + \rho w_j \left( \frac{\partial w_j}{\partial t} + w_i \frac{\partial w_j}{\partial x_i} \right)$$

$$= 0 \text{ wegen Massenbilanz (1.10)}$$

$$= w_j \left( \frac{\partial \rho w_j}{\partial t} + \frac{\partial \rho w_j w_i}{\partial x_i} \right) - w^2 \overbrace{\left( \frac{\partial \rho}{\partial t} + \frac{\partial \rho w_j}{\partial x_j} \right)}^{} \quad .$$

Dann folgt aus (1.47)

$$\frac{\partial \rho u}{\partial t} + \frac{\partial (\rho u w_i + q_i)}{\partial x_i} - t_{ji} \frac{\partial w_j}{\partial x_i} - \rho z +$$

$$+ w_j \underbrace{\left( \frac{\partial \rho w_j}{\partial t} + \frac{\partial \rho w_j w_i - t_{ji}}{\partial x_i} - \rho f_j \right)}_{} = 0$$

$$= 0 \text{ wegen Impulsbilanz (1.16).}$$

Es bleibt

$$\frac{\partial \rho u}{\partial t} + \frac{\partial (\rho u w_i + q_i)}{\partial x_i} = t_{ji} \frac{\partial w_j}{\partial x_i} + \rho z \, , \tag{1.48}$$

und das ist die Bilanz der inneren Energie in regulären Punkten. Beim Vergleich mit der generellen lokalen Bilanz (1.7) erhalten wir folgende Zuordnungen

| $\Psi$ | $\psi$ | $\Phi_i$ | $\pi$ | $\varsigma$ |
|---|---|---|---|---|
| Innere Energie | $u$ | $q_i$ | $t_{ji} \dfrac{\partial w_j}{\partial x_i}$ | $z$ |

Man beachte, daß hier – erstmalig – auch eine Produktion vorliegt. In der Tat, die innere Energie ist keine Erhaltungsgröße, denn sie kann ja in kinetische Energie umgewandelt werden bzw. aus ihr entstehen.

Die integralen Bilanzen der inneren Energie in geschlossenen und offenen Systemen ergeben sich nun leicht aus den generellen Gleichungen (1.2) und (1.4)

$$\frac{d}{dt} \int_V \rho u \, dV + \int_V q_i n_i \, dA = \int_V t_{ji} \frac{\partial w_j}{\partial x_i} dV + \int_V \rho z \, dV \tag{1.49}$$

$$\int_V \frac{\partial \rho u}{\partial t} dV + \int_{\partial V} \left( \rho u w_i + q_i \right) n_i dA = \int_V t_{ji} \frac{\partial w_j}{\partial x_i} dv + \int_V \rho z dV \;. \qquad (1.50)$$

## 1.6.2  Kurzform der Energiebilanzen für abgeschlossene Systeme

Wir erinnern uns an die in (1.32) bis (1.34) eingeführten Pauschalgrößen Energie, Arbeitsleistung und Wärmeleistung

$$U + K = \int_V \rho \left( u + \frac{1}{2} w^2 \right) dV,$$

$$\dot{A} = \int_{\partial V} t_{ji} w_j n_i dA + \int_V \rho f_j w_j dV, \qquad (1.51)$$

$$\dot{Q} = - \int_{\partial V} q_j n_j dA + \int_V \rho z dV$$

Zusätzlich definieren wir die *innere Arbeitsleistung*

$$\dot{A}_{inn} = \int_V t_{ji} \frac{\partial w_j}{\partial x_i} dV \qquad . \qquad (1.52)$$

Mit diesen Definitionen lassen sich die Energiebilanz (1.35) und die Bilanz (1.49) der inneren Energie für abgeschlossene Systeme in den folgenden leicht zu merkenden Kurzformen schreiben

$$\frac{d(U + K)}{dt} = \dot{A} + \dot{Q} \qquad . \qquad (1.53)$$

$$\frac{dU}{dt} = \dot{A}_{inn} + \dot{Q} \;. \qquad (1.54)$$

Wie auch die früheren Formen der Bilanzen für Energie und innere Energie, stellen diese Gleichungen den *Ersten Hauptsatz der Thermodynamik* dar. Die innere Leistung $\dot{A}_{inn}$ kann im allgemeinen nicht bestimmt werden, denn sie setzt sich zusammen aus Spannungstensor und Geschwindigkeitsgradient *überall im Innern* von V, beides Größen, die wir weder kennen noch kontrollieren können.

## 1.7  Erster Hauptsatz für reversible Prozesse Grundlage der "pdV- Thermodynamik".

### 1.7.1  Arbeitsleistung und innere Arbeitsleistung im reversiblen Prozeß

Häufig können wir – näherungsweise – die viskosen Kräfte vernachlässigen und Druckunterschiede im Volumen V und auf $\partial V$ ignorieren. Dann gilt $t_{ji} = -p\delta_{ij}$ und $p$ = const. Unter diesen Umständen berechnen sich die Arbeitsleistungen $\dot{A}$ und $\dot{A}_{inn}$ wie folgt

$$\dot{A} = \int_{\partial V} t_{ji} w_j n_i dA = -\int_{\partial V} p w_j n_j dA = -p \int_{\partial V} w_j n_j dA = -p \frac{dV}{dt} , \qquad (1.55)$$

$$\dot{A}_{inn} = \int_V t_{ji} \frac{\partial w_j}{\partial x_i} dV = -\int_V p \frac{\partial w_i}{\partial x_i} dV = -p \int_V \frac{\partial w_j}{\partial x_j} dV = -p \frac{dV}{dt} . \qquad (1.56)$$

Man beachte, daß die beiden letzten Integrale in den Gleichungsketten von (1.55) und (1.56) wegen des Gauß'schen Satzes gleich sind. Der letzte Schritt in diesen Gleichungen beruht auf der Identität $\int_{\partial V} w_j n_j dA = \frac{dV}{dt}$ .

Wir schließen , daß unter den betrachteten Umständen – keine Reibungskräfte, homogener Druck – kein Unterschied zwischen $\dot{A}$ und $\dot{A}_{inn}$ besteht. Nach (1.53), (1.54) bedeutet dies auch, daß die Änderung der kinetischen Energie vernachlässigt werden kann.

Die während des Zeitintervalls dt *übertragene Arbeit* ist dann gegeben durch

$$\dot{A} dt = \dot{A}_{inn} dt = -p dV  . \qquad (1.57)$$

### 1.7.2  Reversible Prozesse

Wir kombinieren die Ausdrücke (1.55) oder (1.56) für die Arbeitsleistungen mit den Energiegleichungen (1.53) oder (1.54) und erhalten den Ersten Hauptsatz in der Form

$$\dot{Q} = \frac{dU}{dt} + p \frac{dV}{dt}  . \qquad (1.58)$$

Diese Gleichung nennt  man auch den Ersten Hauptsatz für umkehrbare – oder *reversible* – Prozesse – in abgeschlossenen Systemen. Denn, wenn $\frac{dU}{dt}$ und

$\frac{dV}{dt}$ umgekehrt werden, d. h. wenn sie durch $-\frac{dU}{dt}$ und $-\frac{dV}{dt}$ ersetzt werden, so kehrt sich auch das Vorzeichen der übertragenen Wärmeleistung $\dot{Q}$ um: Der Prozess kann also umgekehrt werden, wenn man die Wärmezufuhr durch Wärmeabfuhr ersetzt. Der Erste Hauptsatz für reversible Prozesse ist Grundlage vieler Näherungsrechnungen der technischen Thermodynamik. Bei solchen Rechnungen werden Scherspannungen, so wie sie in verwirbelten Flüssigkeiten, Rohrströmungen und Grenzschichten auftreten, vernachlässigt.

## 1.8  Zusammenfassung der Bilanzgleichungen

Wir stellen die generellen Bilanzen und ihre in diesem Kapitel diskutierten speziellen Formen in übersichtlicher Form wie folgt zusammen:

abgeschlossenes System

$$\frac{d}{dt}\int_V \rho\psi dV + \int_{\partial V} \Phi_i n_i dA = \int_V \rho(\pi + \varsigma)dV \; ,$$

ruhendes offenes System

$$\int_V \frac{\partial \rho\psi}{\partial t} dV + \int_{\partial V} (\rho\psi w_i + \Phi_i) n_i dA = \int_V \rho(\pi + \varsigma)dV \; ,$$

in regulären Punkten

$$\frac{\partial \rho\psi}{\partial t} + \frac{\partial(\rho\psi w_i + \Phi_i)}{\partial x_i} = \rho(\pi + \varsigma) \; .$$

| $\Psi$ | $\psi$ | $\Phi_i$ | $\pi$ | $\varsigma$ |
|---|---|---|---|---|
| Masse | 1 | 0 | 0 | 0 |
| Impuls | $w_j$ | $-t_{ji}$ | 0 | $f_j$ |
| Energie | $u + \frac{1}{2}w^2$ | $-t_{ji}w_j + q_i$ | 0 | $f_j w_j + z$ |
| Innere Energie | $u$ | $q_i$ | $t_{ji}\dfrac{\partial w_j}{\partial x_i}$ | $z$ |

## 1.9 Historisches zum Ersten Hauptsatz

Benjamin THOMPSON (1753 - 1814), später GRAF VON RUMFORD – von Gnaden des bayerischen Kurfürsten Karl Theodor –, drückte als erster Zweifel aus an der damals herrschenden Theorie der Kalorik. Diese Theorie hatte der große Chemiker Antoine Laurent LAVOSIER (1743–1794) eingeführt; danach sollte die Wärme eine gewichtslose Flüssigkeit sein, eben die Kalorik. Und die Wärmeentwicklung beim Zerspanen von Metall wurde erklärt als Befreiung der Kalorik aus dem Metall.

Posthum kreuzte Rumford den Weg Lavoisiers. Er ging nach Paris und heiratete Lavoisiers Witwe. Asimov [1.4] schreibt darüber: The marriage was unhappy. After four years they separated and Rumford was so ungallant as to hint that she was so hard to get along with that Lavoisier was lucky to have been guillotined.[1.5] However, it is quite obvious that Rumford was no daisy himself.

**Abb. 1.16** Graf Rumford

Graf Rumford bohrte Kanonen für den Kurfürsten, und er stellte fest, daß ein stumpfer Bohrer mehr Wärme freisetzt als ein scharfer, obwohl gar keine Späne entstehen. Durch fortwährendes Bohren mit dem stumpfen Bohrer konnte Rumford soviel Wärme erzeugen, daß damit das ganze Kanonenrohr hätte geschmolzen werden können,

"... ganz ohne Feuer",
wundert er sich. Und er fragt:
"Was ist Wärme?"

---

[1.4] Asimov's Biographical Encyclopedia of Science and Technology. Pan Reference Books, London & Sydney (1978). [Die Amerikaner mögen ihren Landsmann Graf Rumford nicht, denn er stand im Unabhängigkeitskrieg auf englischer Seite.]

[1.5] Diese Dame war auch Empfängerin von Lavoisiers letztem Brief, geschrieben am Vorabend der Hinrichtung: „Es ist anzunehmen", hieß es darin, „daß die Ereignisse, in die ich verstrickt bin, mir die Unannehmlichkeiten des Alterns ersparen."

Und antwortet:

> "Es scheint mir schwer, wenn nicht ganz unmöglich, etwas anderes zu denken,
> als daß Wärme eben das sei, was in diesem Versuche dem Metallstück ebenso
> andauernd zugeführt wurde, als Wärme in ihm erschien, nämlich: *Bewegung.*"

Das war es (!), eine frühe – zu frühe – richtige Erkenntnis; sie blieb folgenlos, denn die Idee von der Kalorik beherrschte die Wärmelehre noch 50 weitere Jahre. Rumfords Beitrag wurde lange vergessen und damit auch sein früher Versuch zur Bestimmung des mechanischen Wärmeäquivalents:

Der Bohrer war durch zwei Pferde an einem Göpel in Bewegung gehalten worden

> "...wozu aber auch eines genügt hätte".

Rumford mißt die Wärmeleistung am Bohrer und findet sie

> "...mindestens gleich der beim Brennen von neun großen Wachskerzen gelieferten".

Als nützlich allerdings beurteilt Rumford diese Art der Wärmeerzeugung nicht, denn

> "...man würde mehr Wärme erhalten, wenn man das unentbehrliche Futter
> der Pferde als Brennstoff benutzte".

Robert Julius MAYER (1814–1878) war der erste, der die klare Vorstellung hatte, daß Wärme eine Energieform ist, daß die Energie eine Erhaltungsgröße ist, und daß sich mechanische Energie in Wärme umwandeln läßt und umgekehrt. In der Manier des 19. Jahrhundert formulierte er diese Erkenntnisse als Kernsatz so:

**Ex nihilo nil fit, nil fit at nihilum.**

Abb. 1.17 zeigt Mayer neben einem Ausriß aus der Titelseite seiner ersten veröffentlichten Arbeit. In dieser findet sich der Satz

> "... und es ergibt sich hieraus, daß dem Herabsinken eines Gewichtsteiles von
> einer Höhe (von) zirka 365 m die Erwärmung eines gleichen Gewichtsteiles
> Wasser von 0° auf 1° entspreche".

Das ist der erste – noch ungenaue – Wert für das mechanische Wärmeäquivalent, wenn man von Rumfords Wachskerzen absieht. Später, 1845, sollte Mayer das kurz und bündig so aussprechen

$$1° \text{ Wärme} = 1 \text{ Gramm auf} \left\{ \begin{array}{l} 367\,\text{m} \\ 1130 \text{ Pariser Fuß} \end{array} \right\} \text{Höhe} \ .$$

Er korrigiert sich dann unter Hinweis auf genauere Messungen von Joule:

$$1° \text{ Wärme} = 1 \text{ Gramm auf} \left\{ \begin{array}{l} 425\,\text{m} \\ 1308 \text{ Pariser Fuß} \end{array} \right\} \text{Höhe} \ ,$$

oder wie wir heute sagen [1.6]

$$1 \text{ cal} = 4{,}18 \text{ Joule} \ .$$

---

[1.6] Auch die Kalorie ist heute eine veraltete Einheit; sie gab früher die Wärmemenge an, die man braucht, um 1 gr Wasser von 14,5 °C auf 15,5 °C zu erwärmen. Seit 1972 hat die Wärmeenergie keine eigene Einheit mehr. Alle Energieformen werden in Joule angegeben.

Als Arzt – später Oberamtswundarzt zu Heilbronn – war Mayer nicht vertraut mit dem nüchternen Jargon der professionellen Wissenschaft. Darum sind seine Arbeiten Fundgruben für blumige Formulierungen. Es folgen einige Auszüge aus Mayers großer Arbeit von 1845, siehe Abb. 1.18.

Die Kaloriktheorie – die herrschende Wärmetheorie bis zu Mayers Tagen – postulierte Wärme als gewichtslose Flüssigkeit. Mayer überwindet diese Vorstellung mit den Worten "Sprechen wir es aus, die große Wahrheit: Es gibt keine immateriellen Materien".
Über die Bedeutung der Thermodynamik sagt er:

> "Jahrtausendelang war das Menschengeschlecht zur Lösung der immer wiederkehrenden Aufgabe, ruhende Massen mit den Hilfsmitteln der anorganischen Natur in Bewegung zu setzen, fast ausschließlich auf die Verwendung gegebener mechanischer Effekte beschränkt. Einer neuen Zeit war es vorbehalten, den Kräften der alten Welt, der strömenden Luft und dem fallenden Wasser, noch eine andere Kraft hinzufügen. Diese dritte Kraft, deren Wirkung unser Jahrhundert mit Bewunderung erblickt, ist die *Wärme*."

Dann wieder ganz nüchtern:

> "Die Wärme ist eine Kraft; sie läßt sich in mechanischen Effekt umwandeln."

Mayer lobt die Erfolge der "angewandten Mathematik", aber er klagt:

> "Nur der Biologie haben die Entdeckungen Galileis, Newtons und Mariottes verhältnismäßig wenig Früchte getragen; für die Lebenserscheinungen wurden keine Formeln aufgefunden, denn: der Buchstabe tötet, der Geist allein gibt Leben."

**Abb. 1.17**   Robert Julius Mayer. Ausriß aus dem Titelblatt seiner ersten veröffentlichten Arbeit.

Das glaubt Mayer ändern zu können. Er zitiert Körpertemperaturen

> "bei einem Neger faul und unthätig in der Kabane          37°
> desgl.          desgl.          in der Sonne          40,20°
> desgl.          thätig          in der Sonne          39,75°."

Die Idee war natürlich, daß der tätige Neger  einen Teil seiner Wärme in "Thätigkeit" umgesetzt hat. Die gleiche allzu einfache Betrachtung spricht aus folgendem Absatz.

"Wenn man bei großer Kälte eine anstrengende Arbeit beginnt, so empfindet man ein Frostgefühl in den thätigen Körperteilen. Der Holzsäger wechselt des Winters beim Beginn seines Tagewerks häufig mit der Hand, denn durch den Handschuh hindurch friert ihn, bis er sich warm geschafft hat, in den arbeitenden Arm."

Eine weniger offensichtliche Fehlinterpretation des mechanischen Wärmeäquivalents findet sich schon in Mayers unveröffentlichter erster Arbeit von 1841. Dort deutet er in diffusem Stil an, daß die von der Sonne ausgesandte Wärme aus der kinetischen Energie auffallender Massen herrühren könnte. Später, 1848, sagt Mayer zu diesem Thema:

"Alle diese Massen stürzen mit einem heftigen Stoße in ihr gemeinsames Grab. Da nun keine Ursache ohne Wirkung besteht, so muß auch  jede dieser kosmischen Massen ... eine gewisse positive Wärme hervorbringen."

Und an anderer Stelle

"... die Frucht davon ist das herrlichste der materiellen Welt, die ewige Quelle des Lichts."

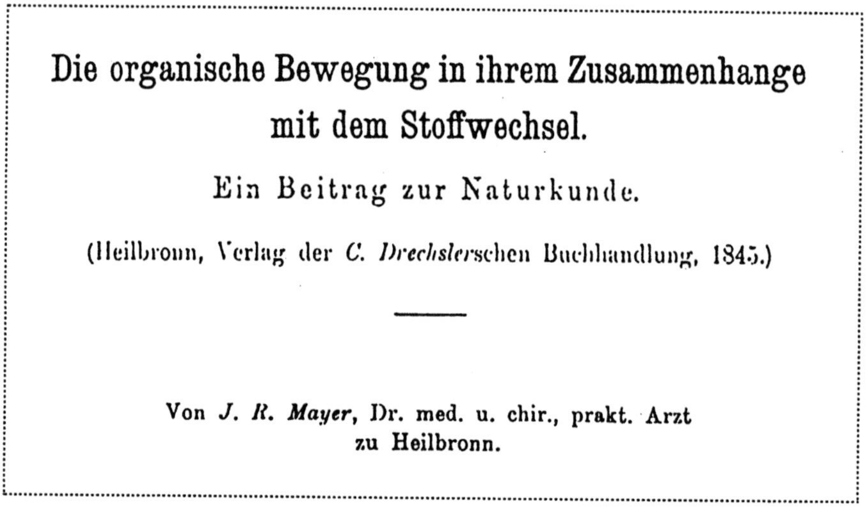

# Die organische Bewegung in ihrem Zusammenhange mit dem Stoffwechsel.

## Ein Beitrag zur Naturkunde.

(Heilbronn, Verlag der *C. Drechslerschen* Buchhandlung, 1845.)

———

Von *J. R. Mayer*, Dr. med. u. chir., prakt. Arzt zu Heilbronn.

**Abb. 1.18** Ausriß aus dem Titelblatt von Mayers großer Arbeit von 1845.

Mayer war ohne wissenschaftliches Umfeld; er fühlte sich ignoriert und achtete stets darauf, seine Priorität an der Entdeckung des Energiesatzes einzufordern. Das ging soweit, daß er einen Leserbrief an die Augsburger "Allgemeine Zeitung" einreichte, in dem er auf seine "Wichtige Physikalische Entdeckung" hinwies, siehe  Abb. 1.21.

Mayer war nicht der einzige Entdecker des Energiesatzes; gewöhnlich werden drei Namen genannt: außer Mayer auch Joule und Helmholtz.

**Abb. 1.19** James Prescott Joule. Ein Zitat von Lenard.

James Prescott JOULE (1818–1889) war ein englischer Privatgelehrter, Sohn eines reichen Brauers. Er perfektionierte die Temperaturmessung und  war schließlich in der Lage, Temperaturdifferenzen von nur 0,005° Fahrenheit zu messen. Durch sorgfältige Messungen konnte Joule daher das mechanische Wärmeäquivalent genauer bestimmen als alle seine Zeitgenossen. Daher trägt die Energieeinheit seinen Namen. Von Joule  heißt es, er habe auf seiner Hochzeitsreise die Wassertemperatur oberhalb und unterhalb eines malerischen Wasserfalls gemessen, um die Umwandlung potentieller Energie in Wärme festzustellen.

Hermann Ludwig Ferdinand VON HELMHOLTZ (1821–1894) sprach den Energiesatz als erster detailliert und spezifisch aus, und er gab ihm eine zeitgemäße mathematische Form. Helmholtz konkretisierte auch die Mayer'schen Überlegungen über den Energiehaushalt der Sonne. Er nahm an, daß der Sonnenradius im Laufe der Zeit kleiner wird, und berechnete die durch die Kontraktion der Sonnenmasse freiwerdende Energie. Dabei kam heraus, daß die Sonne – bei konstanter Abstrahlung – vor 25 Millionen Jahren eine Kugel vom Durchmesser der Erdbahn ausgefüllt haben müsse. Das Erdalter mußte folglich kleiner sein als 25 Millionen Jahre. Die Rechnung ist schlüssig, aber die Voraussetzung war falsch; Helmholtz konnte  nicht wissen, daß die Sonnenstrahlung  aus nuklearer Energie gespeist wird.

Wie Mayer war auch Helmholtz Arzt, der Ausbildung nach also ein Außenseiter der Physik und der mathematischen Physik. Er schuf sich die Mathematik, die er brauchte, und jeder Student der Strömungslehre kennt die Helmholtz'schen Wirbelsätze, originelle und durchaus nichttriviale Lösungen der Impulsbilanz.

---

[1.7]  Zitat aus P. Lenard. Große Naturforscher. J.F. Lehmann Verlag München 1941.

Man kann leicht argumentieren, daß der Energiesatz die größte Entdeckung des 19. Jahrhunderts war. Aber wie wurde er aufgenommen?

Mayer schickte seine erste Arbeit "Über die quantitative und qualitative Bestimmung der Kräfte" am 15. Juni 1841 an Poggendorffs Annalen und wartete ungeduldig auf Antwort. Am 1. August schreibt er an seinen Freund Baur

> "Da ich gestern Poggendorffen brummte, respektive um Zurücksendung meines Artikels bat..."

und erneut am 16. August, wieder an Baur

> "Mit der Bekanntmachung meiner Theorien will es sich gar nicht gestalten. Auf einen gedrängten Aufsatz, den ich unter dem 15. Juni nach Leipzig an Poggendorffs Annalen schickte, bekam ich keine Antwort: ich monierte am 3. Juli abermals umsonst, und schrieb am 31. Juli direkt an Poggendorff in Berlin mit der wiederholten Bitte um alsbaldige Antwort und mit dem Verlangen, das Manuskript, falls es nicht im nächsten Hefte Platz finden könnte, zurückzusenden: alles vergeblich."

„... daß dies zu leisten Helmholtz vorbehalten geblieben war, der doch gar kein mathematisches Universitätsstudium getrieben hatte, dies zeigt in ganz besonderer Weise die vollkommene Nutzlosigkeit des so ausgedehnten mathematischen Unterrichts-Betriebes der heutigen Universitäten, wobei Ungezählte nur zu Examenszwecken mit Entlegenstem geplagt werden, deren viele nachher als Lehrer in Schulen ebenso nutzlos die uferlose Plage weitergeben, statt bescheidene, aber gesicherte Grundkenntnisse und den einfachen großen Grund-Sinn mathematischen Denkens zu überliefern, während doch nur Wenige es sind, die mittels Mathematik überhaupt Fortschritt zu bringen vermögen und die dazu so großer Zeitverluste garnicht bedürfen". [1.8]

**Abb. 1.20** Hermann Ludwig Ferdinand von Helmholtz. Ein Zitat von Lenard.

Die Arbeit wurde nie veröffentlicht. Sie fand sich nach Poggendorffs Tod in dessen Schreibtisch. Mayer, tief enttäuscht, schrieb eine neue Arbeit, die oben zitierten "Bemerkungen über die Kräfte der unbelebten Natur" und sandte sie an Justus von Liebig zur Veröffentlichung in dessen "Annalen der Chemie und Pharmazie". Ein Ausriß aus dem

---

[1.8] Ibidem. Das Zitat ist hier eingerückt, da es erfahrungsgemäß Studenten unendlich viel Freude bereitet.

beiliegenden Brief ist in Abb. 1.22 zu sehen. So spricht man zu Herausgebern! Die Arbeit wurde akzeptiert.

## Wichtige physikalische Erfindung.

Es ist mir gelungen ein einfaches Verfahren aufzufinden um die von mir entdeckte Aequivalenz der Wärme und der mechanischen Arbeit, oder die Umwandlung der Bewegung in Wärme et vice versa (vergl. u. a. meine Abhandlung über die Kräfte der unbelebten Natur in Wöhler und Liebig's Annalen, Maiheft 1842) durch ein leichtes Experiment zu constatiren und die betreffende Aequivalenten-Zahl mit aller wünschenswerthen Schärfe direct zu bestimmen. Der zu diesen Versuchen erforderliche Apparat, wie ich einen solchen durch Hrn. Mechanicus Wagner dahier habe verfertigen lassen, besteht im wesentlichen aus einem metallenen Cylinder, in welchem sich Wasser befindet das mittelst eines Pumpenstiefels durch eine enge Oeffnung hindurchgepreßt und dadurch erwärmt wird. Wenn man nun die so hervorgebrachte Wärmemenge mit dem gleichzeitig stattfindenden Arbeitsverbrauche vergleicht, so hat man damit das wichtigste naturwissenschaftliche Problem der Jetztzeit gelöst.

Indem ich, veranlaßt durch einen im Journal des Débats vom 15 September v. J. enthaltenen Artikel, hier zugleich mein Prioritätsrecht auf die Entdeckung des genannten Princips sammt den daraus von mir für die Physiologie, die Mechanik des Himmels u. s. w. gezogenen Consequenzen gegen etwaige auf ein jüngeres Datum sich stützende Ansprüche englischer und französischer Naturforscher öffentlich gewahrt wissen will, bemerke ich schließlich daß ich gerne bereit seyn werde über den berührten Gegenstand nähere Auskunft zu ertheilen.

Heilbronn im Mai 1849.

Dr. J. R. Mayer.

Abb. 1.21 Leserbrief in der Beilage zu Nr. 134 der Augsburger "Allgemeinen Zeitung" vom 14. Mai 1849.

Hochverehrtester Herr Professor!
Beifolgenden kurzen Aufsatz bin ich so frei, Euer Wohlgeboren zur gefälligen Aufnahme in Ihren Annalen für Chemie und Pharmazie vorzulegen. — — —

— — — —. Möchte es Euer Wohlgeboren gefallen, sich vom Durchlesen des kleinen Aufsatzes durch den vielleicht barock scheinenden Anfang nicht abhalten zu lassen und möchten Sie solchen der Erhaltung eines Plätzchens in Ihren weltverbreiteten Annalen für würdig erachten. Sollten Sie indessen von demselben keinen Gebrauch zu machen geneigt sein, so erlaube ich mir die Bitte um gefällige Zurücksendung des Manuskriptchens.

Mit vorzüglichster Hochachtung
verharre ich
Euer Wohlgeboren gehorsamster Diener
Dr. J. R. Mayer

Abb. 1.22 Ausriß aus dem Brief Mayers an v. Liebig vom 31. März 1842.

Joule erging es nicht besser. Seine Arbeit wurde von wissenschaftlichen Zeitschriften und von der Royal Society zurückgewiesen. Schließlich präsentierte er sie in einem öffentlichen Vortrag, und sein Bruder, Musikkritiker an einer Tageszeitung in Manchester, überzeugte seinen Herausgeber, den Vortrag abzudrucken.

Auch Helmholtz konnte seine Arbeit nicht veröffentlichen, und so publizierte er sie schließlich selbst – als Pamphlet, 1847, mit dem Titel "Über die Erhaltung der Kraft", siehe Abb. 1.23.

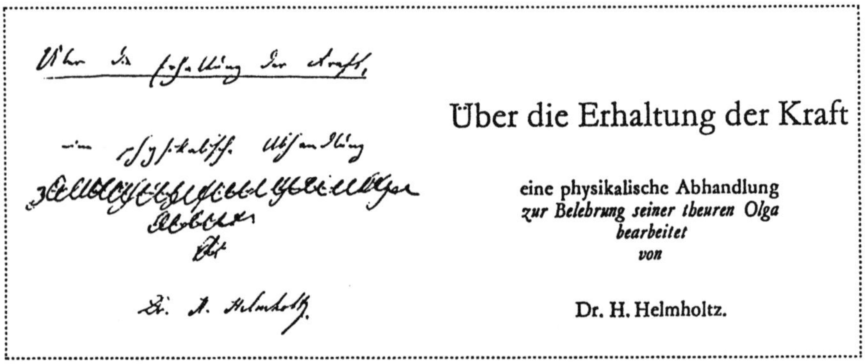

## Über die Erhaltung der Kraft

eine physikalische Abhandlung
*zur Belehrung seiner theuren Olga*
*bearbeitet*
*von*

Dr. H. Helmholtz.

**Abb. 1.23** Titelseite von Helmholtz' Arbeit. Die Widmung an die "theure Olga" ist von Helmholtz vor Drucklegung ausgestrichen worden.

Nachdem die Hürde der Veröffentlichung genommen war, fand der Energiesatz rasch Anerkennung. Er bildet als Erster Hauptsatz der Thermodynamik die Grundlage der Thermodynamik , und seine drei Entdecker fanden die Ehre, die ihnen gebührte, so auch Mayer:

> "...Im Jahre 1867 wurde er infolge der Herausgabe der "Mechanik der Wärme" von seinem Könige, dessen Freude es ist, Verdienste zu belohnen, zum Ritter des Ordens der Württembergischen Krone und im Jahre 1869 vom Gewerbeverein seiner Vaterstadt Heilbronn zum Ehrenmitglied ernannt." [1.9]

Mayer durfte sich fortan "von Mayer" nennen.

---

[1.9] Zitat aus "Robert Mayer. Sein Leben und sein Werk." von H. Schulz und H. Weckbach. Veröffentlichung des Archivs der Stadt Heilbronn, 1964.

# 2 Materialgleichungen

## 2.1 Allgemeine Form der Materialgleichungen in Flüssigkeiten, Dämpfen und Gasen

### 2.1.1 Notwendigkeit von Materialgleichungen

Wir erinnern uns, daß es das Ziel der Thermodynamik ist, die 5 Felder

$$\text{Massendichte } \rho(x_n,t), \text{ Geschwindigkeit } w_i(x_n,t), \text{ Temperatur } T(x_n,t) \qquad (2.1)$$

zu bestimmen. Um dieses Ziel zu erreichen, braucht man 5 Gleichungen, welche diese Felder verknüpfen. Nun haben wir 5 Bilanzen abgeleitet: die Erhaltungssätze für Masse und Impuls und die Bilanz der inneren Energie

$$\frac{\partial \rho}{\partial t} + \frac{\partial \rho w_i}{\partial x_i} = 0$$

$$\frac{\partial \rho w_j}{\partial t} + \frac{\partial \left(\rho w_j w_i - t_{ji}\right)}{\partial x_i} = \rho f_j \qquad (2.2)$$

$$\frac{\partial \rho u}{\partial t} + \frac{\partial \left(\rho u w_i + q_i\right)}{\partial x_i} = \rho z + t_{ji}\frac{\partial w_j}{\partial x_i} \,.$$

Wir werden annehmen, daß $f_j$ und $z$ als Funktionen von $x_n$ und $t$ gegeben sind; bei unseren Überlegungen ist meist $f_j$ die Schwerkraft mit $f_j = (0,0,-g)$ und $z = 0$. Trotzdem reichen die Gleichungen (2.2) für die Bestimmung von $\rho$, $w_i$, $T$ nicht aus, denn in ihnen kommen zusätzliche Größen vor, nämlich Spannungstensor $t_{ji}$, spezifische innere Energie $u$ und Wärmefluß $q_i$; und dafür kommt die Temperatur $T$ überhaupt nicht vor.

Wir brauchen also zusätzliche Gleichungen, welche $t_{ji}$, $u$ und $q_i$ mit $\rho$, $w_i$ und $T$ verknüpfen, und das sind die *Materialgleichungen der Thermodynamik*. Durch lange Erfahrung mit den in der Thermodynamik behandelten Stoffen hat sich nämlich herausgestellt, daß Spannung, innere Energie und Wärmefluß in *materialabhängiger Weise* mit den Grundgrößen $\rho$, $w_i$ und $T$ zusammenhängen.

## 2.1.2 Materialgleichungen für wärmeleitende Flüssigkeiten, Dämpfe und Gase mit innerer Reibung

Insbesondere gilt für eine große Klasse von Flüssigkeiten, Dämpfen und Gasen

$$u = u(\rho, T)$$

$$t_{ji} = -p(\rho,T)\delta_{ji} + \lambda\frac{\partial w_l}{\partial x_l}\delta_{ji} + \eta\left(\frac{\partial w_i}{\partial x_j} + \frac{\partial w_j}{\partial x_i} - \frac{2}{3}\frac{\partial w_l}{\partial x_l}\delta_{ij}\right) \qquad (2.3)$$

$$q_i = -\kappa\frac{\partial T}{\partial x_i} \ .$$

Hiernach sind spezifische innere Energie u und Druck Funktionen von $\rho$ und T, und diese Beziehungen heißen *kalorische* bzw. *thermische* Zustandsgleichung. Die Bestimmung der Form dieser Zustandsgleichungen geschieht experimentell durch Messung von Drücken, Dichten, Temperaturen und spezifischen Wärmen. Darauf kommen wir bald zurück.

Der Spannungstensor $t_{ji}$ enthält als führenden Term den Druck und darüber hinaus ist er linear abhängig von den Gradienten der Geschwindigkeitskomponenten. Der Faktor $\varepsilon$ in (2.3) heißt die (Scher)–*Viskosität*, sie ist von der Temperatur und schwach von der Dichte abhängig. Im nächsten Abschnitt werden wir sehen, wie man $\eta$ bestimmen kann; an dem dort behandelten Beispiel läßt sich dann auch anschaulich der Charakter dieser Materialgleichung für den Spannungstensor demonstrieren. Der Faktor $\lambda$ in (2.3) heißt die Volumviskosität. Sie spielt nur bei expansiven oder kompressiven Strömungen eine Rolle, und ihr Effekt ist klein.

Der Wärmeflußvektor $q_i$ ist proportional zum Temperaturgradienten, und zwar zeigt er in Gegenrichtung zu $\frac{\partial T}{\partial x_i}$, also in Richtung zur tieferen Temperatur. Der Proportionalitätsfaktor $\kappa$ heißt *Wärmeleitfähigkeit*, er hängt i.a. von T und schwach von $\rho$ ab. Im nächsten Abschnitt wird beschrieben, wie $\kappa$ sich messen läßt.

Eine einfache Form der Materialgleichung für $t_{ij}$ hatte schon Newton aufgestellt, und der hatte auch schon die Viskosität als Materialkonstante eingeführt. Darum bezeichnet man Flüssigkeiten, welche dem oben angegebenen Gesetz für $t_{ij}$ genügen, als Newton'sche Flüssigkeiten. Das Gesetz selbst heißt auch Navier–Stokes Gesetz für die Spannung nach den beiden Wissenschaftlern, die es in allgemeiner Form angeschrieben und für Strömungsberechnungen angewandt haben. Flüssigkeiten, die durch das Navier–Stokes Gesetz nicht beschrieben werden, heißen nicht-Newton'sche Flüssigkeiten. Dazu gehören Kunststoffschmelzen, Asphalt und die meisten biologischen Flüssigkeiten, etwa Speichel.

Die Materialgleichung für den Wärmefluß heißt das Fourier'sche Gesetz der Wärmeleitung.

Falls man die Viskosität und die Wärmleitfähigkeit kennt und falls man die Zustandsfunktionen $u(\rho,T)$ und $p(\rho,T)$ kennt, erhält man 5 explizite Feldgleichungen, indem man $t_{ji}$, $q_i$ und $u$ aus den Bilanzgleichungen und den Materialgleichungen eliminiert. Diese 5 Feldgleichungen können zur Bestimmung der 5 gesuchten Felder $\rho$, $w_i$ und $T$ dienen; jede Lösung heißt ein thermodynamischer Prozeß. Die Feldgleichungen sind partielle Differentialgleichungen, und es ist praktisch unmöglich, sie für ein beliebiges Anfangs- und Randwertproblem zu lösen.

Darum vereinfacht sich der Thermodynamiker das Problem, eine Lösung zu finden durch verschiedene Annahmen, die unter gewissen Umständen gültig sind. Einige Strategien bei der Vereinfachung sind die folgenden:

- Linearisierung der Feldgleichungen,
- Annahme der näherungsweisen Homogenität, d. h. Ortsunabhängigkeit der Lösung,
- Annahme der Homogenität der Lösung auf Strömungsquerschnitten,
- Betrachtung stationärer Prozesse,
- Ausnutzung von Symmetrien beim Lösungsansatz.

Alle in diesem Buch berechneten Prozesse beruhen auf einer – oder mehreren – solchen Vereinfachungen. Zwei instruktive Beispiele folgen im nächsten Abschnitt.

## 2.2  Bestimmung von Viskosität und Wärmeleitfähigkeit

### 2.2.1  Scherströmung zwischen zwei Platten. Newton'sches Reibungsgesetz.

Wir betrachten eine stationäre Scherströmung zwischen zwei unendlich ausgedehnten Platten, von denen die untere ruht, während die obere sich mit der Geschwindigkeit V bewegt, siehe Abb. 2.1. Die Flüssigkeit soll an den Platten haften.

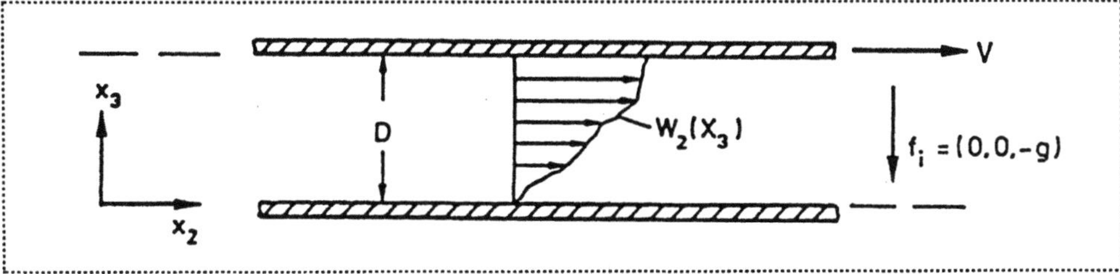


**Abb. 2.1** Scherströmung zwischen zwei Platten.

Aus Symmetriegründen erwarten wir, daß die Strömung parallel zu den Platten erfolgt. Außerdem nehmen wir an, daß die Dichte nur von $x_3$ abhängt und daß die Temperatur homogen ist. Damit lautet unser Lösungsansatz

$$\rho = \rho(x_3), \quad w_i = (0, w_2(x_3), 0), \quad T = \text{const.} \qquad (2.4)$$

Die Form der Funktionen $\rho(x_3)$ und $w_2(x_3)$ muß aus den Feldgleichungen bestimmt werden.

Die Massenbilanz $(2.2)_1$ ist mit diesem Ansatz identisch erfüllt, und in die Impulsbilanz ist der Spannungstensor einzusetzen; dieser hat wegen $(2.3)_2$ und $(2.4)_2$ die Form

$$t_{ji} = -p(\rho, T)\delta_{ji} + \eta \begin{bmatrix} 0 & 0 & 0 \\[2mm] 0 & 0 & \dfrac{\partial w_2}{\partial x_3} \\[4mm] 0 & \dfrac{\partial w_2}{\partial x_3} & 0 \end{bmatrix}, \qquad (2.5)$$

und damit ist die 1–Komponente der Impulsbilanz identisch erfüllt. Die Viskosität $\eta$ wird als konstant angenommen; dann lauten 2– und 3–Komponente der Impulsbilanz

$$2\text{–Komponente:} \quad \frac{\partial^2 w_2}{\partial x_3^2} = 0 \ , \quad 3\text{–Komponente:} \quad \frac{\partial p}{\partial \rho}\frac{\partial \rho}{\partial x_3} = -\rho g \ . \qquad (2.6)$$

Aus $(2.6)_1$ folgt, daß $w_2$ eine *lineare* Funktion von $x_3$ ist, und man erhält unter Berücksichtigung der Haftbedingungen bei $x_3 = 0$ und $x_3 = D$

$$w_2(x_3) = \frac{V}{D}x_3 \quad \Rightarrow \quad t_{23} = \eta\frac{V}{D} \ . \qquad (2.7)$$

Das Geschwindigkeitsfeld ist vom Material unabhängig. Aber die Scherspannung $t_{23}$ hängt von dem Materialkoeffizienten $\eta$ ab, der Viskosität.

Darum kann man die Viskosität messen, indem man die Schubkraft bestimmt, die nötig ist, um zwischen den Platten die Relativgeschwindigkeit V aufrechtzuerhalten. Einige Werte für $\eta$ sind in Tabelle 2.1 angeschrieben. [2.1] Der Ausdruck $(2.7)_2$ für die Scherspannung heißt Newton'sches Reibungsgesetz, denn Newton hatte erstmalig diese Beziehung empirisch festgestellt.

---

[2.1] Tatsächliche Viskositätsmessungen werden nicht an ebenen Platten, sondern an rotierenden Zylindern vorgenommen.

| T | Luft | Wasser | Glyzerin |
|---|---|---|---|
| 0°C | 1,7 | 180 | $12 \cdot 10^6$ |
| 20°C | 1,8 | 100 | $15 \cdot 10^4$ |
| 100°C | 2,2 | 30 | 1480 |

**Tab. 2.1** Viskosität $\eta$ in $10^{-5}\,\mathrm{Ns/m^2}$. Man beachte, daß die Viskosität stark von der Temperatur abhängt. Bei Gasen wächst sie mit steigender Temperatur, bei Flüssigkeiten nimmt sie ab; bei manchen Flüssigkeiten ist die Abnahme der Viskosität drastisch.

Die 3–Komponente $(2.6)_2$ der Impulsbilanz kann erst dann den Verlauf des Feldes $\rho(x_3)$ bestimmen, wenn die thermische Zustandsgleichung $p = p(\rho, T)$ bekannt ist.

Die Energiegleichung $(2.2)_3$ stellt für den betrachteten Prozeß (2.4) eine prekäre Bedingung dar. Die ganze linke Seite dieser Gleichung ist zwar gleich Null, aber die Scherströmung produziert innere Energie, denn es gilt $t_{ij} \dfrac{\partial w_j}{\partial x_i} = \eta \left(\dfrac{V}{D}\right)^2$. Darum lautet die Energiebilanz

$$0 = \eta \left(\frac{V}{D}\right)^2 + \rho z \,,$$

und wir schließen, daß der Lösungsansatz (2.4) die Abstrahlung der erzeugten inneren Energie erfordert. Das ist jedoch eine sehr unrealistische Forderung; in der Realität wird man die Abstrahlung vernachlässigen können. Stattdessen wird die Flüssigkeit sich aufheizen: Stationarität der Scherströmung ist dann unmöglich. Die Strömungslehre merkt das gewöhnlich nicht, da sie die Energiegleichung ignoriert. Allerdings ist der Effekt in den meisten Flüssigkeiten auch so klein, daß er die Viskositätsmessung nicht beeinträchtigt. Wir kommen auf dieses Problem am Schluß des Buches zurück, siehe Absatz 11.1.2.

## 2.2.2 Wärmeleitung an Fensterscheibe

Wir betrachten ein stationäres Temperaturfeld in Luft, die zwischen zwei parallelen Glasplatten eingeschlossen ist, siehe Abb. 2.2.

Wir nehmen an, daß die Temperatur nur von $x_3$ abhängt und daß die Wärmeleitfähigkeit $\kappa$ von T unabhängig ist. Dann erhalten wir mittels des Fourier'schen Gesetzes $(2.3)_3$ aus der Energiebilanz $(2.2)_3$ – ohne Strahlungsterm –

$$\frac{\partial^2 T}{\partial x_3^2} = 0 \quad .$$

Daraus folgt, daß die Temperatur *linear* von $x_3$ abhängt und zwar in jedem der drei Bereiche

$$T_J = \alpha_J x_3 + \beta_J \qquad (J = I, II, III) \,.$$

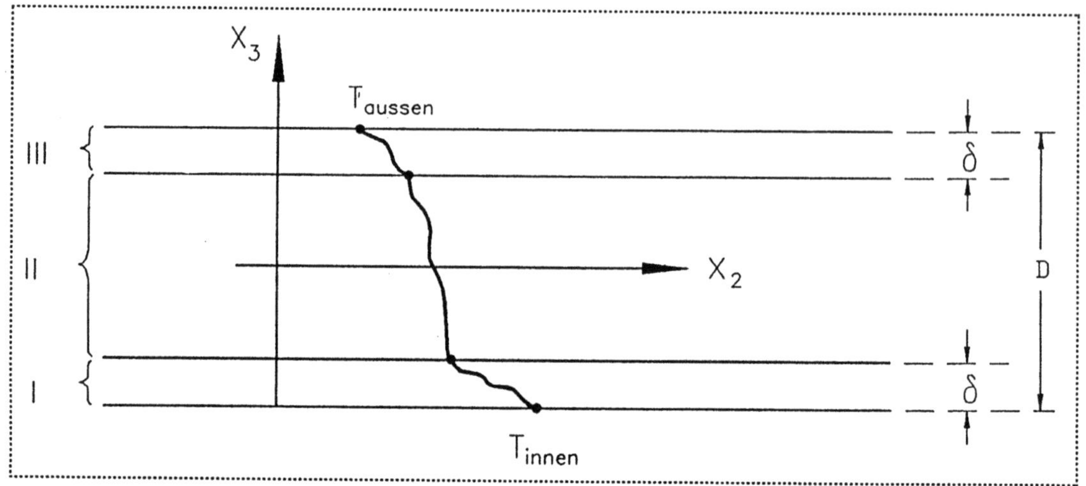



**Abb. 2.2** Wärmeleitung am Doppelglasfenster

Die Koeffizienten $\alpha_J$ und $\beta_J$ bestimmen sich aus den Randbedingungen bei $x_3 = \pm\frac{D}{2}$, aus der Stetigkeit der Temperatur bei $x_3 = \pm\left(\frac{D}{2} - \delta\right)$ sowie aus der Forderung, daß die Wärmeflüsse

$$q_J = -\kappa_J \frac{\partial T_J}{\partial x_3} = -\kappa_J \alpha_J$$

an den Grenzflächen bei $x_3 = \pm\left(\frac{D}{2} - \delta\right)$ stetig sein müssen. Man erhält durch eine einfache Rechnung

$$T_I = T_i - \frac{\kappa_{II}}{\kappa_I} \frac{T_i - T_a}{D - \left(1 - \frac{\kappa_{II}}{\kappa_I}\right)2\delta}\left(x_3 + \frac{D}{2}\right),$$

$$T_{II} = \frac{T_i + T_a}{2} - \frac{T_i - T_a}{D - \left(1 - \frac{\kappa_{II}}{\kappa_I}\right)2\delta} x_3, \tag{2.8}$$

$$T_{III} = T_a - \frac{\kappa_{II}}{\kappa_I} \frac{T_i - T_a}{D - \left(1 - \frac{\kappa_{II}}{\kappa_I}\right)2\delta}\left(x_3 - \frac{D}{2}\right).$$

Der gemeinsame Wärmefluß aller drei Teilgebiete ist

$$q = \frac{\kappa_{II}}{D - \left(1 - \dfrac{\kappa_{II}}{\kappa_I}\right)2\delta}\left(T_i - T_a\right). \tag{2.9}$$

Falls $\kappa_I = \kappa_{II} = \kappa$ ist, so reduzieren sich alle drei Temperaturfunktionen (2.8) auf *eine* Funktion, nämlich

$$T = \frac{T_i + T_a}{2} - \frac{T_i - T_a}{D}x_3 \quad \Rightarrow \quad q = \frac{\kappa}{D}\left(T_i - T_a\right). \tag{2.10}$$

Man kann deshalb Wärmeleitfähigkeiten messen, indem man bestimmt, wie groß der Wärmefluß sein muß, den man einer Platte der Dicke D zuführen muß, um auf ihren Begrenzungsflächen die Temperaturdifferenz $T_i-T_a$ aufrechtzuerhalten. Tabelle 2.2 gibt einige Werte an.

| T | Luft | Wasser | Glas | Stahl |
|---|---|---|---|---|
| 0°C | 2,41 | 55,4 | | 2000 |
| 30°C | 2,60 | 61,1 | 1100 | bis |
| 100°C | 3,14 | 68,1 | | 6000 |

**Tab. 2.2** Wärmeleitfähigkeit $\kappa$ in $10^{-2}$ N/sK.

Durch eine Doppelglasscheibe mit $D = 1$ cm, $\delta = 0{,}2$ cm und $\kappa_I = 11$ N / sK, $\kappa_{II} = 2{,}5 \cdot 10^{-2}$ N / sK fließt nach (2.9) bei $T_i = 20$°C, $T_a = 10$°C ein Wärmefluß $q = 42$ W/m$^2$. Bei der Einfachglasscheibe der Dicke 0,2 cm hätte dieser Wärmefluß nach (2.10) den Wert $q = 55 \cdot 10^3$ W/m$^2$, er wäre also mehr als tausendmal größer. Darum lohnt sich die Doppel- oder Isolierverglasung, ihr Effekt beruht auf der geringen Wärmeleitfähigkeit der Luft im Vergleich zu der von Glas.

Den gleichen Effekt machen wir uns zunutze, wenn wir uns gegen den Verlust der Körperwärme durch Kleidung schützen: Die in den Maschen eines Pullovers befindliche Luft isoliert unseren Körper von der kälteren Umgebung.

## 2.3  Zustandsgleichungen idealer Gase

### 2.3.1  Thermische Zustandsgleichung idealer Gase

Bei hohen Temperaturen und kleinen Dichten verhalten sich alle Gase ideal; ihre thermische Zustandsgleichung $p = p\,(\rho,T)$ ist dann gegeben durch

$$p = \rho\,\frac{R}{M_r}\,T \quad \text{mit} \quad R = 8{,}3143 \cdot 10^3\,\frac{J}{kgK} \quad \text{und} \quad M_r = \frac{\mu}{\mu_0} \qquad (2.11)$$

Dabei ist T die auf der Kelvin Skala gemessene Temperatur. R heißt die universelle Gaskonstante, und die einzige Materialgröße in der Zustandsgleichung ist die relative Molekülmasse $M_r$; diese hat man ursprünglich eingeführt als Quotient der Molekülmasse $\mu$ des Gases und der atomaren Masse $\mu_H = 1{,}67329 \cdot 10^{-24}$ gr des Wasserstoffs. Die relative Molekülmasse liest man aus dem Periodensystem eines beliebigen Chemiebuches ab. Einige für uns interessante Werte sind die folgenden

$$M_r^{H_2} \approx 2,\ M_r^{O_2} \approx 32,\ M_r^{N_2} \approx 28,\ M_r^C \approx 12,\ M_r^{Ar} \approx 40,\ M_r^{Cl} \approx 35{,}5,\ M_r^{Na} \approx 23.$$

Nach der neuesten Konvention ist die Bezugsmasse $\mu_0$ nicht mehr − wie früher − die Masse eines Wasserstoffatoms, sondern 1/12 der Masse des Kohlenstoff 12 Isotops; in Gramm: $\mu_0 = 1{,}66011 \cdot 10^{-27}$kg. Für die technische Thermodynamik ist der Unterschied fast immer belanglos. Die neue Festlegung der Bezugsmasse empfiehlt sich, weil damit die relativen Molekülmassen $M_r$ vieler gebräuchlicher Verbindungen näherungsweise ganzzahlig sind − und schließlich bildet Kohlenstoff bei weitem die meisten Verbindungen unter allen Elementen. Wasserstoff allerdings erhält durch die neue Konvention die "krumme" relative Molekülmasse $M_r^H = 1{,}00794$ .

Es gibt einige nützliche Alternativformen der thermischen Zustandsgleichung, die wir aus (2.11) leicht ableiten können. Wir nehmen homogene Massendichte $\rho$ und Teilchenzahldichte $\nu$ an und können dann die Gesamtmasse m und die Gesamtteilchenzahl N innerhalb eines Volumen V schreiben als $m = \rho V$ bzw. $N = \nu V$. Damit ergibt sich

$$pV = m\,\frac{R}{M_r}\,T \quad \text{mit} \quad v = \frac{1}{\rho} = \frac{V}{m} \quad \text{als spezifischem Volumen}$$

$$pv = \frac{R}{M_r}\,T \quad \text{oder mit} \quad m = N\mu \quad \text{sowie} \quad M_r = \frac{\mu}{\mu_0} \qquad (2.12)$$

$$pV = NkT, \quad \text{wo} \quad k = R\mu_0 = 1{,}38044 \cdot 10^{-23}\,\frac{J}{K}$$

$$\text{die Boltzmann-Konstante ist.}$$

$$p = \nu kT \ .$$

In der Chemie und in den der Chemie nahen Teilbereichen der Thermodynamik ist das mol eine nützliche Mengenangabe, d. h. Teilchenzahlangabe. Die Teilchenzahl 1 mol eines Stoffes hat eine Masse von $M_r$ gr, so daß 1 mol eines jeden Stoffes – nicht nur eines Gases! – dieselbe Anzahl von Molekülen enthält. Man bezeichnet diese Zahl als Avogadro-Zahl, so daß gilt

$$\text{Masse eines mols} = A\mu. \tag{2.13}$$

damit läßt sich A berechnen. Es gilt

$$M_r\,gr = A\mu \quad \text{mit} \quad M_r = \frac{\mu}{\mu_0}: \qquad A = \frac{1}{\mu_0}\,gr = 6{,}0237 \cdot 10^{23}. \tag{2.14}$$

Wir schreiben $(2.12)_3$ in der Form $N = \dfrac{pV}{kT}$, wo die rechte Seite keine materialabhängige Größe enthält. Daraus schließen wir: Gleiche Volumina verschiedener idealer Gase enthalten bei gleichem Druck und gleicher Temperatur gleich viele Teilchen. Diese Aussage ist bekannt als *Gesetz von Avogadro*, siehe auch Absatz 2.3.2. Bei Normalverhältnissen, d. h. mit $p = 1$ atm, $T = 273{,}15$ K (0°C) ergibt sich dann das Molvolumen *aller* idealen Gase, indem man $N = A$ setzt. Man erhält $V_{mol} = 22{,}4207$ l.

Luft ist eine Gasmischung, die sich bei Normalbedingungen wie ein ideales Gas verhält. Sie besteht aus

| | | |
|---|---|---|
| 78,08 % | Stickstoff | $N_2$ |
| 20,95 % | Sauerstoff | $O_2$ |
| 0,94 % | Argon | $Ar$ |
| 0,03 % | Kohlendioxyd | $CO_2$ . |

Daraus folgt als mittlere Masse eines "Luftmoleküls"

$$\mu_L = 0.7808\,\mu_{N_2} + 0{,}2095\,\mu_{O_2} + 0{,}0094\,\mu_{Ar} + 0{,}0003\,\mu_{CO_2} \quad \text{und mit} \quad \mu_\alpha = M_r^\alpha \mu_0$$

$$M_r^L = \frac{\mu_L}{\mu_0} = 28{,}96. \tag{2.15}$$

Eine schematische graphische Darstellung der thermischen Zustandsgleichung idealer Gase durch Isolinien ist in Abb. 2.3. gegeben. Die Abbildung zeigt die hyperbolischen Isothermen im (p,v)−Diagramm sowie die linearen Isobaren im (T,v)−Diagramm und die linearen Isochoren (grch. iso "Gleich" + chora "Raum") im (p,T)−Diagramm.

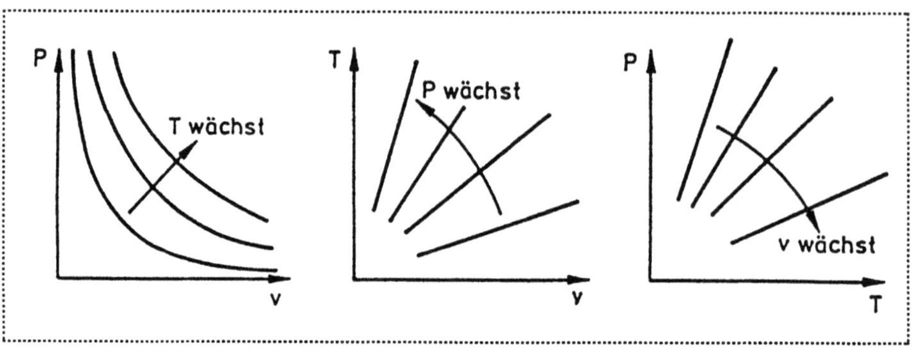


**Abb. 2.3**  Isolinien eines idealen Gases


## 2.3.2 Historisches zur thermischen Zustandsgleichung idealer Gase

Die historische Entwicklung der "Gasgleichung" ist ein interessantes Kapitel der Wissenschaftsgeschichte, denn sie ist eng verknüpft mit der Entwicklung der Atomtheorie. Das 17. Jahrhundert sah die Entstehung der Rohform der Gasgleichung durch die Arbeiten des englischen Physikers Robert BOYLE (1627–1691) und des französischen Mönches Edmé MARIOTTE (1620–1684). Danach lag das Gesetz vor in der Form

$$pV = m(\alpha + \beta\vartheta) \tag{2.16}$$

d. h. man wußte, daß pV eine lineare Temperaturfunktion ist. $\alpha$ und $\beta$ sind Konstanten und $\vartheta$ ist ein Temperaturmaß, abgelesen an irgendeinem – verläßlichen [2.2] – Thermometer, versehen mit irgendeiner – geeigneten [2.2] – Skala. Um die Ideen zu fixieren, nehmen wir an, $\vartheta$ sei die Celsius–Temperatur.

Nun war es denkbar, daß $\alpha$ und $\beta$ materialabhängig sind. Der französiche Chemiker Joseph Louis GAY–LUSSAC (1778–1850) zeigte jedoch, daß wenigstens der Quotient $\alpha/\beta$ gasunabhängig ist. Er beobachtete verschiedene Gase bei $\vartheta = 0°C$ und maß ihre Volumänderung $\Delta V$ bei der Temperaturänderung $\Delta\vartheta = 1°C$. Nach (2.16) gilt dann

$$pV = m\alpha \quad \text{und} \quad p\Delta V = m\beta 1°C \;\Rightarrow\; \frac{\beta}{\alpha} = \frac{\Delta V}{V}\frac{1}{1°C} \; .$$

---

[2.2]  Die Sache war nicht unproblematisch: Häufig wurde "Weingeist" als thermometrische Substanz benutzt, eine Mischung aus Alkohol und Wasser. Diese aber dehnt sich *nicht* linear mit wachsender Temperatur aus. Nach einem solchen Weingeist–Thermometer wäre dann pV keine lineare Funktion von $\vartheta$, jedenfalls nicht bei gleichmäßig unterteilter Skala. Solche Widrigkeiten jedoch beherrschte man um das Jahr 1700.

Als relative Volumänderung ergab sich in Experimenten für *alle* Gase der Wert $\dfrac{1}{273,15}$, und folglich gilt

$$\frac{\beta}{\alpha} = \frac{1}{273,15°\,C} \cdot \Rightarrow pV = ma(273,15°\,C + \vartheta)\ , \qquad (2.17)$$

wo der neue Koeffizient a für $\alpha/273,15°C$ steht. Aus (2.17) folgt, daß bei $\vartheta = -273,15°C$ das Volumen gleich Null wird; dies ist eine für die Praxis wenig relevante Feststellung, denn bei so tiefen Temperaturen gilt ja schon längst die ideale Gasgleichung nicht mehr, das Gas hat sich verflüssigt, und die Flüssigkeit ist ein Festkörper geworden. Trotzdem setzte sich die Idee durch –, und die moderne Physik hat das bestätigt –, daß $\vartheta = -273,15°C$ die tiefste mögliche Temperatur ist: der *absolute Nullpunkt*. Nach einem Vorschlag des schottischen Physikers William THOMSON (1824–1907, seit 1892 LORD KELVIN) wird diese niedrigste Temperatur als Nullpunkt der Temperaturskala gewählt, und man schreibt

$$pV = maT \qquad (2.18)$$

Man bezeichnet T als die *absolute Temperatur* oder als Kelvin Temperatur.

Somit ist nur noch die Konstante a unbestimmt, und auch hier machte Gay-Lussac die entscheidende Beobachtung: Er entdeckte nämlich das Gesetz der einfachen Volumenproportionen bei der chemischen Reaktion von idealen Gasen. Zum Beispiel vereinigen sich 2 Liter Wasserstoff mit 1 Liter Sauerstoff bei der Bildung von Wasser, oder 1 Liter Wasserstoff vereinigt sich mit 1 Liter Chlor bei der Bildung von Chlorwasserstoff. Dieses Gesetz war das Gegenstück zu dem Gesetz der einfachen Gewichtsproportionen, welches der französiche Chemiker Joseph Louis PROUST (1754–1826) gefunden hatte und welches nicht nur für Gase galt, sondern für alle anderen Verbindungen auch. Der englische Chemiker John DALTON (1766–1844) hatte die Proust'sche Beobachtung durch die Atomhypothese erklärt und angenommen, daß bei der Bildung der Verbindung immer eine gewisse Anzahl von Atomen zusammenkommt. Zum Beispiel wußte Dalton, daß 1 kg Wasserstoff sich immer mit 35,5 kg Chlor zusammentun bei der Bildung von Chlorwasserstoff, und er nahm deshalb an, daß ein Chloratom 35,5 mal soviel Masse hat wie ein Wasserstoffatom. Dabei machte Dalton die richtige Annahme, daß ein Molekül Chlorwasserstoff aus je einem Atom Chlor und Wasserstoff besteht. Dalton wußte auch, daß 1 kg Wasserstoff und 8 kg Sauerstoff sich zu Wasser vereinigen. Daraus schloß er, daß ein Sauerstoffatom 8 mal soviel Masse hat wie ein Wasserstoffatom, und das ist falsch. Der Irrtum liegt in der hier falschen Annahme, daß Wasser aus je einem Atom Wasserstoff und Sauerstoff besteht. Immerhin, Daltons Massenverhältnisse waren die ersten richtigen Bestimmungen der relativen Molekülmasse $M_r$ von Stoffen, und die allermeisten waren richtig.

Den nächsten Schritt tat Amadeo AVOGADRO (1776–1856), der Graf von Quaregna. Er akzeptierte Daltons Atomhypothese und kombinierte sie mit der Beobachtung von Gay-Lussac über die einfachen Volumenproportionen. Er schloß daraus, daß zwei Gase bei gleichem Druck und gleicher Temperatur in gleichen Volumina gleich viele Teilchen enthalten. Das macht unmittelbar Sinn bei der Bildung von Chlorwasserstoff, aber bei der Bildung von Wasser mußte man offenbar annehmen, daß *zwei* Atome Wasserstoff mit einem Atom Sauerstoff zusammengehen. Das erforderte in Verbindung mit den bekannten Massenproportionen, daß ein Atom Sauerstoff 16 mal soviel Masse hat wie ein Atom Wasserstoff.

Dieser Schluß widerspricht dem von Dalton, der ihn deshalb energisch zurückwies. Avogadros Ideen gerieten in Vergessenheit. Sie setzten sich erst nach seinem Tode durch.

Nach Avogadros Schluß ist das Volumen proportional zur Teilchenzahl – bei festem p und T – mit einer für alle Gase gleichen Proportionalitätskonstanten. Aus (2.18) folgt dann

$$\frac{pV}{T} = ma \sim N \,.$$

Wir nennen die Proportionalitätskonstante k und erhalten

$$pV = NkT \,; \tag{2.19}$$

das ist eine der Alternativformen (2.12) der thermischen Zustandsgleichung idealer Gase. Den Wert von k kannte Avogadro nicht, und somit konnte er auch nicht bestimmen, wieviele Teilchen ein Gas enthält oder wieviel Masse ein Atom. k wurde erst 1905 von Albert Einstein (1879–1955) bestimmt in seiner Dissertation über die Brown'sche Bewegung. Seitdem erst ist die thermische Zustandsgleichung idealer Gase komplett – und seitdem erst wissen wir, wieviel ein Atom wiegt. Aber natürlich konnte man (2.19) in der Form

$$pV = m\frac{k}{\mu}T = m\frac{k/\mu_0}{M_r}T = m\frac{R}{M_r}T$$

schon vorher benutzen; man mußte nur R durch Messung von p,V, m und T *einmal* experimentell bestimmen.

## 2.3.3  Kalorische Zustandsgleichung idealer Gase

Die kalorische Zustandsgleichung ist die Materialgleichung für die spezifische innere Energie $u = u\,(\rho,T)$ . Bei idealen Gasen gilt

$$u = z\frac{R}{M_r}T + \alpha. \tag{2.20}$$

Dabei ist z ein konstanter Faktor. z hat verschiedene Werte für verschiedene Gase, und zwar gilt

$$z = \begin{bmatrix} \tfrac{3}{2} & & \text{ein} - \\ \tfrac{5}{2} & \text{für} & \text{zwei} - \text{atomige Gase} \\ 3 & & \text{mehr} - \end{bmatrix} \,. \tag{2.21}$$

$\alpha$ ist eine von Gas zu Gas verschiedene Konstante, welche die im Atom oder Molekül enthaltene chemische Energie angibt. Sie wird erst dann von Bedeutung sein, wenn wir chemische Prozesse behandeln.

Man beachte, daß die spezifische innere Energie idealer Gase von der Dichte unabhängig ist.

## 2.3.4 Historisches zur kalorischen Zustandsgleichung idealer Gase. Der Versuch von Gay–Lussac.

Gay Lussac hat durch einen einfachen Versuch bewiesen, daß die spezifische innere Energie idealer Gase nicht von der Dichte abhängen kann. Versuchsaufbau und Durchführung sind in Abb. 2.4 dargestellt. Einem in dem linken Teilvolumen eingeschlossenen idealen Gas wird durch Ausziehen des Schiebers das Überströmen in das evakuierte Restvolumen ermöglicht. Es stellt sich heraus, daß die Temperatur am Ende des Versuches gleich der Temperatur am Anfang ist. Der Behälter ist adiabatisch isoliert und ruht.

Zur Auswertung des Versuches benutzt man den Energiesatz

$$\frac{d(U+K)}{dt} = \dot{Q} + \dot{A} \, , \qquad (2.22)$$

angewendet auf das Gesamtvolumen. Man erinnere die Definitionen (1.32) bis (1.34) der hier vorkommenden Größen. Daraus schließt man, daß $\dot{Q}$ und $\dot{A}$ während des Versuches gleich Null sind wegen der Adiabasie, bzw. weil der Behälter ruht. Die Leistung der Schwerkraft am Gas wird vernachlässigt.

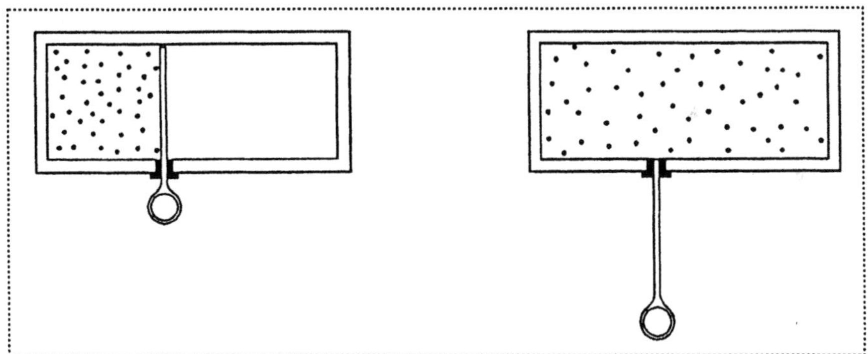

**Abb. 2.4** Zum Versuch von Gay–Lussac. Anfangs- und Endzustand.

K ist am Anfang und zu Ende des Versuches gleich Null, und folglich ergibt die Integration von (2.22) über alle Zeiten von Anfang bis Ende

$$U_E = U_A \quad \Rightarrow \quad u(\rho_E, T) = u(\rho_A, T) \, . \qquad (2.23)$$

Dabei wurde berücksichtigt, daß im Experiment keine bleibende Temperaturveränderung aufgetreten ist. $\rho_A$ ist beliebig, es hängt ab von der Stellung des Schiebers, und folglich läßt sich $(2.23)_2$ nur erfüllen, wenn u von $\rho$ unabhängig ist:

$$u = u(T) \quad . \tag{2.24}$$

Bei dem Überströmen des Gases handelt es sich um einen komplizierten Prozeß, und es ist instruktiv, sich ein Bild von dem Ablauf zu verschaffen, anstatt nur Anfang und Ende zu betrachten. Beim Öffnen des Schiebers expandiert das Gas zunächst adiabat, und seine Temperatur nimmt ab; aber es herrscht eine starke Verwirbelung, d. h. ein Teil der inneren Energie ist in kinetische Energie übergegangen. Erst im Laufe der Zeit werden die Wirbel durch innere Reibung – d. h. durch die Viskositätsterme in $(2.3)_2$ – weggedämpft, und die in ihnen enthaltene kinetische Energie geht in innere Energie über; dadurch wächst die Temperatur wieder auf den anfänglichen Wert.

Der Versuch von Gay–Lussac besagt nichts über die Form der Funktion u(T); insbesondere folgt nicht, daß u eine *lineare* Funktion von T ist. Um das herauszufinden, sind kalorimetrische Messungen nötig: Man führt einem gasgefüllten Behälter vom konstanten Volumen V während des Zeitintervalls dt die Wärme $\dot{Q}$ dt zu. Dadurch verändert sich die Temperatur um dT, und es gilt nach dem Energiesatz mit (2.24)

$$\dot{Q}dt = dU = m\frac{du}{dT}dT = N\mu\frac{du}{dT}dT \; ; \tag{2.25}$$

der Leistungsterm $\dot{A}$ und die kinetische Energie K sind gleich Null, da Gas und Behälter ruhen. $\dot{Q}dt$ ist bekannt und dT wird gemessen. Man stellt fest, daß die gleiche Wärmemenge unabhängig von der Anfangstemperatur immer zu derselben Temperaturänderung führt. Also ist $\frac{du}{dT}$ temperaturunabhängig, und u ist eine *lineare* Funktion. Außerdem ergibt sich bei diesem Versuch, daß alle einatomigen Gase in V beim Druck p und der Temperatur T bei gleicher Wärmezufuhr die gleiche Temperaturänderung erfahren, und dasselbe gilt für zwei- und mehratomige Gase. Die Erwärmung ist bei einatomigen Gasen am größten, sie beträgt 5/3 der Erwärmung von zweiatomigen Gasen und das doppelte der Erwärmung von mehratomigen Gasen. Daraus folgt nach $(2.25)_3$ zunächst, daß die spezifische Wärme $\frac{du}{dT}$ umgekehrt proportional zur Atommasse $\mu$ sein muß, denn die Teilchenzahl in V ist ja für *alle* idealen Gase gleich. Man erhält

$$\frac{du}{dT} = \alpha\frac{1}{\mu} \; ,$$

wo die Proportionalitätskonstante $\alpha$ davon abhängt, ob das Gas ein-, zwei- oder mehratomig ist. Im nächsten Absatz werden wir sehen, daß für einatomige Gase gilt $\alpha = \frac{3}{2}k$, wo $k = R\mu_0$ die Boltzmannkonstante ist. Dementsprechend gilt $\alpha = \frac{5}{2}k$, und $\alpha = 3k$ für zwei- oder mehratomige Gase. Diese Beobachtungen sind in der kalorischen Zustandsgleichung (2.20) mit (2.21) zusammengefaßt.

## 2.3.5  Eine instruktive Trivialform der kinetischen Gastheorie. Molekulare Deutung von Druck und Temperatur.

Wir betrachten ein ruhendes einatomiges ideales Gas der Teilchenzahldichte $\nu$ und gehen von der Annahme aus, daß wir in einem idealen Gas wegen seiner kleinen Dichte, d. h. großem Atomabstand, die Wechselwirkungskräfte der Atome vernachlässigen können. Der Druck des Gases auf die Wand kommt zustande durch das ständige Bombardement mit Gasatomen, und hierfür können wir ein einfaches Modell formulieren.

−pdA ist die Kraft vom Wandelement dA auf das Gas. Diese Kraft ist nach Newton gleich der Impulsänderung der auf dA pro Zeitintervall dt auftreffenden Atome. Die Impulsänderung berechnet sich wie folgt: Wir nehmen vereinfachend an, daß alle Atome den Geschwindigkeitsbetrag c haben und zu je 1/6 in die 6 Raumrichtungen senkrecht zu den Wänden des quaderförmig gedachten Behälters fliegen. Dann ist die Impulsänderung eines Atoms der Masse $\mu$ beim elastischen Stoß mit dA gleich −2$\mu$c, und pro Zeitintervall dt erfolgen cdA $\nu$/6 solcher Stöße, d. h. es stoßen alle Teilchen, die sich in dem Zylindervolumen cdtdA befinden und nach rechts fliegen, siehe Abb. 2.5. Ihre Impulsänderung pro Zeitintervall beträgt

$$-2\mu c^2\,\frac{\nu}{6}\,dA = -\rho\frac{1}{3}c^2 dA \ .$$

Das ist gleichzusetzen mit  −p dA, und folglich gilt

$$p = \rho\frac{1}{3}c^2 \ .$$

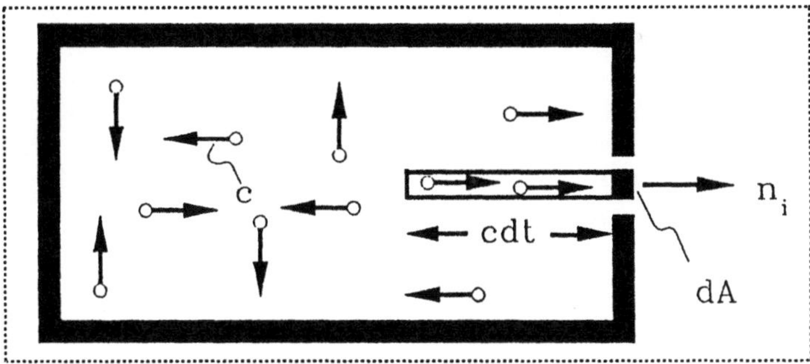


**Abb. 2.5**  Zum Druck eines idealen Gases.

Durch Vergleich mit der Gasgleichung (2.11) ergibt sich die kinetische Deutung der absoluten Temperatur

$$\frac{R}{M_r}\,T = \frac{1}{3}c^2 \quad \text{oder mit} \quad M_r = \frac{\mu}{\mu_0} \quad \text{und} \quad k = R\mu_0: \quad \frac{3}{2}kT = \frac{\mu}{2}c^2 \ . \tag{2.26}$$

Dies ist ein Spezialfall eines sehr allgemeinen Gesetzes der statistischen Mechanik. Danach ist die absolute Temperatur eines Körpers bestimmt durch die translatorische kinetische Energie seiner Atome oder Moleküle. So erklärt sich auch zwanglos die Existenz eines absoluten Nullpunktes der Temperatur. Das ist der Zustand, in dem den Molekülen alle Bewegungsenergie entzogen worden ist.

Wir benutzen (2.26), um die Geschwindigkeit von Helimatomen bei $T = 300$ K zu berechnen. Mit $M_r^{He} = 4$ folgt c = 1360 m/s, und für Argon mit $M_r^{Ar} = 40$ erhalten wir c = 430 m/s, und das sind in der Tat realistische Werte für die molekulare Geschwindigkeit. Die Geschwindigkeit des Schalls liegt in der gleichen Größenordnung, wie wir noch sehen werden, siehe Abschnitt 10.4. Man beachte, daß bei gewähltem T die kinetische Energie der Atome aller Gase gleich ist; daraus folgt, daß schwere Gase langsamere Atome haben als leichte. So beträgt die Geschwindigkeit der Argon Atome nur ca. 1/3 derjenigen der Atome von Helium.

Wir untersuchen nun, ob die Interpretation (2.26) der Temperatur kompatibel ist mit der kalorischen Zustandsgleichung (2.20). Das ist in der Tat der Fall, denn die Energiedichte $\rho u$ des einfachen Gasmodells ist gleich

$$\rho u = \nu \frac{\mu}{2} c^2 = \rho \frac{1}{2} c^2 = \rho \frac{3}{2} \frac{R}{M_r} T \,. \tag{2.27}$$

Das entspricht genau dem T–abhängigen Anteil von (2.20) für einatomige Gase. Die in (2.20) enthaltene additive Konstante tritt im Modell nicht auf, denn wir haben die Energie eines ruhenden Atoms gleich Null gesetzt. In Wirklichkeit enthält ein ruhendes Atom in der Wechselwirkung von Elektronen und Kern noch "chemische Energie", welche hier nicht berücksichtigt wurde. Außerdem gibt es die Ruheenergie $\mu$ x (Lichtgeschwindigkeit)$^2$, die hier auch ignoriert wird. Beide Energien ändern sich nur im chemischen Prozeß oder bei Kernreaktionen.

Aus (2.27) folgt auch $\frac{du}{dT} = \frac{3}{2} \frac{R}{M_r} = \frac{3}{2} \frac{k}{\mu}$, ein Ergebnis, welches wir − für einatomige Gase − in Absatz 2.3.4 vorweggenommen haben. Bei mehratomigen Gasen muß bedacht werden, daß ihre Moleküle kinetische Energie nicht nur in der Translationsbewegung, sondern auch in der Molekülrotation speichern können. Jedem "Freiheitsgrad" eines Moleküls kommt die Energie $\frac{1}{2} kT$ zu. So haben wir $3 \cdot \frac{1}{2} kT$ für die drei Freiheitsgrade der Molekültranslation und zusätzlich $2 \cdot \frac{1}{2} kT$ für die Rotation des zweiatomigen Moleküls um die zwei Achsen mit nichtverschwindendem Trägheitsmoment. Bei dreiatomigen Molekülen gibt es die Möglichkeit, die Energie $3 \cdot \frac{1}{2} kT$ in der Rotation um drei Achsen zu speichern.

Allerdings ist das hier betrachtete Modell nicht in der Lage, die Energiespeicherung in diesen "inneren Freiheitsgraden" zu beschreiben. Es ist erstaunlich genug, daß das Modell die korrekten Formeln (2.26) angibt. In Wirklichkeit fliegen ja die Atome nicht nur in 6 Richtungen, und alle haben sie einen anderen Geschwindigkeitsbetrag. Tatsächlich muß bei genauer Rechnung die Geschwindigkeit c in (2.26) als *mittlerer* Geschwindigkeitsbetrag aufgefaßt werden.

## 2.3.6 Beispiel I zum idealen Gas: Kolben fällt in Zylinder

Wir betrachten die Luftmasse $m_L$ in einem Zylinder der Querschnittsfläche A, der in der Höhe $H_A$ durch einen Kolben vom Gewicht $m_k g$ abgeschlossen ist. Der Druck in der Luft sei $p_A$ und der Außendruck sei $p_0$. Es gelte $(p_A - p_0)\,A \neq m_k g$, so daß man den Kolben festhalten muß, um den beschriebenen Zustand zu realisieren. Zu bestimmen ist die Temperatur $T_E$, die sich in der Luft einstellt, wenn man den Kolben losläßt und wartet, bis wieder homogene Verhältnisse vorliegen. Zu bestimmen ist außerdem die Endhöhe $H_E$ des Zylinders. Gas und Kolben seien beide adiabat isoliert. Die Leistung der Schwerkraft an der Luft werde vernachlässigt.

Zur Lösung dieser Aufgabe werten wir den Energiesatz aus, angewandt auf das von Gas und Kolben ausgefüllte Volumen. Es gilt

$$\frac{d(U + K)}{dt} = \dot{Q} + \dot{A} \ . \tag{2.28}$$

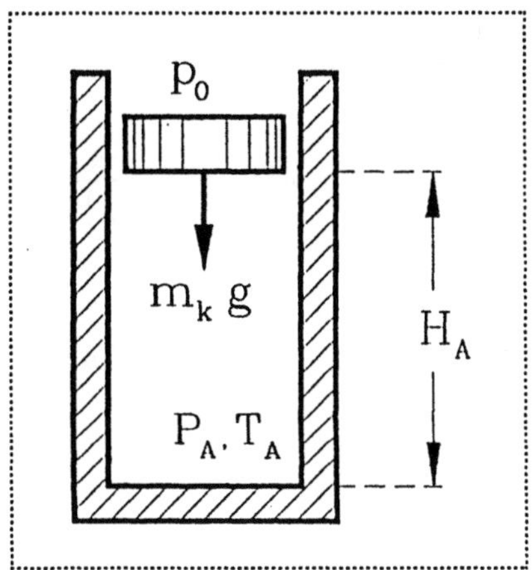


**Abb. 2.6**  Kolben fällt in Zylinder.

$\dot{Q}$ ist gleich Null wegen des angenommenen adiabatischen Abschlusses und $\dot{A}$ setzt sich aus zwei Teilen zusammen, der Arbeitsleistung des Luftdrucks auf den Kolben und der Arbeitsleistung der Schwerkraft am Kolben:

$$\dot{A} = \int_{\partial V} t_{ji} w_j n_i \, dA + \int \rho f_i w_i \, dV \quad \text{mit } t_{ji} = -p_0 \delta_{ji} \text{ und } f_i = (0,0,-g)$$

$$\dot{A} = -p_0 w_3 A - m_k g w_3 \qquad \text{mit } w_3 = \frac{dH}{dt}$$

$$\dot{A} = -(p_0 A + m_k g)\frac{dH}{dt} \; .$$

Die kinetische Energie K ist gleich Null zu Beginn und am Ende des Prozesses. Darum ergibt die Integration von (2.28) über die ganze Zeitdauer

$$m_L \frac{5}{2} \frac{R}{M_r^L} T_E + (p_0 A + m_k g) H_E = m_L \frac{5}{2} \frac{R}{M_r^L} T_A + (p_0 A + m_k g) H_A \; . \qquad (2.29)$$

Man beachte, daß Luft zweiatomig ist mit $z = 5/2$. Der Impulssatz, angewendet auf den Kolben in seiner Gleichgewichtslage, ergibt

$$p_E A = p_0 A + m_k g \quad , \qquad (2.30)$$

und schließlich haben wir die Gasgleichung im Endzustand

$$p_E A H_E = m_L \frac{R}{M_r^L} T_E \quad . \qquad (2.31)$$

Die Gleichungen (2.29) – (2.31) stellen drei Gleichungen für die drei Unbekannten $T_E$, $H_E$ und $p_E$ dar. Ihre Auflösung ergibt sich nach leichter Rechnung

$$T_E = \frac{5}{7} T_A + \frac{2}{7} \frac{p_0 A + m_k g}{m_L \dfrac{R}{M_r^L}} H_A \quad , \quad H_E = \frac{2}{7} H_A + \frac{5}{7} \frac{m_L \dfrac{R}{M_r^L}}{p_0 A + m_k g} T_A \; . \qquad (2.32)$$

Wir wählen $V_A = 1 \, l$, $H_A = 10$ cm und $p_A = p_0 = 1$ bar. Der Kolben habe die Masse $m_k = 10^3$ kg. Dann folgt

$$T_E = 1140 \text{ K} \qquad \text{und} \qquad H_E = 3,5 \text{ cm} \; .$$

Der tonnenschwere Kolben hat das Liter Luft auf 35 % seines Volumens komprimiert und hat dabei seine potentielle Energie in innere Energie verwandelt, so daß die absolute Temperatur der Luft sich fast vervierfacht hat.

Ein interessanter Grenzfall ist der des unendlich schweren Kolbens mit $m_k \to \infty$. Offenbar gilt in diesem Grenzfall nach (2.32)

$$T_E \rightarrow \infty \quad \text{aber} \quad H_E \rightarrow \frac{2}{7} H_A \,.$$

Das bedeutet, daß selbst ein unendlich großer Druck des Kolbens das Gasvolumen nicht auf Null reduzieren kann – jedenfalls nicht adiabatisch –, denn die Temperatur erreicht schon vorher den Wert unendlich, und das heiße Gas widersteht einer weiteren Volumenabnahme.

## 2.3.7 Beispiel II zum idealen Gas: Heizung eines Zimmers

Ein Zimmer, dessen Temperatur durch eine Heizung erhöht wird, ist ein Beispiel für ein ruhendes offenes System, denn der Druck bleibt konstant, so daß die Dichte mit wachsender Temperatur abnehmen muß, d. h. Luft entweicht aus dem Zimmer, durch Schlüssellöcher und Tür– und Fensterritzen. Wir führen Wärme mit der konstanten Leistung

$$- \int_{\partial V} q_i n_i dA = \dot{Q}$$

zu und fragen, wie sich die Temperatur im Laufe der Zeit verändert.

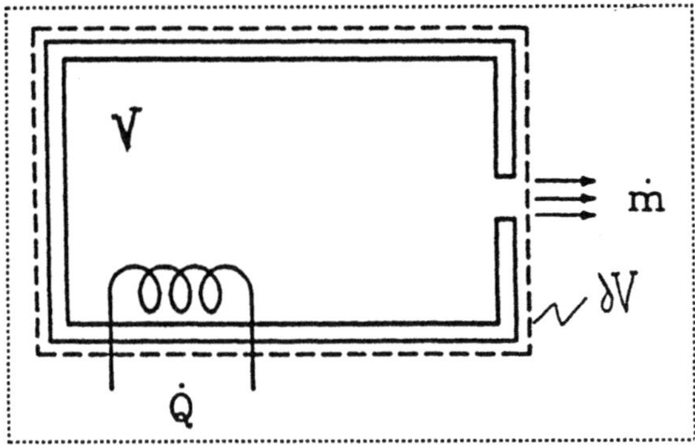


**Abb. 2.7**  Zur Heizung eines Zimmers.

Es ist vernünftig anzunehmen, daß die Geschwindigkeit im Zimmer überall gleich Null ist. Nur an der Oberfläche, dort wo die Luft entweicht, haben wir eine von Null verschiedene Geschwindigkeit. Außerdem nehmen wir an, daß Druck, Dichte und Temperatur überall im Zimmer gleich sind. Eine Strahlungszufuhr soll nicht vorliegen, und der Spannungstensor sei überall gleich $-p\delta_{ij}$. Massen– und Energiebilanz lauten dann nach (1.9) und (1.36). [Man beachte, daß die Zeitableitung im Integral oder davor stehen kann, denn V ist zeitunabhängig.]

$$\frac{d}{dt}\int_V \rho\, dV + \int_{\partial V} \rho w_i n_i\, dA = 0 \qquad \Rightarrow \qquad \dot{m} + \rho w_i n_i A = 0$$

$$\frac{d}{dt}\int_V \rho\left(u + \frac{1}{2}w^2\right)dV + \int_{\partial V}\left(\rho\left(u + \frac{1}{2}w^2\right)w_i - t_{ji}w_j + q_i\right)n_i\, dA = 0$$

$$\Rightarrow \qquad (mu)^{\cdot} + \rho\left(u + \frac{p}{\rho} + \frac{1}{2}w^2\right)w_i n_i A = -\dot{Q},$$

wo A die kleine Fläche ist, auf der Luft ausströmt. Wir vernachlässigen die kinetische Energie der ausströmenden Luft und erhalten durch Elimination von $\rho w_i n_i$ A aus den beiden Gleichungen

$$(mu)^{\cdot} - \dot{m}\left(u + \frac{p}{\rho}\right) = \dot{Q} \quad \Rightarrow \quad m\dot{u} - \dot{m}\frac{p}{\rho} = \dot{Q} \qquad (2.33)$$

mit $\qquad \dot{u} = \frac{5}{2}\frac{R}{M_r}\dot{T} \qquad$ und $\qquad \dfrac{p}{\rho} = \dfrac{R}{M_r}T \qquad$ folgt

$$\frac{5}{2}m\frac{R}{M_r}\dot{T} - \dot{m}\frac{R}{M_r}T = \dot{Q} \qquad \text{und wegen} \qquad pV = m\frac{R}{M_r}T = \text{const}$$

$$\frac{7}{2}m\frac{R}{M_r}\dot{T} = \dot{Q} \qquad \text{oder mit} \qquad m\frac{R}{M_r} = \frac{pV}{T}$$

$$\frac{7}{2}pV\frac{\dot{T}}{T} = \dot{Q}\ . \qquad (2.34)$$

Wenn $\dot{Q}$ zeitlich konstant ist, so ergibt sich durch Integration dieser einfachen Differentialgleichung

$$T(t) = T(0)\exp\left\{\frac{\dot{Q}t}{\frac{7}{2}pV}\right\}. \qquad (2.35)$$

Die Temperatur wächst exponentiell an, denn die konstante Wärmeleistung $\dot{Q}$ heizt eine immer kleiner werdende Luftmenge. Von den Heizkosten her betrachtet ist dies alles sehr unerwünscht, denn die entweichende Luft ist ja bereits erwärmt worden.

[Natürlich verläuft die Temperatur bei einer tatsächlichen Zimmerheizung nicht exponentiell, denn je höher die Temperatur steigt, desto größer wird der hier weggelassene Wärmeabfluß durch Wände und Fester, so daß sich am Ende ein konstanter Temperaturwert einstellt.]

## 2.3.8 Beispiel III zum idealen Gas: Geschwindigkeit und Temperatur am Austritt eines Föns.

Wir erinnern uns an Absatz 1.5.7, wo wir festgestellt haben, daß die zugeführte Wärme und Arbeit in einem Fön zur Erhöhung von Enthalpie und kinetischer Energie aufgebracht wird. Mit der Kenntnis der thermischen und kalorischen Zustandsgleichungen von Luft können wir nun h bestimmen zu

$$h = (z + 1)\frac{R}{M_r}T + \alpha \ , \qquad (2.36)$$

und wenn wir dies in (1.45) einsetzen, so erhalten wir

$$\dot{m}\left[(z + 1)\frac{R}{M_r}(T_{II} - T_I) + \frac{1}{2}\left(w_{II}^2 - w_I^2\right)\right] = \dot{A} + \dot{Q} \ . \qquad (2.37)$$

Ergänzen wir diese Gleichung durch die Massenbilanz

$$\dot{m} = \rho_I w_I A_I = \rho_{II} w_{II} A_{II} = \frac{p_0}{R / M_r T_{II}}w_{II}A_{II} \ , \qquad (2.38)$$

so haben wir mit (2.37), (2.38) zwei Gleichungen für die Bestimmung von $w_{II}$ und $T_{II}$. Die Lösung lautet

$$w_{II} = -(z + 1)\frac{p_0 A_{II}}{\dot{m}} + \sqrt{\left[(z + 1)\frac{p_0 A_{II}}{\dot{m}}\right]^2 + w_I^2 + 2(z + 1)\frac{R}{M_r}T_I + 2\frac{\dot{Q} + \dot{A}}{\dot{m}}}$$

$$(2.39)$$

$$T_{II} = \frac{p_0 A_{II}}{\dot{m}}\frac{1}{R / M_r}\left\{-(z + 1)\frac{p_0 A_{II}}{\dot{m}} + \sqrt{\phantom{xxxxxxxxxxx}}\right\} \ .$$

Wir setzen $p_0 = 1\,\text{bar}$, $\rho_I = 1{,}29\ \text{kg/m}^3$, $T_I = 293\text{K}$, $A_I = 2A_{II} = 10\text{cm}^2$, $w_I = 2\text{m/s}$ sowie $\dot{Q} = 100\text{W}$ und $\dot{A} = 10\text{W}$. Dann ergibt sich $\dot{m} = 2{,}58 \cdot 10^{-3}$ kg/s und mit $z = 5/2$, $M_r = 29$ für Luft

$$w_{II} = 4{,}96\,\frac{m}{s} \quad \text{und} \quad T_{II} = 335K. \tag{2.40}$$

Die Wärme– und Leistungszufuhr haben also die kinetische *und* die innere Energie der strömenden Luft vergrößert.

Bei Problemen dieser Art ist es möglich und empfehlenswert, die kinetische Energie $\frac{1}{2}w^2$ gegenüber der spezifischen inneren Energie u zu vernachlässigen. Tatsächlich haben wir mit den Werten aus (2.40)

$$\frac{1}{2}w_{II}^2 = 12{,}3\,\frac{m^2}{s^2} \ll \frac{5}{2}\,R/M_r\,T_{II} = 20{,}8\cdot10^4\,\frac{m^2}{s^2}.$$

## 2.3.9  Beispiel IV zum idealen Gas: Düsenströmung

Mit Bedacht ist in den Absätzen 1.3.2., 1.4.8. und 1.5.4. die Düsenströmung als Beispiel für Massen–, Impuls– und Energiebilanz behandelt worden. So können wir jetzt darauf zurückgreifen und die Strömung von Luft durch eine Düse behandeln. Die erwähnten Bilanzen hatten folgende Gleichungen ergeben

$$\boxed{\rho w_1 A = \dot{m} = const} \qquad \frac{d\frac{1}{2}w_1^2}{dx_1} = -\frac{1}{\rho}\frac{dp}{dx_1} \qquad \boxed{h + \frac{1}{2}w_1^2 = const.} \tag{2.41}$$

Für ideale Gase kann die Differentialgleichung $(2.41)_2$ integriert werden. Dazu eliminieren wir $w_1^2$ aus $(2.41)_{2,3}$ und benutzen die thermische und kalorische Zustandsgleichung. Es folgt

$$\frac{dh}{dx_1} = \frac{1}{\rho}\frac{dp}{dx_1} \qquad \text{mit} \qquad h = (z+1)\,R/M_r\,T + \alpha, \quad \rho = \frac{p}{R/M_r\,T} :$$

$$\frac{d\ln T^{z+1}}{dx_1} = \frac{d\ln p}{dx_1} \qquad \Rightarrow \qquad \boxed{\frac{T}{p^{\frac{1}{z+1}}} = const \Rightarrow \frac{p}{\rho^{\frac{z+1}{z}}} = const}. \tag{2.42}$$

Die drei umrandeten Gleichungen sind die Grundgleichungen der Düsenströmung idealer Gase.

Wir wollen das Problem der Ausströmung aus einem Druckkessel oder einer Brennkammer betrachten, wo Druck und Temperatur die Werte $p_B$ und $T_B$ haben, während $w_1^B = 0$ ist. Das Ziel der Berechnungen soll sein, bei bekannter Düsenform $A = A(x_1)$ den Druck und die Geschwindigkeit in der Düse als Funktion von $x_1$ zu bestimmen.

Zunächst bestimmen wir die Geschwindigkeit $w_1$ als Funktion von p. Dazu dient $(2.41)_3$:

$$w_1 = \sqrt{2(h_B - h)} = \sqrt{2(z+1)\frac{R}{M_r}T_B\left(1 - \frac{T}{T_B}\right)} \quad \text{und mit} \quad (2.42)_2$$

$$w_1 = \sqrt{2\frac{R}{M_r}T_B} \quad \sqrt{(z+1)\left(1 - \left(\frac{p}{p_B}\right)^{\frac{1}{(z+1)}}\right)} \quad . \tag{2.43}$$

Gleichung $(2.42)_3$ liefert $\rho$ als Funktion von p

$$\rho = \rho_B\left(\frac{p}{p_B}\right)^{\frac{z}{(z+1)}} \quad , \tag{2.44}$$

und damit folgt $\rho w_1$ als Funktion von p

$$\rho w_1 = \frac{\sqrt{2}\, p_B}{\sqrt{R/M_r T_B}} \underbrace{\left(\frac{p}{p_B}\right)^{\frac{z}{(z+1)}} \sqrt{(z+1)\left(1 - \left(\frac{p}{p_B}\right)^{\frac{1}{(z+1)}}\right)}}_{\psi = \psi\left(\frac{p}{p_B}\right)} \quad . \tag{2.45}$$

Die durch die Klammer angedeutete Funktion von $p/p_B$ heißt die *Ausflußfunktion*. Für ein einatomiges Gas mit $z = \frac{3}{2}$ ist sie graphisch dargestellt in Abb. 2.8. Sie hat ein Maximum bei den sogenannten "kritischen" Werten

$$\frac{p^*}{p_B} = \left(\frac{2z}{2z+1}\right)^{z+1} \quad \text{und} \quad \psi^* = \left(\frac{2z}{2z+1}\right)^z \sqrt{\frac{z+1}{2z+1}} \quad . \text{ Die Bedeutung dieses Maximums}$$

werden wir diskutieren müssen.

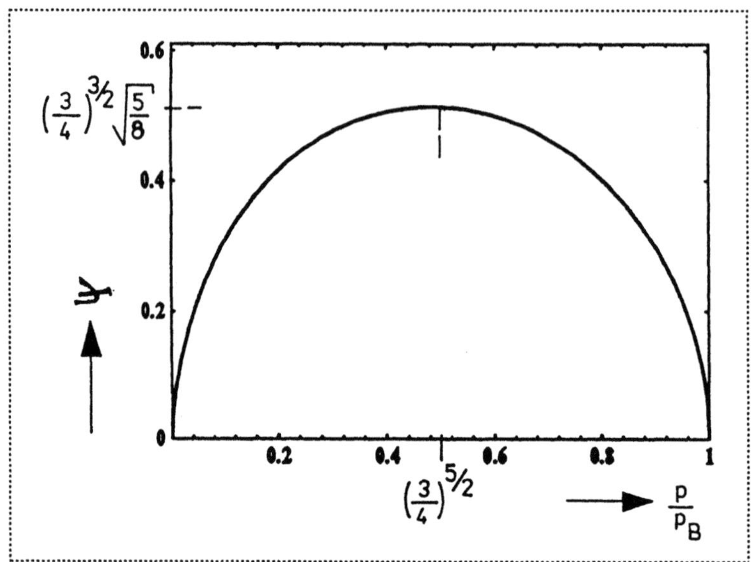



**Abb. 2.8**  Die Ausflußfunktion für einatomige Gase.

Die Massenbilanz $(2.41)_1$ kann nun geschrieben werden als

$$\dot{m} = \frac{\sqrt{2}\, p_B}{\sqrt{\dfrac{R}{M_r} T_B}}\, \psi\!\left(\frac{p}{p_B}\right) A(x_1) = \frac{\sqrt{2}\, p_B}{\sqrt{\dfrac{R}{M_r} T_B}}\, \psi\!\left(\frac{p_E}{p_B}\right) A_E \,, \tag{2.46}$$

wo der Index E die Verhältnisse am Ende der Düse bezeichnet. Diese Gleichung ist die gesuchte Beziehung $p = p(x_1)$; sie ist implizit, und natürlich muß $A(x_1)$ gegeben sein, bevor wir an eine Lösung denken können. Abb. 2.9 zeigt den Druckverlauf in einer Düse von der Form eines Rotationshyperboloids.

$$A(x_1) = A(0)\left(1 + \frac{x_1^2}{l_1^2}\left(\frac{A_{min}}{A(0)} - 1\right)\right)$$

Zu erwarten ist, daß der Druckverlauf $p(x_1)$ vom Druck $p_E$ am Ende der Düse abhängt, und diese Erwartung wird durch die obersten drei Druckkurven in Abb. 2.9 bestätigt. Je niedriger $p_E$ ist, umso niedriger ist auch $p(x_1)$. Es gibt jedoch hier einen subtilen Grenzfall: Der Druck im engsten Querschnitt kann nicht unter den kritischen Druck $p^*$ fallen; in der Tat: wäre der Druck dort kleiner als $p^*$, so hätte $\psi$ im Verengungsteil der Düse abgenommen; das zeigt ein Blick auf die Form der Ausflußfunktion. Das jedoch ist unmöglich, denn $\psi\!\cdot\!A$ ist ja konstant, siehe (2.46), so daß mit abnehmendem $\psi$ die Querschnittsfläche A *zunehmen* muß.

Tatsächlich tritt bei p* im engsten Querschnitt eine Verzweigung auf: Entweder steigt der Druck wieder im Erweiterungsteil, oder er fällt; die gestrichelten Linien in Abb. 2.9 stellen diese beiden Fälle dar. Im ersten Fall bewegt sich der Zustand $(\psi,p)$ vom Maximum der Ausflußfunktion abwärts nach rechts, im zweiten Fall nach links. Welcher dieser beiden Fälle in der Düse eintritt, wird davon abhängen, ob der Enddruck gleich $p_E^1$ oder gleich $p_E^2$ ist, siehe Abb. 2.9.

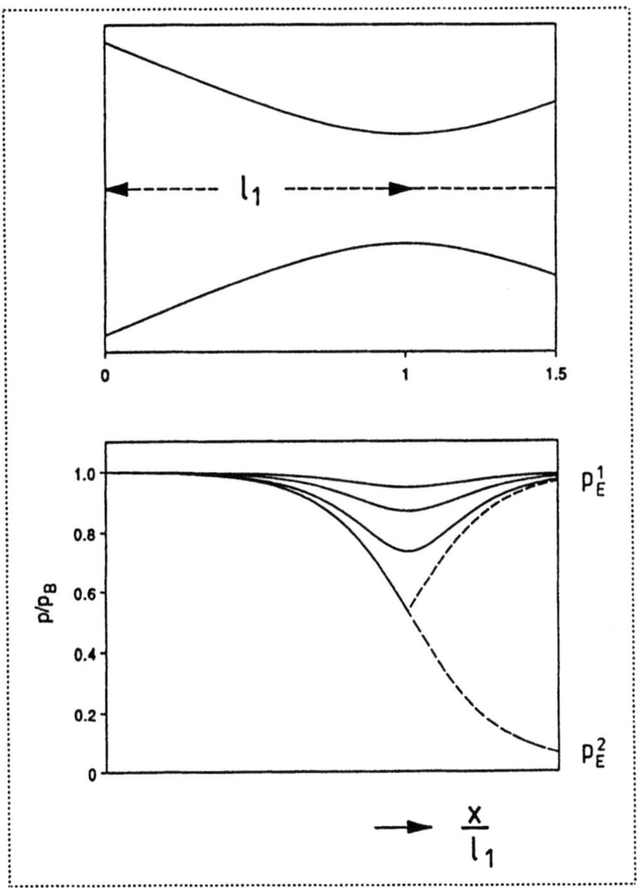


**Abb. 2.9** Düsenform und Druckverlauf $p = p(x_1)$.

Da nun p im engsten Querschnitt nicht unter p* abfallen kann, hat $\dot{m}$ bei gegebenen Kesseldaten ein Maximum bei

$$\dot{m} = \frac{\sqrt{2}\, p_B}{\sqrt{\dfrac{R}{M_r} T_B}}\, \psi\!\left(\frac{p^*}{p_B}\right) A_{min}\,.$$

Mehr Masse kann nicht durch die Düse ausströmen, ganz gleich, wie niedrig der Enddruck $p_E$ ist. Für den Ingenieur ist diese Begrenzung des Massenflusses wichtig, wenn er ein Sicherheitsventil auslegen soll, durch das eine vorgegebene Masse austreten muß, um katastrophale Druckerhöhungen in Brennkammern oder Kesseln zu vermeiden.

Der physikalische Grund für die Begrenzung ergibt sich durch Berechnung der Strömungsgeschwindigkeit $w_1^*$ bei $\frac{p^*}{p_B}$ aus (2.43).

$$w_1^* = \sqrt{2 \frac{z+1}{2z+1} \frac{R}{M_r} T_B} \quad \text{oder mit (2.42)}_2 \quad \text{und} \quad \frac{p^*}{p_B} = \left(\frac{2z}{2z+1}\right)^{z+1} :$$

$$w_1^* = \sqrt{\frac{z+1}{z} \frac{R}{M_r} T^*} \ . \tag{2.47}$$

Dies ist die Schallgeschwindigkeit im engsten Querschnitt, siehe Abschnitt 10.4. Damit ist klar: Ganz gleich wieviel kleiner als $p_E^1$ der Enddruck $p_E$ ist, der Kessel erfährt nichts davon. Zwar breitet sich die Information über eine Druckabsenkung mit Schallgeschwindigkeit in Richtung Kessel aus, aber die Strömung im engsten Querschnitt kommt ihr ebenfalls mit Schallgeschwindigkeit entgegen oder sogar mit Überschallgeschwindigkeit im Erweiterungsteil der Düse. Denn dem zu $p_E^2$ abfallenden Druck entspricht eine Überschallströmung.

Es bleibt die Frage, was passiert, wenn der Enddruck im Bereich $p_E^2 < p_E < p_E^1$ liegt. Die Beobachtung zeigt, daß in diesem Fall im Erweiterungsteil der Düse ein Verdichtungsstoß auftritt. Das werden wir hier nicht behandeln. Es sei auf Bücher über Gasdynamik verwiesen.

Ist $p_E < p_E^2$ , so erfolgt die Restexpansion hinter der Düse.

Eine Düse mit Verengungs- und Erweiterungsteil ist für Raketenmotoren wichtig, denn bei diesen kommt es auf eine möglichst große Schubkraft an, und die Schubkraft ist nach Absatz 1.4.6 gleich $\dot{m}a$ , wo a die Austrittsgeschwindigkeit der Brenngase ist. Zwar ist $\dot{m}$ begrenzt, und sein Betrag wird von den Brennkammerdaten und dem Verengungteil der Düse bestimmt, aber a kann weit über die Schallgeschwindigkeit wachsen, falls die Düse einen Erweiterungsteil hat. Alle Raketendüsen sind so ausgelegt, wir erinnern uns an die Austrittsgeschwindigkeit der Saturn 1 B-Rakete von a = 2730 m/s, die wir im Absatz 1.4.6 bestimmt haben.

Eine Düse mit Verengungs- und Erweiterungsteil heißt Laval-Düse nach dem schwedischen Ingenieur Carl Gustaf Patrik DE LAVAL (1845–1913), dem "schwedischen Edison" mit über 3000 Patenten. Unter vielen anderen Dingen erfand de Laval die Dampfturbine und entwickelte sie bis zur Praxisreife.

### 2.3.10 Beispiel V zum idealen Gas: Barometrische Höhenstufe

Die Meteorologen postulieren für ihre Rechnungen eine Standardatmosphäre, welche den Temperaturabfall mit wachsender Höhe festlegt. Danach fällt die Lufttemperatur mit dem Gradienten

$$\gamma = \frac{0{,}65\,\mathrm{K}}{100\,\mathrm{m}} \tag{2.48}$$

von ihrem Bodenwert $T_G = 15°\,C$ auf den Wert von $-50°\,C$ in 10 km Höhe. Darüber bleibt die Lufttemperatur konstant, jedenfalls bis hinauf zu einer Höhe, die dann die Meteorologen nicht mehr interessiert.

Der Druckabfall mit wachsender Höhe folgt der Impulsbilanz, siehe Absatz 1.4.3

$$\frac{\partial p}{\partial x_3} = -\rho g \quad \text{mit} \quad \rho = \frac{p}{R / M_r T} \quad \text{und} \quad T = T_G\left(1 - \frac{\gamma}{T_G} x_3\right). \tag{2.49}$$

Wir erhalten somit für Höhen unterhalb 10 km

$$\frac{1}{p}\frac{\partial p}{\partial x_3} = -\frac{g}{R / M_r T_G}\; \frac{1}{1 - \dfrac{\gamma}{T_G} x_3} \qquad \text{und durch Integration}$$

$$\boxed{\; p = p_G\left(1 - \frac{\gamma}{T_G} x_3\right)^{\frac{1}{R/M_r}\frac{g}{\gamma}}\; }. \tag{2.50}$$

Bis zu einer Höhe von $x_3 \approx 5$ km ist der zweite Term in der Klammer kleiner als 0,1, und folglich können wir eine Taylorreihe um $x_3 = 0$ näherungsweise nach dem ersten Glied abbrechen. Wir erhalten dann

$$p = p_G\left(1 - \frac{g}{R / M_r T_G} x_3\right) = p_G - \delta x_3, \quad \text{wo} \quad \delta = \frac{p_G}{R / M_r T_G} g. \tag{2.51}$$

Für $p_G = 1$ bar und $T_G = 288$ K ergibt sich $\quad \delta = \dfrac{100\,\frac{N}{m^2}}{8{,}42\,\mathrm{m}}$ . Das heißt, der Luftdruck

nimmt pro ca. 8 m Höhengewinn um 1 mbar = 1 hPa ab. Diese Höhendifferenz nennt man die *barometrische Höhenstufe*.

Im Grenzfall $\gamma \to 0$, d. h. für die Atmosphäre mit uniformer, höhenunabhängiger Temperatur können wir schreiben

$$1 - \frac{\gamma}{T_G} x_3 \approx \exp\left(-\frac{\gamma}{T_G} x_3\right) \, ,$$

und dann folgt aus (2.50)

$$p = p_G \exp\left(-\frac{M_r g}{RT} x_3\right) . \tag{2.52}$$

In einer isothermen Atmosphäre fällt also der Druck mit wachsender Höhe exponentiell ab. Man nennt die Gleichung (2.52) die *barometrische Höhenformel.*

## 2.3.11 Beispiel VI zum idealen Gas: "Adiabatische Zustandsgleichung".

Wir erinnern uns an den *Ersten Hauptsatz für reversible Prozesse* (1.58) und betrachten einen adiabat reversiblen Prozeß in einem abgeschlossenen Volumen. Dann gilt mit $\dot{Q} = 0$

$$\frac{dU}{dt} = -p \frac{dV}{dt} \quad \text{und mit} \quad U = m\left(z\, R/M_r\, T + \alpha\right), \quad pV = m\, R/M_r\, T$$

$$z \frac{dT}{dt} = -\frac{T}{V} \frac{dV}{dt} \quad \text{oder} \quad \frac{d \ln T^z}{dt} = -\frac{d \ln V}{dt} .$$

Integration ergibt

$$VT^z = \text{const} \quad \text{oder mit} \quad pV = m\, R/M_r\, T : \quad \frac{p}{T^{z+1}} = \text{const} \quad \text{bzw.} \quad pV^{\frac{z+1}{z}} = \text{const.}$$

Man nennt diese Relationen zuweilen die adiabatischen Zustandsgleichungen. Meist ersetzt man $\frac{z+1}{z}$ durch $\kappa$ (siehe Absatz 2.4.3) und schreibt

$$\boxed{\; V^{\kappa-1}\, T = \text{const}\,, \quad \frac{p}{T^{\frac{\kappa}{\kappa-1}}} = \text{const}\,, \quad pV^{\kappa} = \text{const.} \;} \tag{2.53}$$

Diese Gleichungen definieren die *Adiabaten* im $(T,v)$-, $(p,T)$- und $(p,v)$-Diagramm.

Da $\kappa > 1$ gilt, so wächst der Druck bei adiabater Kompression stärker an als bei isothermer Kompression, denn es gilt

$$p \sim \frac{1}{V^{\kappa}} \quad \text{anstelle von} \quad p \sim \frac{1}{V} \,.$$

Im (p,v)-Diagramm sind also die Adiabaten steiler als die Isothermen, siehe Abb. 2.10. Daraus folgt, daß eine adiabate Kompression das Gas erwärmt. Eine adiabate Expansion kühlt das Gas ab.

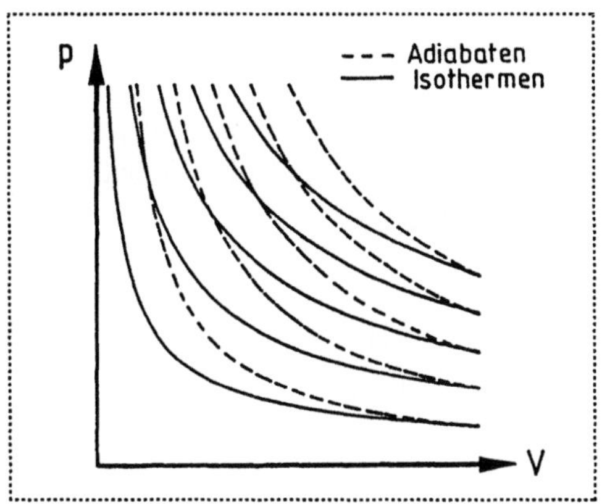


**Abb. 2.10** Adiabaten sind steiler als Isothermen.

## 2.3.12  Beispiel VII zum idealen Gas: Kaminströmung

Ein Kamin ist mehr als ein Loch im Dach zum Rauchabzug. Tatsächlich bietet die Kaminröhre der im Kaminherd erwärmten Luft eine Möglichkeit zum adiabaten Aufstieg. Die seitlich nachströmende Luft facht das Kaminfeuer durch Sauerstoffzufuhr an. Die Heizwirkung des Feuers beruht im wesentlichen auf Wärmestrahlung.

Wir betrachten die stationäre Strömung durch einen Kamin mit Querschnitt A und Höhe H. Wenn wir Wärmeflüsse und Scherspannungen vernachlässigen, so besagt der Energiesatz (1.38) mit $\varphi = gx_3$

$$\dot{m}\left\{\left(h + \frac{1}{2}w^2 + gx_3\right)\bigg|_o - \left(h + \frac{1}{2}w^2 + gx_3\right)\bigg|_u\right\} = 0 \,. \qquad (2.54)$$

Zu berechnen ist der Massenstrom durch den Kamin als Funktion der Temperatur $T_u$ des Kaminherdes. Die Indizes o und u kennzeichnen die Zustände oben und unten im Kamin.

Außerhalb des Kamins nehmen wir der Einfachheit halber eine isotherme Atmosphäre an mit der Temperatur T, so daß die Druckverteilung durch (2.52) gegeben ist mit $p_G = 1$atm. Diese Verteilung herrscht auch im Kamin, da sich eventuelle horizontale Druckunterschiede - anders als Temperaturunterschiede - sehr schnell ausgleichen würden. Wir setzen $h = (z+1)\dfrac{R}{M_r}T + \alpha$ mit $z = \dfrac{5}{2}$ in (2.54) ein und erhalten

$$\frac{7}{2}\frac{R}{M_r}\left(T_o - T_u\right) + \frac{1}{2}\left(w_o^2 - w_u^2\right) + gH = 0,$$

wo $T_o$ die Austrittstemperatur der Kaminströmung ist; der Druck am Austritt ist $p(H)$, zu berechnen aus der barometrischen Höhenformel. Wegen der angenommenen Adiabasie der Kaminströmung gilt

$$\frac{T_o}{T_u} = \left(\frac{p(H)}{p_G}\right)^{\frac{\kappa-1}{\kappa}} = e^{-\frac{2gH}{7\frac{R}{M_r}T}}.$$

Wir nehmen an, daß gilt $w_u^2 \ll w_o^2$ und erhalten somit aus dem Energiesatz

$$w_o^2 = 7\frac{R}{M_r}T_u\left(1 - e^{-\frac{2gH}{7\frac{R}{M_r}T}}\right) - 2gH.$$

Es verbleibt die Aufgabe, $w_o$ mit $\dot{m}$ zu verknüpfen. Wir schreiben

$$\dot{m} = \rho_o w_o A = \rho_u\left(\frac{p_o}{p_u}\right)^{\frac{1}{\kappa}} w_o A = \frac{p_G}{\frac{R}{M_r}T_u}e^{-\frac{5gH}{7\frac{R}{M_r}T}} w_o A \, .$$

$$\text{mit } \rho_u T_u = \frac{p_G}{\frac{R}{M_r}}$$

Elimination von $w_o$ aus den beiden letzten Gleichungen und Auflösung nach $\dot{m}$ ergibt das gewünschte Ergebnis: $\dot{m}$ als Funktion von $T_u$, nämlich

$$\dot{m} = \frac{p_G A}{\frac{R}{M_r}T_u}e^{-\frac{5gH}{7\frac{R}{M_r}T}}\sqrt{7\frac{R}{M_r}T_u\left(1 - e^{-\frac{2gH}{7\frac{R}{M_r}T}}\right) - 2gH}.$$

Für $\frac{gH}{R/_{M_r}T} \ll 1$ folgt näherungsweise

$$\dot{m} = \frac{p_G A}{\sqrt{R/_{M_r}T}}\, e^{-\frac{5gH}{7R/_{M_r}T}}\sqrt{2\frac{gH}{R/_{M_r}T}\frac{T}{T_u}}\sqrt{\frac{T_u}{T}-1}.\qquad (2.55)$$

Für $T \approx 300$ K ist diese Näherung für alle realistischen Kaminhöhen H < 1 km gut erfüllt.

Wir setzen A = 400 cm$^2$, H = 10 m und berechnen mit den oben gegebenen Daten

$$\dot{m} = 0{,}66\,\frac{m^3}{s}\left(\frac{T}{T_u}\right)\sqrt{\left(\frac{T_u}{T}\right)-1}.$$

Wir erkennen, daß $\dot{m}$ für $1 < T_u/_T \le 2$ zunimmt, danach nimmt es wieder ab. Daraus folgt, daß ein Kamin bei $T_u \approx 300°$ C am besten „zieht". Der Anstieg von $\dot{m}$ bis $T_u = 2\,T$ beruht auf dem größeren Auftrieb der im Kaminherd geheizten Luft bei höherer Temperatur. Für $T_u > 2\,T$ nimmt $\dot{m}$ ab, da dann die Dichte der aufsteigenden Luft zu klein wird und ihr Volumen zu groß, um noch bequem durch den Kamin zu passen.

## 2.3.13  Beispiel VIII zum idealen Gas: Aufwindkraftwerk

Der Massenstrom $\dot{m}$ durch einen Kamin wird beim Aufwindkraftwerk zum Betrieb einer Turbine genutzt. Dabei fehlt freilich der Kaminherd; vielmehr wird die Luft unter dem Kamin durch die Sonnenstrahlen erwärmt: Die Wärmeleistung $\dot{Q}$ der Strahlung fällt auf eine Kollektorfläche mit dem Radius R, siehe Abb. 2.11$_L$, unter der die Außenluft der Temperatur T horizontal zum Kamin hinströmt und sich dabei – näherungsweise isobar – beschleunigt und auf die Temperatur $T_u$ unterhalb des Kamins aufwärmt. Wir wenden die Energiebilanz (1.38) auf die Oberfläche des Hohlzylinders unter der Kollektorfläche an und erhalten

$$\dot{Q} = \dot{m}\left[\frac{7}{2}\frac{R}{M_r}T\left(\frac{T_u}{T}-1\right)+\frac{1}{2}\left(\frac{\dot{m}}{\rho_u A_i}\right)^2\right],\qquad (2.56)$$

wenn wir den inneren Zylindermantel – von der Fläche $A_i$ – als sehr klein ansehen gegen den äußeren Zylindermantel. (Der innere Zylindermantel hat als Durchmesser den Turbinendurchmesser, der äußere den Kollektordurchmesser.)

$w_u = \dfrac{\dot{m}}{\rho_u A_i}$ ist die Geschwindigkeit, mit der die aufgewärmte Luft auf die

Turbine trifft. Dabei gilt $p_G = \rho_u \dfrac{R}{M_r} T_u$ .

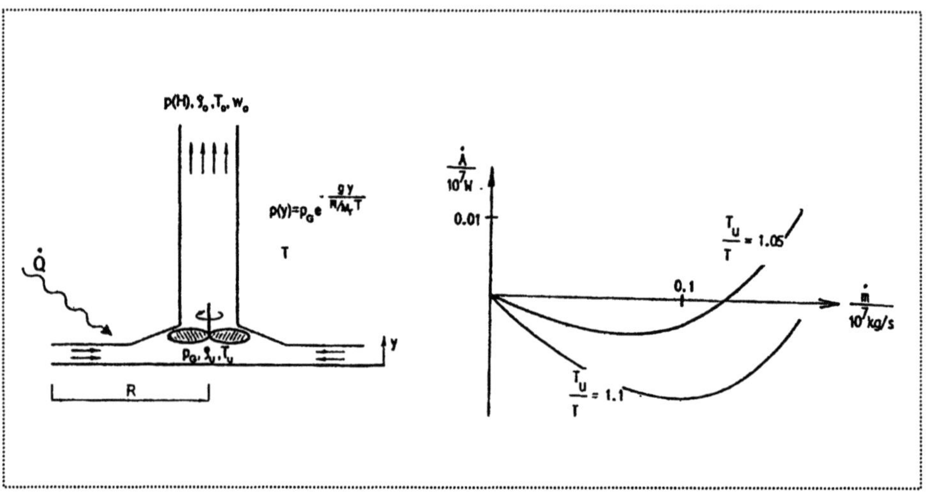


**Abb. 2.11   Aufwindkraftwerk**
     *Links*: Schemaskizze   *Rechts*: $(\dot{A}, \dot{m})$ -Kurven (Werte von
                                        Manzanares, siehe Ende des Absatzes)

Erstes Ziel ist es nun, die Leistung $\dot{A}$ der Turbine als Funktion von $\dot{m}$ und $T_u$ zu bestimmen. Dazu betrachten wir die Strömung durch Turbine und Kamin, die wir als
adiabat annehmen. Mit $\varphi = gx_3$ ergibt sich wiederum aus der Energiebilanz (1.38)

$$\dot{m}\left\{\left(h + \frac{1}{2}w^2 + gx_3\right)\bigg|_0 - \left(h + \frac{1}{2}w^2 + gx_3\right)\bigg|_u\right\} = \dot{A}$$

Mit $H = x_3^0 - x_3^u$ folgt

$$\dot{m}\left\{\frac{7}{2}\frac{R}{M_r}T_u\left(\frac{T_0}{T_u} - 1\right) + \frac{1}{2}\left(w_0^2 - w_u^2\right) + gH\right\} = \dot{A}. \qquad (2.57)$$

Außerhalb und innerhalb des Kamins nehmen wir für den Druck die Gültigkeit
der barometrischen Höhenformel (2.52) an und erhalten

$$\left(\frac{T_0}{T_u}\right) = \left(\frac{p(H)}{p_G}\right)^{\frac{\kappa-1}{\kappa}} = e^{-\frac{2gH}{7\,R/M_r\,T}} \qquad (2.58)$$

$w_u$ ist mit $\dot{m}$ durch die Gleichung $\dot{m} = \rho_u w_u A_i = \dfrac{p_G}{R/M_r\,T_u}\,w_u A_i$ verknüpft, die wir schon für die Ableitung von (2.56) benutzt haben, und $w_0$ ist mit $\dot{m}$ wie folgt verknüpft

$$\dot{m} = \rho_0 w_0 A = \rho_u \left(\frac{p(H)}{p_u}\right)^{\frac{1}{\kappa}} w_0 A = \frac{p_G}{R/M_r\,T_u}\,e^{-\frac{5gH}{7\,R/M_r\,T}}\,w_0 A\,.$$

$$\text{mit } \rho_u T_u = \rho_G T = \frac{p_G}{R/M_r}$$

A ist dabei der Querschnitt des Kamins. Wir setzen $w_0$ und $w_u$ in (2.57) ein und erhalten

$$\dot{A} = \dot{m}\left\{\frac{7}{2}\frac{R}{M_r}T_u\left(e^{\frac{-2gH}{7\,R/M_r\,T}} - 1\right) + \frac{1}{2}\dot{m}^2\left(\frac{R/M_r\,T_u}{p_G A}\right)^2\left(e^{\frac{10}{7}\frac{gH}{R/M_r\,T}} - \frac{A^2}{A_i^2}\right) + gH\right\}\,.$$

Das ist bereits die gesuchte Beziehung zwischen $\dot{A}$ und $\dot{m}$, $T_u$. Zur Vereinfachung nehmen wir an, daß $gH \ll \frac{R}{M_r}T$ gilt, was bei $T \approx 300K$ selbst für $H = 1$ km nicht allzu schlecht ist. Es folgt

$$\dot{A} = \dot{m}\left\{-\left(\frac{T_u}{T} - 1\right)gH + \frac{1}{2}\left(\frac{R/M_r\,T}{p_G A}\right)^2\left(\frac{T_u}{T}\right)^2\left(1 - \frac{A^2}{A_i^2}\right)\dot{m}^2\right\} \qquad (2.59)$$

Wir wollen möglichst viel Leistung aus dem Kraftwerk herausholen und suchen darum *den* Massenstrom, der – für gegebenes $T_u$ – $\dot{A}$ in (2.59) minimal macht. Es folgt, siehe Abb. 2.11$_R$

$$\dot{m}_{min} = \sqrt{\frac{2}{3}}\,p_G A\,\frac{\sqrt{gH}}{R/M_r\,T}\,\frac{1}{\sqrt{1 - \left(\frac{A}{A_i}\right)^2}}\,\frac{\sqrt{\frac{T_u}{T} - 1}}{\frac{T_u}{T}}\,. \qquad (2.60)$$

Die Leistung beträgt dann wegen (2.59)

$$\dot{A}_{min} = -\sqrt{\frac{2}{3}}^{\,3}\, p_G A\, \frac{\sqrt{gH}^3}{R/M_r\, T}\, \frac{1}{\sqrt{1-\left(\dfrac{A}{A_i}\right)^2}}\, \frac{\sqrt{\dfrac{T_u}{T}-1}^{\,3}}{\dfrac{T_u}{T}}. \qquad (2.61)$$

und $T_u$ ergibt sich – bei gegebenem $\dot{Q}$ – aus der Beziehung (2.56)

$$\dot{Q} = \frac{7}{2}\sqrt{\frac{2}{3}}\, p_G A\, \sqrt{gH}\, \frac{\sqrt{\dfrac{T_u}{T}-1}^{\,3}}{\dfrac{T_u}{T}}\left(1+\frac{2}{21}\frac{gH}{R/M_r\, T}\frac{\left(\dfrac{A}{A_i}\right)^2}{1-\left(\dfrac{A}{A_i}\right)^2}\right). \qquad (2.62)$$

Die Klammer auf der rechten Seite kann näherungsweise durch 1 ersetzt werden – wiederum wegen $gH \ll \frac{R}{M_r}T$ – und somit ergibt sich für den Wirkungsgrad der auf maximale Leistung ausgelegten Anlage

$$e = \frac{\left|\dot{A}_{min}\right|}{\dot{Q}} = \frac{4}{21}\frac{gH}{R/M_r\, T}\frac{1}{\sqrt{1-\left(\dfrac{A}{A_i}\right)^2}}, \qquad (2.63)$$

d. h. der Wirkungsgrad wächst linear mit der Kaminhöhe.

In Manzanares (Spanien) steht ein Aufwindkraftwerk mit den folgenden Abmessungen:

- Kaminhöhe 200 m
- Kamindurchmesser 10 m
- Turbinendurchmesser 20 m
- Kollektordurchmesser 250 m
- Höhe der Kollektorabdeckung 2 m.

Wir setzen $\dot{Q} = 500\frac{W}{m^2}\pi R^2$. Das ist ein realistischer Wert, solange die Sonne scheint. Damit folgt aus den gegebenen Daten mit (2.62)

$$\frac{T_u}{T} = 1{,}09 \qquad \text{und mit  (2.61):}\ \ \dot{A}_{min} = -136\,\text{kW}.$$

Der Wirkungsgrad (2.63) ergibt sich zu e = 0,56 %.

Gegenwärtig plant man eine Anlage mit einem Kollektordurchmesser von 3,6 km, einer Kaminhöhe von 950 m und einer Leistung von 100 MW.

## 2.4 Zustandsgleichungen von Flüssigkeiten und Dämpfen (ohne Phasenübergang).

### 2.4.1 Die Notwendigkeit von Messungen.

Ideale Gase sind die einzigen Stoffe, für die wir die thermische und kalorische Zustandsgleichung

$$p = p(v,T) \quad \text{und} \quad u = u(v,T)$$

als explizite analytische Funktionen kennen. Für alle anderen Stoffe müssen diese Zustandsgleichungen durch Messung bestimmt werden.

### 2.4.2 Thermische Zustandsgleichung

Über die Messung der thermischen Zustandsgleichung ist nicht viel zu sagen. Diese Gleichung verknüpft die drei meßbaren Größen p, v und T: Man stellt zwei dieser Größen ein und mißt die dritte. Das ist prinzipiell sehr einfach, aber natürlich ist es trotzdem eine langwierige Arbeit, denn das eingestellte Wertepaar – etwa v und T – muß man über den ganzen interessierenden Wertebereich variieren lassen und jeweils dazu die dritte Variable bestimmen – im Beispiel also p. So kommt man zu der thermischen Zustandsgleichung

$$p = p(v,T) \quad \text{oder} \quad v = v(p,T) \quad \text{oder} \quad T = T(v,p) \quad .$$

Die gemessenen Wertetripel legt man in Tabellen nieder, etwa in Wasserdampftabellen [2.3] ; siehe Tabelle 2.3, wo für zwei Werte von p die (v,T)-Werte von Wasserdampf angeschrieben sind.

Aus den Tabellen kann man dann leicht die Zustandskoeffizienten Kompressibilität $\kappa_T$, Wärmeausdehnung $\alpha$ und Spannungskoeffizient $\beta$ ablesen.[2.4]

$$\kappa_T = -\frac{1}{v}\left(\frac{\partial v}{\partial p}\right)_T, \quad \alpha = \frac{1}{v}\left(\frac{\partial v}{\partial T}\right)_p, \quad \beta = \frac{1}{p}\left(\frac{\partial p}{\partial T}\right)_v . \tag{2.64}$$

---

2.3 z.B. Landolt–Börnstein. Zahlenwerte und Funktionen aus Physik, Chemie, Astronomie, Geophysik und Technik. IV Band, Teil 4a Springer (1967).

2.4 Der Index an den Differentialquotienten zeigt an, welche Variable konstant gehalten wurde.

Diese sind selbst wieder Funktionen von v, T; z.B. nach Tabelle 2.3.

| $t$ | 370 bar | 380 bar |
|---|---|---|
| °C | $v$ | $v$ |
| 400 | 2,0102 | 1,9717 |
| 410 | 2,2823 | 2,2078 |
| 420 | 2,7067 | 2,5717 |
| 430 | 3,2531 | 3,0554 |
| 440 | 3,8350 | 3,5946 |
| 450 | 4,384 | 4,1238 |
| 460 | 4,863 | 4,605 |
| 470 | 5,289 | 5,031 |
| 480 | 5,674 | 5,415 |
| 490 | 6,028 | 5,768 |
| 500 | 6,357 | 6,096 |
| 510 | 6,665 | 6,403 |
| 520 | 6,957 | 6,693 |
| 530 | 7,234 | 6,968 |
| 540 | 7,499 | 7,230 |
| 550 | 7,753 | 7,482 |
| 560 | 7,997 | 7,723 |
| 570 | 8,233 | 7,957 |
| 580 | 8,462 | 8,182 |
| 590 | 8,683 | 8,401 |
| 600 | 8,899 | 8,614 |
| 610 | 9,110 | 8,822 |
| 620 | 9,316 | 9,025 |
| 630 | 9,517 | 9,223 |
| 640 | 9,715 | 9,418 |
| 650 | 9,909 | 9,608 |
| 660 | 10,099 | 9,795 |
| 670 | 10,286 | 9,980 |
| 680 | 10,471 | 10,161 |
| 690 | 10,653 | 10,339 |
| 700 | 10,832 | 10,515 |
| 710 | 11,009 | 10,689 |
| 720 | 11,184 | 10,861 |
| 730 | 11,356 | 11,030 |
| 740 | 11,527 | 11,197 |
| 750 | 11,696 | 11,363 |
| 760 | 11,863 | 11,527 |
| 770 | 12,028 | 11,689 |
| 780 | 12,192 | 11,850 |
| 790 | 12,355 | 12,009 |
| 800 | 12,516 | 12,166 |

**Tab.2.3** (p,v,T)-Werte von Wasserdampf

$$(T, v) = \left(400°C, \ 1,991\frac{m^3}{kg}\right): \quad \kappa_T = 1,934 \cdot 10^{-3}\frac{1}{bar},$$

$$(T, v) = \left(800°C, 12,341\frac{m^3}{kg}\right): \quad \kappa_T = 2,836 \cdot 10^{-3}\frac{1}{bar}.$$

Die drei Koeffizienten $\kappa_T, \alpha$ und $\beta$ sind nicht unabhängig, denn es gilt für jede Funktion $z = z(x,y)$ die Identität

$$\left(\frac{\partial z}{\partial x}\right)_y \left(\frac{\partial x}{\partial y}\right)_z \left(\frac{\partial y}{\partial z}\right)_x = -1. \tag{2.65}$$

Das folgt aus der Differentialgleichung

$$dz = \left(\frac{\partial z}{\partial x}\right)_y dx + \left(\frac{\partial z}{\partial y}\right)_x dy \text{ und mit } z = \text{const, d.h. } dz = 0$$

$$0 = \left(\frac{\partial z}{\partial x}\right)_y \left(\frac{\partial x}{\partial y}\right)_z + \left(\frac{\partial z}{\partial y}\right)_x \quad \Big|\cdot\left(\frac{\partial y}{\partial z}\right)_x$$

$$0 = \left(\frac{\partial z}{\partial x}\right)_y \left(\frac{\partial x}{\partial y}\right)_z \left(\frac{\partial y}{\partial z}\right)_x + 1 .$$

Für $p = p(v,T)$ ergibt sich aus der Identität:

$$\left(\frac{\partial p}{\partial v}\right)_T \left(\frac{\partial v}{\partial T}\right)_p \left(\frac{\partial T}{\partial p}\right)_v = -1 \quad \text{oder mit (2.64):}$$

$$\boxed{\alpha = p\kappa_T\beta} \ . \tag{2.66}$$

Insbesondere gilt für ideale Gase mit $(2.12)_2$

$$\kappa_T = \frac{1}{p} \qquad \alpha = \frac{1}{T} \qquad \beta = \frac{1}{T}. \tag{2.67}$$

Selbstverständlich ist die Identität (2.66) erfüllt.

## 2.4.3  Kalorische Zustandsgleichung

Die experimentelle Bestimmung der kalorischen Zustandsgleichung ist alles andere als einfach, und das liegt daran, daß die innere Energie u keine Meßgröße ist. Darum bestimmt man auch nie u selbst, sondern nur die beiden Ableitungen

$$\left(\frac{\partial u}{\partial T}\right)_v \quad \text{und} \quad \left(\frac{\partial u}{\partial v}\right)_T \quad ; \tag{2.68}$$

diese können nämlich gemessen werden bzw. durch Meßgrößen ausgedrückt werden. u folgt dann durch Integration bis auf eine additive Konstante.

Die Meßgrößen, aus denen die Ableitungen (2.68) bestimmt werden, sind die spezifischen Wärmekapazitäten $c_v$ und $c_p$ .[2.5] Man führt der zu messenden Flüssigkeit über die Zeit dt mit der bekannten Heizrate $\dot{Q}$ pro Masseneinheit die Wärme $\dot{q}dt = \dot{Q}/m\,dt$ zu und mißt die dadurch verursachte Temperaturänderung dT. Damit ergibt sich die *spezifische Wärme* c. Sie ist durch die Gleichung definiert

$$\dot{q}dt = cdT \ . \tag{2.69}$$

Und zwar erhalten wir $c_v$ oder $c_p$ je nachdem, ob die Wärmezufuhr bei konstantem v oder bei konstantem p erfolgt.

Um aus dieser Meßgröße die Ableitungen (2.68) zu bestimmen, benutzen wir den ersten Hauptsatz (1.58), bezogen auf die Massen [2.6]

$$\dot{q}dt = du + pdv \quad \text{und} \quad \text{mit} \quad u = u(v,T) \ , \tag{2.70}$$

$$\dot{q}dt = \underbrace{\left(\frac{\partial u}{\partial T}\right)_v}_{c_v} dT + \left(\left(\frac{\partial u}{\partial v}\right)_T + p\right)dv \ . \tag{2.71}$$

---

2.5  Meist vereinfachend als spezifische Wärme bezeichnet, bei konstantem v bzw. p.

2.6  Spezifische, d. h. massebezogene Größen bezeichnen wir – wie schon früher – mit kleinen Buchstaben. So ist $\dot{q}$ der spezifische Wert der Wärmeleistung, v ist das spezifische Volumen, etc.

Hält man v bei der Wärmezufuhr konstant, d. h. $dv = 0$, so folgt durch Vergleich mit (2.69), wie in (2.71) durch die Klammer angedeutet,

$$\boxed{\left(\frac{\partial u}{\partial T}\right)_v = c_v} \quad . \tag{2.72}$$

Hält man dagegen p konstant, so ist (2.71) in der vorliegenden Form ungeeignet für die Bestimmung der spezifischen Wärme. Man muß erst dv aus der Kenntnis der thermischen Zustandsgleichung ersetzen durch

$$dv = \left(\frac{\partial v}{\partial T}\right)_p dT + \left(\frac{\partial v}{\partial p}\right)_T dp \quad .$$

Damit ergibt sich aus (2.71)

$$\dot{q}dt = \underbrace{\left(c_v + \left(\left(\frac{\partial u}{\partial v}\right)_T + p\right)\left(\frac{\partial v}{\partial T}\right)_p\right)}_{c_p}dT + \left(\left(\frac{\partial u}{\partial v}\right)_T + p\right)\left(\frac{\partial v}{\partial p}\right)_T dp \,, \tag{2.73}$$

und durch Vergleich mit (2.69) folgt

$$\boxed{\left(\frac{\partial u}{\partial v}\right)_T = \frac{c_p - c_v}{\left(\dfrac{\partial v}{\partial T}\right)_p} - p} \quad . \tag{2.74}$$

Da auf den rechten Seiten der umrahmten Gleichungen nun lauter Meßgrößen stehen, können die Ableitungen $\left(\frac{\partial u}{\partial T}\right)_v$ und $\left(\frac{\partial u}{\partial v}\right)_T$ berechnet werden und damit – durch Integration – die kalorische Zustandsgleichung $u = u(v, T)$. Natürlich müssen $c_v$ und $c_p$ für jedes Wertepaar $(v, T)$ bestimmt werden. Es ist klar, daß dies ein langwieriger und schwieriger Prozeß ist. [Alle kalorischen Messungen sind schwierig, denn man muß sicherstellen, daß die zugeführten Wärmemengen auch tatsächlich der zu messenden Flüssigkeit zugeführt werden und nicht etwa dem Behälter, der umgebenden Luft, etc.]

Man kann $c_p$ auch einfacher ausdrücken, als dies in (2.73) geschehen ist. Dazu erinnern wir an die Enthalpie $h = u + pv$ und schreiben (2.70) in der Form

$$\dot{q}dt = dh - vdp \quad \text{und mit} \quad h = h(p, T) \tag{2.75}$$

$$\dot{q}dt = \underbrace{\left(\frac{\partial h}{\partial T}\right)_p}_{c_p} dT + \left(\left(\frac{\partial h}{\partial p}\right)_T - v\right)dp\,. \qquad (2.76)$$

Es folgt

$$\boxed{\left(\frac{\partial h}{\partial T}\right)_p = c_p\,.} \qquad (2.77)$$

Man kann die Gleichungen (2.72) und (2.77) zusammenfassen, indem man sagt, $c_v$ sei die Temperaturableitung der inneren Energie u und $c_p$ die der Enthalpie. Zu beachten ist jedoch, daß im ersten Fall v konstant gehalten werden muß und im zweiten Fall p.

Speziell für ideale Gase mit $u = z\frac{R}{M_r}T + \alpha$ und $h = (z+1)\frac{R}{M_r}T + \alpha$ haben wir als spezifische Wärmen

$$c_v = z\frac{R}{M_r}\,, \quad c_p = (z+1)\frac{R}{M_r} \quad \Rightarrow \quad \kappa = \frac{c_p}{c_v} = \frac{z+1}{z}\,, \quad c_p - c_v = \frac{R}{M_r}\,. \quad (2.78)$$

Beide sind konstant, d. h. von v und T unabhängig, und (2.78) zeigt, daß $c_p$ größer ist als $c_v$. Später werden wir sehen, daß $c_p > c_v$ für alle Stoffe gilt, nicht nur für ideale Gase. Der Grund dafür ist auch anschaulich klar – jedenfalls für Gase –, denn bei dv = 0 wird durch eine bestimmte Wärmezufuhr nur die innere Energie erhöht, während bei dp = 0 die Enthalpie erhöht wird. Wir haben dann

$$dh = du + d(pv) = du + pdv$$
$$|$$
$$\text{mit} \quad p = const\,,$$

und daraus ist zu schließen, daß die zugeführte Wärme zusätzlich zu du auch die Arbeit pdv des Drucks bei der Volumvergrößerung aufbringen muß; dementsprechend fällt die Temperaturerhöhung kleiner aus.

Das Verhältnis $\kappa = c_p/c_v$ der spezifischen Wärmen ist ein wichtiger Materialkoeffizient. Wir werden später sehen, daß $\kappa$ immer größer als 1 ist, und speziell für ideale Gase haben wir

$$\kappa = \begin{bmatrix} 1{,}66 & & \text{ein} & - \\ 1{,}4 & \text{für} & \text{zwei} - \text{atomige Gase}\,. \\ 1{,}33 & & \text{mehr} - \end{bmatrix} \qquad (2.79)$$

### 2.4.4  Zustandsgleichungen von flüssigem Wasser

Flüssiges Wasser werden wir als inkompressibel ansehen, dann sind $\rho$ und $v$ konstant. Es gilt

$$\rho_{FW} = 10^3 \, \frac{kg}{m^3} \; .$$

Tatsächlich ist die Einheit kg an der Wassermasse orientiert. Früher war auch die Einheit der "Wärmeenergie", die Kalorie, am Wasser orientiert, und man schrieb für die spezifische Wärme

$$c_{FW} = 10^3 \, \frac{cal}{kgK} \; .$$

Die Kalorie als Einheit ist abgeschafft worden. Es gibt heute für *alle* Energieformen nur noch *eine* Einheit, das Joule. Darin lautet die spezifische Wärme des flüssigen Wassers

$$c_{FW} = 4{,}1868 \cdot 10^3 \, \frac{J}{kgK} \; .$$

Für inkompressible Stoffe brauchen wir zwischen $c_v$ und $c_p$ nicht zu unterscheiden, denn beide sind gleich.

In Wahrheit sind weder $\rho$ noch $c$ im flüssigen Wasser Konstanten, aber ihre p– und T–Abhängigkeit ist schwach. 1 Kalorie war definiert als die Wärmemenge, die 1 gr Wasser von $14{,}5°$ C auf $15{,}5°$ C erwärmt.

## 2.5   Zustandsdiagramme für Flüssigkeiten und Dämpfe mit Phasenübergang

### 2.5.1  Das Phänomen des Phasenübergangs "flüssig – dampfförmig"

Die Abbildungen 2.12 und 2.13 zeigen in schematischer Form die Folge von Zuständen eines Stoffes beim Phasenübergang "flüssig – dampfförmig" bzw. umgekehrt. Abb. 2.12 bezieht sich auf eine isobare Verdampfung bei Wärmezufuhr, und Abb. 2.13 zeigt eine isotherme Kondensation bei Wärmeabfuhr.

In beiden Fällen interessiert besonders der Naßdampf, in dem sich die siedende Flüssigkeit mit dem gesättigten Dampf im Kontakt befindet. Bei festem Druck ist die Temperatur des Naßdampfes unveränderlich, d. h. unabhängig davon, wieweit die Verdampfung fortgeschritten ist; ihr Wert hängt nur vom Wert des Druckes ab.

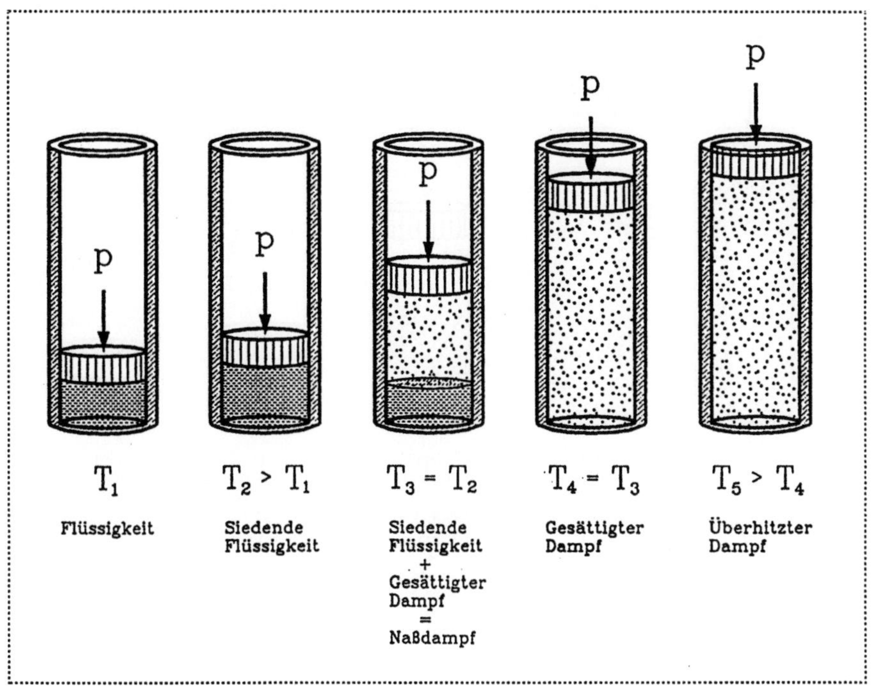


**Abb. 2.12**  Isobare Verdampfung bei Wärmezufuhr.

Ebenso die Dichten bzw. spezifischen Volumina v' und v" von siedender
Flüssigkeit und gesättigtem Dampf: Während der Verdampfung haben diese je
einen konstanten Wert, der nur vom herrschenden Druck abhängt. Das gleiche gilt
bei der isothermen Kondensation. Der Druck ist unveränderlich und hängt nur von
der herrschenden Temperatur ab, und die spezifischen Volumina v' und v" sind
während der Kondensation konstant. Auch ihr Wert hängt nur von T ab. Man kann
somit die thermischen Zustandseigenschaften von Naßdampf zusammenfassen in
den drei Temperaturfunktionen für den gemeinsamen Druck beider Phasen und für
die spezifischen Volumina der siedenden Flüssigkeit und des gesättigten Dampfes

$$p = p(T) \qquad v' = v'(T) \qquad v'' = v''(T) \ . \tag{2.80}$$

Die dem Naßdampf während der Verdampfung und Kondensation zu– bzw. abzu-
führende Wärmemenge ist nur von der Temperatur – oder dem Druck – abhängig,
bei der der Phasenübergang erfolgt. Somit läßt sich die kalorische Zustands-
eigenschaft von Naßdampf schreiben als

$$r = r(T) \ , \tag{2.81}$$

wo r die spezifische Verdampfungswärme ist, siehe Absatz 1.5.6.

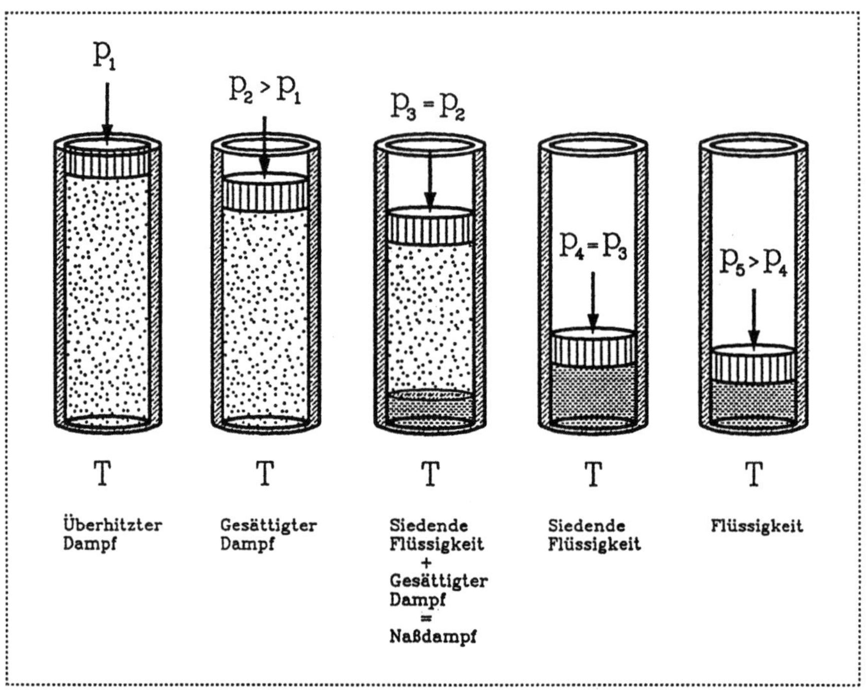

**Abb. 2.13** Isotherme Kondensation bei Wärmeabfuhr.

Während Verdampfung bzw. Kondensation fortschreiten, ändert sich der Massenbruchteil des Dampfes,

$$\text{der Dampfgehalt} \quad x \equiv \frac{m''}{m} \ .$$

Für eine Änderung des Dampfgehaltes um $\Delta x$ ist der entsprechende Bruchteil der Verdampfungswärme $\Delta x \cdot r(T)$ aufzubringen.

Nur in den seltensten Fällen sind im Naßdampf die Phasen flüssig und dampfförmig so säuberlich getrennt, wie in den Abb. 2.12 und 2.13 angedeutet. Meist bilden sie eine dem bloßen Auge homogen erscheinende nebelartige Mischung, in der siedende Tröpfchen im gesättigten Dampf schweben. In einem solchen Fall kann man dem Naßdampf selbst auch eine Dichte bzw. ein spezifisches Volumen, eine spezifische innere Energie und Enthalpie usw. zuschreiben. Es gilt

$$V = V' + V'' \qquad \Big| \cdot \frac{1}{m}$$

$$\frac{V}{m} = \frac{m'}{m}\frac{V'}{m'} + \frac{m''}{m}\frac{V''}{m''} \quad \text{mit} \quad v = \frac{V}{m}, \quad v' = \frac{V'}{m'}, \quad v'' = \frac{V''}{m''}:$$

$$v = (1 - x)v' + xv'' \ . \tag{2.82}$$

Entsprechend leitet man ab

$$u = (1 - x)u' + xu'' \qquad\qquad (2.83)$$

$$h = (1 - x)h' + xh'' \, . \qquad\qquad (2.84)$$

Die spezifischen Naßdampfgrößen v, u und h sind lineare Funktionen des Dampfgehaltes x. Die spezifischen Werte u', u'' und h', h'' sind – genau wie v', v'' – Funktionen von T oder p.

## 2.5.2 Schmelzen und Sublimieren

Beim Schmelzen eines Festkörpers bzw. bei seiner Sublimation, – d. h. dem Übergang fest–dampfförmig –, gelten qualitativ ganz ähnliche Beziehungen wie beim Sieden: Schmelz- und Sublimationstemperatur sind Funktionen des Drucks, und das gilt auch für die Volumina des schmelzenden Festkörpers, der erstarrenden Flüssigkeit, des sublimierenden Festkörpers und des desublimierenden Dampfes.

Auch Schmelz – und Sublimationswärme hängen – wie die Verdampfungswärme – von Druck bzw. Temperatur ab.

## 2.5.3 Dampfdruckkurve und (p,T)–Diagramm von Wasser

Die Beziehung p = p(T) zwischen Druck und Temperatur von siedender Flüssigkeit oder gesättigtem Dampf kann nicht formelmäßig angegeben werden. Sie wird für jeden Stoff gemessen, und ihre graphische Darstellung heißt *Dampfdruckkurve*. Alle Dampfdruckkurven sind zwar wertemäßig stark unterschiedlich, aber sie haben universelle, d. h. materialunabhängige Charakteristika: Alle wachsen monoton und sind konvex. Außerdem enden alle in einem sogenannten kritischen Punkt, siehe Abb. 2.14$_L$.

Zusätzlich zu der Dampfdruckkurve sind in Abb. 2.14$_R$ die Schmelzkurve und die Sublimationskurve von Wasser eingezeichnet. Diese geben den Druck des schmelzenden und des sublimierenden Eises als Funktion der Temperatur an. Die drei Kurven schneiden sich in einem Punkt, dem *Tripelpunkt*. Dort können die siedende Flüssigkeit, der schmelzende Festkörper und Sattdampf gemeinsam vorliegen. Aus Abb. 2.14 $_R$ kann man die kritischen Daten und die Tripeldaten von Wasser ablesen.

Die Dampfdruckkurven hören im kritischen Punkt auf. Für höhere Drücke und Temperaturen gibt es keine bei einem bestimmten Wertepaar lokalisierbare Phasenumwandlung. Man kann also die Dampfdruckkurve "umgehen" – etwa auf dem in Abb. 2.14 gestrichelten Weg von 1 nach 2 – und so von der Flüssigkeit zum überhitzten Dampf kommen, ohne auf diesem Weg einen Zerfall in die Phasen der siedenden Flüssigkeit und des gesättigten Dampfes beobachten zu können.

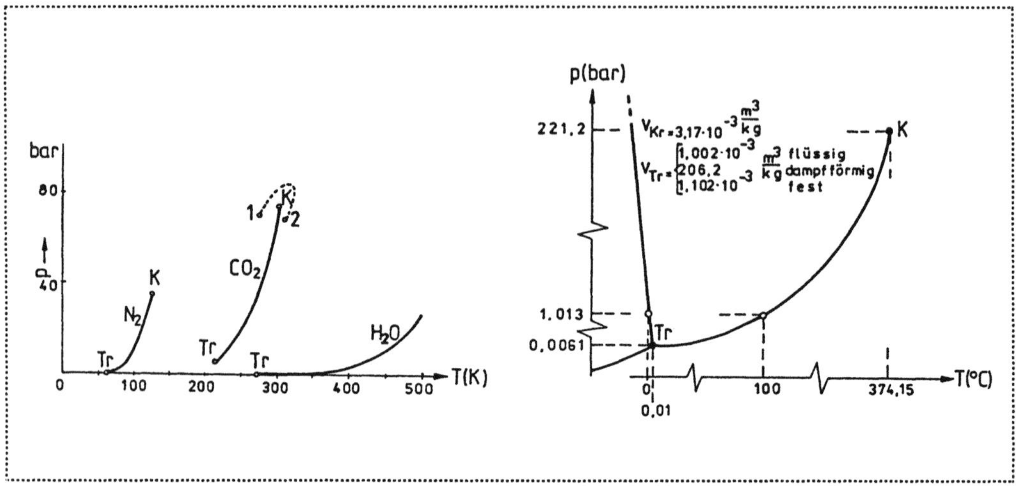


**Abb. 2.14**  Links:    Drei Dampfdruckkurven
Rechts:  Phasengrenzlinien von Wasser (schematisch).

Die Dampfdrücke für verschiedene Temperaturen lassen sich aus den ersten zwei Spalten der Tabelle 2.4 ablesen. Der monotone Anstieg der Dampfdruckkurve impliziert, daß Wasser bei höherem Druck bis zu höheren Temperaturen flüssig bleibt. Und umgekehrt: bei niedrigem Druck – etwa in großer Höhe – siedet Wasser früher. Darum muß das Frühstücksei in Mexiko City eine Minute länger kochen; die Stadt liegt auf einer Höhe von 2200 m, also nach Absatz 2.3.10 um 260 barometrische Höhenstufen über dem Meeresspiegel. Der Druck des gesättigten Dampfes ist dann dort nur gleich 750 mbar, und aus Tabelle 2.4 folgt als zugehörige Siedetemperatur ca. 92 °C.
Bei Wasser hat die Schmelzkurve einen negativen Anstieg. Das ist ein Aspekt der sogenannten *Anomalie* des Wassers. Sie bedingt, daß der Schmelzpunkt des Eises bei erhöhtem Druck sinkt. So bringt der Druck unter Schlittschuhen nicht zu kaltes Eis zum Schmelzen, und das Schmelzwasser unter den Kufen dient als Schmierschicht, die eine reibungsarme Bewegung gestattet.

Die Sublimation von Eis – d. h. der direkte Übergang von der festen Phase in die Dampfphase – kann man in der Natur nur an trockenen kalten Tagen beobachten. Es kommt darauf an, daß der Dampfdruck des Wassers – *nicht der Luftdruck* (!) – geringer als 0,0061 bar ist. Dann sublimiert der Schnee am Boden, und ein steif gefrorenes Handtuch auf der Wäscheleine trocknet, ohne zwischendurch naß zu werden.

Kohlendioxid hat nach Abb. 2.14 einen Tripeldruck von ca. 5 bar. Darum sublimiert $CO_2$ unter allen normalen Umständen, und man benutzt festes $CO_2$ als

"Trockeneis" zur Kühlung. So verhindert man, daß der zu kühlende Stoff von der Schmelze durchweicht wird.

Abb. 2.15 zeigt nochmals die Dampfdruckkurve und einige Isochoren. Sowohl links von der Dampfdruckkurve im Flüssigkeitsbereich als auch rechts im Dampfbereich wächst p mit steigendem T bei festem v, d. h. Wasser und Wasserdampf versuchen, sich auszudehnen. Unterhalb 4°C ist das Gegenteil der Fall: Wasser versucht sich zusammenzuziehen, und die Isochoren haben negative Steigung. Das ist ein weiterer Aspekt der *Anomalie* des Wassers; er ist in Abb. 2.15 aber nicht zu erkennen.

| $t$ °C | $p$ bar | $v'$ dm³/kg | $v''$ m³/kg | $h'$ kJ/kg | $h''$ kJ/kg | $r$ kJ/kg |
|---|---|---|---|---|---|---|
| 0,01 | 0,006112 | 1,0002 | 206,2 | 0,00 | 2501,6 | 2501,6 |
| 5 | 0,008718 | 1,0000 | 147,2 | 21,01 | 2510,7 | 2489,7 |
| 10 | 0,01227 | 1,0003 | 106,4 | 41,99 | 2519,9 | 2477,9 |
| 15 | 0,01704 | 1,0008 | 77,98 | 62,94 | 2529,1 | 2466,1 |
| 20 | 0,02337 | 1,0017 | 57,84 | 83,86 | 2538,2 | 2454,3 |
| 25 | 0,03166 | 1,0029 | 43,40 | 104,77 | 2547,3 | 2442,5 |
| 30 | 0,04241 | 1,0043 | 32,93 | 125,66 | 2556,4 | 2430,7 |
| 35 | 0,05622 | 1,0060 | 25,24 | 146,66 | 2565,4 | 2418,8 |
| 40 | 0,07375 | 1,0078 | 19,55 | 167,45 | 2574,4 | 2406,9 |
| 45 | 0,09582 | 1,0099 | 15,28 | 188,35 | 2583,3 | 2394,9 |
| 50 | 0,12335 | 1,0121 | 12,05 | 209,26 | 2592,2 | 2382,9 |
| 55 | 0,1574 | 1,0145 | 9,579 | 230,17 | 2601,0 | 2370,8 |
| 60 | 0,1992 | 1,0171 | 7,679 | 251,09 | 2609,7 | 2358,6 |
| 65 | 0,2501 | 1,0199 | 6,202 | 272,02 | 2618,4 | 2346,3 |
| 70 | 0,3116 | 1,0228 | 5,046 | 292,97 | 2626,9 | 2334,0 |
| 75 | 0,3855 | 1,0259 | 4,134 | 313,94 | 2635,4 | 2321,5 |
| 80 | 0,4736 | 1,0292 | 3,409 | 334,92 | 2643,8 | 2308,8 |
| 85 | 0,5780 | 1,0326 | 2,829 | 355,92 | 2652,0 | 2296,5 |
| 90 | 0,7011 | 1,0361 | 2,361 | 376,94 | 2660,1 | 2283,2 |
| 95 | 0,8453 | 1,0399 | 1,982 | 397,99 | 2668,1 | 2270,2 |
| 100 | 1,0133 | 1,0437 | 1,673 | 419,1 | 2676,0 | 2256,9 |
| 110 | 1,4327 | 1,0519 | 1,210 | 461,3 | 2691,3 | 2230,0 |
| 120 | 1,9854 | 1,0606 | 0,8915 | 503,7 | 2706,0 | 2202,3 |
| 130 | 2,701 | 1,0700 | 0,6681 | 546,3 | 2719,9 | 2173,6 |
| 140 | 3,614 | 1,0801 | 0,5085 | 589,1 | 2733,1 | 2144,0 |

| $t$ | $p$ | $v'$ | $v''$ | $h'$ | $h''$ | $r$ |
|---|---|---|---|---|---|---|
| 150 | 4,760 | 1,0908 | 0,3924 | 632,2 | 2745,4 | 2113,2 |
| 160 | 6,181 | 1,1022 | 0,3068 | 675,5 | 2756,7 | 2081,2 |
| 170 | 7,920 | 1,1145 | 0,2426 | 719,1 | 2767,1 | 2048,0 |
| 180 | 10,027 | 1,1275 | 0,1938 | 763,1 | 2776,3 | 2013,2 |
| 190 | 12,551 | 1,1415 | 0,1563 | 807,5 | 2784,3 | 1976,8 |
| 200 | 15,549 | 1,1565 | 0,1272 | 852,4 | 2790,9 | 1938,5 |
| 210 | 19,077 | 1,173 | 0,1042 | 897,5 | 2796,2 | 1898,7 |
| 220 | 23,198 | 1,190 | 0,08604 | 943,7 | 2799,9 | 1856,2 |
| 230 | 27,976 | 1,209 | 0,07145 | 990,3 | 2802,0 | 1811,7 |
| 240 | 33,478 | 1,229 | 0,05965 | 1037,6 | 2802,2 | 1764,6 |
| 250 | 39,776 | 1,251 | 0,05004 | 1085,8 | 2800,4 | 1714,6 |
| 260 | 46,943 | 1,276 | 0,04213 | 1134,9 | 2796,4 | 1661,5 |
| 270 | 55,058 | 1,303 | 0,03559 | 1185,2 | 2789,9 | 1604,6 |
| 280 | 64,202 | 1,332 | 0,03013 | 1236,8 | 2780,4 | 1543,6 |
| 290 | 74,461 | 1,366 | 0,02554 | 1290,0 | 2767,6 | 1477,6 |
| 300 | 85,927 | 1,404 | 0,02165 | 1345,0 | 2751,0 | 1406,0 |
| 310 | 98,700 | 1,448 | 0,01833 | 1402,4 | 2730,0 | 1327,6 |
| 320 | 112,89 | 1,500 | 0,01548 | 1462,6 | 2703,7 | 1241,1 |
| 330 | 128,63 | 1,562 | 0,01299 | 1526,5 | 2670,2 | 1143,6 |
| 340 | 146,05 | 1,639 | 0,01078 | 1595,5 | 2626,2 | 1030,7 |
| 350 | 165,35 | 1,741 | 0,00880 | 1671,9 | 2567,7 | 895,7 |
| 360 | 186,75 | 1,896 | 0,00694 | 1764,2 | 2485,4 | 721,3 |
| 370 | 210,54 | 2,214 | 0,00497 | 1890,2 | 2342,8 | 452,6 |
| 374,15 | 221,20 | 3,17 | 0,00317 | 2107,4 | 2107,4 | 0,0 |

**Tabelle 2.4** Wichtige Daten für siedendes Wasser und Sattdampf.

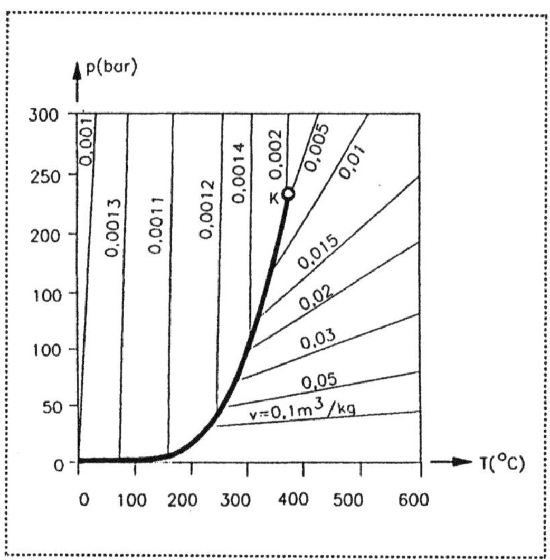


**Abb. 2.15** (p,T)–Diagramm von Wasser.

## 2.5.4 Naßdampfgebiet und (p,v)–Diagramm von Wasser

Nach (2.80) sind die Volumina von siedender Flüssigkeit und gesättigtem Dampf von der Temperatur abhängig, ebenso wie der (gemeinsame) Druck der beiden Phasen. Eliminiert man die Temperatur aus diesen Beziehungen, so ergibt sich

$$v' = v'(p) \qquad v'' = v''(p) \ .$$

Diese beiden Funktionen sind in Abb. 2.16$_L$ als *Siedelinie* bzw. als *Taulinie* in ein schematisches (p,v)–Diagramm eingetragen. Auch dieses Diagramm – wie die Dampfdruckkurve – zeigt universelle Züge in der Form von Siede– und Taulinie und in seinen anderen Charakteristika. Für den kritischen Druck $p_K$, wo es keine Phasentrennung mehr gibt, gilt $v'(p_K) = v''(p_K)$ . Für kleinere Drücke liegt zwischen v' und v'' das *Naßdampfgebiet*. Ganz analog dazu gibt es ein Schmelzgebiet und ein Sublimationsgebiet, die ebenfalls in Abb. 2.16$_L$ angedeutet sind.

Die *Anomalie* zeigt sich auch bei der Erstarrung von Wasser: Da liegt nämlich die Schmelzlinie rechts von der Erstarrungslinie, da Wasser beim Schmelzen sein Volumen verringert. Tatsächlich nimmt das Volumen des flüssigen Wassers mit wachsender Temperatur bis ca. 4° C ab. Dort hat Wasser seine größte Dichte.

Innerhalb des Naßdampfgebiets bedeutet v die mit dem Dampfgehalt x und dem Flüssigkeitsgehalt 1−x gewichtete Summe aus v' und v'', siehe (2.82). Die Isolinien x = const. sind in Abb. 2.16$_R$ gestrichelt. Da für Naßdampf der Druck von der Temperatur bestimmt wird, verlaufen die Isothermen im Naßdampfgebiet horizontal; für hohe Temperaturen nähern sie sich dem hyperbolischen Verlauf, der für ideale Gase typisch ist.

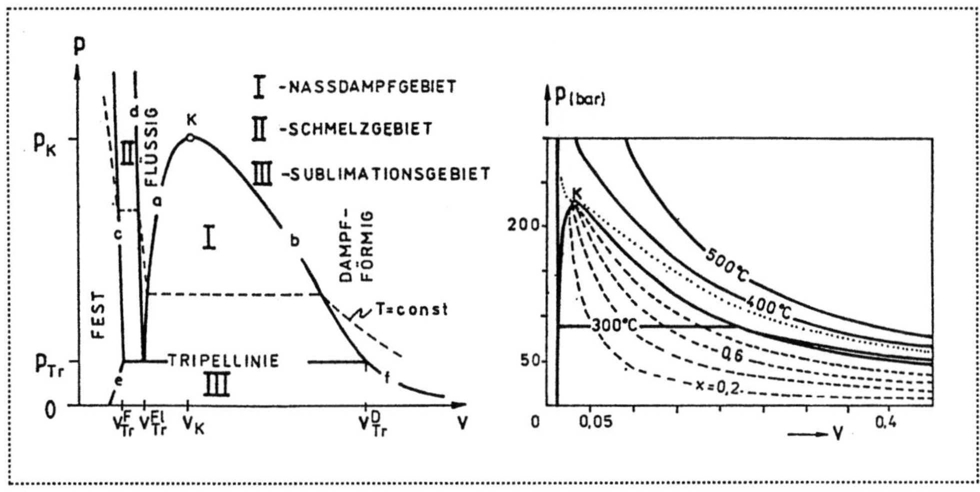


a, b     –   Siede- und Taulinie
c, d     –   Schmelz- und Erstarrungslinie
e, f     –   Sublimations- und Desublimationslinie

**Abb. 2.16**
Links:   Phasengrenzlinien, Ein–, Zwei– und Dreiphasengebiete (schematisch).
Rechts: (p,v)–Diagramm von Wasser  (ohne Schmelz- und Sublimationsgebiet).


## 2.5.5  3-D-Phasendiagramm

Das dreidimensionale (p,T,v)-Diagramm vermittelt ein besseres Verständnis der
vielleicht verwirrenden Vielfalt in den Abbildungen 2.14 bis 2.16. Das Diagramm
ist  in Abb. 2.17 dargestellt. Es zeigt den kritischen Punkt K,  die Tripellinie  AAA

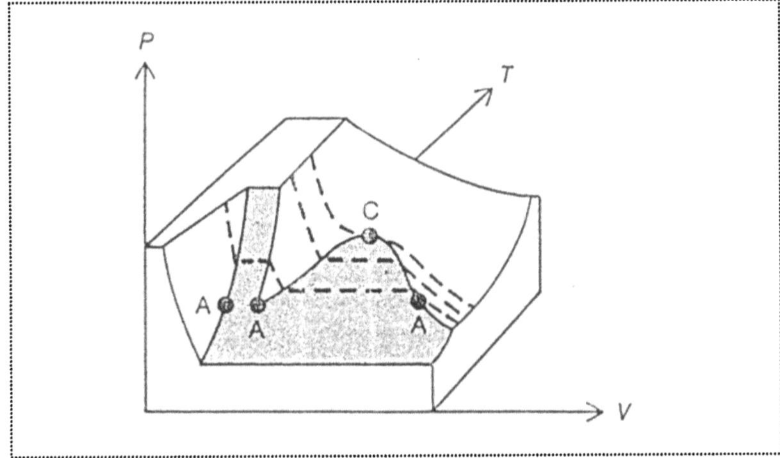


**Abb. 2.17**  Dreidimensionales Phasendiagramm

sowie einige (gestrichelte) Isothermen. Bei der Ansicht in T-Richtung zeigen sich die Schmelz-, Sublimations- und Naßdampfgebiete besonders deutlich. Die Ansicht in Gegenrichtung zur v-Achse dagegen lassen diese Gebiete jeweils zu Projektions*linien* im (p,T)-Diagramm werden, da alle drei Gebiete zylindrisch sind.

## 2.5.6 Verdampfungswärme und (h,T)–Diagramm von Wasser

Die Verdampfungswärme von Wasser wird mit wachsender Temperatur kleiner. Sie beginnt mit dem Wert 2501,6 kJ/kg am Tripelpunkt und fällt am kritischen Punkt auf 0 ab. Bei  T = 100° C, d. h. p = 1 atm, hat sie den Wert 2256,9 kJ/kg; diese und andere Werte von r lassen sich aus Tabelle 2.4 ablesen. Abb. 2.18 zeigt den Verlauf von r mit T.

Die Schmelzwärme und Sublimationswärme von Eis hängen nur unwesentlich von der Temperatur ab. Wir notieren ihre Werte zu

$$r^{\text{Schm}} = 333{,}4 \;{}^{\text{kJ}}\!\!/\!_{\text{kg}} \qquad r^{\text{Subl.}} = 2835 \;{}^{\text{kJ}}\!\!/\!_{\text{kg}} \quad .$$

Die Funktionen h' = h'(T) für eine siedende Flüssigkeit und h" = h"(T) für gesättigten Dampf definieren die Siede- und Taulinie im (h,T)–Diagramm und das dazwischenliegende Naßdampfgebiet. Abb. $2.19_L$ zeigt in schematischer Form die Phasengebiete und die wichtigen Phasengrenzlinien. Dabei ist die additive Konstante in h so gewählt, daß $h^{\text{FL}}\!\left(T_{\text{Tr}}\right) = 0$ ist.

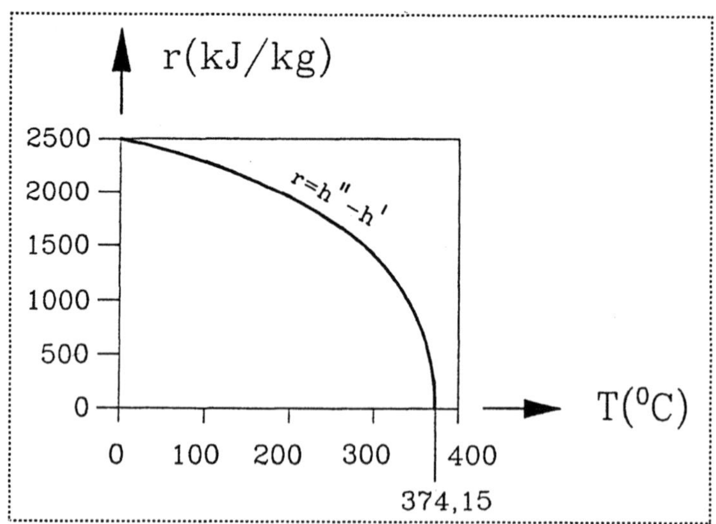


**Abb. 2.18** Verdampfungswärme von Wasser als Funktion von T.

Wegen $r = h'' - h'$ kann man aus Abb. 2.19$_R$ die Verdampfungswärme als den senkrechten Abstand von Tau- und Siedelinie ablesen. Wie schließen außerdem aus der Abbildung, daß alle Isobaren im flüssigen Bereich bis ca. 250 bar praktisch mit der Siedelinie zusammenfallen. Für große Werte von T wird die spezifische Enthalpie unabhängig von p und eine lineare Funktion von T. Das entspricht dem Grenzfall des idealen Gases.

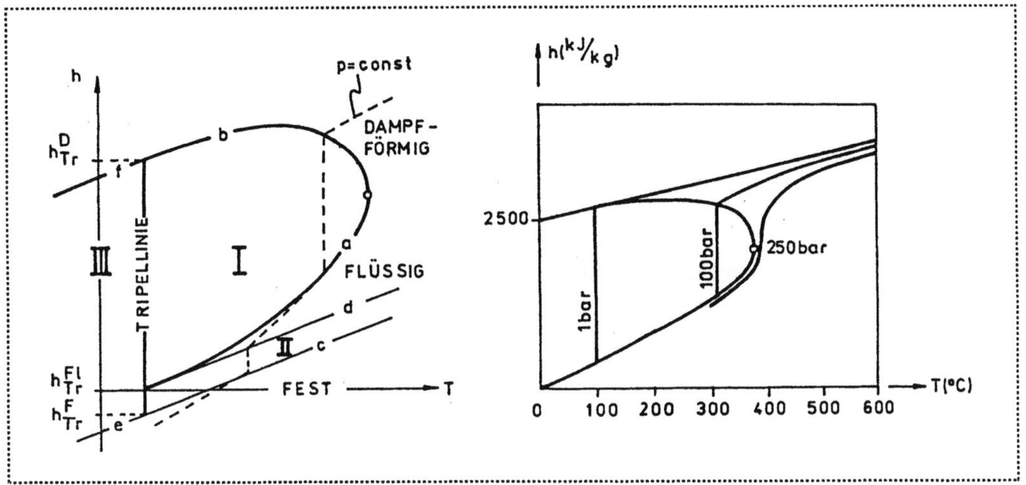


**Abb. 2.19** Links:  Phasengebiete (schematisch),
Bezeichnungen wie in Abb. 2.16$_L$.
Rechts: (h,T)-Diagramm von Wasser.

## 2.5.7  Beispiel I zur Verdampfung: Das Einweckglas

Beim Einwecken von Obst werden die Früchte mit Wasser in ein Glas gefüllt. Dieses wird locker mit einem Deckel verschlossen, und zwischen Glas und Deckel liegt ein Gummiring. Das Glas kommt in ein Wasserbad, welches erwärmt wird, so daß das Wasser im Glas siedet. Dabei wird die über dem Obst liegende Luft aus dem Glas herausgedrückt und durch gesättigten Wasserdampf von 100° C ersetzt. Wenn das Glas abkühlt, schlägt sich der Dampf nieder, und unter dem Deckel herrscht jetzt der zur Raumtemperatur gehörige (kleine) Druck; man spricht von einem Torricelli-Vakuum. Der Druck der Außenluft drückt den Deckel auf den Gummiring, und das Glas ist luftdicht verschlossen. Der Inhalt kann nicht verderben, da sich kein Sauerstoff mehr im Glas befindet und auch keiner eindringen kann.

Wir betrachten den festen und flüssigen Inhalt eines 1Liter-Glases als reines Wasser, er fülle 90% des Glases. Der Inhalt siedet, und über dem Wasser befindet sich gesättigter Dampf. Die Deckelfläche sei $10^2\,\mathrm{cm}^2$. Der Deckel wiege 2N. Nun werde auf 10° C abgekühlt. Wir stellen zwei Fragen:

> Mit welcher Kraft wird der Deckel auf den Gummiring gedrückt, wenn außen der Druck 1 bar herrscht?

> Wie groß ist der Dampfgehalt?

Den Druck im Glas lesen wir aus Tabelle 2.4 ab als Dampfdruck zu 10° C, er beträgt 12,27 mbar. Die Druckdifferenz am Deckel ist also 987,73 mbar, und die Anpreßkraft ist 989,73 N; immerhin! Die Masse im Glas beträgt

$$m = \frac{0{,}91}{v'(100°C)} + \frac{0{,}11}{v''(100°C)} \quad \Rightarrow \quad \text{mit Tabelle 2.4.} \qquad m = 862{,}4\,\mathrm{gr}\,,$$

und damit folgt für den Dampfgehalt nach der Abkühlung

$$x = \frac{V\!/m - v'(10°C)}{v''(10°C) - v'(10°C)} \quad \Rightarrow \quad \text{mit Tabelle 2.4.} \qquad x = 1{,}5\cdot10^{-6}\,.$$

Für eilige Leute gibt es übrigens eine Variante des Einweckens. Sie besteht darin, daß das Obst (ohne Wasser!) mit ein wenig "Einmach−Alkohol" begossen wird. Dieser wird angezündet, und dann wird der Deckel aufgelegt. Der Alkohol im Glas verbrennt und verbraucht dabei den Sauerstoff unter Zurücklassung eines festen Rückstandes. Dadurch entsteht unter dem Deckel ein Unterdruck, da sich dort nur noch Stickstoff als einzige Gaskomponente befindet.

## 2.5.8 Beispiel II zur Verdampfung: Der Dampfkochtopf

Wir betrachten die Verdampfung einer Wassermasse m unter einem beweglichen Kolben vom Querschnitt A, der an einer linear elastischen Feder (Federkonstante $\lambda$) hängt. Der Anfangsdruck sei $p_0$, und die Anfangstemperatur sei die dazugehörige Siedetemperatur. Eine Sicherheitsöffnung befindet sich in der Höhe L, siehe Abb. 2.20.

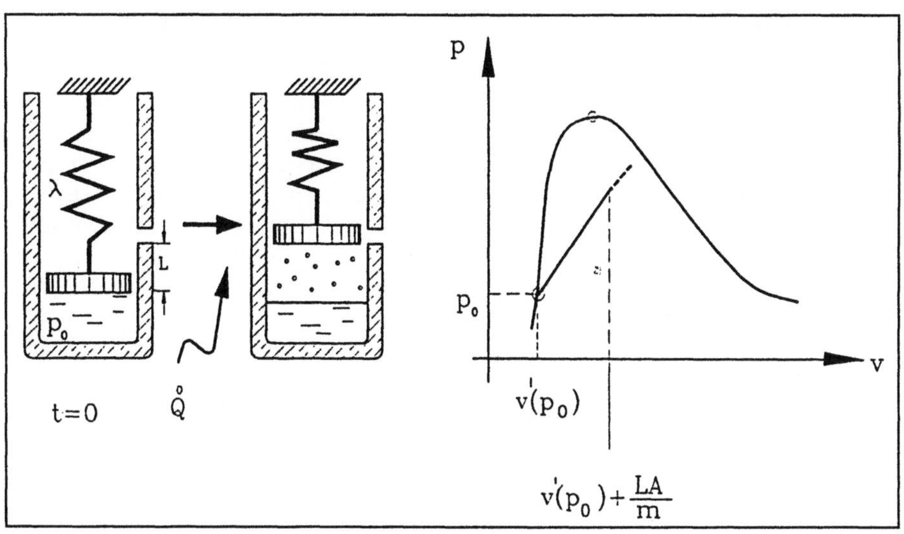


**Abb. 2.20**  Verdampfung unter wachsendem Druck.

Sobald die Verdampfung einsetzt, wird durch den Raumbedarf des Dampfes der
Kolben zurückgedrückt und die Feder komprimiert. Der Druck steigt nach der
Gleichung

$$p = p_0 + \frac{\lambda(V - V_0)}{A^2} \qquad \text{mit } V_0 = mv'(p_0), \quad V = mv$$

$$p = p_0 + \frac{m\lambda}{A^2}(v - v'(p_0)),$$

d. h. der Druck ist eine lineare Funktion von v, so wie im (p,v)-Diagramm von
Abb. 2.20 eingezeichnet. Wir fragen, wie hoch die Temperatur im Topf steigen
kann.

Setzen wir

$$p_0 = 1\text{bar}, \quad m = 1\text{kg}, \quad \lambda = 10^5 \frac{N}{m}, \quad A = 10^2 \text{cm}^2, \quad L = 3\text{cm},$$

so folgt $v_{max} - v'(p_0) = 3 \cdot 10^{-4} \; {}^{m^3}\!/_{kg}$ und $p = 4 \cdot 10^5 \frac{N}{m^2}$, und dazu gehört nach

Tabelle 2.4  eine Siedetemperatur von $T \approx 143°$ C.

Das vorliegende Beispiel ist ein vergröbertes Modell des bekannten Dampf-
kochtopfes. Es ist klar, daß ein Eisbein in Wasser oder Dampf von 143°C schneller
gar wird als bei 100°C. Der Dampfkochtopf war eine große wissenschaftliche
Leistung des 17. Jahrhunderts. Sein Erfinder, der französische Arzt Denis PAPIN
(1647–1712) wurde dafür zum Mitglied der Royal Society gewählt, und er durfte
bei König Charles II vorkochen.

## 2.5.9 Historisches zur Verflüssigung von Dämpfen und zur Erstarrung von Flüssigkeiten

Es war nicht einfach, Gase zu verflüssigen. Natürlich kannte man das Phänomen beim Wasser, und so war klar, daß man durch Abkühlung und Druckerhöhung zum Ziele kommt. Letzteres ist besonders verständlich: Wenn man immer mehr Moleküle eines Gases in einem Raum zusammenpreßt, dann mußte es ja schließlich flüssig werden, so dachte man.

Der englische Physiker Michael FARADAY (1791–1867) kombinierte geschickt beide Methoden, Druckerhöhung und Abkühlung. Er benutzte dazu eine Glasröhre von Bumerang-Form, siehe Abb. 2.21. In das eine Ende füllte er eine Mischung von Braunstein mit Salzsäure, die bei Erwärmung Chlorgas abgibt, das andere Ende schloß er ab und kühlte es in Eiswasser. Das durch die Erwärmung freigesetzte Chlorgas erhöht im Rohr den Druck. Unter dem erhöhten Druck bildet sich am kalten Ende flüssiges Chlor, bei 0° C.

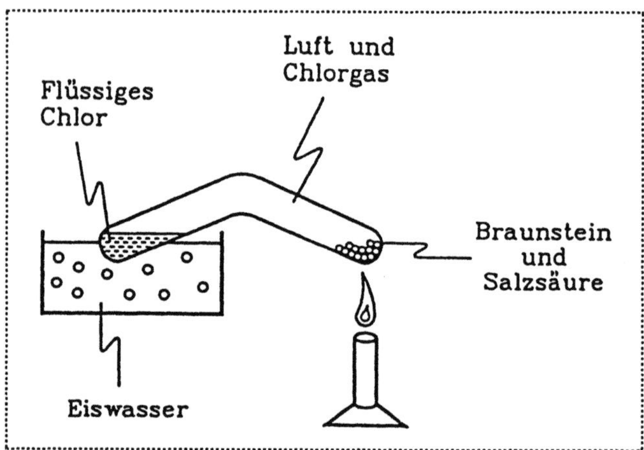


**Abb. 2.21** Zur Verflüssigung von Chlorgas.

Der französische Chemiker C.S.A. THILORIER benutzte die Faraday–Methode, um eine größere Menge Kohlendioxid zu verflüssigen, unter hohem Druck, versteht sich; er benutzte eine Metallröhre anstelle von Glas. Anschließend isolierte er die Röhre adiabat und reduzierte den Druck. Unter dem verringerten Druck verdampfte ein Teil des flüssigen $CO_2$; die dazu benötigte Verdampfungswärme kam – wegen der adiabaten Isolierung – aus der Flüssigkeit selbst, die dabei zu festem Kohlendioxid erstarrte. So entstand erstmalig "Trockeneis", das unter 1 bar bei −78,5° C sublimiert. Thilorier erzielte Temperaturen bis hinunter zu −110° C, indem er festes $CO_2$ und flüssigen Diäthyl-Äther mischte. Dabei verdampft der Äther und kühlt das $CO_2$.

Faraday nahm diese Fortschritte der Kälteerzeugung auf und benutzte nun statt Eiswasser als Kühlmittel die $CO_2$–Äther–Mischung. Trotzdem gelang ihm bei einigen Gasen die Verflüssigung nicht; und das, obwohl er beträchtliche Drücke zuließ. Solche Gase nannte Faraday "permanent". Es handelte sich um

Wasserstoff, Sauerstoff, Stickstoff, CO, NO und Methan.

Seinen "permanenten Gasen" hätte Faraday noch die 3 Edelgase Helium, Neon und Argon hinzufügen müssen, wenn er diese gekannt hätte.

*Wir* wissen, warum Faraday die Verflüssigung dieser Gase nicht gelang: Seine Kühltemperatur lag oberhalb der kritischen Temperatur der Gase. Schließlich kann man auch Wasserdampf von 400° C nicht durch Druckerhöhung verflüssigen, denn die 400° C–Isotherme berührt nach Abb. 2.16$_R$ das Naßdampfgebiet nicht. Die kritischen Temperaturen von Faradays permanenten Gasen sind

$$-240°\,C, \quad -118°\,C, \quad -147°\,C, \quad -140°\,C, \quad -93°\,C, \quad -82°\,C.$$

Aber natürlich wußte Faraday nichts von einer kritischen Temperatur, als er seine Versuche machte. Dieser Begriff wurde von dem irischen physikalischen Chemiker Thomas ANDREWS (1813–1885) eingeführt. Er arbeitete mit Kohlendioxid, welches selbst bei Raumtemperatur allein durch Druckerhöhung verflüssigt werden kann. Er erhöhte langsam die Temperatur über der Phasenmischung und beobachtete, wie das Volumen verändert werden muß, um die Verdampfung zu verhindern. Er stellte fest, daß die Phasengrenze immer mehr verschwamm und bei 31° C völlig verschwand. Andrews nannte diese Temperatur die kritische Temperatur von $CO_2$, und der französische Physiker Louis Paul CAILLETET (1832–1913) vermutete, daß alle Gase eine kritische Temperatur hätten. Dieser neue Gesichtspunkt führte zu verstärkten Anstrengungen bei der Schaffung niedriger Temperaturen, und schließlich wurden Faradays permanente Gase alle verflüssigt, – das letzte, Wasserstoff – im Jahre 1898 –; wenn auch nicht mit Faradays Methode. Wir kommen hierauf zurück, siehe Absatz 4.2.6.

## 2.5.10  Van der Waals–Gleichung

Eine qualitativ richtige Theorie zu den Experimenten um Gasverflüssigung und kritische Temperatur formulierte der holländische Physiker Johannes Diderik VAN DER WAALS (1837–1923). Er interessierte sich für die Abweichungen der thermischen Zustandsgleichung *realer Gase* von der idealen Gasgleichung (2.11), (2.12). Grundlage seiner Theorie war die Annahme, daß im realen Gas, im Gegensatz zum idealen Gas, die Moleküle einen so kleinen (mittleren) Abstand haben, daß man

   i.)  das tatsächliche Volumen der Moleküle und
   ii.)  die Anziehungskräfte zwischen den Molekülen

nicht mehr vernachlässigen kann. Er postulierte eine potentielle Energie zwischen zwei Molekülen, welche die in Abb. 2.22$_L$ gezeigte qualitative Form haben soll: abstoßend bei kleinem Molekülabstand r, wo sich die Teilchen fast berühren, und anziehend bei größerem Abstand.

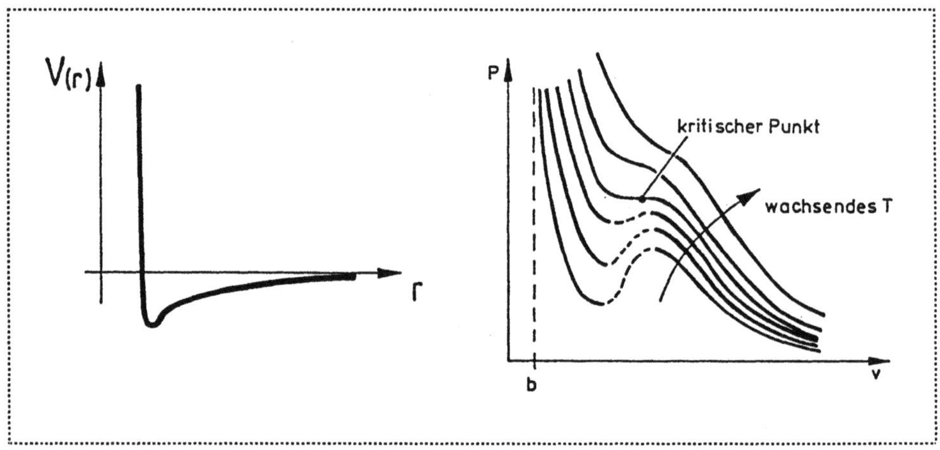



**Abb. 2.22** Links: Van der Waals Potential als Funktion des Molekülabstands.
Rechts: Isothermen eines van der Waals Gases

Mit diesen Annahmen formulierte van der Waals eine thermische Zustandsgleichung der Form

$$p = \frac{{}^{R}\!/_{M_r}\, T}{v-b} - \frac{a}{v^2}.$$  (2.85)

Hier treten zwei neue Materialkonstanten auf, a und b, beide positiv. Die Konstante a repräsentiert die Anziehung zwischen den Molekülen. Sie reduziert den Druck des realen Gases auf eine Wand gegenüber dem Druck eines idealen Gases, da ein Molekül, welches sich der Wand nähert, vorwiegend "von hinten" angezogen wird. Die Konstante b repräsentiert das Eigenvolumen der Moleküle, dieses reduziert das den Teilchen zur Verfügung stehende Gesamtvolumen. Die Ableitung der van der Waals Gleichung (2.85) aus den molekularen Erwägungen ist eine geistreiche Übung zur statistischen Thermodynamik, die hier nicht beschrieben wird.

Die Isothermen des van der Waals Gases sind in Abb. 2.22$_R$ graphisch dargestellt. Die wichtigste Beobachtung ist, daß in einem gewissen Temperaturbereich die Isothermen nicht–monoton sind. Die ansteigenden Äste der Isothermen – in Abb. 2.22$_R$ gestrichelt – ignorieren wir; sie sind offensichtlich unphysikalisch, da eine Druckerhöhung eine Volumvergrößerung zur Folge hat. [2.7] Damit gehören zu einem Druck und einer Temperatur zwei spezifische Volumina, und diese identifizieren wir mit v'(p) und v"(p), den Volumina der siedenden Flüssigkeit und des gesättigten Dampfes. So entsteht die Vorstellung, daß die van der Waals- Gleichung den Phasenübergang flüssig–dampfförmig beschreiben kann.

---

[2.7] Solche Äste sind instabil. Daß sie überhaupt auftauchen, ist ein Artifakt der statistisch– thermodynamischen Theorie. Darüber wird später mehr zu sagen sein, siehe Absatz 4.2.5 und Absatz 4.5.5.

Man beachte jedoch, daß die Temperatur den Druck nicht eindeutig bestimmt, denn für eine Temperatur gibt es einen ganzen Druck*bereich*, in dem Isobare und Isotherme sich in zwei – bzw. drei – Punkten schneiden. Darauf kommen wir in Absatz 4.2.5 zurück. Dieser Punkt hat allerdings van der Waals weniger interessiert als die Tatsache, daß für hohe Temperaturen die Isothermen monoton werden. Die Möglichkeit des Phasenübergangs besteht dann nicht mehr. Diese Möglichkeit verschwindet bei einer Temperatur, wo Minimum und Maximum der Isothermen zusammenkommen zu einem horizontalen Wendepunkt. Folgerichtig identifizierte van der Waals diesen Punkt als den kritischen Punkt im (p,v)–Diagramm. Aus (2.85) rechnet man die Daten dieses kritischen Punktes leicht aus, sie lauten

$$p_K = \frac{1}{27}\frac{a}{b^2} \quad , \quad v_K = 3b \quad , \quad \frac{R}{M_r}T_K = \frac{8}{27}\frac{a}{b} \; . \tag{2.86}$$

Man kann die kritischen Daten (2.86) benutzen, um p,v und T dimensionslos zu machen.

$$\pi = \frac{p}{p_K} \qquad \upsilon = \frac{v}{v_K} \qquad \Upsilon = \frac{T}{T_K} \qquad . \tag{2.87}$$

Führt man diese Größen in die van der Waals-Gleichung (2.85) ein, so ergibt sich die *universelle*, d. h. materialunabhängige Gleichung

$$\pi = \frac{8\Upsilon}{3\upsilon - 1} - \frac{3}{\upsilon^2} \qquad . \tag{2.88}$$

Diese Beobachtung zeigt, daß die van der Waals Theorie den universellen qualitativen Charakter widerspiegelt, den wir bei der Besprechung von Dampfdruckkurve und Naßdampfgebiet kommentiert haben. *Nach van der Waals sind die Zustandsgleichungen aller realen Gase gleich, wenn wir nur Druck, Volumen und Temperatur in Einheiten der kritischen Werte angeben.* Man nennt diese Aussage das *Korrespondenzprinzip*: Zustände mit gleichen Werten von $\pi$, $\upsilon$ und $\Upsilon$ aller Stoffe *entsprechen* einander.

# 3 Reversible Prozesse. Die „pdV-Thermodynamik" bei der Berechnung thermodynamischer Maschinen

## 3.1 Kompressor und Preßluftmaschine. Heißluftmaschine

### 3.1.1 Die Arbeit am Kompressor

Wir erinnern uns an Abschnitt 1.7, wo wir reversible Prozesse besprochen haben, für die die übertragene Arbeit die Form annimmt

$$\dot{A}dt = -pdV \ . \tag{3.1}$$

Diese Gleichung gilt bei Vernachlässigung von Scherspannungen und von Druckunterschieden, und für viele technische Prozesse ist sie gut genug, um qualitative heuristische Aussagen zu erhalten, etwa über die zur Kompression von Luft im Kompressor benötigte Arbeit.

Der Kompressorprozeß besteht aus vier Schritten, siehe Abb. 3.1.

1-2:     Ansaugen von Luft durch die Bewegung des Kolbens nach rechts. Das Einlaßventil öffnet sich bei dieser Bewegung des Kolbens. Der Vorgang erfolgt bei dem konstanten Druck $p_u$, der in der Ansaugleitung herrscht.

2-3:     Verdichten der Luft durch Eindrücken des Kolbens. Dabei schließt sich das Ansaugventil.

3-4:     Sobald die Verdichtung den Druck $p_0$ der Druckleitung erreicht, öffnet sich das Auslaßventil, und die Luft wird durch die Kolbenbewegung in die Druckleitung geschoben.

4-1:     Bei der Kolbenumkehr erfolgt Schließen des Auslaßventils und Öffnen des Einlaßventils.

Die Prozeßkurve im (p,V)-Diagramm hat die in Abb. $3.1_R$ gezeichnete Form.

Die übertragene Arbeit auf den Teilschritten ist nach (3.1) gegeben durch

$$A_{12} = -p_u V_2 \qquad A_{23} = -\int_2^3 p\,dV \qquad A_{34} = p_o V_3 \quad , \quad A_{41} = 0 . \qquad (3.2)$$

Die Gesamtarbeit ist damit offenbar gleich der Fläche innerhalb der Prozeßkurve. Die beim Kompressionsvorgang 2-3 benötigte Arbeit hängt davon ab, wie der Prozeß geführt wird.

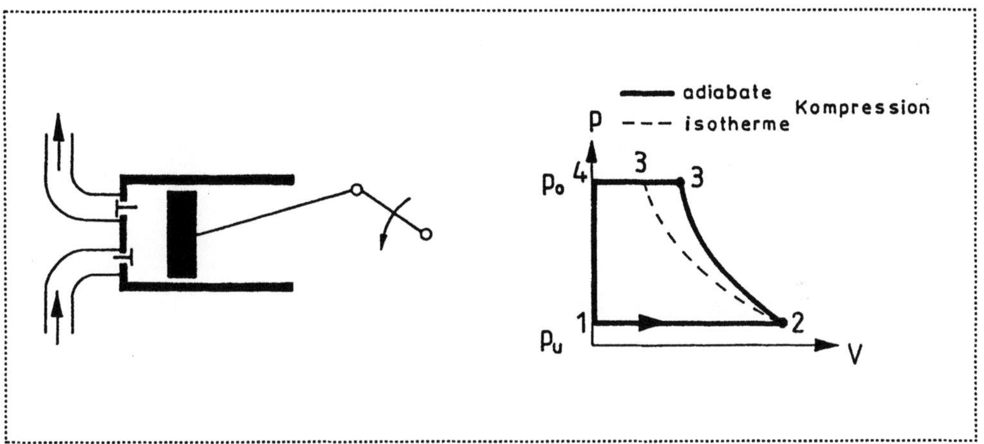


**Abb. 3.1** Links:    Schemabild eines Kompressors.
Rechts:  Prozeßkurve im (p,V)-Diagramm.

Für die Extremfälle adiabat oder isotherm ergibt sich

$$\text{adiabat} \quad \text{mit} \quad p_u V_2^\kappa = pV^\kappa$$

$$\text{isotherm} \quad \text{mit} \quad p_u V_2 = pV$$

$$A_{23} = \begin{bmatrix} \dfrac{1}{\kappa-1}\, m \dfrac{R}{M_r} T_2 \left( \left( \dfrac{p_o}{p_u} \right)^{\frac{\kappa-1}{\kappa}} - 1 \right) \\[2em] m \dfrac{R}{M_r} T_2 \ln \dfrac{p_o}{p_u} \end{bmatrix} . \qquad (3.3)$$

Damit erhält man die gesamte Arbeit aus (3.2) und (3.3)

$$\text{adiabat:} \qquad A^A = \frac{\kappa}{\kappa-1}\, m \frac{R}{M_r} T_2 \left( \left( \frac{p_0}{p_u} \right)^{\frac{\kappa-1}{\kappa}} - 1 \right)$$

$$(3.4) .$$

$$\text{isotherm:} \qquad A^I = \quad m \frac{R}{M_r} T_2 \ln \frac{p_0}{p_u} \quad .$$

Die zu leistende Arbeit ist größer bei adiabater als bei isothermer Prozeßführung. Das bestätigt man besonders anschaulich bei Betrachtung von Abb. 3.1$_R$. Denn die durch die gestrichelte Isotherme abgeschlossene Fläche ist kleiner als die von der ausgezogenen Adiabate abgeschlossene, da nach Absatz 2.3.11 Adiabaten steiler sind als Isothermen. Tatsächliche Kompressoren laufen so schnell – einige hundert Umdrehungen pro Minute –, daß eine effektive Kühlung der Luft beim Kompressionsvorgang unmöglich ist. Man kann zwar die Zylinderwand kühlen, aber das kühlt noch lange nicht den Zylinderinhalt, jedenfalls nicht effektiv. Daher ist die adiabate Linie in Abb. 3.1 die zwar unerwünschte, aber realistische Darstellung der Kompression.

Bemerkenswert an (3.4) ist noch, daß die Arbeit des Kompressors vom *Verhältnis* der Drücke $p_0$ und $p_u$ abhängt. Folglich erfordert die Kompression von Luft von 1 bar auf 10 bar genausoviel Arbeit wie die Kompression von 10 auf 100 bar.

## 3.1.2  Der zweistufige Kompressor

Wenn man die Kompression nun schon nicht isotherm durchführen kann – wegen der hohen Drehzahl –, so kann man sich der Isothermie doch wenigstens nähern. Darum baut man zweistufige Kompressoren. Dabei wird die Luft zunächst in einer ersten Kompressorstufe adiabat bis auf einen mittleren Druck $p_m$ komprimiert und in die Druckleitung ausgeschoben; diese Leitung wird gekühlt – sie kann bei stationären Kompressoren etwa durch das Grundwasser geführt werden. Die gekühlte Druckluft wird dann der zweiten Stufe zugeführt und dort – wiederum adiabat – auf den gewünschten Enddruck $p_0$ gebracht.

Abb. 3.2 zeigt den Zwei–Stufenprozeß für den Fall, daß die Zwischenkühlung auf die Temperatur der ursprünglich angesaugten Luft führt. Für diesen Fall ist die zum Betrieb des zweistufigen Kompressors benötigte Arbeit nach (3.4)$_1$ offenbar gegeben durch

$$A = \frac{\kappa}{\kappa-1} m \frac{R}{M_r} T \left( \left(\frac{p_m}{p_u}\right)^{\frac{\kappa-1}{\kappa}} + \left(\frac{p_0}{p_m}\right)^{\frac{\kappa-1}{\kappa}} - 2 \right) . \qquad (3.5)$$

Dabei ist T die Ansaugtemperatur beider Stufen. Durch die zweistufige Auslegung spart man Energie; der Betrag der Einsparung ist durch die in der Abbildung schraffierte Fläche repräsentiert. Die Arbeit A in (3.5) ist eine Funktion von $p_m$. Man findet das Minimum dieser Funktion bei

$$p_m = \sqrt{p_0 p_u} \qquad . \qquad (3.6)$$

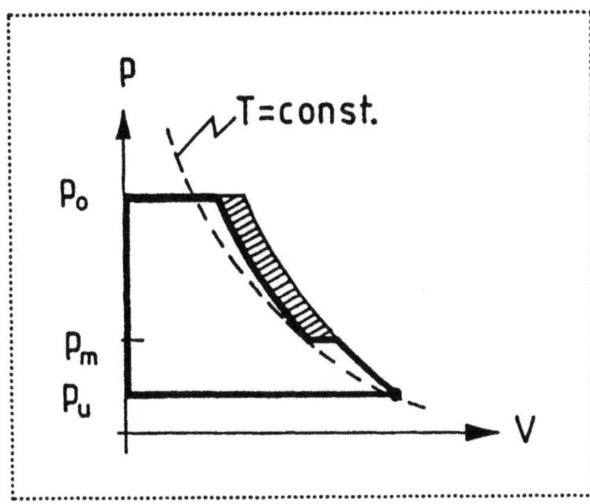


**Abb. 3.2** Zum zweistufigen Kompressor.

Daraus folgt, daß man am meisten Arbeit spart, wenn beide Stufen dieselbe Arbeit erfordern. Und natürlich muß man nicht bei zwei Stufen stehenbleiben. Bei mehr und mehr Stufen wird die Annäherung an die Isotherme immer besser. Bis zu zehn Stufen werden gebaut.

Diese Betrachtung über den zweistufigen Kompressor ist ein typisches Beispiel für die heuristischen Aussagen, die man gewinnen kann, wenn man reversible Prozesse betrachtet.

## 3.1.3 Die Preßluftmaschine

Die Preßluftmaschine ist die Umkehrung des Kompressors. Sie durchläuft denselben Prozeß wie der Kompressor, nur in umgekehrter Richtung; siehe Abb. 3.3.

1-2:    Preßluft strömt in den Zylinder.
2-3:    Einlaßventil wird geschlossen, Preßluft wird entspannt.
3-4:    Entspannte Luft wird ausgeschoben.
4-1:    Druckwechsel durch Schließen des Auslaßventils und Öffnen des Einlaßventils.

Der Entspannungsvorgang läuft wegen der Schnelligkeit der Kolbenbewegung adiabat ab. Man hätte ihn lieber isotherm, denn dann ließe sich mehr Arbeit gewinnen, da die Isotherme flacher ist als die Adiabate. Die theoretisch bei isothermem Verlauf gewinnbare Mehrarbeit ist durch die in Abb. 3.3 schraffierte Fläche gegeben.

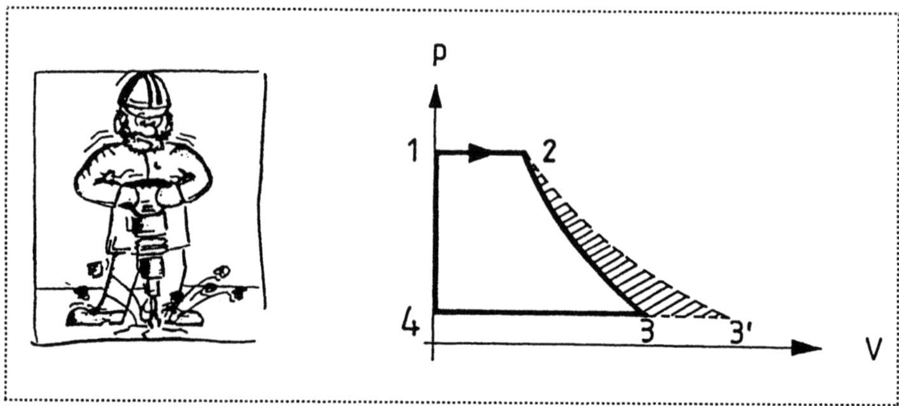

**Abb. 3.3** Preßluftmaschine.

## 3.1.4    Die Heißluftmaschine

Wir denken uns jetzt, daß die Arbeit der soeben behandelten Preßluftmaschine dazu verwendet wird, den Kompressor anzutreiben, der die Preßluft liefert. Wenn die Prozesse in beiden Maschinen wirklich reversibel laufen würden, so wäre eine solche gekoppelte Maschine möglich; aber sie wäre ein nutzloses Spielzeug, das nur sich selbst bewegt.

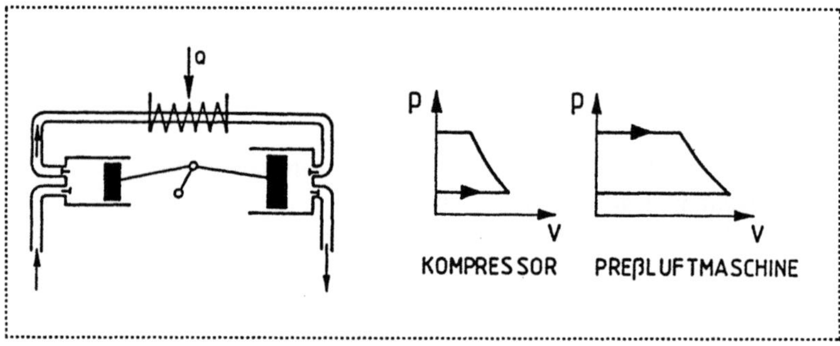


**Abb. 3.4** Kopplung von Kompressor und Preßluftmaschine.

Mit einer kleinen Abänderung jedoch machen wir aus dieser Kopplung von Kompressor und Preßluftmaschine eine nützliche Wärmekraftmaschine: Wir heizen die Preßluft, welche den Kompressor verläßt. Dadurch vergrößert sich – bei konstantem Druck – ihr Volumen, und der adiabate Teil der Prozeßkurve der Preßluftmaschine verschiebt sich nach rechts zu größeren Volumina, siehe

Abb. 3.4. Bei einmaligem Umlauf wird eine Arbeit gewonnen, die gleich der Differenz der Flächen in den Prozeßkurven ist.

Aus dieser Konstruktion wird der prototypische *Kreisprozeß* einer Wärmekraftmaschine, wenn man die Abluft der Preßluftmaschine kühlt, um sie dem Kompressor wieder als Ansaugluft zuführen zu können, siehe Abb. 3.5. Wir haben auf diese Weise die Heißluftmaschine "konstruiert", den Prototyp aller Wärmekraftmaschinen. Ein Kreisprozeß wie dieser, der aus zwei Isobaren und zwei Adiabaten besteht, heißt auch *Joule-Prozeß*.

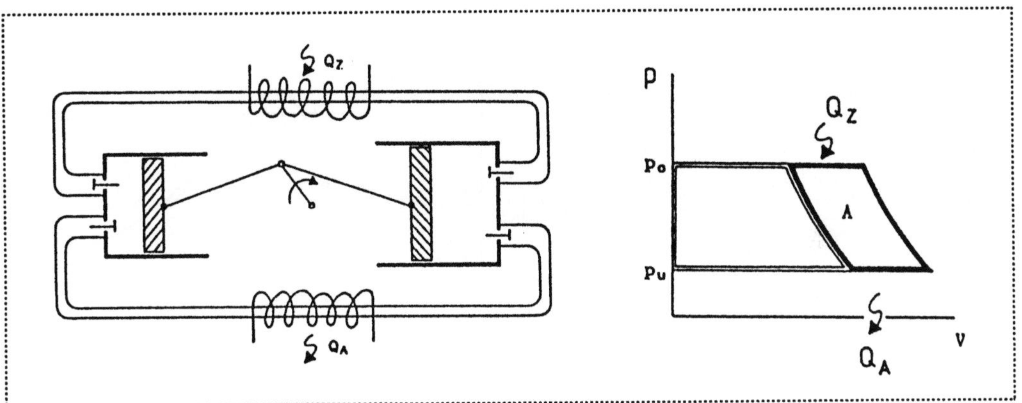


**Abb. 3.5**   Heißluftmaschine.
$Q_Z$ und $Q_A$ bezeichnen zu- und abgeführte Wärmen.
Die Fläche A repräsentiert die gewonnene Arbeit.

## 3.1.5   Die Dampfmaschine

Die Dampfmaschine wird ausführlich in einem späteren Kapitel behandelt werden. Wir beschreiben sie vorläufig und einleitend hier, weil der Dampfmaschinenprozeß und der soeben behandelte Prozeß im Heißluftmotor thermodynamisch identisch sind. Beides sind Joule-Prozesse, bestehend aus zwei Isobaren und zwei Adiabaten. [3.1] In der Tat, Teilstücke des Prozesses sind wie folgt, siehe Abb. 3.6,

i.)   Die Speisewasserpumpe setzt flüssiges Wasser adiabat unter Druck und speist es in den Dampfkessel ein.

ii.)   Im Dampfkessel wird das Wasser isobar verdampft und im Überhitzer – weiterhin isobar – überhitzt.

iii.)   Im Dampfzylinder expandiert der Dampf adiabat.

iv.)   Im Kondensator wird dem entspannten Dampf  isobar Wärme entzogen, er kondensiert.

---

[3.1]  Bei der Dampfmaschine spricht man auch vom Clausius–Rankine Prozeß.

Die Elemente der Dampfmaschine und der Heißluftmaschine entsprechen sich wie folgt:

| | | |
|---|---|---|
| Kompressor | — | Speisewasserpumpe |
| Wärmetauscher zur Wärmezufuhr | — | Dampfkessel und Überhitzer |
| Preßluftmaschine | — | Dampfzylinder |
| Wärmetauscher zur Wärmeabfuhr | — | Kondensator |

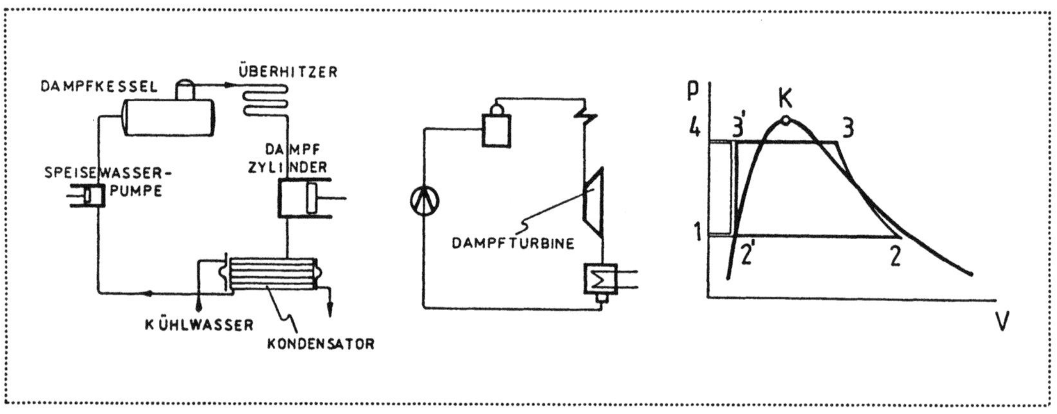


**Abb. 3.6**  Links:   Schemabild einer Dampfmaschine
Mitte:   Standardisiertes Schemabild.
Rechts:   (p,V)-Diagramm mit Naßdampfgebiet.

Die Arbeit von Speisewasserpumpe und Dampfzylinder wird in Abb. 3.6 repräsentiert durch die Flächen (12'3'4) bzw. (4321). Diese Flächen können berechnet werden als

$$A_{S.P} = -\int_{12'3'4} p\,dV \quad \text{oder} \quad A_{S.P} = \int_{12'3'4} V\,dp = \int_{2'}^{3'} V\,dp$$

$$A_{D.Z} = -\int_{4321} p\,dV \quad \text{oder} \quad A_{D.Z} = \int_{4321} V\,dp = \int_{3}^{2} V\,dp \qquad (3.7)$$

Der jeweils letzte Schritt beruht auf der Beobachtung, daß auf den Teilstücken 1–2 und 3–4 dp = 0 gilt und daß auf dem Teilstück 4–1 V = 0 gilt. Die Teilprozesse 2'–3' und 3–2 sind adiabat. Darum gilt nach dem ersten Hauptsatz für reversible Prozesse (1.58)

$$\dot{Q}dt = dU + pdV = 0 \quad \text{oder mit} \quad H = U + pV: \quad \dot{Q}dt = dH - Vdp = 0 \qquad (3.8)$$

Damit können wir Vdp in (3.7) durch dH ersetzen, und dann läßt sich die Integration ausführen

$$A_{S.P} = H_{3'} - H_{2'} \qquad \text{und} \qquad A_{D.Z} = H_2 - H_3 \ . \tag{3.9}$$

Die Arbeit im Kreisprozeß der Dampfmaschine ist folglich

$$A = H_2 - H_3 - (H_{2'} - H_{3'}) \ . \tag{3.10}$$

Wäre der Dampf ein ideales Gas mit $H = m\left( (z+1)\dfrac{R}{M_r}T + \alpha \right)$ , so könnten wir $A_{D.Z}$ aus $(3.9)_2$ ausrechnen

$$A_{D.Z} = (z+1)m\frac{R}{M_r}(T_2 - T_3) \qquad \text{mit} \quad z = \frac{1}{\kappa - 1} :$$

$$A_{D.Z} = \frac{\kappa}{\kappa - 1}m\frac{R}{M_r}T_2\left( 1 - \left(\frac{T_3}{T_2}\right) \right) \qquad \text{mit} \quad \frac{T_3}{T_2} = \left(\frac{p_3}{p_2}\right)^{\frac{\kappa - 1}{\kappa}} :$$

$$A_{D.Z} = \frac{\kappa}{\kappa - 1}m\frac{R}{M_r}T_2\left( 1 - \left(\frac{p_3}{p_2}\right)^{\frac{\kappa - 1}{\kappa}} \right) \quad ,$$

und das entspricht − natürlich bis auf das Vorzeichen − der Formel $(3.4)_1$ für den Kompressor. Schwach überhitzter Wasserdampf und Naßdampf können jedoch nicht als ideale Gase betrachtet werden. Darum muß man für die Auswertung von (3.9) und (3.10) die Enthalpie von Wasserdampf kennen. Diese ist gemessen worden und in Tabellen und Diagrammen niedergelegt. Bei der ausführlichen Behandlung der Dampfmaschine werden wir solche Diagramme benutzen.

In Worten ausgedrückt besagt $(3.9)_2$, daß die Arbeit des *Dampfzylinders* gleich dem Enthalpieabfall bei der adiabat reversiblen Expansion des Dampfes ist. In Absatz 1.5.8 hatten wir gesehen, daß die Arbeit der *Turbine* ebenfalls gleich dem Enthalpieabfall ist. Daraus schließen wir, daß es für thermodynamische Arbeitsberechnungen gleichgültig ist, ob die Expansion im Kolben–Zylinder–System erfolgt oder in der Turbine.

Für die Arbeit der Speisewasserpumpe $A_{S.P}$ müssen wir nicht unbedingt die Enthalpie des flüssigen Wassers kennen. Denn das Wasser ist in guter Näherung inkompressibel, und darum gilt $V_{2'} \approx V_{3'}$ . Die Fläche (12'3'4), welche gleich $A_{S.P}$ ist, kann daher berechnet werden als

$$A_{S.P} \approx mv'(p_1)(p_4 - p_1) , \tag{3.11}$$

wo $v'(p_1)$ das spezifische Volumen des siedenden Wassers bei $p_1$ ist.

## 3.2 Arbeit und Wärme bei speziellen reversiblen Prozessen

### 3.2.1 Arbeit und Wärme im reversiblen Prozeß allgemein

Bei der qualitativen Behandlung thermodynamischer Maschinen setzt man Reversibilität voraus. Dann läßt sich ein Prozeß schreiben als ein Paar von Zeitfunktionen

$$\text{entweder } T(t), v(t), \text{ oder } p(t), v(t), \text{ oder } T(t), p(t) . \qquad (3.12)$$

Ein solcher reversibler Prozeß kann als Kurve im (T,v)–Diagramm oder im (p,v)–Diagramm dargestellt werden, siehe Abb. 3.7. Die Punkte der Kurve entsprechen dem Zustand der Flüssigkeit, des Dampfes oder der Luft zu bestimmten Zeiten zwischen dem Beginn des Prozesses bei $t_A$ und dem Ende bei $t_E$.

Das (p,v)–Diagramm hat Vorrang, denn die übertragene spezifische – d. h. massebezogene – Arbeit läßt sich daraus leicht graphisch bestimmen. Es gilt

$$a_{AE} = \int_{t_A}^{t_E} \dot{a}\,dt = -\int_{t_A}^{t_E} p\frac{dv}{dt}dt = -\int_A^E p(v,T)dv \qquad . \qquad (3.13)$$

In dieser Gleichungskette ist das letzte Integral ein Kurvenintegral $\int p\,dV$ längs der Prozeßkurve im (p,v)–Diagramm. Wir schließen daraus, daß die Fläche unter der Prozeßkurve im (p,v)–Diagramm die übertragene Arbeit ist, siehe Abb. 3.7.

Der erste Hauptsatz lautet im reversiblen Prozeß nach (1.58)

$$\dot{q}dt = du + pdv \quad \text{oder} \quad \dot{q}dt = dh - vdp ,$$

und daraus folgt für die zwischen Anfang und Ende des Prozesses übertragene Wärme durch Integration über das Zeitintervall zwischen $t_A$ und $t_E$

$$q_{AE} = u(T_E, v_E) - u(T_A, v_A) + \int_A^E pdv \quad \text{mit} \quad \left(\frac{\partial u}{\partial T}\right)_v = c_v : \qquad (3.14)$$

$$= \int_A^E c_v(v,T)dT + \int_A^E \left(\left(\frac{\partial u}{\partial v}\right)_T + p\right) dv \qquad \text{oder} \qquad (3.15)$$

$$q_{AE} = h(T_E, p_E) - h(T_A, p_A) - \int_A^E v\,dp \qquad \text{mit} \quad \left(\frac{\partial h}{\partial T}\right)_p = c_p : \qquad (3.16)$$

$$= \int_A^E c_p(T,p)\,dT + \int_A^E \left(\left(\frac{\partial h}{\partial p}\right)_T - v\right) dp \quad . \qquad (3.17)$$

Explizite Werte für $a_{AE}$ und $q_{AF}$, ausgedrückt durch p,v oder T in den Endpunkten, erhält man nur, wenn man die thermische und kalorische Zustandsgleichung kennt und so die Integrationen ausführen kann.

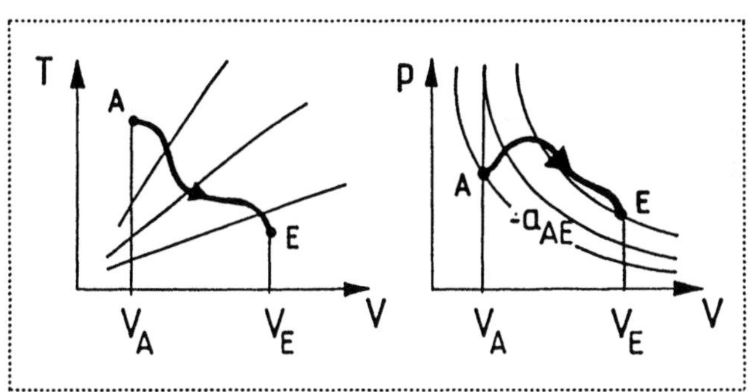

**Abb. 3.7**  Reversibler Prozeß im (T,v)– und (p,v)–Diagramm.

## 3.2.2  Arbeit und Wärme in reversiblen "Isoprozessen" und im adiabaten Prozeß für ideale Gase

Bei thermodynamischen Maschinen kann man den Gesamtprozeß häufig in Teilprozesse zerlegen, bei denen *eine* Variable konstant ist, oder die ohne Wärmeübertragung ablaufen. Wir finden es nützlich, die in solchen Teilprozessen übertragenen Arbeiten und Wärmen zusammenzustellen. Dabei beschränken wir uns im wesentlichen auf ideale Gase, – den einzigen Fall, für den wir analytische Zustandsgleichungen kennen.

Im *isothermen* reversiblen Prozeß gilt für die Arbeit

$$a_{AE} = -\int_A^E p\,dv \quad \Rightarrow \quad \text{mit} \quad p = \frac{1}{v}\frac{R}{M_r}T : \qquad a_{AE} = -\frac{R}{M_r}T \ln\frac{v_E}{v_A} \quad .$$

Die Wärme $q_{AE}$ ist nach (3.14) gleich $-a_{AE}$, da im idealen Gas die innere Energie von v unabhängig ist.

Im *isobaren* reversiblen Prozeß gilt

$$a_{AE} = -\int_A^E p\,dv = -p(v_E - v_A) = -\frac{R}{M_r}(T_E - T_A) \quad .$$

Für die Wärme erhalten wir nach (3.17)

$$q_{AE} = \int_A^E c_p\,dT \quad \Rightarrow \quad \text{mit } c_p = (z+1)\frac{R}{M_r} : \quad q_{AE} = (z+1)\frac{R}{M_r}(T_E - T_A).$$

Im *isochoren* reversiblen Prozeß ist $a_{AE} = 0$, und $q_{AE}$ ist nach (3.15) gegeben durch

$$q_{AE} = \int_A^E c_v\,dT \quad \Rightarrow \quad \text{mit } c_v = z\frac{R}{M_r} : \quad q_{AE} = z\frac{R}{M_r}(T_E - T_A) \quad .$$

Schließlich gilt $q_{AE} = 0$ im *adiabaten* reversiblen Prozeß, und die Arbeit folgt aus (3.14) zu

$$a_{AE} = -\int_A^E p\,dv = u(T_E, v_E) - u(T_A, v_A) \quad .$$

$$\Rightarrow \quad \text{mit } u = z\,\frac{R}{M_r}T + \alpha : \quad a_{AE} = z\frac{R}{M_r}(T_E - T_A).$$

Wir fassen diese Ergebnisse in der Tabelle 3.1 zusammen.

| | isotherm | isobar | isochor | adiabat |
|---|---|---|---|---|
| Arbeit | $-\frac{R}{M_r}T\ln\frac{v_E}{v_A}$ | $-p(v_E - v_A) =$ <br> $= -\frac{R}{M_r}(T_E - T_A)$ | $0$ | $z\frac{R}{M_r}(T_E - T_A)$ |
| Wärme | $+\frac{R}{M_r}T\ln\frac{v_E}{v_A}$ | $c_p(T_E - T_A) =$ <br> $= (z+1)\frac{R}{M_r}(T_E - T_A)$ | $c_v(T_E - T_A) =$ <br> $= z\frac{R}{M_r}(T_E - T_A)$ | $0$ |

**Tab. 3.1** Arbeit und Wärmezufuhr.

[$-p(v_E - v_A)$ gilt allgemein, nicht nur für ideale Gase. $c_P(T_E - T_A)$ und $c_v(T_E - T_A)$ gilt für alle Stoffe mit konstanten spezifischen Wärmen, nicht nur für ideale Gase.]

## 3.3  Kreisprozesse

### 3.3.1  Wirkungsgrad bei der Umsetzung der Wärme in Arbeit

Bei einem Kreisprozeß ändert sich der Zustand einer bestimmten Masse des
Arbeitsmediums periodisch. In der Heißluftmaschine geschah das mit Luft und in
der Dampfmaschine mit Wasser. Es empfiehlt sich dann, für thermodynamische
Berechnungen den ersten Hauptsatz auf die Masse zu beziehen, und wir schreiben

$$\dot{q}dt = du - \dot{a}dt. \tag{3.18}$$

Integrieren wir über eine Periode, so fällt $\int du$ weg, da Anfang und Endzustand
gleich sind, und es folgt

$$q_O = -a_O \ , \tag{3.19}$$

lies: „$q_{Kreis}$ gleich minus a $_{Kreis}$."
   Bei einer Wärmekraftmaschine ist $a_O$ negativ, da Arbeit geleistet wird, und
folglich $q_O$ positiv. Die Erfahrung lehrt, daß die übertragene Wärme $q_O$ positive
und negative Anteile enthält.

$$q_O = q_+ + q_- = q_+ - \left| q_- \right| \ . \tag{3.20}$$

Dann können wir (3.19) ausdrücken, indem wir sagen: Die Differenz der zu- und
abgeführten Wärmen ist gleich der geleisteten Arbeit.
   Nur die zugeführte Wärme $q_+$ muß beim Betrieb einer Wärmekraftmaschine
bezahlt werden, und darum definiert man einen *Wirkungsgrad* e als Quotient des
Nutzens $\left| a_O \right|$ und des Aufwandes $q_+$

$$e = \frac{\left| a_O \right|}{q_+} = 1 - \frac{\left| q_- \right|}{q_+}. \tag{3.21}$$

e wäre gleich 1, wenn $q_+$ sich vollständig in Arbeit umwandeln ließe, d. h., wenn
$q_-$ = 0 wäre. Wir werden später sehen, daß dies unmöglich ist; es widerspricht dem
zweiten Hauptsatz, siehe Absatz 4.1.1.
   Im *reversiblen* Kreisprozeß gilt $\dot{a}dt = -pdv$ , und der Prozeß läßt sich darstellen
als geschlossene Kurve im (T,v)- oder (p,v)-Diagramm. Im (p,v)-Diagramm
repräsentiert die Fläche innerhalb der Prozeßkurve die von der reversiblen Wärme-
kraftmaschine geleistete Arbeit; $\left| a_O \right|$ ist dann das Randintegral $-\oint pdv$ der
Fläche, siehe Abb. 3.8. Die Wärmekraftmaschine durchläuft die Prozeßkurve des

(p,v)-Diagramms immer im Uhrzeigersinn. Gewöhnlich gilt das auch für das (T,v)-Diagramm, allerdings gibt es dabei Ausnahmen; wenn nämlich $\left(\dfrac{\partial p}{\partial T}\right)_v < 0$ gilt – so wie bei Wasser unterhalb 4° C.

Wir betrachten nun eine Reihe reversibler Kreisprozesse und berechnen ihre Wirkungsgrade für ein ideales Gas als Arbeitsmedium.

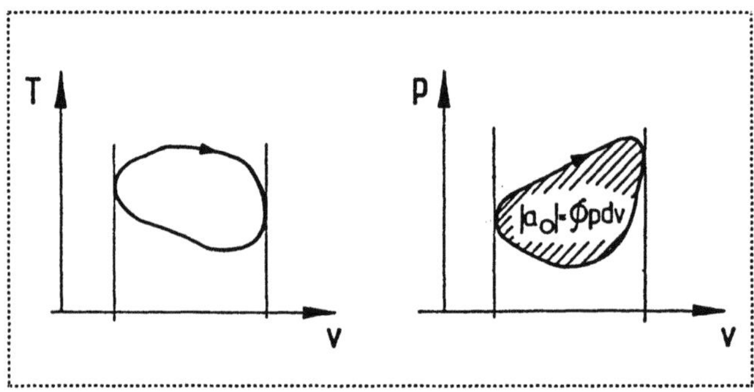


**Abb. 3.8** Reversible Kreisprozesse im (T,v)– und (p,v)–Diagramm.

## 3.3.2  Beispiel I zum Wirkungsgrad. Joule–Prozeß

Wir haben den Joule-Prozeß bei der Diskussion der Heißluftmaschine in Absatz 3.1.4 beschrieben. Der Kreisprozeß besteht aus zwei Isobaren und zwei Adiabaten, siehe Abb.3.9, und die Drücke $p_1$ und $p_3$ seien vorgegeben.

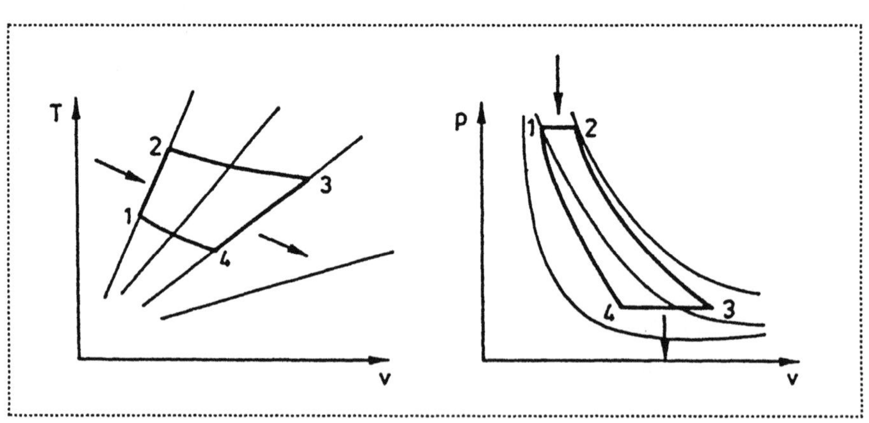


**Abb. 3.9** Reversibler Kreisprozeß der Heißluftmaschine.

Wärme und Arbeit auf den einzelnen Teilstücken ergeben sich aus Tabelle 3.1.

$$q_{12} = (z+1)\frac{R}{M_r}(T_2 - T_1) > 0 \qquad a_{12} = -\frac{R}{M_r}(T_2 - T_1)$$

$$q_{23} = 0 \qquad\qquad a_{23} = z\frac{R}{M_r}(T_3 - T_2)$$

$$q_{34} = (z+1)\frac{R}{M_r}(T_4 - T_3) < 0 \qquad a_{34} = -\frac{R}{M_r}(T_4 - T_3)$$

$$q_{41} = 0 \qquad\qquad a_{41} = z\frac{R}{M_r}(T_1 - T_4)$$

Für $a_O$ erhalten wir als Summe aller $a_{ik}$

$$a_O = (z+1)\frac{R}{M_r}\left[(T_3 - T_4) - (T_2 - T_1)\right],$$

und da $q_{12}$ der einzige positive Anteil der übertragenen Wärme ist, folgt für den Wirkungsgrad

$$e = 1 - \frac{T_3 - T_4}{T_2 - T_1} = 1 - \frac{T_3}{T_2}\frac{1 - \dfrac{T_4}{T_3}}{1 - \dfrac{T_1}{T_2}} \quad .$$

Die Punkte 2,3 sind durch die "adiabatische Zustandsgleichung" (2.53) verknüpft, und das gilt auch für die Punkte 1,4. Daraus folgt

$$\frac{T_3}{T_2} = \left(\frac{p_3}{p_1}\right)^{\frac{\kappa-1}{\kappa}} \qquad \text{und} \qquad \frac{T_4}{T_1} = \left(\frac{p_3}{p_1}\right)^{\frac{\kappa-1}{\kappa}} \qquad \Rightarrow \qquad \frac{T_4}{T_3} = \frac{T_1}{T_2} \quad .$$

Folglich kann der Wirkungsgrad vereinfacht geschrieben werden als

$$e = 1 - \frac{T_3}{T_2} \, .$$

Dies ist zwar ein richtiger Ausdruck für e, aber kein nützlicher; denn die Ecktemperaturen $T_2$ und $T_3$ sind nicht bekannt. Wir führen statt dessen die vorgegebenen Drücke $p_1$ und $p_3$ ein. Dann folgt

$$e = 1 - \left(\frac{p_3}{p_1}\right)^{\frac{\kappa-1}{\kappa}} \, . \tag{3.22}$$

Der Wirkungsgrad hängt nur vom Druckverhältnis ab, und er ist für verschiedene Gase verschieden, jedenfalls, wenn deren $\kappa$–Werte sich unterscheiden. Für Luft ist $\kappa = \frac{z+1}{z} = 1{,}4$. Dann ist e = 0,48 bei einem Druckverhältnis von 10:1.

### 3.3.3 Beispiel II zum Wirkungsgrad. Carnot–Prozeß.

Die Carnot-Maschine tauscht Wärme nur bei zwei Temperaturen aus, d. h. ihr Kreisprozeß ist definiert durch zwei Isothermen und zwei Adiabaten, siehe Abb. 3.10. Die beiden Temperaturen $T_1$ und $T_3$ seien vorgegeben.

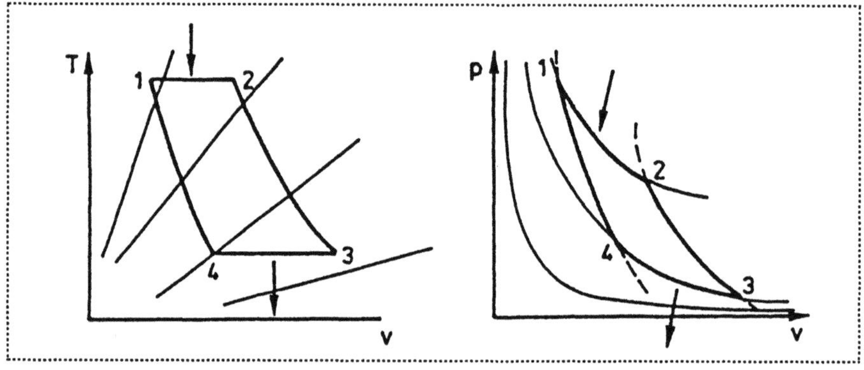


**Abb. 3.10** Reversibler Kreisprozeß der Carnot-Maschine.

Wärme und Arbeit auf den Teilstücken ergeben sich aus Tabelle 3.1.

$$q_{12} = \frac{R}{M_r} T_1 \ln \frac{V_2}{V_1} > 0 \qquad a_{12} = -\frac{R}{M_r} T_1 \ln \frac{V_2}{V_1}$$

$$q_{23} = 0 \qquad a_{23} = z \frac{R}{M_r} (T_3 - T_1)$$

$$q_{34} = \frac{R}{M_r} T_3 \ln \frac{V_4}{V_3} < 0 \qquad a_{34} = -\frac{R}{M_r} T_3 \ln \frac{V_4}{V_3}$$

$$q_{41} = 0 \qquad a_{41} = z \frac{R}{M_r} (T_1 - T_3)$$

Insgesamt ist die übertragene Arbeit

$$a_O = -\frac{R}{M_r} T_1 \ln \frac{V_2}{V_1} - \frac{R}{M_r} T_3 \ln \frac{V_4}{V_3} \,,$$

und der Wirkungsgrad lautet

$$e = 1 + \frac{T_3 \, \ln\frac{V_4}{V_3}}{T_1 \, \ln\frac{V_2}{V_1}} \qquad \text{mit} \qquad \frac{V_4}{V_1} = \left(\frac{T_1}{T_3}\right)^{\frac{1}{\kappa-1}} , \quad \frac{V_3}{V_2} = \left(\frac{T_1}{T_3}\right)^{\frac{1}{\kappa-1}} ,$$

$$e = 1 - \frac{T_3}{T_1} . \tag{3.23}$$

Der Carnot–Prozeß und der Carnot–Wirkungsgrad spielt bei der Formulierung des zweiten Hauptsatzes eine bedeutsame Rolle. Aber diese deutet sich hier noch nicht an. Wir konstatieren lediglich, daß der Wirkungsgrad nur vom Temperaturverhältnis abhängt; er ist unabhängig vom Gas. Bei gegebener Kühltemperatur $T_3$ ist der Carnot-Wirkungsgrad umso größer, je höher die Heiztemperatur $T_1$ ist.

### 3.3.4 Beispiel III zum Wirkungsgrad. Ericson–Prozeß.

In der Ericson-Maschine durchläuft das Arbeitsmedium einen Kreisprozeß aus zwei Isobaren und zwei Isothermen, siehe Abb. 3.11.

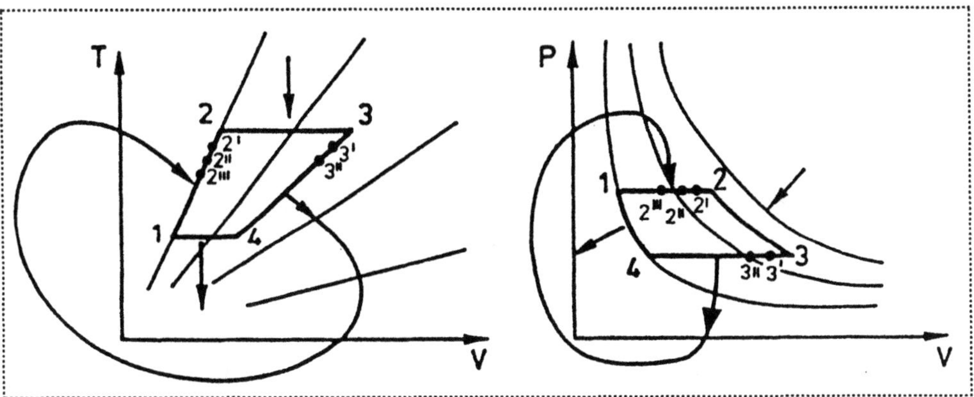


**Abb. 3.11** Reversibler Kreisprozeß der Ericson Maschine.

Wärme und Arbeit auf den Teilstücken ergeben sich aus Tabelle 3.1.

$$q_{12} = (z+1)\frac{R}{M_r}\left(T_2 - T_1\right) > 0 \qquad a_{12} = -\frac{R}{M_r}\left(T_2 - T_1\right)$$

$$q_{23} = \frac{R}{M_r}T_2 \ln\frac{v_3}{v_2} > 0 \qquad a_{23} = -\frac{R}{M_r}T_2 \ln\frac{v_3}{v_2}$$

$$q_{34} = (z+1)\frac{R}{M_r}\left(T_1 - T_2\right) < 0 \qquad a_{34} = -\frac{R}{M_r}\left(T_1 - T_2\right)$$

$$q_{41} = \frac{R}{M_r}T_2 \ln\frac{v_1}{v_4} < 0 \qquad a_{41} = -\frac{R}{M_r}T_1 \ln\frac{v_1}{v_4}$$

Die Arbeiten $a_{12}$ und $a_{34}$ kompensieren sich und $\frac{v_1}{v_2} = \frac{v_4}{v_3}$ gilt, weil die Punkte 2,3 und 1,4 auf Isothermen liegen sowie 1,2 und 3,4 auf Isobaren. Die Arbeit insgesamt ist folglich

$$a_O = \frac{R}{M_r}\left(T_2 - T_1\right)\ln\frac{v_1}{v_4} \;.$$

Die zugeführten Wärmen sind $q_{12}$ und $q_{23}$. Aber bei geschickter Prozeßführung kann man $q_{12}$ aus dem Prozeß selbst nehmen, und zwar aus der auf dem Schritt 3-4 abgeführten Wärme $q_{34} = -q_{12}$, siehe Abb. 3.11 und Abb. 3.12. Dann muß als Aufwand lediglich $q_{23}$ gelten, und als Wirkungsgrad ergibt sich

$$e = \frac{|a_O|}{q_{23}} = 1 - \frac{T_1}{T_2} \;. \tag{3.24}$$

Es folgt, daß der Ericson–Prozeß denselben Wirkungsgrad hat wie der Carnot–Prozeß. Beim Ericson–Prozeß werden zwar auf den beiden nicht–isothermen Ästen Wärmen übertragen, – während diese Äste beim Carnot-Prozeß adiabat sind –, aber diese Wärmen werden nach außen nicht wirksam; sie werden innerhalb des Prozesses umgesetzt.

Zwei Bemerkungen sind hier angebracht: Erstens ist ein isothermer Prozeß technisch nicht realisierbar, weil die effektive Kühlung eines schnell laufenden Motors unmöglich ist. Wir haben das bei Kompressor und Preßluftmaschine besprochen, und diese Bemerkung betrifft jetzt sowohl den Carnot–Prozeß als auch den Ericson–Prozeß. Beide müssen als weitgehend theoretisch betrachtet werden. Die zweite Bemerkung bezieht sich nur auf den Ericson–Prozeß; hier wurde die Wärmemenge $q_{34}$ "umgepackt" auf den Prozeßschritt 1–2.

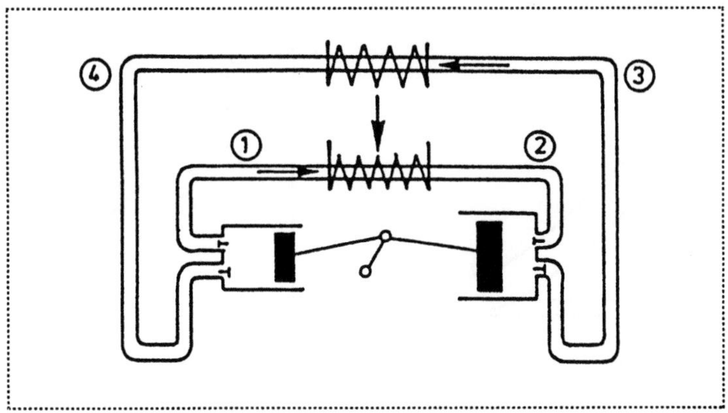

**Abb. 3.12**  Zum Ericson-Prozeß.

Solch ein Wärmeaustausch kann nur vom wärmeren Körper zum kälteren erfolgen. Will man ihn hier realisieren, so muß man die Wärme in vielen kleinen Schritten überführen: den Anteil, der zwischen 3 und 3' frei wird, muß man dem Prozeß zwischen 2' und 2" zuführen; was zwischen 3' und 3" frei wird, wird zwischen 2" und 2"' wieder zugeführt, usw. Der Wärmetauscher im Gegenstromverfahren, wie er in Abb. 3.12. angedeutet ist, kann diesen "reversiblen" Wärmeübergang realisieren, wenigstens näherungsweise. Wir behandeln dies in Abschnitt 6.2, wo Wärmetauscher diskutiert werden.

# 3.4   Verbrennungsmotoren

## 3.4.1  Ottomotoren

Wir wissen, daß die Drehzahl von Verbrennungsmotoren Tausende von Umdrehungen pro Minute betragen kann und daß beim Zünd- und Auspuffvorgang große Inhomogenitäten von Druck und Temperatur im Zylinder auftreten. Trotzdem kann die Berechnung der ablaufenden Prozesse als *reversible* Prozesse wichtige heuristische Erkenntnisse liefern.

Das Arbeitsmedium wird als ideales Gas mit einheitlichem $\kappa$ angenommen, obwohl das brennbare Gemisch feindispergierte Tröpfchen enthält und obwohl Wasserdampf und Rußteilchen einen guten Anteil der Verbrennungsrückstände ausmachen.

Der Prozeß, der in einem Verbrennungsmotor abläuft, ist kein Kreisprozeß, denn das Arbeitsmedium wird regelmäßig ausgetauscht. Beim Ottomotor oder Viertaktmotor laufen die folgenden Teilprozesse ab, siehe Abb. 3.13$_L$.

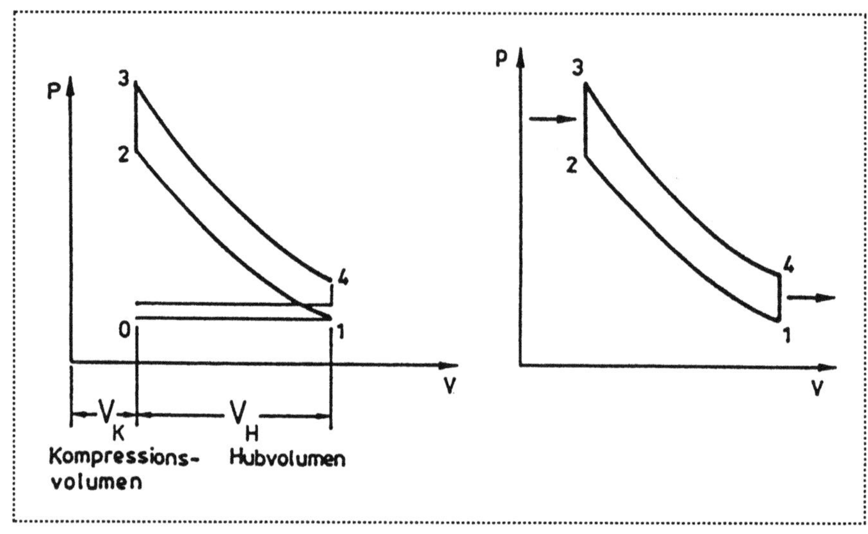

**Abb. 3.13** Links:    Otto–Prozeß (schematisch).
Rechts:    Ersatzprozeß.

0–1    Ansaugen des brennbaren Gemisches (1. Takt)
1–2    Verdichten des Gemisches (2. Takt)
2–3    Verbrennung nach Zündung bei 2
3–4    Expansion (3. Takt, Arbeitstakt)
4–1'    Auspuffen nach Öffnung des Ausgangsventils
1'–0'    Ausschieben der restlichen Verbrennungsrückstände (4. Takt).

Verbrennung und Auspuffen erfolgen so schnell, daß die Kolbenbewegung während dieser Prozeßschritte vernachlässigt werden kann; darum betrachten wir diese Teilprozesse als isochor. Kompression und Expansion verlaufen näherungsweise adiabat. Das Ansaugen erfolgt bei nur wenig geringerem Druck als das Ausschieben. Darum fallen die Linien 0–1 und 1'–0' (fast) aufeinander; ihre Beiträge kompensieren sich in der Arbeitsbilanz.

Damit kommt man zu einem Ersatzprozeß, so wie er in Abb. 3.11$_R$ dargestellt ist. Die isochore Druckabsenkung 4–1 durch Auspuffen wird im Ersatzprozeß durch eine isochore Abkühlung durch Wärmeentzug ersetzt, und die Teilprozesse des Ansaugens und Ausschiebens fehlen ganz. Die auf dem Prozeßstück 2–3 zugeführte Wärme kommt aus der Verbrennungswärme des Kraftstoffs. Auf diese Weise ist der Otto–Prozeß – für thermodynamische Berechnungen – durch einen Kreisprozeß aus zwei Isochoren und zwei Adiabaten ersetzt worden. Die auf den Einzelschritten übertragenen massebezogenen Wärmen und Arbeiten sind nach Tabelle 3.1.

$$q_{12} = \qquad 0 \qquad\qquad a_{12} = z\frac{R}{M_r}\left(T_2 - T_1\right)$$

$$q_{23} = \quad z\frac{R}{M_r}\left(T_3 - T_2\right) > 0 \qquad a_{23} = \quad 0$$

$$q_{34} = \qquad 0 \qquad\qquad a_{34} = z\frac{R}{M_r}\left(T_4 - T_3\right)$$

$$q_{41} = \quad z\frac{R}{M_r}\left(T_1 - T_4\right) < 0 \qquad a_{41} = \quad 0$$

Für den Wirkungsgrad erhält man folglich

$$e = \frac{T_1 - T_2 + T_3 - T_4}{T_3 - T_2} = 1 - \frac{T_4 - T_1}{T_3 - T_2} = 1 - \frac{T_1}{T_2}\frac{1 - \dfrac{T_4}{T_1}}{1 - \dfrac{T_3}{T_2}},$$

und da die Punkte 1,2 und 3,4 durch die adiabate Zustandsgleichung verknüpft sind, gilt

$$\frac{T_2}{T_1} = \left(\frac{V_1}{V_2}\right)^{\kappa-1} \quad \text{und} \quad \frac{T_3}{T_4} = \left(\frac{V_4}{V_3}\right)^{\kappa-1} = \left(\frac{V_1}{V_2}\right)^{\kappa-1} \quad \Rightarrow \quad \frac{T_4}{T_1} = \frac{T_3}{T_2}.$$

Also folgt für den Wirkungsgrad

$$e = 1 - \frac{T_1}{T_2} = 1 - \left(\frac{V_2}{V_1}\right)^{\kappa-1}. \tag{3.25}$$

Der Wirkungsgrad wird mithin bestimmt durch die Temperaturerhöhung bei der adiabaten Kompression. Diese wiederum ist bestimmt durch Hubvolumen und Kompressionsvolumen, beides Größen, die aus der Motorkonstruktion folgen, siehe Abb. 3.13. Mit dem *Verdichtungsverhältnis*

$$\varepsilon = \frac{V_1}{V_2} = \frac{V_K + V_H}{V_K}$$

schreibt sich (3.25) als

$$e = 1 - \frac{1}{\varepsilon^{\kappa-1}}. \tag{3.26}$$

Der Wirkungsgrad wächst mit wachsendem Verdichtungsverhältnis. Konstruktiv könnte man – im Versuch, den Wirkungsgrad zu vergrößern –, $\varepsilon$ fast beliebig groß machen. In der Praxis jedoch ist $\varepsilon < 10$, denn bei stärkerer Verdichtung würde das brennbare Gemisch sich bei der Kompression so stark aufheizen, daß es verfrüht zur Selbstentzündung kommen würde, bevor der Kolben den oberen Totpunkt seiner Bewegung erreicht hat. Es ist offensichtlich, daß dies nicht nur den Ablauf des Prozesses stören würde, sondern auch dem Motor schaden müßte.

Immerhin, mit $\varepsilon = 8$ und $\kappa = 1,4$ ergibt sich $e = 0,56$. Die Verluste im tatsächlichen − nicht umkehrbaren − Prozeß und mechanische Verluste im Motor reduzieren die verfügbare Arbeit jeweils um einen Faktor von ca. 0,7, so daß die im Kraftstoff vorhandene Energie nur zu ca. 25 % ausgenutzt wird. Die Verluste können nicht berechnet werden − jedenfalls nicht mit einfachen Mitteln ; sie werden gemessen.

Die Dampfmaschine war der Verbrennungskraftmaschine um mehr als 100 Jahre voraus. Die Schwierigkeit bestand darin, daß der Brennstoff ein Gas oder wenigstens eine leicht verdampfbare Flüssigkeit sein mußte, und solche Brennstoffe waren nicht in größerer Menge verfügbar.

Der belgische Erfinder Jean Joseph Etienne LENOIR (1822−1900) benutzte Leuchtgas und betrieb damit als erster einen Verbrennungsmotor. Im Jahre 1860 montierte er diesen auf einen Wagen und besaß damit das erste "Automobil".[3.2] Lenoirs Maschine verbrauchte extrem viel Brennstoff, und das machte sie unpraktisch. Aber die Entwicklung war angestoßen.

Nikolaus August OTTO (1832−1891) las von Lenoirs Maschine; er verbesserte sie, indem er den oben beschriebenen Viertakt-Prozeß einführte, den wir ihm zu Ehren den Otto-Prozeß nennen. 1877 erhielt Otto ein Patent darauf. Danach gründete er eine Firma in Köln und verkaufte innerhalb weniger Jahre 35000 Motoren.

Ottos Assistent Gottlieb Wilhelm DAIMLER (1834−1900) machte sich 1883 selbständig und setzte sich zum Ziel, leichte Motoren mit gutem Wirkungsgrad zu bauen. Er erfand den Vergaser, in dem das Erdölprodukt "Gasolin" versprüht wurde, dies war sein Brennstoff. Im Jahre 1887 baute er den Motor in *sein* erstes Automobil ein. Er gründete 1890 die Daimler Motor Gesellschaft, welche die Mercedes-Wagen produziert, so genannt nach der Tochter von Daimlers österreichischem Vertreter Emil Jellinek. Übrigens, Sprit − eigentlich Spiritus − kaufte man in der Apotheke!

## 3.4.2 Dieselmotor

Trotz der Diskrepanz zwischen den berechneten und gemessenen Werten der Energieausnutzung im Otto−Motor hat die berechnete Formel (3.26) beträchtlichen heuristischen Wert. Denn sie zeigt die Richtung auf, in der man Leistungssteigerung suchen muß: Durch Vergrößerung des Kompressionsverhältnisses $\varepsilon$! Und wenn das durch Frühzündung des Gemischs verhindert wird, so *komprimiere man reine Luft* und spritze den Kraftstoff erst dann in die komprimierte − und stark aufgeheizte − Luft ein, wenn der Kolben am oberen

---

[3.2] Nicht ganz: Es hatte schon Dampfautomobile gegeben.

Totpunkt angekommen ist. So kommt man zum Diesel–Prozeß. Da der Kraftstoff in das heiße Gas eintritt, entzündet er sich selbst, ohne Zündkerze!

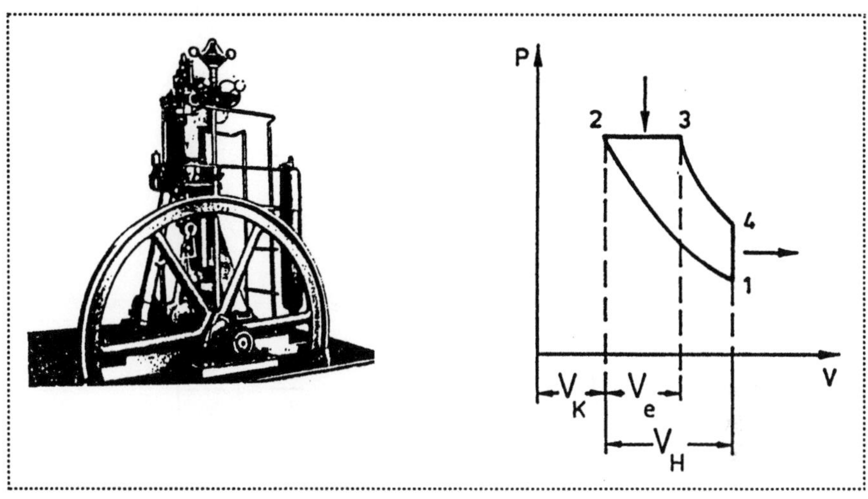


**Abb. 3.14** Links:   Erster Dieselmotor von 1897
Rechts:  Diesel–Ersatzprozeß.

Allerdings braucht die Einspritzung eine gewisse Zeit, und in dieser Zeit bewegt sich der Kolben und gibt Zylindervolumen frei. Die bei der Verbrennung zu erwartende Druckerhöhung wird durch die Rückwärtsbewegung des Kolbens wieder abgebaut, und folglich geschehen Einspritzung und Verbrennung unter (fast) isobaren Verhältnissen. Der Ersatzprozeß des Diesel–Prozesses ist in Abb. 3.14 gezeigt. Er hat ein isobares Teilstück zwischen $V_K$ und $V_E$, dem Einspritzvolumen.

Die auf den Teilschritten übertragenen Wärmen und Arbeiten sind

$$q_{12} = 0 \qquad\qquad a_{12} = z\frac{R}{M_r}\left(T_2 - T_1\right)$$

$$q_{23} = (z+1)\frac{R}{M_r}\left(T_3 - T_2\right) > 0 \qquad\qquad a_{23} = \frac{R}{M_r}\left(T_2 - T_3\right)$$

$$q_{34} = 0 \qquad\qquad a_{34} = z\frac{R}{M_r}\left(T_4 - T_3\right)$$

$$q_{41} = z\,\frac{R}{M_r}\left(T_1 - T_4\right) < 0 \qquad\qquad a_{41} = 0 \quad .$$

Daraus folgt

$$q_+ = (z+1)\frac{R}{M_r}\left(T_3 - T_2\right) \quad , \qquad a_O = -(z+1)\frac{R}{M_r}\left(T_3 - T_2\right)\left(1 - \frac{1}{\kappa}\frac{T_1 - T_4}{T_2 - T_3}\right)$$

und für den Wirkungsgrad

$$e = 1 - \frac{1}{\kappa}\frac{T_1 - T_4}{T_2 - T_3} = 1 - \frac{1}{\kappa}\frac{T_1}{T_2}\frac{1 - \dfrac{T_4}{T_1}}{1 - \dfrac{T_3}{T_2}} \quad .$$

Auf den Teilstücken gilt

$$\text{1–2} \quad \text{adiabat:} \qquad T_1 V_1^{\kappa-1} = T_2 V_2^{\kappa-1} \quad \Rightarrow \quad \frac{T_1}{T_2} = \left(\frac{V_2}{V_1}\right)^{\kappa-1}$$

$$\text{2–3} \quad \text{isobar:} \qquad \frac{T_2}{V_2} = \frac{T_3}{V_3} \quad \Rightarrow \quad \frac{T_3}{T_2} = \frac{V_3}{V_2}$$

$$\text{3–4} \quad \text{adiabat:} \qquad p_4 V_4^{\kappa} = p_3 V_3^{\kappa} \quad \Rightarrow \quad \frac{p_4}{p_3} = \left(\frac{V_3}{V_1}\right)^{\kappa}$$

$$\text{4–1} \quad \text{isochor:} \qquad \frac{T_1}{p_1} = \frac{T_4}{p_4}$$

$$\Rightarrow \quad \frac{T_4}{T_1} = \frac{p_4}{p_1} = \frac{p_3}{p_1}\left(\frac{V_3}{V_1}\right)^{\kappa} = \frac{p_2}{p_1}\left(\frac{V_3}{V_1}\right)^{\kappa} = \left(\frac{V_1}{V_2}\right)^{\kappa}\left(\frac{V_3}{V_1}\right)^{\kappa} = \left(\frac{V_3}{V_2}\right)^{\kappa} \quad ,$$

und der Wirkungsgrad ergibt sich als

$$e = 1 - \frac{1}{\kappa}\frac{1}{\left(\dfrac{V_1}{V_2}\right)^{\kappa-1}}\frac{\left(\dfrac{V_3}{V_2}\right)^{\kappa} - 1}{\dfrac{V_3}{V_2} - 1} \quad .$$

Wir definieren das *Verdichtungsverhältnis* $\varepsilon$ – wie vorher – und zusätzlich das *Einspritzverhältnis* $\varphi$ als

$$\varepsilon = \frac{V_1}{V_2} \qquad \text{und} \qquad \varphi = \frac{V_3}{V_2}$$

und erhalten

$$e = 1 - \frac{1}{\kappa} \frac{1}{\varepsilon^{\kappa-1}} \frac{\varphi^{\kappa} - 1}{\varphi - 1} \quad . \tag{3.27}$$

Mit dem Dieselmotor kann man aus den beschriebenen Gründen doppelte bis dreifache Verdichtungsverhältnisse erreichen als mit dem Ottomotor. Nehmen wir $\varepsilon = 20$ und $\varphi = 2,5$ sowie $\kappa = 1,4$, so hat e nach (3.27) den Wert e = 0,63. Dies ist mit dem Wert von 0,56 für den Ottomotor zu vergleichen. Der Dieselmotor hat also einen besseren idealen Wirkungsgrad. Außerdem reduzieren die Verluste im tatsächlichen - nicht umkehrbaren Prozeß – die Arbeit nur um den Faktor von ca. 0,85. Die mechanischen Verluste ergeben wie beim Ottomotor den Faktor von ca. 0,7. Immerhin wird so im Dieselprozeß ca. 35 % der Kraftstoffenergie ausgenutzt, gegenüber 25 % beim Ottoprozeß.

Rudolf DIESEL (1858–1913) machte sein Ingenieurexamen in München mit der besten jemals erreichten Note. Danach arbeitete er in der Eisfabrik von Linde und begann sich dort für Verbrennungsmotoren zu interessieren. Er verbesserte den Otto–Prozeß in der beschriebenen Weise. Außer den schon erwähnten Vorteilen hatte der neue Motor die Fähigkeit, weniger stark fraktioniertes Erdöl verbrauchen zu können, nämlich Kerosin statt Gasolin. Dieser "Diesel–Kraftstoff" ist billiger und weniger leicht entzündlich. Die Diesel–Maschine ersetzte zwischen den Weltkriegen vor allem die Dampfmaschinen auf Lokomotiven und Schiffen. Auch bei Lastkraftwagen sind ihre Größe und ihr Gewicht nur unwesentliche Nachteile. Heute sind Dieselmotoren selbst in Personenwagen attraktive Alternativen zu Otto–Motoren.

# 4 Entropie

## 4.1 Der Zweite Hauptsatz

### 4.1.1 Formulierung

Rudolf Julius Emmanuel CLAUSIUS (1822–1888) hat Schlüsse gezogen aus den folgenden Erfahrungen

> **"Wärme kann nicht von selbst von einem kälteren in einen wärmeren Körper übergehen",**

oder

> **"Ein Wärmeübergang aus einem kälteren in einen wärmeren Körper kann nicht ohne Kompensation stattfinden."**

Diese Aussagen bezeichnet man als den *Zweiten Hauptsatz der Thermodynamik*.

Wir haben schon erwähnt – als Annahme –, daß es bei einer Wärmekraftmaschine immer zu– *und* abgeführte Wärme gibt. Tatsächlich folgt dies aus dem Zweiten Hauptsatz. Wäre es anders, so könnte man Wärme vollständig in Arbeit verwandeln, etwa durch Abkühlung eines kalten Wasserreservoirs, und diese Arbeit könnte man einem warmen Gas durch Rühren zuführen. So hätte man im Effekt einen Wärmeübergang von kalt zu warm erreicht – und das soll ja ausgeschlossen sein. William Thomson (Lord Kelvin) hat diese Erkenntnis benutzt, um eine alternative Form des Zweiten Hauptsatzes auszusprechen, nämlich:

> **"Es ist unmöglich, nur durch Abkühlung eines Körpers Arbeit zu gewinnen."**

### 4.1.2 Ergebnisse

In den folgenden Absätzen 4.1.3 bis 4.1.6 werden wir den Weg verfolgen, auf dem Clausius Folgerungen aus den obigen Formulierungen des Zweiten Hauptsatzes gezogen hat. Es handelt sich dabei um zwei wichtige Folgerungen, die vorab angegeben werden, um dem eiligen Leser die Möglichkeit zu geben, das "Kleingedruckte" zu überspringen, ohne Wesentliches zu verpassen.

Die erste Folgerung bezieht sich auf reversible Prozesse, für die der Erste Hauptsatz lautet, siehe (1.58)

$$\dot{Q}dt = dU + pdV \; . \tag{4.1}$$

Aus dem Zweiten Hauptsatz folgt, daß die im reversiblen Prozeß übertragene Wärme $\dot{Q}\,dt$ eine vom Zustand U,V − oder T,V oder p,V, usw. − abhängige Größe S verändert, die *Entropie*. Um den Betrag der Entropieänderung zu berechnen, muß man $\dot{Q}dt$ durch die absolute Temperatur teilen. Es gilt also

$$dS = \frac{\dot{Q}dt}{T} \quad \text{oder mit (4.1)} \tag{4.2}$$

$$dS = \frac{1}{T}(dU + pdV), \quad \text{oder mit} \quad U = U(T,V) \tag{4.3}$$

$$dS = \frac{1}{T}\left(\frac{\partial U}{\partial T}\right)_V dT + \frac{1}{T}\left(\left(\frac{\partial U}{\partial V}\right)_T + p\right)dV \; . \tag{4.4}$$

Die Gleichung (4.3) heißt die *Gibbs-Gleichung*. Man kann sie in Worten ausdrücken, indem man sagt, der Ausdruck dU + pdV habe die absolute Temperatur T als einen *integrierenden Nenner*.

Die zweite Folgerung aus dem Zweiten Hauptsatz bezieht sich auf nicht-reversible Prozesse. Sie besagt, daß die Entropieänderung zwischen Anfang und Ende eines nicht-reversiblen Prozesses eine Ungleichung erfüllt, nämlich

$$S_E - S_A > \int_{t_A}^{t_E} \frac{\dot{Q}dt}{T} \; . \tag{4.5}$$

Man kann (4.2) und (4.5) zusammenfassen als *Clausius-Ungleichung* in der Form

$$S_E - S_A \geq \int_{t_A}^{t_E} \frac{\dot{Q}dt}{T} \; ; \tag{4.6}$$

dabei gilt das Gleichheitszeichen für den reversiblen Prozeß.

Insbesondere folgt aus (4.6), daß die Entropie in einem adiabaten Prozeß nicht abnehmen kann. Im Gleichgewicht, am Ende des Prozesses, ist dann die Entropie maximal geworden.

Natürlich darf der Nutzen des Zweiten Hauptsatzes nicht nur in der Einführung und Charakterisierung einer Größe bestehen, − der Entropie −, die wir bisher nicht vermißt haben. Die Nützlichkeit von Entropie, Gibbs-Gleichung und Clausius-

Ungleichung werden wir ausführlich in Abschnitt 4.2 sowie in späteren Kapiteln besprechen. Hier folgt jedoch zunächst der Beweis der Aussagen (4.2) bis (4.6) bzw. ihre Ableitung aus dem Zweiten Hauptsatz.

## 4.1.3  Der universelle Wirkungsgrad des Carnot-Prozesses

Clausius wertet den Zweiten Hauptsatz aus, indem er zunächst zwei Carnot-Maschinen I und II betrachtet. Diese arbeiten mit verschiedenen Arbeitsmedien und in verschiedenen Dichtebereichen, aber zwischen *denselben* Temperaturen, nämlich $T_u$ und $T_0$. Die von einer Maschine erzeugte Arbeit wird von der anderen verbraucht. Die Wärmekraftmaschine wird bei der oberen Temperatur $T_0$ die Wärmemenge $Q_0$ absorbieren und wird bei $T_u$ die Wärmemenge $\left| Q_u \right|$ abgeben. Wäre es anders, so hätten wir einen Wärmeübergang von kalt zu warm *und* einen Arbeitsgewinn, und das widerspricht dem Zweiten Hauptsatz.

Im ersten Schritt betrachten wir – immer nach Clausius – reversible Carnot-Maschinen wie in Abb. 4.1. Die Pfeile kennzeichenen die Laufrichtung, und wir schließen, daß Maschine II die Wärmekraftmaschine ist.

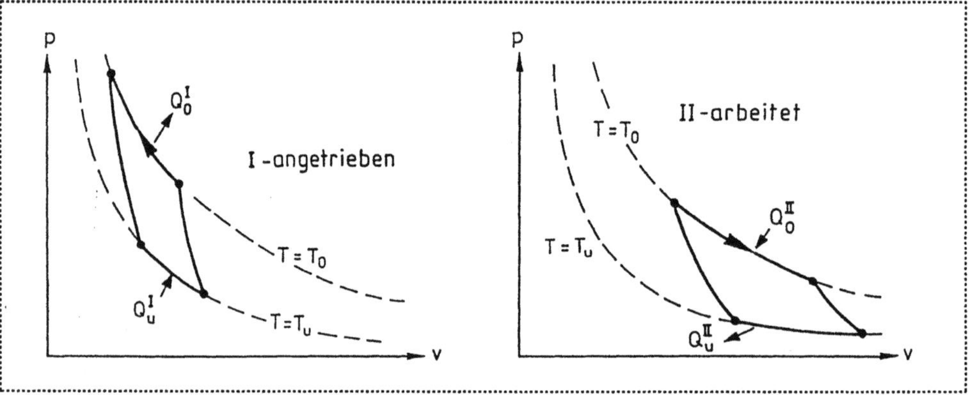


**Abb. 4.1**  Clausius' konkurrierende Carnot-Prozesse.

Die Strategie des Arguments besteht darin, beide Maschinen gleich viele Umläufe machen zu lassen, so daß keine Arbeit übrig ist, und dann den Wärmetransport beider Maschinen zwischen $T_u$ und $T_0$ zu beurteilen. Wir haben

$$-A_0^I = Q_u^I - \left| Q_0^I \right| < 0 \quad \text{und} \quad -A_0^{II} = Q_0^{II} - \left| Q_u^{II} \right| > 0 \tag{4.7}$$

Daraus ergibt sich wegen $\quad -A_0^I = A_0^{II}$

$$Q_u^I - \left| Q_0^I \right| = -\left( Q_0^{II} - \left| Q_u^{II} \right| \right)$$
$$Q_u^I - \left| Q_u^{II} \right| = \left| Q_0^I \right| - Q_0^{II} \tag{4.8}$$

Nun nehmen wir an, es sei $Q_u^I - \left| Q_u^{II} \right| > 0$, d. h. daß Maschine I bei $T_u$ mehr Wärme absorbiert, als Maschine II dort abgibt. Dann folgt aus (4.8), daß Maschine I bei $T_0$ mehr Wärme abgibt, als Maschine II dort absorbiert. Im Endeffekt – nachdem beide Maschinen gleich oft umgelaufen sind – ist das Resultat dann ein Wärmeübergang von $T_u$ nach $T_0$, und das darf nicht sein. Aber die Alternative $Q_u^I - \left| Q_u^{II} \right| < 0$ ist auch unmöglich. Zwar: Wenn Maschine I weniger Wärme bei $T_u$ absorbiert, als Maschine II dort abgibt, so würden die beiden Maschinen einen Wärmeübergang von $T_0$ nach $T_u$ bewerkstelligen, der nicht verboten ist. Aber: Die Maschinen sind reversibel , und ihre Umkehrung bringt uns zu dem alten, unmöglichen Fall zurück.

Möglich ist folglich nur

$$Q_u^I = \left| Q_u^{II} \right| \qquad \text{und nach (4.8)} \qquad \left| Q_0^I \right| = Q_0^{II} \; . \tag{4.9}$$

Daraus folgt, daß die Wirkungsgrade beider Maschinen gleich sind; es gilt ja

$$\frac{A_0^I}{\left| Q_0^I \right|} = \frac{-A_0^{II}}{Q_0^{II}} \qquad \text{also nach (4.9)} \qquad e_C^I = e_C^{II} \; . \tag{4.10}$$

Da beide Maschinen mit verschiedenen Medien arbeiten können, so folgt aus $(4.10)_2$, daß der Wirkungsgrad einer reversiblen Carnot-Maschine *universell* ist, d. h. materialunabhängig. Da dies so ist, können wir den Carnot-Wirkungsgrad identifizieren mit dem in Absatz 3.3.3 für ideale Gase berechneten Carnot-Wirkungsgrad. Es gilt also auch (3.23) für *alle* Arbeitsmedien

$$e_c = 1 - \frac{T_u}{T_0} \; . \tag{4.11}$$

## 4.1.4  Absolute Temperatur als integrierender Faktor

Aus (4.10) und (4.11) schließen wir für den reversiblen Carnot-Prozeß einer Wärmekraftmaschine, daß gilt

$$e_C = \frac{-A_0}{Q_0} = \frac{Q_0 - \left| Q_u \right|}{Q_0} = 1 - \frac{\left| Q_u \right|}{Q_0} = 1 - \frac{T_u}{T_0} \; ,$$

und aus der letzten Teilgleichung folgt

$$\frac{Q_0}{T_0} + \frac{Q_u}{T_u} = 0 \; . \tag{4.12}$$

Bis hierher bezogen sich die Argumente von Clausius auf Carnot–Prozesse und deren Wirkungsgrad. Nun beginnt eine Gedankenkette, welche die Gleichung (4.12) extrapoliert, so daß schließlich daraus eine Gleichung für beliebige Kreisprozesse entsteht und dann eine

Aussage über die Zustandsfunktion Entropie und ihre Materialgleichung. Wir folgen diesem Argument in zwei Schritten.

Die Aussage (4.12) kann leicht verallgemeinert werden für andere reversible Kreisprozesse, die aus Isothermen und Adiabaten bestehen, siehe in Abb. $4.2_L$ das ausgezogene Achteck. Die beiden gestrichelten Adiabaten zeigen, wie der Kreisprozeß in drei Carnot-Prozesse a, b und c zerlegt werden kann. Für jeden gilt eine Relation wie (4.12), nämlich

$$\frac{Q_0^a}{T_0^a} + \frac{Q_u^a}{T_u^a} = 0 \; , \quad \frac{Q_0^b}{T_0^b} + \frac{Q_u^b}{T_u^b} = 0 \; , \quad \frac{Q_0^c}{T_0^c} + \frac{Q_u^c}{T_u^c} = 0 \; . \tag{4.13}$$

Aus Abb. $4.2_L$ lesen wir ab

$$T_0^a = T_0^b = T_1 \quad , \quad T_0^c = T_2 \quad , \quad T_u^b = T_u^c = T_4 \quad , \quad T_u^a = T_3 \; .$$

Darum erhält man durch Aufsummieren der drei Gleichungen (4.13)

$$\frac{Q_0^a + Q_0^b}{T_1} + \frac{Q_0^c}{T_2} + \frac{Q_u^a}{T_3} + \frac{Q_u^c + Q_u^b}{T_4} = 0$$

oder abgekürzt, mit $Q_i$ als bei $T_i$ übertragener Wärme

$$\sum_{i=1}^{4} \frac{Q_i}{T_i} = 0 \; . \tag{4.14}$$

Die Prozeßkurve jedes reversiblen Kreisprozesses kann approximiert werden durch eine Zick-zack-Linie aus Isothermen und Adiabaten, so wie in Abb. $4.2_R$ .

Wenn man diese Zick-zack-Linie zeichnet, muß man darauf achten, daß auf jedem infinitesimalen Isothermenstück dieselbe Wärme übertragen wird, wie auf dem entsprechenden Stück der wirklichen Prozeßkurve; das vergrößerte Detail in Abb. $4.2_R$ zeigt, wie das zu schaffen ist: indem man die schraffierten Teile in jedem Schritt gleich groß macht. Durch diese Konstruktion wird auch sichergestellt, daß die Arbeiten des tatsächlichen und des genäherten Prozesses gleich sind, da die von beiden Prozeßkurven umschlossenen Flächen gleich sind.

Dann können wir das gleiche Argument anwenden, welches zu (4.14) führte, nur jetzt für den komplexen Kreisprozeß der Abb. $4.2_R$. Die in einem Teilstück übertragene Wärme beträgt $\dot{Q}dt$ , und anstelle der Summe in (4.14) erhalten wir nun ein Integral. Es gilt

$$\int_{t_A}^{t_E} \frac{\dot{Q}dt}{T} = 0 \quad \text{und mit (4.1):} \quad \oint \frac{1}{T}\left(dU + pdV\right) = 0 \tag{4.15}$$

und zwar für jeden reversiblen Kreisprozeß.

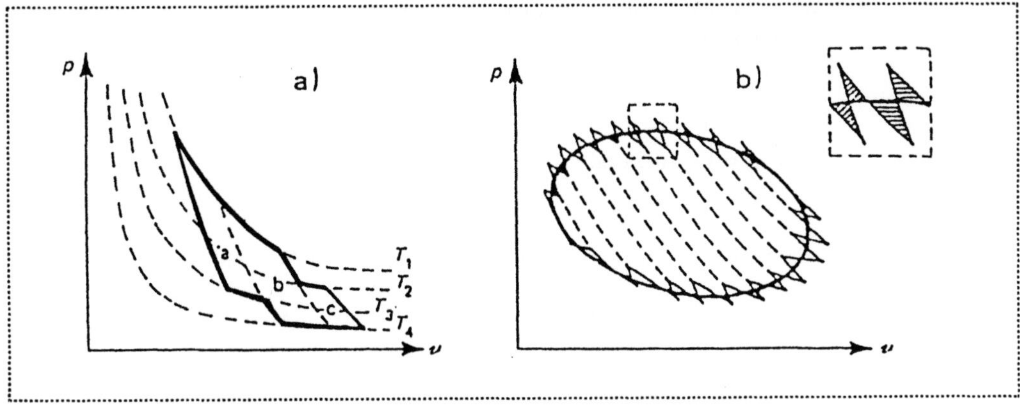

**Abb. 4.2** Links:  Ein reversibler Kreisprozeß aus Isothermen und Adiabaten
Rechts:  Ein beliebiger reversibler Kreisprozeß, zerlegt in Isothermen
und Adiabaten .

Äquivalent zu den Aussagen (4.15) sind die folgenden Aussagen, siehe Abb. 4.3,

$$\int_A^B \frac{1}{T}(dU + pdV) \sim \text{wegunabhängig , und} \quad dS = \frac{1}{T}(dU + pdV) \quad \Rightarrow \quad \frac{dS}{dt} = \frac{\dot{Q}}{T} . \qquad (4.16)$$

---

Beweis für $(4.16)_{1,2}$:

Da $(4.15)_2$ für jede geschlossene Kurve im (U,V)–Diagramm gilt, so gilt
sie auch für den in Abb. $4.3_L$ gezeigten Weg, und wir können schreiben

$$^{(1)}\int_A^B \frac{1}{T}(dU + pdV) + {}^{(2)}\int_B^A \frac{1}{T}(dU + pdV) = 0 ,$$

wo die Integrale längs Weg (1) bzw. (2) zu nehmen sind.

$$\Rightarrow \quad {}^{(1)}\int_A^B \frac{1}{T}(dU + pdV) = -{}^{(2)}\int_B^A \frac{1}{T}(dU + pdV)$$

$$^{(1)}\int_A^B \frac{1}{T}(dU + pdV) = {}^{(2)}\int_A^B \frac{1}{T}(dU + pdV) .$$

Damit ist die Wegunabhängigkeit bewiesen.

Wenn nun das Integral von A nach B wegunabhängig ist, so kann es nur von Punkt A mit $U_A$, $V_A$ und Punkt B mit $U_B$, $V_B$ abhängen, d. h. es muß gelten

$$S(B,A) = \int_A^B \frac{1}{T}(dU + pdV) \quad \Rightarrow \quad S(B,A) = -S(A,B) \tag{4.17}$$

oder für den in Abb. $4.3_R$ gezeigten Kurvenzug über A, B und C

$$S(B,A) - S(C,A) = S(B,C).$$

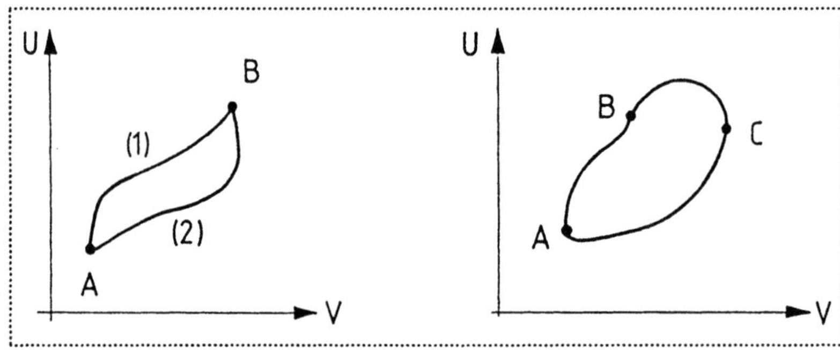


**Abb. 4.3** Links:    Zwei Wege von A nach B.
Rechts:    Zum Beweis von $(4.16)_2$.

Da die rechte Seite nicht von A abhängt und da $S(B,A)$ sein Vorzeichen wechselt bei der Vertauschung von A und B , muß S (B,A) die Differenz einer Funktion von B und derselben Funktion von A sein. D. h. es muß gelten

$$\begin{aligned} S(B,A) &= S(B) - S(A) \\ S(C,A) &= S(C) - S(A) \end{aligned} \quad \Rightarrow \quad S(B,C) = S(B) - S(C).$$

Insbesondere, wenn A und B dicht zusammenliegen, so folgt aus $(4.17)_1$

$$dS = \frac{1}{T}(dU + pdV),$$

und das war zu beweisen.

---

Die Gleichungen $(4.16)_{2,3}$ hatten wir in Absatz 4.1.2 als Konsequenz des Zweiten Hauptsatzes für reversible Prozesse vorweggenommen. Jetzt sind sie bewiesen. Ausgewertet werden sie in Abschnitt 4.2.

## 4.1.5  Wachstum der Entropie

Wir verfolgen weiterhin das Clausius-Argument über die konkurrierenden Carnot-Maschinen, die zwischen den Temperaturen $T_u$ und $T_0$ arbeiten und von denen Maschine II die Wärmekraftmaschine ist, mit deren abgegebener Arbeit Maschine I angetrieben wird. Nun jedoch nehmen wir an, daß Maschine II *nicht reversibel* arbeitet, so daß die bei $T_u$ und $T_0$ ausgetauschten Wärmen sich nicht umkehren, wenn die Laufrichtung der Maschine umgekehrt wird.

Es gilt nach wie vor die Beziehung (4.8), und wir nehmen an, daß Maschine I bei $T_u$ mehr Wärme absorbiert, als Maschine II dort abgibt. Dann folgt, daß Maschine I bei $T_0$ mehr Wärme abgibt, als Maschine II dort aufnimmt. Das Nettoresultat ist also, daß Wärme übergegangen ist von kalt zu warm, "ohne Kompensation", d. h., ohne daß Arbeit geleistet worden ist. Dies ist nach dem Zweiten Hauptsatz verboten. Wir betrachten die Alternative: Maschine I zieht bei $T_u$ weniger Wärme ab, als Maschine II dort abgibt. In dieser Situation geht Wärme von warm zu kalt, und das ist erlaubt. Diese Möglichkeit kann nun auch nicht mehr – wie früher in Absatz 4.1.3 – ausgeschlossen werden, indem man die Laufrichtung der Maschinen umdreht, denn Maschine II ist nicht reversibel.

Wir schließen somit aus (4.8), daß gilt

$$Q_u^I - \left| Q_u^{II} \right| = \left| Q_0^I \right| - Q_0^{II} < 0 ,$$

d.h., daß die zugeführte Wärme $Q_0^I$ in der reversiblen Wärmekraftmaschine I kleiner ist als die zugeführte Wärme $Q_0^{II}$ in der irreversiblen Wärmekraftmaschine II. Anders ausgedrückt haben wir

$$\frac{-A_0^I}{Q_0^I} > \frac{-A_0^{II}}{Q_0^{II}} \quad \text{oder} \quad e_C^I > e_C^{II} . \tag{4.18}$$

Der Wirkungsgrad einer reversiblen Carnot-Maschine ist größer als der einer irreversiblen. Aber, da Maschine I reversibel ist, gilt $e_C^I = 1 - \dfrac{T_u}{T_0}$. Dann folgt aus $(4.18)_1$ mit

$$-A_0^{II} = Q_0^{II} - \left| Q_u^{II} \right|$$

$$1 - \frac{T_u}{T_0} > 1 + \frac{Q_u^{II}}{Q_0^{II}} \quad \text{oder} \quad \frac{Q_0^{II}}{T_0} + \frac{Q_u^{II}}{T_u} < 0 . \tag{4.19}$$

Die Ungleichung $(4.19)_2$ ersetzt die Gleichung (4.12). Letztere führte durch eine Reihe von Argumenten zu der Gleichung (4.15). Mit den gleichen Argumenten können wir von $(4.19)_2$ zu der *Ungleichung*

$$\int_{t_A}^{t_E} \frac{\dot{Q} dt}{T} < 0 \tag{4.20}$$

kommen für einen beliebigen *irreversiblen* Kreisprozeß.

Um weiterzukommen, zerlegen wir den irreversiblen Kreisprozeß zwischen $t_A$ und $t_E$ in ein irreversibles Stück zwischen $t_A$ und $t_M$ und ein reversibles Stück zwischen $t_M$ und $t_E$. Dann gilt

$$\int\limits_{t_A}^{t_M} \frac{\dot{Q}dt}{T} + \int\limits_{t_M}^{t_E} \frac{\dot{Q}dt}{T} < 0 \qquad (4.21)$$

Nach (4.2) bzw. (4.16)$_3$ kann das zweite Integral berechnet werden. Es ergibt sich zu $S_E - S_M = S_A - S_M$, letzteres, weil $S_E = S_A$ gilt, denn wir betrachten einen Kreisprozeß. Damit folgt aus (4.21)

$$S_M - S_A > \int\limits_{t_A}^{t_M} \frac{\dot{Q}dt}{T} \quad . \qquad (4.22)$$

Damit ist die Ungleichung (4.5) bewiesen, die wir in Absatz 4.1.2 vorweggenommen haben.

## 4.1.6 (T,S)-Diagramm und Maximaler Wirkungsgrad des Carnot-Prozesses

Wenn die thermische und kalorische Zustandsgleichung gegeben sind, so kann man die Gibbs Gleichung (4.4) dazu benutzen, um $S = S(V,T)$ durch Integration zu berechnen, bis auf eine additive Konstante. Danach läßt sich ein reversibler Kreisprozeß auch in einem (T,S)−Diagramm darstellen, siehe Abb. 4.4$_L$. Ein solches Diagramm hat viele Vorteile.

- Aus (4.2) folgt, daß $Q_+ = \int TdS$ gilt, wenn die Integration über den oberen Teil der Prozeßkurve ausgeführt wird.
- Ebenso ist $Q_- = \int TdS$ für Integration über den unteren Teil der Prozeßkurve.
- Weiterhin gilt $-A_O = Q_+ - |\,Q_-\,|$, und folglich ist $A_O$ gleich der Fläche innerhalb der Prozeßkurve. Diese Eigenschaft teilt das (T,S)-Diagramm mit dem (p,V)-Diagramm.
- Ein *adiabat reversibler* Prozeß ist wegen $dS = \dot{Q}dt = 0$ ein *isentroper* Prozeß, d. h. er wird durch eine senkrechte Linie im (T,S)−Diagramm dargestellt.

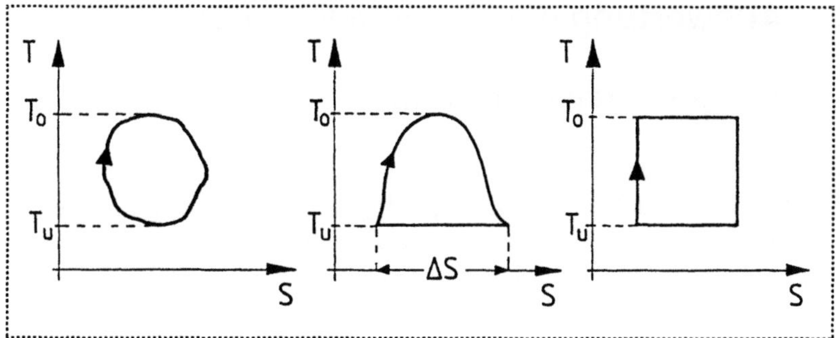



**Abb. 4.4** Links:   Reversibler Kreisprozeß im (T,S)-Diagramm
Mitte:   Kreisprozeß mit Wärmeabfuhr nur bei $T_u$
Rechts:  Carnot Prozeß

Mittels des (T,S)–Diagramms läßt sich leicht − rein geometrisch − herausfinden, welcher reversible Kreisprozeß zwischen $T_u$ und $T_0$ den höchsten Wirkungsgrad hat. In der Tat, Abb. 4.4 zeigt drei Kreisprozesse mit dem gleichen Wert von $Q_+$, der Fläche unter dem oberen Teil der Prozeßkurve. Den Wirkungsgrad

$$ e = 1 - \frac{|\,Q_-\,|}{Q_+} $$

kann man vergrößern − bei gleichem $Q_+$ − indem man $\int T dS$ für den unteren Teil der Prozeßkurve so klein wie möglich macht. Das geschieht, indem man alle abgeführte Wärme  bei der tiefsten Temperatur, nämlich $T_u$, abführt, siehe Abb. 4.4$_M$. Dann ist $\left|\,Q_-\,\right| = T_u\,\Delta S$ und $\left|\,Q_-\,\right|$ wird minimal, wenn man $\Delta S$ so klein wie möglich macht. Ein kleineres $\Delta S$ − immer bei festem $Q_+$ − realisiert man, indem man die Temperatur der Wärmezufuhr größer macht. Minimal wird $\Delta S$ , wenn $Q^+$ insgesamt bei der höchsten Temperatur $T_0$ zugeführt wird. So entsteht im (T,S)–Diagramm ein Rechteck aus zwei Horizontalen und zwei vertikalen Kurvenzügen, siehe Abbildung 4.4$_R$. Die Prozeßkurve ist folglich die eines Carnot Prozesses, zusammengesetzt aus zwei Isothermen und zwei Adiabaten bzw. Isentropen.

Damit ist bewiesen, daß der Carnot Prozeß unter allen reversiblen Kreisprozessen zwischen $T_u$ und $T_0$ den größten Wirkungsgrad hat.

## 4.2  Auswertung des Zweiten Hauptsatzes

### 4.2.1  Integrabilitätsbedingung

Wir starten mit der Gibbs–Gleichung in der Form (4.4). Die Mathematiker nennen
einen solchen Ausdruck ein *vollständiges Differential*, und damit meinen sie, daß
die Gleichung eine Kurzform darstellt für zwei Differentialgleichungen, nämlich –
und jetzt gehen wir zu spezifischen Größen über

$$\left(\frac{\partial s}{\partial T}\right)_v = \frac{1}{T}\left(\frac{\partial u}{\partial T}\right)_v \quad \text{und} \quad \left(\frac{\partial s}{\partial v}\right)_T = \frac{1}{T}\left(\left(\frac{\partial u}{\partial v}\right)_T + p\right). \tag{4.23}$$

Gemischte zweite Ableitungen sind vertauschbar. Darum muß gelten

$$\left(\frac{\partial}{\partial v}\left(\frac{1}{T}\left(\frac{\partial u}{\partial T}\right)_v\right)\right)_T = \left(\frac{\partial}{\partial T}\left(\frac{1}{T}\left(\left(\frac{\partial u}{\partial v}\right)_T + p\right)\right)\right)_v.$$

Die gemischten zweiten Ableitungen von u heben sich heraus, und es bleibt nach
kurzer Rechnung

$$\left(\frac{\partial u}{\partial v}\right)_T = -p + T\left(\frac{\partial p}{\partial T}\right)_v. \tag{4.24}$$

Die Bedeutung dieser Gleichung kann nicht überschätzt werden. Sie spart
unendlich viel Geld und Mühe! Denn hier wird die kalorische Zustandsgleichung
in Beziehung zur thermischen Zustandsgleichung gesetzt. Wir erinnern uns, daß
die thermische Zustandsgleichung im Prinzip leicht zu bestimmen war, während
die Bestimmung der kalorischen Zustandsgleichung eine große Zahl von
Messungen der spezifischen Wärmen $c_v$ und $c_p$ erforderte. Letzteres sind kalorimetrische Messungen, die bekanntermaßen schwierig sind. Die Integrabilitätsbedingung (4.24) hilft uns, die Zahl der kalorimetrischen Messungen *drastisch* zu
reduzieren, und darin liegt ihre Bedeutung.

In der Tat, in Abschnitt 2.4.3 haben wir gesehen, daß die Bestimmung von
$\left(\frac{\partial u}{\partial T}\right)_v$ und $\left(\frac{\partial u}{\partial v}\right)_T$ Messungen von $c_v$ und $c_p$ für alle (v,T)–Paare erforderte. Da
nach (4.24) $\left(\frac{\partial u}{\partial v}\right)_T$ aus der thermischen Zustandsgleichung berechnet werden kann,
ist nun *keine Messung von $c_p$ mehr nötig*. Aber das ist nicht alles: Wenn wir rechts
und links in (4.24) nach T differenzieren, so ergibt sich

$$\frac{\partial^2 u}{\partial T \partial v} = T \left( \frac{\partial^2 p}{\partial T^2} \right)_v \quad \text{oder mit} \quad c_v = \left( \frac{\partial u}{\partial T} \right)_v : \left( \frac{\partial c_v}{\partial v} \right)_T = T \left( \frac{\partial^2 p}{\partial T^2} \right)_v . \quad (4.25)$$

Daraus folgt, daß auch die v–Abhängigkeit von $c_v$ durch Integration aus der thermischen Zustandsgleichung berechnet werden kann. Als einzige zu messende Größen verbleiben dann die Werte von $c_v$ bei *einem* v als Funktion von T.

Damit sind die aufwendigen kalorimetrischen Messungen in ihrer Zahl kräftig eingeschränkt worden.

## 4.2.2 Innere Energie und Entropie des van der Waals Gases und des idealen Gases

Ein Beispiel für die teilweise Bestimmung der kalorischen Zustandsfunktion u(v,T) aus der thermischen Zustandsgleichung liefert die van der Waals–Gleichung (2.85). Hier kennen wir nur die thermische Zustandsgleichung. Aber (4.24) gestattet die Bestimmung der v–Abhängigkeit von u(v,T):

$$\left( \frac{\partial u}{\partial v} \right)_T = \frac{a}{v^2} \quad \Rightarrow \quad u(v,T) = -\frac{a}{v} + F(T) , \quad (4.26)$$

wo F(T) eine Integrationskonstante ist, – konstant bezüglich der Integrationsvariablen v.

$c_v$ ist nach (4.25) für ein van der Waals–Gas unabhängig von v, denn p ist eine lineare Funktion von T. Die Integrationskonstante F(T) kann geschrieben werden als $\int c_v(T)dT$ , denn nach $(4.26)_2$ gilt $c_v = F'(T)$ . Also lautet die allgemeine Form der kalorischen Zustandsgleichung eines van der Waals–Gases

$$u(v,T) = -\frac{a}{v} + \int c_v(T)dT . \quad (4.27)$$

Um sie explizit zu kennen, muß $c_v(T)$ gemessen werden. [Man beachte, daß der Fall des van der Waals Gases ein wenig zu einfach ist, um typisch zu sein. Denn im Normalfall wird $c_v$ nicht nur von T, sondern auch von v abhängen.]

Mittels der Gibbs Gleichung (4.4) kann man nun auch die Entropie des van der Waals–Gases bestimmen. Es gilt nach (4.4), (4.24) und (4.27)

$$ds = \frac{1}{T} c_v(T)dT + \left( \frac{\partial p}{\partial T} \right)_v dv$$

und mit der van der Waals-Gleichung (2.85)

$$ds = \frac{1}{T}c_v(T)dT + \frac{R/M_r}{v-b}dv \ .$$

(4.28)

Daraus folgt durch Integration

$$s = \int \frac{c_v(T)}{T}dT + \frac{R}{M_r}\ln(v-b) \ .$$

(4.29)

Die Entropie eines idealen Gases folgt aus (4.29), indem man spezialisiert auf den Fall $c_v$ = const und b = 0. Dann ergibt sich

$$s = c_v \ln T + \frac{R}{M_r}\ln v + \beta' \ ,$$

(4.30)

wo $\beta'$ eine Integrationskonstante ist. Gerne drückt man s durch p,T anstatt durch v,T aus. Wegen $pv = R/M_r\, T$ und $c_p - c_v = R/M_r$ folgt dann aus (4.30)

$$s = c_p \ln T - \frac{R}{M_r}\ln p + \beta \ .$$

(4.31)

Die Konstante $\beta$ folgt aus $\beta'$ durch Subtraktion von $R/M_r \ln R/M_r$. Der Wert der Konstanten in innerer Energie und Entropie interessiert erst, wenn wir chemische Reaktionen betrachten, siehe Abschnitt 8.2.2, 8.2.3 und 8.3.4. Sonst fallen sie aus allen wichtigen Formeln heraus.

## 4.2.3  Alternativformen der Gibbs Gleichung und der Integrabilitätsbedingung

Die Gibbs Gleichung (4.3) kann durch leichte Umformung in den folgenden alternativen Formen geschrieben werden.

$$du \quad = \quad Tds - pdv \quad \Rightarrow \quad \left(\frac{\partial T}{\partial v}\right)_s = -\left(\frac{\partial p}{\partial s}\right)_v$$

$$d(u-Ts) \quad = \quad -sdT - pdv \quad \Rightarrow \quad \left(\frac{\partial s}{\partial v}\right)_T = \left(\frac{\partial p}{\partial T}\right)_v$$

$$d(u+pv) \quad = \quad Tds + vdp \quad \Rightarrow \quad \left(\frac{\partial T}{\partial p}\right)_s = \left(\frac{\partial v}{\partial s}\right)_p$$

$$d(u+pv-Ts) \quad = \quad -sdT + vdp \quad \Rightarrow \quad \left(\frac{\partial s}{\partial p}\right)_T = -\left(\frac{\partial v}{\partial T}\right)_p$$

$$(4.32)$$

Die Größen, deren vollständige Differentiale in (4.32) angeschrieben sind, bezeichnet man als

$$
\begin{array}{lll}
u & \rule{3cm}{0.4pt} & \text{innere Energie} \\
f \equiv u - Ts & \rule{2cm}{0.4pt} & \text{freie Energie} \\
h \equiv u + pv & \rule{2cm}{0.4pt} & \text{Enthalpie} \\
g \equiv u + pv - Ts & \rule{1cm}{0.4pt} & \text{freie Enthalpie}
\end{array}
\qquad (4.33)
$$

Man nennt sie *thermodynamische Potentiale*, weil ihre Ableitungen einfache Variable oder Zustandsfunktionen sind, nämlich p, v, T und s.

Die Gleichungen auf der rechten Seite von (4.32) sind die Integrabilitätsbedingungen, die man unmittelbar aus den entsprechenden Formen der Gibbs Gleichung abliest. Wir demonstrieren die Nützlichkeit dieser Integrabilitätsbedingungen, indem wir zeigen, daß das Verhältnis der isothermen Kompressibilität $\kappa_T$ und der adiabatischen Kompressibilität $\kappa_s$ gleich dem Verhältnis der spezifischen Wärmen $c_p$ und $c_v$ ist.

Die adiabatische – oder isentrope –Kompressibilität $\kappa_s$ ist definiert als

$$\kappa_s = -\frac{1}{v}\left(\frac{\partial v}{\partial p}\right)_s$$

$$= -\frac{1}{v}\left(\frac{\partial v}{\partial T}\right)_s\left(\frac{\partial T}{\partial p}\right)_s \qquad \text{mit (2.65):} \qquad \left(\frac{\partial v}{\partial T}\right)_s = -\left(\frac{\partial v}{\partial s}\right)_T\left(\frac{\partial s}{\partial T}\right)_v$$

$$= +\frac{1}{v}\left(\frac{\partial v}{\partial s}\right)_T\left(\frac{\partial s}{\partial T}\right)_v\left(\frac{\partial T}{\partial p}\right)_s \qquad \text{mit} \quad \left(\frac{\partial v}{\partial s}\right)_T = \left(\frac{\partial T}{\partial p}\right)_v \qquad \text{wegen } (4.32)_2$$

$$= -\left(\frac{\partial T}{\partial v}\right)_p\left(\frac{\partial v}{\partial p}\right)_T \qquad \text{wegen } (2.65)$$

$$= -\frac{1}{v}\left(\frac{\partial v}{\partial p}\right)_T\left(\frac{\partial s}{\partial T}\right)_v\left(\frac{\partial T}{\partial v}\right)_p\left(\frac{\partial T}{\partial p}\right)_s \qquad \text{mit } \kappa_T = -\frac{1}{v}\left(\frac{\partial v}{\partial p}\right)_T \quad \text{und } c_v = T\left(\frac{\partial s}{\partial T}\right)_v$$

$$= +\frac{1}{T}\,\kappa_T\,c_v\left(\frac{\partial T}{\partial v}\right)_p\left(\frac{\partial T}{\partial p}\right)_s \qquad \text{mit} \quad \left(\frac{\partial T}{\partial p}\right)_s = \left(\frac{\partial v}{\partial s}\right)_p$$

$$= +\frac{1}{T}\,\kappa_T\,c_v\left(\frac{\partial T}{\partial s}\right)_p \qquad \text{mit} \quad c_p = T\left(\frac{\partial s}{\partial T}\right)_p$$

$$\kappa_s = \kappa_T\,\frac{c_v}{c_p}\quad . \tag{4.34}$$

Diese Schlußfolge ist typisch für die Berechnung von Beziehungen zwischen Materialkoeffizienten. Es ist nicht immer leicht, den richtigen Weg zu finden, denn man kann bei solchen Rechnungen viele richtige Formeln aneinanderreihen und sich doch vom Ziel entfernen.

Bei der Herleitung von (4.34) wurden Ausdrücke für $c_v$ und $c_p$ benutzt, die wir bisher nicht kannten, nämlich

$$c_v = T\left(\frac{\partial s}{\partial T}\right)_v \qquad c_p = T\left(\frac{\partial s}{\partial T}\right)_p \quad .$$

Diese folgen unmittelbar aus den früheren Definitionen (2.72), (2.77) unter Benutzung von $(4.32)_{1,3}$.

Ein anderes Beispiel dieser Art ist die Bestimmung der Differenz von $c_p$ und $c_v$ aus der thermischen Zustandsgleichung. Wir haben nach (2.74)

$$c_p - c_v = \left(\frac{\partial v}{\partial T}\right)_p\left(\left(\frac{\partial u}{\partial v}\right)_T + p\right) \qquad \text{mit} \quad \alpha = \frac{1}{v}\left(\frac{\partial v}{\partial T}\right)_p \qquad \text{und} \quad (4.24)$$

$$= vT\alpha\left(\frac{\partial p}{\partial T}\right)_v \qquad \text{mit} \quad \beta = \frac{1}{p}\left(\frac{\partial p}{\partial T}\right)_v$$

$$= pvT\alpha\beta \qquad \text{mit} \quad \alpha = p\kappa_T\beta \qquad \text{wegen (2.66)}$$

$$c_p - c_v = p^2 vT\kappa_T\beta^2\quad . \tag{4.35}$$

### 4.2.4  Phasengleichgewicht. Gleichungen von Clausius–Clapeyron

In Absatz 1.5.6 haben wir bewiesen, daß an der Phasengrenze zwischen Flüssigkeit und Dampf gilt, siehe $(1.43)_1$,

$$r = h'' - h' \qquad \text{mit} \quad h = u + pv$$
$$r = u'' - u' + p(v'' - v') \; . \tag{4.36}$$

Dabei ist r die spezifische Verdampfungswärme. Erfolgt die Verdampfung bei konstantem T – und p –, so gilt nach (4.2)

$$r = T(s'' - s') \tag{4.37}$$

Elimination von r aus (4.36), (4.37) ergibt

$$(u + pv - Ts)'' - (u + pv - Ts)' = 0, \tag{4.38}$$

und wir schließen, daß die spezifische freie Enthalpie an der Phasengrenze stetig ist:

$$g''(T,p) = g'(T,p) \; . \tag{4.39}$$

Dies ist die Dampfdruckgleichung $p = p(T)$ in impliziter Form. Man erkennt aus (4.39), daß p eine Funktion von T ist, ohne den Verlauf der Funktion angeben zu können, weil die Funktionen $g''$ und $g'$ unbekannt sind.

Immerhin, über die *Ableitung* der Funktion $p(T)$ können wir eine interessante Aussage machen; diese bestimmen wir, indem wir (4.38) schreiben als

$$p(T) = -\frac{u'' - Ts'' - (u' - Ts')}{v'' - v'} \; . \tag{4.40}$$

Alle Größen auf der rechten Seit sind Funktionen von T. Differentiation nach T ergibt

$$\frac{dp}{dT} = \frac{s'' - s'}{v'' - v'} - \frac{\dfrac{du''}{dT} - T\dfrac{ds''}{dT} + p\dfrac{dv''}{dT} - \left(\dfrac{du'}{dT} - T\dfrac{ds'}{dT} + p\dfrac{dv''}{dT}\right)}{v'' - v'} \; .$$

Der lange Bruch in dieser Gleichung ist gleich Null, weil für gesättigten Dampf und siedendes Wasser die Gibbs Gleichung gilt. Also bleibt mit $T(s'' - s) = r$

$$\frac{dp}{dT} = \frac{1}{T}\frac{r}{v'' - v'} \quad . \tag{4.41}$$

Das ist die Clausius-Clapeyron Gleichung. Man kann $p = p(T)$ und $r = r(T)$ als thermische und kalorische Zustandsgleichung des Naßdampfes bezeichnen, und (4.41) ist dann eine Relation zwischen diesen beiden Zustandsgeichungen, so wie (4.24) eine Relation zwischen thermischer und kalorischer Zustandsgleichung einer einphasigen Flüssigkeit ist. Schreibt man in (4.41) $r = h'' - h'$ und $h = u + pv$, so kann die Clausius-Clapeyron Gleichung in die Form gebracht werden

$$\frac{u'' - u'}{v'' - v'} = -p + T\frac{dp}{dT} \quad . \tag{4.42}$$

So erkennt man die enge Beziehung zwischen der Integrabilitätsbedingung (4.24) und der Clausius-Clapeyron Gleichung besser.

Mit einigen vereinfachenden Annahmen kann man aus der Clausius-Clapeyron Gleichung durch Integration sogar eine analytische Form der Dampfdruckkurve $p = p(T)$ ableiten.

Wir nehmen an

i.)    $r$ – unabhängig von $T$

ii.)    $v' \ll v''$

iii.)    $v'' = \dfrac{1}{p}\,{}^{R}\!/_{M_r}\,T$ – Dampf wird als ideales Gas betrachtet.    (4.43)

Damit schreibt sich (4.41) als

$$\frac{dp}{p} = \frac{r}{{}^{R}\!/_{M_r}}\frac{dT}{T^2} \quad \Rightarrow \quad p(T) = p(T_0)\, e^{-\frac{r}{{}^{R}\!/_{M_r}}\left(\frac{1}{T} - \frac{1}{T_0}\right)} \quad , \tag{4.44}$$

wo $T_0$ eine Referenztemperatur ist. Nach dieser Gleichung müssen Dampfdruckkurven im $\left(\ln p, {}^{1}\!/_{T}\right)$-Diagramm gerade Linien sein. Abb. 4.5 zeigt experimentelle Kurven, die diese Linearität bestätigen und zwar *im ganzen Bereich zwischen Tripelpunkt und kritischem Punkt*. Diese Übereinstimmung ist einigermaßen überraschend, denn keine der gemachten Annahmen (4.43) verdient sehr viel Zutrauen, insbesondere nicht in der Nähe des kritischen Punktes. Wir müssen schließen, daß sich hier mehrere Fehler in den Annahmen kompensieren.

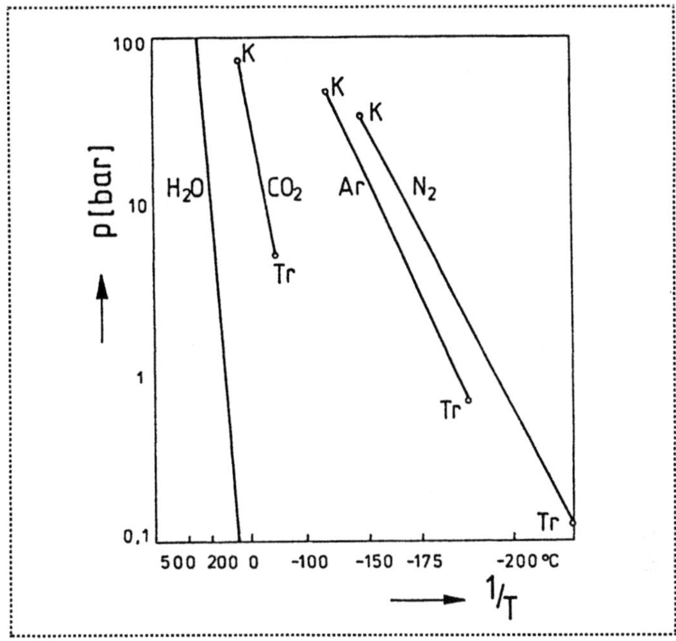


**Abb. 4.5**  Dampfdruckkurven im $\left(\ln p, \tfrac{1}{T}\right)$ –Diagramm

## 4.2.5  Phasengleichgewicht im van der Waals–Gas

In Absatz 2.5.10 haben wir die Isothermen eines van der Waals-Gases diskutiert. Eine typische Isotherme hat die in Abb. 4.6 gezeichnete Form. Im gestrichelten Teil wächst das Volumen bei wachsendem Druck, und das müssen wir als unphysikalisch ausschließen; formal begründen werden wir das in Absatz 4.2.8. Hier ignorieren wir den ansteigenden Teil der Isothermen.

Dann läßt die van der Waals-Gleichung die Möglichkeit zu, daß bei einer Temperatur zum gleichen Druck zwei verschiedene Volumina gehören. Darum sagt man, die van der Waals-Gleichung enthalte die Möglichkeit, eine Flüssigkeit im Bereich ihres Phasenübergangs flüssig–dampfförmig zu beschreiben, und man interpretiert das größere spezifische Volumen als $v''(T)$, das kleinere als $v'(T)$.

Soweit, so gut. Nur, auf diese Weise ergeben sich bei fester Temperatur noch *viele* Drücke, bei denen Flüssigkeit und Dampf koexistieren können; drei davon sind in Abb. 4.6$_L$ eingezeichnet. Es darf jedoch nach den Erfahrungen mit Naßdampf nur *ein* p(T) geben. Wir müssen uns fragen, wie wir diesen *einen* Dampfdruck finden.

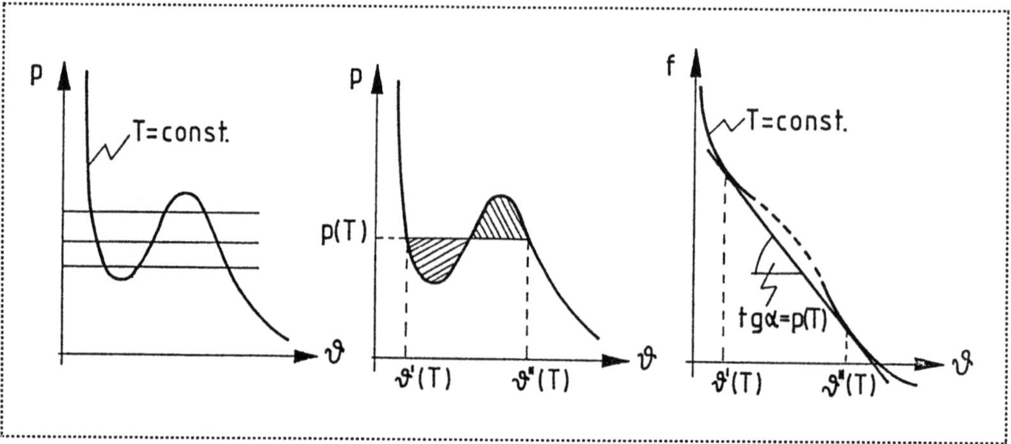



**Abb. 4.6** Links:   Isotherme eines van der Waals–Gases
Mitte:   Konstruktion der Isobaren p(T)
Rechts:   Freie Energie von van der Waals–Gas und Naßdampf.

Die Antwort findet man am einfachsten graphisch mit einer Konstruktion, die auf Maxwell zurückgeht: Wir erinnern uns an die Gleichung (4.40) und schreiben mit $f = u - Ts$

$$p(T)(v'' - v') + f'' - f' = 0 \quad \text{mit} \quad f = -\int p\,dv \quad \text{nach } (4.32)_2 \tag{4.45}$$

$$p(T)(v'' - v') - \int_{v'}^{v''} p(v, T)\,dv = 0 , \tag{4.46}$$

wobei das Integral längs der Isotherme zu nehmen ist; es wird repräsentiert durch die Fläche unterhalb der Isothermen, während p(T) $(v'' - v')$ gleich dem Rechteck aus p(T) und $(v'' - v')$ ist. Wir finden daher p(T) als *die* Isobare – die Maxwelllinie –, welche oberhalb und unterhalb mit der Isothermen gleiche Flächen einschließt, siehe Abb. 4.6. Dann folgen v''(T) und v'(T), wie angedeutet als Abszissen der Schnittpunkte von Maxwellinie und Isotherme.

Es ist instruktiv, diesen Fall auch anders zu beleuchten, indem man die freie Energie benutzt. Es gilt $p = -\left(\dfrac{\partial f}{\partial v}\right)_T$, und daher entspricht einer nicht-monotonen Isotherme im (p,v)-Diagramm eine nicht-konvexe Isotherme im (f,v)-Diagramm, so wie sie in Abb. $4.6_R$ gezeichnet ist. Wir schreiben für den Naßdampf nach (2.82) – (2.84)

$$\left.\begin{array}{l} f = (1-x)f' + xf'' \\ v = (1-x)v' + xv'' \end{array}\right\} \Rightarrow \text{ mit (4.45)} \quad f = f' - p(T)(v - v') \,. \qquad (4.47)$$

Es folgt, daß die freie Energie des Naßdampfes eine lineare Funktion von $v$ mit dem Anstieg $-p(T)$ ist. Graphisch fällt diese Funktion wegen (4.47) mit der gemeinsamen Tangente an die beiden konvexen Teilstücke von $f(v,T)$ zusammen, siehe Abb. 4.6$_R$. Auf diese Weise ist die freie Energie des Naßdampfes niedriger als die der reinen Phase.

Die beschriebenen graphischen Methoden zur Bestimmung von $p(T)$ sowie $v'(T)$, $v''(T)$ sind bekannt als: "Gleiche Flächen Regel" bzw. "Gemeinsame Tangenten Regel".

## 4.2.6  Temperaturänderung bei adiabater Drosselung. Beispiel: van der Waals–Gas

Drosselung ist ein Mittel zur Druckabsenkung, und wir haben in Absatz 1.5.5 gezeigt, daß dabei die spezifische Enthalpie unverändert bleibt. Nun fragen wir, wie sich die Temperatur ändert. Es gilt

$$dh = \left(\frac{\partial h}{\partial T}\right)_p dT + \left(\frac{\partial h}{\partial p}\right)_T dp = 0 \quad \text{und folglich mit} \quad c_p = \left(\frac{\partial h}{\partial T}\right)_p$$

$$\left(\frac{\partial T}{\partial p}\right)_h = -\frac{1}{c_p}\left(\frac{\partial h}{\partial p}\right)_T \,. \qquad (4.48)$$

Diese Gleichung bestimmt die mit der Druckabsenkung einhergehende Temperaturänderung im Drosselvorgang. Wir bemühen uns, $\left(\frac{\partial h}{\partial p}\right)_T$ durch Größen auszudrücken, die aus der thermischen Zustandsgleichung berechnet werden können. Dazu benutzen wir die Gibbs-Gleichung (4.3)

$$ds = \frac{1}{T}(du + pdv) \qquad \text{mit} \quad pdv = d(pv) - vdp \qquad \text{und} \qquad h = u + pv.$$

$$ds = \frac{1}{T}(dh - vdp) \qquad \text{mit} \quad h = h(T,p)$$

$$ds = \frac{1}{T}\left(\frac{\partial h}{\partial T}\right)_p dT + \frac{1}{T}\left(\left(\frac{\partial h}{\partial p}\right)_T - v\right)dp \,.$$

Die Integrabilitätsbedingung lautet

$$\left(\frac{\partial}{\partial p}\left(\frac{1}{T}\left(\frac{\partial h}{\partial T}\right)_p\right)\right)_T = \left(\frac{\partial}{\partial T}\left(\frac{1}{T}\left(\left(\frac{\partial h}{\partial p}\right)_T - v\right)\right)\right)_p \quad\Rightarrow\quad \left(\frac{\partial h}{\partial p}\right)_T = v - T\left(\frac{\partial v}{\partial T}\right)_p .$$

$$(4.49)$$

Einsetzen von $(4.49)_2$ in (4.48) liefert mit $\alpha$ als Ausdehnungskoeffizient

$$\left(\frac{\partial T}{\partial p}\right)_h = \frac{vT}{c_p}\left(\alpha - \frac{1}{T}\right), \qquad \text{wo} \qquad \alpha = \frac{1}{v}\left(\frac{\partial v}{\partial T}\right)_p . \qquad (4.50)$$

Für ein ideales Gas, wo $\alpha = 1/T$ ist, ergibt sich folglich bei Drosselung keine Temperaturänderung. Wir werden später beweisen, siehe Absatz 4.2.8 , daß $c_p$ positiv ist, und damit folgt aus (4.50), daß gilt

$$\text{bei Drosselung} \quad \frac{\text{Erwärmung}}{\text{Abkühlung}}, \quad \text{falls} \quad \alpha \begin{smallmatrix} < \\ > \end{smallmatrix} \frac{1}{T} . \qquad (4.51)$$

Als instruktives Beispiel untersuchen wir die Verhältnisse beim van der Waals-Gas. Die thermische Zustandsgleichung ist gegeben durch (2.85), und es folgt durch Differentation

$$dp = \frac{R/M_r}{v - b}dT - \left(\frac{R/M_r\, T}{(v - b)^2} - \frac{2a}{v^3}\right)dv .$$

Daraus bestimmen wir den Ausdehnungskoeffizienten zu

$$\alpha = \frac{1}{v}\left(\frac{\partial v}{\partial T}\right)_p = \frac{R/M_r\, \dfrac{v - b}{v}}{R/M_r\, T - \dfrac{2a}{v}\left(\dfrac{v - b}{v}\right)^2} .$$

Die nach (4.50) für die Beurteilung der Temperaturänderung wichtige Größe $\alpha - \frac{1}{T}$ ergibt sich als

$$\alpha - \frac{1}{T} = \frac{1}{vT}\; \frac{-b + \dfrac{2a}{R/M_r\, T}\left(\dfrac{v-b}{v}\right)^2}{1 - \dfrac{2a}{v\, R/M_r\, T}\left(\dfrac{v-b}{v}\right)^2}\,. \tag{4.52}$$

Grob gesprochen sind alle Terme mit a und b klein, und darum kann der Nenner dieses Ausdrucks als positiv angesehen werden. Im Zähler jedoch subtrahieren sich zwei kleine Größen, und darum kann der Zähler positiv oder negativ sein, je nach den Werten von v und T. Aus (4.51) und (4.52) folgt als Bedingung für Erwärmung bzw. Abkühlung

$$\frac{v-b}{v} \begin{array}{c}<\\>\end{array} \sqrt{\frac{R/M_r\, T}{2\,a/b}} \qquad \text{oder} \qquad \upsilon \begin{array}{c}<\\>\end{array} \frac{1}{3 - 2\sqrt{\frac{1}{3}\Upsilon}}\,. \tag{4.53}$$

In $(4.53)_2$ wurden die durch (2.86), (2.87) definierten dimensionslosen Variablen eingeführt, um die der van der Waals-Gleichung innewohnende Universalität zu betonen, siehe Absatz 2.5.10.

Aus (4.53) ist zu schließen, daß die Kurve

$$\upsilon = \frac{1}{3 - \dfrac{2}{\sqrt{3}}\sqrt{\Upsilon}} \qquad \text{bzw.} \qquad \Upsilon = \frac{3}{4}\left(3 - \frac{1}{\upsilon}\right)^2, \tag{4.54}$$

die $(\Upsilon,\upsilon)$ – Ebene in zwei Teile teilt. Diese Kurve heißt die *Inversionskurve*. Unterhalb der Kurve, d. h. für kleinere Werte von $\Upsilon$ tritt bei Drosselung Abkühlung auf, darüber Erwärmung. Man kann die Inversionskurve auch im $(\pi,\Upsilon)$ – und $(\pi,\upsilon)$ – Diagramm darstellen; dazu setzen wir $(4.54)_1$ bzw. $(4.54)_2$ in die van der Waals-Gleichung (2.88) ein und erhalten

$$\pi = 24\sqrt{3}\sqrt{\Upsilon} - 12\Upsilon - 27 \qquad \text{bzw.} \qquad \pi = \frac{18}{\upsilon} - \frac{9}{\upsilon^2}\,. \tag{4.55}$$

Abb. 4.7 zeigt Graphen der Inversionskurve im $(\pi,\Upsilon)$ – und $(\pi,\upsilon)$ – Diagramm. In den Diagrammen sind auch – gestrichelt – die kritische Isochore bzw. die kritische Isotherme eingetragen, damit die Inversionskurve besser beurteilt werden kann.

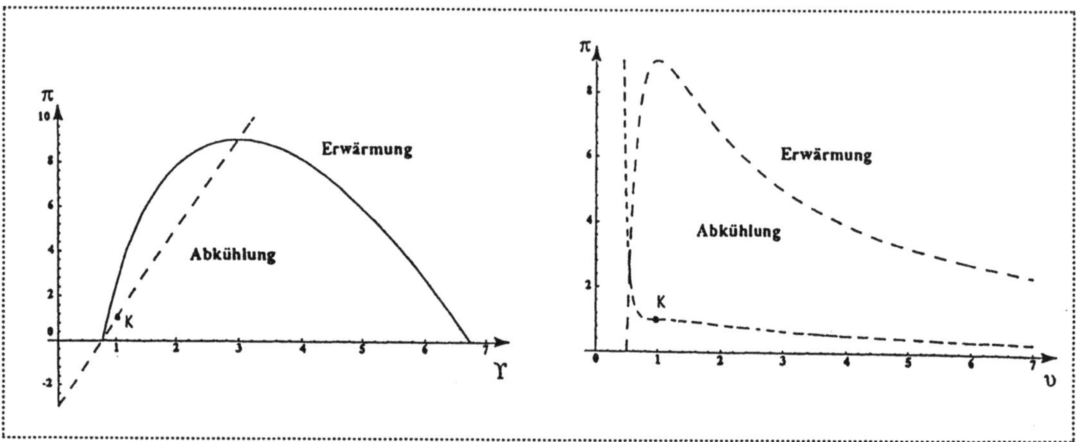

**Abb. 4.7**  Links:   Inversionskurve und kritische Isochore   $\pi = 4\Upsilon - 3$

Rechts:  Inversionskurve und kritische Isotherme   $\pi = \dfrac{8}{3\upsilon-1} - \dfrac{3}{\upsilon^2}$ .

Für Stickstoff, Sauerstoff und Wasserstoff haben wir die in Tabelle 4.1 zusammengestellten kritischen Daten. Daraus folgt, daß diese Gase bei 1 bar und 300 K die folgenden dimensionslosen Drücke und Temperaturen haben

$$\pi_{N_2} = 0{,}03 \qquad\qquad \pi_{O_2} = 0{,}02 \qquad\qquad \pi_{H_2} = 0{,}08$$

$$\Upsilon_{N_2} = 2{,}4 \qquad\qquad \Upsilon_{O_2} = 1{,}9 \qquad\qquad \Upsilon_{H_2} = 9{,}1 \quad .$$

Mithin liegt dieser Zustand − p = 1 bar, T = 300 K − bei $N_2$ und $O_2$ unterhalb der Inversionskurve, während er bei $H_2$ oberhalb liegt. $N_2$ und $O_2$ lassen sich also bei Drosselung abkühlen, und $H_2$ erwärmt sich.

|        | $p_{kr}$ [bar] | $T_{kr}$[K] |
|--------|--------|--------|
| $N_2$  | 34,5   | 126    |
| $O_2$  | 51,8   | 155    |
| $H_2$  | 13,2   | 33     |

Tabelle 4.1  Kritische Daten von $N_2$  $O_2$ und $H_2$ .

Wasserstoff führende Druckleitungen müssen deshalb sorgfältig abgedichtet werden. Denn austretender – gedrosselter – Wasserstoff bildet in Luft das hochexplosive Knallgas, welches sich leicht an der aufgeheizten Austrittsstelle entzünden kann.

Joule und Thomson (Lord Kelvin) haben die Abkühlung realer Gase durch Drosselung zuerst beobachtet. Vom molekularen Gesichtspunkt läßt sich dieser Vorgang leicht verstehen. Durch die Druckabsenkung wächst das spezifische Volumen, und damit erhöht sich der mittlere Molekülabstand. Nach Abb. 2.22$_L$ wächst dann die potentielle Energie der Wechselwirkung zwischen Molekülpaaren. Da die Drosselung adiabat verläuft, kann dieser potentielle Energiezuwachs nur auf Kosten der kinetischen Energie der Moleküle gehen: das Gas kühlt sich ab. Die Abkühlung ist umso größer, je kälter das Gas vor der Drosselung ist.

Cailletet machte sich 1877 diese Beobachtung zunutze, um kleine Mengen von Sauerstoff durch Drosselung zu verflüssigen, und Carl VON LINDE (1842–1934) erfand im Jahre 1895 ein geschicktes Verfahren, um große Mengen an flüssiger Luft für technische Zwecke herzustellen. Dabei benutzte er schon entspannte – und abgekühlte – Luft, um neu herangeführte – noch komprimierte – Luft vorzukühlen. Deren Temperatur wurde dann durch Drosselung noch weiter herabgesetzt, und damit wurde wiederum neue komprimierte Luft vorgekühlt, usw. [Die Amerikaner nennen solch eine Methode "bootstrapping", Schnürsenkelverfahren]. Linde gelang es, nach diesem Prinzip einen kontinuierlichen Prozeß zu entwerfen, in dem große Mengen flüssiger Gase für technische Zwecke erzeugt werden konnten. So wurde flüssige Luft aus einer Kuriosität zu einer Handelsware.


## 4.2.7  Thermodynamische Stabilitätskriterien

Wir haben gesehen, daß die Entropie in einem adiabaten System nicht abnehmen kann, so daß im Gleichgewicht, – wenn alle zeitlichen Änderungen zur Ruhe gekommen sind –, die Entropie ihren Maximalwert annimmt. Wir schreiben

$$S \;\Rightarrow\; \text{Maximum im adiabaten Prozeß.} \tag{4.56}$$

Dies ist der Prototyp aller thermodynamischen Stabilitätsbedingungen. Sie ist nützlich, weil wir adiabate Prozesse gut realisieren können. Aber es gibt Alternativformen, welche bei anderen – nicht-adiabaten – Randbedingungen anwendbar sind. Diese leiten wir nun ab.

Grundlage sind der Energiesatz (1.53) mit (1.33) und die Entropieungleichung (4.6). Wir schreiben

$$\frac{d(U+K)}{dt} - \dot{Q} = \int_{\partial V} t_{ji} w_i n_j dA + \int_V \rho f_i w_i dV \, .$$

$$\frac{dS}{dt} - \frac{\dot{Q}}{T} = P \geq 0 \, . \tag{4.57}$$

$\dot{Q}$ wird eliminiert, und wir erhalten

$$\frac{d(U + K - TS)}{dt} \leq -S\frac{dT}{dt} + \int_{\partial V} t_{ji} w_i n_j dA + \int_V \rho f_i w_i dV \ . \qquad (4.58)$$

Diese Ungleichung ist als solche noch keine Aussage über eine monoton zu- oder abnehmende Größe, die als Stabilitätskriterium dienen könnte. Aber nun machen wir zwei realistische Annahmen, um das Oberflächenintegral zu vereinfachen

$$\int_{\partial V} t_{ji} w_i n_j dA \ = \ -\int_{\partial V} p_0 w_i n_i dA \ = \ -p_0 \frac{dV}{dt}$$

$$\text{sei } t_{ij} = -p_0 \delta_{ij} \ \text{ auf } \partial V \quad \text{sei } p_0 = \text{const auf } \partial V \quad .$$

Nehmen wir noch an, daß die Leistung der Volumkraft sich als Änderung einer potentiellen Energie schreiben läßt, so folgt aus (4.58)

$$\frac{d(U + E_{Pot} + K - TS)}{dt} \leq -S\frac{dT}{dt} - p_0 \frac{dV}{dt} \ . \qquad (4.59)$$

und wir schließen, daß – unter den gemachten Annahmen – im isothermen und isochoren Prozeß die freie Energie plus potentielle und kinetische Energie nicht zunehmen können. Sie erreichen also im Gleichgewicht ein Minimum:

$$F + E_{Pot} + K \ \Rightarrow \ \text{Minimum im isotherm-isochoren Prozeß} \ . \qquad (4.60)$$

Weiterhin folgt aus (4.59)

$$\frac{d(U + E_{Pot} + K - TS + p_0 V)}{dt} \leq -S\frac{dT}{dt} + V\frac{dp_0}{dt} \ , \qquad (4.61)$$

und wir schließen, daß – wieder unter den gemachten Annahmen – die Größe $F + E_{Pot} + K + p_0 V$ einem Minimum im isothermen Prozeß und mit konstantem und auf $\partial V$ homogenem $p_0$ zustrebt. Falls der Druck nicht nur auf $\partial V$, sondern überall in V homogen ist, so ist diese Größe die Summe aus freier Enthalpie und kinetischer Energie, und wir schreiben

$$G + E_{Pot} + K \ \Rightarrow \ \text{Minimum im isotherm-isobaren Prozeß} \ . \qquad (4.62)$$

Häufig wird die kinetische Energie bei thermodynamischen Stabilitätsbetrachtungen vernachlässigt.

Obige Argumente machen deutlich, daß die thermodynamische Stabilitätsbedingung, je nach dem betrachteten System und seiner äußeren Belastung, verschieden aussieht. Die Größe, welche minimiert oder maximiert werden muß, ist immer eine andere. Man nennt diese Größe allgemein die *verfügbare freie Energie* und bezeichnet sie mit $\mathcal{A}$.

## 4.2.8 Stabilitätsbedingungen

Wir betrachten eine Situation, wo in einem adiabat isolierten Behälter vom Volumen V ein – zunächst fixierter – Kolben eine Flüssigkeit oder eine Gasmasse m in zwei gleiche Teilmassen mit den Zuständen $U_1$ , $V_1$ bzw. $U_2$ , $V_2$ teilt. Die Entropie $S_{Ges}$ des Gesamtsystems setzt sich additiv zusammen aus den Entropien der beiden Teilsysteme, d. h. es gilt

$$S_{Ges}(U_1,U_2,V_1,V_2) = S(U_1,V_1) + S(U_2,V_2) \ . \tag{4.63}$$

$S_{Ges}$ hängt von vier Variablen ab, von denen jedoch nur zwei unabhängig sind, etwa $U_1$ und $V_1$ , denn es gilt

$$V = V_1 + V_2 \qquad \text{und} \qquad U = U_1 + U_2 \qquad , \tag{4.64}$$

letzteres unter Vernachlässigung der kinetischen Energie. Wird nun der Kolben gelöst, so strebt das System dem Gleichgewicht zu. Im Gleichgewicht wird nach (4.56) die Entropie maximal. Notwendige Bedingungen dafür sind

$$\frac{\partial S_{Ges}}{\partial U_1} = 0 \quad \text{und} \quad \frac{\partial S_{Ges}}{\partial V_1} = 0; \tag{4.65}$$

hinreichend ist, daß gilt

$$\left(\frac{\partial^2 S_{Ges}}{\partial U_1^2}\right)_{V_1} \delta U_1^2 + 2\frac{\partial^2 S_{Ges}}{\partial U_1 \partial V_1}\delta U_1 \delta V_1 + \left(\frac{\partial^2 S_{Ges}}{\partial V_1^2}\right)_{U_1} \delta V_1^2 < 0 \tag{4.66}$$

und zwar für beliebige $\delta U_1$ , $\delta V_1$ .

Die notwendigen Bedingungen können nach (4.63) unter Berücksichtigung von (4.64) geschrieben werden in der Form

$$\frac{\partial S}{\partial U_1} = \frac{\partial S}{\partial U_2} \quad \text{und} \quad \frac{\partial S}{\partial V_1} = \frac{\partial S}{\partial V_2} \quad \text{oder mit (4.3)} \quad T_1 = T_2 \text{ und } p_1 = p_2. \tag{4.67}$$

Das heißt, im Gleichgewicht müssen – nicht unerwartet – Temperaturen und Drücke beider Teilsysteme gleich sein. Damit folgt auch $U_1 = U_2$ und $V_1 = V_2$ im Gleichgewicht.

Die quadratische Form in der hinreichenden Bedingung (4.66) kann mit (4.63), (4.64) geschrieben werden als

$$2 \left\langle \left(\frac{\partial^2 S}{\partial U_1^2}\right)_{V_1} \delta U_1^2 + 2\frac{\partial^2 S}{\partial U_1 \partial V_1} \delta U_1 \delta V_1 + \left(\frac{\partial^2 S}{\partial V_1^2}\right)_{U_1} \delta V_1^2 \right\rangle < 0 \ . \tag{4.68}$$

Man drückt diese Ungleichung aus, indem man sagt, die Entropie sei eine konkave Funktion der Variablen $U_1$ und $V_1$. Der Einfachheit halber lassen wir den Index 1 jetzt weg und schreiben (4.68) in der Form

$$\left[\frac{\partial}{\partial U}\left(\frac{\partial S}{\partial V}\right)\delta U + \frac{\partial}{\partial V}\left(\frac{\partial S}{\partial U}\right)\delta V\right]\delta U + \left[\frac{\partial}{\partial U}\left(\frac{\partial S}{\partial V}\right)\delta U + \frac{\partial}{\partial V}\left(\frac{\partial S}{\partial V_1}\right)\delta V\right]\delta V < 0 \ .$$

Mit $\dfrac{\partial S}{\partial U} = \dfrac{1}{T}$ und $\dfrac{\partial S}{\partial V} = \dfrac{p}{T}$ folgt daraus

$$\delta\left(\frac{1}{T}\right)\underbrace{\delta U} + \delta\left(\frac{p}{T}\right)\delta V < 0$$

$$-\frac{p}{T^2}\delta T + \frac{1}{T}\left(\frac{\partial p}{\partial T}\right)_V \delta T + \frac{1}{T}\left(\frac{\partial p}{\partial T}\right)_T \delta V \ . \tag{4.69}$$

$$\left(\frac{\partial U}{\partial T}\right)_V \delta T + \left(\frac{\partial U}{\partial V}\right)_T \delta V = m\,c_v\delta T + \left(\frac{\partial U}{\partial V}\right)_T \delta V$$

Einsetzen der in (4.69) angedeuteten Umformungen ergibt eine quadratische Form in $\delta T_1$ und $\delta V_1$, deren gemischtes Glied wegen (4.24) wegfällt. Wir erhalten

$$-\frac{1}{T^2}\frac{1}{mc_v}\,(\delta T)^2 + \frac{1}{T}\left(\frac{\partial p}{\partial V}\right)_T (\delta V)^2 < 0$$

$$-\frac{1}{T^2}\frac{1}{mc_v}\,(\delta T)^2 - \frac{V}{T}\,\kappa_T\,(\delta V)^2 < 0 \tag{4.70}$$

und daraus folgt, wenn diese Ungleichung für alle $\delta T$ und $\delta V$ gelten muß:

$$c_v > 0 \,, \quad \kappa_T > 0 \,. \tag{4.71}$$

*Die spezifische Wärme* $c_v$ *und die Kompressibilität* $\kappa_T$ *sind positiv.*
Wir schließen aus (4.71), daß bei isochorer Wärmezufuhr ein Körper keinesfalls kälter werden kann, und daß das Volumen bei isothermer Druckerhöhung keinesfalls zunehmen kann. Beides entspricht der alltäglichen Erfahrung in einem solchen Maße, daß jedes andere Ergebnis absurd wäre. Aber es ist interessant zu sehen, wie diese alltäglichen Erfahrungen aus der Clausius-Ungleichung folgen; denn so werden sie als Konsequenzen des zweiten Hauptsatzes erkannt.
Mit (4.71) folgt außerdem aus (4.34) und (4.35)

$$\kappa_T > \kappa_s \ \text{bzw.} \quad c_p > c_v \quad . \tag{4.72}$$

Auch diese Ungleichungen sind also Konsequenzen des zweiten Hauptsatzes.
Man nennt die Ungleichungen (4.71), (4.72) *thermodynamische Stabilitätsbedingungen.* Es sind universelle Bedingungen an die Materialeigenschaften. Gäbe es ein Material, in dem sie verletzt sind, so könnten in diesem Material Prozesse ablaufen, die den zweiten Hauptsatz verletzen.

## 4.2.9  Legendre Transformationen

Komplizierte und scheinbar ganz unsystematische Umformungen, wie die der Ungleichung (4.68) in die Ungleichung (4.70) in Absatz 4.2.8, kann man systematisch behandeln durch Einführung der Legendre Transformation von *einer* konkaven Funktion auf *eine andere*. Wir betrachten solch eine Transformation in stark synthetisierter Form, die auch noch gilt, wenn wir später nicht nur U und V als Variablen in der Entropie S haben, sondern eine allgemeine Zahl von n Variablen, die wir $V_i$ nennen wollen. Wir schreiben die Gibbs-Gleichung (4.3) in der Form

$$dS = \sum_{i=1}^{n} \tau_i dV_i, \ \text{so daß gilt} \quad \tau_i = \frac{\partial S}{\partial V_i} \ \text{und} \ \sum_{ij} \frac{\partial^2 S}{\partial V_i \partial V_j} \delta V_i \delta V_j < 0; \tag{4.73}$$

dann ist S eine konkave Funktion der $V_i$.
Eine Variablentransformation von $V_i$ zu $\tau_i$ gibt der Gibbs-Gleichung die Form

$$d\left(\sum_i \tau_i V_i - S\right) = \sum_i V_i d\tau_i \ \text{oder mit} \ P \equiv \left(\sum_i \tau_i V_i - S\right)$$

$$dP = \sum_{i=1}^{n} V_i d\tau_i, \ \text{so daß gilt} \quad V_i = \frac{\partial P}{\partial \tau_i} \ \text{und} \ \sum_{i,j} \frac{\partial^2 P}{\partial \tau_i \partial \tau_j} \delta \tau_i \delta \tau_j < 0 \,. \tag{4.74}$$

Die Ungleichung in (4.74) besagt, daß P eine konkave Funktion der neuen Variablen $\tau_i$ ist, wenn S eine konkave Funktion der alten Variablen $V_i$ war. Der Beweis läßt sich in einer Zeile wie folgt schreiben:

$$0 > \sum_{i,j} \frac{\partial^2 S}{\partial V_i \partial V_j} \delta V_i \delta V_j = \sum_i \delta\left(\frac{\partial S}{\partial V_i}\right)\delta V_i = \sum_i \delta\tau_i \delta V_i = \sum_i \delta\tau_i \delta\left(\frac{\partial P}{\partial \tau_i}\right) = \sum_{ij} \delta\tau_i \delta\tau_j \frac{\partial^2 P}{\partial \tau_i \partial \tau_j}.$$

$$\text{mit } (4.73)_2 \quad \text{mit } (4.74)_2 \tag{4.75}$$

Ein instruktiver Spezialfall für zwei Variablen ist die Variablentransformation von (U,V) auf $\left(\frac{1}{T},\frac{p}{T}\right)$, bei der die Entropie S(U,V) übergeht in das *thermodynamische Potential*

$$P\left(\frac{1}{T},\frac{p}{T}\right) = -\frac{G\left(\frac{1}{T},\frac{p}{T}\right)}{T} \quad \text{mit} \quad G = U - TS + pV \sim \quad \text{freie Enthalpie.} \tag{4.76}$$

Grob gesprochen kann man sagen: Die freie Enthalpie ist eine konvexe Funktion in (p,T), da die Entropie eine konkave Funktion in (U,V) ist. [Konkavität und Konvexität unterscheiden sich nur im Vorzeichen der definierenden Ungleichung. Und G ist konvex wegen des – historisch bedingten – Minuszeichens in $(4.76)_1$.]

Man hört oft sagen, die freie Enthalpie müsse als Funktion der Variablen (p,T) angesehen werden. Das ist Unsinn! Wir können G als Funktion jedes anderen Variablenpaares schreiben: (p,V), oder (U,V), oder (T,V), ...; nur ist dann G keine konvexe Funktion mehr.

Etwas komplizierter wird der Sachverhalt, wenn S und P sich nicht durch ihren ganzen Variablensatz unterscheiden, also $V_i$ bzw. $\tau_i$. Man kann ja auch nur *einige* der V's durch die entsprechenden $\tau$'s ersetzen und die anderen beibehalten. Dann führt die Konkavität der Entropie zu Potentialen, die bzgl. mancher Variablen konvex und bzgl. anderer konkav sind. So ist die freie Energie F(T,V) mit $F = U - TS$ konkav in T und konvex in V.

## 4.3  Historisches zum Zweiten Hauptsatz

Neben Clausius, dessen Ideen wir ausführlich besprochen haben, muß auch der französische Physiker Nicolas Léonard Sadi CARNOT (1796–1832) als einer der Entdecker des zweiten Hauptsatzes erwähnt werden. Carnots große Arbeit "Reflexions sur la Puissance Motrice du Feu et sur les Machines propres a développer cette Puissance" erschien 1824. Zu der Zeit arbeiteten bereits zehntausende von Dampfmaschinen – vor allem in England –, und deren Wirkungsgrad lag unterhalb von 10 %.

Carnot stellte sich die Frage, ob und wie der Wirkungsgrad zu verbessern sei. Alles schien möglich: Es war denkbar, daß sich der Wirkungsgrad durch eine andere Prozeßführung erhöhen läßt , und es war denkbar, daß der Wirkungsgrad steigt, wenn man – statt Wasser – einen anderen Stoff als Arbeitsmedium benutzt, etwa Quecksilber oder Schwefel. Carnot kam in dieser Sache zu zwei Ergebnissen.

i.) Der größte mögliche Wirkungsgrad einer Wärmekraftmaschine, deren Arbeitsmedium im Prozeß Temperaturen zwischen $T_u$ und $T_o > T_u$ annimmt, ist der einer – heute sogenannten – Carnot-Maschine, die nur bei diesen Temperaturen Wärme austauscht. Carnot schreibt, dieser Prozeß sei

> "le plus avantageux possible, car il ne s'est fait aucun rétablissement
> inutile d'équilibre dans le calorique."

ii.) Der Wirkungsgrad der Carnot-Maschine ist gegeben durch

$$e = 1 - \frac{T_u}{T_0} \; .$$

Er ist unabhängig vom Arbeitsmedium und vom Druck oder Volumbereich, in dem der Prozeß abläuft. In Carnots Worten:

> "Le maximum de puissance motrice résultant de l'emploi de la vapeur est aussi
> le maximum de puissance motrice réalisable par quelque moyen que ce soit."

Auf kürzeste Form gebracht heißt dies

**Der Carnot Wirkungsgrad ist maximal und universell.**

Daß Carnot zu diesen richtigen Aussagen kommen konnte, zeigt die Kraft seiner Intuition. Denn Carnots Argumente sind über weite Strecken unverständlich, und wo sie verständlich sind, sind sie falsch, siehe  Abb. 4.8.

Nous supposerons ... que les quantités de chaleur absorbées  et dégagées dans ce diverses transformations sont exactement compensées. Ce fait n'a jamais été révoqué en doute; il a été d'abord admis sous reflexions et vérifié ensuite dans beaucoup de cas par les experiences du calorimétre. Le nier ce serait renverser toute la théorie de la chaleur, à la quelle il sert de base.

Dans la chute d'eau, la puissance motrice est rigoureusement proportionelle à  la différence de niveau entre le réservoir supérieur et le réservoir intérieur. Dans la chute du calorique, la puissance motrice augmente sans  doute  avec la différence de température entre le corps chaud et le corps froid.

**Abb. 4.8**  Sadi Carnot und die Lehre von der Kalorik.

Clausius schreibt über Carnots Vorstellungen zur Umwandlung von Wärme in Arbeit:

> "S. Carnot ... hat sich von dem ursächlichen Zusammenhange jener Vorgänge
> eine eigenthümliche Ansicht gebildet."

Tatsächlich geht Carnot von der Vorstellung der Kalorik aus, dem gewichtslosen Wärme-stoff, den Lavoisier eingeführt hatte, um die Wärmeerscheinungen zu erklären. Dieser Wärmestoff sollte dem Arbeitsmedium im Dampfkessel zugeführt und im Kondensator – mengenmäßig unverändert – wieder entzogen werden, siehe Zitat in Abb. 4.8.

Bei ihrem Übergang von hoher Temperatur zu niedriger Temperatur sollte die Kalorik Arbeit leisten gerade so, wie Wasser Arbeit leisten kann, wenn es aus großer Höhe herab-fällt. Eine plausible, aber irrige Vorstellung.

Es blieb Clausius vorbehalten, diese Vorstellungen zurechtzurücken. Er tat dies 1854 in seiner Arbeit "Über eine veränderte Form des Zweiten Hauptsatzes der mechanischen Wärmetheorie". Darin *beweist* er Carnots Aussagen über den Wirkungsgrad von Carnot–Maschinen. Clausius' große Leistung ist jedoch, daß er den Zweiten Hauptsatz weit hinaus-hob über die Beurteilung von Wirkungsgraden. Er kam zu dem Begriff der Entropie und zur Entropieungleichung, siehe (4.6).
Die Motivation für den Ausdruck "Entropie" basiert auf einer "complicirten" Argumen-tation. Clausius interpretierte die Gleichungen (4.12), (4.14) und $(4.15)_1$ so, daß sich bei einem reversiblen Kreisprozeß Wärme von höherer Temperatur in Wärme von niederer Temperatur "verwandelt". Er nennt die auf den Teilschritten des Prozessen übertragenen Größen

$$\frac{\dot{Q}dt}{T}$$

die "Verwandlungen" und stellt fest, daß ihre Summe in einem reversiblen Kreisprozeß gleich Null ist, während ihre Summe in einem offenen Prozeß einen vom Endzustand des Körpers abhängigen "Verwandlungswert" ergibt.
Dann sagt er:

> "Ich habe ... den Vorschlag gemacht, diese Größe nach dem griechischen
> Worte τροπη , Verwandlung, die *Entropie* des Körpers zu nennen."

Von Anbeginn fand die *Entropie* in der abendländischen Wissenschaft großes Interesse, und sie provozierte Widerspruch. Dieser richtete sich vor allem gegen die teleologische Tendenz, die in der Entropie*un*gleichung zum Ausdruck kommt. Die monotone Tendenz zum konturlosen homogenen Gleichgewicht lief der idealistischen Vorstellung vom Fortschritt zu einer immer komplexeren Welt zuwider. Sie rief zum Teil wütende Kritik hervor –, und nicht nur unter Naturwissenschaftlern, sondern auch unter Philosophen, Soziologen und Historikern.

Schon Clausius hatte darauf hingewiesen, daß die Welt als Ganzes ein adiabates System sei, und daß folglich ihre Entropie nur wachsen könne, bis die Welt schließlich – im Gleichgewicht – den "Wärmetod" sterben würde, siehe Abb. 4.9. Johann Joseph LOSCHMIDT (1821–1895) beklagte den

> "terroristischen Nimbus des Zweiten Hauptsatzes, .. welcher ihn als ver-
> nichtendes Princip des gesamten Lebens des Universums erscheinen läßt, ..".

Der pessimistische amerikanische Historiker Henry ADAMS (1838–1918) zitiert die Clausius'sche Formulierung des Zweiten Hauptsatzes und meint dann:

> "für den gewöhnlichen und nicht gebildeten Historiker besagt das nur, daß
> der Aschehaufen immer größer wird".

Angemerkt sei, daß Adams Optimismus als ein Zeichen von Idiotie ansah.

"Man hört häufig sagen, in der Welt sei Alles Kreislauf. Während an Einem Orte und zu Einer Zeit Veränderungen in Einem Sinne stattfinden, gehen an anderen Orten und zu anderen Zeiten auch Veränderungen im entgegengesetzten Sinne vor sich, so daß dieselben Zustände immer wiederkehren, und im Grossen und Ganzen der Zustand der Welt unverändert bleibe. Die Welt könne daher ewig in gleicher Weise fortbestehen...

Der zweite Hauptsatz der mechanischen Wärmetheorie widerspricht dieser Ansicht auf das Bestimmteste ... Man muß also schliessen, dass bei allen Naturerscheinungen der Gesammtwerth der Entropie immer nur zunehmen und nie abnehmen kann... Die Entropie der Welt strebt einem Maximum zu.

Je mehr die Welt sich diesem Grenzzustande, wo die Entropie ein Maximum ist, nähert, desto mehr nehmen die Veranlassungen zu wei teren Veränderungen ab, und wenn dieser Zustand endlich ganz er reicht wäre, so würden auch keine weiteren Veränderungen mehr vor kommen, und die Welt würde sich in einem todten Beharrungszustande befinden."

**Abb. 4.9**  Rudolf Clausius und seine Betrachtung über den Wärmetod.

Der Geschichtsphilosoph Oswald SPENGLER (1880–1936) philosophiert wie folgt über die Entropie:

> "Das Weltende als Vollendung einer innerlich notwendigen Entwicklung – das
> ist die Götterdämmerung; das bedeutet also, als letzte, als irreligiöse Fassung
> des Mythos, die Lehre von der Entropie".

Bei solchen Extrapolationen der Thermodynamik ist nicht immer ganz klar, was die Autoren meinen, wenn sie über den Ersten und Zweiten Hauptsatz sprechen. Da hält man sich schon besser an den amerikanischen Witzbold, der die Hauptsätze mit Bezug auf die Begrenzung von Arbeit und Wirkungsgrad im Kreisprozeß so ausspricht:

**1st Law: You can't win.**
**2nd Law: You can't even break even.**

# 4.4    Die Entropie als S = k ln W

## 4.4.1  Molekulare Deutung der Entropie

Masse und Impuls eines Gases oder einer Flüssigkeit sind leicht molekular zu deuten: Es handelt sich einfach um die Summen der Massen und Impulse der Moleküle. Druck und Temperatur können überzeugend auf molekulare Eigenschaften und Prozesse einzelner Moleküle zurückgeführt werden, siehe Absatz 2.3.5. Die Energie ist schon schwieriger: Zwar ist die *kinetische* Energie gleich der Summe der kinetischen Energien der Moleküle, aber die *innere* Energie enthält auch die potentielle Energie der Wechselwirkung *zwischen* Molekülen und daran sind mindestens zwei – im allgemeinen mehr – Moleküle beteiligt.

Noch viel schwieriger zu deuten ist die Entropie. Sie ist eine Eigenschaft der Gesamtheit aller Moleküle eines Körpers. Die Deutung gelang dem österreichischen Physiker Ludwig Edward BOLTZMANN (1844–1906), der – beginnend im Jahre 1871 – parallel zu dem schottischen Physiker James Clerk MAXWELL (1831–1879) die kinetische Gastheorie entwickelte. Wir können hier auf die Details dieser Theorie nicht eingehen. Damit können wir auch die Motivation für die molekulare Deutung der Entropie nicht würdigen. Aber wir können das Ergebnis angeben, anwenden und interpretieren:

Nach Boltzmann gilt

$$S = k \ln W \,, \tag{4.77}$$

wo k die Boltzmann–Konstante ist, siehe $(2.12)_3$. W ist die Zahl der Möglichkeiten, mit der wir den Zustand des Gases realisieren können. Es gelang Boltzmann zu zeigen, daß diese Größe im adiabaten Gas nicht abnehmen kann, und daß ihr Maximalwert mit der Gleichgewichtsentropie (4.31) eines idealen Gase übereinstimmt.

Die Boltzmann'sche Formel (4.77) ist nicht auf Gase beschränkt; sie kann extrapoliert werden und findet Anwendung auf die Berechnung der Entropie beliebiger Körper. Um diesen universellen Aspekt der Gleichung (4.77) zu illustrieren, berechnen wir im folgenden die Entropie eines Gases und die eines Polymermoleküls. Die Argumente für beide Systeme werden gegenübergestellt, um ihre Analogie zu betonen.

## 4.4.2  Entropie eines Gases und eines Polymermoleküls

Wir benutzen die Boltzmann-Formel S = k ln W, um Entropien zu berechnen von

| | |
|---|---|
| einem ruhenden idealen Gas aus N Atomen mit unabhängigen Lagen und Geschwindigkeiten. Die innere Energie sei U. | einem Polymermolekül, vorgestellt als lange Kette aus N Gliedern mit unabhängigen Orientierungen. Der Endenabstand sei r. |

Abb. 4.10 illustriert diese Modelle. Das Volumen des Gases ist V, und die Länge eines Kettengliedes ist b.

Der Zustand dieser beiden Systeme ist gekennzeichnet wie folgt

| | |
|---|---|
| $N_{xc}$ Atome mit der Geschwindigkeit **c** liegen an der Stelle **x**. Dabei gilt | $N_{\vartheta\varphi}$ Kettenglieder zeigen in die $(\vartheta\varphi)$-Richtung. $\vartheta$ wird gemessen als Polarwinkel zur Richtung des Endenabstands, und $\varphi$ ist der entsprechende Azimutwinkel. Es gilt |

$$\sum_{x,c} N_{x,c} = N \qquad \sum_{x,c} \frac{\mu}{2} c^2 N_{x,c} = U \qquad\qquad \sum_{\vartheta\varphi} N_{\vartheta\varphi} = N \qquad \sum_{\vartheta\varphi} b \cos\vartheta\, N_{\vartheta\varphi} = r.$$

$$(4.78)$$

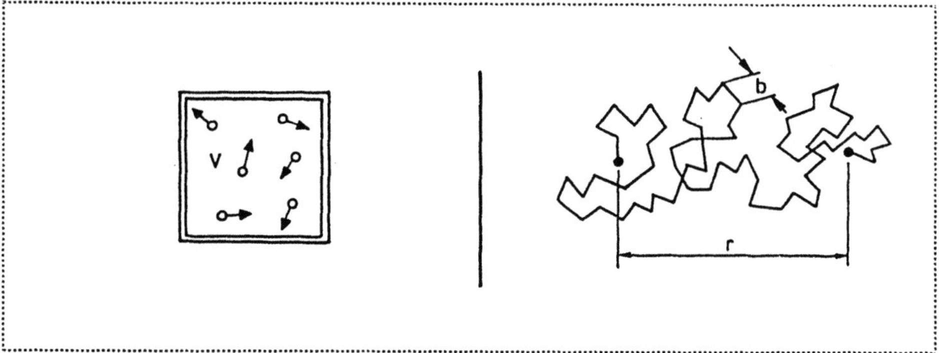

**Abb. 4.10** Modell eines Gases und eines Polymermoleküls

Somit ist der Zustand gegeben durch die Verteilungen $\{N_{x,c}\}$ bzw. $\{N_{\vartheta\varphi}\}$, welche die Nebenbedingungen (4.78) erfüllen.

Eine typische Realisierung dieser Zustände kann charakterisiert werden als

Atom 1 liegt bei

$$\mathbf{x,c} = \begin{pmatrix} 1 & 1 & 1 & 1 & 1 & 1 \\ x_1 & x_2 & x_3; & c_1 & c_2 & c_3 \end{pmatrix}$$

Glied 1 hat Richtung $\vartheta,\varphi = \begin{pmatrix} 1 & 1 \\ \vartheta, & \varphi \end{pmatrix}$

Atom 2 liegt bei

$$\mathbf{x,c} = \begin{pmatrix} 2 & 2 & 2 & 2 & 2 & 2 \\ x_1 & x_2 & x_3; & c_1 & c_2 & c_3 \end{pmatrix}$$

Glied 2 hat Richtung $\vartheta,\varphi = \begin{pmatrix} 2 & 2 \\ \vartheta, & \varphi \end{pmatrix}$

- - - - - - - - - - - - - - - - - - - - - - - - - - - - - - - - - - - - - - - - - - - -

Atom N liegt bei

$$\mathbf{x,c} = \begin{pmatrix} N & N & N & N & N & N \\ x_1 & x_2 & x_3; & c_1 & c_2 & c_3 \end{pmatrix}$$

Glied N hat Richtung

$$\vartheta,\varphi = \begin{pmatrix} N & N \\ \vartheta, & \varphi \end{pmatrix}.$$

Die Zahl der möglichen Realisierungen der Zustände folgt dann aus den Regeln der Kombinatorik. Es ergibt sich

$$W = \frac{N!}{\displaystyle\prod_{x,c} N_{x,c}!} \qquad\qquad W = \frac{N!}{\displaystyle\prod_{\vartheta,\varphi} N_{\vartheta,\varphi}!} \qquad . \quad (4.79)$$

Daraus berechnen sich die Entropien der beiden Systeme in den Zuständen $\{N_{x,c}\}$ bzw. $\{N_{\vartheta\varphi}\}$ durch Einsetzen in (4.77).

Zur Bestimmung der Gleichgewichtsentropien berechnen wir die Verteilung $\{N_{x,c}\}$ bzw. $\{N_{\vartheta\varphi}\}$, welche die Entropien $S = k \ln W$ maximieren. Dabei müssen die Nebenbedingungen (4.78) berücksichtigt werden. Das geschieht durch Einführung zweier Lagrange Multiplikatoren, $-\alpha$ und $\beta$ −, so daß die Funktionen

$$k \ln \frac{N!}{\displaystyle\prod_{x,c} N_{x,c}!} - \alpha \left( \sum_{x,c} N_{x,c} - N \right)$$

$$-\beta \left( \sum_{x,c} \frac{\mu}{2} c^2 N_{x,c} - U \right)$$

$$k \ln \frac{N!}{\displaystyle\prod_{\vartheta\varphi} N_{\vartheta\varphi}!} - \alpha \left( \sum_{\vartheta\varphi} N_{\vartheta\varphi} - N \right)$$

$$-\beta \left( \sum_{\vartheta\varphi} b \cos\vartheta N_{\vartheta\varphi} - r \right).$$

$$(4.80)$$

ohne Nebenbedingungen zu maximieren sind. Dies sind Funktionen von $N_{x,c}$ bzw. $N_{\vartheta\varphi}$; ihre Ableitungen nach den Variablen $N_{x,c}$ bzw. $N_{\vartheta\varphi}$ müssen gleich Null gesetzt werden.

Zur Vereinfachung der Fakultätsausdrücke nehmen wir an, daß alle $N_{x,c}$ und $N_{\vartheta\varphi}$ viel größer als 1 sind. Dann kann man die Stirling-Formel $\ln a! \approx a \ln a - a$ benutzen und schreiben

$$\ln \frac{N!}{\displaystyle\prod_{x,c} N_{x,c}!} \approx N \ln N - \sum_{x,c} N_{x,c} \ln N_{x,c}$$

$$\ln \frac{N!}{\displaystyle\prod_{\vartheta\varphi} N_{\vartheta\varphi}!} \approx N \ln N - \sum_{\vartheta\varphi} N_{\vartheta\varphi} \ln N_{\vartheta\varphi}.$$

$$(4.81)$$

Für die Gleichgewichtsverteilung ergibt sich so

$$N_{xc}^{G} = e^{-\left(1+\frac{\alpha}{k}\right)} e^{-\beta\frac{\mu}{2}c^2}$$

$$N_{\vartheta\varphi}^{G} = e^{-\left(1+\frac{\alpha}{k}\right)} e^{-\beta b \cos\vartheta}. \quad (4.82)$$

Um die Lagrange Multiplikatoren zu bestimmen, setzen wir diese Gleichgewichtsverteilungen in die Nebenbedingungen (4.78) ein und erhalten

$$e^{-\left(1+\frac{\alpha}{k}\right)} = N \frac{1}{\displaystyle\sum_{xc} e^{-\beta\frac{\mu}{2}c^2}}$$

$$e^{-\left(1+\frac{\alpha}{k}\right)} = N \frac{1}{\displaystyle\sum_{\vartheta\varphi} e^{-\beta b \cos\vartheta}} \quad (4.83)$$

$$U = N \frac{\sum\limits_{xc} \frac{\mu}{2}c^2 \, e^{-\beta\frac{\mu}{2}c^2}}{\sum\limits_{xc} e^{-\beta\frac{\mu}{2}c^2}} \qquad\qquad r = N \frac{\sum\limits_{\vartheta\varphi} b\cos\vartheta \, e^{-\beta b\cos\vartheta}}{\sum\limits_{\vartheta\varphi} e^{-\beta b\cos\vartheta}} \, . \qquad (4.84)$$

Die jeweils erste Zeile hier bestimmt $\alpha$, die zweite $\beta$; allerdings nur prinzipiell, denn die Gleichungen (4.84) können nicht nach $\beta$ aufgelöst werden.

Die Gleichgewichtsentropien erhalten wir durch Einsetzen von (4.82) in $S = k\ln W$ mit $W$ aus (4.79). Nach abermaliger Anwendung der Stirling-Formel folgt.[4.1]

$$S = k\left( N\ln N - \sum\limits_{xc} N_{xc} \ln N_{xc} \right) \qquad\qquad H = k\left( N\ln N - \sum\limits_{\vartheta\varphi} N_{\vartheta\varphi} \ln N_{\vartheta\varphi} \right)$$

mit (4.82)

$$S = k\left( N\ln N + \sum\limits_{xc}\left(1 + \frac{\alpha}{k} + \beta\frac{\mu}{2}c^2\right) N_{xc}^{G} \right) \qquad H = k\left( N\ln N + \sum\limits_{\vartheta\varphi}\left(1 + \frac{\alpha}{k} + \beta b\cos\vartheta\right) N_{\vartheta\varphi}^{G} \right)$$

$$= k\left( N\ln N + N\left(1 + \frac{\alpha}{k}\right) + \beta U \right) \qquad\qquad = k\left( N\ln N + N\left(1 + \frac{\alpha}{k}\right) + \beta r \right)$$

mit (4.83)

$$S = kN\left( \ln\left(\sum\limits_{xc} e^{-\beta\frac{\mu}{2}c^2}\right) + \beta\frac{U}{N} \right) \qquad H = kN\left( \ln\left(\sum\limits_{\vartheta\varphi} e^{-\beta b\cos\vartheta}\right) + \beta\frac{r}{N} \right) .$$

$$(4.85)$$

Zur weiteren Berechnung müssen die Summen in (4.85) bestimmt werden. Dies geschieht durch Umwandlung in Integrale. Wir nehmen dazu an:

---

4.1 Die Entropie des Polymermoleküls bezeichnen wir mit H, da wir den Buchstaben S für die Entropie eines vollständigen Polymerkörpers reservieren wollen; siehe Absatz 4.4.6.

die Zahl der Lagen und Geschwindigkeiten zwischen $\mathbf{x}$ und $\mathbf{x}+d\mathbf{x}$ sowie $\mathbf{c}$ und $\mathbf{c}+d\mathbf{c}$ ist proportional zu $d\mathbf{x}d\mathbf{c} = dx_1 dx_2 dx_3 dc_1 dc_2 dc_3$ oder gleich $Y d\mathbf{x}d\mathbf{c}$.

die Zahl der Orientierungen der Kettenglieder zwischen $\vartheta$ und $\vartheta+d\vartheta$ sowie $\varphi$ und $\varphi+d\varphi$ ist proportional zum Raumwinkelelement $\sin\vartheta\, d\vartheta\, d\varphi$ oder gleich $Z\sin\vartheta\, d\vartheta\, d\varphi$.

Die Proportionalitätskonstanten $Y$ und $Z$ "quantisieren" den $(\mathbf{x},\mathbf{c})$-Raum bzw. die Einheitskugel; denn $1/Y$ gibt offenbar die kleinste Zelle $d\mathbf{x}d\mathbf{c}$ an, welche nur *einen* Zustand $\mathbf{x},\mathbf{c}$ enthält. Analog gibt $1/Z$ das kleinste Raumwinkelelement an, welches nur eine Orientierung enthält. Damit gilt

$$\sum_{\mathbf{x},\mathbf{c}} e^{-\beta\frac{\mu}{2}c^2} = Y\int\limits_{V}\int\limits_{-\infty}^{\infty} e^{-\beta\frac{\mu}{2}c^2}\, d\mathbf{x}\, d\mathbf{c}$$

$$= YV\sqrt{\frac{2\pi}{\beta\mu}}^{\,3}$$

$$\sum_{\vartheta,\varphi} e^{-\beta\cos\vartheta} = Z\int\limits_{0}^{\pi}\int\limits_{0}^{2\pi} e^{-\beta\cos\vartheta}\, \sin\vartheta\, d\vartheta\, d\varphi$$

$$= Z\, 4\pi\frac{\sin h(\beta b)}{\beta b}. \quad (4.86)$$

Somit ergibt sich für die Entropien

$$S = kN\left( \ln\left( YV\sqrt{\frac{2\pi}{\beta\mu}}^{\,3}\right) + \beta\frac{U}{N}\right)$$

$$H = kN\left( \ln\left( Z\, 4\pi\frac{\sin h(\beta b)}{\beta b}\right) + \beta\frac{r}{N}\right).$$

$$(4.87)$$

In beiden Fällen verbleibt nun als letzte Aufgabe die Bestimmung von $\beta$. Dazu dienen die Gleichungen (4.84), welche wir umformen können zu

$$\frac{U}{N} = -\frac{\partial}{\partial\beta}\left( \ln\sum_{\mathbf{x},\mathbf{c}} e^{-\beta\frac{\mu}{2}c^2}\right)$$

$$\frac{r}{N} = -\frac{\partial}{\partial\beta}\left( \ln\sum_{\vartheta,\varphi} e^{-\beta\cos\vartheta}\right).$$

Die hier auftretenden Summen sind in (4.86) bereits berechnet worden. Wir setzen ein und erhalten

$$\frac{U}{N} = \frac{\partial}{\partial\beta}\left(\ln\sqrt{\beta}^{\,3}\right) \qquad\qquad \frac{r}{N} = -\frac{\partial}{\partial\beta}\left[\ln\left(\frac{\sin h(\beta b)}{\beta b}\right)\right]$$

$$\frac{U}{N} = \frac{3}{2}\frac{1}{\beta} \qquad\qquad\qquad \frac{r}{N} = b\left(\frac{1}{\beta b} - \cot h(\beta b)\right) \quad . \qquad (4.88)$$

Bis hierher konnten beide Fälle vollständig parallel behandelt werden. Jetzt jedoch – auf der letzten Etappe der Entropieberechnung – trennen sich die Argumente. Das liegt daran, daß (4.88) für das Gas viel einfacher ist als für das Polymermolekül. Außerdem wissen wir mehr über das Gas.

Zu diesem Wissen gehört die kalorische Zustandsgleichung, nach der die spezifische innere Energie eines einatomigen idealen Gases gleich $\frac{3}{2}\frac{k}{\mu}T$ ist.[4.2] Damit folgt aus (4.88) für das $\beta$ des Gases und für seine Gleichgewichtsentropie

$$\beta = \frac{1}{kT} \Rightarrow \quad \text{mit } (4.87)_1 : \quad \frac{S}{N\mu} = \frac{3}{2}\frac{k}{\mu}\ln T + \frac{k}{\mu}\ln v + \frac{k}{\mu}\left[\frac{3}{2} + \ln\left(YN\mu\sqrt{2\pi\frac{k}{\mu}}^{\,3}\right)\right]. \quad (4.89)$$

Dieser Ausdruck für die Entropie entspricht genau dem Ausdruck (4.30), der aus der Gibbs-Gleichung folgt, denn es gilt $\frac{R}{M_r} = \frac{k}{\mu}$ sowie $c_v = \frac{3}{2}\frac{k}{\mu}$ für ein einatomiges Gas. Der Term mit der eckigen Klammer ist mit der Entropiekonstanten $\beta'$ zu identifizieren.[4.3]

Die Gleichung $(4.88)_2$ für das Polymermolekül kann nicht analytisch nach $\beta$ aufgelöst werden; wir müssen $\beta$ graphisch oder numerisch bestimmen. Hier jedoch wollen wir mit einer Näherung zufrieden sein: Wenn $r \ll Nb$ ist, – d. h. wenn das Molekül stark verknäuelt ist – so gilt nach (4.88) für das $\beta$ des Polymermoleküls und für seine Gleichgewichtsentropie

$$\beta = -3\frac{r}{Nb^2} \Rightarrow \quad \text{mit } (4.87)_2 : \quad H = kN\left(\ln(4\pi Z) - \frac{r^2}{\frac{1}{3}N^2b^2}\right). \quad (4.90)$$

---

4.2 Die additive Konstante aus Gleichung (2.20) tritt hier nicht auf, da die Energie eines ruhenden Atoms gleich Null gesetzt wurde.

4.3 Die Entropiekonstante in (4.89) ist problematisch, insbesondere die Abhängigkeit von der Masse $m = N\mu$ des Gases. Sie führt zu dem sogenannten Gibbs-Paradox. Siehe: E. Schrödinger. Statistical Thermodynamics, Cambridge University Press (1967). Hier braucht uns das jedoch nicht zu interessieren.

Die Gleichgewichtsentropie ist am größten, wenn der Endenabstand des Moleküls gleich Null ist. Mit wachsendem Endenabstand nimmt sie quadratisch ab. [Natürlich gilt (4.90)$_2$ nur für den Zustand starker Verknäuelung; so wurde diese Formel hergeleitet.]

## 4.4.3  Entropie als ein Maß für Unordnung

In dem Bemühen, eine anschauliche Interpretation für die Entropie zu finden, spricht man von der Entropie als einem Maß für Unordnung. Dies ist eine Deutung der Gleichung  S = k ln W, die sich beim Polymermolekül besonders gut erklären läßt: Wir betrachten das Molekülmodell der Abb. 4.10$_R$ und denken uns die Gliederkette ganz ausgestreckt, so daß  r = Nb gilt. Dieser "ordentlichste" Zustand kann offenbar nur auf *eine* Weise realisiert werden, d. h., es gilt W = 1 und folglich S = 0. Der Fall, wo *ein* Kettenglied "rückwärts" zeigt, ist schon weniger ordentlich; er kann auf N Weisen realisiert werden, und S ist dann größer als 0, nämlich  S = k ln N.

Betrachten wir weniger triviale Fälle, nämlich die in Abb. 4.11. dargestellten: Links sind die Kettenglieder ordentlich in West-Ost-Richtung ausgerichtet, und rechts sind sie vergleichsweise unordentlich angeordnet, weil auch die Nord-Süd-Orientierung vorkommt. In beiden Fällen ist der Endenabstand derselbe. Wir rechnen für N = $10^4$ und

$$\text{Links:}\quad N_W = 6\cdot 10^3, N_O = 4\cdot 10^3 \qquad\qquad \Rightarrow \frac{S}{k} \approx 6730$$

$$\text{Rechts:}\quad N_W = 4\cdot 10^3, N_O = 2\cdot 10^3, N_N = 2\cdot 10^3, N_S = 2\cdot 10^3 \qquad \Rightarrow \frac{S}{k} \approx 13321\ .$$

Der unordentlichere Zustand hat die höhere Entropie.

Durch ähnliche Rechnungen macht man sich leicht klar, daß zu einem festen r umso mehr Realisierungsmöglichkeiten gehören, je mehr Orientierungsrichtungen man zuläßt. Das bedeutet aber nichts anderes, als daß die Entropie umso größer ist, je unordentlicher das Molekül angeordnet ist.

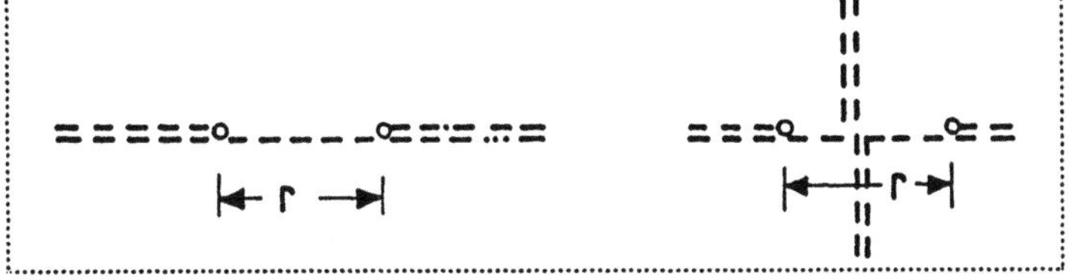

**Abb. 4.11** Polymermolekül in verschiedenen Ordnungszuständen.

## 4.4.4  Das Wachstum der Unordnung

Wir erinnern uns, daß die Entropie einem Maximum zustrebt, und fragen uns, wie sich diese Tendenz anhand der molekularen Interpretation der Entropie als $S = k \ln W$ verstehen läßt. Die Antwort läßt sich wieder am einfachsten für das Polymermolekül geben. Zur Vorbereitung der Antwort schicken wir zwei Bemerkungen oder Annahmen voraus.

i.)  Die Glieder eines Polymermoleküls unterliegen der thermischen Bewegung. Das heißt, alle $10^{-12}$ s (etwa) bekommt jedes Glied einen Stoß, der das Molekül in eine neue Konfiguration kickt, – in eine neue Realisierung des (festen) Endenabstandes r.

ii.)  Keine Realisierungsmöglichkeit ist vor einer anderen ausgezeichnet, d. h. alle treten mit gleicher Wahrscheinlichkeit auf.

Nun gibt es aber nach Absatz 4.4.3 mehr – und meist *viel* mehr – ungeordnete Realisierungsmöglichkeiten als geordnete. Daraus folgt, daß ein geordneter Zustand in kürzester Zeit mit großer Wahrscheinlichkeit in einen ungeordneten übergehen wird. Die Entropie wächst dabei.

Es ist daher zwar nicht unmöglich, aber sehr unwahrscheinlich, daß die Entropie abnimmt. Die hier angedeutete "statistische Interpretation der Entropie" hatte anfänglich große Schwierigkeiten sich durchzusetzen; siehe dazu die historischen Betrachtungen in Abschnitt 4.6.

## 4.4.5  Maxwell'sche Verteilungsfunktion

Wir kommentieren kurz das Ergebnis $(4.82)_1$ für die Verteilungsfunktion der Gasatome im Gleichgewicht. Mit (4.83) folgt

$$N_{x,c} = N \frac{e^{-\beta \frac{\mu}{2} c^2}}{\sum\limits_{x,c} e^{-\beta \frac{\mu}{2} c^2}} \quad \text{mit (4.86):} \quad \frac{N_{x,c}}{N} = \frac{1}{YV} \sqrt{\frac{\beta\mu}{2\pi}}^{\,3} e^{-\beta \frac{\mu}{2} c^2}$$

und wegen $\beta = 1/kT$

$$\frac{N_{x,c}}{N} = \frac{1}{Y}\frac{1}{V} \frac{1}{\sqrt{2\pi \frac{k}{\mu} T}^{\,3}} \, e^{-\frac{\mu c^2}{2kT}} \quad . \tag{4.91}$$

Dies ist die Maxwell'sche Verteilungsfunktion; sie gibt die Zahl der Atome an, die bei **x** liegen und die Geschwindigkeit **c** haben. Die Maxwell-Verteilung kann dazu dienen, den Erwartungswert $\frac{\mu}{2}\overline{c^2}$ für die kinetische Energie eines Gasatoms im Gleichgewicht zu berechnen. Wir erhalten

$$\frac{\mu}{2}\overline{c^2} = \sum_{x,c} \frac{\mu}{2}c^2 \frac{N^G_{x,c}}{N} = \frac{1}{YV} \frac{1}{\sqrt{2\pi\frac{k}{\mu}T}^{\,3}} \sum_{x,c} \frac{\mu}{2}c^2 \, e^{-\frac{\mu c^2}{2kT}} = \frac{3}{2}kT . \qquad (4.92)$$

Dabei wurde im letzten Schritt die Summe durch ein Integral ersetzt und ausgewertet wie vorher. Gleichung (4.92) bestätigt die in Absatz 2.3.5 vorweggenommene Aussage, daß die Temperatur in einem Gas die *mittlere* kinetische Energie der Atome mißt.

## 4.4.6 Die Entropie eines Gummistabes

Gummi besteht aus langkettigen Polymermolekülen, die miteinander vernetzt sind. Abb. 4.12. zeigt das schematische Bild eines Gummistabes, wobei die Endenabstandsvektoren der Polymermoleküle durch Linien gekennzeichnet sind und die Vernetzung durch Punkte.

Die linke Abbildung zeigt den Stab in seinem natürlichen – d. h. lastfreien – Zustand mit der Länge $L_0$; rechts ist der Stab durch die Zuglast P gedehnt, seine Länge ist L. Der Deformationsgradient in Lastrichtung ist $F_{11} = \lambda = L/L_0$ , und die Querkontraktionen sind $F_{22} = F_{33} = 1/\sqrt{\lambda} = \sqrt{L_0/L}$ , so daß das Stabvolumen unverändert bleibt; Gummi ist nämlich inkompressibel.

Die Entropie des Stabes ist gleich der Summe der Entropien H der Polymermoleküle zwischen den Vernetzungspunkten

$$S_0 = \int H(\vartheta_1, \vartheta_2, \vartheta_3) z_0(\vartheta_1, \vartheta_2, \vartheta_3) d\vartheta_1 d\vartheta_2 d\vartheta_3$$

$$(4.93)$$

$$S = \int H(\vartheta_1 \vartheta_2, \vartheta_3) z(\vartheta_1, \vartheta_2, \vartheta_3) d\vartheta_1 d\vartheta_2 d\vartheta_3 .$$

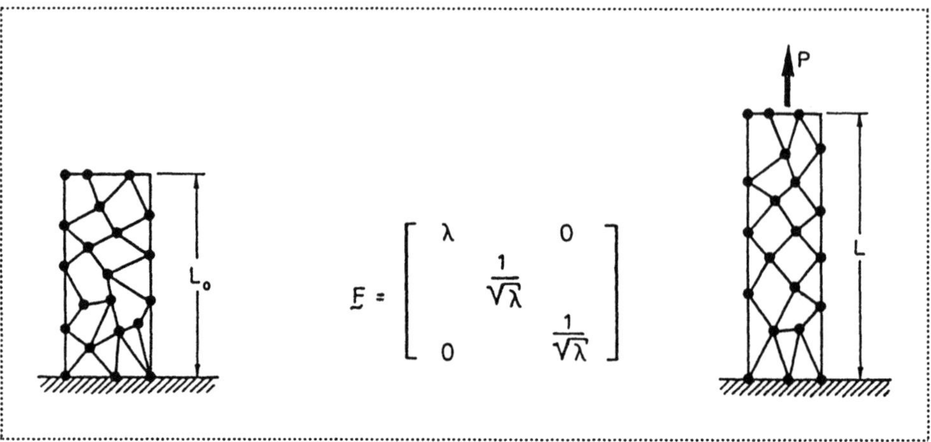



$$\underline{F} = \begin{bmatrix} \lambda & & 0 \\ & \dfrac{1}{\sqrt{\lambda}} & \\ 0 & & \dfrac{1}{\sqrt{\lambda}} \end{bmatrix}$$

**Abb. 4.12** Gummistab in natürlichem Zustand und unter einachsiger Zugbelastung.

Der Index 0 bezieht sich auf den undeformierten Zustand. $\vartheta_i$ sind die Komponenten des Abstandsvektors zwischen zwei Vernetzungspunkten, und $z\,d\vartheta_1\,d\vartheta_2\,d\vartheta_3$ ist die entsprechende Zahl der Abstandsvektoren mit $\vartheta_i$ und $\vartheta_i + d\vartheta_i$. Die Entropie eines Moleküls ist H, und wir haben nach (4.90)

$$H(\vartheta_1\vartheta_2\vartheta_3) = kN\left( \ln 4\pi Z - \frac{\vartheta_1^2 + \vartheta_2^2 + \vartheta_3^2}{1/3\,N^2 b^2} \right) \quad . \tag{4.94}$$

Die Verteilungsfunktion $z_0$ im undeformierten Zustand wird bestimmt, indem man annimmt, daß ihr Wert proportional zur Zahl der Möglichkeiten ist, den Abstandsvektor mit den Komponenten $\vartheta_1, \vartheta_2, \vartheta_3$ zu realisieren. Wegen $S = k \ln W$ − oder vielmehr $H = k \ln W$ − ist diese Zahl gegeben durch

$$W = e^{H/k} \quad \Rightarrow \quad z_0(\vartheta_1\vartheta_2\vartheta_3) = Ce^{-\frac{\vartheta_1^2 + \vartheta_2^2 + \vartheta_3^2}{1/3\,Nb^2}} \quad . \tag{4.95}$$

Integration von $(4.95)_2$ über alle $\vartheta_i$ muß die Gesamtzahl n der Polymermoleküle ergeben. Daraus folgt für die Proportionalitätskonstante C

$$C = \frac{n}{\sqrt{\tfrac{1}{3}\pi Nb^2}^{\,3}} \quad \Rightarrow \quad z_0(\vartheta_1\vartheta_2\vartheta_3)\frac{n}{\sqrt{\tfrac{1}{3}\pi Nb^2}^{\,3}}\,e^{-\frac{\vartheta_1^2 + \vartheta_2^2 + \vartheta_3^2}{1/3\,Nb^2}} \quad . \tag{4.96}$$

Die Verteilungsfunktion z im deformierten Zustand ergibt sich aus $z_0$ durch das folgende Argument: Man nimmt an, daß der Deformationsgradient $\mathbf{F}$ aus Abb. 4.12. nicht nur die Gesamtdeformation des Stabes bestimmt, sondern auch die Deformation jedes Molekülabstandsvektors. Das heißt, es soll gelten

$$\vartheta_i = F_{ij}\,\overset{0}{\vartheta}_j \qquad \text{oder explizit} \qquad \begin{aligned} \vartheta_1 &= \lambda\ \vartheta_1^0 \\[1mm] \vartheta_2 &= \frac{1}{\sqrt{\lambda}}\ \vartheta_2^0 \\[1mm] \vartheta_3 &= \frac{1}{\sqrt{\lambda}}\ \vartheta_3^0 \end{aligned} \qquad (4.97)$$

Da während der Deformation keine Abstandsvektoren verloren gehen, gilt

$$z_0\!\left(\vartheta_1^0\vartheta_2^0\vartheta_3^0\right)\!d\vartheta_1^0\,d\vartheta_2^0\,d\vartheta_3^0 = z\!\left(\vartheta_1\vartheta_2\vartheta_3\right)\!d\vartheta_1\,d\vartheta_2\,d\vartheta_3\,, \qquad (4.98)$$

falls $\vartheta_i$ und $\vartheta_i^0$ durch (4.97) verknüpft sind. Die Volumelemente $d\vartheta_1\,d\vartheta_2\,d\vartheta_3$ im natürlichen und deformierten Zustand sind wegen der Inkompressibilität des Körpers gleich groß. Dann folgt durch Kombination von (4.98) mit (4.97)

$$z\!\left(\vartheta_1\vartheta_2\vartheta_3\right) = z_0\!\left(\frac{1}{\lambda}\vartheta_1,\sqrt{\lambda}\vartheta_2,\sqrt{\lambda}\vartheta_3\right)$$

oder mit $z_0$ nach (4.96)

$$z\!\left(\vartheta_1\vartheta_2\vartheta_3\right) = \frac{n}{\sqrt{\tfrac{1}{3}\pi N b^2}^{\,3}}\ e^{-\dfrac{\frac{1}{\lambda^2}\vartheta_1^2+\lambda\left(\vartheta_2^2+\vartheta_3^2\right)}{1/3\ N b^2}}\,. \qquad (4.99)$$

Mit (4.96) und (4.99) sind die Verteilungsfunktionen der Abstandsvektoren im natürlichen bzw. deformierten Zustand bestimmt.

Einsetzen in die Gleichungen (4.93) liefert die entsprechenden Entropien durch Integration

$$S_0 = kn\!\left(N\ln 4\pi Z - \frac{3}{2}\right) \qquad S = kn\!\left(N\ln 4\pi Z - \left(\frac{\lambda^2}{2}+\frac{1}{\lambda}\right)\right). \qquad (4.100)$$

Abb. 4.13 zeigt $S - S_0$ als Funktion von $\lambda$. Die Entropie ist maximal im natürlichen Zustand. Im nächsten Abschnitt werden wir zeigen, daß diese Entropie allein verantwortlich ist für die Elastizität des Gummis.

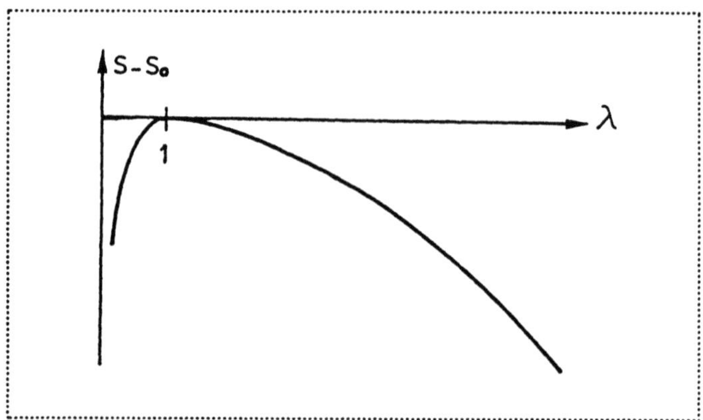

**Abb. 4.13**  Die Entropie als Funktion der Deformation $\lambda$ .

# 4.5  Beispiel zu Entropie und Zweitem Hauptsatz: Gas und Gummi

## 4.5.1  Gibbs Gleichung und Integrabilitätsbedingungen für Flüssigkeiten und Festkörper

Die beiden Hauptsätze

$$\frac{d(U+K)}{dt} = \dot{Q} + \dot{A} \qquad \text{und} \qquad \frac{dS}{dt} \geq \frac{\dot{Q}}{T} \qquad (4.101)$$

gelten universell, insbesondere sind sie für Flüssigkeiten und Festkörper gültig. Auch die Form der Arbeitsleistung [4.4]

$$\dot{A} = \int\limits_{\partial V} t_{ji} w_i n_j dA \qquad (4.102)$$

ist in beiden Fällen gleich. Was sich unterscheidet, ist der Spannungstensor und insbesondere der Spannungstensor in reversiblen Prozessen. In Flüssigkeiten gilt $t_{ji} = -p\delta_{ji}$ mit einem auf $\partial V$ homogenen Druck p, während im Festkörper die Diagonalkomponenten des Spannungstensors verschieden sein können und sogar Scherkomponenten auftreten können. Das führt zu sehr unterschiedlichen

---

[4.4] Die Leistung der Schwerkraft wird ignoriert.

Ausdrücken für $\dot{A}$. Wir minimieren die Unterschiede, indem wir einachsige Belastungen eines inkompressiblen elastischen Stabes betrachten, so wie in Abb. 4.14$_R$ angedeutet. P ist die Zugkraft, und L ist die Länge des Stabes.

Die folgenden Untersuchungen führen wir durch in Gegenüberstellung von Flüssigkeit und Festkörper. Dadurch soll die grundsätzliche Gleichheit thermodynamischer Argumente in beiden Fällen betont werden.

Flüssigkeit           Festkörper

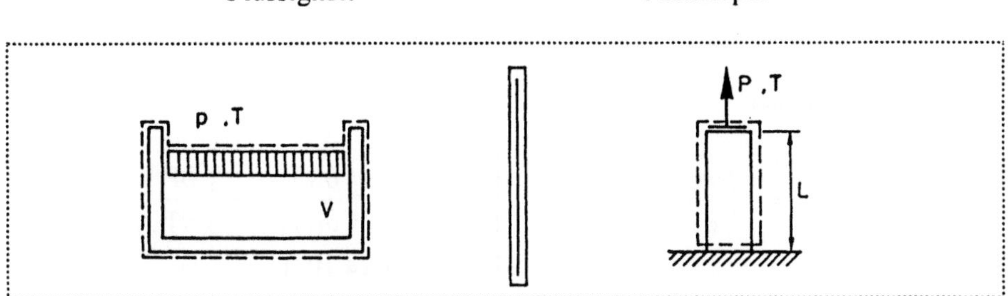


**Abb. 4.14** Flüssigkeit unter Druck und Festkörper unter einachsiger Belastung.

Im betrachteten Fall sind die Arbeitsleistungen gegeben durch

$$\dot{A} = -p\frac{dV}{dt} \qquad\qquad \dot{A} = P\frac{dL}{dt} \ , \qquad (4.103)$$

und damit folgt aus (4.101) durch Elimination von $\dot{Q}$ und Vernachlässigung der kinetischen Energie K für einen reversiblen Prozeß

$$TdS = dU + pdV \qquad\qquad TdS = dU - PdL \ , \qquad (4.104)$$

Das sind die Gibbs Gleichungen für Flüssigkeit und elastischen Festkörper. Mit der freien Energie $F = U - TS$ lassen sie sich alternativ schreiben wie folgt

$$dF = -SdT - pdV \qquad\qquad dF = -SdT + PdL \ . \qquad (4.105)$$

p bzw. P sowie U und S sind durch die thermischen und kalorischen Zustandsgleichungen gegeben.

$$p = p(V,T), \quad U = U(V,T), \quad S = S(V,T) \qquad\qquad P = P(L,T), \quad U = U(L,T), \quad S = S(V,T)$$
$$(4.106)$$

Aus (4.105) folgt

$$p = -\left(\frac{\partial F}{\partial V}\right)_T = -\left(\frac{\partial U}{\partial V}\right)_T + T\left(\frac{\partial S}{\partial V}\right)_T \qquad\qquad P = \left(\frac{\partial F}{\partial L}\right)_T = \left(\frac{\partial U}{\partial L}\right)_T - T\left(\frac{\partial S}{\partial L}\right)_T.$$

$$(4.107)$$

Man interpretiert diese Gleichungen, indem man sagt, p und P hätten einen energetischen und einen entropischen Anteil. Beide Anteile lassen sich auf die thermische Zustandsgleichung zurückführen, denn die von (4.105) implizierte Integrabilitätsbedingung lautet

$$\left(\frac{\partial S}{\partial V}\right)_T = \left(\frac{\partial p}{\partial T}\right)_V \qquad\qquad \left(\frac{\partial S}{\partial L}\right)_T = -\left(\frac{\partial P}{\partial T}\right)_V$$

$\Rightarrow$  mit (4.107) $\qquad\qquad\qquad\qquad \Rightarrow$  mit (4.107)

$$\left(\frac{\partial U}{\partial V}\right)_T = -\left(p - T\left(\frac{\partial p}{\partial T}\right)_L\right) \qquad\qquad \left(\frac{\partial U}{\partial L}\right)_T = P - T\left(\frac{\partial P}{\partial T}\right)_L.$$

$$(4.108)$$

Daraus folgt, daß sich der entropische und energetische Anteil von P aus einer (P,T)-Kurve ablesen lassen. Eine solche Kurve läßt sich leicht bestimmen: Man muß nur die Last registrieren, die gebraucht wird, um bei veränderlicher Temperatur eine bestimmte Länge aufrechtzuerhalten. Der entropische Lastanteil − für ein Paar (L,T) − ist dann durch den Anstieg der (P,T)-Kurve gegeben, und der energetische Anteil ist gleich dem Ordinatenabschnitt ihrer Tangente. Entsprechendes gilt für die Flüssigkeit. Abb. 4.15 illustriert diese Aussagen.

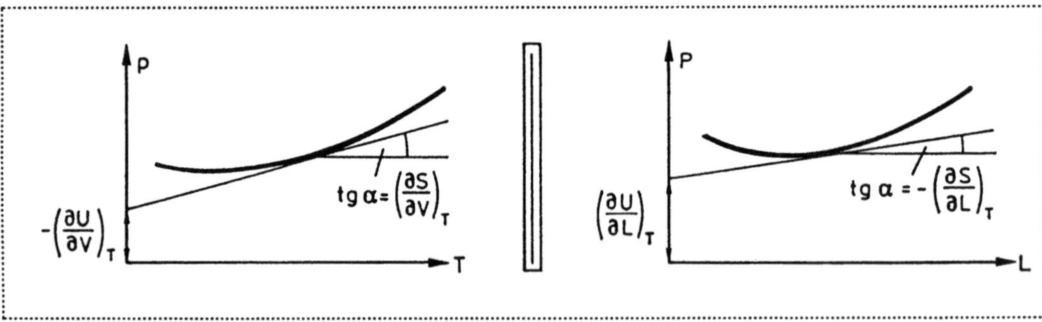


**Abb. 4.15** Entropische und energetische Anteile von p und P.

## 4.5.2  Beispiele für entropische Elastizität

Wir betrachten nun als spezielle Beispiele für Flüssigkeiten und Festkörper

| ideales Gas | amorphes Gummi  . |

Im Falle des Gases wissen wir aus der thermischen Zustandsgleichung, – letztlich aus den Experimenten von Boyle und Mariotte – daß p bei festem V proportional zu T ist. Experimente mit amorphem Gummi zeigen, daß bei festem L die Last P proportional zu T wächst. Das heißt, mit wachsendem T "versucht" Gummi, sich zusammenzuziehen. Abb. 4.16 zeigt dieses Verhalten graphisch.

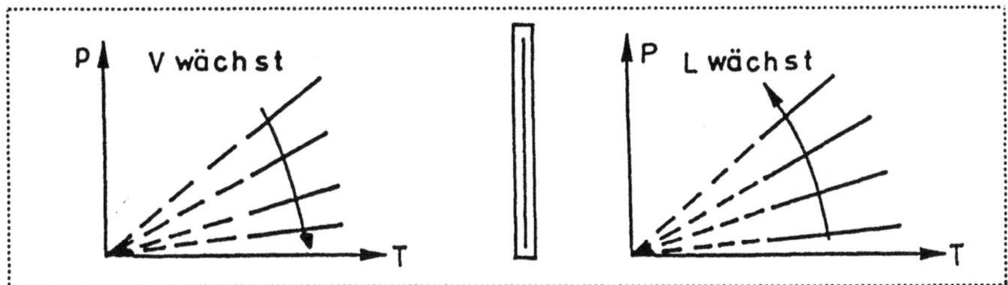


**Abb. 4.16**  Beobachtete (p,T)- bzw. (P,T)-Kurven beim idealen Gas und amorphem Gummi.

Aus diesen Beobachtungen folgt, daß U im idealen Gas und im amorphen Gummi von V bzw. L unabhängig ist, denn der Ordinatenabschnitt der Tangenten an die (p,T)- und (P,T)-Kurven ist gleich Null, siehe Abb. 4.15 und 4.16. Dann folgt mit (4.107)

$$p = T\left(\frac{\partial S}{\partial V}\right)_T \qquad\qquad P = -T\left(\frac{\partial S}{\partial L}\right)_T \ . \qquad (4.109)$$

In Worten: Druck oder Last im idealen Gas und amorphen Gummi sind ausschließlich von der Entropie bestimmt. Man sagt auch, Druck und Last seien *"entropie-induziert"*.

Bei Kenntnis von S(V,T) oder S(L,T) lassen sich somit die thermischen Zustandsgleichungen idealer Gase und amorpher Gummis bestimmen. Aus (4.89) bzw. (4.100) folgt

$$p = \frac{1}{V}NkT \qquad\qquad P = nkT\left(\lambda - \frac{1}{\lambda^2}\right). \qquad (4.110)$$

Im Falle des Gases ist das natürlich wieder die längst bekannte ideale Gasgleichung. Daß sie hier entsteht, zeigt lediglich die Konsistenz der phänomenologischen und statistischen Argumente. Im Falle des amorphen Gummis bedeutet die Gleichung (4.110) einen echten Gewinn an Wissen, denn die dort angeschriebene thermische Zustandsgleichung war vorher nicht bekannt; sie ist ein direktes Ergebnis der molekularen Deutung der Entropie als $S = k \ln W$.

Abb. 4.17 gibt graphische Darstellungen der thermischen Zustandsgleichungen (4.110) wieder. Für Gummi strebt P asymptotisch bei wachsendem $\lambda$ gegen eine gerade Linie durch den Nullpunkt. Für $\lambda < 1$ ist die Last negativ, d. h. eine Druckkraft wird benötigt.

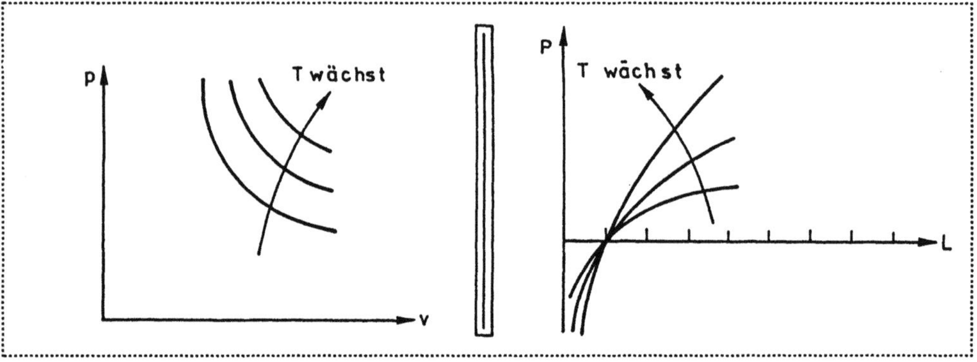


**Abb. 4.17**   Isothermen in idealem Gas und amorphem Gummi.

## 4.5.3  Reales Gas und Kristallisiertes Gummi

Wenn ein ideales Gas komprimiert wird oder abgekühlt oder beides, dann sind Druck und innere Energie nicht mehr durch die Zustandsgleichungen des idealen Gases gegeben. Das Gas wird ein "reales Gas". Ganz entsprechend: Wenn amorphes Gummi auf mehr als dreifache Länge gedehnt wird, oder wenn es abgekühlt wird, dann wird die thermische Zustandsgleichung (4.110) ungültig, und die innere Energie wird nicht mehr ausschließlich durch die Temperatur bestimmt sein. Das Gummi verliert dann seinen amorphen Charakter, es entwickeln sich kristallisierte Bereiche. Wir beginnen nun die Eigenschaften von

|  |  |
|---|---|
| realen Gasen | kristallisiertem Gummi |

zu untersuchen.

Die Abweichung von Gasen und Gummis vom idealen bzw. amorphen Verhalten läßt sich am besten an der Form der Isothermen im (p,V)- bzw. (P,L)-Diagramm illustrieren, siehe Abb. 4.18.

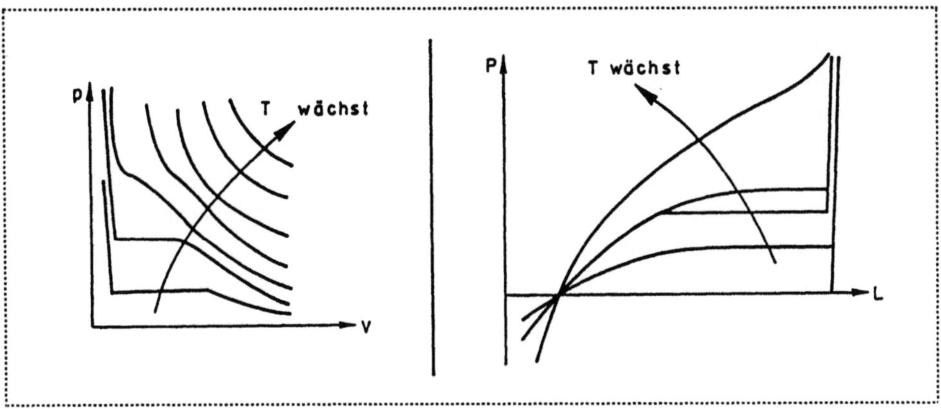


**Abb. 4.18** Isothermen von realen Gasen und kristallisiertem Gummi.

Für große Werte von V und T fallen die Isothermen eines realen Gases mit den hyperbolischen Isothermen eines idealen Gases zusammen. Aber für mittlere Werte von V entwickelt sich ein Wendepunkt, und die Isothermen fallen unter den hyperbolischen Verlauf ab. Für tiefe Temperaturen ergibt sich sogar ein horizontaler Bereich. Die Beobachtung zeigt, daß das reale Gas oder der Dampf sich entlang dieses horizontalen Bereichs verflüssigt. Sobald nur noch Flüssigkeit vorliegt – bei kleinen Werten von V – werden die Isothermen sehr steil, weil es sehr schwierig ist, Flüssigkeiten zu komprimieren. All dies wurde auch schon in Kapitel 2 beschrieben.

In kristallisierendem Gummi verlaufen die Isothermen für kleine Längen $L > L_0$ so, wie im amorphen Gummi, aber für mittlere Längen fallen die Isothermen von den linearen asymptotischen Isothermen des amorphen Gummis ab. Sie entwickeln horizontale Bereiche –, wo die Kristallisation eintritt – und schließlich, bei großen Werten von L werden sie sehr steil. Beim Entlasten passiert etwas Neues: Der horizontale Teil der Entlastungsisotherme liegt unterhalb der Belastungsisotherme. Darum zeigt die Isotherme einen hysteretischen Verlauf. [4.5]

Für kleine Temperaturen führt das sogar zu einer großen Restverformung nach Entlastung. Die Kurven von Abb. 4.18 implizieren, daß die Restverformung nach Temperaturerhöhung zurückgewonnen wird; dann kehrt das Gummi in seinen Ausgangszustand mit $L_0$ zurück.

Wie schon angedeutet, beruhen die Abweichungen vom idealen bzw. amorphen Verhalten auf einem Phasenübergang. Im Gas ist das der Phasenübergang flüssig ⇔ dampfförmig und im Gummi der Übergang amorph ⇔ kristallin. In beiden Fällen wird der Phasenübergang durch die molekularen Anziehungskräfte bewirkt. Das heißt, es gibt eine Wechselwirkungsenergie, und wir dürfen annehmen, daß die Abweichungen vom idealen Verhalten beschrieben werden können durch eine

---

[4.5] Hysterese (griechisch: hysteros "später")

V- bzw. L-Abhängigkeit von $S$ *und* $U$; die Elastizität ist dann nicht mehr "entropie-induziert".

Diese Annahme kann konkretisiert werden durch einfache molekulare Überlegungen: Für große V liegen die Moleküle eines Gases so weit auseinander, daß sie ihre gegenseitige Anziehungskraft nicht fühlen; die Wechselwirkungsenergie ist dann gleich Null. Für mittlere und kleine Volumina befinden sich die Moleküle dicht genug beieinander, um sich anzuziehen, und darum wird die Wechselwirkungsenergie – d. h. auch die innere Energie – kleiner mit abnehmendem Volumen. Schließlich jedoch, wenn die Moleküle einander nahe genug sind, um sich zu berühren, steigt die innere Energie steil an, weil die Moleküle sich nicht durchdringen können. Abb. 4.20$_L$ zeigt den entsprechenden Verlauf von U als Funktion von V.

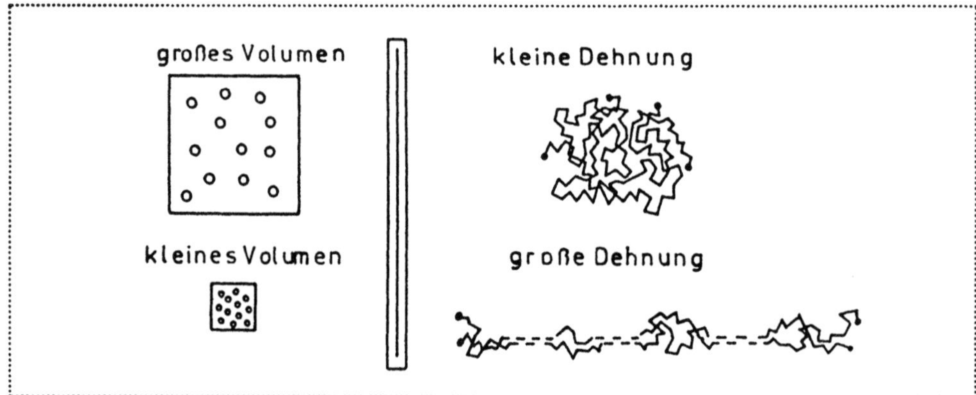


**Abb. 4.19** Molekulares Modell für Gase und Gummis.

Für Gummi ist das molekulare Modell ganz anders. Gummi besteht aus langkettigen Molekülen mit vielen Gliedern, und im undeformierten Zustand sind die Ketten stark verknäuelt, siehe Abb. 4.19$_R$ oben, das Gummi ist amorph. Es gibt nur wenige Stellen, wo die Kettenglieder so dicht beieinander liegen und so angeordnet sind, daß sie sich effektiv anziehen können, und bei kleinen Deformationen bleibt das auch so. Daraus folgt, daß U sich bei kleinen Deformationen – bis zu 300 % – nicht ändert, es wird zu Null gesetzt. Für mittlere und große Deformationen jedoch entknäueln sich die Ketten, um der Zuglast nachzugeben, und die Querkontraktion zwingt sie in engen Kontakt, siehe Abb. 4.19$_R$ unten. Die Kettenglieder geraten in ihren gegenseitigen Anziehungsbereich, und die innere Energie nimmt mit wachsendem L ab. In den Anziehungsbereichen liegen die Kettenglieder ausgerichtet nebeneinander, und man sagt, das Gummi sei dort kristallisiert. Schließlich jedoch, wenn die Ketten (fast) voll ausgezogen sind, wächst die Energie abrupt mit L an, weil die Moleküle sich dem Zerreißen widersetzen. Die demgemäß zu erwartende (U,L)-Kurve ist in Abb. 4.20$_R$ dargestellt.

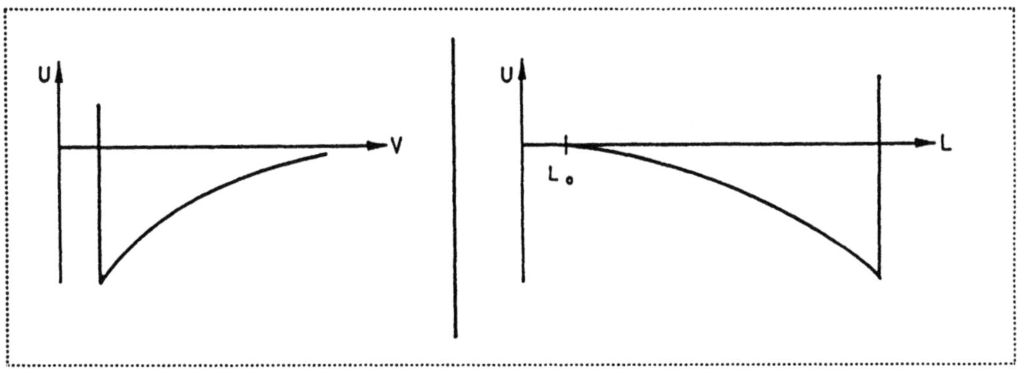

**Abb. 4.20**   Innere Energie als Funktion von V oder L.

## 4.5.4  Freie Energie von Gasen und Gummis. (p,V)- und (P,L)-Kurven.

Wir nehmen an, daß die Abhängigkeit der Entropie von V und L durch die molekulare Anziehung nicht verändert wird – wenigstens qualitativ nicht –, so daß die Gleichungen (4.89) und (4.100) gültig bleiben. Dann hat der Beitrag –TS der Entropie zur freien Energie F = U – TS die in Abb. 4.21 gezeigte Form für verschiedene Werte von T.

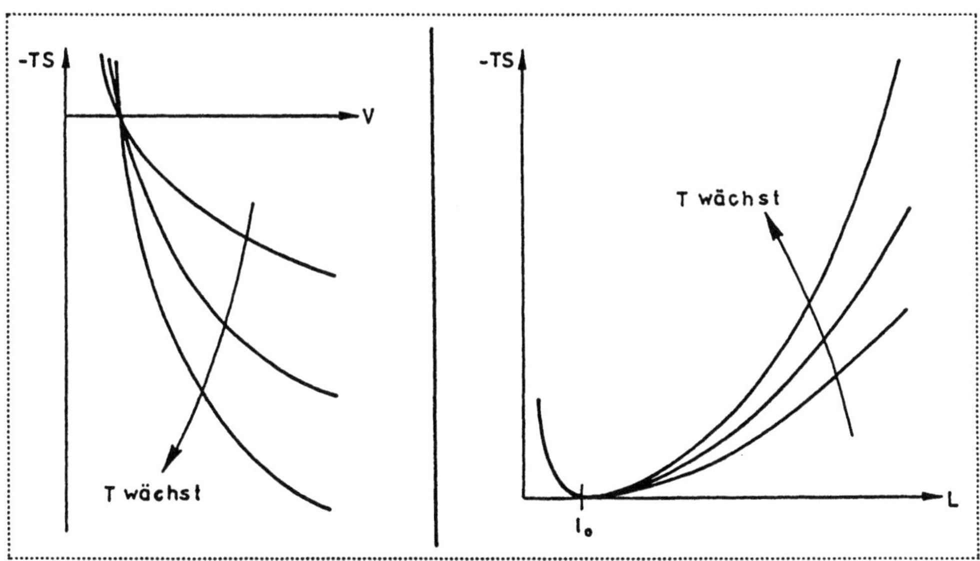


**Abb. 4.21**  –TS als Funktion von V und L.
[Alle Kurven sind so verschoben, daß sie sich
auf der Abszisse schneiden.]

Um die freie Energie als Funktion von V oder L zu erhalten, müssen wir die
(U,V)-Kurve bzw. die (U,L)-Kurve der Abb. 4.20 zu den Kurven der Abb. 4.21
addieren. Das Resultat ist in Abb. 4.22 dargestellt. Wir erkennen, daß die freien
Energien für kleine Temperaturen nichtkonvexe Funktionen sind. Wegen (4.107)
ergibt sich p als Funktion von V  und P als Funktion von L durch Ableitung.
Abb. 4.23 zeigt das Resultat: nicht-monotone (p,V)- bzw. (P,L)-Kurven.

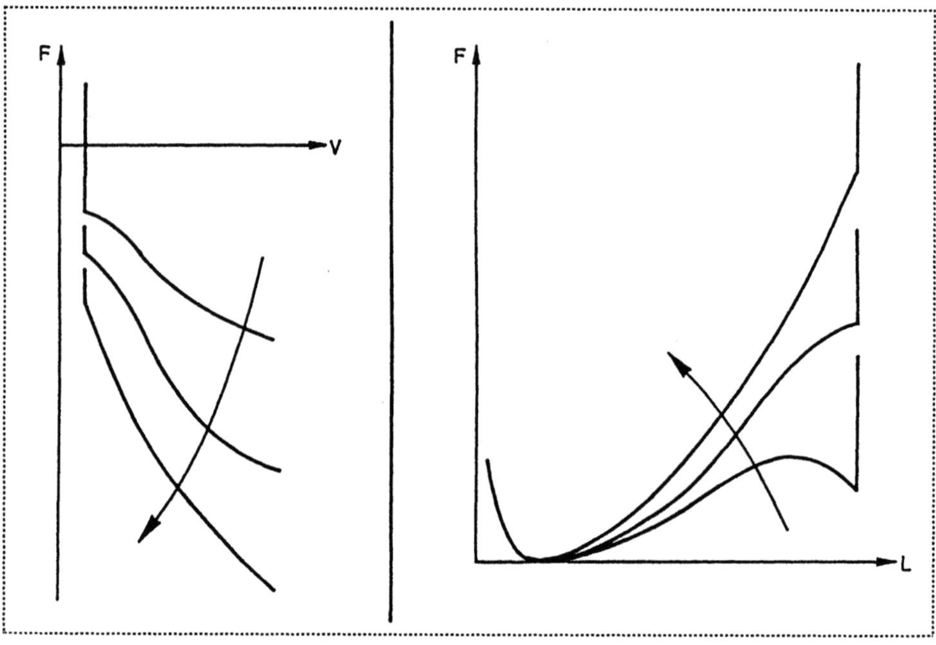


**Abb. 4.22** Freie Energie als Funktion von V oder L.

Der Vergleich der Kurven von Abb. 4.23 mit den beobachteten Kurven von
Abb. 4.18 zeigt bei hohen Temperaturen ganz gute Übereinstimmung, obwohl wir
hier − wegen des Abschneidens der Energiekurven in Abb. 4.20 − senkrechte, anstatt nur steile Isothermen für kleines V und großes L erhalten. Bei mittleren und
niedrigen Temperaturen jedoch gibt es nun keine reversiblen horizontalen Strek-
ken in den (p,V)-Isothermen, noch gibt es Hysteresen in den (P,L)-Kurven. [4.6]

---

4.6 Die nicht-monotonen Isothermen der  Abb.  4.23  erinnern uns an die van der Waals
     Isothermen der  Abb. 2.22.

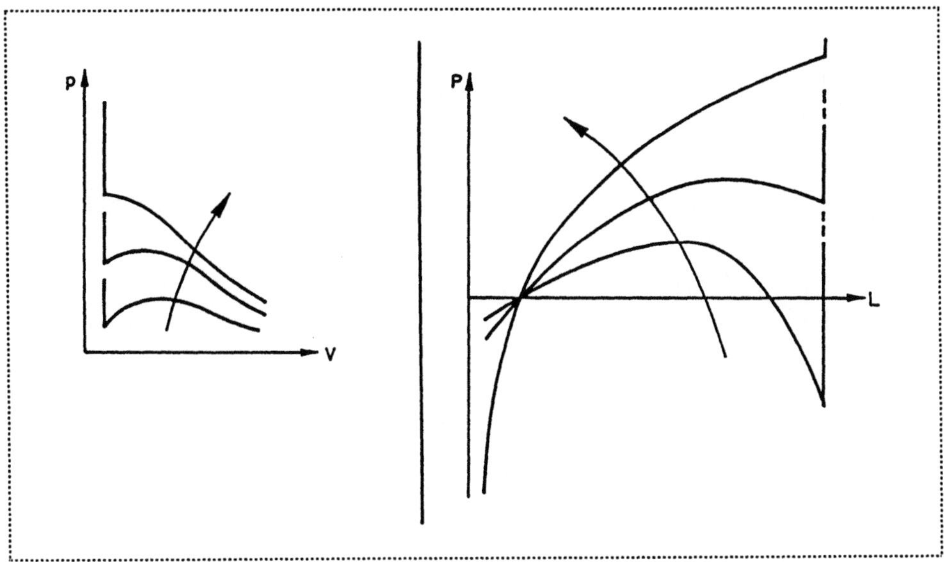


**Abb. 4.23** Druck oder Last als Funktion von V bzw. L.

## 4.5.5 Reversible und hysteretische Phasenübergänge

Das Ziel ist nun, zu erklären, warum im Gummi die (P,L)-Isothermen beim Phasenübergang amorph ⇔ kristallin eine Hysterese aufweisen, während im Gas der Übergang flüssig ⇔ dampfförmig reversibel abläuft. Zunächst seien zwei Erklärungsmöglichkeiten angegeben, *die verworfen werden müssen.*

Erstens: Man könnte denken, daß bei Belastung des Gummistabes die (P,L)-Werte des amorphen Gummis auf dem linken ansteigenden Ast der Isotherme hochklettern, bis das Maximum erreicht ist. Bei dieser Maximallast könnte dann der Übergang amorph ⇔ kristallin erfolgen, wie in Abb. 4.24$_R$ angedeutet. Danach könnte die Last auf dem kristallinen rechten Ast beliebig ansteigen. Bei Entlastung würde der Stab kristallin bleiben und erst beim Erreichen des spitzen Minimums wieder amorph werden. So würde eine Hysterese umfahren. Diese Erklärung könnte für das Gummi hingehen; es liefert eine Hysterese. Nur ist dann nicht einzusehen, weshalb dasselbe Argument beim Gas nicht gilt; schließlich macht das Gas seinen Phasenübergang reversibel.

Zweitens: Man erinnert sich an Absatz 4.2.5, wo das Phasengleichgewicht in einem van der Waals Gas bestimmt wurde. Danach liegt Gleichgewicht auf einer horizontalen Linie vor, die mit der Isothermen oberhalb und unterhalb gleiche Flächen einschließt, siehe Abb. 4.6$_M$. Ein dazu analoges Argument würde auch hier die Gleichgewichtslinie identifizieren und zwar für Gase und Gummis, siehe Abb. 4.25. Für Gase ist das akzeptierbar, denn es führt zu einem reversiblen Phasenübergang entlang der Maxwellinie. Allerdings, falls das Argument gültig wäre, so ist nicht einzusehen, wieso das Gummi eine Hysterese aufweist.

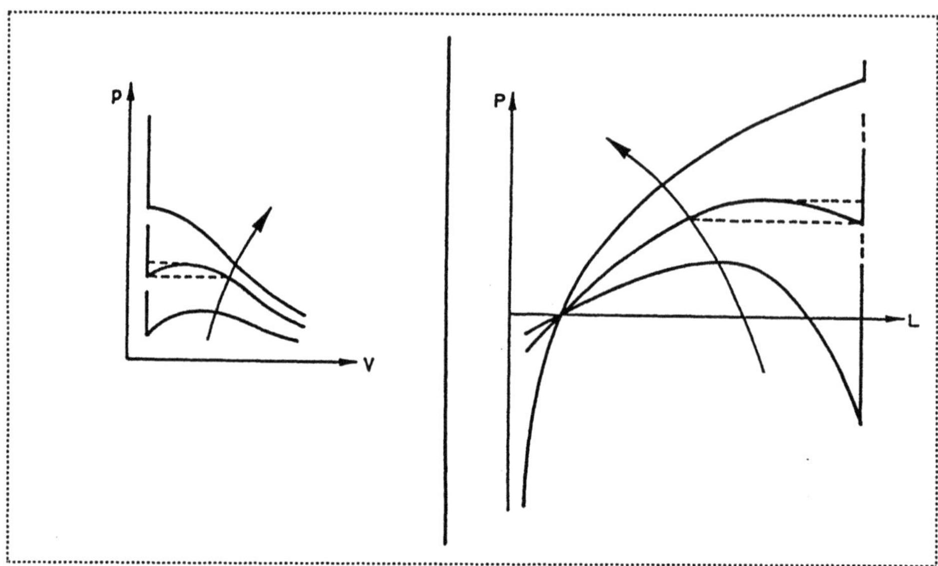

**Abb. 4.24** Hypothetische Hysteresen in Gas und Gummi; ein falscher Weg.

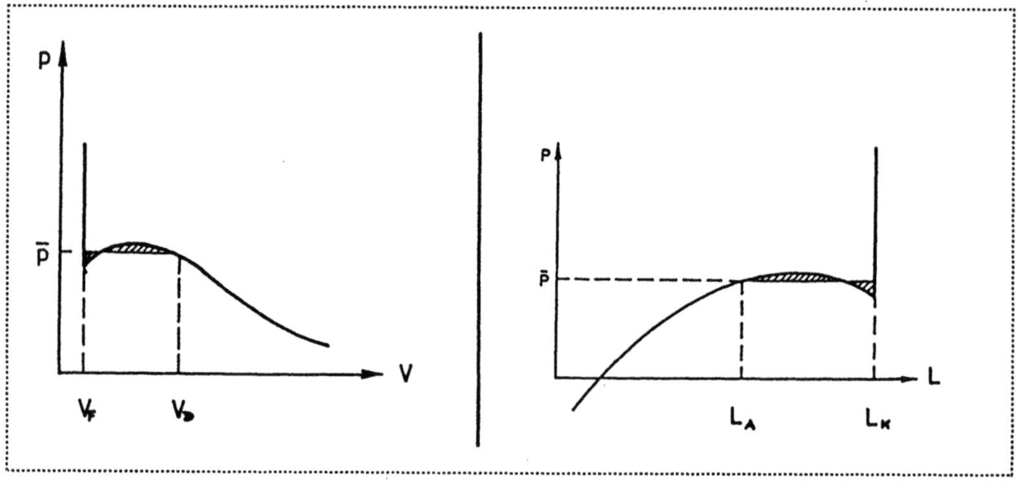

**Abb. 4.25** Die Maxwell-Konstruktion in Gas und Gummi;
ein falscher Weg für Gummi.

Nach dieser Verfolgung zweier unbefriedigender Wege zur Beschreibung der Phasenübergänge wenden wir uns einer akzeptablen Interpretation zu.[4.7] Diese beruht auf der Annahme, daß freie Energie F und Volumen V der Phasenmischung aus amorphem und kristallinem Gummi die Form haben

$$F = F_A + F_K + A\, m_A \, \frac{m_K}{m}$$
$$L = L_A + L_K$$

$$(4.111)$$

Beide sind also gleich der Summe aus den Anteilen der amorphen und kristallinen Phase; außer daß die freie Energie noch einen Zusatzterm enthält, proportional zu $m_A \cdot m_K$, dem Produkt der amorphen und der kristallinen Masse. Dieser Term ist in den reinen Phasen gleich Null und sonst größer als Null. Es handelt sich um einen Energie-Malus, der für die Bildung einer Grenzfläche amorph-kristallin aufgebracht werden muß. A > 0 ist die Konstante, die die Größe dieses Malus' beschreibt.

Wir dividieren die Gleichungen (4.111) durch die Gesamtmasse m und führen spezifische Werte ein sowie die Phasenfraktion  $x = m_K/m$

$$f = \frac{F}{m}, \quad f(l_A) = \frac{F_A}{m_A}, \quad f(l_K) = \frac{F_K}{m_K},$$
$$l = \frac{L}{m}, \qquad l_A = \frac{L_A}{m_A}, \qquad l_K = \frac{L_K}{m_K}.$$

$$(4.112)$$

Damit schreibt sich (4.111) in der Form

$$f = (1-x)\ f(l_A) + x\, f(l_K) + \ Ax(1-x)$$
$$l = (1-x)\qquad l_A \ + x \qquad l_K \ .$$

$$(4.113)$$

Wir erinnern uns an Absatz 4.2.7, wo wir bewiesen haben, daß bei fester Temperatur und ruhender Oberfläche – also festem L – die freie Energie eines Körpers einem Minimum zustrebt, siehe (4.59), wo die kinetische Energie zu vernachlässigen ist. Gleichgewicht liegt folglich dann vor, wenn $f(l_A, l_K, x)$ in $(4.113)_1$ bei festem $l$ ein Minimum hat. Die Nebenbedingung $l = $ const berücksichtigen wir durch einen Lagrange Multiplikator $\lambda$ und minimieren

$$\Phi(l_A, l_K, x, \lambda) = (1-x)f(l_A) + x\, f(l_K) + Ax(1-x) - \lambda(1-(1-x)l_A - x\, l_K) \quad (4.114)$$

*ohne* Nebenbedingung. Notwendige Bedingungen lauten

---

4.7 Dieses Argument wird nur für den Fall des Gummis durchgeführt. Für Gase verläuft es analog.

$$\frac{\partial \Phi}{\partial l_A} = 0 : \quad (1-x)\left(\frac{\partial f}{\partial l_A} + \lambda\right) = 0$$

$$\frac{\partial \Phi}{\partial l_K} = 0 : \quad\quad x\left(\frac{\partial f}{\partial l_K} + \lambda\right) = 0.$$

$$\frac{\partial \Phi}{\partial x} = 0 : \quad -\lambda(l_K - l_A) - \left(f(l_K) - f(l_A)\right) = A(1-2x)$$

$$\frac{\partial \Phi}{\partial \lambda} = 0 : \quad\quad l = (1-x)l_A + x\, l_K \quad . \tag{4.115}$$

Das sind 4 Gleichungen zur Bestimmung der 4 Gleichgewichtswerte $l_A$, $l_K$, x und $\lambda$. Aus den beiden ersten Gleichungen schließen wir

$$\lambda = -P_A = -P_K \;, \quad \text{denn} \quad \lambda = -\frac{\partial f}{\partial l_A} = -\frac{\partial f}{\partial l_K} \quad \text{und} \quad P = \frac{\partial f}{\partial l} \quad , \quad \text{siehe (4.107).}$$

Beide Phasen liegen also im Gleichgewicht unter derselben Last $P = P_A = P_K$, und diese ist – bis auf das Vorzeichen – gleich dem Lagrange Multiplikator $\lambda$. Die Lösung des Gleichungssystems (4.115) erfolgt am besten graphisch:

Aus $(4.115)_3$ ergibt sich wegen $f = \int Pdl$

$$P(l_K - l_A) - \int_{l_A}^{l_K} P(l)dl = A(1-2x) \; . \tag{4.116}$$

Wir schließen daraus, daß die Last im Phasengleichgewicht von der Phasenfraktion x abhängt. Insbesondere, wenn x = 0 ist, d. h. wenn das Gummi amorph vorliegt, so ist P(0) so zu wählen, daß das Rechteck $P(l_K–l_A)$ um den Wert A größer ist als das Integral $\int Pdl$, siehe Abb. 4.26$_L$. Wenn x = 1 ist, d. h. das Gummi liegt kristallin vor, so ist nach (4.111) die Gleichgewichtslast P(1) so zu wählen, daß $P(l_K - l_A)$ um A kleiner als $\int Pdl$ ist, siehe Abb. 4.26$_M$. Die beiden durch diese Gleichgewichtsbetrachtung bestimmten Werte P(0) oder P(1) sehen wir als obere und untere Grenzlinien der Hysterese an. Dann folgt, daß die Fläche der Hysterese gleich dem doppelten des Malus Faktors A ist, siehe Abb. 4.26$_R$.

Auf diese Weise haben wir die Möglichkeit, die Größe der Hysterese zu interpretieren; sie ist durch die Grenzflächenenergie Ax(1–x) bestimmt, und wenn A = 0 ist – oder sehr klein –, so ist der Phasenübergang reversibel, andernfalls ist er hysteretisch.

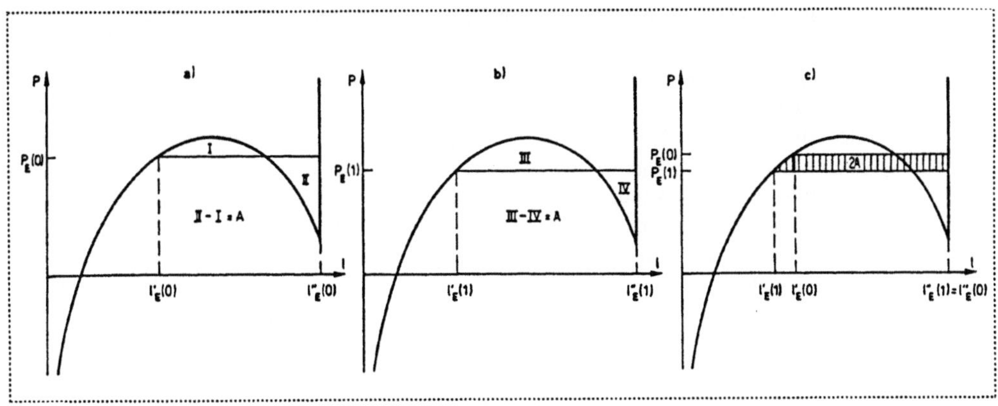


**Abb. 4.26** Konstruktion der Hysterese-Grenzlinien und die Fläche der Hysterese.

# 4.6 Historisches zur statistischen Interpretation der Entropie

Die Boltzmann'sche Interpretation der Entropie als $S = k \ln W$ beruhte auf den Prinzipien der Klassischen Mechanik; man sprach damals von der *mechanischen Wärmetheorie* [4.8], und es waren die Mechaniker, die nachdrücklich und mit großer Autorität gegen Boltzmann antraten. Boltzmann war Zeit seines Lebens in bittere Kontroversen verstrickt. Er kämpfte an zwei Fronten, nämlich gegen den

**Umkehreinwand** und den **Wiederkehreinwand.**

Molekulare Prozesse sind umkehrbar, sie können genauso gut vorwärts wie rückwärts ablaufen; und wenn die Entropie im einen Prozeß zunimmt, so muß sie im anderen abnehmen. Daraus folgerte Loschmidt, daß die Entropie **genauso oft** zu− wie abnimmt, und infolgedessen könne es makroskopisch kein Entropiewachstum geben. Das war der *Umkehreinwand.*

Boltzmann hielt dagegen, daß es unendlich viel mehr ungeordnete als geordnete Zustände gibt, wobei jeder Einzelzustand gleich wahrscheinlich ist. Wenn wir im geordneten Zustand starten, so wird der entropievermehrende Prozeß geordnet $\Rightarrow$ ungeordnet *fast immer* eintreten. Beginnen wir dagegen in einem ungeordneten Zustand, so wird der entropievermindernde Prozeß ungeordnet $\Rightarrow$ geordnet *fast nie* eintreten. Entropievermehrende Prozesse kommen also **viel öfter** vor als entropievermindernde.

Wohlgemerkt: FAST und ÖFTER! In der Tat: Der Zweite Hauptsatz ist kein deterministisches Gesetz für einzelne Teilchen, er ist ein statistisches Gesetz für viele Teilchen, welches mit großer Wahrscheinlichkeit befolgt wird. Der amerikanische Physiker Josiah Willard GIBBS (1839−1903) sagt dazu:

> "The impossibility of an incompensated decrease of entropy
> seems to be reduced to an improbability."

---

[4.8] So der Titel eines Buches von Clausius.

Der *Wiederkehreinwand* machte sich ein Ergebnis der Mechanik zunutze, welches von dem französischen Mathematiker Jules Henri POINCARÉ (1854–1912) bewiesen worden war. Wenn ein abgeschlossenes mechanisches System einmal angestoßen ist, so wird es im Laufe der Zeit beliebig  oft wieder bis in unmittelbare Nachbarschaft seines Anfangszustandes zurückkehren. Dieses Resultat widerspricht offenbar der monotonen Annäherung des Systems an einen Gleichgewichtszustand maximaler Unordnung.

Wiederum liegt die Erklärung im statistischen Charakter der Entropie. Poincarés Satz ist richtig, und das Entropieprinzip ist *fast* richtig, d. h. letzteres ist nur im statistischen Mittel richtig. Wir haben das früher am Polymermolekül demonstriert: Da jeder spezifische Zustand die gleiche – sehr kleine – Wahrscheinlichkeit hat, wird jeder Zustand auch immer wieder realisiert, wenn auch nach möglicherweise sehr langen Zeitintervallen; und das gilt auch für den Anfangszustand, selbst wenn dieser eine kleinere Entropie besitzt als die anderen Zustände während der Intervalle.

Boltzmann über Maxwell:
... immer höher wogt das Chaos der Formeln."

Maxwell über Boltzmann:
"...I am very much inclined to put the whole business in about six lines."

**Abb. 4.27** L.E. Boltzmann. Sein Grabstein auf dem Wiener Zentralfriedhof.

Über diesen Punkt kam es zwischen Boltzmann und Ernst ZERMELO zu einem erbitterten und polemisch geführten öffentlichen Streit.

Zermelo:  "... Boltzmann (will) den mechanischen  Standpunkt  bewahren, indem er den zweiten Hauptsatz in einen 'bloßen wahrscheinlichkeitstheoretischen Satz' abändert, der nicht immer gültig zu sein braucht."

Boltzmann:    "Ganz unbegreiflich aber ist es mir, wie man darin eine Widerlegung der Anwendbarkeit der Wahrscheinlichkeitsrechnung sehen kann, wenn irgendwelche anderen Betrachtungen zeigen, daß innerhalb Äonen hin und wieder Ausnahmen eintreten müssen; denn gerade das lehrt ja die Wahrscheinlichkeitsrechnung ebenfalls."

1. Die Energie des Weltalls ist konstant.
2. Die Entropie des Weltalls strebt einem Maximum zu.

**Abb. 4.28**   J. W. Gibbs und das Motto, welches er − in deutsch − seiner großen Arbeit "On the equilibrium of heterogeneous substances" voranstellte.

Wenn nun der Zweite Hauptsatz nur im statistischen Mittel gilt, so waltet der Zufall, und den kann man vielleicht überlisten. Dazu ersann Maxwell den Maxwell'schen Dämon,

"... ein Wesen, dessen Fähigkeiten so außergewöhnlich sind, daß es der Bahn jedes Moleküls zu folgen vermag. "Der Dämon bewacht eine Schwingtür zwischen zwei Teilvolumina eines Gases mit verschiedener Temperatur, und "(Er) gestattet es nur den schnelleren Molekülen, von der kalten auf die heiße Seite überzutreten, und nur den langsameren, sich in der Gegenrichtung zu bewegen; in allen anderen Fällen schließt er die reibungsfreie Tür."

Offenbar kann so die warme Seite wärmer und die kalte Seite kälter werden, im Gegensatz zum Zweiten Hauptsatz. W. Thomson (Lord Kelvin) verzichtet sogar auf die Schwingtür; stattdessen rekrutiert er eine ganze Armee Maxwell'scher Dämonen. Diese bewachen Teilstücke der Trennfläche der Teilvolumina, siehe Abb. 4.29. Hätten *wir* diese Armee im Sold, so könnten wir auch die Roulettekugel überlisten.

Noch heute ist die befriedigende Interpretation der Entropie eine faszinierende Herausforderung. Es wird spekuliert, daß die Richtung des Ablaufs der Zeit durch die wachsende Entropie der Welt bestimmt sei. Schon Boltzmann hatte das angeregt: Am Ende seines Buches "Vorlesungen über Gastheorie" sagt er:

"... Es müssen im Universum, das sonst überall im Wärmegleichgewichte, also todt ist, hier und da solche verhältnissmässig kleinen Bezirke von der Ausdehnung unseres Sternenraumes ... vorkommen, die während der verhältnismässig kurzen Zeit von Aeonen erheblich vom Wärmegleichgewichte abweichen, und zwar ebenso häufig solche, in denen die Zustandswahrscheinlichkeit gerade zu− als abnimmt. Für das Universum sind also beide Richtungen der Zeit un-unterscheidbar."

"Aber ... ein Lebewesen, das sich in einer bestimmten Zeitphase einer solchen Einzelwelt befindet, wird die Zeitrichtung gegen die unwahrscheinlicheren Zustände als die Vergangenheit, die entgegengesetzte als die Zukunft bezeichnen."

"Nun nehme man an, die Waffe der idealen Armee (Maxwell'scher Dämonen) sei ein Knüppel oder gleichsam ein molekularer Kricketschläger; und ... die Masse jedes Dämons mit seiner Waffe sei mehrmals so groß wie die eines Moleküls." [4.9]

**Abb. 4.29** J. C. Maxwell. Zitat von W. Thomson (Lord Kelvin)

Der universelle Charakter der Formel $S = k \ln W$ animiert immer wieder Nicht-Thermodynamiker zu entropischen Betrachtungen in *ihrem* Fachgebiet. Die Biologen berechnen das Entropiewachstum bei der Verbreitung der Arten, die Ökonomen bei der Verbreitung von Waren. Die Ökologen interpretieren die Dissipation von Rohstoffen als Entropieproduktion. Besonders eindrucksvoll hat ein Anonymus den kulturgeschichtlichen Fortschritt in einem Graffitto als Zunahme von Unordnung karikiert, nämlich so:

Hamlet:  to be or not to be?
Camus:   to be is to do.
Sartre:  to do is to be.
Sinatra: do be do be do be do.

---

4.9 Zitat aus W. Thomson (Lord Kelvin): Die kinetische Theorie der Energiedissipation (1874).

# 5 Dampfmaschine und Kältemaschinen

## 5.1 Historisches zur Dampfmaschine

Es war Papin – der Erfinder des Dampfkochtopfs, siehe Absatz 2.5.8, – der als Erster Dampf kondensierte und so ein Gewicht hob. Er besaß eine Messingröhre mit ca. 5 cm Durchmesser; etwas Wasser am Boden wurde verdampft und hob so einen darüberliegenden Kolben, den Papin oben durch einen Riegel fixierte. Danach wurde die Röhre vom Feuer genommen, der Dampf kondensierte, und es bildete sich ein Torricelli-Vakuum. Nach Öffnen des Riegels drückte der Luftdruck den Kolben nach unten und hob dabei ein Gewicht von 60 Pfund.

Die erste richtige Dampfmaschine baute dann Thomas NEWCOMEN (1663–1729), ein Schmied aus Dartmouth in England. Die Newcomen–Maschinen wurden zum Auspumpen von Wasser aus Kohlebergwerken eingesetzt. Abb. 5.1 zeigt eine schematische Darstellung dieser Maschine: In einen oben offenen Zylinder wurde von unten aus dem Kessel Dampf von wenig mehr als 1 atm eingelassen. Der Kolben hing am Bogenkopf eines Schwingbalkens, dessen anderes Ende mit der Pumpenstange beschwert war. Diese Stange zog den Kolben während des Dampfeinlasses nach oben; Wasser wurde dabei durch den eintretenden Dampf aus dem Zylinder gedrückt, ebenso wie eingedrungene Luft, letztere durch mit Wasser versiegelte Einwegventile. Nach Schließen des Dampfventils öffnete sich eine Spritzdüse für kaltes Wasser im Zylinder. Dadurch kondensierte der Dampf, und der Luftdruck trieb den Kolben nach unten und hob die Pumpenstange. Dampfventil und Spritzdüse wurden durch eine vom Schwingbalken herabhängende Stange betätigt.

In der ersten Newcomen–Maschine hatte der Zylinder einen Durchmesser von 48 cm, und der Kolbenhub betrug 1,80 m. Bei jedem Arbeitstakt hob die Maschine 40 $l$ Wasser um 56 m; sie machte einen Arbeitstakt alle 5 Sekunden. Das entspricht, wie man leicht nachrechnet, einer Leistung von 4,5 kW. Die Maschine war sehr zuverlässig, und bis 1775 arbeiteten davon hunderte, die meisten in England und Schottland. Aber der Wirkungsgrad lag unter 1 %:

"About 6 million foot-pounds of useful work were done for each bushel of coal burnt." [5.1]

Darum setzte es sich James WATT (1763-1819) zum Ziel, die Newcomen–Maschine zu verbessern. Er identifizierte den Grund für den schlechten Wirkungsgrad: Der neu einströmende Dampf mußte zunächst die von dem eingespritzten Wasser abgekühlten Zylinderwände wieder aufwärmen, und dabei kondensierte sofort ein guter Teil.

---

5.1 R. J. Law. The steam Engine. A Science Museum Booklet. Her Majesty's Stationary
    Office, London (1965). Dieser Broschüre sind auch die Abb. 5.1 und 5.2 entnommen.

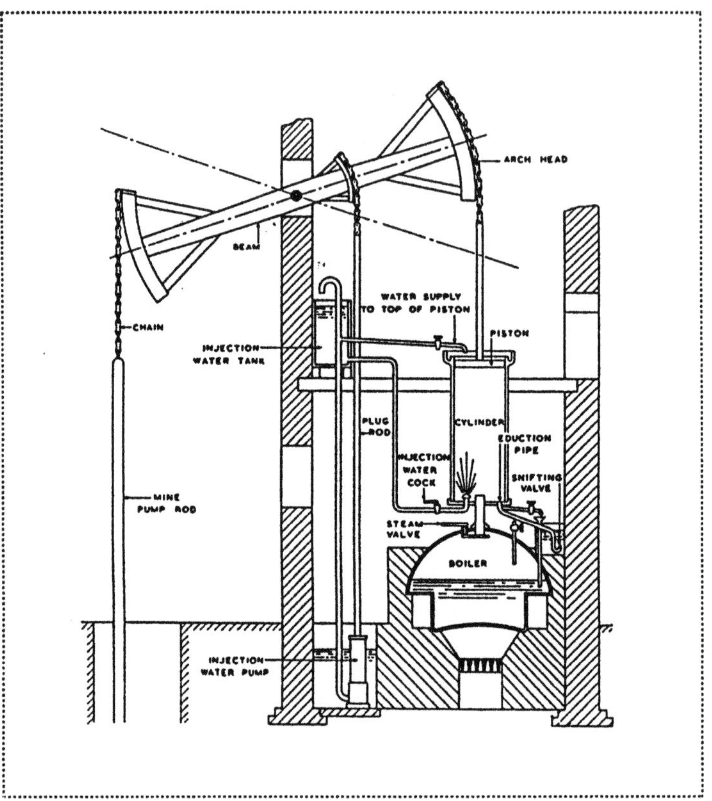


**Abb. 5.1** Newcomen–Dampfmaschine (1712).

Darum verfolgte Watt zwei Ziele:

> "..– first, that the cylinder should be maintained always as hot as the steam which entered it; and secondly, that when the steam was condensed, the water of which it was composed and the injection itself should be cooled (as low as) possible."

Diesem Programm entsprechend erfand Watt den doppelwandigen Zylinder, zwischen dessen Wänden der heiße Dampf hindurchgeführt wurde, und er erfand den separaten Kondensator. Abb. 5.2 zeigt Watts Dampfmschine von 1788.

Auch der Kolben sollte nicht abkühlen; darum führte Watt den Dampf – immer noch nur wenig über 1 atm – von oben ein. Herabgezogen wurde der Kolben durch Öffnen eines Ventils am Boden des Zylinders, welches die Verbindung zum Kondensator öffnete. Die Aufwärtsbewegung des Kolbens schob den Dampf in den Kondensator; dieser blieb ständig kalt, so daß der Dampf sich verflüssigte und so den Unterdruck erzeugte. Der Kondensator wurde durch eine Pumpe von flüssigem Wasser freigehalten.

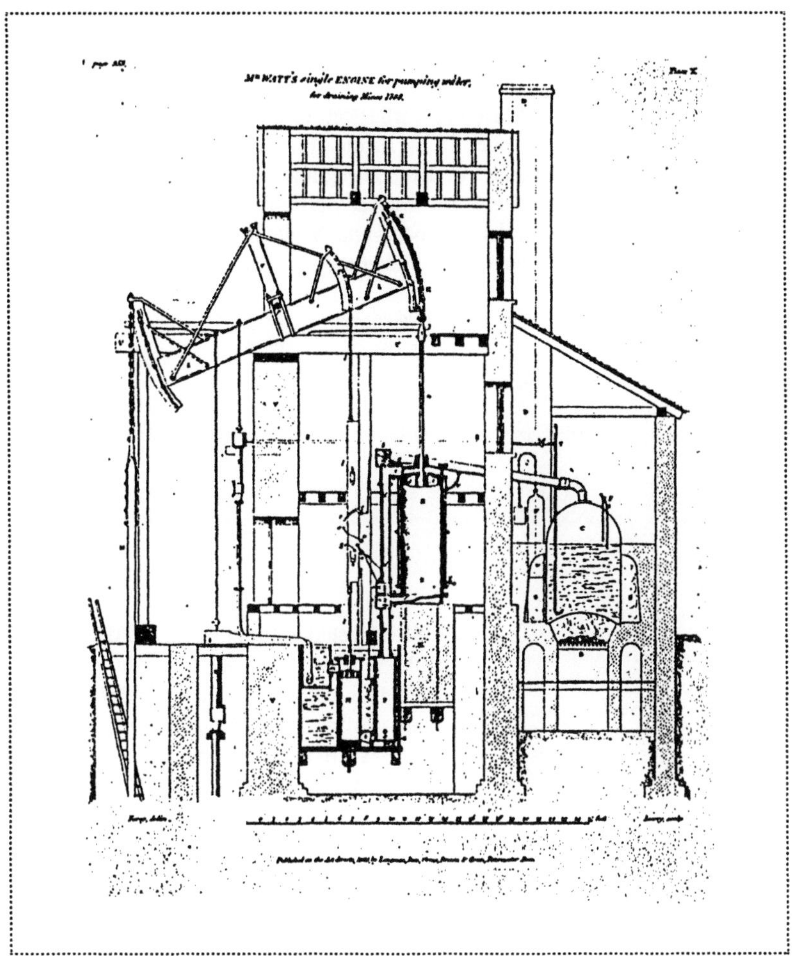

**Abb. 5.2**  Watts Dampfpumpe zum Einsatz in Minen (1788).

Schon Watts erste Maschinen verbrauchten im Vergleich mit Newcomens nur noch ein Drittel des Brennstoffs. Watt und seine Partner ließen die Maschinen von den Kunden selbst bauen. Sie lieferten nur Pläne, Ventile sowie einen Bauaufseher, und als Bezahlung verlangten sie einen Teil der eingesparten Brennstoffkosten.

Der Einsatz von Hochdruckdampf verzögerte sich durch die Angst vor der Gefahr einer Kesselexplosion. Pioniere der Benutzung von hohen Drücken waren der englische Ingenieur Richard TREVITHICK (1771–1833) und der Amerikaner Oliver EVANS (1755–1819). Trevithick experimentierte auch mit der Möglichkeit, das Dampfventil schon früh im Arbeitstakt zu schließen und auf dem Rest des Taktes den Dampf expandieren zu lassen. So wurde zwar pro Takt weniger Arbeit gewonnen, aber auch weniger Dampf verbraucht. Dieses Prinzip setzte sich später durch.

Es ist klar, daß man bei Verwendung von Frischdampf unter hohem Druck zur Erzeugung von Arbeit nicht unbedingt einen Kondensator mit Unterdruck braucht. Man braucht dann überhaupt keinen Kondensator, vielmehr kann man den entspannten Dampf einfach in die Atmosphäre entweichen lassen. Tatsächlich haben die meisten Dampflokomotiven keinen Kondensator.

Watt hat nicht nur Newcomens Maschine verbessert, er hat die Dampfmaschine auch zu weit mehr gemacht als zu einer Pumpe. So hat er die Hin- und Herbewegung des Kolbens in seiner berühmten "rotative engine" in Drehbewegung umgewandelt und dadurch das Wirkungsfeld der Maschine erweitert: sie wurde vielseitig eingesetzt, zunächst in der Textilindustrie, dann, um Schiffe anzutreiben, und schließlich in Lokomotiven. Watts Maschine geriet zum Motor der *industriellen Revolution*.

In 1783 he tested a strong horse and decided it could raise a 150 -pound weight nearly four feet in a second. He therefore defined a "horsepower" as 550 foot-pounds per second. This unit is still used. However, the unit of power in the metric system is called the Watt. One horsepower equals 746 watts. [5.2]

**Abb. 5.3**   James Watt

# 5.2    Dampfmaschine

## 5.2.1  Das (T,s)-Diagramm

Wir erinnern uns an Absatz 4.1.6, wo wir die Vorteile des (T,s)−Diagramms zusammengestellt haben. Abb. 5.4 zeigt ein (T,s)−Diagramm, links schematisch und rechts für Wasser. Die Entropiekonstante ist so gewählt, daß $s = 0$ ist für $0°\,C$ oder vielmehr für $T_{Tr} = 0{,}01°\,C$ .

Man erkennt, daß die Isobaren im Dampfgebiet für hohe Temperaturen den für ideale Gase charakteristischen exponentiell ansteigenden Verlauf haben. Im Gebiet der Flüssigkeit fallen alle Isobaren bis $10^3$ bar praktisch auf die Siedelinie.

---

5.2 Asimov' Biographical Encyclopedia of Science and Technology. Pan Reference Books (1978).

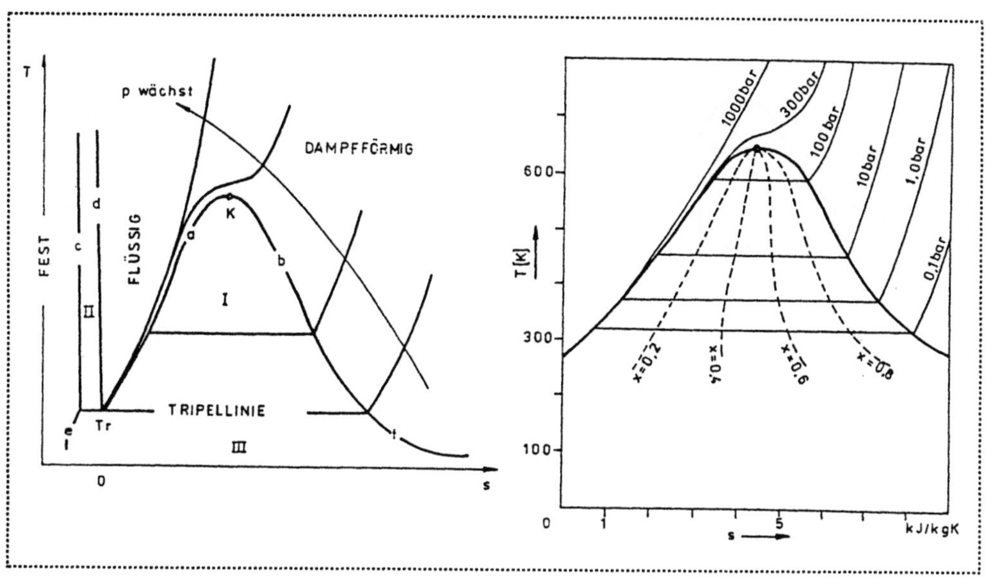


**Abb. 5.4** Links:  (T,s)–Diagramm (schematisch).
Bezeichnungen wie in Abb. 2.16$_L$.
Rechts: (T,s)–Diagramm von Wasser.

## 5.2.2 Clausius-Rankine Prozeß im (T,s)–Diagramm

In Absatz 3.1.5 haben wir den Dampfmaschinenprozeß – auch Clausius-Rankine Prozeß genannt – schon behandelt. Er besteht aus zwei Isobaren und zwei Isentropen, und im (T,s)–Diagramm läßt er sich darstellen, wie in Abb. 5.5 gezeigt. Links ist der Prozeß ohne Überhitzung dargestellt und rechts der mit Überhitzung. Die Teilprozesse sind wie folgt zu interpretieren:

|       |                                                |
|-------|------------------------------------------------|
| 1,2   | – Adiabate Verdichtung in der Speisewasserpumpe |
| 2,3   | – Erwärmung und Verdampfung im Dampfkessel     |
| 3,4   | – Adiabate Expansion                           |
| 4,1   | – Kondensation.                                |

Falls Überhitzung erfolgt, so geschieht sie auf dem Teilstück 3,3'. Die Isobaren der Abb. 5.5 sind im Bereich der Siedelinie übertrieben hoch gezeichnet, um den Prozeßschritt 1,2 identifizieren zu können. Tatsächlich fallen die Isobaren praktisch mit der Siedelinie zusammen, so daß die einfacheren Kurvenzüge der Abb. 5.6 den Prozeß besser repräsentieren.

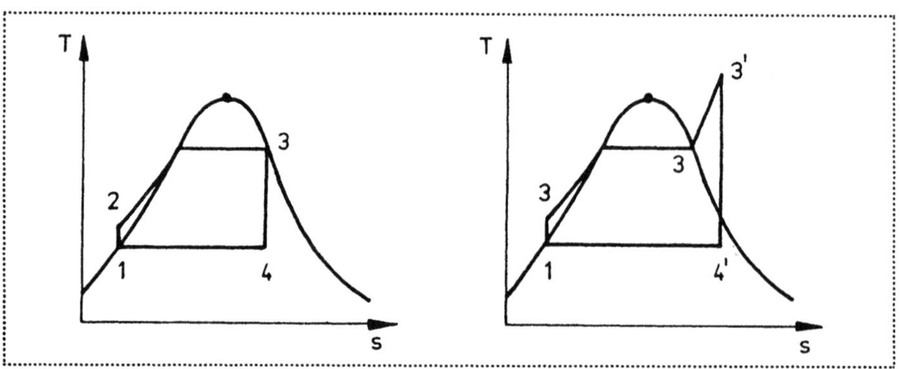

**Abb. 5.5**  (T,s)–Diagramm des Clausius-Rankine Prozesses.

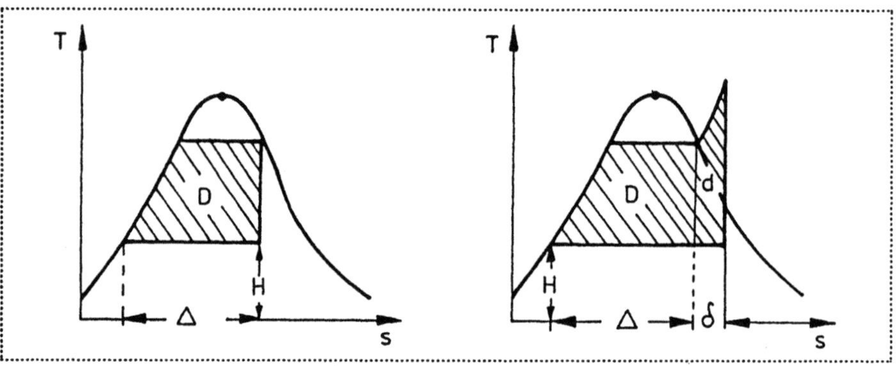

**Abb. 5.6**  (T,s)–Diagramm des Clausius-Rankine Prozesses.

Das (T,s)–Diagramm empfiehlt sich durch die Tatsache, daß die Fläche innerhalb der Prozeßkurve gleich der (spezifischen) Arbeit des Kreisprozesses ist, während die Flächen unter dem oberen und unteren Teil der Prozeßkurve zu- bzw. abgeführte Wärmen repräsentieren. Darum läßt sich der Wirkungsgrad leicht durch einen Flächenvergleich abschätzen. Für die in Abb. 5.6 links und rechts dargestellten Prozesse ergibt sich folglich

$$e_L = \frac{D}{D + \Delta \cdot H} \qquad e_R = \frac{(D+d)}{(D+d) + (\Delta + \delta) \cdot H} \; .$$

Wir benutzen diese Beobachtung, um zu beweisen, daß der Wirkungsgrad des Prozesses durch die Überhitzung steigt. Wir fragen nach der Bedingung für $e_R > e_L$ und erhalten nach kurzer Rechnung

$$\frac{D}{\Delta} < \frac{d}{\delta} \; .$$

Das bedeutet, daß die mittlere Höhe des "Vierecks" D kleiner sein muß als die des "Vierecks" d; das ist in der Tat der Fall.

In Dampfkraftwerken wird die Entspannung meist in zwei Stufen vorgenommen: in einer Hochdruckturbine und einer Niederdruckturbine. Nach dem Austritt aus der Hochdruckturbine wird der Dampf "zwischenüberhitzt" und dann erst der Niederdruckturbine zugeführt. Im (T,s)–Diagramm sieht dann die Prozeßkurve so aus wie in Abb. 5.7. Dieses Verfahren erhöht den Wirkungsgrad in dem Maße, wie die mittlere Höhe des zusätzlichen Streifens größer ist als die des ersten Überhitzungsstreifens.

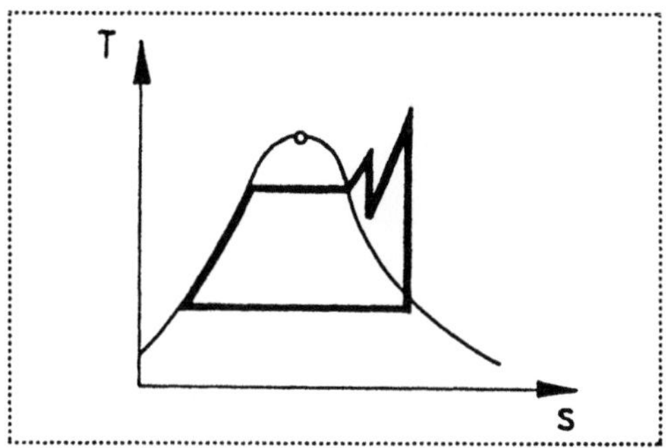


**Abb. 5.7** Clausius-Rankine Prozeß mit Zwischenüberhitzung.

Es ist auch klar, daß die Entspannung auf einen tieferen Druck mehr Arbeit ergibt, siehe dazu Abb. 5.8. Die Druckabsenkung hat jedoch Grenzen, denn natürlich kann der Druck im Kondensator nicht unter den zur Kühlwassertemperatur gehörigen Dampfdruck fallen.

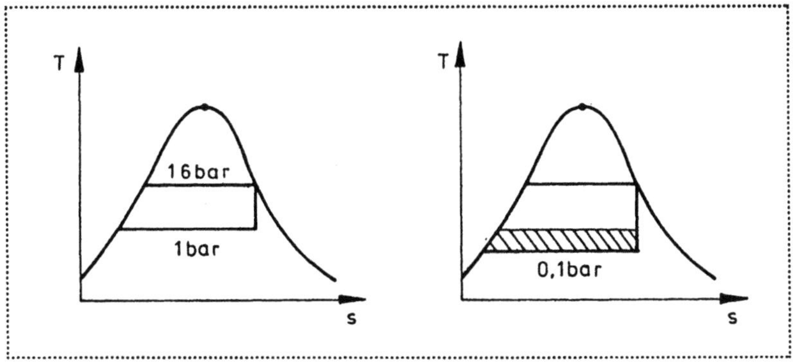


**Abb. 5.8** Erhöhung der Arbeit durch Absenken des Kondensatordrucks.

## 5.2.3 Das (h,s)–Diagramm

In der technischen Thermodynamik ist das (h,s)–Diagramm ein wichtiges Hilfsmittel. Man zeichnet es gewöhnlich mit einer Siedelinie, die im Nullpunkt beginnt, d.h. man wählt die additiven Konstanten der Enthalpie und der Entropie so, daß im Tripelpunkt beide Größen gleich Null sind. Bemerkenswert ist, daß die Isobaren die Siede– und Taulinie ohne Knick durchsetzen, und daß der Anstieg dieser beiden Linien im kritischen Punkt gleich $T_K$ ist. Abb. 5.9$_L$ zeigt das (h,s)–Diagramm in schematischer Form. Eingetragen ist ein Clausius-Rankine Prozeß mit Überhitzung; wiederum ist die Isobare im Flüssigkeitsbereich übertrieben hoch gezeichnet, um die isentrope Druckerhöhung in der Speisewasserpumpe eintragen zu können. Tatsächlich fallen die Isobaren praktisch mit der Siedelinie zusammen.

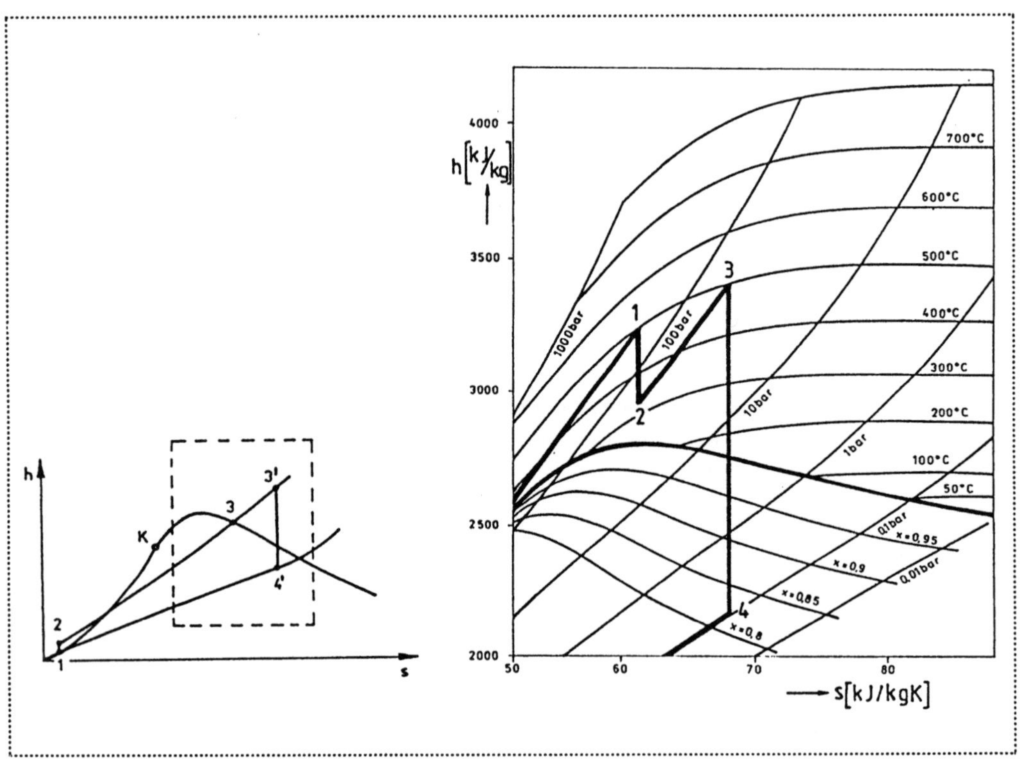


**Abb. 5.9** Links: Clausius-Rankine Prozeß im (h,s)–Diagramm,
Bezeichnungen wie in Abb. 5.5.
Rechts: Relevanter Ausschnitt aus (h,s)–Diagramm.

Im (h,s)–Diagramm sind die für Wirkungsgradberechnungen relevanten Größen leicht abzulesen. In Absatz 3.1.5 haben wir bewiesen, daß die am Dampfzylinder gewonnene Arbeit und die der Speisewasserpumpe zugeführte Arbeit gleich den entsprechenden Enthalpiedifferenzen ist. Das gleiche gilt für die in Dampfkessel und Überhitzer zugeführte Wärme beziehungsweise für die im Kondensator abgeführte Wärme, da der Wärmeaustausch jeweils isobar erfolgt. In Formeln heißt das, siehe Abb. $5.9_L$

$$a_{DZ} = h_{4'} - h_{3'} \qquad a_{SP} = h_2 - h_1$$
$$q_+ = h_{3'} - h_2 \qquad q_- = h_1 - h_{4'} \qquad (5.1)$$

und der Wirkungsgrad beträgt

$$e = \frac{\left| h_{4'} - h_{3'} + h_2 - h_1 \right|}{h_{3'} - h_2} \; . \qquad (5.2)$$

Die vom Ingenieur tatsächlich benutzten (h,s)–Diagramme zeigen nur den in Abb. $5.9_L$ durch das gestrichelte Fenster gekennzeichneten Ausschnitt, siehe Abb. $5.9_R$. Dieses Diagramm reicht für die Berechnung des Wirkungsgrades aus, obwohl es die Punkte 1 und 2 nicht zeigt. Denn $h_1$ können wir mit Hilfe der Wasserdampftafel in Absatz 2.5.3 als $h'(p_{4'})$ bestimmen, und $h_2$ folgt aus der Beziehung

$$h_2 - h_1 = v'(p_{4'})(p_{3'} - p_{4'}) , \qquad (5.3)$$

für die Arbeit der Speisewasserpumpe, siehe (3.9) und (3.11). $v'(p_{4'})$ wird ebenfalls aus der Wasserdampftafel entnommen, siehe Tabelle 2.4. in Absatz 2.5.3.

## 5.2.4 Beispiel: Dampfdurchsatz und Wirkungsgrad einer Dampfkraftanlage

Eine Dampfkraftanlage mit einer Leistung von 200 MW arbeitet mit Frischdampf von 500° C und 200 bar. Hinter der Hochdruckstufe wird der Dampf bei einem Druck von 50 bar wieder auf 500° C überhitzt und anschließend in der Niederdruckstufe auf den Kondensatordruck von 0,1 bar entspannt. Das Kühlwasser für den Kondensator erwärmt sich beim Durchlauf um $\Delta T_K = 30$ K.

Was von diesem Prozeß in einem gebräuchlichen (h,s)–Diagramm zu sehen ist, ist als dicke Linie in Abb. $5.9_R$ eingetragen. Für die spezifischen Enthalpien der Eckwerte lesen wir daraus ab [5.3]

---

5.3 Studenten der Thermodynamik benutzen ein Mollier (h,s)–Diagramm von E. Schmidt. Springer–Verlag Berlin und Oldenburg, München. Dieses ist im Buchhandel erhältlich.

$$h_1 = 3250\,{}^{kJ}\!/\!_{kg}\,,\ h_2 = 2900\,{}^{kJ}\!/\!_{kg}\,,\ h_3 = 3450\,{}^{kJ}\!/\!_{kg}\,,\ h_4 = 2150\,{}^{kJ}\!/\!_{kg}\,.$$

Daraus folgt für die an den beiden Turbinen anfallende Arbeit

$$a_{Tu} = h_2 - h_1 + h_4 - h_3 = -1650\,{}^{kJ}\!/\!_{kg}\,.$$

Die Arbeit der Speisewasserpumpe ergibt sich wegen (5.3) zu

$$a_{SP} = v'(p_4)(p_1 - p_4) = 10^{-3}\,{}^{m^3}\!/\!_{kg}\,(200 - 0{,}1)\cdot 10^5\,\frac{N}{m^2} \approx 20\,{}^{kJ}\!/\!_{kg}\,,$$

$v'(p_4)$ wird aus der Wasserdampftabelle von Absatz 2.5.3 entnommen, wenn man die Wasserdichte bei niedrigen Drücken vergessen haben sollte. $a_{SP}$ ist gegenüber der Turbinenarbeit vernachlässigbar klein.

Die in Dampfkessel, Überhitzer und Zwischenüberhitzer zugeführte Wärme beträgt

$$q_+ = h_1 - \left[h'(p_4) + v'(p_4)(p_1 - p_4)\right] + h_3 - h_2 = 3590\,{}^{kJ}\!/\!_{kg}\,.$$

Mit $h'(p_4) = 190\,{}^{kJ}\!/\!_{kg}$ aus der Wasserdampftafel ergibt sich als Wirkungsgrad der Anlage

$$e = \frac{-a_{Tu} + a_{SP}}{q_+} = 0{,}46.$$

Der Dampfdurchsatz beträgt

$$\dot{m}_D = \frac{200\,MW}{1650\,{}^{kJ}\!/\!_{kg}} = 121\,\frac{kg}{s} = 436\,\frac{t}{h}\,.$$

Die benötigte Kühlwassermenge $\dot{m}_K$ folgt aus der vom Kondensator abzuführenden Wärme

$$q_- = h_4 - h'(p_4) = 1960\,{}^{kJ}\!/\!_{kg}\,.$$

Man setzt

$$\dot{m}_K c_W \Delta T_K = \dot{m}_D q_- \quad \Rightarrow \quad \dot{m}_K = 1{,}9\,\frac{t}{s} = 6800\,\frac{t}{h}\,,$$

wo $c_W = 4{,}18\,{}^{kJ}\!/\!_{kgK}$ die spezifische Wärme von Wasser ist, und $\Delta T_K$ die Erwärmung des Kühlwassers im Kondensator.

Man kann auch leicht den Wirkungsgrad der Anlage berechnen, wenn auf die Zwischenüberhitzung verzichtet wird. Die Enthalpie beim Eintritt in den Kondensator beträgt dann ca. 1950 $^{kJ}/_{kg}$ und $q_+$ ist 3040 $^{kJ}/_{kg}$. Damit ergibt sich

$a_{Tu} = 1300\,^{kJ}/_{kg}$ , somit ein Wirkungsgrad von 43 % – statt vorher 46 %.

Instruktiv ist auch der Vergleich des Wirkungsgrades dieser Anlage mit dem Wirkungsgrad einer Carnot-Maschine, die zwischen 500° C und $T(p_4) = 47°$ C arbeitet. Eine solche Maschine hätte nach (3.23) einen Wirkungsgrad von 59 %.

## 5.2.5 Instruktive Versuche zur Erhöhung des Wirkungsgrades

Wir erinnern uns, daß ein Carnot-Prozeß unter allen Prozessen im gleichen Temperaturbereich den größten Wirkungsgrad hat; und andererseits ist ein Carnot-Prozeß durch eine rechteckige Prozeßkurve im (T,s)–Diagramm charakterisiert, siehe Abb. 4.4$_R$.

Mit diesem Wissen ausgerüstet betrachten wir nochmals die Prozeßkurve eines Clausius–Rankine Prozesses – ohne Überhitzung, siehe Abb. 5.10$_L$.

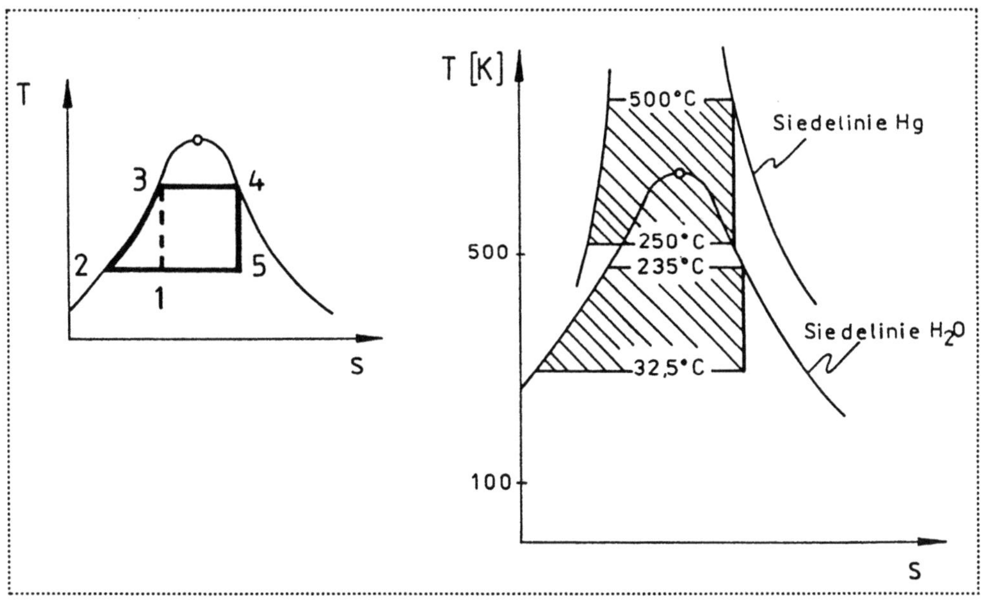


**Abb. 5.10** Links:  Eine unmögliche Carnotisierung.
Rechts:  Eine Quecksilber-Wasser-Dampfmaschien.
Die abgeführte Wärme des Quecksilberkondensators
wird im Wasserdampfkessel verbraucht.

Dieser Prozeß ist "fast" durch ein Rechteck dargestellt, und man fragt sich, warum man nicht die Kondensation im Punkt 1 abbricht, und den dort vorliegenden Naßdampf entlang der gestrichelten Isentrope komprimiert. Auf diese Weise hätte man ja tatsächlich einen Carnot-Prozeß realisiert. Leider ist dieser Vorschlag praktisch nicht realisierbar, denn der Naßdampf mit seinen extremen lokalen Dichteunterschieden – zwischen Dampf und Flüssigkeit – würde die Oberflächen von Kolben und Turbinenschaufeln der Pumpe schnell zerstören.

Ein anderer Weg zur "Carnotisierung" des Clausius-Rankine Prozesses ist jedoch tatsächlich gangbar. Dabei verschafft man sich die auf dem Stück 2,3 in Abb. 5.10$_L$ benötigte Wärme, indem man auf dem Stück 4,5 der Turbine teilweise entspannten Dampf entnimmt und zur Speisewasser–"Vorwärmung" benutzt. Man kann mehrere Vorwärmstufen vorsehen und so den Carnot-Wirkungsgrad annähern.

Aber auch, wenn in der Dampfmaschine kein Carnot-Prozeß abläuft, so ist der Clausius–Rankine Prozeß dem Carnot–Prozeß doch ähnlich genug, daß man – über den Daumen peilend – vermuten kann, eine Temperaturerhöhung des Frischdampfes sei günstig für den Wirkungsgrad. [Man beachte, daß die untere Grenze der Kondensatortemperatur festliegt – durch die Temperatur des verfügbaren Kühlmittels. Diese wird kaum jemals wesentlich unter Raumtemperatur liegen.]

Mit Wasser jedoch erfordern hohe Temperaturen auch sehr hohe Drücke, und darum hat man vorgeschlagen, mit Quecksilber anstatt Wasser zu arbeiten. Quecksilber hat die hohe kritische Temperatur von 1460° C, und sein kritischer Druck beträgt 1056 bar. Aber bei 500° C ist sein Dampfdruck lediglich gleich 8,21 bar. Allerdings beträgt der Dampfdruck des Quecksilbers bei Raumtemperatur nur $3{,}6 \cdot 10^{-6}$ bar [5.4], und entsprechend groß ist das spezifische Volumen. Es ist daher unpraktisch, Quecksilber bei Raumtemperatur zu kondensieren; das benötigte Kondensatorvolumen wäre zu groß. Darum hat man eine Anlage realisiert, deren Kreisprozeß in Abb. 5.10$_R$ angedeutet ist:

Quecksilber wird bei 500° C mit 8,21 bar verdampft, auf 0,1 bar entspannt und bei diesem Druck – entsprechend 250° C – kondensiert. Als "Kühlmittel" dient Wasser von 30,6 bar, welches bei 235° C durch die vom Quecksilberkondensator abgegebene Wärme verdampft wird. Der Wasserdampf wird dann in einer Turbine auf 0,05 bar – entsprechend 32,5° C – entspannt.

Die Arbeitsbeiträge von Quecksilber und Wasser sind in Abb. 5.10 $_R$ schraffiert gezeichnet. Die zugeführte Wärme wird im wesentlichen durch die Fläche unter dem oberen Teil der Quecksilber–Prozeßkurve repräsentiert. So erkennt man durch bloßes Hinsehen, daß der Wirkungsgrad dieser Anlage recht groß sein wird.

In der Praxis wird diese Methode trotzdem nicht angewendet, denn in einer einmal gebauten Versuchsanlage tropfte es bald überall Quecksilber; dem Wartungspersonal fielen Haare und Zähne aus, und das Projekt wurde eingestellt.

---

[5.4] Das ist auch der Druck im Torricelli-"Vakuum" über der Quecksilbersäule im Fieberthermometer.

# 5.3    Kältemaschine und Wärmepumpe

## 5.3.1  Prinzip einer Kompressionskältemaschine

Im Prinzip ist der Kreisprozeß des Kühlmittels in einer Kältemaschine die Umkehrung des Dampfmaschinenprozesses. Der Zweck jedoch ist nicht die Erzeugung von Arbeit aus Wärme, sondern die Erzeugung von "Kälte" aus Arbeit.

Wie Kälte erzeugt wird, weiß jeder, der einmal Äther auf der Hand hat verdampfen lassen, oder der sich naß in den Wind gestellt hat: Die Flüssigkeit verdampft und entzieht der Umgebung – darunter der Hand oder dem Körper – die Verdampfungswärme. Dabei ist keine Arbeit im Spiel. Arbeit muß erst geleistet werden, wenn man diesen Kühlvorgang wieder und wieder ablaufen lassen will.

Im Kühlschrank läßt man das in den Kühlschlangen befindliche Kühlmittel bei kleinem Druck verdampfen, wobei die Verdampfungswärme dem Schrankinneren entzogen wird. Der entstehende Sattdampf wird durch einen Kompressor auf hohen Druck – und hohe Temperatur – gebracht. Den so entstehenden überhitzten Dampf kühlt man isobar in einem Kondensator auf Raumtemperatur, dabei kondensiert er. Die Kühlrippen des Kondensators befinden sich meist hinter dem Kühlschrank, die abgegebene Wärme geht an die Luft der Umgebung über. Das Kondensat wird anschließend durch Drosselung wieder dem Verdampfungsraum zugeführt, und der Kreislauf beginnt von neuem. Abb. 5.11 zeigt den Kreisprozeß im (T,s)–Diagramm. Der Drosselvorgang als nicht reversibler Prozeß ist gestrichelt eingezeichnet, er erhöht die Entropie.

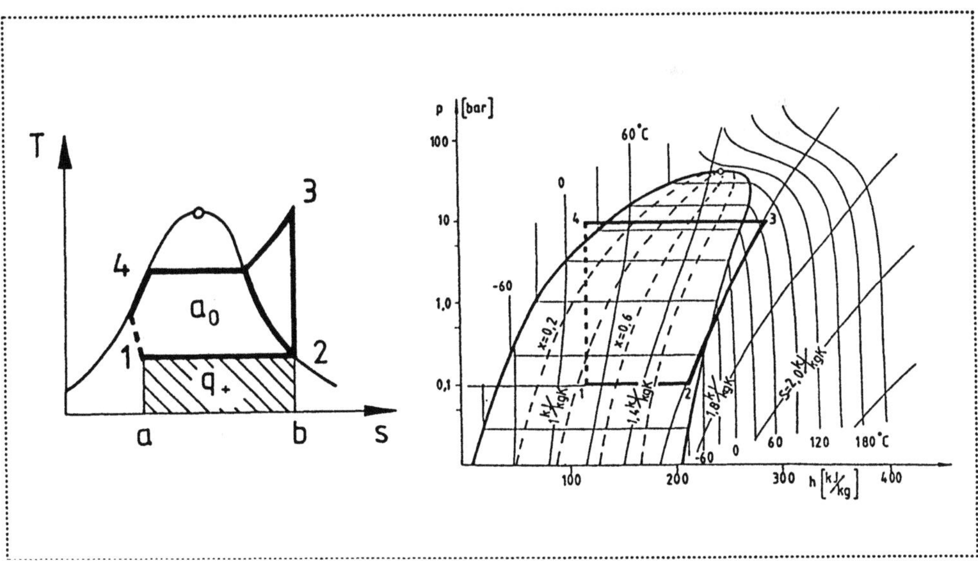


**Abb. 5.11** Links:   Kältemaschinen-Prozeß im (T,s)–Diagramm.
Rechts:  (log p,h)–Diagramm von Kaltron 12.

In der Praxis hat sich für die Berechnung von Kältemaschinen das (log p,h)–Diagramm durchgesetzt. Abb. 5.11$_R$ zeigt ein solches Diagramm für Kaltron. Bei der Anfertigung dieses Diagramms wurden die Konstanten in Entropie und Enthalpie so gewählt, daß $s = 1\,{}^{kJ}\!/_{kgK}$ und $h = 100\,{}^{kJ}\!/_{kg}$ gilt in *dem* Zustand, wo die Flüssigkeit bei 0°C siedet. Detaillierte Diagramme dieser Art erhält man im Buchhandel.

Unter dem Wirkungsgrad verstehen wir wie immer Nutzen geteilt durch Aufwand, aber Nutzen sowie Aufwand sind bei der Kältemaschine radikal anders zu interpretieren als bei der Dampfkraftanlage. In der Tat, der Nutzen ist die im Verdampfer aufgenommene Wärmemenge $q_+$ – die Kälteleistung – und der Aufwand ist die zum Betrieb des Kompressors notwendige Arbeit $a_0$. Im (T,s)–Diagramm der Abb. 5.11$_L$ sind beide Größen als Flächen ablesbar. Es gilt

$$e = \frac{q_+}{a_0} = \frac{A(a12b)}{A(1234)}\;.$$

Es ist klar, daß der Wert dieses Wirkungsgrades durchaus größer als 1 sein kann.

Als Kühlmittel in einer Kältemaschine wird man *nicht* Wasser verwenden, da dieses bei kleinen Drücken in der Nähe von 0°C gefriert. Ein klassisches Kühlmittel ist Ammoniak $NH_3$, dessen Siedepunkt unter 1 bar bei −34°C liegt, und bei niedrigeren Drücken noch darunter. Aber Ammoniak greift die Leitungen an, so daß sie nach einiger Zeit leck werden. Kühlmittel ohne diesen Nachteil sind die heute als "Ozonkiller" berüchtigten Fluorchlorkohlenwasserstoffe $C_kH_lCl_mF_n$, die unter Handelsnamen wie Freon, Frigen, Kaltron etc. bekannt sind.

Dabei handelt es sich um Kohlenwasserstoffe $C_kH_{2k+2}$ – wie Methan $CH_4$, Äthan $C_2H_4$, Propan $C_3H_6$, etc, –, bei denen ein oder mehrere H's durch Chlor und/oder Fluor ersetzt sind. Besonders die Verbindungen mit Fluor sind sehr stabil und, sobald Fluoratome in den Molekülen gebunden sind, werden auch die Chloratome besonders stark gebunden. Diese Verbindungen sind darum inert, d.h. wenig reaktionsfreudig. Teflon ist ein langkettiges FCKW , und es ist so stabil, daß es die Hitze der Bratpfanne übersteht und auch mit den gebratenen Speisen keine Verbindung eingeht. Die Pionierarbeit am FCKW wurde von der amerikanischen Chemiefirma Dupont geleistet, und deren Kältemittel Freon-11 ($CCl_3F$) und Freon-12 ($CCl_2F_2$) [deutsch: Kaltron] werden in Kältemaschinen oft eingesetzt. In der Frühzeit der FCKW's demonstrierte ein Dupont-Mitarbeiter die Harmlosigkeit, d.h. chemische Stabilität von Freon, inderm er das Gas tief einatmete und dann beim Ausatmen eine Kerze ausblies. Das Gas reagierte weder in seinem Körper, noch in der Flamme.

Die wissenschaftliche Bezeichnungsweise ist R($k − 1$, $\ell + 1$, n), wobei das R für "refrigerant" steht. Monochlordifluormethan $CHClF_2$ zum Beispiel ist R 22 (eigentlich R 022). Die drei Zahlen k, l, n kennzeichnen die Substanz eindeutig, weil m immer gleich $2k + 2 − \ell − n$ ist, denn alle C-Bindungen müssen abgesättigt sein.

FCKW's – insbesondere Mischungen aus Freon-11 und Freon-12 – werden auch gerne als Treibgase in Sprühdosen verwendet; sie entwickeln einen relativ kleinen Druck, so daß eine leichte Aluminiumdose als Behälter ausreicht.

Am Ende landet alles industriell verwendete Freon in der Atmosphäre, und wegen seiner Stabilität wird es weder ausgewaschen, noch reagiert es mit anderen Stoffen, die sich absetzen könnten. Also reichert es sich in der Luft an. Das als solches wäre nicht schlimm, denn es schadet uns ja nicht. *Aber*, es gibt einen Prozeß, der Freon doch zerstören kann, und das ist das Bombardement mit ultravioletter, d.h. energiereicher Strahltung, welche in der Lage ist, die Chlorionen aus dem Freon zu befreien. Auf der Erdoberfläche gibt es zwar nur wenig ultraviolette Strahlung, denn diese wird in der Stratosphäre durch die Ozonschicht abgeschirmt. Sobald jedoch ein Freon-Molekül in große Höhen diffundiert, so ist es der Strahlung ausgesetzt und kann ein Cl-Atom freisetzen. Dann beginnt eine unheilvolle Kettenreaktion: Das Chloratom reagiert mit einem Ozonmolekül nach der Gleichung

$$Cl + O_3 \rightarrow ClO + O_2 \, .$$

Das so gebildete Chloroxyd-Molekül reagiert mit einem der gelegentlichen freien O-Atome zu $O_2$ und Cl, und letzteres kann wieder ein Ozonmolekül zerstören. Auf diese Weise kann eine kleine Menge Freon in der Stratosphäre eine große Menge Ozon vernichten, es entsteht das „Ozonloch", durch welches die ultraviolette Strahlung bis auf die Erdoberfläche vordringen kann. Dort schädigt sie die organischen Moleküle der Tier- und Pflanzenwelt.

## 5.3.2 Beispiel: Berechnung einer Kompressions-Kältemaschine

Wir berechnen eine Kältemaschine, die mit Kaltron 12 betrieben wird, und die einem Kühlraum die Wärmeleistung $\dot{Q}_+ = 75\,kW$ entziehen soll. Der adiabat reversibel arbeitende Kompressor saugt Kältemitteldampf vom Dampfgehalt $x = 0,95$ beim Druck von 0,1 bar an und verdichtet ihn auf 10 bar. Das Kältemittel verläßt den Kondensator als Flüssigkeit von 20° C, um anschließend in der adiabaten Drossel – bei konstantem h – auf den Verdampferdruck entspannt zu werden.

Der Kreisprozeß ist in dem Diagramm der Abb. 5.11$_R$ als dicke Linie eingetragen, und wir lesen daraus ab:

Verdampfertemperatur –73° C     Kondensatortemperatur 40° C .

Die spezifische Arbeit des Kompressors ergibt sich, wie wir schon wissen, als Differenz der spezifischen Enthalpien vor und nach der Kompression. Also hier

$$a_0 = h_3 - h_2 = (280 - 210)\,{}^{kJ}\!/_{kg} = 70\,{}^{kJ}\!/_{kg} \, .$$

Die spezifische Kälteleistung ist gleich der Differenz der spezifischen Enthalpien vor und nach dem Verdampfen, also

$$q_+ = h_2 - h_1 = (210 - 110)\,{}^{kJ}\!/_{kg} = 100\,{}^{kJ}\!/_{kg} \, .$$

Daraus folgt der Wirkungsgrad der Anlage zu

$$e = \frac{q_+}{a_0} = 1{,}43 \, .$$

Der Massenstrom des Kühlmittels beträgt

$$\dot{m} = \frac{\dot{Q}_+}{q_+} = 0{,}75\,\frac{kg}{s} = 2{,}7\,\frac{t}{h}\,.$$

und die aufzubringende Kompressorleistung ist folglich

$$\dot{A} = \dot{m}a_0 = 52\ kW\,.$$

## 5.3.3 Wärmepumpe. Ein Beispiel.

Die Wärmepumpe ist prinzipiell auch eine Kältemaschine, aber der Nutzen besteht nun nicht aus der Kälteleistung des Verdampfungsvorgangs, – 1,2 in Abb. 5.11$_L$ , – sondern in der Heizleistung des Kondensationsvorgangs –, 3,4 in der Abbildung. Hierbei kann als Arbeitsmedium durchaus Wasser verwendet werden, da im allgemeinen alle Teilprozesse im positiven Temperaturbereich liegen.

Die Verdampfung von Wasser unter niedrigem Druck – etwa 0,01 bar, entsprechend 7° C – kann etwa in Röhren erfolgen, die durch das Grundwasser geführt werden, die Kondensation erfolgt nach Kompression im Wohnzimmer. Eine interessante Variante war kürzlich auf der Grünen Woche zu sehen, wo die Verdampfung im Kuhstall erfolgte, und die Kondensationswärme das dazugehörige Bauernhaus heizte.

Der Nutzen in einem solchen Fall ist die vom Kondensator abgegebene Wärme $q_-$, und der Aufwand ist die zum Betrieb des Kompressors benötigte Arbeit $a_0$. Es gilt wie immer $q_+ - |q_-| + a_0 = 0$ und folglich

$$e = \frac{|q_-|}{a_0} = \frac{a_0 + q_+}{a_0}\,.$$

$q_+$ ist die dem Verdampfer zugeführte Wärme, sie ist positiv, und folglich ist $e > 1$ für eine Wärmepumpe.

Wir betrachten eine Wärmepumpe, die mit Kaltron 12 arbeiten soll. Im Verdampfer wird der ursprünglich vorliegende Naßdampf bei 1,5 bar in überhitzten Dampf von 45° C überführt. Dann folgt die Kompression, und anschließend wird im Kondensator soviel Wärme abgegeben, daß das Kaltron im Siedezustand bei 30° C vorliegt. Adiabate Drosselung schließt den Kreisprozeß. Die abgegebene Wärmeleistung soll $\dot{Q} = 10^3\ kW$ betragen.

Die dementsprechende Prozeßkurve ist in Abb. 5.12 durch die dicken Linien dargestellt.

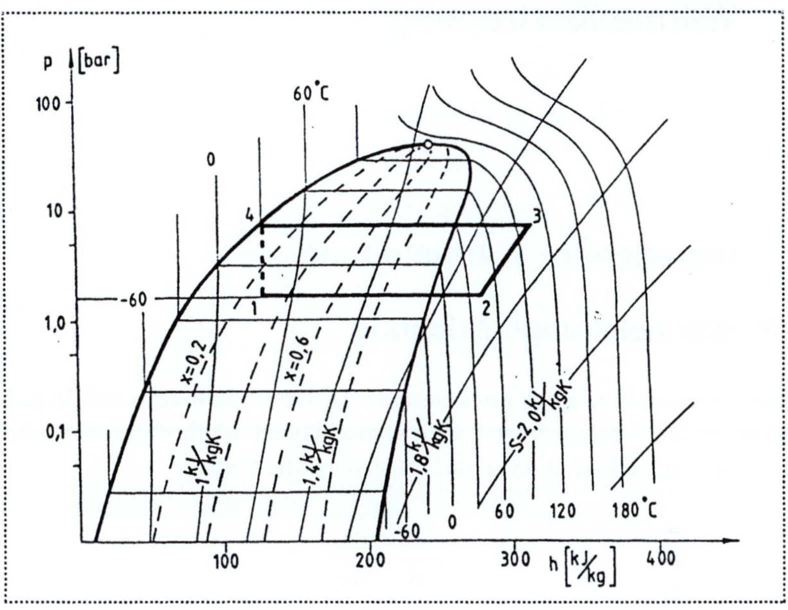


**Abb. 5.12**   Zur Berechnung einer Wärmepumpe.

Daraus lesen wir ab:

- die Temperatur nach der Kompression     $105°$ C
- das Druckverhältnis des Kompressors $8 : 1,5 = 5,3$
- die spezifische Arbeit des Kompressors $a_0 = h_3 - h_2 = 40\,\mathrm{kJ/kg}$
- die spezifische Wärmeleistung     $|q_-| = h_3 - h_4 = 185\ \mathrm{kJ/kg}$
- der Wirkungsgrad     $e = 4,6$
- die benötigte Durchflußmenge $\dot{m} = \dot{Q}/|q_-| = 5,4\,\dfrac{\mathrm{kg}}{\mathrm{s}} = 19,5\,\dfrac{\mathrm{t}}{\mathrm{h}}$
- die Leistung des Kompressors $\dot{A} = \dot{m}\,a_0 = 216\ \mathrm{kW}$.

# 6 Wärmeübertragung

## 6.1 Instationäre Wärmeleitung

### 6.1.1 Wärmeleitungsgleichung

In einer ruhenden Flüssigkeit mit konstanter Dichte sind Massen- und Impulsbilanz identisch erfüllt, – vorausgesetzt, man vernachlässigt die thermische Ausdehnung – und die Energiebilanz (1.48) reduziert sich auf die Form

$$\rho\frac{\partial u}{\partial t} + \frac{\partial q_i}{\partial x_i} = 0 \, . \tag{6.1}$$

Die spezifische innere Energie u ist dann auch nur eine Funktion der Temperatur. Der Wärmefluß $q_i$ wird durch das Fourier-Wärmeleitgesetz $(2.3)_3$ gegeben. Wir schreiben

$$u = cT + \alpha \quad \text{und} \quad q_i = -\kappa\frac{\partial T}{\partial x_i} \tag{6.2}$$

und nehmen an, daß die spezifische Wärme c und die Wärmeleitfähigkeit $\kappa$ konstant sind. Dann folgt aus (6.1) und (6.2)

$$\frac{\partial T}{\partial t} = \lambda\frac{\partial^2 T}{\partial x_i \partial x_i} \, , \quad \text{mit} \quad \lambda = \frac{\kappa}{\rho c} \, . \tag{6.3}$$

$\lambda$ heißt die Temperaturleitfähigkeit, sie ist positiv.

Die Gleichung (6.3) ist eine partielle Differentialgleichung für die Bestimmung der Temperatur bei gegebenen Rand- und Anfangswerten. Sie heißt die *Wärmeleitungsgleichung*. Wir werden den Spezialfall untersuchen, in dem T nur von der *einen* Ortsvariablen $x_1 = x$ abhängt. Dann reduziert sich (6.3) auf

$$\frac{\partial T}{\partial t} = \lambda\frac{\partial^2 T}{\partial x^2} \, ; \tag{6.4}$$

dies ist die eindimensionale Wärmeleitungsgleichung. Sie ist eine der einfachsten partiellen Differentialgleichungen, und insbesondere ist sie linear in T. Daraus folgt, daß, wenn zwei Funktionen $T_1$ und $T_2$ die Gleichung erfüllen, so tut das auch die Summe $a_1T_1 + a_2T_2$, wobei $a_1$ und $a_2$ zwei Konstanten sind.

## 6.1.2 Trennung der Variablen

Bei linearen Differentialgleichungen basiert *eine* Lösungsmethode auf der sogenannten "Trennung der Variablen". Man macht den Produktansatz $T(x,t) = \vartheta(t)\chi(x)$ und erhält durch Einsetzen in (6.4)

$$\dot{\vartheta}(t)\chi(x) = \lambda\vartheta(t)\chi''(x) \,. \tag{6.5}$$

Punkt und Strich kennzeichnen Zeit- bzw. Ortsableitung. Durch Division mit $\lambda\chi(x)\vartheta(t)$ "trennt" man die Variablen, d. h. , man bringt die zeit- und ortsabhängigen Funktionen auf verschiedene Seiten der Gleichung. Es ergibt sich

$$\frac{1}{\lambda}\frac{\dot{\vartheta}}{\vartheta} = \frac{\chi''}{\chi} \,. \tag{6.6}$$

Beide Seiten müssen gleich einer Konstanten sein, da sie ja – wegen (6.6) – weder von t noch von x abhängen können. Wir nennen die Konstante $-a^2$, um sinnfällig zu machen, daß sie nicht positiv sein kann.[6.1] Damit erhalten wir zwei gewöhnliche Differentialgleichungen, nämlich

$$\dot{\vartheta} = -\lambda a^2\vartheta \quad \text{und} \quad \chi'' = -a^2\chi. \tag{6.7}$$

Die Lösung dieser Gleichungen lautet

$$\vartheta(t) = Ce^{-\lambda a^2 t} \quad \text{und} \quad \chi(x) = A\cos ax + B\sin ax \quad, \tag{6.8}$$

wobei die multiplikative Konstante C ohne Einschränkung der Allgemeinheit gleich 1 gesetzt werden kann; das bedeutet lediglich eine Umdefinition der ohnehin beliebigen Konstanten A und B.

Ein Index n numeriert die möglichen Werte $a_n$ von a und die zugehörigen Werte $A_n$, $B_n$ von A und B. Diese Werte müssen aus den Rand- und Anfangswerten des Problems bestimmt werden. Die allgemeine Lösung ergibt sich dann als Summe

$$T(x,t) = \sum_n e^{-\lambda a_n^2 t}\left(A_n\cos a_n x + B_n\sin a_n x\right) \,. \tag{6.9}$$

---

6.1 Wäre die Konstante positiv, so würde die Temperatur an jeder Stelle exponentiell zunehmen, siehe (6.8). [Beachte jedoch Absatz 6.1.6, wo $a^2$ imaginär ist.]

### 6.1.3 Beispiel I: Wärmeleitung in einem adiabaten Stab der Länge L

Die Enden eines wärmeleitenden Stabes sollen an den Stellen $x = \pm\,{}^{L}\!/_{2}$ liegen, und sie sollen adiabat isoliert sein. Im Stab herrsche zur Zeit $T = 0$ die Anfangstemperaturverteilung $T_0(x)$. Das heißt

$$\left.\frac{\partial T(x,t)}{\partial x}\right|_{x=\pm\,{}^{L}\!/_{2}} = 0 \quad\text{und}\quad T(x,0) = T_0(x) \ . \tag{6.10}$$

Die Randbedingungen $(6.10)_1$ garantieren, daß die Wärmeflüsse an den Stabenden verschwinden, so daß die Bedingung der adiabaten Isolierung gewährleistet wird.

Die Randbedingungen werden erfüllt, indem wir verlangen, daß jeder Summand $\vartheta_n(t)\chi_n(x)$ in (6.9) diese Bedingungen erfüllt. Dann gilt

$$\text{für}\quad x = -\frac{L}{2}: \quad \left(+A_n \sin a_n \frac{L}{2} + B_n \cos a_n \frac{L}{2}\right) a_n = 0$$

$$\text{für}\quad x = \frac{L}{2}: \quad \left(-A_n \sin a_n \frac{L}{2} + B_n \cos a_n \frac{L}{2}\right) a_n = 0 \qquad . \tag{6.11}$$

Hieraus folgen Einschränkungen an die Werte der Konstanten $a_n$ sowie an die Koeffizienten $A_n$ und $B_n$. Offenbar kann eines der $a_n$ gleich Null sein; wir kennzeichnen dieses durch den Index 0 und haben

$$a_0 = 0 \ . \tag{6.12}$$

Dieses $a_0 = 0$ erfüllt die Randbedingungen (6.11) für beliebige Werte der Koeffizienten $A_0$ und $B_0$. Aber (6.11) hat auch Lösungen für $a_n \neq 0$. In diesem Fall stellt (6.11) ein homogenes lineares Gleichungssystem für $A_n$ und $B_n$ dar. Eine nichttriviale Lösung ergibt sich nur, wenn die Determinante verschwindet, und das heißt

$$\sin a_n L = 0 \;\Rightarrow\; a_n = \frac{n\pi}{L} \qquad n = \ldots -2, -1, 1, 2, \ldots \tag{6.13}$$

Die zugehörigen Werte von $A_n$ und $B_n$ sind dann nach (6.11)

$$
\begin{array}{llll}
A_n = 0 & B_n \sim \text{beliebig} & \text{für} & n - \text{ungerade} \\
A_n \sim \text{beliebig} & B_n = 0 & \text{für} & n - \text{gerade} \quad (6.14)
\end{array}
$$

Einsetzen von (6.12), (6.13) und (6.14) in die allgemeine Lösung (6.9) ergibt

$$T(x,t) = A_0 + \sum_{\substack{n>0 \\ n\ \text{ungerade}}} e^{-\lambda\left(\frac{n\pi}{L}\right)^2 t}\left(B_n - B_{-n}\right)\sin\frac{n\pi}{L}x +$$

$$+ \sum_{\substack{n>0 \\ n\ \text{gerade}}} e^{-\lambda\left(\frac{n\pi}{L}\right)^2 t}\left(A_n + A_{-n}\right)\cos\frac{n\pi}{L}x \ . \tag{6.15}$$

Damit sind die Randbedingungen $(6.10)_1$ erfüllt; die Anfangsbedingung verlangt

$$T_0(x) = A_0 + \sum_{\substack{n>0 \\ n\ \text{ungerade}}}\left(B_n - B_{-n}\right)\sin\frac{n\pi}{L}x + \sum_{\substack{n>0 \\ n\ \text{gerade}}}\left(A_n + A_{-n}\right)\cos\frac{n\pi}{L}x \ . \tag{6.16}$$

Aus dieser Bedingung müssen die Koeffizienten $A_0$ , $B_n - B_{-n}$ und $A_n + A_{-n}$ berechnet werden. $A_0$ ergibt sich einfach durch Integration von (6.16) über die Stablänge

$$A_0 = \frac{1}{L}\int_{-\frac{1}{2}}^{\frac{1}{2}} T_0(x')dx' \ \ . \tag{6.17}$$

Die Koeffizienten $(B_n - B_{-n})$ und $(A_n + A_{-n})$ folgen ebenfalls durch Integration von (6.16) über die Stablänge; nur muß vorher mit $\sin\frac{n'\pi}{L}x$ bzw. $\cos\frac{n'\pi}{L}x$ multipliziert werden. Man benutzt die Identitäten

$$\int_{-\frac{1}{2}}^{\frac{1}{2}} \sin\frac{n\pi}{L}x\ \sin\frac{n'\pi}{L}x\,dx = \frac{L}{2}\delta_{nn'} \qquad \text{für } n + n'\ -\ \text{gerade}$$

$$\int_{-\frac{1}{2}}^{\frac{1}{2}} \sin\frac{n\pi}{L}x\ \cos\frac{n'\pi}{L}x\,dx = 0$$

$$\int_{-\frac{1}{2}}^{\frac{1}{2}} \cos\frac{n\pi}{L}x\ \cos\frac{n'\pi}{L}x\,dx = \frac{L}{2}\delta_{nn'} \qquad \text{für } n + n'\ -\ \text{gerade}$$

und erhält

$$A_n + A_{-n} = \frac{2}{L} \int_{-\frac{L}{2}}^{\frac{L}{2}} T_0(x') \cos\frac{n\pi}{L} x' dx'$$

$$B_n - B_{-n} = \frac{2}{L} \int_{-\frac{L}{2}}^{\frac{L}{2}} T_0(x') \sin\frac{n\pi}{L} x' dx' . \qquad (6.18)$$

Setzt man diese Koeffizienten in (6.15) ein, so ergibt sich die endgültige Lösung in der Form einer Reihe mit unendlich vielen Gliedern

$$T(x,t) = \frac{1}{L} \int_{-\frac{L}{2}}^{\frac{L}{2}} T_0(x') dx' +$$

$$+ 2 \sum_{\substack{n>0 \\ \text{ungerade}}} e^{-\lambda\left(\frac{n\pi}{L}\right)^2 t} \frac{1}{L} \int_{-\frac{L}{2}}^{\frac{L}{2}} T_0(x') \sin\frac{n\pi}{L} x' \sin\frac{n\pi}{L} x dx' +$$

$$+ 2 \sum_{\substack{n>0 \\ \text{gerade}}} e^{-\lambda\left(\frac{n\pi}{L}\right)^2 t} \frac{1}{L} \int_{-\frac{L}{2}}^{\frac{L}{2}} T_0(x') \cos\frac{n\pi}{L} x' \cos\frac{n\pi}{L} x dx' .$$

$$(6.19)$$

Der Exponentialfaktor sorgt dafür, daß für $t > 0$ die Reihenglieder mit großem n nur einen kleinen Beitrag liefern. Deshalb kann man gute Ergebnisse schon erhalten, wenn man die Reihen nach wenigen Gliedern abbricht.

Wir illustrieren die Lösung für eine bestimmte Anfangsverteilung. Als Beispiel wählen wir den Fall, daß $T_0(x)$ in den beiden Stabhälften homogen, aber verschieden ist, so daß gilt

$$T_0(x) = \begin{cases} T_M = \text{const} & -\frac{L}{2} \le x < 0 \\ T_m = \text{const} & 0 < x \le \frac{L}{2} \end{cases} . \qquad (6.20)$$

In diesem Fall lassen sich die Integrale in (6.19) leicht berechnen, und man erhält

$$T(x,t) = \frac{T_M + T_m}{2} - 2(T_M - T_m) \sum_{\substack{n>0 \\ \text{ungerade}}} e^{-\lambda\left(\frac{n\pi}{L}\right)^2 t} \frac{1}{n\pi} \sin\frac{n\pi}{L} x . \qquad (6.21)$$

Abb. $6.1_L$ zeigt den Verlauf von T als Funktion von x für verschiedene Zeiten t. Dabei wurden so viele Summenglieder ausgewertet, wie nötig, d. h. nur so viele, daß die weggelassenen Glieder die Lösung nicht mehr erkennbar beeinflussen; tatsächlich reichen im vorliegenden Fall drei Summenglieder. Wir erkennen, daß der anfängliche Sprung in der Temperaturverteilung sich schnell glättet, und daß die Verteilung dem Mittelwert aus $T_M$ und $T_m$ zustrebt.

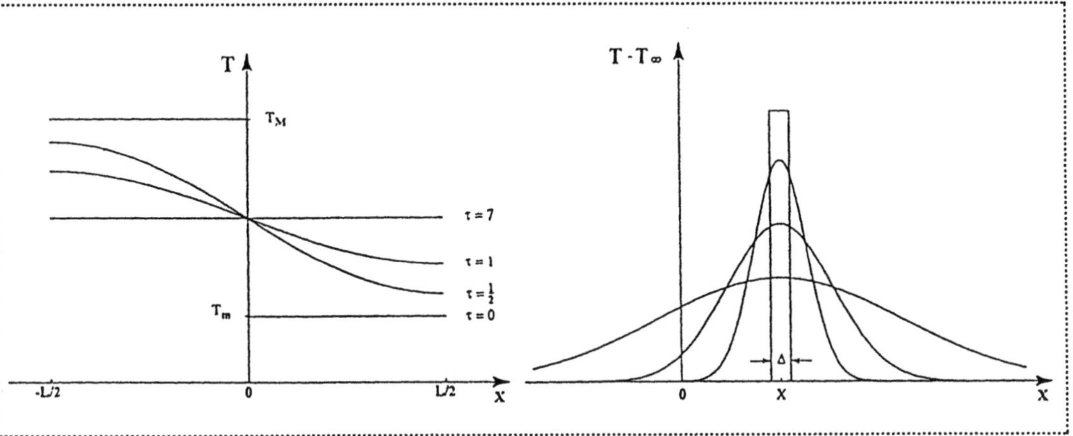


**Abb. 6.1** Temperaturausgleich durch Wärmeleitung

       Links:   In einem adiabat begrenzten Stab der Länge L.

$$\tau = \lambda \frac{\pi^2}{L^2} t \quad \text{ist eine dimensionslose Zeit.}$$

       Rechts:  Zerlaufen eines Wärmepols.

## 6.1.4 Beispiel II: Wärmeleitung in einem unendlich langen Stab

Die Lösung der Wärmeleitungsgleichung für den unendlich langen Stab erhalten wir aus (6.19), indem wir $L \to \infty$ gehen lassen. Als Anfangsbedingung sei $T_0 (x)$ so gewählt, daß es nur in einem endlichen x–Bereich von einer homogenen Temperatur $T_\infty$ abweicht; dann verschwindet der erste Term in (6.19) für $L \to \infty$.

In diesem Grenzfall wird $\frac{n\pi}{L}$ zu einer kontinuierlichen Variablen $\alpha$, die bei jedem Fortschreiten von n um $\Delta n = 2$ den Zuwachs $d\alpha = \frac{\pi}{L} \Delta n = \frac{\pi}{L} 2$ erfährt. Wir schreiben

$$n = \frac{L}{\pi} \alpha \quad \Rightarrow \quad \Delta n = 2 = \frac{L}{\pi} d\alpha$$

und ersetzen dementsprechend in (6.19) die Summen über n durch Integrale über $\alpha$ von 0 bis $\infty$

$$T(x,t) - T_\infty = \frac{1}{\pi} \int_0^\infty \left[ e^{-\lambda\alpha^2 t} \left( \int_{-\infty}^\infty T_0(x')\sin\alpha x'\,dx' \right) \sin\alpha x \right] d\alpha +$$

$$+ \frac{1}{\pi} \int_0^\infty \left[ e^{-\lambda\alpha^2 t} \left( \int_{-\infty}^\infty T_0(x')\cos\alpha x'\,dx' \right) \cos\alpha x \right] d\alpha$$

$$T(x,t) - T_\infty = \frac{1}{\pi} \int_{-\infty}^\infty T_0(x') \left[ \int_0^\infty e^{-\lambda\alpha^2 t} \cos\alpha(x'-x)\,d\alpha \right] dx' \,. \tag{6.22}$$

Auf dem letzten Schritt wurde die Reihenfolge der Integrationen vertauscht. Das Integral in eckigen Klammern läßt sich leicht ausrechnen – oder in einer Integraltafel ablesen. Es gilt

$$\int_0^\infty e^{-\lambda\alpha^2 t} \cos\alpha(x'-x)\,d\alpha = \frac{\sqrt{\pi}}{2\sqrt{\lambda t}}\, e^{-\frac{(x'-x)^2}{4\lambda t}} \,,$$

und damit folgt aus (6.22)

$$T(x,t) - T_\infty = \frac{1}{2\sqrt{\pi\lambda t}} \int_{-\infty}^\infty T_0(x')\, e^{-\frac{(x'-x)^2}{4\lambda t}}\, dx' \,. \tag{6.23}$$

Das ist die allgemeine Lösung der Wärmeleitungsgleichung (6.4) für den unendlichen Stab. Konkrete Lösungen für spezielle Fälle ergeben sich nach Wahl der Anfangsbedingungen.

Wählen wir z. B. als anfängliche Temperaturverteilung einen schmalen "Wärmepol" an der Stelle X, also

$$T_0(x') = \begin{cases} T_0 & \text{für} \quad |x'-X| < \dfrac{\Delta}{2} \\ T_\infty & \text{sonst} \end{cases} \,,$$

so folgt aus (6.23)

$$T(x,t) - T_\infty = \frac{T_0 - T_\infty}{2\sqrt{\pi\lambda t}}\, e^{-\frac{(X-x)^2}{4\lambda t}}\, \Delta\ .$$

(6.24)

Dies ist für jedes $t > 0$ eine Gauß'sche Glockenfunktion, die mit wachsendem $t$ immer niedriger und breiter wird. Abb. $6.1_R$ zeigt, wie der Wärmepol mit der Zeit "zerläuft".

## 6.1.5 Beispiel III: Temperaturmaximum in der Nähe eines Wärmepols

Die Graphen der Abb. $6.1_R$ zeigen, daß an jeder Stelle $|x - X| \geq \Delta$ die Temperatur zunächst zu- und dann wieder abnimmt. Das Maximum von $T(x,t)$ wird zur Zeit $t_m$ erreicht. Diese ergibt sich aus

$$\frac{\partial T(x,t)}{\partial t} = 0 \;\Rightarrow\; \text{mit (6.24)} \quad t_m = \frac{(x - X)^2}{2\lambda}\ .$$

(6.25)

Der dementsprechende Maximalwert $T_m$ von $T$ folgt durch Einsetzen von $(6.25)_2$ in (6.24)

$$T_m = T_\infty\left(1 + \frac{1}{\sqrt{2\pi e}}\,\frac{T_0 - T_\infty}{T_\infty}\,\frac{\Delta}{x - X}\right).$$

(6.26)

Bemerkenswert ist, daß diese Maximaltemperatur universell, d. h. materialunabhängig ist. Die Zeit $t_m$ dagegen, bei der die Maximaltemperatur an der Stelle $x$ auftritt, hängt von der Temperaturleitfähigkeit ab; sie ist umgekehrt proportional zu $\lambda$.

Wir betrachten folgende Situation: Ein Kupferdraht von 70° C wird plötzlich auf einer Länge von 1 mm auf 1100° C gebracht, so daß er schmilzt. Auf dem Draht sind Gummimuffen angebracht, die nicht wärmer als 150° C werden dürfen. Wie weit müssen diese von der Schmelzstelle entfernt sein? Eine leichte Umstellung von (6.26) gibt uns die Antwort: $x - X = 3{,}06$ mm.

## 6.1.6 Beispiel IV: Wärmewellen im Erdboden

Die über einen Tages- oder Jahresverlauf an der Erdoberfläche durch die Sonnenstrahlung oder Erdabstrahlung erzeugten Temperaturschwingungen kann man durch eine periodische Funktion der Form

$$T(0,t) = T_0 + \Delta T \cos \frac{2\pi}{\tau} t$$

beschreiben. Zu berechnen ist der daraus resultierende Temperaturverlauf $T(x,t)$ im Erdboden, so wie er von der Wärmeleitungsgleichung (6.4) beschrieben wird. Deren Lösung ist nach wie vor durch (6.9) gegeben, aber wenn diese Lösung mit der obigen Randbedingung $T(0,t)$ kompatibel sein soll, so kommen nur drei Werte von $a_n^2$ in Betracht, nämlich

$$a_0^2 = 0 \quad \text{und} \quad a_{\pm 1}^2 = \pm\, i \frac{2\pi}{\lambda\tau}$$

Beachte, daß $a_{\pm 1}^2$ imaginär sein muß, damit der zeitabhängige Exponentialfaktor in (6.9) eine Schwingung beschreiben kann. Damit reduziert sich die Lösung (6.9) auf die Form

$$T(x,t) = A_0 + e^{-i\frac{2\pi}{\tau}t}\left(A_{+1}\cos\sqrt{i}\,\frac{2\pi}{\lambda\tau}x + B_{+1}\sin\sqrt{i}\,\frac{2\pi}{\lambda\tau}x\right) +$$

$$+ e^{i\frac{2\pi}{\tau}t}\left(A_{-1}\cos\sqrt{-i}\,\frac{2\pi}{\lambda\tau}x + B_{-1}\sin\sqrt{-i}\,\frac{2\pi}{\lambda\tau}x\right),$$

und wenn diese bei $x = 0$ eine cos-Schwingung um den Wert $T_0$ mit der Amplitude $\Delta T$ darstellen soll, so folgen daraus die zugehörigen Werte von $A_0$ und $A_{\pm 1}$ zu

$$A_0 = T_0 \quad \text{und} \quad A_{\pm 1} = \frac{\Delta T}{2},$$

während $B_{\pm 1}$ durch die Randbedingung nicht eingeschränkt wird. Folglich schreibt sich die Lösung als

$$T(x,t) = T_0 + e^{i\frac{2\pi}{\tau}t}\left(\frac{1}{2}\Delta T\cos\sqrt{-i}\,\sqrt{\frac{2\pi}{\tau\lambda}}x + B_{-1}\sin\sqrt{-i}\,\sqrt{\frac{2\pi}{\tau\lambda}}x\right) +$$

$$+ e^{-i\frac{2\pi}{\tau}t}\left(\frac{1}{2}\Delta T\cos\sqrt{i}\,\sqrt{\frac{2\pi}{\tau\lambda}}x + B_{+1}\sin\sqrt{i}\,\sqrt{\frac{2\pi}{\tau\lambda}}x\right).$$

Wir erinnern, daß $\sqrt{\pm i} = \frac{1}{\sqrt{2}}(1 \pm i))$ ist und daß gilt

$$\cos\alpha = \frac{1}{2}\left(e^{i\alpha} + e^{-i\alpha}\right), \quad \sin\alpha = \frac{1}{2i}\left(e^{i\alpha} - e^{-i\alpha}\right)$$

und ersetzen damit die cos- und sin-Ausdrücke. Stellt man noch die plausible Forderung, daß T(x,t) für $x \to \infty$ , – d. h. tief im Boden, – endlich bleiben soll, so folgt

$$B_{\pm 1} = \pm i \frac{\Delta T}{2} ,$$

und dann kann die Lösung in ihrer endgültigen Form geschrieben werden als

$$T(x,t) = T_0 + \Delta T \cdot e^{-\sqrt{\frac{\pi}{\lambda \tau}} x} \cos\left( \frac{2\pi}{\tau} t - \sqrt{\frac{\pi}{\lambda \tau}} x \right) .$$

Es handelt sich dabei um eine Welle, die mit der Phasengeschwindigkeit V in den Erdboden eindringt und dabei auf der Länge L auf 1/e ihrer Amplitude abfällt. Es gilt

$$V = 2 \sqrt{\pi \frac{\lambda}{\tau}} \quad \text{und} \quad L = \sqrt{\frac{1}{\pi} \lambda \tau} .$$

Bei einem Sektkeller ist es wichtig, daß die Tiefe $x_S$ so gewählt wird, daß im Jahresverlauf die Temperatur nur höchstens um 1 K schwankt. Das heißt, es muß gelten

$$\Delta T\, e^{-\sqrt{\frac{\pi}{\lambda \tau}} x_S} \leq 1K .$$

Nimmt man an, daß die jährliche Temperaturamplitude $\Delta T = 20K$ beträgt und daß die Temperaturleitfähigkeit $\lambda$ des Erdbodens den Wert $2 \cdot 10^{-7} \frac{m^2}{s}$ hat, so folgt mit $\tau = 1$ Jahr als Minimaltiefe des Kellers $x_S = 4{,}2$ m. Die Phasengeschwindigkeit der Welle beträgt $V \approx 1 \frac{mm}{h}$ und die $\frac{1}{e}$ – Tiefe ist $L = 1{,}42$ m.

Die Lösung T(x,t) zeigt gegenüber den Randwerten T(0,t) eine ortsabhängige Phasenverschiebung von der Größe $\sqrt{\frac{\pi}{\lambda \tau}} x$ . In der Tiefe $x_\pi = \sqrt{\pi \lambda \tau}$ ist diese Phasenverschiebung gleich $\pi$ . Für die oben angegebenen Werte ist $x_\pi = 4{,}4$ m, und daraus folgt, daß es im Sektkeller im Sommer am kühlsten und im Winter am wärmsten ist; aber natürlich beträgt die jahreszeitliche Schwankung nur 1K.

Man kann auch das Eindringen der *täglichen* Temperaturschwankung in die Erde untersuchen. Wegen der kleineren Temperaturamplitude von $\Delta T = 5\,K$ und wegen der kleineren Periode von $T = 1$ Tag ergeben sich dann andere Werte. So ist die Tiefe $x_S$ , bei der eine Schwankung von nur 1 K auftritt, in diesem Fall gegeben als $x_S = 12$ cm.

## 6.1.7 Historisches zur Wärmeleitung

Der Pionier der Wärmeleitung ist Fourier, der im Jahre 1822 sein Buch "Théorie analytique de la chaleur" veröffentlichte. Von der Natur der Wärme machte sich Fourier eine eigenartige Vorstellung. Er schreibt: [6.1]

> "Die Wärme ist das  Princip aller Elasticitätserscheinungen, ihre repulsive Kraft erhält die Form der  festen Körper und das Volumen der Flüssigkeiten.  In der Tat würden  in  festen  Körpern  die  Moleküle  ihrer  gegenseitigen  Anziehung nachgebend aufeinanderstürzen, wenn die Wärme sie nicht auseinanderhielte".

Mit etwas guten Willen kann man diesen Bemerkungen aus moderner Sicht durchaus einen richtigen Sinn unterlegen, aber das hieße wohl, zuviel in Fouriers Gedanken hinein-zuinterpretieren. Tatsächlich leitet er das Wärmeleitungsgesetz (6.2) und die Wärme-leitungsgleichung (6.3) ohne den Rückgriff auf solche Vorstellungen ab: Er nimmt an, daß die Wärme nach Maßgabe des Temperaturgradienten fließt, und bilanziert dann Einfluß und Ausfluß aus einem "Körperchen", d. h. einem infinitesimalen Volumelement.

Beim Bemühen um die Lösung der Wärmeleitungsgleichung entwickelte Fourier die Theorie der Zerlegung einer beliebigen Funktion in harmonische Funktionen, die wir heute die Theorie der Fourier-Reihen nennen. Zwar wurde die Methode der Trennung der Variablen nicht von Fourier erfunden, sondern von Daniel BERNOULLI (1700–1782), der damit die schwingende Saite behandelte. Fourier aber bemerkte, daß Bernoullis Rech-nungen voraussetzen,

> "...dass jede arbiträre Function sich in eine nach Sinussen oder Cosinussen fortschreitende Reihe entwickeln läßt."

Im hier betrachteten Fall der Wärmeleitung sehen wir diese Beobachtung an Gleichung (6.16) bestätigt, deren Koeffizienten wir in (6.17), (6.18) angeben konnten. Fourier schreibt:

> "Dass aber (Bernoullis) Voraussetzung zutrifft, wird man wol nicht schlagender beweisen können, als dadurch, dass man  eine solche Entwickelung vornimmt und die Coeffizienten derselben bestimmt."

Trotzdem wundert sich Fourier:

> "Es ist sehr merkwürdig, dass man durch convergente Reihen den Verlauf *ganz beliebig* gezogener Curven darzustellen vermag. Es giebt also Funktionen, die für in gewissen Intervallen gelegene Werte  ihrer Argumente völlig mit einander zusammenfallen, während  sie sonst voneinander  ganz verschieden sein können. Sie werden durch Curven dargestellt, die eine Osculation auf *endlichen* Strecken eingehen, in anderen Teilen dagegen auseinanderlaufen."

---

6.1 Zitate aus B. Weinsteins Übersetzung der Théorie analytique. Springer Verlag, Berlin (1886).

Seine lebenslange Beschäftigung mit der Wärme hatte in Fourier eine fixe Idee entstehen lassen. Asimov schreibt: [6.2]

Fourier believed heat to be essential to health so he always kept his dwelling place overheated and swathed himself in layer upon layer of clothes. He died of a fall down the stairs.

**Abb. 6.2** Jean Baptiste Joseph Baron de Fourier

## 6.2 Wärmetauscher

### 6.2.1 Wärmeübergangszahlen und Wärmedurchgangszahl

Im Wärmetauscher strömen zwei Flüssigkeiten auf verschiedenen Seiten einer wärmeleitenden Wand entlang. Die große Masse der warmen Flüssigkeit habe die Temperatur $T_W$, und die Wandtemperatur auf der warmen Seite sei $T_1$. Bei der kalten Flüssigkeit sei die Wandtemperatur $T_2$, und die Temperatur ihrer Hauptmasse sei $T_K$. Alle diese Temperaturen hängen von $x_2$ ab, der Strömungsrichtung. Die Trennwand der Dicke D sei senkrecht zu $x_1$. Abb. 6.3$_{\text{unten}}$ zeigt einen typischen Temperaturverlauf als Funktion von $x_1$.

In der Trennwand ist nach Absatz 2.2.2 die Temperatur eine lineare Funktion von $x_1$, d. h., die 1-Komponente des Wärmeflusses ist gegeben durch, siehe (2.10),

$$q_1 = \frac{\kappa}{D}\left(T_1 - T_2\right).$$

$$(6.27)$$

Rechts und links von der Trennwand ist das Temperaturfeld nicht so einfach zu bestimmen; es hängt natürlich von den Wärmeleitfähigkeiten der Flüssigkeiten ab, aber auch von ihrem Strömungszustand – laminar, turbulent – und von der Strömungsgeschwindigkeit. Wir können hier nur eine plausible Annahme machen,

---

6.2 Asimov's Biographical Encyclopedia of Science and Technology. Pan Reference Books, London & Sydney (1978).

und die besagt, daß die 1-Komponente des Wärmeflusses von der zu kühlenden Flüssigkeit in die Trennwand hinein proportional zu $T_W - T_1$ ist.

$$q_1 = \alpha_W (T_W - T_1) \, . \tag{6.28}$$

Entsprechend gilt für den in die Kühlflüssigkeit hineintretenden Wärmefluß

$$q_1 = \alpha_K \left( T_2 - T_K \right) . \tag{6.29}$$

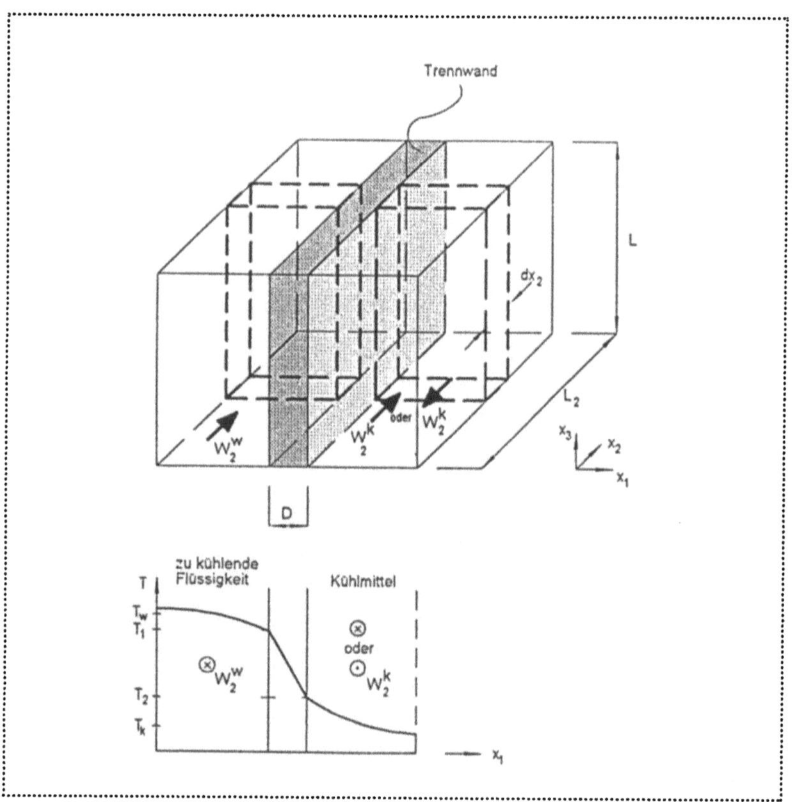


**Abb. 6.3** Temperaturprofil im Wärmetauscher.
Oben : Kontrollvolumina in den Strömungskanälen
des Wärmetauschers (ohne Deckfläche)
Unten: Temperaturprofil im Wärmetauscher bei *einem* $x_2$.

$\alpha_W$ und $\alpha_K$ heißen die Wärmeübergangszahlen der Flüssigkeiten zur Trennwand. Für diese Zahlen gelten empirische Formeln, welche von den Flüssigkeitseigenschaften, dem Strömungszustand, der Form des Strömungskanals etc. abhängen. Diese Formeln können technischen Handbüchern entnommen werden.

Die Werte von $q_1$ in (6.27), (6.28) und (6.29) sind alle gleich, weil der Wärmefluß an den beiden Grenzflächen der Trennwand stetig ist. Dann folgt durch Addition der drei Gleichungen – nach vorheriger Division – durch $\kappa/D, \alpha_W$ bzw. $\alpha_K$

$$q_1 = \underbrace{\frac{1}{\dfrac{1}{\alpha_W} + \dfrac{D}{\kappa} + \dfrac{1}{\alpha_K}}}_{k}(T_W - T_K) \ . \tag{6.30}$$

k heißt die Wärmedurchgangszahl von der zu kühlenden Flüssigkeit zur Kühlflüssigkeit.

## 6.2.2 Temperaturgleichungen in Strömungsrichtung

Wir betrachten eine stationäre Strömung in der zu kühlenden Flüssigkeit und im Kühlmittel und bestimmen die Entwicklung der Temperatur beider Medien in der Strömungsrichtung. Die Temperaturen sind gegeben durch Differentialgleichungen, die wir aus der Energiebilanz (1.36) ableiten. Für einen stationären Prozeß und unter Vernachlässigung der Zufuhrterme, der kinetischen Energie und der Viskosität lautet diese Bilanzgleichung

$$\int_{\partial V}\left(\rho\left(u + \frac{p}{\rho}\right)w_i + q_i\right)n_i\, dA = 0. \tag{6.31}$$

Wir wenden sie auf flache Kontrollvolumina der Dicke $dx_2$ in Strömungsrichtung an, die quer in den beiden Strömungskanälen liegen, siehe Abb. $6.3_{\text{oben}}$.
Angenommen wird, daß

- der Wärmefluß in Strömungsrichtung vernachlässigt werden kann,
- von den schmalen Seitenflächen der Kontrollvolumina nur die an der Trennwand von Wärmefluß durchsetzt werden.

Dann gilt für die Kontrollvolumina auf der warmen bzw. kalten Seite

$$\int_{\partial V_W} q_i n_i dA = k(T_W - T_K)L dx_2 \qquad \Big| \qquad \int_{\partial V_K} q_i n_i dA = -k(T_W - T_K)L dx_2 \ .$$

$$\tag{6.32}$$

Aufgrund dieser Wärmeflüsse ändert sich die Temperatur zwischen den breiten Oberflächen der Kontrollvolumina und damit die Enthalpie $h = u + p/\rho$. Darum gilt mit $h(x_2)$ als einer über den Strömungsquerschnitt gemittelten Enthalpie

$$\int_{\partial V_W} \rho\left(u + \frac{p}{\rho}\right) w_i n_i \, dA =$$

$$= \dot{m}_W \left[h^W(x_2 + dx_2) - h^W(x_2)\right]$$

$$= \dot{m}_W c_W \frac{dT_W}{dx_2} dx_2$$

$$\int_{\partial V_K} \rho\left(u + \frac{p}{\rho}\right) w_i n_i \, dA =$$

$$= \pm\dot{m}_K \left[h^K(x_2 + dx_2) - h^K(x_2)\right]$$

$$= \pm\dot{m}_K c_K \frac{dT_K}{dx_2} dx_2 \, . \qquad (6.33)$$

In (6.33) wurde die spezifische Wärme $c = \frac{\partial h}{\partial T}$ eingeführt. Das $\pm$ Zeichen gilt für gleiche bzw. entgegengesetzte Strömungsrichtungen in den beiden Kanälen: Man spricht von Wärmetauschern im Gleichstromverfahren und im Gegenstromverfahren.

Einsetzen von (6.32) und (6.33) in (6.31) liefert ein gekoppeltes System zweier Differentialgleichungen zur Bestimmung der beiden Funktionen $T_W(x_2)$ und $T_K(x_2)$

$$\frac{dT_W}{dx_2} = -\frac{kL}{\dot{m}_W c_W}(T_W - T_K) \qquad \frac{dT_K}{dx_2} = \pm\frac{kL}{\dot{m}_K c_K}(T_W - T_K), \qquad (6.34)$$

wobei immer das obere Vorzeichen für Gleichstrom und das untere für Gegenstrom steht.

Die Temperaturdifferent $T_W - T_K$ genügt einer einzelnen Differentialgleichung, nämlich

$$\frac{d(T_W - T_K)}{dx_2} = -\left(\frac{kL}{\dot{m}_W c_W} \pm \frac{kL}{\dot{m}_K c_K}\right)(T_W - T_K) \, . \qquad (6.35)$$

Daraus folgt, daß – in beiden Fällen – die Temperaturdifferenz exponentiell verläuft. Im Falle der Gegenstromkühlung gibt es die Möglichkeit, daß die Temperaturdifferenz konstant ist, so daß jedes Stück des Wärmetauschers gleich effektiv ist; das geschieht nach (6.35), wenn gilt $\dot{m}_W c_W = \dot{m}_K c_K$.

### 6.2.3 Temperaturverläufe

Zur Vereinfachung der Schreibweise setzen wir

$$W_W = \dot{m}_W c_W \quad \text{und} \quad W_K = \dot{m}_K c_K \tag{6.36}$$

und erhalten durch Integration von (6.35)

$$T_W - T_K = \left(T_W(0) - T_K(0)\right)\exp\left\{-\left(\frac{kL}{W_W} \pm \frac{kL}{W_K}\right)x_2\right\}. \tag{6.37}$$

Einsetzen in (6.34) ergibt ebenfalls durch Integration

$$T_W = T_W(0) - \frac{W_K}{W_K \pm W_W}\left(T_W(0) - T_K(0)\right)\left[1 - \exp\left\{-\left(\frac{kL}{W_W} \pm \frac{kL}{W_K}\right)x_2\right\}\right]$$

$$\tag{6.38}$$

$$T_K = T_K(0) \pm \frac{W_W}{W_K \pm W_W}\left(T_W(0) - T_K(0)\right)\left[1 - \exp\left\{-\left(\frac{kL}{W_W} \pm \frac{kL}{W_K}\right)x_2\right\}\right] \quad .$$

Abb. 6.4$_L$ zeigt ein qualitatives Bild dieser Funktionen für das Gleichstromverfahren (oberes Vorzeichen). In diesem Fall ergibt sich ein asymptotischer Wert für $x_2 \to \infty$

$$T(\infty) = \frac{W_W}{W_K + W_W}T_W(0) + \frac{W_K}{W_K + W_W}T_K(0) \Rightarrow \frac{T_W(0) - T(\infty)}{T_K(0) - T(\infty)} = -\frac{W_K}{W_W} \quad . \tag{6.39}$$

Die letzte Gleichung besagt einfach nur, daß die von der zu kühlenden Flüssigkeit abgegebene Wärme gleich der von der Kühlflüssigkeit aufgenommenen Wärme ist. Der Kühleffekt $T_W(0) - T(\infty)$ richtet sich nach den Massenströmen und spezifischen Wärmen der beiden Medien.

Im Gegenstromverfahren ist (6.38) möglicherweise nicht die nützlichste Form der Lösung der Differentialgleichungen, denn $T_K(0)$ ist die Temperatur des Kühlmittels am *Aus*lauf, und diese ist vielleicht nicht gegeben. Die natürlichsten Randbedingungen in diesem Fall scheinen $T_W(0)$ und $T_K(L_2)$ zu sein – die Temperaturen beider Medien an ihrem jeweiligen *Ein*lauf –. Drückt man die Lösungen (6.38) durch diese Randbedingungen aus, so erhält man nach leichter Rechnung unter Benutzung von (6.38)

$$T_W(x_2) = \frac{\left[\dfrac{W_K}{W_W}\exp\{-(-)x_2\}-\exp\{-(-)L_2\}\right]T_W(0)+\dfrac{W_K}{W_W}\left[1-\exp\{-(-)x_2\}\right]T_K(L_2)}{\dfrac{W_K}{W_W}-\exp\{-(-)L_2\}}$$

$$\text{(6.40)}$$

$$T_K(x_2) = \frac{\left[\,\exp\{-(-)x_2\}-\exp\{-(-)L_2\}\right]T_W(0)+\left[\dfrac{W_K}{W_W}-\exp\{-(-)x_2\}\right]T_K(L_2)}{\dfrac{W_K}{W_W}-\exp\{-(-)L_2\}}\,.$$

Die Exponenten der e–Funktion sind in (6.40) der Kürze halber nur angedeutet; es sind dieselben wie in (6.38), wobei jetzt nur das Minuszeichen gilt. Abb. 6.4 Mitte zeigt qualitativ einen typischen Temperaturverlauf im Gegenstromwärmetauscher.

Eine interessante Besonderheit im Temperaturverlauf ergibt sich für den Fall $W_K = W_W$. In diesem Fall verschwinden Zähler und Nenner in beiden Gleichungen (6.40). Um den Grenzfall $W_K \to W_W$ behandeln zu können, entwickeln wir gemäß

$$\frac{W_K}{W_W} = 1 + \alpha \qquad \frac{1}{W_W} - \frac{1}{W_K} = \frac{1}{W}\alpha$$

für kleines $\alpha$. W ist der im Grenzfall gleiche Wert von $W_W$ und $W_K$. Es ergibt sich

$$T_W(x_2) = T_W(0) - \left(T_W(0) - T_K(L_2)\right)\frac{1}{1+\dfrac{W}{kLL_2}}\,\frac{x_2}{L_2}$$

$$\text{(6.41)}$$

$$T_K(x_2) = T_K(L_2) + \left(T_W(0) - T_K(L_2)\right)\frac{1}{1+\dfrac{W}{kLL_2}}\left(1-\frac{x_2}{L_2}\right).$$

Beide Funktionen sind in diesem Fall linear, und ihr Anstieg ist gleich, siehe Abb. 6.4$_R$. Darum ist jedes Teilstück des Wärmetauschers gleich effektiv. Natürlich ist im allgemeinen die Temperatur $T_K$ am Auslauf der Kühlflüssigkeit bei $x_2 = 0$ höher als die Temperatur $T_W$ der zu kühlenden Flüssigkeit an *ihrem* Auslauf bei $x_2 = L$.

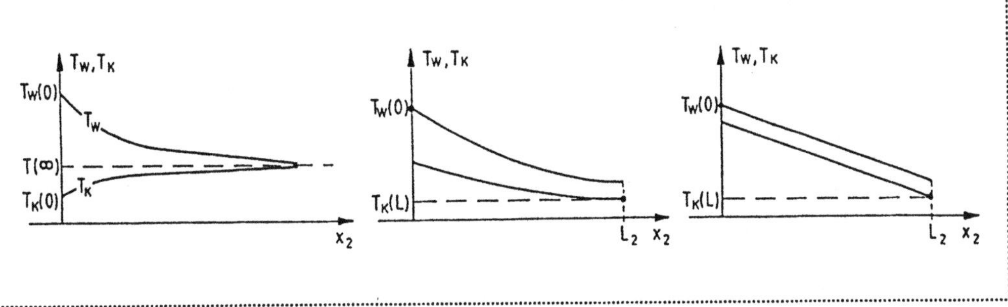


**Abb. 6.4** Qualitative Temperaturverläufe in Wärmetauschern
Links:  Gleichstrom
Mitte:   Gegenstrom
Rechts: Lineares Verhalten im Gegenstromwärmetauscher.

Besonders interessant ist der hypothetische Grenzfall $\dfrac{W}{kLL_2} \to 0$. In diesem Fall sind beide Temperaturen für alle $x_2$ gleich. Es gilt

$$T_W(x_2) = T_K(x_2) = T_W(0) - \left(T_W(0) - T_K(L_2)\right)\frac{x_2}{L_2}. \qquad (6.42)$$

Man spricht in diesem Fall vom reversiblen Wärmetauscher, denn ein Austausch von Wärme bei ganz geringer Temperaturdifferenz produziert auch wenig Entropie, und deshalb ist der Vorgang fast reversibel. Um den reversiblen Wärmetauscher näherungsweise zu realisieren, braucht man

entweder eine große Trennfläche $LL_2$
oder eine große Wärmedurchgangszahl $k$
oder einen kleinen Massenstrom $\dot{m}$
oder eine kleine spezifische Wärme $c$.

und *auf jeden* Fall das Gegenstromverfahren.

Wir erinnern uns an Absatz 3.3.4, die Behandlung des Ericson Prozesses. Dabei war die isobare Wärmeübertragung zwischen zwei gegenläufigen Massenströmen bei kleinen Temperaturdifferenzen erwünscht.

# 6.3 Wärmestrahlung

## 6.3.1 Spektrales Emissionsverhältnis und spektrale Absorptionszahl

Ein Körper kühlt ab bei Emission von Wärmestrahlung, und er erwärmt sich bei Absorption von Strahlung. Reflexion und Durchgang von Strahlung sind nicht wärmewirksam.

Die Wärmestrahlung besteht aus elektro–magnetischen Wellen mit größerer Wellenlänge als der des Lichts. Man spricht darum auch von Infrarotstrahlung. Diese überdeckt einen großen Wellenlängenbereich

$$10^{-6}\,\text{m} < \lambda < 10^{-4}\,\text{m}. \tag{6.43}$$

Was passiert? Bei der Absorption versetzt das elektrische Feld der Strahlung die Ladungen der Atome oder Moleküle in Bewegung; sie erhalten damit kinetische Energie, und der Körper erwärmt sich. Die Emission kommt zustande, weil beschleunigte Ladungen, – also insbesondere schwingende molekulare Ladungen oder Elektronen in einem Metall –, ein elektro–magnetisches Feld aussenden, und sich dadurch verlangsamen, d. h. kinetische Energie verlieren; der Körper kühlt sich ab.

Auch außerhalb des Infrarotbereichs (6.43) kann Strahlung Heizwirkung entwickeln, wie das Beispiel des Mikrowellenherdes zeigt. Die Wellenlänge der Mikrowelle ist hierbei ca. 12 cm. Durch diese Welle werden die in Lebensmitteln befindlichen Wassermoleküle in Rotation versetzt. Die damit verbundene Zunahme der kinetischen Energie heizt die Speisen homogen und in kurzer Zeit auf, während eine Porzellanunterlage kalt bleibt, da sie ja kein Wasser enthält. Metalle reflektieren die Mikrostrahlung; darum sollte man die zu wärmenden Speisen nicht in einen Metalltopf legen.

In Analogie zu den Erfahrungen bei der sichtbaren Strahlung nennen wir einen Körper

- schwarz, wenn er alle auffallende Wärmestrahlung absorbiert,
- weiß, wenn er alle Wärmestrahlung reflektiert,
- farbig, wenn er verschiedene Wellenlängen der Wärmestrahlung verschieden stark absorbiert,
- grau, wenn er von allen Wellenlängen den gleichen Bruchteil absorbiert.

Die wichtigsten Größen für die thermodynamischen Effekte der Strahlung sind die von einem Körper ausgesandte Energieflußdichte und die vom Körper absorbierte Energieflußdichte. Beide setzen sich zusammen aus spektralen Anteilen aller möglichen Wellenlängen, so daß gilt

$$J = \int\limits_0^\infty J_\lambda \, d\lambda.$$

Wir nennen $J_\lambda$ die spektrale Energieflußdichte.

Bei der von einem schwarzen Körper ausgesandten Strahlung ist $J_\lambda$ – für jedes $\lambda$ – nur von der Temperatur des Körpers abhängig; es ist *unabhängig vom Material* und darum sagt man, $J_\lambda$ sei eine *universelle* Funktion von $\lambda$ und T. Messungen zeigen für diese Funktion den in Abb. 6.5 angegebenen Verlauf und die analytische Form ist gegeben durch die Planck'sche Strahlungsformel

$$J_\lambda^S(T) = C\frac{1}{\lambda^5}\frac{1}{e^{\frac{hc}{\lambda kT}}-1} \quad \text{mit} \quad C = 5{,}66\cdot 10^{-8}\,\frac{W}{m^2K^4}\left(\frac{hc}{k}\right)^4\frac{1}{\int\limits_0^\infty \frac{x^3 dx}{e^x-1}}. \tag{6.44}$$

Dabei ist h die Planck-Konstante; h ist, ebenso wie die Boltzmann-Konstante k und die Lichtgeschwindigkeit c, eine universelle Naturkonstante, und h hat den Wert $6{,}6252\cdot 10^{-34}$ Js. Der Index S charakterisiert den schwarzen Körper.

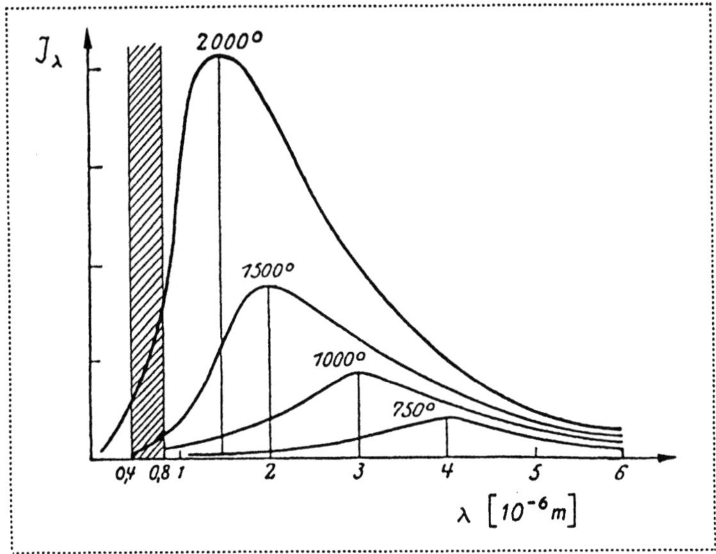


**Abb. 6.5** Planck-Verteilung.

Wenn der die Strahlung aussendende Körper nicht schwarz ist, so ist $J_\lambda$ von (6.44) verschieden und zwar sowohl in der $\lambda$- als auch in der T-Abhängigkeit; außerdem ist dann $J_\lambda$ *materialabhängig*. Wir charakterisieren die Abstrahlung eines solchen

Körpers durch das spektrale Emissionsverhältnis $\varepsilon(\lambda, T)$, − eine Material-funktion −, und schreiben

$$J_\lambda(T) = \varepsilon(\lambda, T) J_\lambda^S(T) . \qquad (6.45)$$

In Worten: Das spektrale Emissionsverhältnis $\varepsilon(\lambda, T)$ ist definiert als der Quotient der ausgesandten spektralen Energieflußdichte des Körpers und der eines schwarzen Körpers gleicher Temperatur. Offenbar ist $\varepsilon(\lambda, T) = 1$ für einen schwarzen Körper.

Die von einem Körper absorbierte spektrale Energieflußdichte $J_\lambda$ ist der Bruchteil $A(\lambda, T)$ der einfallenden Flußdichte $H_\lambda$. Dieser Bruchteil heißt die spektrale Absorptionszahl. Sie ist eine Materialeigenschaft und hängt ab von $\lambda$ und der Temperatur des Körpers. Wir schreiben

$$J_\lambda = A(\lambda, T) H_\lambda ; \qquad (6.46)$$

der Rest von $H_\lambda$ wird reflektiert.[6.3] Für den schwarzen Körper gilt $A(\lambda, T) = 1$, denn dieser absorbiert alle auffallende Strahlung.

$\varepsilon(\lambda, T)$ und $A(\lambda, T)$ sind zwei Materialfunktionen. Die eine bestimmt das Emissionsverhalten eines Körpers, und die andere bestimmt das Absorptions-verhalten. Es ist a priori keineswegs klar, daß beide Funktionen irgend etwas miteinander zu tun hätten. Und doch sind sie gleich. Es gilt das Kirchhoff'sche Gesetz (Gustav Robert KIRCHHOFF (1824 - 1887)).

$$\varepsilon(\lambda, T) = A(\lambda, T) . \qquad (6.47)$$

Um so konkret wie möglich argumentieren zu können, beweisen wir das Kirchhoff'sche Gesetz für spezielle − besonders einfache − geometrische Verhältnisse: Wir betrachten zwei große ebene parallele Platten 1 und 2 mit den Temperaturen $T_1, T_2$ den spektralen Emissionsverhältnissen $\varepsilon_1(\lambda, T_1), \varepsilon_2(\lambda, T_2)$ und den Absorptionszahlen $A_1(\lambda, T_1), A_2(\lambda, T_2)$. Zwischen den Platten werde Strahlung der Wellenlänge $\lambda$ ausgetauscht: Von 1 nach 2 fließt der Energiefluß $H_\lambda^1$ und in umgekehrter Richtung der Fluß $H_\lambda^2$. Diese Flüsse bestehen aus von den Platten emittierten und reflektierten −, d.h. nicht absorbierten − Energieflüssen, und wir können schreiben [6.4]

$$H_\lambda^1 = \varepsilon_1 J_\lambda^S(T_1) + (1 - A_1) H_\lambda^2, \qquad H_\lambda^2 = \varepsilon_2 J_\lambda^S(T_2) + (1 - A_2) H_\lambda^1 . \qquad (6.48)$$

---

[6.3] Wir ignorieren den Durchgang von Strahlung in diesem Argument.

[6.4] In den Zwischenrechnungen verzichten wir darauf, die Argumente von $\varepsilon$ und $A$ zu notieren.

Daraus folgt durch Auflösung nach $H_\lambda^1$ und $H_\lambda^2$

$$H_\lambda^1 = \frac{\varepsilon_1 J_\lambda^S(T_1) + (1-A_1)\varepsilon_2 J_\lambda^S(T_2)}{1-(1-A_1)(1-A_2)} \quad \text{und} \quad H_\lambda^2 = \frac{\varepsilon_2 J_\lambda^S(T_2) + (1-A_2)\varepsilon_1 J_\lambda^S(T_1)}{1-(1-A_1)(1-A_2)}. \quad (6.49)$$

Man beachte, daß $H_\lambda^1$ und $H_\lambda^2$ in vielfältiger Weise von $T_1$ und $T_2$ abhängen. Für den Nettofluß $Q_\lambda^{1\to 2}$ von Platte 1 nach Platte 2 ergibt sich dann

$$Q_\lambda^{1\to 2} = H_\lambda^1 - H_\lambda^2 = \frac{\varepsilon_1 A_2 J_\lambda^S(T_1) - \varepsilon_2 A_1 J_\lambda^S(T_2)}{A_1 + A_2 - A_1 A_2}.$$

Im Gleichgewicht zwischen Platte 1 und 2 müssen die Temperaturen beider Platten gleich sein, und der Nettoenergiefluß $Q_\lambda^{1\to 2}$ muß verschwinden. Folglich gilt

$$\frac{\varepsilon_1(\lambda,T)}{A_1(\lambda,T)} = \frac{\varepsilon_2(\lambda,T)}{A_2(\lambda,T)}.$$

Und für den Fall, daß Platte 2 schwarz ist, so daß Zähler und Nenner der rechten Seite beide gleich 1 sind, folgt das Kirchhoff'sche Gesetz (6.47).

[Man beachte, daß (6.47) keine Gleichgewichtsaussage ist, es ist die Identität zweier Materialgleichungen und hat mit dem Gleichgewicht nichts zu tun, auch wenn wir für den Beweis benutzt haben, daß $Q_\lambda^{1\to 2}$ im Gleichgewicht Null ist und daß im Gleichgewicht $T_1 = T_2$ gilt.]

## 6.3.2 Gemitteltes Emissionsverhältnis und gemittelte Absorptionszahl

Für technische Zwecke sind obige spektrale Überlegungen nicht so wichtig, denn in aller Regel besteht die Strahlung aus einer Überlagerung vieler Wellenlängen. Und vom Kirchhoff'schen Gesetz bleibt dann auch nur ein Abglanz. Wir überlegen:

Die ausgestrahlte Energieflußdichte $J^S$ eines schwarzen Körpers ergibt sich aus (6.44) durch Integration

$$J_s = \int_0^\infty J_\lambda^S(T)d\lambda = \sigma T^4 \quad \text{mit} \quad \sigma = 5.67 \cdot 10^{-8} \frac{W}{m^2 K^4}. \quad (6.50)$$

Dieses Gesetz wurde - lange vor Planck von dem österreichischen Physiker Josef STEFAN (1835 - 1893) experimentell gefunden. Es heißt das Stefan-Boltzmann-Gesetz oder auch das $T^4$-Gesetz. Man beachte, daß eine Verdopplung der Temperatur die Wärmestrahlung um den Faktor 16 erhöht.

Integration von (6.45) über $\lambda$ ergibt die ausgestrahlte Energieflußdichte eines nicht-schwarzen Körpers

$$J = \int\limits_0^\infty \varepsilon(\lambda,T)J_\lambda^s(T)d\lambda$$

$$J = \frac{\int\limits_0^\infty \varepsilon(\lambda,T)J_\lambda^s(T)d\lambda}{\underbrace{\int\limits_0^\infty J_\lambda^s(T)d\lambda}_{\varepsilon(T)}}\ \sigma T^4$$

$$J = \varepsilon(T)\,\sigma T^4. \tag{6.51}$$

$\varepsilon(T)$ ist als Mittelwert über das spektrale Emissionsvermögen $\varepsilon(\lambda,T)$ definiert sowie in $(6.51)_2$ angedeutet. Es heißt das gemittelte Emissionsvermögen des Körpers und ist eine Materialeigenschaft.

Integration von (6.46) über alle Wellenlängen ergibt die von einem Körper der Temperatur T absorbierte Energieflußdichte

$$J = \int A(\lambda,T)H_\lambda d\lambda$$

$$J = \underbrace{\frac{\int\limits_0^\infty A(\lambda,T)H_\lambda d\lambda}{\int\limits_0^\infty H_\lambda d\lambda}}_{A}\ \underbrace{\int\limits_0^\infty H_\lambda d\lambda}_{H}$$

$$J = A\cdot H \quad .$$

A heißt die gemittelte Absorptionszahl, und H ist der aufintegrierte einfallende Energiefluß.

Um zu sehen, was nun noch – für $\varepsilon$ und A – vom Kirchhoff'schen Gesetz übrig bleibt, wiederholen wir das Argument von Absatz 6.3.1 mit den zwei Platten auf den Temperaturen $T_1$ und $T_2$. Wir betrachten nun Strahlung aller möglichen Wellenlängen, und folglich sind die Energieflüsse $H_1$ und $H_2$ anzusetzen als

$$H^1 = \int\limits_0^\infty H_\lambda^1 d\lambda \quad \text{und} \quad H^2 = \int\limits_0^\infty H_\lambda^2 d\lambda.$$

Wir erhalten durch Integration über (6.48) und mit (6.50), (6.51)

$$H^1 = \varepsilon_1(T)\sigma T_1^4 + (1-A_1)H^2 \quad \text{und} \quad H^2 = \varepsilon_2(T)\sigma T_2^4 + (1-A_2)H^1. \quad (6.52)$$

Dabei ist

$$A_1 = \frac{\displaystyle\int_0^\infty A_1(\lambda,T_1)H_\lambda^2 d\lambda}{H^2} \qquad A_2 = \frac{\displaystyle\int_0^\infty A_2(\lambda,T_2)H_\lambda^1 d\lambda}{H^1} \quad \text{und mit (6.47)}$$

$$\tag{6.53}$$

$$A_1 = \frac{\displaystyle\int_0^\infty \varepsilon_1(\lambda,T_1)H_\lambda^2 d\lambda}{H^2} \qquad A_2 = \frac{\displaystyle\int_0^\infty \varepsilon_2(\lambda,T_2)H_\lambda^1 d\lambda}{H^1},$$

und es folgt, daß $A_1$ und $A_2$ von den beiden Temperaturen $T_1$ und $T_2$ abhängen, denn $H_\lambda^1$ und $H_\lambda^2$ sind gemäß (6.49) von diesen beiden Temperaturen abhängig. Allerdings, wenn die Körper grau sind, so daß $\varepsilon$ von $\lambda$ unabhängig ist, so ist A nur eine Funktion von T, und es gilt nach (6.53) das Kirchhoff'sche Gesetz auch für die gemittelten Größen

$$A(T) = \varepsilon(T).$$

Im allgemeinen jedoch nicht! Im allgemeinen erhalten wir durch Auflösung von (6.52) nach $H^1$ und $H^2$ und Bildung von $Q^{1\to 2} = H^1 - H^2$

$$Q^{1\to 2} = \frac{\varepsilon_1(T_1)A_2(T_2,T_1)\sigma T_1^4 - \varepsilon_2(T_2)A_1(T_1,T_2)\sigma T_2^4}{A_1(T_1,T_2) + A_2(T_2,T_1) - A_1(T_1,T_2)A_2(T_2,T_1)}. \quad (6.54)$$

Daraus folgt im Gleichgewicht, wo $Q^{1\to 2}$ verschwinden muß und wo $T_1 = T_2$ gilt

$$\frac{\varepsilon_1(T)}{A_1(T,T)} = \frac{\varepsilon_2(T)}{A_2(T,T)}.$$

Ist Körper 2 schwarz, so daß $\varepsilon_2$ und $A_2$ beide gleich 1 sind, so folgt

$$\varepsilon_1(T) = A_1(T,T). \quad (6.55)$$

Dies ist das Kirchhoff'sche Gesetz für den mittleren Emissionskoeffizienten und die mittlere Absorptionszahl. Es ist – im Gegensatz zu (6.47) – eine Aussage, *die nur im Gleichgewicht* gilt.

Für das Nichtgleichgewicht können Werte und Verlauf der Funktionen $\varepsilon(T)$ und $A(T,T_e)$ für nicht-graue und nicht-schwarze Körper technischen Handbüchern entnommen werden.[6.5] Abb. 6.6 zeigt die entsprechenden Graphen für poliertes Aluminium der Temperatur T, das von einem schwarzen Körper der Temperatur $T_e$ angestrahlt wird.

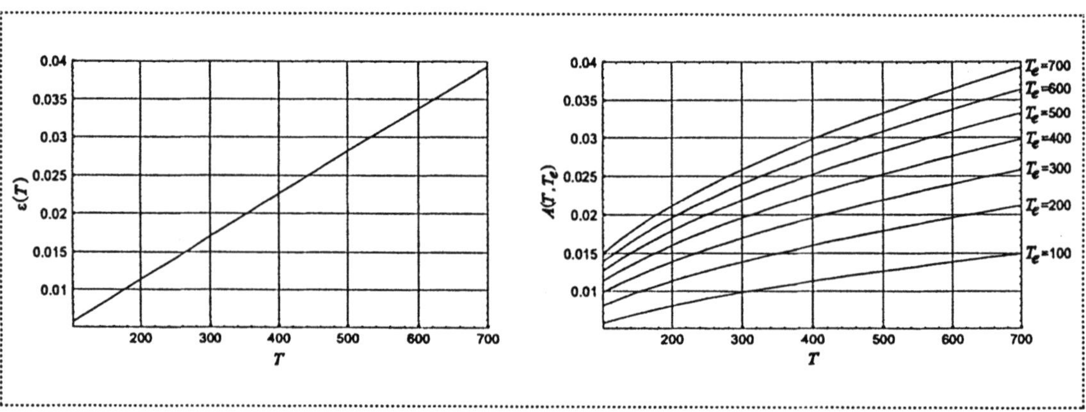


**Abb. 6.6** Emissionsvermögen $\varepsilon(T)$ und Absorptionszahl $A(T,T_e)$ für Aluminium (poliert), angestrahlt von einem schwarzen Körper der Temperatur $T_e$. [Beachte, daß $\varepsilon(T) = A(T,T_e)$ gilt, wenn $T_e=T$ ist, so wie von (6.55) verlangt.]

Andere typische Werte von $\varepsilon$ bei Raumtemperatur sind

$$\text{Nickel (poliert) } 0{,}057; \quad \text{Kupfer (oxidiert) } 0{,}825; \quad \text{Holz } 0{,}91. \tag{6.56}$$

### 6.3.3  Beispiel I zum Stefan-Boltzmann-Gesetz: Temperatur von Sonne und Planeten

Das auffälligste Strahlungsphänomen ist die Sonnenstrahlung. Die Sonne strahlt Energie mit einer Rate von $3{,}7 \cdot 10^{26}\,\text{W}$ ab. Bei einem Sonnenradius von $R_{\varnothing} = 0{,}7 \cdot 10^9\,\text{m}$ ist das eine Strahlungs-Energieflußdichte

$$J_{\varnothing} = 60{,}08 \cdot 10^6\,\frac{\text{W}}{\text{m}^2}, \tag{6.57}$$

---

[6.5] Siehe Rohsenow, W.M., Hartnett, J.P., Handbook of Heat Transfer, McGraw-Hill, (1973).

und wenn wir die Sonne als schwarzen Strahler im Strahlungsgleichgewicht ansehen, so daß (6.50) gilt, so folgt als Temperatur der Sonnenoberfläche

$$T_{\varnothing} = 5700\text{K}. \tag{6.58}$$

Von dem Energiefluß (6.57) fängt ein Planet im Abstand A von der Sonne den Bruchteil $J = J_{\varnothing} R_{\varnothing}^2 / A^2$ auf. Für drei Planeten sind diese Werte in Tabelle 6.1 angeschrieben.

| Planet | Erde | Mars | Jupiter |
|---|---|---|---|
| R[m] | $6{,}3\cdot 10^6$ | $3{,}4\cdot 10^6$ | $71{,}8\cdot 10^6$ |
| A[m] | $1{,}5\cdot 10^{11}$ | $2{,}3\cdot 10^{11}$ | $7{,}7\cdot 10^{11}$ |
| $J\left[\dfrac{W}{m^2}\right]$ | 1330 | 557 | 50 |
| T[K] | 276 | 222 | 121 |

**Tabelle 6.1** Temperatur der Planeten.

Die Daten von Tabelle 6.1 gestatten uns eine grobe Abschätzung der Planetentemperaturen. Betrachten wir die Erde: Diese erhält auf ihrer Tagseite mit der Querschnittsfläche $\pi R^2$ pro $m^2$ und Sekunde von der Sonne die Energie von 1330 Joule, siehe Tabelle. Also in 24 Stunden

$$J \cdot \pi R^2 \cdot 24\text{h} = 1{,}43 \cdot 10^{22}\,\text{Joule}. \tag{6.59}$$

Gleichzeitig strahlt die Erde auch Energie ab. Das geschieht mit der ganzen Oberfläche $4\pi R^2$, und wenn wir die Erde als schwarzen Strahler annehmen mit der (mittleren) Temperatur T, so wird in 24 Stunden nach (6.50) die Energiemenge abgestrahlt.

$$5{,}66\cdot 10^{-8}\,\frac{W}{m^2 K^4}\,T^4 \cdot 4\pi R^2 \cdot 24\text{h} = 2{,}44\cdot 10^{12}\,\text{Joule}\left(\frac{T}{K}\right)^4. \tag{6.60}$$

Wegen der Stationarität müssen die Energiemengen (6.59) und (6.60) gleich sein. Daraus folgt als (mittlere) Erdtemperatur

$$T = 276\ \text{K}. \tag{6.61}$$

Das mag zu wenig scheinen, aber für eine grobe Abschätzung ist es nicht schlecht. Vernachlässigt haben wir, daß die Erde ein Emissionsverhältnis $\varepsilon < 1$

besitzt, und daß ein Teil des Sonnenlichts von der Erde reflektiert wird, vor allem durch die Wolken, und somit nicht wärmewirksam wird.

Der Wert (6.61) ist in der letzten Zeile der Tabelle 6.1 eingetragen. Dort finden sich auch die entsprechenden Werte für Mars und Jupiter. Je weiter außen ein Planet im Sonnensystem ist, desto kälter ist er.

## 6.3.4 Beispiel II zum Stefan-Boltzmann-Gesetz: Vergleich von Strahlung und Leitung

Wir erinnern uns an das in Absätzen 6.3.1 und 6.3.2 behandelte Strahlungsproblem zwischen zwei Platten. Der Energiefluß von Platte 1 zu Platte 2 war durch (6.54) gegeben. Falls der Temperaturunterschied zwischen den Platten klein ist, so ist auch die Abweichung der Absorptionszahlen $A_i$ von den Emissionsverhältnissen $\varepsilon_i$ klein und wir können näherungsweise $A_i$ durch $\varepsilon_i$ ersetzen. Dann wird aus (6.54)

$$Q^{1 \to 2} = \frac{1}{\dfrac{1}{\varepsilon_2} + \dfrac{1}{\varepsilon_1} - 1} \, \sigma \left( T_1^4 - T_2^4 \right). \tag{6.62}$$

Insbesondere, wenn eine der Oberflächen schwarz ist, – z. B. die erste –, so gilt

$$Q^{1 \to 2} = \varepsilon_2 \, \sigma \left( T_1^4 - T_2^4 \right), \tag{6.63}$$

und wenn beide schwarz sind,

$$Q^{1 \to 2} = \sigma \left( T_1^4 - T_2^4 \right). \tag{6.64}$$

Bei nicht zu unterschiedlichen Temperaturen kann man den Strahlungsfluß (6.62) in $T_1 - T_2$ linearisieren und erhält

$$Q^s_{1 \to 2} = \frac{4 T_1^3}{\dfrac{1}{\varepsilon_2} + \dfrac{1}{\varepsilon_1} - 1} \, \sigma \left( T_1 - T_2 \right).$$

Diese Formel läßt sich gut vergleichen mit der Formel für die Wärmeleitung zwischen zwei Platten im Abstand D, wo wir erhalten hatten, siehe (2.10),

$$Q^L_{1 \to 2} = \frac{\kappa}{D} \left( T_1 - T_2 \right).$$

Um eine zahlenmäßige Abschätzung der relativen Beiträge von Strahlung und Leitung in Luft zu erhalten, betrachten wir zwei Platten im Abstand D = xm, einmal beide aus Holz mit $\varepsilon = 0,9$, und dann beide aus blankem Metall mit $\varepsilon = 0,05$ und dazwischen Luft. Die Temperaturen seien $T_1 = 30°C$ und $T_2 = 10°C$. Es folgt mit $\kappa_{Luft} = 0,023\frac{W}{mK}$

$$Q^s_{HH} = \frac{4\cdot 303^3}{1,2}\, 5,66\cdot 10^{-8}\cdot 20\frac{W}{m^2} = 106,8\,\frac{W}{m^2}$$

$$Q^s_{MM} = \frac{4\cdot 303^3}{39}\, 5,66\cdot 10^{-8}\cdot 20\frac{W}{m^2} = \phantom{00}3,3\,\frac{W}{m^2}$$

$$Q^L = \frac{0,023}{x}\cdot 20\frac{W}{m^2} = \begin{cases} 464\,\dfrac{W}{m^2} & \text{bei}\quad x = \phantom{0}0,001 \\[2mm] 4,64\,\dfrac{W}{m^2} & \text{bei}\quad x = \phantom{0}0,1 \end{cases}$$

Wir schließen daraus, daß der Wärmeaustausch durch Strahlung dem Wärmeaustausch durch Leitung durchaus gleichkommen kann. Das gilt vor allem dann, wenn der Energieaustausch über größere Strecken erfolgen soll, denn dann nimmt die Effektivität der Leitung ab, während die der Strahlung nicht beeinträchtigt wird. Und natürlich ist im Vakuum die Strahlung die einzige Möglichkeit zur Energieübertragung.

Wir erkennen an dem Beispiel auch, daß die Wärmeübertragung zwischen verspiegelten Platten um zwei Größenordnungen kleiner ist als zwischen Platten mit hohem Emissionsverhältnis. Darum sind die Innenflächen einer Thermosflasche verspiegelt; um Wärmeleitung auszuschließen, ist der Innenraum außerdem noch evakuiert.

## 6.3.5 Historisches zur Wärmestrahlung

Das physikalische Verständnis und die richtige Beschreibung der Wärmestrahlung war eines der großen Probleme des ausgehenden 19. Jahrhunderts, mit dem sich viele bedeutende Wissenschaftler beschäftigt haben, darunter Kirchhoff, Stefan, Boltzmann, Jeans, Wien und Planck.

Boltzmann leitete die $T^4$-Abhängigkeit der Energieflußdichte eines schwarzen Körpers theoretisch ab aus der Identifizierung eines schwarzen Körpers mit einem Hohlraum. Tatsächlich ist ein kleines Loch in einem Hohlraum mit absorbierenden Wänden ein perfekter schwarzer Strahler. Die durch dieses Loch austretende Strahlung ist isotrop verteilt, und es gilt, siehe Abb. 6.7,

$$J^S = \int\limits_{0}^{\frac{\pi}{2}} \int\limits_{0}^{2\pi} e\, n_i e_i\, \frac{\sin\vartheta\, d\vartheta\, d\varphi}{4\pi} = \frac{c}{4}e \,. \tag{6.65}$$

e ist die (konstante) Energiedichte der Strahlung, und c ist ihre Ausbreitungsgeschwindigkeit, die Lichtgeschwindigkeit. Zur Bestimmung von e argumentierte Boltzmann wie folgt: Er wußte von Stefan, daß e nur von T abhängt. Weiterhin wußte er aus der Elektrodynamik, daß der Strahlungsdruck p gleich 1/3 e ist. Mit beachtlichem Mut − oder voll tieferer Einsicht − schrieb er die Gibbs−Gleichung für die Strahlung an:

$$dS = \frac{1}{T}(d(eV) + pdV) \qquad \text{mit } e = e(T)$$

$$dS = \frac{1}{T}\frac{de}{dT}VdT + \frac{1}{T}(e+p)dV \quad \text{mit } e = 3p$$

$$dS = \underbrace{\frac{1}{T}\frac{de}{dT}Vdt} + \underbrace{\frac{1}{T}\frac{4}{3}edV} \,.$$

Dann folgt als Integrabilitätsbedingung, siehe Absatz 4.2.1,

$$\frac{\partial}{\partial V}\left(\frac{1}{T}\frac{de}{dT}V\right) = \frac{\partial}{\partial T}\left(\frac{1}{T}\frac{4}{3}e\right) \Rightarrow \frac{1}{e}de = 4\frac{1}{T}dT$$

und daraus durch Integration $e = CT^4 \cdot$ Die Konstante C konnte Boltzmann nicht bestimmen.

Aber es blieb das Problem, die Wellenlängenverteilung der Strahlung zu verstehen, wie sie experimentell gemessen worden war, siehe Abb. 6.5. Dieses Problem löste Max Karl Ernst Ludwig PLANCK (1858 - 1947) und gab damit den Anstoß zu einer völlig neuen Entwicklung der Physik, nämlich der Quantenphysik.

Die Kurven der Abb. 6.5 stellen die Strahlungs-Energieflußdichten $J_\lambda^s$ als Funktion der Wellenlänge $\lambda$ und der Temperatur dar. Das $J^s$ aus (6.50) ist gleich dem Integral $\int J_\lambda^s d\lambda$ über alle Wellenlängen. Man wußte aus den Messungen einiges über diese Kurven z. B.,

- daß sie für große $\lambda$ wie $\frac{1}{\lambda^4}$ abfallen,

- daß sie für kleine $\lambda$ exponentiell ansteigen wie $\frac{1}{\lambda^5}e^{-\alpha/\lambda}$ ,

- daß die Wellenlänge des Maximums proportional $\frac{1}{T}$ ist.

Planck gelang es, die beiden Grenzfälle für große und kleine $\lambda$ durch eine einfache analytische Form zu verbinden, die Planck'sche Strahlungsformel, siehe (6.44).

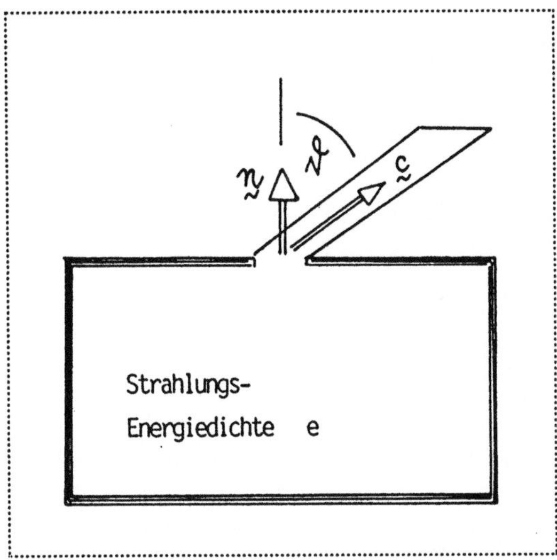


**Abb. 6.7** Zu Energiedichte und Energieflußdichte

Der sichtbare Bereich elektromagnetischer Strahlung – schraffiert in Abb. 6.5 – liegt bei Wellenlängen zwischen 0,4 μ und 0,8 μ; nicht zufällig! Denn in diesem Bereich liegt das zur Sonnentemperatur von ca. 6000 K gehörige Energiefluß Maximum, und das menschliche – und tierische – Auge hat sich so entwickelt, daß es von der einfallenden Strahlung dort Gebrauch macht, wo diese maximal ist.

Integration von (6.44) über alle Wellenlängen ergibt

$$J_s = C \int_0^\infty \frac{1}{\lambda^5} \frac{1}{e^{\frac{hc}{\lambda kT}} - 1} d\lambda = \left[ C \left(\frac{k}{hc}\right)^4 \int_0^\infty \frac{x^3 dx}{e^x - 1} \right] T^4 . \tag{6.66}$$

Das hat, wie es sein muß, die Form des Stefan–Boltzmann Gesetzes (6.50).

Bemerkenswerter vielleicht als die Formulierung der Planck'schen Strahlungsformel waren die Bemühungen Plancks, die Formel statistisch mechanisch zu verstehen und mit den Eigenschaften der die Strahlung aussendenden "Oszillatoren" zu erklären. Das gelang Planck, indem er postulierte, daß die möglichen Energien der Oszillatoren nicht kontinuierlich sind, sondern diskret, so daß eine Energieaufnahme oder Energieabgabe nur in "Quanten" erfolgen kann. So wurde Planck zum Begründer der neuen Physik des 20. Jahrhunderts.

**Abb. 6.8**   Max Planck. Zitat

Eine neue wissenschaftliche Erkenntnis setzt sich nie deshalb durch, weil ihre Gegner überzeugt werden und die Wahrheit erkennen, sondern weil die Gegner wegsterben, und weil eine neue Generation mit der neuen Erkenntnis aufwächst.

## 6.4    Nutzung der Sonnenenergie

### 6.4.1  Verfügbarkeit der Sonnenenergie

Nach den in Tabelle 6.1 angegebenen Werten ist die gesamte Leistung der auf die Erde auftreffenden Sonnenstrahlung gegeben durch, siehe (6.59),

$$J\pi R^2 = 1{,}66 \cdot 10^{11}\,\mathrm{MW}.$$

Allerdings wird davon 28 % reflektiert, vor allem der kurzwellige Bereich, weshalb die Erde vom Mond aus betrachtet blau erscheint. Diesen Anteil nennt man den Albedo (lat. albere „weiß sein") der Erde.

Weitere 25 % der Sonnenstrahlung werden absorbiert, 3 % in der Stratosphäre von dem „guten" Ozon [6.6] und 22 % in der Troposphäre von den Wolken. 47 % erreichen mithin die Erdoberfläche, davon 22 % direkt und 25 % nach Streuung an Luft und Wolken.

Der menschliche Leistungsbedarf wird auf $21 \cdot 10^6$ MW geschätzt, also ca. 0,013 % des von der Sonne einfallenden Betrages. Findige Thermodynamiker ver-

---

[6.6] Im Gegensatz zum „bösen" Ozon in Bodennähe, der unsere Schleimhäute reizt.

suchen, die Differenz zu Heizzwecken oder zur Erzeugung von mechanischer oder elektrischer Energie zu nutzen.

## 6.4.2 Thermosiphon

Ein relativ anspruchsloses Gerät – vom thermodynamischen Standpunkt aus – ist der Thermosiphon, schematisch dargestellt in Abb. 6.9. Dabei geht es um die Erzeugung von Heizwärme aus Sonnenenergie. Ein Kollektor fängt die Wärmeleistung $\dot{Q}$ ein und heizt Wasser in den darunterliegenden Heizschlangen auf. Wegen der thermischen Ausdehnung wird das aufgeheizte Wasser leichter und strömt deshalb nach oben. Massenstrom $\dot{m}$, Aufheizung $T_o-T_u$ und Wärmeleistung $\dot{Q}$ stehen in der Relation

$$\dot{Q} = \dot{m}c_W(T_o - T_u). \tag{6.67}$$

Bei bekanntem $\dot{Q}$ enthält diese Relation noch zwei Unbekannte, nämlich $\dot{m}$ und $T_o-T_u$. Wir setzen uns zum Ziel, $T_o-T_u$ als Funktion von $\dot{Q}$ zu bestimmen. Dies kann gelingen, weil der Massenfluß selbst ja durch die Temperaturdifferenz und den resultierenden Auftrieb bestimmt ist.

Der Dichteunterschied zwischen oben und unten – siehe Abb. 6.9 – ergibt sich als

$$\frac{\rho_u - \rho_o}{\rho_u} = \alpha(T_o - T_u) \qquad \alpha \text{ - Ausdehnungskoeffizient.} \tag{6.68}$$

Wenn wir annehmen, daß die Temperatur- und Dichtänderungen linear von der Höhe y abhängen, so erhalten wir für die Drücke in der Kaltwasserleitung und der Warmwasserleitung

$$p_{KW} = p_u + \rho_u g(h_1 + h_2) \qquad \text{bzw.}$$

$$p_{WW} = p_u + \int_0^{h_1}\left(\rho_u + \frac{\rho_o - \rho_u}{h_1}y\right)gdy + \rho_o gh_2.$$

Nach Ausführung der Integration bestimmt sich die Druckdifferenz zu

$$\Delta p \equiv p_{KW} - p_{WW} = (\rho_u - \rho_o)g\left(\tfrac{1}{2}h_1 + h_2\right)$$

oder mit (6.68)

$$\Delta p = \alpha\,\rho_u\,g(T_o - T_u)\left(\tfrac{1}{2}h_1 + h_2\right)\quad;$$

der Druck im Kaltwasserrohr ist größer als der im Warmwasserrohr.

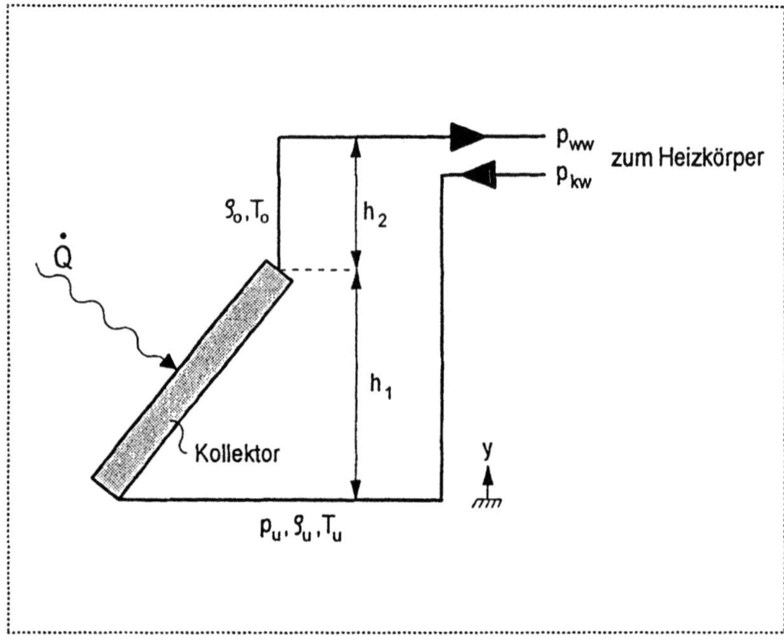


**Abb. 6.9** Thermosiphon, schematisch.

Nach dem Gesetz von Hagen-Poiseuille [6.7] erzeugt die Druckdifferenz $\Delta p$ in einem kreiszylindrischen Rohr mit Radius R und Länge L den Volumstrom

$$\dot V = \frac{\pi R^4}{8\eta L}\,\Delta p.$$

---

[6.7] Dies lernt man in der Strömungslehre. Streng genommen gilt das Gesetz nur für inkompressible Flüssigkeiten mit $\rho$ = const. Seine Verwendung hier führt aber nur einen unbedeutenden Fehler in unsere Rechnung ein.

$\eta$ ist dabei die Viskosität der Flüssigkeit. Wenn wir annehmen, daß der Massenfluß sich in guter Näherung als $\rho_u \dot{V}$ berechnen läßt, so folgt

$$\dot{m} = \frac{\pi R^4}{8\eta L} \alpha \rho_u^2 g \left(T_o - T_u\right)\left(\tfrac{1}{2} h_1 + h_2\right). \tag{6.69}$$

Nun kann man $\dot{m}$ aus (6.67) und (6.69) eliminieren, und wir erhalten die gewünschte Relation zwischen $(T_o - T_u)$ und $\dot{Q}$:

$$T_o - T_u = \sqrt{\frac{\dot{Q}}{c_W} \frac{8\eta L}{\pi R^4} \frac{1}{\alpha \rho_u^2 g} \frac{1}{\tfrac{1}{2} h_1 + h_2}}. \tag{6.70}$$

Wir denken uns, daß der Kollektor die Fläche $1\,\text{m}^2$ hat und daß die volle Energieflußdichte der Sonnenstrahlung von $1330\,\text{W/m}^2$ absorbiert wird, – eine optimistische Annahme! Dann läßt sich die Aufheizung aus den bekannten Materialwerten des Wassers und aus den Abmessungen der Anlage berechnen. Wir setzen

$$c_W = 4{,}18 \frac{\text{kJ}}{\text{kgK}}, \quad \eta = 10^{-3} \frac{\text{Ns}}{\text{m}^2}, \quad R = 1\,\text{cm}, \quad L = 10\,\text{m}, \quad \alpha = 2\cdot 10^{-4} \frac{1}{\text{K}},$$

$$\rho_u = 10^3 \frac{\text{kg}}{\text{m}^3}, \quad g = 9{,}81 \frac{\text{m}}{\text{s}^2}, \quad h_1 = \frac{1}{\sqrt{2}}\,\text{m}, \quad h_2 = 0{,}5\,\text{m},$$

und erhalten eine Aufheizung von

$$T_o - T_u \approx 18\,\text{K}.$$

Das ist vielleicht nicht schlecht für Heizzwecke, – solange die Sonne scheint. Will man eine größere Aufheizung erreichen, so kann man $\dot{Q}$ vergrößern durch Vergrößerung der Kollektorfläche. Beachte jedoch, daß $T_o - T_u \sim \sqrt{\dot{Q}}$ ist, d.h. eine Verdopplung der Kollektorfläche bringt für die Aufheizung nur den Faktor $\sqrt{2}$.

## 6.4.3 Treibhaus

Strahlung hat ihre wesentliche Energie im kurz- oder langwelligen Bereich je nachdem, ob sie von einem heißen oder kalten Körper abgestrahlt worden ist, siehe Abb. 6.5. Die Sonnenstrahlung tritt mehr oder weniger ungehindert durch das Glasdach eines Treibhauses. Sie wird am Boden absorbiert, und dadurch heizt sich der Boden und die darüber liegende Luft auf. Dach und Wände des Treibhauses stellen sicher, daß die erwärmte Luft am Ort bleibt.

Aber das ist nicht alles! Der aufgeheizte Boden strahlt auch Wärmeenergie ab, und das Glasdach läßt diese im wesentlichen langwellige Strahlung nicht passieren; es reflektiert sie zum Boden zurück, wo sie absorbiert wird und weiter zur Aufheizung beiträgt.

Die verschiedenen Durchlässigkeiten des Glases für kurz- und langwellige Strahlung findet man in Abb. 6.10 bestätigt. Das Energieflußmaximum der Sonnenstrahlung liegt bei ca. 0,5 µm, entsprechend der Sonnentemperatur von ca. 6000 K, also in dem Bereich, wo Glas zu mehr als 95 % durchlässig ist.

Dagegen liegt das Maximum der Erdstrahlung für Temperaturen zwischen 300 K und 400 K bei 8 µm also dort, wo – nach Abb. 6.10 – Glas fast undurchlässig ist.

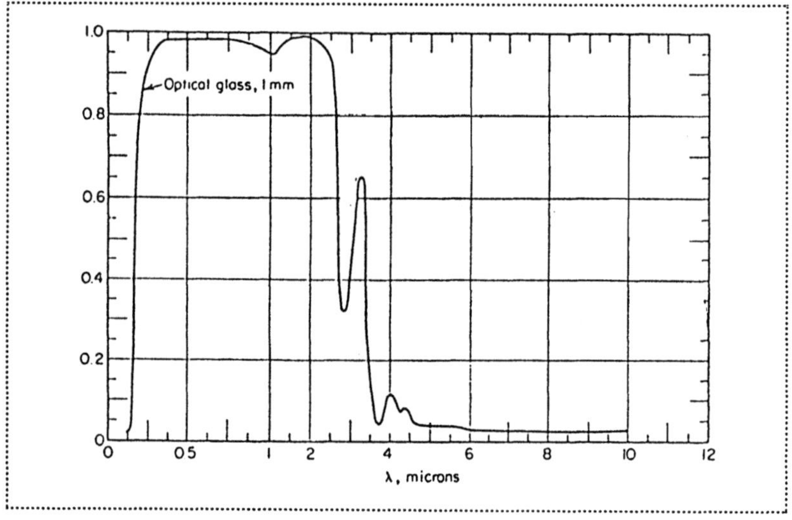


**Abb. 6.10** Durchlässigkeit von Glas für Strahlung verschiedener Wellenlängen.
Nach: Rohsenow & Hartnett. Handbook of Heat Transfer, McGraw Hill (1973).

Nimmt man an, daß 90 % der Sonnenstrahlung von 1330 W/m² in das Treibhaus eindringt, aber nur 10 % der Bodenstrahlung mit $\sigma T_B^4$ wieder herauskommt, so ergibt sich – für stationäre Verhältnisse – die Bodentemperatur aus der Relation

$$0{,}9 \cdot 1330 \, \frac{W}{m^2} \cos\alpha = 0{,}1 \cdot \sigma T_B^4 \Rightarrow \text{mit } \sigma \text{ nach } (6.50) \text{ und } \alpha = 45°: T_B = 620\,K.$$

Der Faktor $\cos\alpha$ berücksichtigt, daß die Strahlung unter dem Winkel $\alpha$ auf den Boden einfällt. Ohne die selektive, wellenlängenabhängige Durchlässigkeit, – d. h. ohne die Faktoren 0,9 und 0,1 –, würde die letzte Rechnung ergeben $T_B = 358$ K. [Natürlich wird es in einem Treibhaus nicht wirklich 350°C oder auch nur 85°C heiß, weil lange bevor solche Temperaturen erreicht sind, der Wärmeabfluß durch Wärmeleitung der Wände einen stabilen niedrigeren Temperaturwert einstellt.]

## 6.4.4  Konzentrierende Kollektoren, das Brennglas.

Zur Erhöhung der Temperatur kann man die Sonnenstrahlung auf einen Absorber konzentrieren, indem man den Empfänger entweder als Parabolspiegel oder als Linse auslegt, siehe Abb. 6.11. Auf diese Weise erreicht man, daß alle Strahlung, die auf den Empfänger fällt, auf den viel kleineren Absorber geleitet wird. Um die Wirkung des Systems Empfänger – Absorber zu charakterisieren, definiert man das Konzentrationsverhältnis

$$c = \frac{\text{Empfängerfläche} \quad A_E}{\text{Absorberfäche} \quad A_A}.$$

Wir berechnen die Temperatur des Absorbers unter stationären Bedingungen für ein gegebenes Konzentrationsverhältnis. Dabei nehmen wir der Einfachheit halber an, das Sonne und Absorber schwarze Körper seien.

Zunächst sei daran erinnert, daß der Energiefluß $P_{s \to A}$ von der Sonne zum Empfänger – und daher zum Absorber – bestimmt ist von der Temperatur der Sonne durch die Formel, siehe Absatz 6.3.3 und Tabelle 6.1,

$$P_{s \to A} = \frac{R_\varnothing^2}{A^2} \sigma T_\varnothing^4 A_E = \frac{1}{46000} \sigma T_\varnothing^4 A_E.$$

Natürlich strahlt auch der Absorber; gemäß seiner Temperatur $T_A$ sendet er den Energiefluß aus

$$P_{A\to} = \sigma T_a^4 A_A \ .$$

Unter stationären Bedingungen gilt $P_{s\to A} = P_{A\to}$ , und wir erhalten für die Absorbertemperatur aus den letzten beiden Relationen

$$T_A = T_\varnothing \sqrt[4]{\frac{A_E/A_A}{46000}} = T_\varnothing \sqrt[4]{\frac{c}{46000}} \ . \qquad (6.71)$$

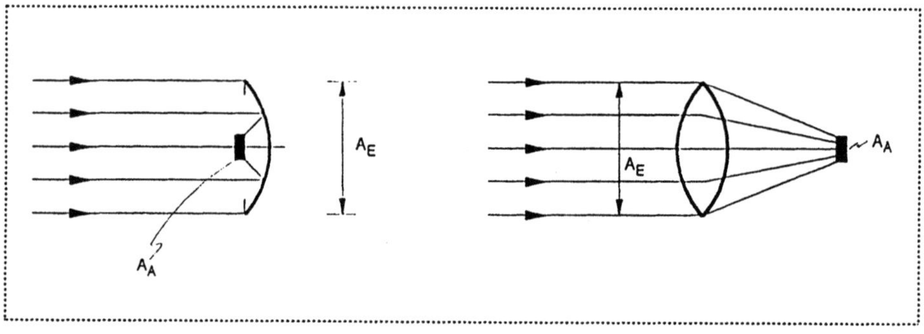


**Abb. 6.11**   Konzentrierende Kollektoren
Links:   Parabolrinne oder Parabolschüssel
Rechts: Brennglas

Technisch erreichbare Konzentrationsverhältnisse sind

$c =\ \ 80$   für die Parabolrinne
$c = 200$   für die Parabolschüssel.

Damit lassen sich nach (6.71) im Absorber Temperaturen von $T_A \approx 1150$ K bzw. $T_A \approx 1450$ K erreichen.

# 7 Mischungen und Mischphasen

## 7.1 Chemisches Potential

### 7.1.1 Charakterisierung von Mischungen, Lösungen und Legierungen

Wir betrachten Mischungen oder Lösungen bzw. Legierungen von $\nu$ Komponenten und charakterisieren die einzelnen Komponenten durch griechische Indizes. So ist $p_\alpha$ der Partialdruck der Komponente $\alpha$, $\rho_\alpha$ ihre Dichte, und $u_\alpha$ sowie $s_\alpha$ sind die spezifischen Werte ihrer inneren Energie und Entropie. Druck, Dichte, innere Energiedichte und Entropiedichte der Mischung setzen sich additiv zusammen aus den entsprechenden Partialgrößen

$$p = \sum_{\alpha=1}^{\nu} p_\alpha \,, \quad \rho = \sum_{\alpha=1}^{\nu} \rho_\alpha \,, \quad \rho u = \sum_{\alpha=1}^{\nu} \rho_\alpha u_\alpha \,, \quad \rho s = \sum_{\alpha=1}^{\nu} \rho_\alpha s_\alpha \,. \tag{7.1}$$

Das bedeutet nun freilich nicht, daß $\rho_\alpha$, $u_\alpha$ und $s_\alpha$ durch dieselben Materialgleichungen gegeben sind, wie in der reinen Komponente $\alpha$. In der Tat, im allgemeinen hängen $\rho_\alpha$, $u_\alpha$ und $s_\alpha$, außer von $\rho_\alpha$ und $T$ auch noch von den Dichten $\rho_\beta$ aller anderen Komponenten ab.

Je nach Anwendungsfeld haben sich für den Anteil der Komponente $\alpha$ in der Mischung verschiedene Charakterisierungen eingebürgert.

$m_\alpha$       Masse

$\rho_\alpha = \dfrac{m_\alpha}{V}$       Dichte

$v_\alpha = \dfrac{V}{m_\alpha}$       Spez. Volumen (V – Volumen bei Druck p, Temperatur T)

$c_\alpha = \dfrac{m_\alpha}{m}$       Konzentration ($m = \sum_{\beta=1}^{\nu} m_\alpha$ – Gesamtmasse)

$$N_\alpha \qquad\qquad \text{Teilchenzahl}$$

$$\nu_\alpha = \frac{N_\alpha}{A} \qquad\qquad \text{Molzahl (A – Avogadro Zahl)}$$

$$n_\alpha = \frac{N_\alpha}{V} \qquad\qquad \text{Teilchenzahldichte}$$

$$X_\alpha = \frac{\nu_\alpha}{\nu} \qquad\qquad \text{Molenbruch } \left( \nu = \sum_{\beta=1}^{\nu} \nu_\beta \; - \text{Gesamtmolzahl} \right)$$

$$\frac{V_\alpha}{V} \qquad\qquad \text{Volumanteil } ( V_\alpha - \text{Volumen des Reinstoffs bei p und T})$$

$$\frac{p_\alpha}{p} \qquad\qquad \text{Druckverhältnis}$$

Trotz ihrer Vielfalt enthält diese Liste die wichtigste Partialgröße *nicht*. Diese wichtigste Größe ist nämlich das chemische Potential $\mu_\alpha$ ; dieses mißt die Anwesenheit der Komponente $\alpha$ in der Mischung in ähnlicher Weise, wie die Temperatur die "Anwesenheit von Wärme" in einem Körper mißt. Dazu kommen wir jetzt.

## 7.1.2  Das chemische Potential

Das chemische Potential der Komponente $\gamma$ in einer Mischung ist definiert als *diejenige* Größe, welche an einer für $\gamma$ durchlässigen Wand stetig ist. Man bezeichnet sie mit $\mu_\gamma$. Aufgrund seiner Stetigkeit ist das chemische Potential *im Prinzip* meßbar. Um das zu erkennen, – und um zu sehen, wie man mißt , – müssen wir $\mu_\gamma$ mit schon bisher bekannten thermodynamischen Größen in Beziehung setzen.

Das geschieht, indem wir uns zunächst an die Stabilitätsbetrachtungen von Absatz 4.2.7 erinnern und insbesondere an Gleichung (4.58). Wir vernachlässigen die kinetische Energie K und betrachten das in Abb. 7.1 angedeutete Kontrollvolumen. Darin befindet sich die für die Komponente $\gamma$ durchlässige *semipermeable* Wand W. Die Kolben sollen die homogenen Drücke $p^I$ bzw. $p^{II}$ garantieren, und damit folgt aus (4.58)

$$\frac{d\left(U-TS+p^{I}V^{I}+p^{II}V^{II}\right)}{dt} \leq -S\frac{dT}{dt}+V_{I}\frac{dp^{I}}{dt}+V_{II}\frac{dp^{II}}{dt}\,.$$

Bei festen Werten von T, $p^{I}$ und $p^{II}$ wird also im Gleichgewicht die Größe $U - TS + p^{I}V^{I} + p^{II}V^{II}$ ein Minimum annehmen. Mit $U = U^{I} + U^{II}$ und $S = S^{I} + S^{II}$ handelt es sich bei dieser Größe offenbar um die Summe der freien Enthalpien $G^{I}$ und $G^{II}$ der Teilsysteme. Diese hängen ab von $(T,p,m_{1}^{I}..m_{\gamma}^{I}..m_{\nu^{I}}^{I})$ bzw. $(T,p^{II},m_{1}^{II}..m_{\gamma}^{II}..m_{\nu^{II}}^{II})$.

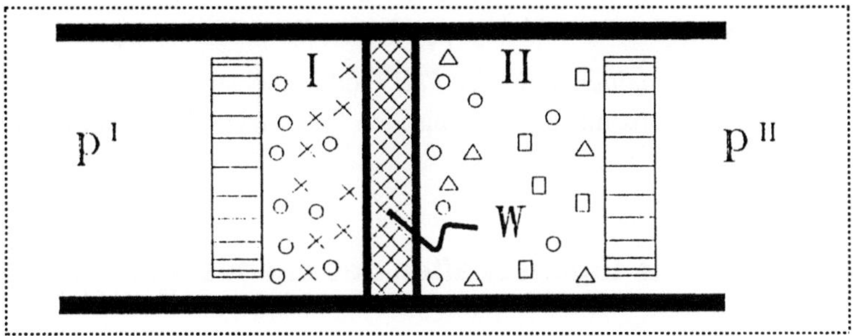


**Abb. 7.1**  Eine semipermeable Wand W zwischen zwei Mischungen. Komponente $\gamma$ ist beiderseits vertreten.

Die freie Enthalpie des Systems lautet

$$G = G^{I}\left(T,p^{I},m_{1}^{I}..m_{\gamma}^{I}..m_{\nu^{I}}^{I}\right)+G^{II}\left(T,p^{II},m_{1}^{II}..m_{\gamma}^{II}..m_{\nu^{II}}^{II}\right),$$

und variabel sind hier lediglich die Massen $m_{\gamma}^{I}$ und $m_{\gamma}^{II}$. *Unabhängige* Variable ist nur $m_{\gamma}^{I}$, denn es gilt $m_{\gamma}^{I} + m_{\gamma}^{I} = m_{\gamma} = $ const. Notwendige Bedingung für das Gleichgewicht, d. h. ein Minimum von G ist

$$\frac{\partial G}{\partial m_{\gamma}^{I}} = 0 \quad \Rightarrow \quad \frac{\partial G^{I}}{\partial m_{\gamma}^{I}} = \frac{\partial G^{II}}{\partial m_{\gamma}^{II}}\,.$$

Das bedeutet, daß $\dfrac{\partial G}{\partial m_{\gamma}}$ an der semipermeablen Wand im Gleichgewicht stetig ist, und darum schließen wir wegen der Definition des chemischen Potentials, daß gilt

$$\mu_{\gamma} = \frac{\partial G}{\partial m_{\gamma}}\,. \tag{7.2}$$

Die Gleichgewichtsbedingung läßt sich mithin in der Form schreiben

$$\mu_\gamma^I\left(T, p^I, m_\beta^I\right) = \mu_\gamma^{II}\left(T, p^{II}, m_\beta^{II}\right).$$ (7.3)

Diese Bedingung wird uns gestatten, die Massen der Komponente $\gamma$ in den Teilsystemen zu berechnen, wenn alle anderen Variablen bekannt sind. Aber natürlich müssen wir dazu die Form der Funktionen $\mu_\gamma^I$ und $\mu_\gamma^{II}$ kennen. Damit werden wir uns im folgenden beschäftigen.

Das chemische Potential ist eine recht unanschauliche Größe. Die Gleichgewichtsbedingungen in Mischungen wären viel leichter zu verstehen, wenn an der semipermeablen Wand der Partialdruck $p_\gamma$ oder die Partialdichte $\rho_\gamma$ stetig wären.

*Dies ist jedoch im allgemeinen nicht der Fall* – oder höchstens näherungsweise, – und darum müssen wir uns mit dem chemischen Potential anfreunden, auch wenn das schwerfällt.

## 7.1.3 Acht nützliche Eigenschaften des chemischen Potentials

Wir wiederholen Gleichung (7.2), um damit die Liste der nützlichen Eigenschaften des chemischen Potentials zu beginnen:

$$\mu_\gamma = \left(\frac{\partial G}{\partial m_\gamma}\right)_{T,p}.$$ (7.4)

Aufgrund dieser Beziehung muß das chemische Potential Integrabilitätsbeziehungen erfüllen, nämlich

$$\frac{\partial \mu_\gamma}{\partial m_\beta} = \frac{\partial \mu_\beta}{\partial m_\gamma}.$$ (7.5)

Ebenfalls aus (7.4) folgt die Aussage, daß die freie Enthalpie die mit den Massen gewichtete Summe der chemischen Potentiale darstellt

$$G = \sum_{\gamma=1}^{v} \mu_\gamma m_\gamma.$$ (7.6)

Zum Beweis dieser Relation benutzen wir die Tatsache, daß $G\,(T, p, m_\beta)$ eine additive Funktion ist; d. h. bei einer Vervielfachung des Systems um den Faktor $z$ vervielfacht sich der Wert von $G$ um diesen Faktor

$$G\,(T,\,p,\,z\,m_\beta) = z\,G\,(T,\,p,\,m_\beta)\ .$$

Daraus folgt durch Differentiation nach z

$$\sum_{\gamma=1}^{\nu} \frac{\partial G(T,p,zm_\beta)}{\partial(zm_\gamma)}\,m_\gamma = \sum_{\gamma=1}^{\nu} \frac{\partial G(T,p,m_\beta)}{\partial m_\gamma}\,m_\gamma = G(T,p,m_\beta)\ .$$

Wegen (7.4) ist damit (7.6) bewiesen.

Mit der Additivität von G ergibt sich aus (7.4), daß $\mu_\gamma$ bei einer Vervielfachung des Systems unverändert bleibt

$$\mu_\gamma(T,p,zm_\beta) = \mu_\gamma(T,p,m_\beta)$$

Daraus folgt, daß $\mu_\gamma$ garnicht von allen $\nu$ Werten $m_\beta$ abhängen kann, sondern nur von Quotienten der $m_\beta$'s, also etwa von den Konzentrationen $c_\beta$ oder den Molenbrüchen $X_\beta$

$$\mu_\gamma = \mu_\gamma(T,p,X_\beta)\ . \tag{7.7}$$

Im Reinstoff ist das chemische Potential gleich der freien Enthalpie

$$\mu_\beta(T,p) = g_\beta(T,P)\,. \tag{7.8}$$

Dies folgt aus (7.6) als Sonderfall für $\nu = 1$.

Differentation von (7.6) nach $m_\delta$ liefert

$$\frac{\partial G}{\partial m_\delta} = \mu_\delta + \sum_{\gamma=1}^{\nu} \frac{\partial \mu_\gamma}{\partial m_\delta}\,m_\gamma \qquad \text{und mit (7.4)}$$

$$\sum_{\gamma=1}^{\nu} \frac{\partial \mu_\gamma}{\partial m_\delta}\,m_\gamma = 0 \qquad \text{oder mit (7.5)} \qquad \sum_{\gamma=1}^{\nu} \frac{\partial \mu_\delta}{\partial m_\gamma}\,m_\gamma = 0\,. \tag{7.9}$$

Diese Gleichungen heißen *Gibbs-Duhem Beziehung,* und wir werden uns häufig darauf beziehen.

Schließlich haben wir noch die Gibbs-Gleichung für Mischungen zu formulieren. Diese lautet wegen (7.4)

$$dG = -SdT + Vdp + \sum_{\gamma=1}^{\nu} \mu_\gamma \, dm_\gamma \; ; \qquad (7.10)$$

für konstante Massen reduziert sie sich auf die Gibbs-Gleichung $(4.32)_4$. Aus (7.10) folgen Integrabilitätsbedingungen, nämlich

$$\frac{\partial S}{\partial m_\delta} = -\frac{\partial \mu_\delta}{\partial T} \quad \text{und} \quad \frac{\partial V}{\partial m_\delta} = \frac{\partial \mu_\delta}{\partial p} \; . \qquad (7.11)$$

Man beachte, daß (7.10) eine nichttriviale Erweiterung der Thermodynamik eines Reinstoffs enthält: In der Tat, mit

$$G = U + pV - TS \quad \text{und} \quad \dot{Q}dt = dU + pdV$$

läßt sich (7.10) schreiben als

$$dS = \frac{\dot{Q}dt}{T} - \frac{\displaystyle\sum_{\gamma=1}^{\nu} \mu_\gamma dm_\gamma}{T} \; . \qquad (7.12)$$

Diese Gleichung ersetzt die für den Reinstoff gültige Gleichung (4.2), und wir schließen, daß eine reversible Entropieänderung nicht nur durch Wärmezufuhr, sondern auch durch Massenzufuhr erreicht werden kann.

## 7.1.4 Die Meßbarkeit des chemischen Potentials

Die grundsätzliche Meßbarkeit des chemischen Potentials beruht auf seiner Stetigkeit an semipermeablen Wänden. Eine Mischung mit − unter anderen − Komponente $\gamma$ wird in Kontakt gebracht mit dem Reinstoff $\gamma$, und dann gilt wegen (7.3), (7.7) und (7.8)

$$\mu_\gamma\left(T, p^{I}, X_\beta^{I}\right) = g_\gamma\left(T, p^{II}\right),$$

wenn $p^{I}$ und $p^{II}$ die Drücke in Mischung bzw. Reinstoff sind. $g_\gamma(T, p)$ ist eine aus $(p, v, T)$-Messungen sowie $c_p$− oder $c_p$-Messungen bekannte Funktion. Diese Aussage wird weiter unten − im Kleingedruckten − bewiesen und gleichzeitig unwesentlich eingeschränkt; sie folgt aus den Überlegungen von Absatz 4.2.1. Zunächst jedoch fahren wir fort, die Meßvorschrift für $\mu_\gamma$ zu formulieren.

Es seien $T$, $p^{I}$, $p^{II}$ und $m_\beta$ ($\beta = 1, 2 \ldots \nu$) vorgegeben. Daraus folgt der Wert von $g_\gamma(T, p^{II})$ und somit der Wert von $\mu_\gamma$. Dieser gehört zu den Variablen $T$, $p^{I}$,

$m_1^I, \dots m_\gamma^I \dots m_v^I$, die alle bekannt sind außer $m_\gamma^I$. Aber $m_\gamma^I = m_\gamma - m_\gamma^{II}$ kann gemessen werden durch die Masse $m_\gamma^{II}$ des Reinstoffs. So ergibt sich $\mu_\gamma(T, p^I, X_\beta^I)$ für das $(v+1)$-tupel $T, p^I, X_\beta^I$.

Anschließend ändert man die Vorgaben und bestimmt $\mu_\gamma$ für ein anderes $(v+1)$-tupel, usw. Offenbar ist dies ein mühseliges und unpraktisches Verfahren. Es ist nur von grundsätzlichem Interesse und bestätigt die prinzipielle Meßbarkeit der chemischen Potentiale. Unpraktisch ist das Verfahren schon deshalb, weil es garnicht für jeden Stoff eine semipermeable Wand gibt, die nur diesen Stoff passieren läßt.

Zur Bestimmung von $g_\gamma(T, p) = h_\gamma(T, p) - Ts_\gamma(T, p)$ für den Reinstoff $\gamma$:

Bekannt seien durch Messungen die thermische Zustandsgleichung $p = p(v, T)$ bzw. $v = v(p, T)$ und die spezifische Wärme $c_p = c_p(p_0, T)$ als Funktion von $T$ für *ein* $p$, hier $p_0$. Daraus folgt

$$dh = \left(\frac{\partial h}{\partial T}\right)_p dT + \left(\frac{\partial h}{\partial p}\right)_T dp \, ,$$

denn es gilt

$$\left(\frac{\partial h}{\partial T}\right)_p = c_p(p, T) \quad \text{und als Integrabilitätsbedingung aus} \quad ds = \frac{1}{T}\left(dh - vdp\right)$$

$$\left(\frac{\partial h}{\partial p}\right)_T = v - T\left(\frac{\partial v}{\partial T}\right)_p \quad \Rightarrow \quad \left(\frac{\partial c_p}{\partial p}\right)_T = -T\left(\frac{\partial^2 v}{\partial T^2}\right)_p \, ,$$

und dann folgt die Differentialgleichung

$$dh = \left[c_p(p_0, T) - \int_{p_0}^{p} T\left(\frac{\partial^2 v}{\partial T^2}\right)_p dp\right] dT + \left(v - T\frac{\partial v}{\partial T}\right)_p dp \, ,$$

aus der sich $h(T, p)$ durch Integration bestimmen läßt, – bis auf eine additive Konstante.

Anschließend bestimmt man $s(T, p)$ durch Integration von $ds = \frac{1}{T}(dh - vdp)$, ebenfalls bis auf eine additive Konstante.

Daraus ergibt sich

$$g = h - Ts \quad \text{bis auf eine additive Funktion} \quad \alpha - T\beta,$$

wo $\alpha$ und $\beta$ die additiven Konstanten in Enthalpie und Entropie sind.

Man kann obiges Argument noch etwas vereinfachen, indem man ein so kleines $p_0$ wählt $(p \approx 0)$, daß ein ideales Gas vorliegt, dessen spezifische Wärme als $\frac{z+1}{z}\frac{R}{M_r}T$ bekannt ist, so daß sie nicht gemessen werden muß. Dann folgt

$$c_p(p,T) = \frac{z+1}{z}\frac{R}{M_r}T - \int_0^p T\left(\frac{\partial^2 v}{\partial T^2}\right)dp \quad ,$$

und man bestimmt h, s und g allein aus (p,v,T)–Messungen.

Die (praktische) Unmöglichkeit der Messung chemischer Potentialfunktionen zwingt uns, die Form dieser Funktionen abzuleiten. Das geht nun freilich nur für Mischungen idealer Gase und dann – durch Extrapolation – für ideale Mischungen. Erst wenn die chemischen Potentialfunktionen bekannt sind, lassen sich nützliche Schlüsse aus ihrer Stetigkeit an semipermeablen Wänden ziehen.

## 7.2  Vermischungsgrößen. Chemisches Potential idealer  Mischungen

### 7.2.1  Vermischungsgrößen allgemein

Wir stellen uns vor, daß eine Mischung unter der Temperatur T und dem Druck p aus Reinstoffen mit T und p hergestellt wird. Abb. 7.2 zeigt schematisch Anfang und Ende des Vermischungsprozesses: die Kolben garantieren den Druck  p in jedem der Volumina $V_\alpha$ vor der Vermischung und im Gesamtvolumen V nach Öffnen der Ventile und Vermischung. Außerdem sollen die Temperaturen vor und nach der Vermischung gleich sein, – gleich T.

Am Anfang und Ende der Vermischung gilt dann

$$V_A = \sum_\alpha m_\alpha v_\alpha(T,p) \qquad V_E = m_\gamma v_\gamma(T,p_\beta) \quad \text{für alle } \gamma,$$

$$U_A = \sum_\alpha m_\alpha u_\alpha(T,p) \quad \text{bzw.} \quad U_E = \sum_\alpha m_\alpha u_\alpha(T,p_\beta), \qquad (7.13)$$

$$S_A = \sum_\alpha m_\alpha s_\alpha(T,p) \qquad S_E = \sum_\alpha m_\alpha s_\alpha(T,p_\beta),$$

wobei die spezifischen Endgrößen von allen Partialdrücken abhängen können. Wir können somit *Vermischungsgrößen* definieren als

$$V_{mix} = m_\gamma v_\gamma(T, p_\beta) \quad - \quad \sum_\alpha m_\alpha v_\alpha(T, p) \quad \text{für alle } \gamma$$

$$U_{mix} = \sum_\alpha m_\alpha \big( u_\alpha(T, p_\beta) - u_\alpha(T, p) \big) \tag{7.14}$$

$$S_{mix} = \sum_\alpha m_\alpha \big( s_\alpha(T, p_\beta) - s_\alpha(T, p) \big)$$

Die Vermischungsgrößen $H_{mix}$ und $G_{mix}$ für Enthalpie und Freie Enthalpie setzen sich hieraus zusammen. Es gilt

$$H_{mix} = U_{mix} + pV_{mix} \quad \text{und} \quad G_{mix} = U_{mix} + pV_{mix} - TS_{mix}. \tag{7.15}$$

$H_{mix}$ heißt die Vermischungswärme – oder einfach *Mischungswärme*; – denn aus $\dot{Q}dt = dH - Vdp$ folgt, daß bei festem Druck $H_E - H_A$ gleich der zugeführten Wärme $\dot{Q}dt$ ist.

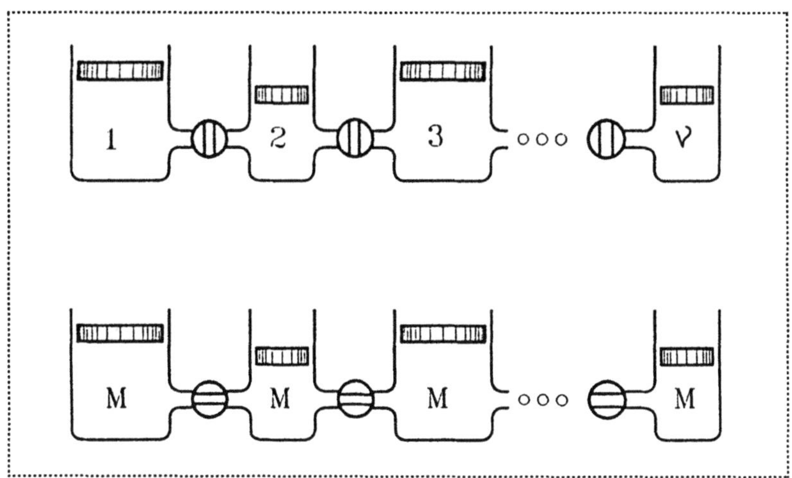

**Abb. 7.2**   Komponenten als Reinstoffe mit p, T, $V_\alpha$, $U_\alpha$, $S_\alpha$ (oben) und als Mischung  (unten). [Beachte, daß das Gesamtvolumen sich bei der Vermischung ändern kann.]

Im allgemeinen sind alle Vermischungsgrößen ungleich Null, und insbesondere ist das Volumen im allgemeinen vor und nach der Vermischung verschieden. Auch ist die Vermischung im allgemeinen mit Wärme- oder Kälteentwicklung verbunden.

## 7.2.2  Vermischungsgrößen bei idealen Gasen

Bei idealen Gasen sind $V_{mix}$ und $U_{mix}$ gleich Null und $S_{mix}$ hat eine explizite Form. Das folgt aus dem Dalton'schen Gesetz. Das Gesetz besagt, daß in einer Mischung idealer Gase die Partialgrößen $p_\alpha$, $u_\alpha$ und $s_\alpha$ nur von "ihrer eigenen Dichte" und der Temperatur abhängen. Außerdem ist die Abhängigkeit durch dieselben Material-gleichungen gegeben wie im Reinstoff, nämlich

$$p_\alpha = \rho_\alpha \frac{R}{M_r^\alpha} T, \quad u_\alpha = z_\alpha \frac{R}{M_r^\alpha} T + \alpha_\alpha, \quad s_\alpha = z_\alpha \frac{R}{M_r^\alpha} \ln T - \frac{R}{M_r^\alpha} \ln \rho_\alpha + \beta'_\alpha$$

$$s_\alpha = (z_\alpha + 1) \frac{R}{M_r^\alpha} \ln T - \frac{R}{M_r^\alpha} \ln p_\alpha + \beta_\alpha.$$

$$(7.16)$$

Damit folgt

$$m_\alpha v_\alpha(T, p_\beta) - \sum_{\beta=1}^{\nu} m_\alpha v_\alpha(T, p) = \frac{N_\alpha kT}{p_\alpha} - \frac{NkT}{p} = 0 \quad .$$

$$\left( u_\alpha(T, p_\beta) - u_\alpha(T, p) \right) = 0$$

$$\left( s_\alpha(T, p_\beta) - s_\alpha(T, p) \right) = -\frac{R}{M_r^\alpha} \ln \frac{p_\alpha}{p}$$

Folglich gilt für ideale Gase

$$V_{mix} = 0, \quad U_{mix} = 0, \quad S_{mix} = -\sum_\alpha m_\alpha \frac{R}{M_r^\alpha} \ln \frac{p_\alpha}{p}. \qquad (7.17)$$

Die Mischungswärme $H_{mix}$ ist dann auch gleich Null und $G_{mix}$ ist gegeben durch

$$G_{mix} = \sum_\alpha m_\alpha \frac{R}{M_r^\alpha} T \ln \frac{p_\alpha}{p}. \qquad (7.18)$$

Inspektion von $(7.17)_3$ zeigt, daß die Vermischungsentropie sich zusammensetzt aus den Entropieänderungen der Einzelkomponenten bei deren Expansion von $V_\alpha$ auf V. Während $V_{mix}$ und $U_{mix}$ als Folge von Wechselwirkungen der Einzelkomponenten auftreten, – wie wir noch sehen werden –, ist $S_{mix}$ lediglich eine Folge der Expansion.

Mit $\dfrac{p}{p_\alpha} = \dfrac{V}{V_\alpha}$ und $m_\alpha = N_\alpha M_r^\alpha \, \mu_0$ sowie $R\mu_0 = k$ kann die Vermischungsentropie in $(7.17)_3$ in der Form geschrieben werden $\left( \text{mit } N = \sum\limits_{\beta=1}^{v} N_\beta \right)$

$$S_{Mix} = \sum_{\alpha=1}^{v} N_\alpha k \ln \frac{V}{V_\alpha} = \sum_{\alpha=1}^{v} N_\alpha k \ln \frac{N}{N_\alpha}. \tag{7.19}$$

Dies ist ein universeller Ausdruck, d. h., er ist davon unabhängig, welche idealen Gase hier zur Durchmischung kommen. Diese Beobachtung führt unmittelbar zum Gibbs Paradox: Denn, wenn man nun alle Zylinder in Abb. 7.2 oben mit demselben Gas füllt, so findet ja nach Öffnung der Ventile gar keine Vermischung statt, und trotzdem gibt es eine Vermischungsentropie, gegeben durch (7.19),– dieselbe, wie bei verschiedenen Gasen.

Das Gibbs Paradox wurde erst in den 1930er Jahren nach Entwicklung der Quantenmechanik gelöst.[7.1] Darauf gehen wir hier nicht ein. In der klassischen Thermodynamik ist das Paradox ein Kuriosum, welches – glücklicherweise – die Resultate nicht beeinflußt.

## 7.2.3 Ideale Mischungen

Ideale Mischungen sind charakterisiert durch besondere Eigenschaften ihrer Vermischungsgrößen. Es gilt nämlich mit $N = \sum\limits_{\alpha=1}^{v} N_\alpha$

$$U_{Mix}^{id} = 0, \quad H_{Mix}^{id} = 0, \quad S_{Mix}^{id} = \sum_{\alpha=1}^{v} m_\alpha \frac{R}{M_r^\alpha} \ln N\!\!\Big/\!\!N_\alpha, \quad G_{Mix}^{id} = -TS_{Mix}^{id} \tag{7.20}$$

Für manche Lösungen von Flüssigkeiten und sogar für einige Legierungen sind diese speziellen Vermischungsgrößen gültig. Dies ist sehr erstaunlich, vor allem betreffs $S_{Mix}^{id}$, welches ja dieselbe Form hat, die für *ideale Gasmischungen* mittels Daltons Gesetz abgeleitet wurde.

Diese erstaunliche Möglichkeit zur Extrapolation der Form der Vermischungsentropie idealer Gase erklärt sich daraus, daß sowohl in Gasen als auch in Lösun-

---

7.1 Siehe etwa E. Schrödinger, Statistical Thermodynamics. Cambridge University Press (1967).

gen und Legierungen $S_{Mix}^{id}$ direkt aus $S = k \ln W$ abgeleitet werden kann, wo $W$ die Zahl der Realisierungsmöglichkeiten eines Zustandes ist, siehe Abschnitt 4.4. In der Tat, wenn wir Vertauschungen gleicher Moleküle als neue Möglichkeiten nicht mitzählen, so gilt

$$W = 1 \quad \Rightarrow \quad S = 0 \qquad \text{vor der Vermischung}$$

$$W = \frac{N!}{\overset{v}{\underset{\beta=1}{\pi}} N_\beta !} \quad \Rightarrow \quad S = k \left( N \ln N - \sum_{\beta=1}^{v} N_\beta \ln N_\beta \right) \qquad \text{nach der Vermischung} ,$$

wobei die Stirling-Formel benutzt wurde, um die Fakultätsausdrücke zu vereinfachen. Die Differenz dieser Entropien ist dann offenbar gleich der Vermischungsentropie zu setzen, und somit können wir diese schreiben als

$$S_{Mix} = k \sum_{\beta=1}^{v} N_\beta \ln \frac{N}{N_\beta} .$$

Mit $k/\mu_0 = R$ und $N_\beta = \frac{m_\beta}{M_r^\beta \mu_0}$ ist das exakt gleich dem Ausdruck $(7.20)_3$ für die Vermischungsentropie idealer Mischungen, *ohne daß jetzt zur Ableitung auf die Eigenschaften idealer Gase zurückgegriffen wurde*. [Man beachte jedoch, daß die Vermischungsentropie in der Form $(7.17)_3$ − mit den Partialdrücken − in der Tat nur für ideale Gase gilt. Denn um von $(7.20)_3$ oder $(7.19)$ zu $(7.17)_3$ zu gelangen, muß man die ideale Gleichung $p_\alpha V = N_\alpha kT$ benutzen.]

## 7.2.4 Chemische Potentialfunktionen idealer Mischungen

Für ideale Mischungen gilt nach Obigem für die freie Enthalpie

$$G = \sum_{\alpha=1}^{v} m_\alpha g_\alpha (T,p) - TS_{Mix}^{id}$$

$$\text{mit} \quad S_{Mix}^{id} = \sum_{\alpha=1}^{v} m_\alpha \frac{R}{M_r^\alpha} \ln \frac{\sum_{\alpha=1}^{v} m_\beta / M_r^\beta}{m_\alpha / M_r^\alpha} , \quad \text{siehe (7.20) mit} \quad N_\beta = \frac{m_\beta}{M_r^\beta \mu_0}$$

$$G = \sum_{\alpha=1}^{\nu} m_\alpha \left( g_\alpha(T,p) - \frac{R}{M_r^\alpha} T \ln \frac{\sum\limits_{\beta=1}^{\nu} m_\beta / M_r^\beta}{m_\alpha / M_r^\alpha} \right) . \tag{7.21}$$

$g_\alpha(T,P)$ ist die spezifische freie Enthalpie des Reinstoffs $\alpha$ bei T und p.

Daraus läßt sich durch Differentiation nach $m_\gamma$ das chemische Potential $\mu_\gamma$ berechnen. Es folgt

$$\mu_\gamma = g_\gamma(T,p) - \frac{R}{M_r^\gamma} T \ln \frac{\sum\limits_{\beta=1}^{\nu} m_\beta / M_r^\beta}{m_\gamma / M_r^\gamma} . \tag{7.22}$$

Von dieser Gleichung lassen sich eine ganze Reihe von Alternativformeln angeben, indem man – anstelle von $m_\beta$ – eine der in Absatz 7.1.1 angegebenen anderen Charakterisierungen wählt. Es gilt die folgende Gleichungsreihe, die man durch geschicktes Erweitern mit m, V, A erhält, und unter Benutzung von $m_\beta = N_\beta M_r^\beta \mu_0$

$$\frac{m_\gamma / M_r^\gamma}{\sum\limits_{\beta=1}^{\nu} m_\beta / M_r^\beta} = \frac{c_\gamma / M_r^\gamma}{\sum\limits_{\beta=1}^{\nu} c_\beta / M_r^\beta} = \frac{n_\gamma}{\sum\limits_{\beta=1}^{\nu} n_\beta} = \frac{N_\gamma}{\sum\limits_{\beta=1}^{\nu} N_\beta} = \frac{\nu_\gamma}{\sum\limits_{\beta=1}^{\nu} \nu_\beta} = X_\gamma . \tag{7.23}$$

## 7.3  Osmose

### 7.3.1  Osmotischer Druck in verdünnten Lösungen. Van't Hoff'sches Gesetz.

Der Durchtritt von Stoffen durch semipermeable Wände heißt Osmose (grch. osmos "das Schieben"). Dabei spielt der osmotische Druck eine Rolle; grob gesprochen ist das der Druck derjenigen Komponenten auf die Membran, die nicht hindurchkönnen. An einer für das Lösungsmittel durchlässigen Membran zwischen einer Lösung L und dem reinen Lösungsmittel RL ist der osmotische Druck gleich $p^L - p^{RL}$. Wir bezeichnen das Lösungsmittel als Komponente $\nu$ und haben wegen (7.3)

$$\mu_\nu^{RL}\left(p^{RL}, T\right) = \mu_\nu^L\left(p^L, T, m_1, m_2, \dots m_{\nu^L}\right) . \tag{7.24}$$

Im reinen Lösungsmittel gilt wegen (7.8) $\mu_v^{RL}(p^{RL},T)=g_v(p^{RL},T)$. Für die Lösung nehmen wir an, daß sie ideal sei, so daß (7.22) gilt. Damit folgt

$$g_v\left(p^{RL},T\right)=g_v\left(p^L,T\right)-\frac{R}{M_r^v}T\;\ln\left(\frac{\sum\limits_{\beta=1}^{v-1}n_\beta+n_v^L}{n_v^L}\right). \qquad (7.25)$$

Diese Gleichung vereinfachen wir in zwei Weisen. Erstens setzen wir

$$\ln\frac{\sum\limits_{\beta=1}^{v-1}n_\beta+n_v^L}{n_v^L}=\ln\left(1+\sum_{\beta=1}^{v-1}\frac{n_\beta}{n_v^L}\right)\approx\sum_{\beta=1}^{v-1}\frac{n_\beta}{n_v^L}\;; \qquad (7.26)$$

damit wird berücksichtigt, daß die Lösung *verdünnt* ist, so daß gilt $\sum\limits_{\beta=1}^{v-1}n_\beta\ll n_v^L$ .

Zweitens entwickeln wir $g_v\left(p^{RL},T\right)$ um $p^L$ wie folgt in eine Taylorreihe

$$g_v\left(p^{RL},T\right)=g_v\left(p^L,T\right)+\left(\frac{\partial g_v}{\partial p}\right)_{p_L,T}\left(p^{RL}-p^L\right)+\dots\quad. \qquad (7.27)$$

Die Punkte deuten weitere Entwicklungsglieder an, welche von höheren Ableitungen von $g_v$ nach p abhängen. Da jedoch wegen (4.32)₄ gilt,

$$\frac{\partial g_v}{\partial p}=v_v(p,T)=\frac{1}{\rho_v(p,T)}\;, \qquad (7.28)$$

sind solche höheren Entwicklungsglieder p-Ableitungen von $v_v$; sie verschwinden, wenn das Lösungsmittel inkompressibel ist, da dann $v_v$ von p und T unabhängig ist.

Mit (7.26), (7.27) und (7.28) gehen wir in (7.25) ein und erhalten

$$\left(p^L-p^{RL}\right)\frac{1}{\rho_v}=\sum_{\beta=1}^{v-1}\frac{n_\beta}{n_v^L}\;\frac{R}{M_r^v}T\;. \qquad (7.29)$$

Daraus folgt mit $\quad n_\nu^L M_r^\nu \mu_0 = \rho_\nu^L \quad$ und $\quad R\mu_0 = k$

$$p^L - p^{RL} = \frac{\rho_\nu}{\rho_\nu^L} \sum_{\beta=1}^{\nu-1} n_\beta kT \qquad \text{und mit } \rho_\nu^L \approx \rho_\nu \qquad (7.30)$$

$$p^L - p^{RL} = \sum_{\beta=1}^{\nu-1} n_\beta kT \; . \qquad (7.31)$$

Dies ist das van't Hoff'sche Gesetz für den osmotischen Druck verdünnter Lösungen. Bemerkenswert ist seine Ähnlichkeit zum Druck eines idealen Gases von $\nu-1$ Komponenten. Diese Ähnlichkeit reflektiert natürlich wiederum die Ähnlichkeit der Vermischungsentropien idealer Lösungen und idealer Gase; wir haben diese in Absatz 7.2.3 erklärt.

Wäre die Lösung eine Mischung idealer Gase, so würde man nach (7.31) den osmotischen Druck interpretieren als den Druck der Komponenten, die die semipermeable Wand nicht durchdringen können. Auch bei Lösungen von Flüssigkeiten ist das eine gute anschauliche Interpretation.

## 7.3.2  Beispiel I zum osmotischen Druck: Pfeffer'sche Säule

Die Pfeffer'sche Säule ist ein Rohr, welches am unteren Ende durch eine – für Wasser durchlässige – semipermeable Wand abgeschlossen ist. Taucht man sie in ein mit Wasser gefülltes Becken, so wird sich das Rohr soweit mit Wasser füllen, bis der Wasserspiegel innen und außen gleich hoch ist, siehe Abb. $7.3_L$. Löst man im Wasser des Rohres etwas Zucker oder Salz, so beobachtet man, daß durch die semipermeable Wand Wasser aus dem Becken in die Säule "gezogen" wird, so daß schließlich der Flüssigkeitsspiegel im Rohr beträchtlich höher steht als im Becken.

Eine ungenaue, aber anschauliche Deutung dieses Phänomens besagt, daß nach dem Einbringen des gelösten Stoffes der Partialdruck des Wassers im Rohr kleiner ist als der Druck des (reinen) Wassers von unten. Daher strömt Wasser durch die Membran, und der Flüssigkeitsspiegel im Rohr steigt an. Im Gleichgewicht stellt sich die Höhe der Lösungssäule hiernach so ein, daß der hydrostatische *Wasser*druck auf beiden Seiten der Membran gleich ist.

Tatsächlich jedoch müssen nicht die Partialdrücke, sondern die chemischen Potentiale des Wassers (Komponente $\nu$) im Gleichgewicht auf beiden Seiten der Membran – im reinen Lösungsmittel RL und in der Lösung L – gleich sein, d. h. es muß gelten

$$\mu_\nu^{RL}(p_0 + \rho_\nu g H_1, T) = \mu_\nu^L(p_0 + \rho^L g H_2, T, m_1, m_2, .. m_{\nu^L}) \; . \qquad (7.32)$$

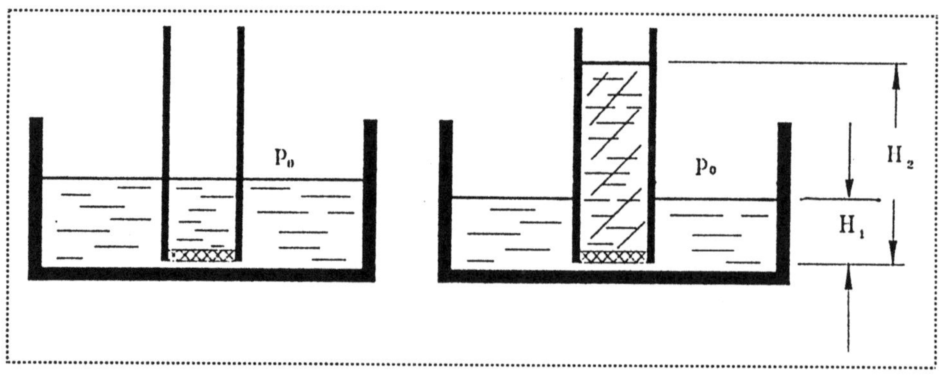


**Abb. 7.3**  Pfeffer'sche Säule

Beckenquerschnitt $A_B$, Säulenquerschnitt A.

Diese Beziehung könnten wir ganz ähnlich auswerten wie Gleichung (7.24). Das würde jedoch nur die Argumente von Absatz 7.3.1 wiederholen, und darum gehen wir einen anderen Weg: Wir benutzen das van't Hoff'sche Gesetz (7.30), um die Steighöhe der Säule vom Querschnitt A im Gleichgewicht zu bestimmen. Es gilt

$$p^L = p_0 + \rho^L g H_2 \qquad \text{und} \qquad p^{RL} = p_0 + \rho_v g H_1 \, ,$$

und Einsetzen in (7.30) liefert

$$\rho^L H_2 - \rho_v H_1 = \frac{\rho_v}{\rho_v^L} \sum_{\beta=1}^{v-1} n_\beta kT \frac{1}{g} \quad \text{und mit} \quad \rho_v^L \approx \rho_v \tag{7.33}$$

$$\rho^L H_2 - \rho_v H_1 = \sum_{\beta=1}^{v-1} \frac{N_\beta}{V} kT \frac{1}{g} \quad \text{mit} \quad V = A \cdot H_2 \, . \tag{7.34}$$

Wir denken uns die Gesamtwassermasse $m_W$ gegeben. Dann gilt, immer mit $\rho_v^L \approx \rho_v$ und mit $A_B$ als Beckenquerschnitt

$$H_1 = \frac{1}{A_B - A} \left( \frac{m_W}{\rho_v} - H_2 A \right). \tag{7.35}$$

$\rho^L$ setzt sich zusammen aus $\rho_v^L$ – ungefähr gleich $\rho_v$ – und $\displaystyle\sum_{\beta=1}^{v-1} \rho_\beta = \sum_{\beta=1}^{v-1} \frac{m_\beta}{A H_2}$.

Somit ergibt sich aus (7.34) eine quadratische Gleichung für $H_2$, nämlich

$$H_2^2 - \frac{1}{\rho_v A_B}\left(m_W - \frac{A_B - A}{A}\sum_{\beta=1}^{\nu-1} m_\beta\right)H_2 - \frac{1}{\rho_v A_B}\frac{A_B - A}{A}\sum_{\beta=1}^{\nu-1} N_\beta kT\frac{1}{g} = 0.$$

Die Lösung lautet

$$H_2 = \frac{1}{2\rho_v A_B}\left(m_W - \frac{A_B - A}{A}\sum_{\beta=1}^{\nu-1} m_\beta\right) \begin{smallmatrix}+\\(-)\end{smallmatrix} \sqrt{\frac{1}{4\rho_v^2 A_B^2}\left(\cdots\right)^2 + \frac{1}{\rho_v A_B}\frac{A_B - A}{A}\sum_{\beta=1}^{\nu-1} N_\beta kT\frac{1}{g}}.$$

$$(7.36)$$

Wir rechnen ein Beispiel:  Es sei

$$m_W = 2\,\text{kg}, \quad A_B = 2\,\text{dm}^2, \quad A = 1\,\text{cm}^2, \quad \rho_v = 10^3\,\frac{\text{kg}}{\text{m}^3}, \quad T = 298\,\text{K}, \quad g = 9{,}81\frac{\text{m}}{\text{s}^2}.$$

Wir lösen 1gr Kochsalz NaCl, so daß $\displaystyle\sum_{\beta=1}^{\nu-1} m_\beta = m_S = 1\text{gr}$ ist. Das Kochsalz

dissoziiert in wässriger Lösung in $Na^+$ und $Cl^-$ Ionen, so daß mit $M_r^{NaCl} = 58{,}5$ gilt

$$\sum_{\beta=1}^{\nu-1} N_\beta = 2\frac{m_S}{M_r^{NaCl}\,\mu_0} = 2{,}06\cdot 10^{22} \quad .$$

Einsetzen liefert

$$H_2 = 9{,}34\,\text{m} \quad !! \tag{7.37}$$

$H_1$ ergibt sich dann aus (7.35) zu 5,4 cm, so daß etwa die Hälfte des Wassers "osmotisch" in die Röhre eingedrungen ist.

Rohr und Lösung müssen natürlich von unten gestützt werden, um das mechanische Gleichgewicht zu sichern. Die Stützkraft beträgt im Beispiel

$$S = \left(\rho^L g H_2 - \rho_v g H_1\right)A + m_R g = 9{,}2\,\text{N} + m_R g,$$

wobei $m_R g$ das Rohrgewicht ist.

Man sagt, daß die Pflanzen diesen osmotischen Steigeffekt benutzen, um Wasser durch die Kapillaren des Stamms und der Zweige in ihre Blätter zu "ziehen": Die

Wurzeln der Pflanzen liegen im Wasser, und innerhalb der Wurzeln befindet sich eine wässrige Lösung aus Nährstoffen. Die Rolle der semipermeablen Wand wird von den Membranhäutchen übernommen, welche die Wurzeln umschließen.

## 7.3.3  Beispiel II zum osmotischen Druck: Meerwasserentsalzung

Zur Süßwassergewinnung wird ein langes Rohr bis auf eine Tiefe H ins Meerwasser abgesenkt und dort verankert. Das Rohr ist oben offen und wird am unteren Ende durch eine für die Salzionen $Na^+$ und $Cl^-$ undurchlässige semipermeable Membran verschlossen. Die Salzkonzentration im Meerwasser beträgt $\rho_s = 35\ ^{gr}/_l$ und die Temperatur sei 5° C; wir betrachten beide als unabhängig von der Tiefe. Abb. 7.4 zeigt die Anordnung in schematischer Form.

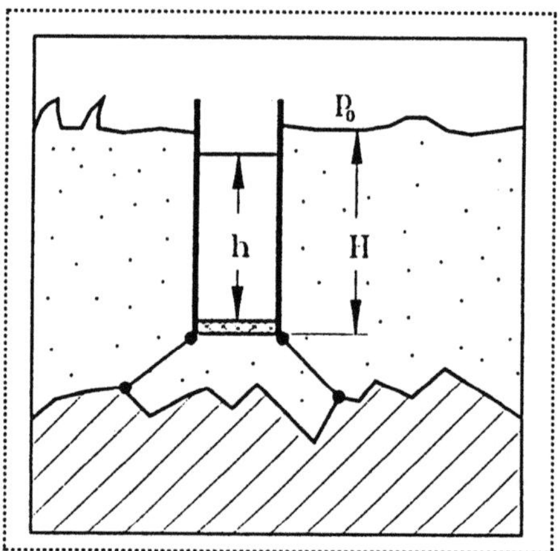


**Abb. 7.4**  Semipermeable Wand zur Gewinnung von Süßwasser

Wir fragen als erstes nach dem osmotischen Druck an der Membran. Dieser berechnet sich aus dem van't Hoff'schen Gesetz (7.30)

$$p^L - p^{RL} = 2n_s kT = 2\,\frac{\rho_s}{M_r^{NaCl}\,\mu_0}\,kT = 27{,}66\ \text{bar}\ . \tag{7.38}$$

Als nächstes bestimmen wir die Höhe h der Süßwassersäule im Rohr. Der Index v kennzeichnet wie bisher das Lösungsmittel Wasser. Mit

$$p^L = p_0 + \rho^L gH = p_0 + \left(\rho_v^L + \rho_s\right)gH \quad \text{und} \quad p^{RL} = p_0 + \rho_v gh$$

folgt aus (7.38) und wegen $\rho_v^L \approx \rho_v$

$$h = \left(1 + \frac{\rho_S}{\rho_v}\right) H - 2\frac{\rho_S}{\rho_v}\frac{kT}{M_r^{NaCl}\;\mu_0\,g} \quad . \tag{7.39}$$

Es ist instruktiv, einige Sonderfälle zu diskutieren:

Für kleine Werte von H ergibt sich eine negative Höhe h des Wasserspiegels. Das bedeutet, daß kein Wasser ins Rohr eindringen kann, wenn dieses nicht tief genug eingetaucht ist. Aus den angegebenen Daten folgt für die Mindesttiefe H = 271 m. So tief oder tiefer muß das Rohr abgesenkt werden, wenn man Süßwasser abpumpen will.

Eine andere interessante Frage lautet: Wann ist h $\geq$ H? Aus (7.39) folgt als Antwort H $\geq$ 8000 m. Man muß dazu also schon eine tiefe Stelle des Weltmeeres aufsuchen. Immerhin, wenn man dort ist, so kann man den Niveauunterschied h − H zur Energiegewinnung nutzen.

Das würde in der Tat gehen, allerdings nur, weil der Salzgehalt wegen der ständigen Durchmischung des Meeres von der Tiefe unabhängig ist − wenigstens näherungsweise. Diese Durchmischung beruht letztlich auf der Sonneneinstrahlung. Sie erzeugt Temperaturunterschiede in den Weltmeeren, welche zu großräumigen Konvektionen führen. Ohne diesen Einfluß würde die Salzkonzentration ein Gleichgewicht finden, sie wäre in der Tiefe größer als oben, und h wäre stets kleiner als H, oder höchstens gleich.

## 7.3.4 Beispiel III zum osmotischen Druck: Physiologische Kochsalzlösung

Erstaunlich ist für den thermodynamischen Laien immer die beträchtliche Größe des osmotischen Drucks. Besonders drastisch wird dies am Beispiel der Flüssigkeit innerhalb der Blutzellen, die gegenüber reinem Wasser den osmotischen Druck von 7,7 bar aufweisen. Einen solchen Druck können die Zellmembranen natürlich nicht aushalten, sie würden platzen, wenn sie von reinem Wasser umgeben wären. Im Körper geschieht das nur deshalb nicht, weil die umgebende Flüssigkeit ebenfalls Komponenten enthält, welche die Zellwand nicht durchdringen können, und die ihrerseits von außen auf die Zelle den osmotischen Gegendruck von 7,7 bar ausüben.

Man muß sich daher hüten, einem Patienten bei einer Infusion größere Mengen von reinem Wasser zuzuführen. Tatsächlich befindet sich in dem in Krankenhäusern allgegenwärtigen "Tropf" die sogenannte *physiologische Kochsalzlösung*, eine Mischung aus Wasser und Kochsalz mit der Dichte

$$\rho_S = M_r^{NaCl} \, \mu_0 \, \frac{7{,}7 \, \text{bar}}{2kT} \quad \overset{=}{\big|} \quad 8{,}8 \, \frac{gr}{l} \; .$$

$$\text{für T} \approx 36°C$$

Diese Lösung ist physiologisch verträglich, da sie auf die Zellwand von außen denselben Druck ausübt, wie die Zellflüssigkeit von innen.

Beim Einzuckern von Früchten und Einpökeln von Fleisch macht man sich die Osmose zur Konservierung zunutze. Die hochkonzentrierte Lösung außen entzieht den in den Lebensmitteln befindlichen Fäulnisbakterien ihr Wasser, diese sterben ab, und die Lebensmittel sind so haltbar gemacht; allerdings häufig auch unansehnlich. Denn natürlich wird auch den Früchten Wasser entzogen, und diese schrumpfen dadurch ein; aus der prallen Traube wird die verschrumpelte Rosine.

## 7.3.5  Eine energetische Interpretation der Osmose

Man kann versuchen, sich den Vorgang der Osmose durch energetische Überlegungen verständlich zu machen. Wir betrachten dazu erneut die Pfeffer'sche Säule und bestimmen für das System der Abb. 7.3 die verfügbare freie Energie $\mathcal{A}$. Nach den Überlegungen des Absatzes 4.2.7 lautet diese im vorliegenden Fall unter Vernachlässigung der kinetischen Energie

$$\mathcal{A} = F + E_{Pot} + p_0 V \; . \tag{7.40}$$

Die freie Energie $F = U - TS$, die potentielle Energie $E_{Pot}$ und das Volumen setzen sich jeweils zusammen aus zwei Anteilen, dem des Beckens RL und dem der Säule L. Wir verwenden die in den letzten Absätzen benutzten Bezeichnungen und Annahmen, z. B. ideale Lösung, sowie $\rho_v^L \approx \rho_v$; Wasser ist inkompressibel, so daß $u_v$ und $s_v$ nur von T abhängen. So folgt

$$F^{RL} + p_0 V^{RL} = (m_v - m_v^L)\left( u_v(T) - Ts_v(T) + \frac{p_0}{\rho_v} \right)$$

$$F^L + p_0 V^L = m_v^L \left( u_v(T) - Ts_v(T) + \frac{p_0}{\rho_v} \right) + m_S \left( u_S(T) - Ts_S(T) \right)$$

$$- T \left\{ m_v^L \frac{R}{M_r^v} \ln \frac{m_v^L/M_r^v + 2\,m_S/M_r^S}{m_v^L/M_r^v} + 2 m_s \frac{R}{M_r^S} \ln \frac{m_v^L/M_r^v + 2\,m_S/M_r^S}{m_S/M_r^S} \right\}$$

$$E_{Pot}^{RL} = \frac{g}{2(A_B - A)\rho_v}\left(m_v - m_v^L\right)^2$$

$$E_{Pot}^{L} = \frac{g}{2A\rho_v}\left(m_v^L + m_S\right)m_v^L \; . \qquad . \qquad (7.41)$$

Die verfügbare Freie Energie $\mathcal{A}$ setzt sich aus der Summe aller vier Größen zusammen. Einzige Variable ist $m_v^L$ , die Masse des ins Rohr eingedrungenen Wassers. Wir zeichnen – in Abb. 7.5 – nur die von $m_v^L$ abhängigen Teile von $\mathcal{A}$. Das sind die beiden logarithmischen Terme, welche von der Vermischungsentropie herrühren, sowie die potentielle Energie. Definitionsbereich ist

$$\frac{A^L}{A^{RL}} \leq \frac{m_v^L}{m_v} \leq 1 \; ,$$

wobei der linke Randwert dem Anfangszustand entspricht, bevor das Salz gelöst wurde, und der rechte dem (hypothetischen) Fall, daß alles Wasser in das Rohr gesaugt wurde. Wir setzen

$$m_v = 2kg \; , \quad A = 1cm^2 \; , \quad A_B = 200cm^2 \; , \quad m_S = 1gr \; , \quad \rho_v = 1\frac{gr}{cm^3}$$

und erhalten die mit O und P bezeichneten Kurven in Abb. 7.5. Diese stehen für die "osmotische" Vermischungsentropie bzw. für die potentielle Energie. Beide Kurven sind willkürlich so in der Höhe verschoben, daß sie durch den Ursprung gehen.

Wir erkennen, daß die osmotische Kurve ihr Minimum bei $m_v^L = m_v = m$ hat, d. h. die Entropie "will" eine vollständige Vermischung erreichen; dann ist sie maximal. Dagegen steht die potentielle Energie, die ihr Minimum bei ganz kleinen Werten von $m_v^L$ hat, nämlich dort, wo in Becken und Rohr dasselbe Niveau herrscht. Diese beiden gegensätzlichen Tendenzen kompensieren sich dort, wo die Kurve O + P ein Minimum besitzt; das geschieht im vorliegenden Fall bei $m_v^L \approx 0,47 \, m_v$. Die dementsprechende Steighöhe des Gleichgewichts im Rohr ist gleich 9,34 m, so wie auch in Absatz 7.3.2 berechnet.

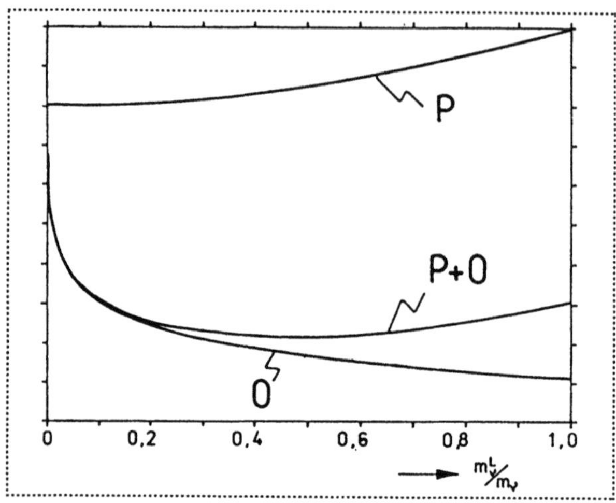


**Abb. 7.5** Die Konkurrenz von Osmose und Schwerkraft
in der Pfeffer'schen Säule.

## 7.4    Mischphasen

### 7.4.1  Gibbs'sche Phasenregel

In einer Mischung von $\nu$ Komponenten $\alpha = 1,2...\nu$, die in f  Phasen h = 1,2,...f
vorliegen, ist die freie Enthalpie im einfachsten Fall die Summe der freien Enthalpien der Phasen, und in jeder Phase gilt die Gleichung (7.6). Daraus folgt

$$G = \sum_{h=1}^{f} G^h = \sum_{h=1}^{f} \sum_{\alpha=1}^{\nu} \mu_\alpha^h \, m_\alpha^h \, , \tag{7.42}$$

und $\mu_\alpha^h$ soll nur von den Massen $m_\beta^h$ der Komponenten in der Phase h abhängen.

Stellt sich bei festen Werten von T, p und $m_\alpha (\alpha = 1,2...\nu)$ ein Gleichgewicht ein,
so strebt G einem Minimum zu, welches im Gleichgewicht erreicht wird. Dieses ist
gekennzeichnet durch eine bestimmte Verteilung der $\nu$ Komponenten auf die einzelnen Phasen. Diese Verteilung wollen wir bestimmen.

Dazu wird das Minimum von G unter den Nebenbedingungen $\sum_{h=1}^{f} m_\alpha^h = m_\alpha = \mathrm{const}$

gesucht oder – unter Verwendung von Lagrange–Multiplikatoren $\lambda_\alpha$ – das Minimum der Funktion

$$\Phi = \sum_{h=1}^{f} \sum_{\alpha=1}^{v} \mu_\alpha^h \, m_\alpha^h - \sum_{\alpha=1}^{v} \lambda_\alpha \left( \sum_{h=1}^{f} m_\alpha^h - m_\alpha \right) \qquad (7.43)$$

*ohne* Nebenbedingungen. Notwendige Bedingungen erhält man durch das Verschwinden der Ableitungen von $\Phi$ nach allen $m_\beta^j$ $(\beta = 1,2..v),(j = 1,2..f)$. Es folgt unter Benutzung der Gibbs-Duhem Beziehung (7.9)

$$\mu_\beta^j = \lambda_\beta \qquad (\beta = 1,2..v), \quad (j = 1,2..f) \,.$$

Das ist die Gibbs'sche Phasenregel; da die rechte Seite von der Phase nicht abhängt, besagt diese Gleichung, daß jede Komponente in allen Phasen denselben Wert des chemischen Potentials hat. Man kann auch schreiben

$$\mu_\beta^j = \mu_\beta^f \qquad (\beta = 1,2..v), \quad (j = 1,2..f - 1) \,. \qquad (7.44)$$

oder ausführlicher, unter Anmerkung der Variablen

$$\mu_\beta^j \left(T,p,X_\gamma^j\right) = \mu_\beta^f \left(T,p,X_\gamma^f\right) \quad . \qquad (7.45)$$

## 7.4.2 Freiheitsgrade

Die Gibbs'sche Phasenregel gibt $v \cdot (f - 1)$ Bedingungen an, die im Gleichgewicht zwischen den $2 + (v - 1) \cdot f$ Variablen T, p, $X_\beta^h$ gelten müssen. Man hat folglich im (T, p, $X_\beta^h$)–Diagramm eine Zahl von Freiheitsgraden, nämlich

$$\begin{aligned} F &= 2 + (v - 1)f - v(f - 1) \\ F &= 2 + v - f \,. \end{aligned} \qquad (7.46)$$

Das sind Möglichkeiten, den Zustand der Phasenmischung zu verändern, ohne das Phasengleichgewicht zu zerstören.

Beim einkomponentigen Körper mit $v = 1$ ist uns dies aus früheren Überlegungen geläufig. Man hat dann $F = 3 - f$ und somit

$$\begin{array}{lll} F = 2 & & 1 \\ F = 1 & \text{wenn} & 2 \;\; \text{Phasen vorliegen.} \\ F = 0 & & 3 \end{array}$$

Im Dampf- oder Flüssigkeitsgebiet können p und T beliebig geändert werden, ohne daß der Zustandspunkt aus diesem Gebiet austritt. Im Gleichgewicht flüssig –

dampfförmig muß jede Änderung von p mit einer ganz bestimmten Änderung von T verknüpft sein, − so daß die (p,T)−Paare auf der Dampfdruckkurve liegen − sonst wird das Phasengleichgewicht gestört, und man erhält entweder nur Dampf oder nur Flüssigkeit. Der Tripelpunkt schließlich ist durch *ein* (p,T)−Paar charakterisiert. Jede Änderung zerstört das Phasengleichgewicht fest − flüssig − dampfförmig.

Bei binären Mischungen mit $\nu = 2$ werden wir weitere Beispiele für die Berechnung von Freiheitsgraden antreffen.


## 7.5 Flüssig-Dampf-Gleichgewichte (Ideal)

### 7.5.1 Ideales Raoult'sches Gesetz

Bei nur zwei Phasen − Flüssigkeit und Dampf − ist die Gibbs'sche Phasenregel (7.45) besonders einfach. Wir kennzeichnen die Phasen durch ' und " und schreiben

$$\mu'_\alpha\left(T,p,X'_\beta\right)=\mu''_\alpha\left(T,p,X''_\beta\right) \quad (\alpha = 1,2,..\nu). \tag{7.47}$$

Für eine binäre Mischung, d. h. eine Mischung aus nur zwei Komponenten, sind dies zwei Gleichungen für die Unbekannten $X'_1, X''_1$ bzw. $c'_1, c''_1$.

Zunächst jedoch betrachten wir eine beliebige Anzahl von Komponenten. Und, um den Gleichungen (7.47) eine spezifische Form zu geben, machen wir vier Annahmen:

i.)     Die flüssige Mischung sei ideal:

$$\mu'_\alpha\left(T,p,X'_\beta\right)= g'_\alpha(T,p)+\frac{R}{M^\alpha_r}\,T\ln X'_\alpha . \tag{7.48}$$

ii.)    Die reinen Flüssigkeiten seien inkompressibel; dann sind die $g'_\alpha(T,p)$ linear in p, und wir können schreiben:

$$g'_\alpha(T,p) = g'_\alpha(T,p_\alpha(T)) + v'_\alpha(p - p_\alpha(T)) \; , \tag{7.49}$$

wo $p_\alpha(T)$ der Sattdampfdruck der reinen Komponente $\alpha$ ist, den wir aus der Dampfdruckkurve oder Dampftabelle ablesen.

iii.)   Der Dampf sei eine Mischung idealer Gase

$$\mu_\alpha''\left(T,p,X_\beta''\right) = g_\alpha''(T,p) + \frac{R}{M_r^\alpha}\,T\ln X_\alpha''$$

$$\mu_\alpha''\left(T,p,X_\alpha''\right) = g_\alpha''(T,p_\alpha(T)) + \frac{R}{M_r^\alpha}\,T\ln\frac{p}{p_\alpha(T)} + \frac{R}{M_r^\alpha}\,T\ln X_\alpha'' \;. \tag{7.50}$$

iv.)    Das spezifische Volumen der Flüssigkeiten sei vernachlässigbar gegen das der  Dämpfe

$$v_\alpha' << v_\alpha'' = \frac{1}{p_\alpha(T)}\,\frac{R}{M_r^\alpha}\,T \;. \tag{7.51}$$

Der Bezug auf $p_\alpha$ (T) in der flüssigen Phase und im Dampf geschieht, um die Beziehung

$$g_\alpha'\,(T,p_\alpha(T)) = g_\alpha''\,(T,p_\alpha(T)) \;\;,$$

benutzen zu können, siehe (4.39); dadurch eliminieren wir die unspezifischen Funktionen $g_\alpha'$ (T,p) und  $g_\alpha''$ (T,p) aus der Gibbs'schen Phasenregel.

In der Tat folgt aus (7.47) unter Benutzung der Bedingungen i.) bis iii.)

$$v_\alpha'\left(p - p_\alpha(T)\right) + \frac{R}{M_r^\alpha}\,T\ln X_\alpha' = \frac{R}{M_r^\alpha}\,T\ln\frac{p}{p_\alpha(T)} + \frac{R}{M_r^\alpha}\,T\ln X_\alpha'' \;\;.$$

Division durch $R\!\big/\!{M_r^\alpha}\,T$ und Benutzung der Bedingung iv.) liefert dann die ganz einfache Beziehung

$$X_\alpha'\,p_\alpha(T) = X_\alpha''\,p \;. \tag{7.52}$$

Das ist das *ideale Raoult'sche Gesetz*. Bei vorgegebenem p und T gestattet es die Berechnung von v aus den $2(v-1)$ unabhängigen Molenbrücken $X_\alpha'$ und $X_\alpha''$ . Insbesondere für $v=2$ gestattet es die Berechnung der beiden (einzigen) unabhängigen Molenbrüche $X_1'$  und $X_1''$ .

## 7.5.2 Ideale Phasendiagramme binärer Mischungen

Für eine binäre Mischung in zwei Phasen reduziert sich das Raoult'sche Gesetz (7.52) auf nur zwei Gleichungen

$$\begin{array}{l} X_1'\,p_1(T) = \quad\;\; X_1''\,p \\[4pt] (1 - X_1')\,p_2\,(T) = (1 - X_1'')p \end{array} \quad\Rightarrow\quad \begin{array}{l} p_1(T)X_1' \;-pX_1'' = 0 \\[4pt] -p_2(T)X_1' \;+pX_1'' = p - p_2(T)\;. \end{array} \tag{7.53}$$

Bei vorgegebenem p und T sind dies zwei lineare Gleichungen für $X'_1$ und $X''_1$. Die Lösung erfolgt mit der Cramer'schen Regel. Sie lautet

$$X'_1 = \frac{p - p_2(T)}{p_1(T) - p_2(T)}, \qquad X''_1 = \frac{-p_1(T)p_2(T)}{p_1(T) - p_2(T)} \frac{1}{p} + \frac{p_1(T)}{p_1(T) - p_2(T)}. \qquad (7.54)$$

Für festes T stellt die erste Gleichung eine lineare Funktion von p dar, die zweite eine Hyperbelfunktion. Es ist üblich, beide Funktionen in *ein* Diagramm zu zeichnen mit p als Ordinate und $X'_1$ bzw. $X''_1$ als Abszisse, siehe Abb. 7.6$_L$

$$p = p_2(T) + (p_1(T)) - p_2(T))X'_1, \qquad p = \frac{p_2(T)}{1 - \left(1 - \dfrac{p_2(T)}{p_1(T)}\right)X''_1} . \qquad (7.55)$$

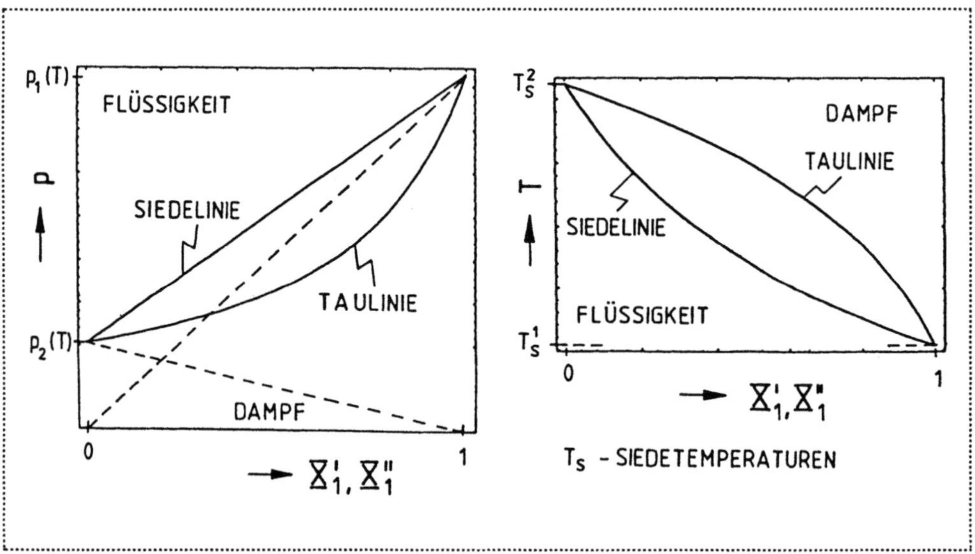


**Abb. 7.6** Phasendiagramme einer binären Mischung
Links: (p,X₁)-Diagramm. Gestrichelt: Partielle Dampfdrücke.
Rechts: (T,X₁)-Diagramm

Die Kurven der Abbildung sind für den Fall $p_1(T) > p_2(T)$ gezeichnet. Die obere bestimmt den Molenbruch $X'_1$ der siedenden Mischung und heißt Siedelinie. Die untere bestimmt den Molenburch $X''_1$ der Sattdampfmischung, sie heißt Taulinie. Über den Kurven – bei hohem Druck – liegt das Gebiet der Flüssigkeit, darunter das des Dampfes, und zwischen den Kurven liegt ein Flüssig-Dampf-Gleichgewicht vor. Bei einem festen p ist $X_1'$ kleiner als $X_1''$, d.h. die Komponente 1 ist im Dampf angereichert. Darauf beruht ein Trennverfahren für die Komponenten der Mischung: Man pumpt den mit Komponente 1 angereicherten Dampf ab, kondensiert ihn und verdampft erneut; dabei tritt eine weitere Anreicherung von Komponente 1 in der (neuen) Dampfphase auf, usw.

Die in Abb. $7.6_\mathrm{L}$ gestrichelten Geraden $pX_1''$ und $p(1-X_1'')$ stellen die Partialdrücke der Komponenten 1 bzw. 2 im Dampf dar. In der Tat, es gilt

$$pX_1'' = p\,\frac{n_1''}{\displaystyle\sum_{\beta=1}^{2} n_\beta''} = p\,\frac{p_1/kT}{p/kT} = p_1 \quad \text{und} \quad p(1-X_1'') = p\,\frac{n_2''}{\displaystyle\sum_{\beta=1}^{2} n_\beta''} = p\,\frac{p_2/kT}{p/kT} = p_2.$$

$$(7.56)$$

Elimination von p aus den beiden Gleichungen (7.55) ergibt

$$X_1'' = \frac{p_1(T)}{p_2(T)}\,\frac{X_1'}{1+\left(\dfrac{p_1(T)}{p_2(T)}-1\right)X_1'}.$$

$$(7.57)$$

Abb. 7.7 zeigt $X_1''$ als Funktion von $X_1'$. Man erkennt, daß hier, $-$ immer mit der Annahme $p_1(T) > p_2(T)$ $-$ $X_1''$ größer ist als $X_1'$. Das stimmt mit der früheren Beobachtung überein, nach der im $(p,X_1)$–Diagramm die Siedelinie links von der Taulinie liegt.

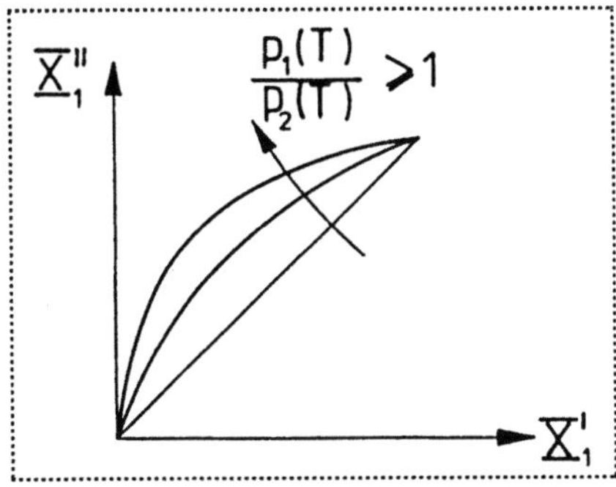


**Abb. 7.7**  $X_1''$ als Funktion von $X_1'$

Da $p_1(T)$ und $p_2(T)$ die bekannten Dampfdruckkurven der Reinstoffe 1 und 2 sind, kann man $-$ für festes p $-$ die Gleichungen (7.54) als Siedelinie $(T,X_1')$ bzw. als Taulinie $(T,X_1'')$ graphisch darstellen und erhält so das $(T,X_1')$–Phasendiagramm, welches in Abb. $7.6_R$ gezeichnet ist. Die Konstruktion dieser Linien gelingt nur numerisch oder graphisch, da die Dampfdruckkurven analytisch nicht bekannt sind. Die Siedetemperatur $T_s^1(p)$ liegt i.a. unterhalb von $T_s^2(p)$, wenn $p_1(T) > p_2(T)$ gilt.

## 7.5.3. Verdampfungsvorgang im Phasendiagramm

Wir beziehen uns auf Abb. 7.8 und betrachten einen Verdampfungsvorgang durch Druckabsenkung. Anfangspunkt ist Punkt A im Flüssigkeitsgebiet. Bei Druckabsenkung wird im Punkt B die Siedelinie erreicht, und die Verdampfung beginnt. Der zunächst entstehende Dampf hat die Zusammensetzung des Punktes C, d. h. er ist reich an Komponente 1 oder "1-reich", jedenfalls reicher als die Flüssigkeit. Dadurch verarmt die Flüssigkeit an Komponente 1. Der Flüssigkeitszustand bewegt sich nach links, und die Flüssigkeit kann erst weitersieden, wenn der Druck gesenkt wird, so daß erneut die Siedelinie erreicht wird. Der nun entstehende Dampf ist nicht ganz so 1-reich wie die erste Dampfblase, aber immer noch 1-reicher als die Anfangsmischung, so daß die Flüssigkeit weiter an Komponente 1 verarmt. Vermischt sich der in diesen "Schüben" entstehende Dampf, so geht dieser Prozeß solange fort, bis der zuletzt entstehende Dampf die Zusammensetzung der ursprünglichen Mischung hat. Das ist bei D der Fall, und der letzte Flüssigkeitstropfen hat den Zustand E. Während der Verdampfung ist somit die Flüssigkeit entlang der Siedelinie von B nach E gewandert und der Dampf entlang der Taulinie von C nach D. Die Pfeile in Abb. 7.8 illustrieren diese Zustandsänderungen.

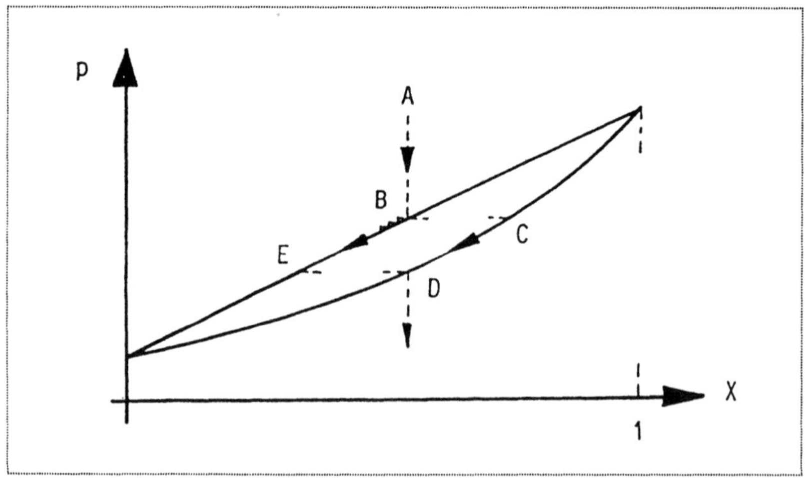


**Abb. 7.8** Der Verdampfungsvorgang im (p,X)-Diagramm

Wenn man den während der Verdampfung entstehenden Dampf abzieht, – so daß er sich nicht mit neu entstehendem Dampf vermischen kann, so wird die Flüssigkeit immer 1-ärmer und endet schließlich als Reinstoff 2.

## 7.5.4 Beispiel I zum Raoult'schen Gesetz: $CO_2$ in Atmosphäre und Meer

Ausgedrückt durch den Partialdruck $p_\alpha = p X_\alpha''$ der Dampfkomponente $\alpha$ kann man das Raoult'sche Gesetz (7.52) in der Form schreiben

$$X_\alpha' = \frac{p_\alpha}{p_\alpha(T)} \ . \tag{7.58}$$

In dieser Form wurde das Gesetz von Raoult experimentell gefunden. Der Molenbruch eines Gases, der in einer Flüssigkeit gelöst ist, ist somit proportional zu dem Partialdruck des Gases in der Dampfphase, – und umgekehrt proportional zum Sättigungs-Dampfdruck. Das Kohlendioxid der Luft hat den Partialdruck $p_{CO_2} = 3\cdot 10^{-4}$ bar (siehe Absatz 2.3.1) und – bei 5°C – einen Sättigungs-Dampfdruck $p_{CO_2}(5°C) \approx 40$ bar (siehe Abb. 2.14$_L$). Daraus folgt

$$X_{CO_2}' = 7{,}5\cdot 10^{-6}$$

Nimmt man an, daß die Weltmeere 2/3 der Erdoberfläche bedecken und eine mittlere Tiefe von 2km haben, so folgt daraus für die Masse des im Meer gelösten Kohlendioxids

$$m_{CO_2}^{Meer} \approx 6\cdot 10^{15}\, kg.$$

Es ist instruktiv, dies mit der Masse des Kohlendioxids in der Atmosphäre zu vergleichen. Hierfür gilt

$$m_{CO_2}^{Atmosphäre} = \frac{p_{CO_2}\, V}{R/M_r^{CO_2}\, T} \approx 2{,}3\cdot 10^{15}\, kg \ .$$

[Hier haben wir für V das Volumen einer Kugelschale vom Erdradius mit der Dicke 8km (siehe Absatz 1.4.4) gewählt.]

In den Weltmeeren ist also nach dieser Rechnung ca. dreimal soviel $CO_2$ enthalten wie in der Atmosphäre. [In Wirklichkeit ist die Lösung von $CO_2$ in Wasser nicht ideal in einem solchen Maße, daß die oben berechnete gelöste Masse mit dem Faktor 40 (!) multipliziert werden muß.]

## 7.5.5  Beispiel II zum Raoult'schen Gesetz: Mineralwasser

Mineralwasser – "kohlensäureversetzt" – wird in $CO_2$-Atmosphäre unter erhöhtem Druck abgefüllt und verschlossen. Je höher der Druck, um so mehr $CO_2$ löst sich im Wasser. Und wenn der Druck beim Öffnen der Flasche gesenkt wird, so sprudelt das $CO_2$ aus. Bei steigender Temperatur sinkt $X'_\alpha$ nach (7.58) ab, da die Dampfdruckkurve $p_\alpha(T)$ eine monoton wachsende Funktion von T ist. Daher steigt der Druck in einer geschlossenen Flasche mit T,  und das Wasser in einer offenen Flasche wird schal.

Aus demselben Grund löst das polare Meerwasser mehr Sauerstoff als das Meerwasser am Äquator. Daher rührt die reichhaltige Fauna der polaren Gewässer; das tierische Leben ist dort viel üppiger als in niedrigeren Breiten.

## 7.5.6  Beispiel III zum Raoult'schen Gesetz: Dampfdruckerniedrigung und Siedepunktserhöhung

Bei einer verdünnten Lösung schwer flüchtiger Komponenten $\alpha = 1,2, ..\nu-1$ in einem Lösungsmittel $\nu$ lautet das Raoult'sche Gesetz (7.52) für das Lösungsmittel

$$X'_\nu p_\nu(T) = X''_\nu p \quad \Rightarrow \quad \text{mit } X''_\nu \approx 1: \quad p = p_\nu(T)X'_\nu \quad \text{oder}$$

$$\frac{p - p_\nu(T)}{p_\nu(T)} \approx -\sum_{\beta=1}^{\nu-1} \frac{n'_\beta}{n'_\nu} \quad . \tag{7.59}$$

p ist in diesem Fall praktisch gleich dem Dampfdruck des Lösungsmittels über der Lösung; er ist kleiner als der Dampfdruck $p_\nu$ (T) des reinen Lösungsmittels, wie man sieht,  und zwar wächst die Differenz linear mit der Zahl der in der Flüssigkeit gelösten Teilchen.

Man nennt diesen Effekt die Dampfdruckerniedrigung. Wenn in 1 $l$ Wasser von T = 100°C 10 gr Kochsalz gelöst werden, so beträgt der Dampfdruck des Wasserdampfes nach (7.59) p = 1,007 bar. Das heißt, der Dampfdruck des Wasserdampfes über der Lösung ist um 6 mbar niedriger als über reinem Wasser.

Man kann (7.59) interpretieren, indem man sagt, die Dampfdruckkurve über der Lösung liege rechts von der Dampfdruckkurve des Reinstoffs. Nun sind aber Dampfdruckkurven monoton wachsende konvexe Funktionen von T, und darum liegt die neue Kurve auch *unterhalb* der Reinstoffkurve, siehe Abb. 7.9. Und dann folgt, daß bei einem festen Druck die Siedetemperatur T der Lösung größer ist als die Siedetemperatur T (p) des Reinstoffs.

Nimmt man an, daß die neue und die alte Kurve im betrachteten kleinen Wertebereich näherungsweise den gleichen Anstieg besitzen, so gilt

$$\frac{p_v(T) - p}{T - T_v(p)} = \frac{dp}{dT} .$$

Mit der Clausius-Clapeyron-Gleichung (4.41) unter der Annahme $v'' \gg v'$ ergibt sich

$$\frac{T - T_v(p)}{T_v(p)} = \frac{v_v''}{r_v} \, (p_v(T) - p) .$$

Wir setzen hier (7.59) ein und bestimmen $p_v(T) v_v''(p)$ näherungsweise aus der idealen Gasgleichung des Reinstoffs. So folgt

$$\frac{T - T_v(p)}{T_v(p)} = \frac{R\!\!\big/\!\!M_r^v \, T_v(p)}{r_v} \sum_{\beta=1}^{v-1} \frac{n_\beta'}{n_v'} . \tag{7.60}$$

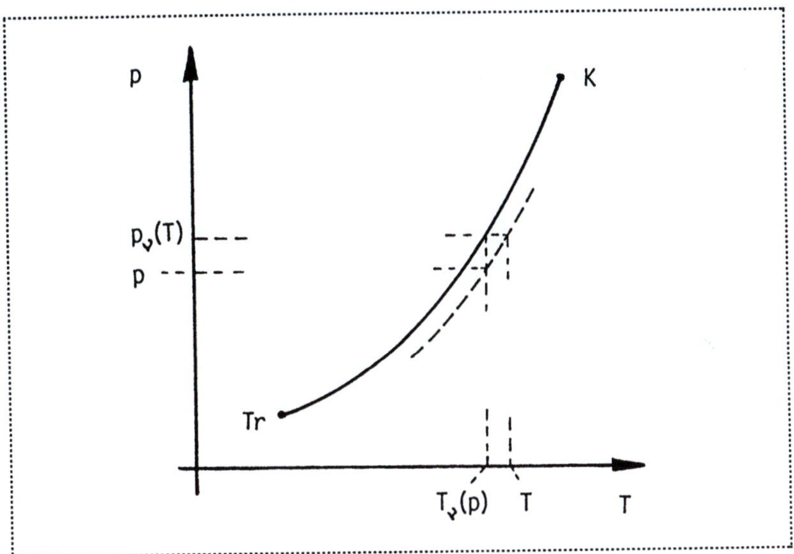


**Abb. 7.9**  Dampfdruck des Reinstoffs (ausgezogen) und der Lösung (gestrichelt).

In der Tat ist also die Siedetemperatur für die Lösung größer als für den Reinstoff. Man spricht von Siedepunktserhöhung. Für die oben betrachtete Kochsalzlösung folgt mit $p = 1{,}013$ bar eine Siedepunktserhöhung von 0,17 K.

# 7.6　Weitere Beispiele zum Raoult'schen Gesetz

## 7.6.1　Molmasse – das mol als Einheit

Die Thermodynamik muß vielen Herren dienen, nicht nur Physikern und Maschinenbauern, sondern auch Chemikern und Chemieingenieuren. Für letztere – insbesondere solange sie sich mit der anorganischen Chemie beschäftigen – ist das mol eine nützliche Mengenangabe, siehe Absatz 2.3.1. Man schreibt das mol als Bezugseinheit in die thermodynamischen Gleichungen hinein. So wird die *Molmasse* $M$ geschrieben als

$$M = M_r \frac{gr}{mol}, \tag{7.61}$$

und die Avogadro-Zahl $A$, die Zahl der Teilchen pro mol, wird geschrieben als

$$A = 6{,}0237 \cdot 10^{23} \frac{1}{mol}, \text{ so daß } A\mu_0 = 1\frac{gr}{mol}. \tag{7.62}$$

Nachdem die Molmasse $M$ definiert ist, ersetzt man gerne in den Zustandsgleichungen idealer Gase die relative Molekülmase $M_r$ durch $M$. Die thermische Zustandsgleichung lautet dann

$$pV = m\frac{R}{M_r}T = m\frac{R\frac{gr}{mol}}{M}T = m\frac{\tilde{R}}{M}T, \text{ wo } \tilde{R} = R\frac{gr}{mol} = 8{,}314\frac{J}{mol\,K}; \tag{7.63}$$

sie enthält die neue *molare* Gaskonstante $\tilde{R}$ .

Anstelle einer Massenangabe tritt nun die Mengenangabe in Molzahlen $\nu$ , – die Zahl der mole. $\nu$ hat jetzt die Einheit mol. Und anstelle der massenspezifischen Größen $v, u, h$ und $s$ , die wir bisher benutzt haben, treten die molspezifischen oder *molaren* Größen $\tilde{v}, \tilde{u}, \tilde{h}$ und $\tilde{s}$ . Diese sind definiert durch

$$V = \tilde{v}\nu, \quad U = \tilde{u}\nu, \quad H = \tilde{h}\nu \text{ und } S = \tilde{s}\,\nu \tag{7.64}$$

mit den Einheiten $\frac{m^3}{mol}, \frac{J}{mol}$ bzw. $\frac{J}{mol\,K}$. Zwischen den alten massenspezifischen Größen a und den molaren Größen $\tilde{a}$ besteht die Beziehung

$$\tilde{a} = a\frac{m}{\nu} = a\,M. \tag{7.65}$$

Auch die chemischen Potentiale $\mu_\alpha$ können durch molare Größen $\tilde{\mu}_\alpha$ ersetzt werden. Dabei gilt ebenfalls (7.65)

Wir werden von jetzt an „zweigleisig fahren". Mal werden wir wie bisher die massenspezifischen Größen benutzen und mal die molaren. Der praktische Ingenieur muß sich in beiden Beschreibungsweisen auskennen.

## 7.6.2  Beispiel IV zum Raoult'schen Gesetz: Binäre Mischung aus Propan und Butan

Wir betrachten eine Mischung aus $\nu_1$ mol Propan ($C_3H_8$) und $\nu_2$ mol Butan ($C_4H_{10}$). Die relativen Molekülmassen und die spezifischen Volumina der flüssigen Reinstoffe betragen

$$M_r^1 = 44, \; v_1' = 1{,}71\frac{\ell}{kg}; \quad M_r^2 = 58, \; v_2' = 1{,}67\frac{\ell}{kg}.$$

Damit ergibt sich für die Molvolumina, die Volumina von jeweils 1 mol,

$$\tilde{v}_1' = 0{,}07524\,\ell\,/\,mol \qquad \tilde{v}_2' = 0{,}09686\,\ell\,/\,mol.$$

Bei dieser Mischung ist das Mischungsvolumen gleich der Summe der Volumina der Komponenten, d. h. das Vermischungsvolumen ist gleich Null. Die Dampfdrücke der Reinstoffe bei T = 293 K betragen

$$p_{C_3H_8}(T) = 8{,}288 \text{ bar} \qquad p_{C_4H_{10}}(T) = 2{,}064 \text{ bar} ,$$

so daß Propan "flüchtiger" ist als Butan. In dieser Mischung ist Propan der *Leichtsieder*, und Butan ist der *Schwersieder*. Das hängt natürlich mit der höheren Molekülmasse des Butans zusammen, aber dieser Aspekt muß uns hier nicht interessieren. Wir denken uns V, T, $\nu_1$,$\nu_2$ vorgegeben, – wobei diese Werte garantieren sollen, daß beide Phasen vorliegen, – und fragen nach $v_1'', v_2''$ und dem Druck p.

Den Druck p bestimmen wir als Druck der Dampfphase

$$p = p_1'' + p_2'' , \tag{7.66}$$

und die Partialdrücke $p_1'', p_2''$ folgen aus der idealen Gasgleichung $p_1'' V'' = v_1'' \tilde{R} T$ und aus dem Raoult'schen Gesetz $p_1'' = p X_1'' = X_1' p_1(T)$ . Damit folgt

$$p_1'' = \frac{v_1''}{V''}\tilde{R}T \quad \text{und} \quad p_1'' = \frac{v_1'}{v_1' + v_2'}\, p_1(T) = \frac{v_1 - v_1''}{v_1 + v_2 - v_1'' + v_2''}\, p_1(T) \qquad (7.67)$$

und entsprechende Gleichungen für $p_2''$. Das Volumen $V''$ wird mittels

$$V'' = V - V' = V - (v_1'\tilde{v}_1' + v_2'\tilde{v}_2') \quad \text{und mit} \quad v_\alpha' = (v_\alpha - v_\alpha'')$$
$$V'' = V - \big((v_1 - v_1')\,\tilde{v}_1' + (v_2 - v_2')\,\tilde{v}_2'\big) \qquad (7.68)$$

aus $(7.67)_1$ eliminiert. Danach erhält man durch Elimination von $p_1''$ aus $(7.67)_{1,2}$

$$\frac{v_1''\tilde{R}T}{V - \big((v_1 - v_1'')\,\tilde{v}_1' + (v_2 - v_2'')\,\tilde{v}_2'\big)} = \frac{v_1 - v_1''}{v_1 + v_2 - v_1'' - v_2''}\, p_1(T) \qquad (7.69)$$

und ganz entsprechend für Komponente 2

$$\frac{v_2''\tilde{R}T}{V - \big((v_1 - v_1'')\,\tilde{v}_1' + (v_2 - v_2'')\,\tilde{v}_2'\big)} = \frac{v_2 - v_2''}{v_1 + v_2 - v_1'' - v_2''}\, p_2(T) \qquad (7.70)$$

Dies sind zwei Gleichungen für $v_1''$ und $v_2''$. Die Ausrechnung dieser beiden Molzahlen ist ein einfaches algebraisches Problem. Dieses vereinfacht sich noch etwas durch die Annahme $v_\alpha' \ll v_\alpha''$, welche ja auch schon bei der Ableitung des Raoult'schen Gesetzes benutzt wurde. Man erhält mit $z = p_1(T)/p_2(T)$ und $v = v_1 + v_2$

$$v_1'' = \frac{1}{2}\left[\frac{p_1(T)}{\tilde{R}T}(V - v_1\tilde{v}_1') + \frac{z}{z-1}v\right]\left\{1 - \sqrt{1 - \frac{4\dfrac{z}{z-1}v_1\dfrac{p_1(T)}{\tilde{R}T}(V - v_1\tilde{v}_1' - v_2\tilde{v}_2')}{\left(\dfrac{p_1T}{\tilde{R}T}(V - v_1\tilde{v}_1') + \dfrac{z}{z-1}v\right)^2}}\right\}.$$
$$(7.71)$$

Sobald man $v_1''$ berechnet hat, ergibt sich $v_2''$ durch Division der Ausgangsgleichungen (7.69), (7.70):

$$\frac{v_1''}{v_2''} = \frac{v_1 - v_1''}{v_2 - v_2''}\, z \Rightarrow v_2'' = \frac{v_2 v_1''}{v_1 z - (z-1)v_1''}. \qquad (7.72)$$

Das Volumen $V''$ folgt danach aus (7.68), und p folgt aus

$$p = \frac{(\nu_1 - \nu_1'')p_1(T) + (\nu_2 - \nu_2'')p_2(T)}{\nu_1 + \nu_2 - \nu_1'' - \nu_2''} \,. \qquad (7.73)$$

Damit ist die gestellte Aufgabe gelöst.

Um das Beispiel zahlenmäßig weiter zu verfolgen, setzen wir $X_1 = 0{,}5$, d.h. $\nu_1 = \nu_2$, und fragen zunächst nach dem Bereich von $\nu = \nu_1 + \nu_2$, in dem beide Phasen vorliegen. $\nu_{\max}$ ergibt sich aus (7.68), indem man setzt $V'' = 0$, $\nu_1'' = 0$, $\nu_2'' = 0$ und $\nu_1 = \nu_2$, denn dann ist die Mischung ganz in der flüssigen Phase. $\nu_{\min}$ folgt aus der idealen Gasgleichung $\nu_{\min} = pV / \tilde{R}T$ mit

$$p = 2\frac{p_1(T)p_2(T)}{p_1(T) + p_2(T)} \,,$$

denn das ist nach dem Raoult'schen Gesetz $(7.55)_2$ der Druck in der reinen Dampfphase für $X_1 = 0{,}5$. Also ist der zweiphasige $\nu$-Bereich durch die Ungleichungen gegeben.

$$2\frac{V}{\tilde{R}T}\frac{p_1(T)p_2(T)}{p_1(T) + p_2(T)} < \nu < 2\frac{V}{\tilde{\nu}_1' + \tilde{\nu}_2'} \Rightarrow 0{,}135 \cdot 10^3 \,\mathrm{mol} < \nu < 11{,}620 \cdot 10^3 \,\mathrm{mol},$$

wenn man $V = 1\,\mathrm{m}^3$ und $T = 293\,\mathrm{K}$ zugrunde legt.

Wir wählen aus diesem Bereich $\nu = 10 \cdot 10^3$ und bestimmen aus (7.71), (7.72) und (7.73)

$$\nu_1'' = 0{,}0233 \cdot 10^3 \,\mathrm{mol}, \quad \nu_2'' = 0{,}0058 \cdot 10^3 \,\mathrm{mol} \quad p = 5{,}17 \,\mathrm{bar}.$$

Wir erkennnen, daß die Komponente 1 im Dampf angereichert vorliegt. Wir finden hierdurch eine Faustregel bestätigt, nach der die Komponente mit der kleineren Molekülmasse stärker "flüchtig" ist.

Man kann nun leicht den Dampfgehalt $x = \frac{m''}{m}$ und das Dampfvolumen $V''$ bestimmen:

$$x = \frac{\nu_1'' M_1 + \nu_2'' M_2}{\nu_1 M_1 + \nu_2 M_2} = 0{,}00267, \quad V'' = 0{,}1418 \,\mathrm{m}^3 \,.$$

nach (7.68)

## 7.6.3  Destillation im „Batch"[7.2] Verfahren

Ein anfänglich flüssige ideale binäre Mischung mit der Molzahl $\nu_A$ und dem Molenbruch $X_{1A}$ wird in einem Kessel beheizt, zum Sieden gebracht und teilweise verdampft. Der Dampf wird durch Kühlung kondensiert, und das Kondensat wird im Destillatbehälter aufgefangen, siehe Abb. 7.10$_L$. Ziel des Prozesses ist entweder die Anreicherung des Leichtsieders – hier Komponente 1 – im Destillat oder die Anreicherung des Schwersieders – Komponente 2 – im Kessel, oder beides. Der Vorgang erfolgt bei konstantem Druck, aber die Temperatur im Kessel steigt an. Zur Anfangszeit $t_A$ soll die Mischung im Kessel gerade beginnen zu sieden. Dann ist $T = T_A$, $\nu = \nu'_A$ und $X_{1A} = X'_{1A}$.

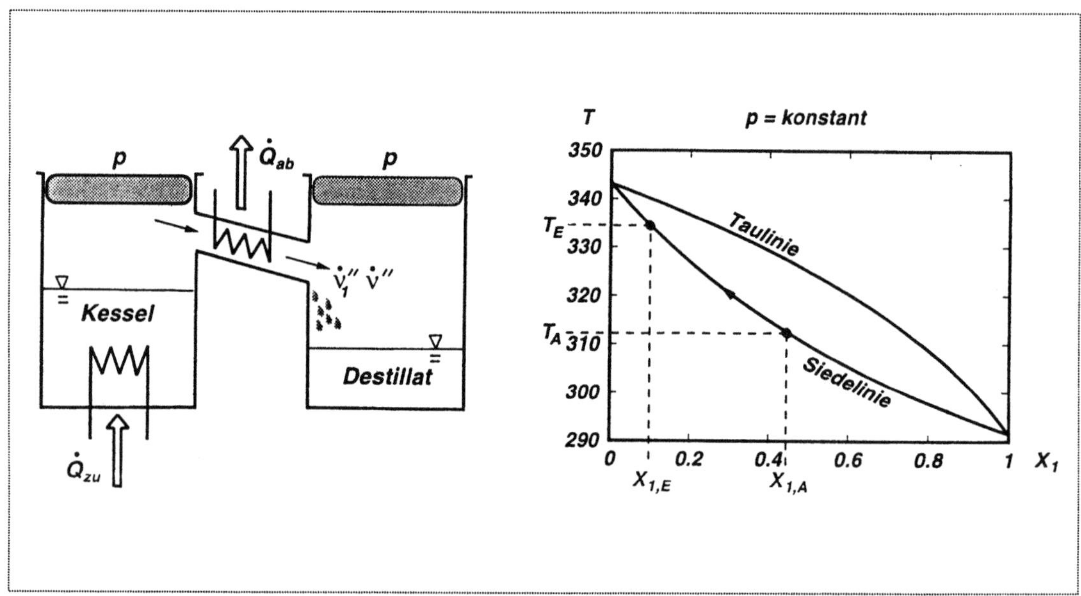


**Abb. 7.10** Links:    Destillation im Batch-Verfahren

Rechts: $(T, X_1)$-Diagramm des Abreicherungs-

prozesses $X'_{1A} \to X'_{1E}$.

Zur Verfolgung des Prozesses notieren wir zunächst die Bilanzen der Gesamtmolzahl und der Molzahl der Komponente 1

$$\frac{d\nu'}{dt} + \dot{\nu}'' = 0 \qquad\qquad \frac{d\nu'_1}{dt} + \dot{\nu}''_1 = 0 \,.$$

---

[7.2] Batch (englisch: a batch: „ein Schub", „eine Schicht").

Dabei sind $\dot{v}''$ und $\dot{v}_1''$ die Molzahlenströme der Dampfphase, die mit der Molzahl $X_1''(X_1',T)$ aus dem Kessel austritt. Es gilt $\dot{v}_1' = \dot{v}'X_1'$ und $\dot{v}_1'' = \dot{v}''X_1''$. Einsetzen in die Bilanzen und Elimination von $\dot{v}''$ ergibt die Differentialgleichung

$$\frac{d\dot{v}'}{\dot{v}'} = \frac{dX_1'}{X_1'' - X_1'} \quad \text{mit der Lösung} \quad \ln\!\left(\frac{\dot{v}_E'}{\dot{v}_A'}\right) = \int\limits_{X_{1A}'}^{X_{1E}'} \frac{dX_1'}{X_1'' - X_1'}.$$

Die Indizes A und E kennzeichnen die Anfangs- und Endwerte. Einsetzen von $X_1''(X_1',T)$ aus (7.57) mit $z(T) = \dfrac{p_1(T)}{p_2(T)}$ ergibt

$$\dot{v}_E' = \dot{v}_A' \exp\left[\int\limits_{X_{1A}'}^{X_{1E}'} \frac{1}{z-1}\left(\frac{1}{X_1'} + \frac{z}{1-X_1'}\right)dX_1'\right]. \qquad (7.74)$$

$z$ ist eine Funktion von T, und T ist eine Funktion von $X_1'$, die graphisch durch die Siedelinie gegeben wird, siehe Abb. 7.10$_R$. Da wir die Dampfdruckkurven $p_1(T)$, $p_2(T)$ der Reinstoffe nicht analytisch kennen, so können wir den Exponentialterm in (7.74) nur numerisch auswerten. Wir nennen ihn $Q\,(X_{1E}',X_{1A}')$.

Falls es unser Ziel war, im Rückstand den Schwersieder mit $X_2'^E = 1 - X_1'^E$. anzureichern, so folgt direkt aus (7.74), bei welchem $\dot{v}_E'$ wir den Destillationsprozeß abbrechen müssen,

$$\dot{v}_E' = \dot{v}_A'\, Q\,(X_{1E}',X_{1A}'). \qquad (7.75)$$

Falls es jedoch unser Ziel war, im Destillat den Leichtsieder mit $X_{1D}'$ anzureichern, so müssen wir zunächst $X_{1E}'$ im Rückstand als Funktion von $X_{1D}'$ im Destillat berechnen, um dann $\dot{v}_E'$ zu berechnen aus

$$\dot{v}_E' = \dot{v}_A'\, Q\,(X_{1E}'(X_{1D}'),X_{1A}'). \qquad (7.76)$$

Aus $\dot{v}_{1E}' + \dot{v}_{1D}' = \dot{v}_{1A}'$ folgt mit $\dot{v}_1' = \dot{v}'X_1'$ und $\dot{v}_E' + \dot{v}_D' = \dot{v}_A'$ und (7.75)

$$X_{1D}' = \frac{1}{1-Q}X_{1A}' - \frac{Q}{1-Q}X_{1E}' \qquad (7.77)$$

Das ist zwar nicht die in (7.76) gebrauchte Funktion $X_{1E}'(X_{1D}')$, sondern ihre Umkehrfunktion $X_{1D}'(X_{1E}')$. Beachte, daß $X_{1E}'$ auch noch in $Q$ vorkommt; darum müssen wir (7.77) graphisch oder numerisch umkehren, bevor wir aus (7.76) bestimmen können, bei welchem $v'_E$ wir den Destillationsprozeß abbrechen müssen, um im Destillat $X'_{1D}$ zu erhalten.

Um die Verhältnisse zu konkretisieren, wollen wir wieder die Mischung aus Propan und Butan aus Absatz 7.6.2 betrachten. Wir beginnen im Kessel mit je $\frac{1}{2}$ mol der Komponenten, so daß gilt $v'_A = 1$, $X'_{1A} = \frac{1}{2}$. Im früher berechneten Fall, bei $T = 293\,K$, war $z = \frac{p_1(T)}{p_2(T)} = 4$, und wir wollen der Einfachheit halber annehmen, daß sich dieser Wert bei der Temperaturänderung während der Destillation nicht ändert. Dann läßt sich die Integration in (7.74) durchführen, und wir erhalten (7.75) in der Form

$$v'_E = \frac{1}{2}\left(\frac{X'_{1E}}{(1-X'_{1E})^4}\right)^{1/3}. \tag{7.78}$$

Für dieselben Werte kann man dann auch die Abhängigkeit $X'_{1D}(X'_{1E})$ in (7.77) konkret machen. Man berechnet leicht

$$X'_{1D} = \frac{1}{2}\frac{1-\left(\dfrac{X'_{1E}}{1-X'_{1E}}\right)^{4/3}}{1-\dfrac{1}{2}\left(\dfrac{X'_{1E}}{1-X'_{1E}}\right)^{1/3}}. \tag{7.79}$$

Die Abb. 7.11 zeigt $v'_E$ und $X'_{1D}$, beide als Funktionen von $X'_{1E}$. Wir lesen ab:

i.)  Wenn im Rückstand die 1-Komponente auf $X'_{1E} = 0.2$ abgereichert werden soll, so muß die Destillation bei $v'_E = 0{,}4$ abgebrochen werden, d.h. 60 % der Mischung muß verdampft werden.

ii.)  Wenn im Destillat die 1-Komponente auf $X'_{1D} = 0.75$ angereichert werden soll, so muß solange destilliert werden, bis $X'_{1E} \approx 0{,}33$ ist, und das bedeutet, daß $v'_E = 0{,}6$ ist, d.h. 40 % der Mischung muß verdampft werden. Natürlich ist das Destillat in der Anfangsphase der Destillation besonders stark angereichert.

Die angegebenen Werte und Abb. 7.11 gelten für den hier berechneten Fall mit $\frac{p_1(T)}{p_2(T)} = 4$. Berücksichtigt man die T-Abhängigkeit dieses Ausdrucks, so liegen die Kurven geringfügig, aber merkbar anders.

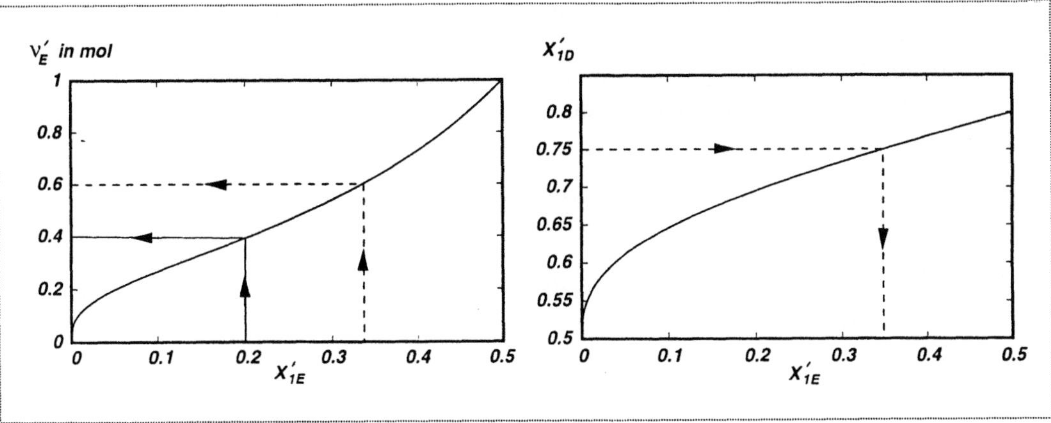

**Abb. 7.11**   Links:  Der Graph  $v_E'(X_{1E}')$ , siehe (7.78)

Rechts: Der Graph  $X_{1D}'(X_{1E}')$ , siehe (7.79).

## 7.7   Flüssig-Dampf-Gleichgewichte (Real)

### 7.7.1   Aktivität und Fugazität

Wir erinnern uns, daß bei einer idealen Mischung die chemischen Potentiale gegeben sind durch die Gleichung

$$\mu_\alpha(T,p,X_\alpha) = g_\alpha(T,p) + \frac{RT}{M_r^\alpha}\ln X_\alpha \quad .$$

Bei einer beliebigen nicht–idealen Mischung setzen wir

$$\mu_\alpha(T,p,X_\beta) = g_\alpha(T,p) + \frac{RT}{M_r^\alpha}\ln a_\alpha(T,p,X_\beta) \qquad (7.80)$$

und definieren dadurch die *Aktivität* $a_\alpha$, deren Abweichung von $X_\alpha$ den nicht–idealen Charakter der Mischung kennzeichnet. Man definiert weiterhin den Aktivitätskoeffizienten $\gamma_\alpha$ durch

$$a_\alpha(T,p,X_\beta) = \gamma_\alpha(T,p,X_\beta)X_\alpha \quad . \qquad (7.81)$$

Dessen Abweichung von 1 zeigt dann, wie stark die Mischung von der Idealität abweicht.

Eine andere Korrekturgröße – besonders geeignet für Dämpfe – ist die *Fugazität* $f_\alpha$ (lat. fugare "fliehen"), definiert durch

$$\mu_\alpha(T, p, X_\beta) = g_\alpha(T, p_\alpha(T)) + \frac{RT}{M_r^\alpha} \ln f_\alpha(T, p, X_\beta) \ . \tag{7.82}$$

Hierbei ist $p_\alpha(T)$ der Dampfdruck des Reinstoffs $\alpha$. Falls die Mischung eine Mischung idealer Gase ist, so gilt

$$f_\alpha(T, p, X_\beta) = X_\alpha \frac{p}{p_\alpha(T)} \ ,$$

denn für ideale Gase ist $g_\alpha(T, p_\alpha(T)) + \frac{RT}{M_r^\alpha} \ln \frac{p}{p_\alpha(T)} = g_\alpha(T, p)$. Man definiert auch den Fugazitätskoeffizienten $\varphi_\alpha$ durch

$$f_\alpha(T, p, X_\beta) = \varphi_\alpha(T, p, X_\beta) X_\alpha \frac{p}{p_\alpha(T)} \ . \tag{7.83}$$

Die Abweichung dieses Koeffizienten von 1 gibt die Abweichung der Mischung von einer Mischung idealer Gase an.

Beachte, daß die Fugazität in einer Mischung idealer Gase gleich dem Verhältnis

$$\frac{\text{Partialdruck der Komponente } \alpha}{\text{Dampfdruck des Reinstoffs } \alpha} = \frac{p_\alpha}{p_\alpha(T)}$$

ist. Die Komponente verdampft, – wird "flüchtig"–, wenn dieser Quotient bei Absenkung von $p_\alpha$ den Wert 1 erreicht.

## 7.7.2 Reales Raoult'sches Gesetz

Die Gleichgewichtsbedingungen in einer zweiphasigen Mischung lauten nach der Gibbs'schen Phasenregel

$$\mu_\alpha'(T, p, X_\beta') = \mu_\alpha''(T, p, X_\beta'') \ ,$$

und das kann mit (7.80) und (7.82) geschrieben werden als

$$a'_\alpha(T,p,X'_\beta)\, e^{\dfrac{g'_\alpha\,(T,p)}{R/M_r^\alpha T}} = f''_\alpha(T,p,X''_\beta)\, e^{\dfrac{g''_\alpha\,(T,p_\alpha(T))}{R/M_r^\alpha T}} \;.$$

Mit $g'_\alpha(T,p) = g'_\alpha(T,p_\alpha(T)) + v'_\alpha(p - p_\alpha(T))$ für inkompressible Flüssigkeiten folgt daraus wegen $g'_\alpha(T,p_\alpha(T)) = g''_\alpha(T,p_\alpha(T))$

$$a'_\alpha(T,p,X'_\beta)\, e^{\dfrac{v'_\alpha(p-p_\alpha(T))}{R/M_r^\alpha T}} = f''_\alpha(T,p,X''_\beta) \;.$$

Im Exponenten steht größenordnungsmäßig das Verhältnis der spezifischen Volumina von Flüssigkeit und Dampf. Dieses ist sehr viel kleiner als 1, so daß wir unter Vernachläsigung des Exponentialterms schreiben können

$$a'_\alpha(T,p,X'_\beta) = f''_\alpha(T,p,X''_\beta) \;, \tag{7.84}$$

bzw. mit (7.81), (7.83)

$$\gamma'_\alpha(T,p,X'_\beta)X'_\alpha = \varphi''_\alpha(T,p,X''_\beta)X''_\alpha \frac{p}{p_\alpha(T)} \;, \tag{7.85}$$

Dies ist das *reale Raoult'sche Gesetz*. Von dem idealen Gesetz unterscheidet es sich durch das Auftreten des Aktivitäts- und Fugazitätskoeffizienten.

In einer binären Mischung haben wir nur zwei Gleichungen. Dann lautet das reale Raoult'sche Gesetz

$$\begin{aligned}
\gamma'_1(T,p,X'_1) \quad X'_1\, p_1(T) &= \varphi''_1(T,p,X''_1) \quad X''_1\, p \\
\gamma'_2(T,p,X'_1)\,(1 - X'_1)p_2(T) &= \varphi''_2(T,p,X''_1)\,(1 - X''_1)p
\end{aligned} \;. \tag{7.86}$$

## 7.7.3 Bestimmung der Aktivitätskoeffizienten

Abb. 7.12 zeigt zwei im Experiment gemessene nichtideale Phasendiagramme mit Siedelinien und partiellen Dampfdrücken $p_\alpha$. Alle diese Kurven sind nun nicht durch gerade Linien gegeben. Wir wollen jedoch annehmen, daß die Dampfphase wie vorher als Mischung idealer Gase angesehen werden kann. Dann sind die Fugazitätskoeffizienten $\varphi''_\alpha = 1$, und die Produkte $p\,X''_\alpha$ sind gleich den partiellen Dampfdrücken $p_\alpha$. Somit kann (7.86) geschrieben werden als

$$p_\alpha = \gamma'_\alpha X'_\alpha p_\alpha(T) \qquad \text{anstatt} \qquad p^{id}_\alpha = X'_\alpha p_\alpha(T) \ , \qquad (7.87)$$

wenn $p^{id}_\alpha$ die Dampfdrücke im idealen Fall sind; diese sind wie vorher – siehe Abb. 7.6$_L$ – durch die gestrichelten Geraden in Abb. 7.12$_L$ gegeben. Aus (7.87) folgt dann $\gamma'_1(p,T,X'_1)$ als Längenverhältnis der Strecken AE und BE, und $\gamma'_2(p,T,X'_1)$ ergibt sich als Längenverhältnis der Strecken CE und DE; der zugehörige p-Wert ist durch die Höhe der Siedelinie gegeben.

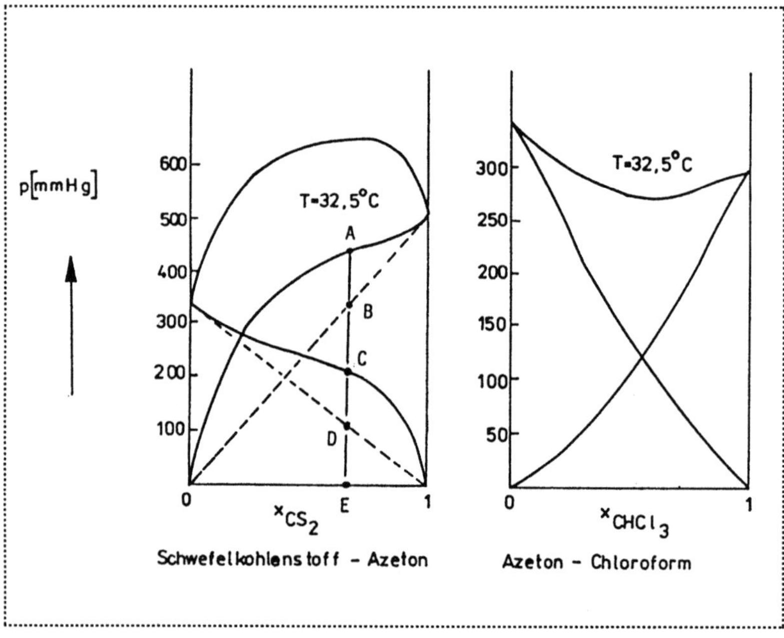


**Abb. 7.12** Zwei realistische Phasendiagramme. Siedelinien und partielle Dampfdrücke.

Ein bedeutsamer qualitativer Unterschied der beiden Diagramme von Abb. 7.12 besteht darin, daß links die Siedelinie oberhalb der geraden Verbindungslinie der reinen Dampfdrücke $p_1(T)$ und $p_2(T)$ liegt, und rechts liegt sie unterhalb. Wir werden in Absatz 7.7.5 sehen, daß im ersten Fall ungleiche molekulare Nachbarn energetisch ungünstig sind. Im zweiten Fall sind sie günstig, so daß der Siedevorgang erst bei niedrigerem Druck einsetzt, verglichen mit dem Idealfall; dann geschieht die Vermischung unter Wärmeabgabe.

## 7.7.4  Bestimmung der Fugazitätskoeffizienten

Die Fugazitätskoeffizienten können durch Volumenmessungen bestimmt werden. Grundlage ist die Integrabilitätsbedingung $(7.11)_2$

$$\left(\frac{\partial \mu_\alpha}{\partial p}\right)_{T,m_\beta} = \left(\frac{\partial V}{\partial m_\alpha}\right)_{T,p,m_{\beta\neq\alpha}} \quad \text{mit } \mu_\alpha = g_\alpha(T,p_\alpha(T)) + \frac{RT}{M_r^\alpha}\ln\left(\varphi_\alpha X_\alpha \frac{p}{p_\alpha(T)}\right).$$

Einsetzen von $\mu_\alpha$ liefert

$$\left(\frac{\partial \ln\varphi_\alpha}{\partial p}\right)_{T,m_\beta} = \frac{M_r^\alpha}{RT}\left(\frac{\partial V}{\partial m_\alpha}\right)_{T,p,m_{\beta\neq\alpha}} - \frac{1}{p}.$$

Daraus folgt durch Integration von sehr kleinem Druck – wo ein ideales Gas mit $\varphi_\alpha = 1$ vorliegt – bis p

$$\ln\varphi_\alpha(T,p,X_\beta) = \int_0^p \left(\frac{M_r^\alpha}{RT}\left(\frac{\partial V}{\partial m_\alpha}\right)_{T,p,m_{\beta\neq\alpha}} - \frac{1}{p}\right) dp.$$

Die Funktion $\dfrac{\partial V}{\partial m_\alpha}$ im Integranden muß experimentell bestimmt werden, indem man in der Dampfmischung die Masse $\Delta m_\alpha$ zugibt und die Volumenänderung mißt. Diese Messung muß für viele Drücke wiederholt werden, beginnend im idealen Gaszustand bis p.


## 7.7.5  Aktivitätskoeffizient bei Mischungswärme Konstruktion von Phasendiagrammen

Wir zeigen in diesem Absatz, wie man nichtideale Phasendiagramme berechnen kann, wenn man die Bildung ungleicher molekularer Nachbarn energetisch bewertet.

Wir erinnern uns an die Charakterisierung der idealen Mischungen in Absatz 7.2.3 und betrachten nun eine nichtideale Mischung, indem wir die Mischungswärme $H_{Mix} \neq 0$ setzen. $S_{Mix}$ lassen wir unverändert in der Form $(7.20)_3$ stehen. Die Mischungswärme führen wir darauf zurück, daß die Bildung von nächsten Nachbarn aus ungleichen Molekülen energetisch nicht neutral ist. Es kann vorkommen, daß eine solche Bildung Energie kostet, und auch, daß sie energetisch günstig ist. Rein statistisch ist der Erwartungswert solcher ungleicher Nachbarpaare gleich $2N_1 \times N_2/N$, wenn $N_1$ und $N_2$ die Teilchenzahlen der Komponenten sind, und $N = N_1 + N_2$. Folglich setzen wir für die Mischungswärme an

$$H_{Mix} = 2eN_1 \frac{N_2}{N} \qquad e \gtrless 0 \quad \begin{array}{l} \text{Energiemalus} \\ \text{Energiebonus} \end{array} \qquad . \qquad (7.88)$$

Ausgedrückt durch die Massen der Komponenten heißt das

$$H_{Mix} = 2\frac{e}{\mu_0} \frac{m_1 m_2}{m_1 M_r^2 + m_2 M_r^1} \, ,$$

und folglich ergeben sich nach (7.2) für $\mu_\alpha$ zusätzliche Beiträge der Form $2e/\mu_0 \frac{1}{M_r^\alpha}(1 - X_\alpha)^2$. Die Form der chemischen Potentiale ist also dann

$$\mu_\alpha = g_\alpha(T,p) + \frac{R}{M_r^\alpha} T \ln X_\alpha + 2\frac{e}{\mu_0} \frac{1}{M_r^\alpha}(1 - X_\alpha)^2 \quad , \qquad (7.89)$$

und, wenn man das mit (7.80), (7.81) vergleicht, so folgt für den Aktivitätskoeffizienten

$$\gamma_\alpha = \exp\left( \frac{2e}{kT}(1 - X_\alpha)^2 \right) \quad . \qquad (7.90)$$

Dementsprechend lautet das Raoult'sche Gesetz (7.86)

$$\begin{aligned} \exp\left( \frac{2e}{kT}(1 - X_1')^2 \right) X_1' p_1(T) &= X_1'' p \\ \exp\left( \frac{2e}{kT} X_1'^2 \right) (1 - X_1') p_2(T) &= (1 - X_1'') p \end{aligned} \qquad , \qquad (7.91)$$

falls die Fugazitätskoeffizienten des Dampfes gleich 1 sind. Addition dieser beiden Gleichungen liefert als Gleichung der Siedelinie

$$p = \exp\left( \frac{2e}{kT}(1 - X_1')^2 \right) X_1' p_1(T) + \exp\left( \frac{2e}{kT} X_1'^2 \right) (1 - X_1') p_2(T) . \qquad (7.92)$$

Diese Funktion ist in Abb. 7.13 für drei Werte von $^e/_{kT}$ gezeichnet. Der ideale lineare Verlauf ergibt sich nur für $e = 0$. Für $e > 0$ – Energiemalus – siedet die Flüssigkeit schon bei höherem Druck; für $e < 0$ – Energiebonus – muß der Druck weiter als im idealen Fall abgesenkt werden, um die Flüssigkeit zum Sieden zu bringen. In der Abbildung sind auch die Partialdrücke $p_1 = X_1''p$ und $p_2 = (1 - X_1'')p$ des Dampfes gezeichnet.

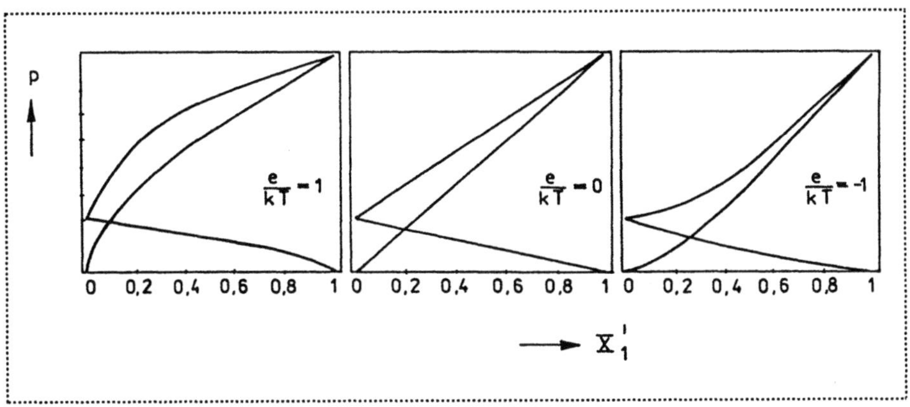


**Abb. 7.13**  Siedelinien und Partialdrücke im Dampf für $e \gtrless 0$.

Treibt man den Energiemalus e in die Höhe, so ergeben sich die Diagramme der Abb. 7.14, in denen Siedelinien $X_1'(p)$ und Taulinien $X_1''(p)$ gezeichnet sind – beide als Lösungen von (7.91) für ein festes T. Die Siedelinien sind ausgezogen, und die Taulinien sind gestrichelt.

Interessant sind vor allem die unteren Bilder der Abb. 7.14.

Bei dem Bild unten links sprechen wir von Azeotropismus (griech.: a "nicht" + zein "sieden + trop "sich wenden", also etwa "keine Änderung beim Sieden"), wo Siede- und Taulinie sich berühren. Erhöht man den Druck auf ein solches Gasgemisch, dessen Molenbruch zunächst links von dem Berührpunkt liegen soll, so bildet sich eine 1-arme Flüssigkeit, und der verbleibende Dampf wird 1-reicher. Die Kondensation erfolgt bei ständig steigendem Druck und mit ständig steigendem 1-Gehalt von Dampf und Flüssigkeit, bis am Ende beide die gleiche Zusammensetzung haben. Dann spricht man vom azeotropen Gemisch. Von hier ab geht das Gemisch ohne Druckänderung und bei unveränderlicher Zusammensetzung in die flüssige Phase über. Zu dem gleichen azeotropen Gemisch gelangt man, wenn man die Kondensation an einem Punkt rechts vom Berührpunkt aus Tau- und Siedelinie startet.

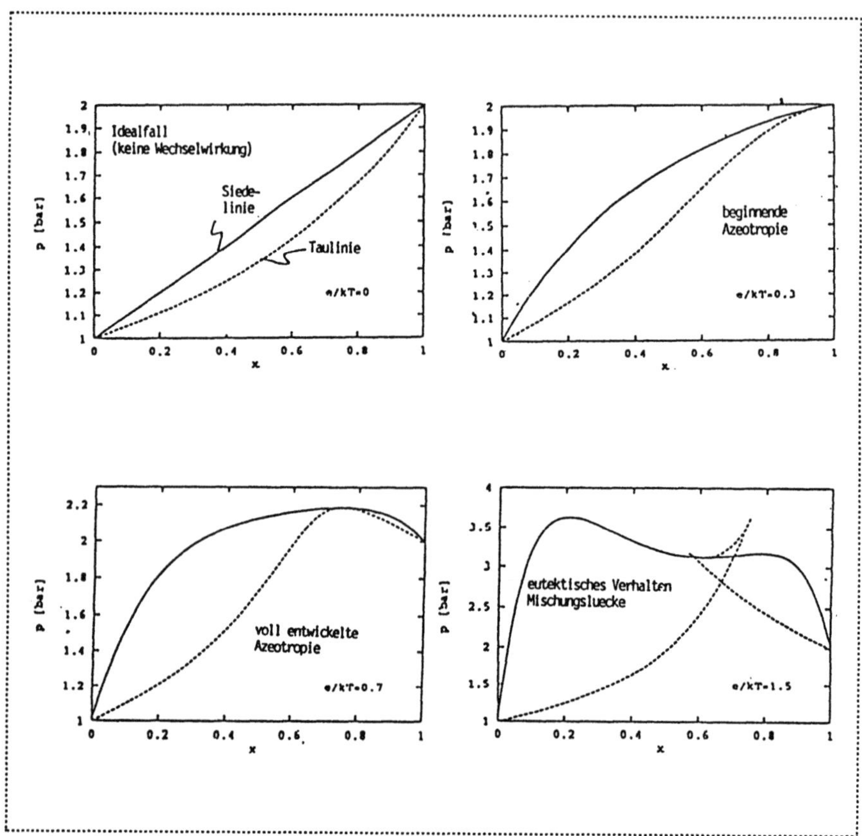



**Abb. 7.14**  Siede- und Taulinien mit verschiedenen Werten
des Energiemalus e.

In dem Diagram rechts unten in Abb. 7.14 hat die Taulinie eine Schlaufe entwickelt. Es handelt sich hier um eutektisches Verhalten mit Mischungslücke, und die Interpretation erfordert einen eigenen Abschnitt.

# 7.8     Freie Enthalpie einer Phasenmischung

## 7.8.1 Graphische Bestimmung der Gleichgewichtsbedingungen

Es ist instruktiv und für die Interpretation nützlich, sich die Phasendiagramme aus den freien Enthalpien der Phasen zu konstruieren. Zum Teil rekapitulieren wir damit Ergebnisse, die wir schon aus dem Raoult'schen Gesetz gewonnen haben, aber wir lernen auch Neues, – mindestens einen neuen Aspekt bekannter Dinge.

Betrachtet wird eine binäre Mischung der Komponenten 1 und 2, die beide in der flüssigen Phase und in der Gasphase vertreten sind. Die Gesamtmolzahl ist $\nu = \nu_1 + \nu_2$. Es gilt für die freie Enthalpie G und für die Molzahl $\nu_1$

$$G = G'(T,p,\nu_1') + G''(T,p,\nu_1''), \quad \nu_1 = \nu_1' + \nu_1''$$

und mit

$$\tilde{g} = \frac{G}{\nu}, \quad \tilde{g}' = \frac{G'}{\nu'}, \quad \tilde{g}'' = \frac{G''}{\nu''}, \quad X_1 = \frac{\nu_1}{\nu}, \quad X_1' = \frac{\nu_1'}{\nu'}, \quad X_1'' = \frac{\nu_1''}{\nu''}:$$

$$\tilde{g} = \frac{\nu'}{\nu}\,\tilde{g}'(T,p,X_1') + \frac{\nu''}{\nu}\,\tilde{g}''(T,p,X_1''), \quad X_1 = \frac{\nu'}{\nu}X_1' + \frac{\nu''}{\nu}X_1''.$$

Dabei sind $\tilde{g}'$ und $\tilde{g}''$ die molaren freien Enthalpien der Phasen. Mit dem molaren Dampfgehalt $z = \frac{\nu''}{\nu}$ schreibt man

$$\tilde{g} = (1-z)\,\tilde{g}'(T,p,X_1') + z\,\tilde{g}''(T,p,X_1''), \quad X_1 = (1-z)\,X_1' + z\,X_1''. \tag{7.93}$$

In beiden Phasen gilt nach (7.6)

$$\tilde{g}' = X_1'\tilde{\mu}_1'(T,p,X_1') + \underbrace{(1-X_1')}_{X_2'}\tilde{\mu}_2'(T,p,X_1'),$$

$$\tilde{g}'' = X_1''\tilde{\mu}_1''(T,p,X_1'') + \underbrace{(1-X_1'')}_{X_2''}\tilde{\mu}_2''(T,p,X_1'').$$

Wenn der Dampf eine ideale Mischung ist und die Flüssigkeit eine Mischungswärme des in Absatz 7.7.5 beschriebenen Typs aufweisen kann, so gelten für $\tilde{g}'$ und $\tilde{g}''$ explizite Formeln, nämlich:

$$\tilde{g}' = \sum_{\alpha=1}^{2} X_\alpha'\left( \tilde{g}_\alpha'(T,p) + \tilde{R}T\ln X_\alpha' + 2\frac{e}{\mu_0}(1-X_\alpha')^2 \right) \quad X_2' = 1 - X_1'$$

$$. \tag{7.94}$$

$$\tilde{g}'' = \sum_{\alpha=1}^{2} X_\alpha''\left( \tilde{g}_\alpha''(T,p) + \tilde{R}T\ln X_\alpha'' \right) \quad\quad X_2'' = 1 - X_1''$$

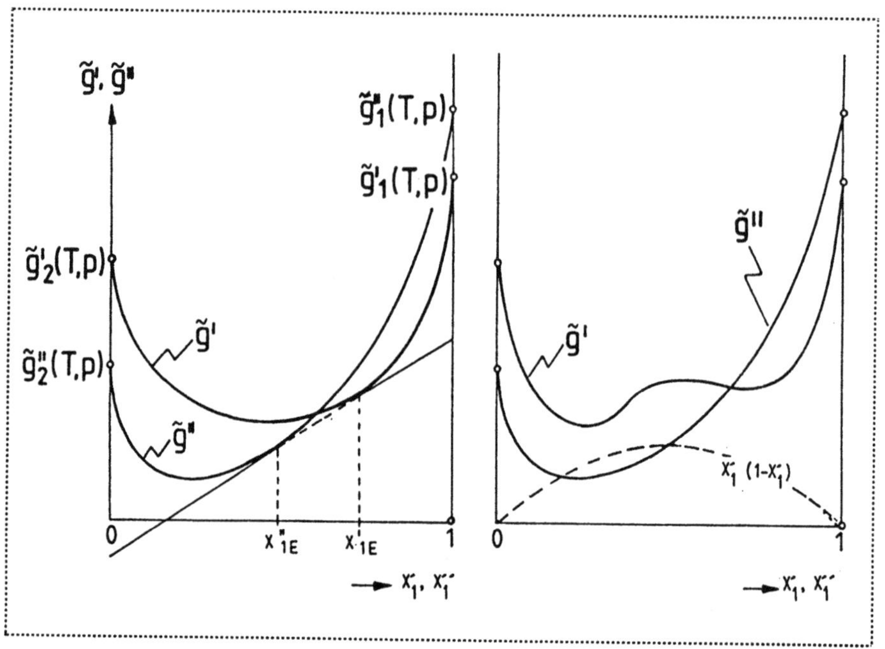


**Abb. 7.15**  Molare freie Enthalpien der Phasen ′ und ″.
Links: Beide Phasen sind ideale Mischungen.
Rechts: Phase ″ ist ideal, aber Phase ′ hat positive
Mischungswärme.

Abb. 7.15 zeigt qualitative Graphen dieser Funktionen, die – bei festem T, p – von
$X'_1$ bzw. $X''_1$ abhängen. Der Graph für $\tilde{g}'$ in Abb. 7.15$_L$ entspricht dem Fall e = 0;
hier sehen wir "Hängelinien", die an den Seiten bei $\tilde{g}_\alpha(T,p)$ für die Reinstoffe
festgemacht sind. Die Absenkung der Linien beruht auf dem logarithmischen
Term, der der Mischungsentropie entspricht und der mit wachsendem T mehr
Einfluß gewinnt. Der Graph von $\tilde{g}'$ in Abb. 7.15$_R$ gehört zu einem Energiemalus
e > 0. Die "Delle" in der Funktion $\tilde{g}'$ beruht auf dem Term mit e in (7.94)$_1$.
Dieser Term lautet ausgeschrieben

$$2\frac{e}{\mu_0}X'_1(1-X'_1)\,.$$

Das ist – für e > 0 – eine konkave Parabel, die in Abb. 7.15$_R$ durch die gestrichelte
Linie angedeutet ist. Die Delle in $\tilde{g}'$ kommt zustande, wenn diese Parabel zu der
idealen "Hängelinie" addiert wird.

$\tilde{g}$ ist in (7.93) eine Funktion von $X_1'$, $X_1''$ und $z$ – bei festem $T$ und $p$ – , aber wegen $(7.93)_2$ sind diese Variablen nicht unabhängig. Im Gleichgewicht muß $\tilde{g}$ ein Minimum annehmen unter der Nebenbedingung $X_1 = const$. Diese Nebenbedingung berücksichtigen wir durch einen Lagrange-Multiplikator $\lambda$ und die Funktion

$$\Phi \equiv (1-z)\,\tilde{g}'(X_1') + z\,\tilde{g}''(X_1'') - \lambda\,(X_1 - (1-z)\,X_1' - z\,X_1'') \qquad (7.95)$$

wird dann *ohne* Nebenbedingungen minimiert. Notwendige Bedingungen für ein Gleichgewicht lauten somit

$$\frac{\partial\Phi}{\partial X_1'} = 0: \quad (1-z)_E\left(\left.\frac{\partial\tilde{g}'}{\partial X_1'}\right|_E + \lambda\right) = 0$$

$$\frac{\partial\Phi}{\partial X_1''} = 0: \quad z_E\left(\left.\frac{\partial\tilde{g}''}{\partial X_1''}\right|_E + \lambda\right) = 0$$

$$\frac{\partial\Phi}{\partial z} = 0: \quad \tilde{g}''(X_{1E}'') - \tilde{g}'(X_{1E}') + \lambda(X_{1E}'' - X_{1E}') = 0 \qquad (7.96)$$

$$\frac{\partial\Phi}{\partial\lambda} = 0: \quad X_1 = (1-z_E)X_{1E}' + z_E X_{1E}''.$$

Der Index E kennzeichnet das Gleichgewicht. Dies sind vier Gleichungen für die Bestimmung der vier Größen $X_{1E}'$, $X_{1E}''$, $z_E$ und $\lambda$. Analytisch sind diese Gleichungen schwer auszuwerten wegen der recht komplizierten Form der Funktionen $\tilde{g}'(X_1')$ und $\tilde{g}''(X_1'')$, siehe (7.94).

Aber es gibt eine einfache graphische Methode, um aus den gezeichneten Kurven der Abb. 7.15 die Gleichgewichtskonzentrationen $X_{1E}'$ und $X_{1E}''$ abzulesen. Um das zu sehen, eliminieren wir $\lambda$ aus $(7.96)_{1,2,3}$ und erhalten

$$\left.\frac{\partial\tilde{g}'}{\partial X_1'}\right|_E = \left.\frac{\partial\tilde{g}''}{\partial X_1''}\right|_E = \frac{\tilde{g}''(X_{1E}'') - \tilde{g}'(X_{1E}')}{X_{1E}'' - X_{1E}'}. \qquad (7.97)$$

Daraus folgt, daß $X_{1E}'$ und $X_{1E}''$ die Abszissen derjenigen Punkte von $\tilde{g}'(X_1')$ und $\tilde{g}''(X_1'')$ sind, in denen diese Funktionen

    i.)        gleiche Anstiege besitzen, und

    ii.)       wo die Anstiege gleich dem Differenzquotienten sind.

Mit anderen Worten, $X'_{1E}$ und $X''_{1E}$ sind die Abszissen der Berührpunkte der gemeinsamen Tangente an die Kurven $\tilde{g}'$ und $\tilde{g}''$. Abb. 7.15$_L$ zeigt die graphische Konstruktion dieser Konzentrationswerte.

Sobald diese bekannt sind, kann $z_E$ aus $(7.96)_4$ bestimmt werden zu

$$z_E = \frac{X_1 - X'_{1E}}{X''_{1E} - X'_{1E}} \quad . \tag{7.98}$$

Schließlich folgt noch der Gleichgewichtswert $\tilde{g}_E$ der spezifischen freien Enthalpie aus $(7.93)_1$

$$\tilde{g}_E = \tilde{g}'(X'_{1E}) + \frac{X_1 - X'_{1E}}{X''_{1E} - X'_{1E}} \; (\tilde{g}''(X''_{1E}) - \tilde{g}'(X'_{1E})). \tag{7.99}$$

Dies ist eine lineare Funktion von $X_1$. Es handelt sich um das Stück der gemeinsamen Tangente zwischen den Kurven; dieses ist in Abb. 7.15 gestrichelt gezeichnet. Man kann sagen, die Legierung zerfalle in zwei Phasen, weil sie auf diese Weise entlang des gestrichelten Geradenstücks eine niedrigere freie Enthalpie realisieren kann als in jeder der Einzelphasen.

## 7.8.2 Phasendiagramm bei lückenloser Mischbarkeit

Wir fixieren T und $X_1$ und fragen, bei welchen Drücken die Mischung flüssig oder dampfförmig ist, bzw. ob eine Phasenmischung vorliegt. Die Antwort stellen wir in einem $(p,X_1)$-Phasendiagramm dar, welches zunächst konstruiert wird für den Fall, daß sowohl die flüssige als auch die Dampfphase ideale Mischungen sind. Die freien Enthalpien der Phasen haben dann die in Abb. 7.15$_L$ gezeichnete Form, welche für *einen* Druck gilt.

Die Druckabhängigkeit der beiden Kurven $\tilde{g}'$ und $\tilde{g}''$ wird durch die "Aufhängepunkte" $\tilde{g}'_2(T,p), \tilde{g}''_2(T,p)$ bei $X_1 = 0$ und $\tilde{g}'_1(T,p), \tilde{g}''_1(T,p)$ bei $X_1 = 1$ bestimmt. Alle diese Werte ändern sich mit p: Die $\tilde{g}'_\alpha(T,p)$ und $\tilde{g}''_\alpha(T,p)$ wachsen unterschiedlich schnell mit wachsendem p:

- Wenn die flüssigen Reinstoffe inkompressibel sind, so wachsen die $\tilde{g}'_\alpha$ linear in p mit dem kleinen spezifischen Volumen $\tilde{v}'_\alpha$ als Koeffizient.

- Wenn die dampfförmigen Reinstoffe ideale Gase sind, so wachsen die $\tilde{g}''_\alpha$ wie $p\ln p$ mit dem großen spezifischen Volumen $\tilde{v}''_\alpha$ als Koeffizient.

Darum ist $\tilde{g}''$ für niedrige Drücke im ganzen $X_1$-Bereich kleiner als $\tilde{g}'$, und für hohe Drücke ist das umgekehrt. Bei kleinem Druck ist die Mischung deshalb dampfförmig, bei großem Druck ist sie flüssig.

Bei mittleren Drücken überschneiden sich $\tilde{g}'$ und $\tilde{g}''$, so wie in Abb. 7.16 gezeigt, und die gemeinsame Tangente verschiebt sich mit wachsendem Druck nach rechts. Projiziert man die Tangentenstücke zwischen den Berührpunkten auf die zugehörigen Isobaren eines $(p, X_1)$-Diagramms, so erhält man je einen Punkt der Siede- und Taulinie, siehe Abb. 7.16. Auf diese Weise kann man das Phasendiagramm aus den freien Enthalpiekurven der Phasen ermitteln.

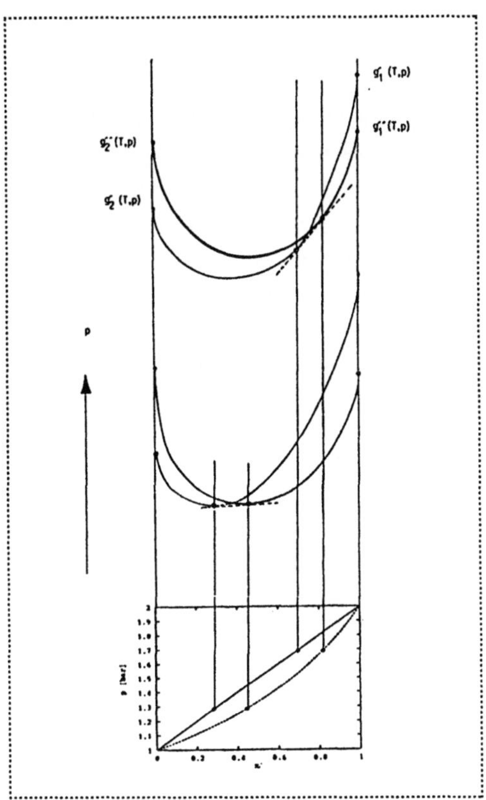


**Abb. 7.16**  Zur Konstruktion eines Phasendiagramms aus den freien Enthalpiekurven $\tilde{g}'$ und $\tilde{g}''$.

## 7.8.3 Mischungslücke in der flüssigen Phase

In Abb. 7.17 haben wir bei verschiedenen Drücken die freien Enthalpien einer idealen Dampfphase und einer flüssigen Phase mit positiver Mischungswärme ($e > 0$) gezeichnet. Wir wählen dieselben Parameterwerte wie in Abb. 7.14$_R$ unten. Das wird uns gestatten, die dort sichtbare „Schlaufe" der Taulinie zu verstehen und als instabil auszuschließen. Um die Molzahlen des Phasengleichgewichts zu erhalten, benutzen wir die in Absatz 7.8.1 beschriebene Methode der gemeinsamen Tangente, die im letzten Absatz demonstriert wurde. Die Tangentenstücke zwischen den Berührpunkten werden auf die entsprechende Isobare im $(p, X_1)$-Diagramm projiziert, und so entstehen Punktpaare auf Siede- und Taulinie. Bemerkenswert ist jetzt, daß die komplexe nichtkonvexe Form von $\tilde{g}'$ bei mittleren Drücken *zwei* Tangentenstücke erlaubt, siehe Abb. 7.17 für $p = 2{,}5$ bar. Bei $p = 2{,}83$ bar fallen diese Tangenten zusammen, und bei höheren Drücken werden die gemeinsamen Tangenten an $\tilde{g}'$ und $\tilde{g}''$ irrelevant, denn es gibt energetisch bessere − stabilere − Möglichkeiten. Ab $p = 2{,}83$ bar liegt nämlich die Tangente an die beiden konvexen Teile von $\tilde{g}'$ unterhalb der $\tilde{g}''$-Kurve. Das heißt: Die Mischung ist vollständig flüssig, aber *die Flüssigkeit zerfällt in zwei Phasen*, deren Molenbrüche aus den Berührpunkten der Tangente an die konvexen Teile von $\tilde{g}'$ folgen. Projiziert man diese in das $(p, X_1)$-Diagramm, ergeben sich zwei neue Linien, die eine Mischungslücke im flüssigen Gebiet einschließen. Das ist ein Gebiet, in dem eine 1-reiche und eine 1-arme Lösung im Phasengleichgewicht stehen. Der Druck, bei dem die Dampfphase verschwindet, heißt eutektischer Druck.

## 7.9    Legierungen

### 7.9.1    $(T, c_1)$-Diagramme

Die Thermodynamik von festen Legierungen und ihren Schmelzen ist der Thermodynamik von flüssigen Lösungen und ihrem Dampf weitgehend äquivalent. Allerdings ist für Legierungen der Druck eine wenig wichtige Variable, da sowohl die Schmelze als auch die feste Phase meist praktisch inkompressibel sind; die Temperatur ist wichtiger. Außerdem ziehen die Metallurgen es vor, die Konzentration $c_1$ als Maß der Zusammensetzung anzugeben, anstelle des Molenbruchs $X_1$. Darum werden die Gleichgewichtseigenschaften von Legierungen im $(T, c_1)$-Diagramm niedergelegt.

Diese Diagramme lassen sich für Legierungen aus den freien Enthalpien $g'$ und $g''$ in analoger Weise konstruieren, wie früher für Lösungen [$'$ und $''$ bezeichnen jetzt feste und flüssige Phase]. Abb. 7.18 zeigt schematische Beispiele: links für den Fall idealer Mischungen in beiden Phasen, wobei unbegrenzte Mischbarkeit resultiert, und rechts für den Fall einer positiven Mischungswärme in der festen Phase, wodurch eine Mischungslücke entsteht.

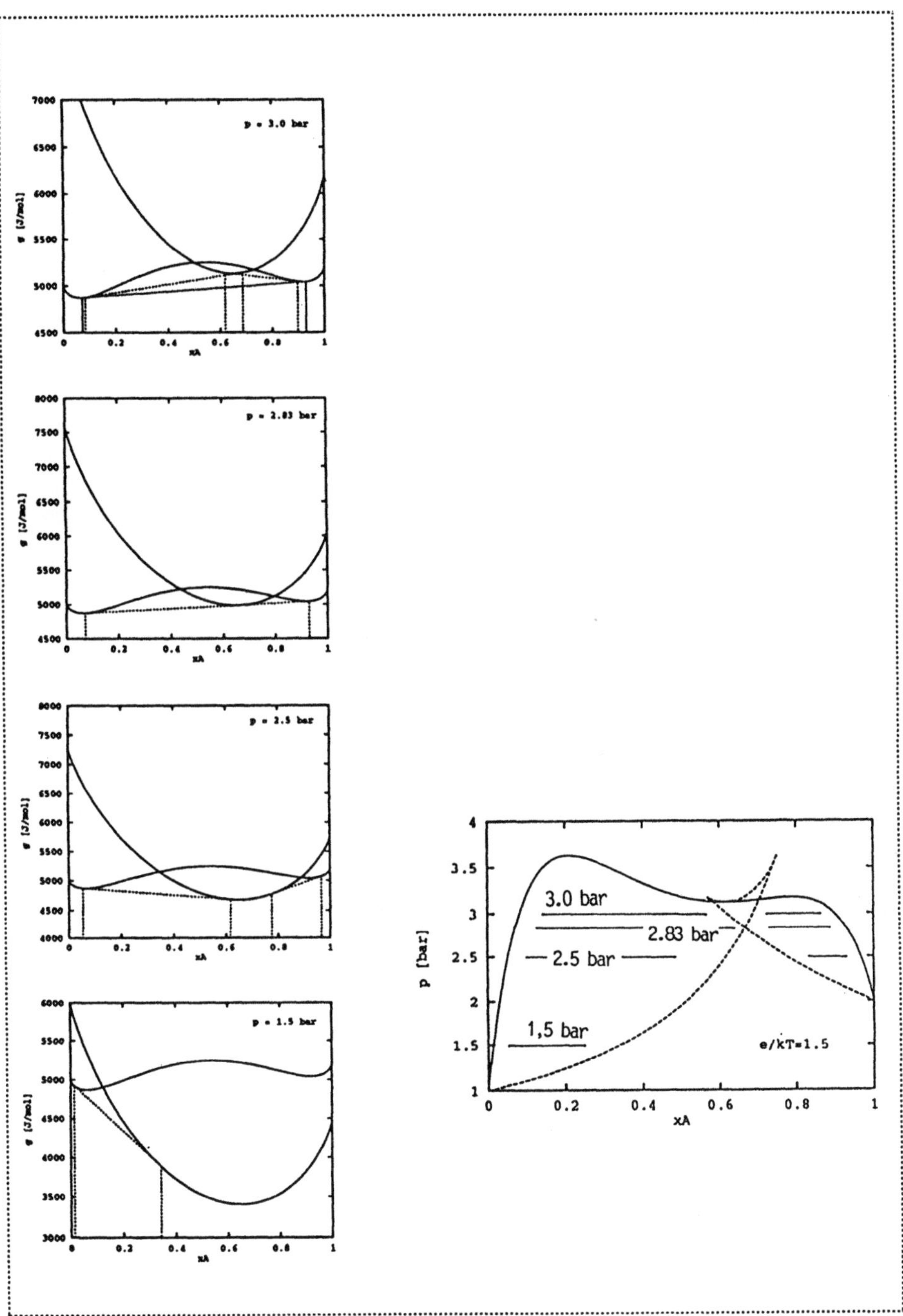


**Abb. 7.17** Zur Konstruktion eines Phasendiagramms mit Mischungslücke in der flüssigen Phase.

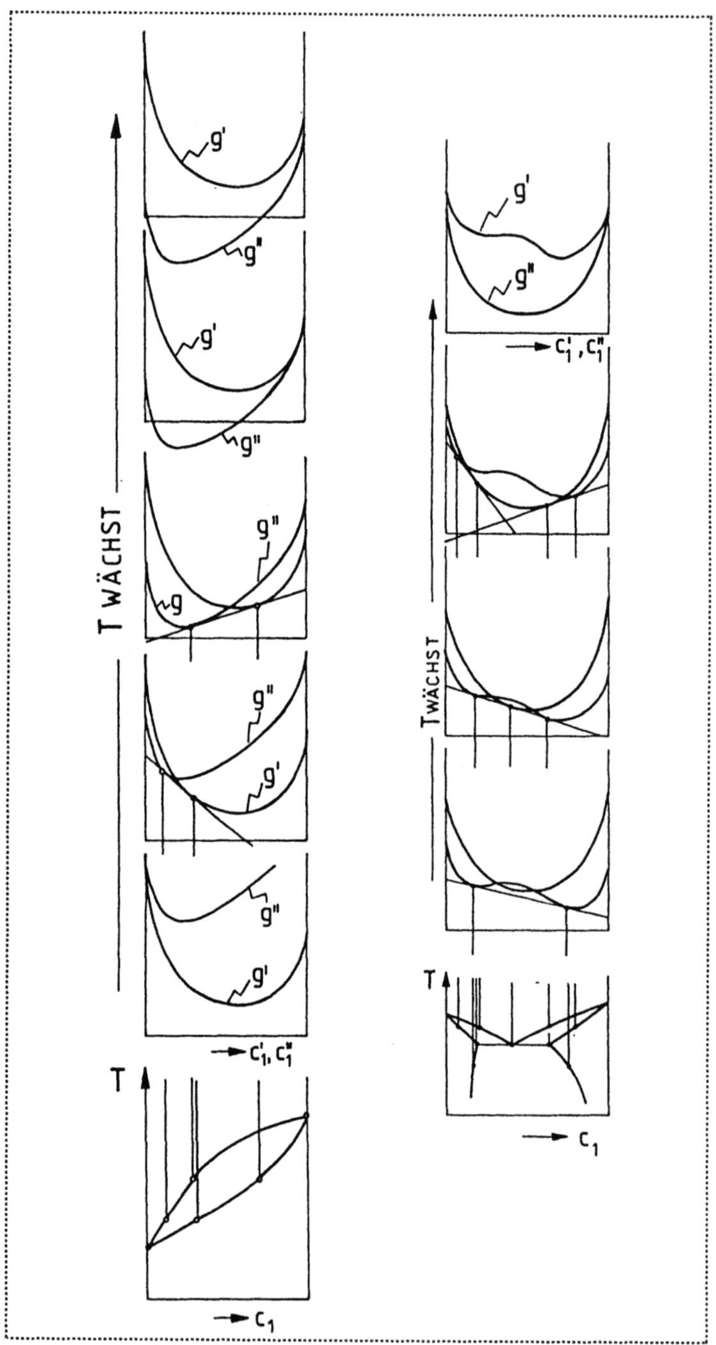



**Abb. 7.18** Zur Konstruktion von $(T, c_1)$-Phasendiagrammen.
Links:   Unbegrenzte Mischbarkeit.
Rechts: Mischungslücke.

Für die schematische Konstruktion dieser Diagramme ist es wichtig zu wissen, daß die Aufhängepunkte $g'_\alpha(T,p), g''_\alpha(T,p)$ der Hängelinien von $T$ abhängen. $g'_\alpha(T,p)$ gewinnt schneller an Höhe als $g''_\alpha(T,p)$ bei wachsender Temperatur, im wesentlichen wegen des $-Ts$-Termes in $g = u - Ts + pv$ ; denn $s''$ ist größer als $s'$. (Beachte, daß $s'' - s' = r/T$ gilt mit r als Schmelzwärme.)

## 7.9.2  Mischkristalle und Eutektikum

Abb. 7.19 zeigt ein typisches Phasendiagramm mit Mischungslücke in der festen Phase. Das Gebiet der Schmelze befindet sich oben, und die feste Phase liegt unter den beiden Zipfeln. In den mit $\alpha$ und $\beta$ bezeichneten Gebieten liegen Mischkristalle vor. Hier ist die Kristallstruktur von der des benachbarten Reinstoffs bestimmt, wenn auch in diese Kristalle einige Atome des zugemischten Stoffes eingelagert sind. Die Einlagerungsmöglichkeit ist begrenzt, da sie mit einem Energiemalus einhergeht; deshalb kommt es zu der Mischungslücke. Die Mischungslücke verbreitert sich für niedrigere Temperaturen. Das liegt daran, daß die Absenkung der „Hängekurven" auf der Mischungsentropie beruht und folglich mit wachsendem $T$ wächst. Wenn diese Absenkung stark ist, kann die Mischungswärme nicht mehr eine so große "Delle" in die „Hängekurven" drücken. Die Delle nimmt also mit wachsender Temperatur ab, und damit wird die Mischungslücke schmaler.

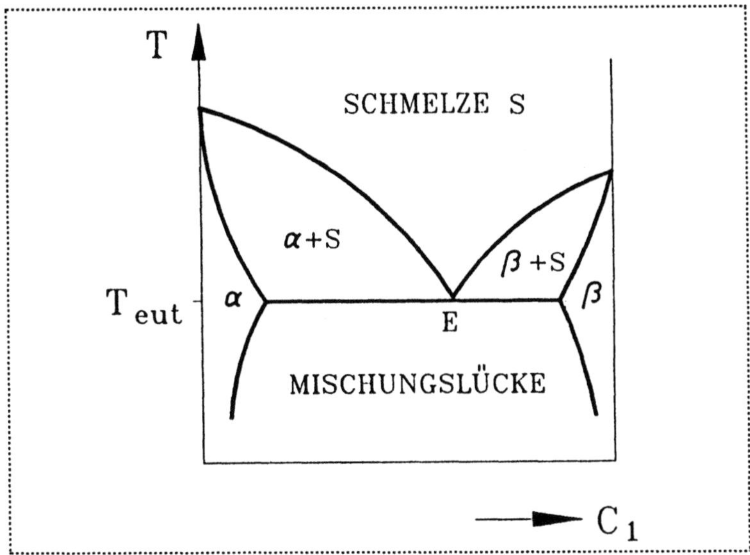


**Abb. 7.19** Ein $(T,c_1)$-Phasendiagramm mit Mischungslücke.

Man kann auch wie folgt argumentieren: Die Mischungslücke ist eine Folge des Energiemalus für die Einlagerung von Fremdatomen in ein Kristallgitter. Diese sind energetisch ungünstig bei hohen *und* tiefen Temperaturen. Dagegen ist die Mischungsentropie dann am größten, wenn gut gemischt ist. Hier sind also zwei gegensätzliche Effekte am Werk: Energetisch ist Entmischung günstig, aber entropisch ist Mischung günstig. Und bei höherer Temperatur wird der entropische Anteil immer wichtiger wegen des Ts–Anteils in der freien Enthalpie. Also wird hohe Temperatur die Mischung fördern und die Mischungs*lücke* verkleinern.

Der Punkt E heißt Eutektikum (grch. eutektos "leicht schmelzend"). Die zugehörige eutektische Temperatur $T_{eut}$ ist die niedrigste Schmelztemperatur der Legierung.

## 7.9.3  Gibbs'sche Phasenregel

Betrachten wir einen Punkt innerhalb eines der Zipfel in Abb. 7.19, wo $\alpha$–Mischkristalle sich im Gleichgewicht mit der Schmelze befinden. Wir haben $v = 2$ Komponenten und f =2 Phasen. Folglich ist wegen (7.46) die Zahl der Freiheitsgrade F = 2. Da aber in Phasendiagrammen des Typs von Abb. 7.19 der Druck konstant ist, so bleibt nur ein Freiheitsgrad: In der Tat, Schmelze und $\alpha$–Mischkristalle müssen ihre Zustände bei Temperaturänderung entlang der rechten bzw. linken Begrenzung des Zipfels ändern, d.h. es gibt nur einen Freiheitsgrad in den beiden Phasen.

Würde man die Druckvariable nach vorne – aus der Zeichenebene heraus – auftragen, so erhielte man als $\alpha$+S–Gebiet eine "Zipfelmütze" auf deren *zwei*-dimensionaler Begrenzung die Phasen $\alpha$ und S sich bei Temperatur- und Druckänderung befinden müßten. Dann gilt tatsächlich F = 2.

## 7.9.4  Andere Phasendiagramme

Die Phasendiagramme für unbegrenzte Mischbarkeit und die mit Mischungslücke sind die einfachsten möglichen. Man kann alle möglichen anderen Formen erzeugen durch Annahme verschiedener Bonus- oder Maluswerte in Schmelze und Festkörper bzw. in Lösungen und ihrem Dampf. Wir verweisen auf einschlägige Handbücher.[7.3]

Ebenfalls unbehandelt bleiben ternäre Phasendiagramme für Lösungen und Legierungen von 3 Komponenten. Auch solche findet man in großer Zahl in Hand- und Taschenbüchern für Ingenieure.

---

[7.3] Etwa: d'Ans, Lax. Taschenbuch für Chemiker und Physiker.

# 8 Chemisch reagierende Mischungen

## 8.1 Stöchiometrie und Massenwirkungsgesetz

### 8.1.1 Stöchiometrie

$m_\alpha$ sei die Masse der Komponente $\alpha$ in einer homogenen Mischung, und die Massenbilanz lautet

$$\frac{dm_\alpha}{dt} = \tau_\alpha V, \qquad (\alpha = 1,2,\dots \nu)\,, \tag{8.1}$$

wo $\tau_\alpha$ die Dichte der Massenproduktion von Komponente $\alpha$ ist. Es ist klar, daß die Summe aller $\tau_\alpha$ gleich Null sein muß, denn die Gesamtmasse ist eine Erhaltungsgröße bei chemischen Reaktionen. Dies ist jedoch nicht die einzige Bedingung an die Produktionsdichten $\tau_\alpha$. Weitere Bedingungen folgen aus der Tatsache, daß die Zahl der Atome – und ihre Masse – in einer chemischen Reaktion erhalten bleibt; die vorhandenen Atome ändern in der Reaktion nur ihre Anordnung zu Molekülen. Die Untersuchung der Bedingungen, unter denen dies geschieht, ist Gegenstand der Stöchiometrie (grch. stoichos "Ordnung" + metron "Maß").

Die Verbindung von Wasserstoff und Sauerstoff zu Wasser geschieht nach der bekannten stöchiometrischen Gleichung

$$2H_2 + O_2 \rightarrow 2H_2O\,. \tag{8.2}$$

Dabei bedeuten die Indizes, daß Wasserstoff und Sauerstoff in ihrer molekularen Form vorliegen, die jeweils aus zwei Atomen besteht, und $H_2O$ zeigt an, daß das Wassermolekül aus zwei H–Atomen und einem O–Atom besteht. Die Konstanten 2, 1 und nochmals 2 in (8.2) vor dem Stoffsymbolen heißen stöchiometrische Koeffizienten. Sie geben an, wieviele Moleküle von $H_2$, $O_2$ bzw. $H_2O$ an der Reaktion beteiligt sind. Die Stoffe links vom Reaktionspfeil – hier $H_2$ und $O_2$ – nennen wir Edukte, ihre stöchiometrischen Koeffizienten $\gamma_\alpha$ zählen wir negativ; also gilt $\gamma_{H_2} = -2, \gamma_{O_2} = -1$. Die Stoffe rechts vom Reaktionspfeil heißen Produkte, und ihre stöchiometrischen Koeffizienten sind positiv zu zählen; also hier $\gamma_{H_2O} = 2$. Mit dieser Übereinkunft läßt sich die Massenerhaltung in einer Reaktion schreiben als

$$\sum_{\alpha=1}^{\nu} \gamma_\alpha M_r^\alpha \mu_0 = 0 \ . \tag{8.3}$$

Unter den Molekülen läuft jede Reaktion immer in beiden Richtungen ab, so daß sich etwa – nach (8.2) – ständig Wassermoleküle aus Wasserstoff und Sauerstoff bilden, und andere zerfallen, *auch im Gleichgewicht*. Pro Zeit– und Volumeinheit wird der Saldo dieser molekularen Reaktionen durch die *Reaktionsrate* $\lambda$ gegeben. Im Gleichgewicht ist diese Größe gleich Null; sie sei positiv, wenn die Reaktion in Pfeilrichtung läuft, andernfalls negativ.

Diese Reaktionsrate bestimmt auch die Massenproduktionsdichten $\tau_\alpha$. Es gilt

$$\tau_\alpha = \gamma_\alpha \ M_r^\alpha \ \mu_0 \ \lambda \ , \tag{8.4}$$

so daß unter den $\nu$ Produktionsdichten nur eine unabhängig ist.

Aus (8.1) folgt mit (8.4)

$$\frac{dm_\alpha}{dt} = \gamma_\alpha \ M_r^\alpha \ \mu_0 \ \lambda V \Rightarrow m_\alpha = m_\alpha^0 + \gamma_\alpha \ M_r^\alpha \ \mu_0 \underbrace{\int_{t_0}^{t} \lambda V dt} \ , \tag{8.5}$$

wo $m_\alpha^0$ die Massen zur Zeit $t_0$ sind. Die durch die Klammer bezeichnete Größe nennen wir den Reaktionsgrad und bezeichnen ihn mit $\mathfrak{R}$. Also gilt

$$m_\alpha = m_\alpha^0 + \gamma_\alpha \ M_r^\alpha \ \mu_0 \ \mathfrak{R} \ . \tag{8.6}$$

Ein *einziges* $\mathfrak{R}$ bestimmt *alle* Massen $m_\alpha$.

Aus (8.5) folgt mit $m_\alpha = N_\alpha M_r^\alpha \mu_0$

$$\frac{d}{dt}\left(\frac{N_\alpha}{\gamma_\alpha}\right) = \lambda V \ ,$$

so daß die zeitliche Änderung von $N_\alpha/\gamma_\alpha$ unabhängig von $\alpha$ ist. Man kann also schreiben

$$\frac{d}{dt}\left(\frac{N_\alpha}{\gamma_\alpha}\right) = \frac{d}{dt}\left(\frac{N_\beta}{\gamma_\beta}\right) \ \Rightarrow \ \frac{N_\alpha}{\gamma_\alpha} - \frac{N_\beta}{\gamma_\beta} = \frac{N_\alpha^0}{\gamma_\alpha} - \frac{N_\beta^0}{\gamma_\beta} \ , \tag{8.7}$$

wo $N_\alpha^0$ die Anfangswerte der Teilchenzahlen charakterisiert. Dies sind $\nu-1$ unabhängige Gleichungen für die $\nu$ Teilchenzahlen.

Für die Wasserreaktion (8.2) zum Beispiel – mit drei Komponenten – stellen die Gleichungen (8.7) zwei unabhängige Gleichungen dar, etwa

$$\frac{N_{H_2}}{2} - N_{O_2} = \frac{N_{H_2}^0}{2} - N_{O_2}^0 \quad \text{und} \quad N_{H_2} + N_{H_2O} = N_{H_2}^0 + N_{H_2O}^0 . \tag{8.8}$$

Wenn mehr als eine Reaktion in einer Mischung gleichzeitig abläuft, so kann die stöchiometrische Beschreibung sehr komplex werden, besonders dann, wenn gleiche Komponenten an verschiedenen Reaktionen beteiligt sind. Solche Fälle behandeln wir hier nicht, obwohl sie sehr häufig vorkommen, siehe jedoch Abschnitt 11.2.

## 8.1.2 Beispiel zur Stöchiometrie: Atmungsquotient RQ

Bei der Verbrennung von 1mol Zucker, genauer Glukose $C_6H_{12}O_6$, nach der Reaktionsformel

$$C_6H_{12}O_6 + 6O_2 \rightarrow 6CO_2 + 6H_2O$$

werden 6 mol $O_2$ verbraucht und 6 mol $CO_2$ freigesetzt. Geschieht dies im tierischen oder menschlichen Organismus, so werden Sauerstoff und Kohlendioxyd durch die Atemluft transportiert. Die Menge von eingeatmetem – und verbrauchtem – $O_2$ und ausgeatmetem $CO_2$ ist also gleich, und wir sagen, der respiratorische Quotient sei gleich 1:

$$RQ_{\text{Kohlehydrate}} = \frac{\text{Menge des ausgeatmeten } CO_2}{\text{Menge des eingatmeten } O_2} = 1.$$

Tatsächlich bestätigt sich das in etwa, wenn man die Atemluft eines Menschen quantitativ untersucht, jedenfalls dann, wenn dieser Mensch im wesentlichen Kohlehydrate als Nahrung aufnimmt; Glukose kann hier stellvertretend für andere Kohlehydrate stehen.

Fettmoleküle haben weniger O-Atome gebunden relativ zu den C- und H-Atomen, und als Pauschalformel für ein Fettmolekül können wir $C_{57}H_{104}O_6$ – Triolein – schreiben. Im Organismus verbrennt dieses Molekül nach der Reaktionsgleichung

$$C_{57}H_{104}O_6 + 80O_2 \rightarrow 57CO_2 + 52H_2O.$$

Für 80 eingeatmete – und verbrauchte – $O_2$-Moleküle werden nur 57 $CO_2$-Moleküle ausgeatmet, und der respiratorische Quotient beträgt folglich

$$RQ_{Fette} = \frac{57}{80} \approx 0{,}7.$$

Der dritte wesentliche Nahrungsbestandteil sind Eiweiße, oder Proteine, die zu verschiedenartig sind, um eine typische Summenformel anzuschreiben. Auf jeden Fall liegt der Sauerstoffanteil irgendwo in der Mitte zwischen Fetten und Kohlehydraten, und ein typischer Atmungsquotient liegt bei $RQ_{Eiweiße} \approx 0{,}8$.

Das ist auch der Atmungsquotient eines Menschen mit einer wohlausbalancierten Diät. Nimmt man ungewöhnlich viele Kohlehydrate oder Fette zu sich, so verschiebt sich der RQ zu höheren bzw. tieferen Werten.

## 8.1.3  Massenwirkungsgesetz

Aus den Stabilitätsbetrachtungen von Absatz 4.2.7 schließen wir, daß bei festem T und p die freie Enthalpie im Gleichgewicht ein Minimum besitzt. Um das Gleichgewicht für eine Mischung reagierender Komponenten zu bestimmen, minimieren wir also, siehe (7.6),

$$G = \sum_{\delta=1}^{\nu} \mu_\delta \, m_\delta \, .$$

Diese Größe hängt – bei festem T und p – wegen (8.6) nur vom Reaktionsgrad $\Re$ ab. Wir bilden

$$\frac{\partial G}{\partial \Re} = 0: \quad \sum_{\gamma=1}^{\nu} \sum_{\delta=1}^{\nu} \frac{\partial \mu_\delta}{\partial m_\gamma} m_\delta \frac{dm_\gamma}{d\Re} + \sum_{\delta=1}^{\nu} \mu_\delta \frac{dm_\delta}{d\Re} = 0 \, .$$

Der erste Term ist wegen der Gibbs-Duhem Beziehung (7.9) gleich 0, und der zweite lautet wegen $\dfrac{dm_\delta}{d\Re} = \gamma_\delta \, M_r^\delta \, \mu_0$

$$\sum_{\delta=1}^{\nu} \mu_\delta \Bigg|_E \gamma_\delta \, M_r^\delta = 0 \, . \qquad (8.9)$$

Diese Gleichung ist das Massenwirkungsgesetz. Es liefert eine Beziehung, welche im Gleichgewicht – Index E – den Reaktionsgrad als Funktion von T und p bestimmt, und damit die Massen der reagierenden Komponenten. Eine explizite Auswertung dieses Gesetzes ist nur möglich, wenn die Form der chemischen Potentiale gegeben ist.

## 8.1.4 Massenwirkungsgesetz für ideale Mischungen und Mischungen idealer Gase

Betrachten wir eine ideale Mischung, in der $\mu_\delta$ die Form (7.22) besitzt, so lautet das Massenwirkungsgesetz (8.9)

$$\sum_{\delta=1}^{\nu} \gamma_\delta \ln X_\delta = -\sum_{\delta=1}^{\nu} \gamma_\delta \frac{g_\delta(T,p)}{R/_{M_r^\delta} T}$$

oder nach leichter Umformung

$$\prod_{\delta=1}^{\nu} X_\delta^{\gamma_\delta} = \exp\left\{ -\sum_{\delta=1}^{\nu} \gamma_\delta \frac{g_\delta(T,p)}{R/_{M_r^\delta} T} \right\} . \tag{8.10}$$

Das ist das Massenwirkungsgesetz für ideale Mischungen, eine Relation zwischen den Molenbrüchen der Komponenten. Die rechte Seite hängt von p und T ab in einer Weise, die von den spezifischen freien Enthalpien der reinen Stoffe diktiert wird.

Eine noch einfachere Form des Massenwirkungsgesetzes ergibt sich für Mischungen idealer Gase. Hier gilt

$$X_\delta = \frac{n_\delta}{\sum\limits_{\beta=1}^{\nu} n_\beta} \quad \text{und mit } p_\beta = n_\beta kT: \quad X_\delta = \frac{p_\delta}{p} ;$$

und es folgt aus (7.16)

$$g_\delta(T,p) = \left( z_\delta \frac{R}{M_r^\delta} T + \alpha_\delta \right) - T\left( (z_\delta + 1) \frac{R}{M_r^\delta} \ln T - \frac{R}{M_r^\delta} \ln p + \beta_\delta \right) + \frac{R}{M_r^\delta} T .$$

Setzt man dies in (8.10) ein, so hebt sich der Gesamtdruck p auf beiden Seiten heraus, und man erhält

$$\prod_{\delta=1}^{\nu} p_\delta^{\gamma_\delta} = T^{\sum\limits_{\delta=1}^{\nu} \gamma_\delta(z_\delta+1)} e^{-\sum\limits_{\delta=1}^{\nu} \gamma_\delta(z_\delta+1)} \exp\sum_{\delta=1}^{\nu}\left\{ -\gamma_\delta \frac{\alpha_\delta - T\beta_\delta}{R/_{M_r^\delta} T} \right\} . \tag{8.11}$$

Die rechte Seite ist nur eine Funktion von T, und man schreibt daher (8.11) in Kurzform als

$$\prod_{\delta=1}^{\nu} p_\delta^{\gamma_\delta} = K_p(T) . \tag{8.12}$$

Die chemische "Konstante" $K_p(T)$ ist für viele ideale Gasmischungen tabelliert. Sie hängt ab von den additiven Konstanten $\alpha$ und $\beta$ in der inneren Energie bzw. Entropie. Wie man diese bestimmt, werden wir in Abschnitt 8.2 diskutieren.

Die Tatsache, daß $K_p$ nur von T abhängt, bedeutet nicht, daß der Druck die Konzentrationen idealer Gase im Gleichgewicht nicht beeinflussen kann. Eine solche Druckabhängigkeit ist i. a. vorhanden, weil die linke Seite der Gleichung den Druck enthalten kann; schließlich ist $\sum_{\beta=1}^{\nu} p_\beta = p$ .

## 8.1.5  Historisches zum Massenwirkungsgesetz

Die obige Ableitung des Massenwirkungsgesetzes geht auf Gibbs zurück. Aber schon vor Gibbs war das Gesetz in seinem wesentlichen Inhalt durch intuitiv anschauliche Argumentation abgeleitet worden und zwar von Cato Maximilian GULDBERG (1836–1902) und Peter WAAGE (1833–1900), zwei norwegischen Professoren an der Universität von Christiania, heute Oslo. Ihre Arbeit wurde 1863 in norwegisch publiziert und entging so der Aufmerksamkeit der Chemiker. Auch eine französische Übersetzung 1867 fand kein Interesse, und erst die deutsche Übersetzung 1879 wurde von van't Hoff gewürdigt, der selbst an ähnlichen Problemen arbeitete.

Das Argument von Guldberg und Waage geht etwa wie folgt: Eine Reaktion habe die stöchiometrischen Koeffizienten $\gamma_\alpha$ , welche bestimmen, wieviele Moleküle der Komponente $\alpha$ zusammentreffen müssen, damit die Reaktion ablaufen kann. Die Wahrscheinlichkeit dafür, ein Teilchen $\alpha$ an einer Stelle anzutreffen, dürfte proportional zu $n_\alpha$ sein, und die Wahrscheinlichkeit, dort $\gamma_\alpha$ Teilchen $\alpha$ anzutreffen, ist dann proportional zu $n_\alpha^{\gamma_\alpha}$ . Die Reaktion kann nur dann ablaufen, wenn alle dafür benötigten Teilchen an einer Stelle zusammentreffen, und die Wahrscheinlichkeit dafür ist

$$A\prod_{\alpha^+} n_\alpha^{\gamma_\alpha} \;,$$

wo das Produkt über alle Komponenten mit positiven stöchiometrischen Koeffizienten zu nehmen ist, und wo A ein Proportionalitätsfaktor ist. Entsprechend ist die Wahrscheinlichkeit für die Rückreaktion gleich

$$B\prod_{\alpha^-} n_\alpha^{|\gamma_\alpha|} \;,$$

wo über alle Komponenten mit negativen stöchiometrischen Koeffizienten zu multiplizieren ist.

Im Gleichgewicht müssen diese beiden Wahrscheinlichkeiten gleich sein, und es folgt

$$A\prod_{\alpha^+} n_\alpha^{\gamma_\alpha} \;=\; B\prod_{\alpha^-} n_\alpha^{|\gamma_\alpha|} \qquad\text{oder}$$

$$\prod_{\alpha=1}^{\nu} n_{\alpha}^{\gamma_{\alpha}} = Q \,,$$

wo $Q = B/A$ gesetzt ist. Vergleich mit (8.12) zeigt Übereinstimmung, was die $n_{\alpha}$–Abhängigkeit angeht, denn $n_{\alpha}$ ist proportional zu $p_{\alpha}$. Daß, und vor allem wie $Q$ von $T$ abhängt – und nicht von $p$ oder $n_{\alpha}$ –, kann man allerdings mit diesem einfachen Argument nicht schließen.

## 8.1.6 Beispiel I zum Massenwirkungsgesetz idealer Gase: Haber–Bosch Synthese

Ein instruktives Beispiel für die Anwendung des Massenwirkungsgesetzes liefert die Untersuchung der Ammoniaksynthese. Die Bildung von Ammoniak geschieht nach der Reaktionsgleichung

$$N_2 + 3H_2 \rightarrow 2NH_3 \,. \tag{8.13}$$

Wir betrachten den Fall, daß anfänglich 1 mol $N_2$ und 3 mol $H_2$ vorlagen, d. h. 28 gr $N_2$ und 6 gr $H_2$; solch eine Mischung heißt eine *stöchiometrische Mischung*, sie enthält gerade soviele Teilchen $H_2$ und $N_2$, daß diese sich alle – ohne Rest – zu $NH_3$–Molekülen zusammenfinden können. Die Temperatur sei 298 K, und bei $p = 1$ bar beobachtet man ein Gleichgewicht bei 2 Vol % $NH_3$.[7.3] Wir fragen, wieviel Ammoniak bei 3 bar vorliegt.

Zwischen den drei Partialdrücken $p_{\alpha}$ und dem Volumen der reagierenden Mischung können wir vier Bedingungen angeben

- Massenwirkungsgesetz, siehe (8.13): $\quad \dfrac{p_{NH_3}^2}{p_{N_2} p_{H_2}^3} = K_p(T) \tag{8.14}$

- Summe der Partialdrücke gleich $p$: $\quad p_{H_2} + p_{N_2} + p_{NH_3} = p \,. \tag{8.15}$

- Zwei Teilchenzahlbilanzen des Typs (8.7)

$$N_{N_2} + \frac{N_{NH_3}}{2} = A \qquad \frac{N_{H_2}}{3} + \frac{N_{NH_3}}{2} = A \,.$$

$A$ ist die Avogadrozahl, die Zahl der Moleküle in 1 mol. Mit $p_{\alpha} V = N_{\alpha} kT$ folgt dann

---

[7.3] Der Volumanteil $V_{\alpha}/V$ ist das Verhältnis des Volumens des Reinstoffs $\alpha$ bei $p$, $T$ zum Volumen der Mischung bei $p$, $T$. Bei idealen Gasen ist er gleich dem Verhältnis $p_{\alpha}/p$ sowie gleich dem Verhältnis $n_{\alpha}/n$ oder gleich dem Molenbruch $X_{\alpha}$.

$$p_{N_2} + \frac{p_{NH_3}}{2} = \frac{\tilde{R}T}{V} \,, \qquad \frac{p_{H_2}}{3} + \frac{p_{NH_3}}{2} = \frac{\tilde{R}T}{V} \,. \tag{8.16}$$

Aus den vier Gleichungen (8.14), (8.15) und (8.16) eliminieren wir $p_{H_2}$, $p_{N_2}$ und $V$ und erhalten so *eine* Gleichung für $p_{NH_3}$, nämlich

$$\frac{\frac{1}{\sqrt{3}}\left(\frac{3}{4}\right)^2 (p - p_{NH_3})^2}{p_{NH_3}} = \frac{1}{\sqrt{K_p(T)}} \,. \tag{8.17}$$

Aus den angegebenen Daten für $\dfrac{p_{NH_3}}{p} = 0,02$ bei $p = 1$ bar kann $K_p$ (298 K) bestimmt werden zu

$$K_p(298\,K) = 4,11 \cdot 10^{-3} \frac{1}{(\text{bar})^2} \,. \tag{8.18}$$

Sobald dies bekannt ist, berechnet sich $p_{NH_3}$ aus der quadratischen Gleichung (8.17), und man erhält

$$\frac{p_{NH_3}}{p} = 1 + \frac{8}{9p} \frac{1}{\sqrt{3K_p}} \overset{(+)}{\underset{-}{}} \sqrt{\left(1 + \frac{8}{9p} \frac{1}{\sqrt{3K_p}}\right)^2 - 1} \,, \tag{8.19}$$

wo für $K_p$ der Wert (8.18) einzusetzen ist. Für $p = 3$ bar folgt $p_{NH_3}/p = 0,06$. Das heißt: durch die Drucksteigerung von 1 auf 3 bar hat sich der Ammoniakanteil in der Mischung auf das 3-fache gesteigert.

Das $+$ Zeichen in (8.19) liefert ein $p_{NH_3}/p > 1$, die dementsprechende Lösung ist daher unphysikalisch.

## 8.1.7 Historisches zur Haber-Bosch-Synthese

Fritz HABER (1868-1934) löste das Problem, eine praktische Anwendung für den Stickstoff der Atmosphäre zu finden. Stickstoffverbindungen waren – und sind – wichtig für Düngemittel und Sprengstoffe. Vor dem ersten Weltkrieg wurden diese Verbindungen aus den Guano-Feldern der südamerikanischen Pazifikküste in die europäischen Industrieländer gebracht. Es war klar, daß Deutschland im Falle eines Krieges von dieser Zufuhr abgeschnitten sein würde, und so war es wichtig, Stickstoffverbindungen, insbesondere Ammoniak zu synthetisieren aus dem Stickstoff der Luft, von der Stickstoff immerhin einen fast 80%igen Anteil stellt. Haber löste dieses Problem im Prinzip durch die in Absatz 8.1.6 besprochene Reaktion, die er unter hohem Druck ablaufen ließ – und in Gegenwart von

Katalysatoren. Haber wurde in Anerkennung für diese und andere Forschungen später zum Direktor des Kaiser–Wilhelm–Institutes für physikalische Chemie berufen.

Die großtechnische Auswertung des Prozesses geschah durch Carl BOSCH (1874–1940), unter dessen Leitung ein riesiges Ammoniakwerk bei Oppau entstand. Aufgrund der Bemühungen von Haber und Bosch konnte Deutschland trotz Seeblockade den 1. Weltkrieg durchstehen. Zwar wurde es knapp an Nahrungsmitteln, Menschen und Moral, aber nicht an Sprengstoff.

Über Haber ist noch zu sagen, daß er auch anderweitig die Interessen des deutschen Heeres nach Kräften unterstützte. Er propagierte die Verwendung von Giftgas als Kampfmittel und leitete den Einsatz von Chlorgas und Senfgas in den Jahren 1915 und 1917. Der erste Einsatz in Flandern veranlaßte die dort liegenden kanadischen Soldaten zur heillosen Flucht, und es entstand ein beträchtliches Loch in der Front. Der deutsche Generalstab hatte allerdings an einen Erfolg so recht nicht geglaubt und keine Vorbereitungen für das Nachstoßen getroffen, so daß ein strategischer Erfolg ausblieb. Mit dieser Aktivität hatte Haber als Patriot seinen internationalen Ruf für das Vaterland geopfert.

Aber nur wenig später verschmähte das Vaterland den Patrioten. Haber war Jude und mußte nach dem Antritt der Nationalsozialisten seinen Posten und das Land verlassen. Westliche Länder, die sonst die wissenschaftlichen Emigranten begeistert aufnahmen, zeigten ihm die kalte Schulter wegen seiner Giftgasbemühungen. In Italien wurde ihm eine Stelle angeboten, aber er starb, bevor er diese antreten konnte.

## 8.1.8 Beispiel II zum Massenwirkungsgesetz idealer Gase: Zerfall von Kohlendioxid.

Falls man Kohlendioxyd erwärmt, so zersetzt es sich in Kohlenmonoxyd und Sauerstoff. Umgekehrt bildet sich Kohlendioxyd aus Kohlenmonoxyd und Sauerstoff bei Abkühlung nach der Reaktionsgleichung $CO + \frac{1}{2}O_2 \rightarrow CO_2$. Wir wollen untersuchen, wieweit diese Zersetzung fortschreitet als Funktion von Druck p und Temperatur T.

Das Massenwirkungsgesetz (8.12) und die Teilchenzahlbilanzen (8.7) lauten

$$\frac{p_{CO_2}}{p_{CO}\sqrt{p_{O_2}}} = K_p(T) \tag{8.20}$$

$$p_{CO} - 2p_{O_2} = 0 \qquad p_{CO} + p_{CO_2} = \frac{\tilde{R}T}{V}, \tag{8.21}$$

wenn anfänglich 1 mol $CO_2$ vorhanden war und kein CO und $O_2$. Alle drei Drücke summieren sich zu p.

$$p_{CO_2} + p_{CO} + p_{O_2} = p. \tag{8.22}$$

Werte für $K_p(T)$ sind in Tabelle 8.1 angegeben. Zu berechnen ist der Volumanteil der Zerfallsprodukte CO und $O_2$, d. h.

$$\frac{p_{CO}+p_{O_2}}{p} \quad \text{oder mit (8.21):} \quad \frac{3}{2}\frac{p_{CO}}{p} \;. \tag{8.23}$$

| Temp. | $CO + {}^1\!/_2\, O_2 = CO_2$ | |
| :---: | :---: | :---: |
| °K | $\log K_p$ | $K_p$ |
| 298,15 | + 45,0437 | $1,106 \cdot 10^{45}$ |
| 300 | 44,7397 | $5.492 \cdot 10^{44}$ |
| 400 | 32,4096 | $2.568 \cdot 10^{32}$ |
| 500 | 25,0054 | $1,013 \cdot 10^{25}$ |
| 600 | 20,0649 | $1,161 \cdot 10^{20}$ |
| 700 | 16,5382 | $3.453 \cdot 10^{16}$ |
| 800 | 13,8948 | $7.848 \cdot 10^{13}$ |
| 900 | 11,8407 | $6,930 \cdot 10^{11}$ |
| 1000 | 10,1991 | $1,582 \cdot 10^{10}$ |
| 1100 | 8.858 | $7.210 \cdot 10^{8}$ |
| 1200 | 7.7419 | $5.519 \cdot 10^{7}$ |
| 1300 | 6.7989 | $6.293 \cdot 10^{6}$ |
| 1400 | 5.9917 | $9.810 \cdot 10^{5}$ |
| 1500 | 5.2944 | $1.970 \cdot 10^{5}$ |
| 1750 | 3.9021 | $7.982 \cdot 10^{3}$ |
| 2000 | 2.8633 | $7.299 \cdot 10^{3}$ |
| 2500 | 1.4203 | 26,320 |
| 3000 | 0.5065 | 3,210 |
| 3500 | − 0.2012 | 0,6292 |

**Tabelle 8.1**  Chemische Konstante $K_p$.

Wir eliminieren $p_{O_2}$ und $p_{CO_2}$ aus den Gleichungen (8.20), (8.21)$_1$ und (8.22) und

erhalten eine kubische Gleichung für $\sqrt{\dfrac{p_{CO}}{p}}$ , nämlich

$$\sqrt{pK_p^2}\,\frac{1}{\sqrt{2}}\left(\frac{p_{CO}}{p}\right)^{3\!/2} + \frac{3}{2}\frac{p_{CO}}{p} - 1 = 0 \;\;. \tag{8.24}$$

Zur Lösung dieser Gleichung − d. h. zur Bestimmung von $p_{CO}/p$ − benutzt man die Cardano'schen Formeln. Der vorliegende Fall ist eine nichttriviale algebraische Übung zu kubischen Gleichungen, weil die Auswahl der reellen positiven Lösungen von (8.24) davon abhängt, ob der Parameter $\sqrt{pK_p^2}$ größer oder kleiner als 1 ist. Wir überspringen diese Komplikation und geben die relevante Lösung von (8.24) in graphischer Form an, siehe Abb. 8.1. Beachte, daß $p_{O_2} + p_{CO} = {}^3\!/_2\, p_{CO}$ gilt.

Man erkennt an Abb. 8.1, daß der Zerfall von $CO_2$ sich auf einen gewissen Temperaturbereich konzentriert. Darüber hat man (fast) nur die Zerfallsprodukte CO und $O_2$, darunter nur $CO_2$. Dieser Temperaturbereich liegt umso höher, je größer der Druck ist. Ein niedriger Druck ist der Zersetzung von $CO_2$ daher förderlich.

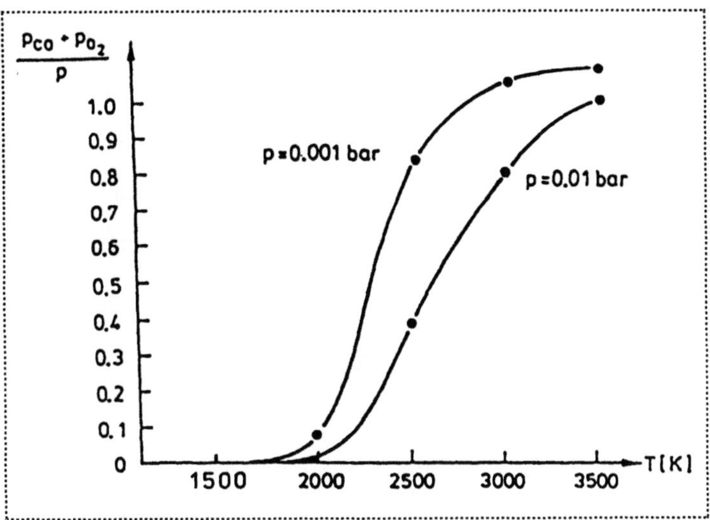


**Abb. 8.1**   Zerfall von $CO_2$ in CO und $O_2$. Der Volumanteil von CO und $O_2$ als Funktion von p und T.

## 8.1.9 Gleichgewicht in stöchiometrischen Mischungen idealer Gase

Wir leiten nun eine neue Form des Massenwirkungsgesetzes idealer Gase ab, in der die Teilchenerhaltungsgleichungen (8.7) schon mitberücksichtigt werden. Dabei beschränken wir uns auf stöchiometrische Mischungen und führen eine synthetische Beschreibung ein, indem wir die Komponenten mit großen Buchstaben und die stöchiometrischen Koeffizienten mit den entsprechenden kleinen Buchstaben bezeichnen. Eine Reaktionsgleichung lautet dann

$$aA + bB + cC + \ldots \rightarrow eE + fF + gG + \ldots . \tag{8.25}$$

Die Mischung heißt stöchiometrisch, wenn die anfänglichen Molekülzahlen $N_A^0, N_B^0, N_C^0, \ldots$ im gleichen Verhältnis stehen wie die stöchiometrischen Koeffizienten, während $N_E^0, N_F^0, N_G^0, \ldots$ gleich Null sind:

$$\frac{N_A^0}{a} = \frac{N_B^0}{b} = \frac{N_C^0}{c} = \dots \; .$$

Damit folgt aus (8.7)

$$\frac{N_A}{a} = \frac{N_B}{b} = \frac{N_C}{c} = \dots \quad \text{und} \quad \frac{N_E}{e} = \frac{N_F}{f} = \frac{N_G}{g} = \dots \; . \qquad (8.26)$$

Wir wählen $N_A^0 = |a|A$, wo $A$ die Avogadrozahl ist, so daß wir mit $|a|$ mol der Komponente A, $|b|$ mol der Komponente B, $|c|$ mol der Komponente C, ... beginnen. Nach $A$ molekularen Reaktionen ist dann $N_A = N_B = N_C = \dots = 0$ geworden.

Der relative Reaktionsgrad

$$r = \frac{\mathfrak{R}}{A} = \frac{1}{A} \int_{t_0}^{t} \lambda V dt \qquad (8.27)$$

ist damit so definiert, daß $0 \le r \le 1$ gilt. Der Wert des relativen Reaktionsgrades gibt also einen guten Eindruck davon, wie weit eine Reaktion fortgeschritten ist.

Zwischen den Volumanteilen $\frac{p_A}{p}, \frac{p_B}{p}, \dots$ sowie $\frac{p_E}{p}, \frac{p_F}{p}, \dots$ und dem relativen Reaktionsgrad $r$ gibt es einfache Beziehungen, die wir ableiten

$$\frac{p_A}{p} = \frac{N_A}{N_A + N_B + N_C + \dots + N_E + N_F + N_G + \dots} \qquad \frac{p_E}{p} = \frac{N_E}{N_A + N_B + N_C + \dots + N_E + N_F + N_G + \dots}$$

$$\frac{p_A}{p} = \frac{a \dfrac{N_A}{a}}{\dfrac{N_A}{a}(a+b+c+\dots) + \dfrac{N_E}{e}(e+f+g+\dots)} \qquad \frac{p_E}{p} = \frac{e \dfrac{N_E}{e}}{\dfrac{N_A}{a}(a+b+c+\dots) + \dfrac{N_E}{e}(e+f+g+\dots)} \; ,$$

wobei die zweite Zeile aus (8.26) folgt. Nun gilt

$$\frac{N_A}{|a|} = \frac{N_A^0}{|a|} - \int_{t_0}^{t} \lambda V dt = \frac{N_A^0}{|a|} - rA \qquad \frac{N_E}{e} = \int_{t_0}^{t} \lambda V dt = rA \; ,$$

und es folgt mit $\dfrac{N_A^0}{|a|} = A$

$$\frac{p_A}{p} = |a| \frac{A(1-r)}{A(1-r)m + Arn} \qquad \frac{p_E}{p} = e \frac{Ar}{A(1-r)m + Arn}$$

$$\frac{p_A}{p} = |a| \frac{1-r}{m+(n-m)r} \qquad \frac{p_E}{p} = e \frac{r}{m+(n-m)r} \qquad , \quad (8.28)$$

wobei m und n die Absolutwerte der Summen über alle negativen bzw. positiven stöchiometrischen Koeffizienten sind. Entsprechendes gilt für die Komponenten B, C.. und die Komponenten F, G...

Einsetzen der Partialdrücke (8.28) in das Massenwirkungsgesetz (8.12) liefert

$$K_p(T) = \frac{e^e f^f g^g \ldots}{|a|^{|a|} |b|^{|b|} |c|^{|c|} \ldots} \frac{r^n}{(1-r)^m} \left( \frac{p}{m+(n-m)r} \right)^{n-m} . \qquad (8.29)$$

Dies ist eine Relation zwischen p, T und dem Reaktionsgrad r; sie ist explizit in r und p, so daß wir daraus ablesen können, wie der Druck das chemische Gleichgewicht verschiebt.

Wir schreiben (8.29) an für die Ammoniaksynthese und den Zerfall von Kohlendioxid, d. h. die beiden in den Absätzen 8.1.6 und 8.1.8 behandelten Reaktionen

$$N_2 + 3H_2 \rightarrow 2NH_3 \qquad \qquad 2CO_2 \rightarrow 2CO + O_2 .$$

Es folgt

$$K_p(T) = \frac{2^2}{3^3} \frac{r^2}{(1-r)^4} \frac{(4-2r)^2}{p^2} \qquad \qquad K_p(T) = \frac{r^3}{(1-r)^2} \frac{p}{(2+r)} . \quad (8.30)$$

Für r << 1 ergibt sich näherungsweise

$$K_p(T) \approx \frac{64}{27} \frac{r^2}{p^2} \qquad \qquad K_p(T) \approx \frac{1}{2} pr^3 , \qquad (8.31)$$

so daß sich bei höherem Druck mehr $NH_3$ bildet, bzw. daß bei höherem Druck weniger $CO_2$ zerfällt. Beides bestätigt die Ergebnisse der früheren Rechnungen.

Bei der Dissoziation von Wasserstoff nach der Reaktionsgleichung $H_2 \rightarrow 2H$ lautet das Massenwirkungsgesetz (8.29)

$$K_p(T) = 4 \frac{r^2}{1-r^2} p \quad \underset{r<<1}{\Longrightarrow} \quad 4r^2 p . \qquad (8.32)$$

Daraus folgt, daß – für kleine r – der Reaktionsgrad proportional zu $1/\sqrt{p}$ ist: Je größer der Druck, desto weniger $H_2$ ist dissoziiert.

## 8.2 Reaktionswärmen, Reaktionsentropie und absolute Entropiewerte

### 8.2.1 Die additiven Konstanten in u und s

Bei einer chemischen Reaktion verschwinden zusammen mit den Teilchen einer Komponente auch deren innere Energie und Entropie. Die neu entstehenden Komponenten entstehen komplett mit innerer Energie und Entropie. Energie und Entropie enthalten aber jeweils additive Konstanten; diese waren bisher völlig unwichtig, aber jetzt – bei chemischen Reaktionen – werden sie wichtig.

Wir erinnern uns, daß u und s – oder auch h und s – durch Integration bestimmt wurden aus

$$dh = c_p(T,p)dT + \left( v(T,p) - T\left(\frac{\partial v}{\partial T}\right)_p (T,p) \right) dp$$

$$ds = \frac{c_p(T,p)}{T}dT - \left(\frac{\partial v}{\partial T}\right)_p (T,p)dp \quad , \tag{8.33}$$

wobei ds aus der Gibbs-Gleichung $Tds = dh - vdp$ folgt. Integration vom Bezugszustand $T_R$, $p_R$ zum Zustand T, p ergibt

$$h(p,T) - h^R = \int_{T_R}^{T} c_p(\alpha,p)d\alpha + \int_{p_R}^{p} \left[ v(T_R,\beta) - T_R\left(\frac{dv}{dT}\right)_p (T_R,\beta) \right] d\beta + \sum_i r(T_i)$$

$$s(p,T) - s^R = \int_{T_R}^{T} \frac{c_p(\alpha,p)}{\alpha}d\alpha - \int_{p_R}^{p} \left(\frac{dv}{dT}\right)_p (T_R,\beta)d\beta + \sum_i \frac{r(T_i)}{T_i} . \tag{8.34}$$

Die Summen über i treten dann und nur dann auf, wenn auf dem Weg vom Bezugszustand $T_R$, $p_R$ zum Zustand T, p Phasenübergänge auftreten. Ist das der Fall bei der Temperatur $T_i$ – und dem Druck $p(T_i)$ –, so verändert sich bei dieser Temperatur das h um den Wert $r(T_i)$ und die Entropie um den Wert $r(T_i)/T_i$, wo $r(T_i)$ die Phasenübergangswärme ist.

$h_R$, $s_R$ sind die Werte von h,s im Bezugszustand. Bei den Chemikern ist es üblich, den Bezugszustand

$$p_R = 1 atm \quad und \quad T_R = 298K \tag{8.35}$$

zu wählen. Dann können die rechten Seiten in (8.34) durch (p,v,T)-Messungen und spezifische Wärmemessungen explizit bestimmt werden.

Für ideale Gase, wo man die thermische und kalorische Zustandsgleichung kennt, ergibt sich aus (8.34)

$$h(p,T) - h^R = (z+1)\frac{R}{M_r}(T - T_R) \quad \text{und}$$

$$s(p,T) - s^R = (z+1)\frac{R}{M_r}\ln\frac{T}{T_R} - \frac{R}{M_r}\ln\frac{p}{p_R}, \tag{8.36}$$

falls im ganzen Bereich zwischen $T_R$, $p_R$ und $T,p$ der ideale Gaszustand vorliegen. Das ist i.a. nicht der Fall.

Zum Beispiel Wasser: Wasser ist im Bezugszustand (8.35) flüssig, nur im Dampf können wir es näherungsweise als ideales Gas ansehen. Wenn wir also h und s von Wasser im Dampfzustand $T,p$ berechnen wollen, so müssen wir die Enthalpie- und Entropieänderungen der Verdampfung mit einrechnen. Wir erhalten dann

$$h(p,T) - h^R = r(T_R) + (z+1)\frac{R}{M_r}(T - T_R)$$

$$s(p,T) - s^R = \frac{r(T_R)}{T_R} + (z+1)\frac{R}{M_r}\ln\frac{T}{T_R} - \frac{R}{M}\ln\frac{p}{p(T_R)}, \tag{8.37}$$

wo $r(T_R)$ und $p(T_R)$ die spezifische Verdampfungswärme bzw. der Sättigungsdampfdruck von Wasser sind, beide bei $T_R$. Diese Werte können aus der Wasserdampftabelle von Absatz 2.5.3 abgelesen werden. [Bei der Berechnung von (8.37) ist zu beachten, daß flüssiges Wasser als inkompressibel angesehen werden kann, so daß h und s im flüssigen Zustand nur von T abhängen.]

## 8.2.2 Reaktionswärmen und Bindungsenergien

Wie man weiß, sind chemische Reaktionen häufig mit Wärmeentwicklung verbunden, manchmal in dramatischer Weise. Aber es gibt auch Reaktionen, die nur bei Wärme*zufuhr* ablaufen können. Die Vorzeichen der Reaktionswärmen und ihre Beträge berechnen sich aus dem Ersten Hauptsatz in der Form

$$\dot{Q} = \frac{dU}{dt} + p\frac{dV}{dt} \quad \text{oder} \quad \dot{Q} = \frac{dH}{dt} - V\frac{dp}{dt}.$$

Läuft die Reaktion zwischen Anfang A und Ende E isochor bzw. isobar, so erhalten wir als Reaktionswärmen

$$Q_{AE}^v = U_E - U_A \quad \text{bzw.} \quad Q_{AE}^p = H_E - H_A. \tag{8.38}$$

Ist $Q_{AE}$ positiv, so sprechen wir von einer endothermen Reaktion, andernfalls von einer exothermen Reaktion.

Aus $\quad H = \sum_{\alpha=1}^{v} m_\alpha h_\alpha \quad$ ergibt sich mit (8.6)

$$Q^p_{AE} = H_E - H_A = \sum_{\alpha=1}^{v} \gamma_\alpha M_r^\alpha \mu_0 h_\alpha(T,p)(\Re^E - \Re^A) = \sum_{\alpha=1}^{v} \gamma_\alpha \tilde{h}_\alpha(T,p)(\frac{\Re^E}{A} - \frac{\Re^A}{A}),$$

$$(8.39)$$

und es folgt, daß die Reaktionswärme $Q^p_{AE}$ bestimmt wird von den molaren *Bindungsenergien*

$$\Delta\tilde{h}_B = \sum_{\alpha=1}^{v} \gamma_\alpha \tilde{h}_\alpha .$$

$$(8.40)$$

Tilden kennzeichnen – wie immer – molare Größen, also hier die Enthalpien pro mol. Die Bindungsenergie $\Delta\tilde{h}_B$ kann aus Messungen der Reaktionswärme bestimmt werden, und ihr Bezugswert $\Delta\tilde{h}_B^R$ ist in Taschenbüchern verzeichnet. [8.1]

Wir schreiben einige interessante Werte an:

$$\frac{1}{2}H_2 \to H \qquad\qquad \Delta\tilde{h}_B^R = +217{,}9\,\frac{kJ}{mol}$$

$$\frac{1}{2}O_2 \to O \qquad\qquad \Delta\tilde{h}_B^R = +247{,}4\,\frac{kJ}{mol} \qquad (8.41)$$

$$H_2 + \frac{1}{2}O_2 \to H_2O \qquad\qquad \Delta\tilde{h}_B^R = -285{,}9\,\frac{kJ}{mol}$$

$$C + \frac{1}{2} \to CO \qquad\qquad \Delta\tilde{h}_B^R = -110{,}5\,\frac{kJ}{mol}$$

$$(8.42)$$

$$C + O_2 \to CO_2 \qquad\qquad \Delta\tilde{h}_B^R = -393{,}5\,\frac{kJ}{mol}$$

$$CO_2 + H_2O \to \frac{1}{6}C_6H_{12}O_6 + O_2 \qquad \Delta\tilde{h}_B^R = 466{,}3\,\frac{kJ}{mol} \qquad (8.43)$$

$$\frac{3}{2}H_2 + \frac{1}{2}N_2 \to NH_3 \qquad\qquad \Delta\tilde{h}_B^R = -46{,}2\,\frac{kJ}{mol} \qquad (8.44)$$

$$\frac{1}{2}H_2 + \frac{1}{2}J_2 \to HJ \qquad\qquad \Delta\tilde{h}_B^R = 25{,}9\,\frac{kJ}{mol} \qquad (8.45)$$

---

[8.1] Siehe etwa: d'Ans Lax Taschenbuch für Chemiker und Physiker, Springer Verlag Berlin.

Zu beachten ist in dieser Liste, daß die angegebenen Werte von $\Delta \tilde{h}_B^R$ nur gelten, wenn sowohl die Edukte als auch die Produkte im Bezugszustand (8.35) vorliegen. Insbesondere muß also Wasser in $(8.41)_3$ als flüssig angesehen werden und Kohlenstoff in (8.42) sowie Glukose $C_6H_{12}O_6$ in (8.43) als fest. Alle anderen Komponenten der obigen Beispiele sind im Bezugszustand gasförmig.

## 8.2.3  Reaktionsentropien

Wir erinnern uns an das Massenwirkungsgesetz (8.10) für ideale Mischungen, in dem wir g durch h–Ts ersetzen

$$\prod_{\delta=1}^{\nu} X_\delta^{\gamma_\delta} = \exp\left\{ -\frac{\sum\limits_{\delta=1}^{\nu} \gamma_\delta \tilde{h}_\delta(T,p)}{\tilde{R}T} + \frac{1}{\tilde{R}} \sum_{\delta=1}^{\nu} \gamma_\delta \tilde{s}_\delta(T,p) \right\} \quad . \tag{8.46}$$

Daraus ergibt sich, daß

- Bindungsenergie $\qquad \Delta\tilde{h}_B = \sum\limits_{\alpha} \gamma_\alpha \tilde{h}_\alpha \qquad$ und

- Reaktionsentropie $\qquad \Delta\tilde{s}_B = \sum\limits_{\alpha} \gamma_\alpha \tilde{s}_\alpha$

zusammen die Molzahlenkombinationen der linken Seite von (8.46) bestimmen. Die Bindungsenergie haben wir schon aus Messungen der Reaktionswärme bestimmt. Mißt man noch die Molzahlen $X_\delta$ im Gleichgewicht, so läßt sich aus (8.46) auch die Reaktionsentropie bestimmen. Werte dafür sind tabelliert – für den Bezugszustand –, und wir schreiben einige davon an:

$$\frac{1}{2}H_2 \to H \qquad\qquad \Delta\tilde{s}_B^R = 49{,}32 \ \frac{J}{mol\,K}$$

$$\frac{1}{2}O_2 \to O \qquad\qquad \Delta\tilde{s}_B^R = 58{,}39 \ \frac{J}{mol\,K} \tag{8.47}$$

$$H_2 + \frac{1}{2}O_2 \to H_2O \qquad\qquad \Delta\tilde{s}_B^R = -166{,}54 \ \frac{J}{mol\,K}$$

$$C + \frac{1}{2}O_2 \rightarrow CO \qquad\qquad \Delta\tilde{s}_B^R = \ \ 89{,}14\ \frac{J}{mol\,K}$$

$$C + O_2 \rightarrow CO_2 \qquad\qquad \Delta\tilde{s}_B^R = \ \ 2{,}87\ \frac{J}{mol\,K} \tag{8.48}$$

$$CO_2 + H_2O \rightarrow \frac{1}{6}C_6H_{12}O_6 + O_2 \qquad \Delta\tilde{s}_B^R = -40{,}10\ \frac{J}{mol\,K} \tag{8.49}$$

$$\frac{3}{2}H_2 + \frac{1}{2}N_2 \rightarrow NH_3 \qquad\qquad \Delta\tilde{s}_B^R = -89{,}30\ \frac{J}{mol\,K} \tag{8.50}$$

$$\frac{1}{2}H_2 + \frac{1}{2}J_2 \rightarrow HJ \qquad\qquad \Delta\tilde{s}_B^R = \ \ 82{,}95\ \frac{J}{mol\,K} \tag{8.51}$$

## 8.2.4  Prinzip vom kleinsten Zwang

Wir untersuchen die Verschiebung des chemischen Gleichgewichts bei Temperatur und Druckänderung. Ausgangspunkt ist das Massenwirkungsgesetz in der Form (8.10) für ideale Mischungen. Wir differenzieren diese Gleichung nach T und p und benutzen die bekannten Relationen

$$\tilde{s}_\delta(T,P) = -\frac{\partial\tilde{g}_\delta(T,p)}{\partial T} \quad \text{und} \quad \tilde{v}_\delta(T,p) = \frac{\partial\tilde{g}_\delta(T,p)}{\partial p}\ .$$

Dann ergibt sich

$$\frac{\partial \ln\left(\prod_{\delta=1}^{\nu} X_\delta^{\gamma_\delta}\right)}{\partial T} = \frac{\sum_\delta \gamma_\delta \tilde{h}_\delta(T,p)}{\tilde{R}T^2} \quad \text{bzw.} \quad \frac{\partial \ln\left(\prod_{\delta=1}^{\nu} X_\delta^{\gamma_\delta}\right)}{\partial p} = -\frac{\sum_\delta \gamma_\delta \tilde{v}_\delta(T,p)}{\tilde{R}T}\ . \tag{8.52}$$

Da in einer idealen Mischung weder Mischungswärme noch Vermischungsvolumen vorliegen, stellen die Zähler der rechten Seiten von (8.52) die Bindungsenergie dar sowie die Volumänderung bei der Reaktion

$$\frac{\partial \ln\prod_{\delta=1}^{\nu} X_\delta^{\gamma_\delta}}{\partial T} = \frac{\Delta\tilde{h}_B}{\tilde{R}T^2} \quad \text{bzw.} \quad \frac{\partial \ln\prod_{\delta=1}^{\nu} X_\delta^{\gamma_\delta}}{\partial p} = -\frac{\Delta\tilde{v}}{\tilde{R}T}\ . \tag{8.53}$$

Wir schließen daraus, daß

- eine exotherme Reaktion bei höherer Temperatur weniger weit abläuft,
- eine endotherme Reaktion bei höherer Temperatur weiter abläuft.
- eine das Volumen vermindernde Reaktion bei höherem Druck weiter abläuft,
- eine das Volumen vergrößernde Reaktion bei höherem Druck weniger weit abläuft.

Dies ist ein Sonderfall – für ideale Mischungen – des *Prinzips vom kleinsten Zwang*, welches von Henri Louis LE CHÂTELIER (1850–1936) so zusammengefaßt wurde: Ändert man eine das Gleichgewicht beeinflussende Größe, so verschiebt sich das Gleichgewicht so, daß dadurch die Wirkung der Änderung verkleinert wird.

Als heuristisches Prinzip war diese Aussage für die Chemie des 19. und des frühen 20. Jahrhunderts von großer Wichtigkeit. In unseren Beispielen der Absätze 8.1.6 bis 8.1.9 haben wir Bestätigungen. In der Tat, nach (8.13) verringert die Ammoniakbildung aus $N_2$ und $H_2$ die Molzahl – und damit das Volumen der Gase – auf die Hälfte, und folgerichtig fördert ein hoher Druck die Bildung von $NH_3$. Oder: Die endotherme Zerlegung von $CO_2$ in $CO$ und $O_2$ läuft bei erhöhter Temperatur weiter, siehe Abb. 8.1.

## 8.3 Nernst'sches Wärmetheorem. Dritter Hauptsatz der Thermodynamik

### 8.3.1 Dritter Hauptsatz in der Nernst'schen Formulierung

Hermann Walter NERNST (1864 – 1941) fand durch Extrapolation seiner Beobachtungen physikalischer, chemischer und elektrochemischer Prozesse bei tiefen Temperaturen, daß die Entropie für $T \to 0$ vom Druck gänzlich unabhängig wird; außerdem ist die Entropie für verschiedene Phasen eines Stoffes bei tiefen Temperaturen gleich, solange diese Phasen kristallin sind.

Man muß wissen, daß Festkörper bei gleichem Druck und gleicher Temperatur in verschiedenen Phasen – d. h. mit verschiedener Kristallstruktur – vorliegen können. So etwa Zinn: Bei $p = 1$bar liegt Zinn oberhalb $T = 13{,}2°C$ als „weißes Zinn" mit tetragonalem Kristallgitter vor. Unterhalb dieser Temperatur hat die stabile Phase – genannt „graues Zinn" – ein kubisches Kristallgitter. Aber weißes Zinn kann leicht bis weit unter $13{,}2°C$ *unterkühlt* werden. Es ist dann *metastabil* und geht nur sehr langsam in graues Zinn über.

Bei großer langanhaltender Kälte werden allerdings Zinnteller von der „Zinnpest" befallen. Das weiße Zinn wandelt sich in das bröselige graue Zinn um.

## 8.3.2  Beispiel zum 3. Hauptsatz: Umwandlungswärme von Zinn

Reines Zinn ist unterhalb $T_U = 286,3\,\mathrm{K}$ stabil, weißes ist zwar metastabil, aber immerhin so langlebig, daß man seine spezifische Wärme als Funktion von T bestimmen kann, – im ganzen Bereich zwischen $T = 0$ und $T_U = 286,3\,\mathrm{K}$. Bei dem stabilen grauen Zinn ist das natürlich erst recht kein Problem. Durch Integration folgen dann die Entropien zu

$$s^w(T_U,p) - s^w(0\,\mathrm{K}) = \int_0^{T_U} \frac{c_p^w(\tau,p)}{\tau}\,d\tau \qquad s^g(T_U,p) - s^g(0\,\mathrm{K}) = \int_0^{T_U} \frac{c_p^g(\tau,p)}{\tau}\,d\tau. \tag{8.54}$$

Die Entropien $s_w$ und $s_g$ bei 0 K sind nach dem 3. Hauptsatz *von p unabhängig und gleich*. Darum folgt durch Subtraktion

$$s^w(T_U,p) - s^g(T_U,p) = \int_0^{T_U} \frac{c_p^w(\tau,p) - c_p^g(\tau,p)}{\tau}\,d\tau = 6,2\cdot 10^{-2}\,\frac{J}{gr}\,, \tag{8.55}$$

wo die zweite Gleichung sich als Ergebnis der Messung der spezifischen Wärmen bei $p = 1\,\mathrm{bar}$ ergibt.

Andererseits gilt nach dem 2. Hauptsatz

$$T_U\left(s^w(T_U,p) - s^g(T_U,p)\right) = r^{g\rightarrow w}(p), \tag{8.56}$$

wobei $r^{g\rightarrow w}$ die Phasenübergangswärme ist. Aus (8.56) und (8.55) folgt somit als Wert der Phasenübergangswärme

$$r^{g\rightarrow w}(p) = T_U \int_0^{T_U} \frac{c_p^w(\tau,p) - c_p^g(\tau,p)}{\tau}\,d\tau = 17,85\frac{J}{gr}\,. \tag{8.57}$$

Der tatsächliche Meßwert dieser Größe liegt bei $18,21\,\frac{J}{gr}$. Die Übereinstmmung ist gut, und der Fehler ist verständlich als Fehler bei der Messung der spezifischen Wärmen. Dieses gute Ergebnis – und andere derselben Art – haben dazu geführt, daß der 3. Hauptsatz akzeptiert wurde.

Nernst beruhigt uns bzgl. eventueller weiterer Hauptsätze wie folgt:

Der 1. Hauptsatz hatte drei Entdecker: Mayer, Joule und Helmholtz.

Der 2. Hauptsatz hatte zwei Entdecker: Carnot und Clausius.

Der 3. Hauptsatz hat nur einen Ent - decker, nämlich ihn selbst: Nernst.

Der 4. Hauptsatz ...(?)

Abb. 8.2 Hermann Walter Nernst

## 8.3.3  Dritter Hauptsatz in der Planck'schen Formulierung

Trotz Nernst's Anspruch, siehe Abb. 8.2, hatte auch der 3. Hauptsatz eigentlich zwei Entdecker. Denn Planck erweiterte ihn beträchtlich. Wir erinnern, daß laut Nernst die Entropien eines Stoffes bei T = 0 K von Druck und Phase unabhängig sind. Es war aber durchaus nichts gesagt über ihren Wert und auch nicht über diesen Wert bei verschiedenen Stoffen. Planck näherte sich diesem Problem von der statistischen Thermodynamik her und kam zu dem Schluß, daß alle kristallinen Stoffe bei T = 0 K die Entropie Null besitzen müssen.

$$S \underset{T \to 0\,K}{\to} 0. \quad \text{Daraus folgt} \quad s(T,p) = \int_0^T \frac{c_p(\tau,p)}{\tau}\,d\tau + \sum_i \frac{r(T_i)}{T_i}. \tag{8.58}$$

Das bedeutet, daß nunmehr die Entropie einen Absolutwert hat, der sich durch Integration von spezifischen Wärmemessungen und durch Addition von Phasenübergangswärmen $r(T_i)$ ergibt, siehe (8.58)$_2$. Insbesondere ergeben sich so Absolutwerte von Entropien im Bezugszustand $T_R = 298\,K, p_R = 1\,atm$

$$s(T_R, p_R) = \int_0^{T_R} \frac{c_p(\tau, p_R)}{\tau} d\tau + \sum_i \frac{r(T_i)}{T_i}. \qquad (8.59)$$

Die molaren Werte $\tilde{s}^R$ sind in Handbüchern aufgelistet, so z. B. in dem erwähnten Taschenbuch von d'Ans Lax. Einige dieser Werte seien hier angegeben.

$$\tilde{s}_H^R = 114{,}6 \frac{J}{mol\,K} \qquad \tilde{s}_{H_2}^R = 130{,}6 \frac{J}{mol\,K}$$

$$\tilde{s}_O^R = 160{,}9 \frac{J}{mol\,K} \qquad \tilde{s}_{O_2}^R = 205{,}0 \frac{J}{mol\,K}$$

$$\tilde{s}_C^R = 5{,}7 \frac{J}{mol\,K} \qquad \tilde{s}_{CO}^R = 197{,}4 \frac{J}{mol\,K} \qquad \tilde{s}_{CO_2}^R = 213{,}6 \frac{J}{mol\,K}$$

$$\tilde{s}_N^R = 153{,}1 \frac{J}{mol\,K} \qquad \tilde{s}_{N_2}^R = 191{,}5 \frac{J}{mol\,K} \qquad \tilde{s}_{NH_3}^R = 192{,}5 \frac{J}{mol\,K}$$

$$\tilde{s}_{H_2O}^R = 66{,}6 \frac{J}{mol\,K} \qquad \tilde{s}_{C_6H_{12}O_6}^R = 213{,}0 \frac{J}{mol\,K}$$

$$\tilde{s}_{J_2}^R = 116{,}1 \frac{J}{mol\,K} \qquad \tilde{s}_{HJ}^R = 206{,}3 \frac{J}{mol\,K} \qquad (8.60)$$

Kohlenstoff kann bei $T_R, p_R$ als Graphit oder als Diamant vorliegen; der angegebene Wert ist der von Graphit.

Planck erkannte, daß die Möglichkeit zur Bestimmung des Absolutwertes der Entropie auf der Quantisierung des Zustandsraumes der Atome beruht. So konnte er den 3. Hauptsatz an die von ihm angestoßene Quantenmechanik anbinden, und es gelang ihm, aus der statistischen Mechanik für einatomige Gase einen Wert für $s(T,p)$ zu bestimmen:

$$s(T,p) = \frac{5}{2} \frac{k}{\mu} \ln T - \frac{k}{\mu} \ln p + \frac{k}{\mu} \ln\left( h^3 \frac{1}{2\sigma+1} \sqrt{2\pi\mu}^3 e^{5/2} \right) \ .$$

$h$ ist die Planck-Konstante (siehe Absatz 6.3.5), und $\sigma$ bestimmt den Spin des Atoms: $\frac{\sigma h}{2\pi}$. Hiermit kann man $s(T_R, p_R)$ bestimmen, indem man − beginnend im einatomigen idealen Gaszustand, d.h. bei hoher Temperatur − spezifische Wärmen sowie evtl. Phasenübergangswärmen und Reaktionsentropien aufintegriert und aufadddiert, bis man bei $T_R, p_R$ angelangt ist.

[Für manche Stoffe erhält man auf diese Weise einen anderen Wert als (8.58), und das ist dann ein Zeichen dafür, daß ein Stoff auch am absoluten Nullpunkt schon eine Entropie besitzt. Dies kommt vor allem bei amorphen Stoffen vor, wie Glas und manchen Polymeren. Für diese gilt dann der Nernst'sche Wärmesatz *nicht*.]

## 8.3.4 Absolutwerte von Energie und Entropie

In den Absätzen 8.2.2 und 8.2.3 haben wir gesehen, daß sich die *Differenzen*

$$\Delta \tilde{h}_B^R = \sum_\alpha \gamma_\alpha \tilde{h}_\alpha(T_R, p_R) \quad \text{und} \quad \Delta \tilde{s}_B^R = \sum_\alpha \gamma_\alpha \tilde{s}_\alpha(T_R, p_R) \text{ der additiven Konstanten}$$

in Energie und Entropie durch thermisch und kalorische Messungen – und quantitative Analyse – bestimmen lassen; allerdings nicht die Werte der Konstanten selbst.

Aber das erste Jahrzehnt des 20. Jahrhunderts schuf im Gefolge der stürmischen Entwicklung der Physik die Möglichkeit zur Bestimmung der Absolutwerte von Energie und Entropie. Jedermann kennt die Einstein'sche Formel $E = mc^2$, durch die der Absolutwert der Energie eines Moleküls durch die Masse m des Moleküls bestimmt wird. Im Prinzip kann man diese Formel dazu benutzen, den Bezugswert $h_R$ der Enthalpie eines Stoffes zu bestimmen. Das ist jedoch unpraktisch: Messungen etwa der Massen eines H-Atoms und eines $H_2$-Moleküls sind zu ungenau. Darum findet man in Handbüchern für Chemiker keine Absolutwerte für $h^R$ angegeben.

Anders bei der Entropie! Wir haben gesehen, daß der dritte Hauptsatz tatsächlich die Bestimmung der Absolutwerte der Entropie gestaltet, siehe (8.59), (8.60).

## 8.4. Energetische und entropische Beiträge zum Gleichgewicht

### 8.4.1 Drei Anteile der freien Enthalpie

Wir wissen, daß das chemische Gleichgewicht im Minimum der freien Enthalpie liegt. Und es ist instruktiv, sich das auch graphisch vor Augen zu führen; dies hat den zusätzlichen Vorteil, daß wir sehen, wie die Energie bzw. Enthalpie und die Entropie gemeinsam – oder manchmal gegeneinander – zum chemischen Gleichgewicht beitragen. Wir beschränken uns für diese Betrachtungen auf Mischungen idealer Gase, obwohl ganz analoge Überlegungen auch für beliebige ideale Mischungen und sogar für nichtideale Mischungen gemacht werden können.

Wir haben dann

$$G = \sum_{\alpha=1}^{\nu} m_\alpha h_\alpha(T,p_\alpha) - T\sum_{\alpha=1}^{\nu} m_\alpha s_\alpha(T,p_\alpha)$$

$$= \sum_{\alpha=1}^{\nu} m_\alpha h_\alpha(T,p) - T\sum_{\alpha=1}^{\nu} m_\alpha\left(s_\alpha(T,p) - \frac{R}{M_r^\alpha}\ln\frac{m_\alpha/M_r^\alpha}{\sum_\beta m_\beta/M_r^\beta}\right)$$

$$= \sum_{\alpha=1}^{\nu} m_\alpha\left[h_\alpha^R + (z_\alpha+1)\frac{R}{M_r^\alpha}(T-T_R)\right] -$$

$$-T\sum_{\alpha=1}^{\nu} m_\alpha\left[s_\alpha^R + (z_\alpha+1)\frac{R}{M_r^\alpha}\ln\frac{T}{T_R} - \frac{R}{M_r^\alpha}\ln\frac{p}{p_R}\right]$$

$$+T\sum_{\alpha=1}^{\nu} m_\alpha\left[\frac{R}{M_r^\alpha}\ln\frac{m_\alpha/M_r^\alpha}{\sum_\beta m_\beta/M_r^\beta}\right] . \tag{8.61}$$

Die letzte Gleichung gilt nur, falls alle Komponenten zwischen $T_R$ ,$p_R$ und $T,p$ ideale Gase sind; siehe Absatz 8.2.1. Auch das wollen wir annehmen. Die drei Zeilen in (8.61) repräsentieren

- Energie der Mischung oder Energie der ungemischten Komponenten,
- Entropie der ungemischten Komponenten und
- Mischungsentropie.

Wegen (8.6) ist $m_\alpha = m_\alpha^0 + \gamma_\alpha M_r^\alpha \mu_0 \Re$, so daß $G$ – und alle seine Teile – Funktionen des Reaktionsgrades $\Re$ sind. Die ersten beiden Zeilen in (8.61) sind linear in $\Re$. Wir beziehen $G$ auf den Wert bei $\Re = 0$ und erhalten mit $\Delta\tilde{h}_B$ und $\Delta\tilde{s}_B$ nach Absatz 8.2.3

$$G(\Re) - G(0) = \Delta\tilde{h}_B\frac{\Re}{A} - T\Delta\tilde{s}_B\frac{\Re}{A} +$$

$$+\tilde{R}T\left\{\sum_\alpha \nu_\alpha^0\left(\ln\frac{\nu_\alpha^0 + \gamma_\alpha\frac{\Re}{A}}{\sum\left(\nu_\beta^0 + \gamma_\beta\frac{\Re}{A}\right)} - \ln\frac{\nu_\alpha^0}{\sum \nu_\beta^0}\right) + \sum_\alpha \gamma_\alpha\ln\frac{\nu_\alpha^0 + \gamma_\alpha\frac{\Re}{A}}{\sum\left(\nu_\beta^0 + \gamma_\beta\frac{\Re}{A}\right)}\cdot\frac{\Re}{A}\right\} . \tag{8.62}$$

Für $T = T_R$ , $p = p_R$ ergibt sich

$$G^R(\mathfrak{R}) - G(0) = \Delta\tilde{h}_B^R \frac{\mathfrak{R}}{A} - T_R \Delta\tilde{s}_B^R \frac{\mathfrak{R}}{A} +$$

$$+ \tilde{R}T_R \left\{ \sum_\alpha \nu_\alpha^0 \left( \ln \frac{\nu_\alpha^0 + \gamma_\alpha \frac{\mathfrak{R}}{A}}{\sum \left(\nu_\beta^0 + \gamma_\beta \frac{\mathfrak{R}}{A}\right)} - \ln \frac{\nu_\alpha^0}{\sum \nu_\beta^0} \right) + \sum_\alpha \gamma_\alpha \ln \frac{\nu_\alpha^0 + \gamma_\alpha \frac{\mathfrak{R}}{A}}{\sum \left(\nu_\beta^0 + \gamma_\beta \frac{\mathfrak{R}}{A}\right)} \cdot \frac{\mathfrak{R}}{A} \right\}.$$

$$(8.63)$$

## 8.4.2  Beispiel I : Wasserstoffdissoziation

Für die Reaktion $\frac{1}{2}H_2 \to H$ gilt, siehe (8.41), (8.47),

|      | $\gamma_\alpha$ | $\nu_\alpha^0$ | $\Delta\tilde{h}_B^R$ | $\Delta\tilde{s}_B^R$ | $z_\alpha$ |
|------|---|---|---|---|---|
| $H_2$ | $-\frac{1}{2}$ | $\frac{1}{2}$ mol | | | $\frac{5}{2}$ |
| | | | $217{,}9\,\frac{kJ}{mol}$ | $49{,}32\,\frac{J}{mol\,K}$ | |
| $H$ | $1$ | $0$ mol | | | $\frac{3}{2}$ |

und somit schreibt sich (8.63) explizit als

$$G^R(\mathfrak{R}) - G(0) = 217{,}9\,\frac{kJ}{mol} \cdot r - 14{,}70\,\frac{kJ}{mol} \cdot r +$$

$$+ 2{,}48\,\frac{kJ}{mol} \left\{ \frac{1}{2}(1-r)\ln\frac{1-r}{1+r} + r\ln\frac{2r}{1+r} \right\}. \quad (8.64)$$

Dabei ist $r = \frac{\mathfrak{R}}{A}$ der relative Reaktionsgrad, der – bei den gewählten Anfangsdaten – zwischen 0 und 1 mol liegt. An beiden Enden ist die Mischungsentropie gleich Null.

Abb. 8.3$_L$ zeigt die Funktion (8.64) als fette Kurve sowie ihre energetischen und entropischen Anteile und die Mischungsentropie. Wir sehen, daß der erste Term in (8.64), der die Energieänderung – bzw. Enthalpieänderung – anzeigt, bei $r = 0$ minimal ist; der zweite, entropische Term ist minimal bei $r = 1\,mol$. Aber der energetische Term ist stärker, und darum liegt das Gleichgewicht – das Minimum – bei $r = 0$, also beim molekularen Wasserstoff. Die Mischungsentropie spielt zahlenmäßig nur eine vernachlässigbare Rolle; darum ist sie in Abb. 8.3$_L$

nicht zu sehen. Immerhin, da die Mischungsentropie bei $r = 0$ und $r = 1\,mol$ einen unendlichen Anstieg besitzt, so drückt sie das Minimum weg von dem Endpunkt bei $r = 0$, wenn auch nur so minimal, daß in der Abbildung das Minimum bei $r = 0$ zu liegen scheint. [Das Minimum liegt bei $r \approx 10^{-37}\,mol$.]

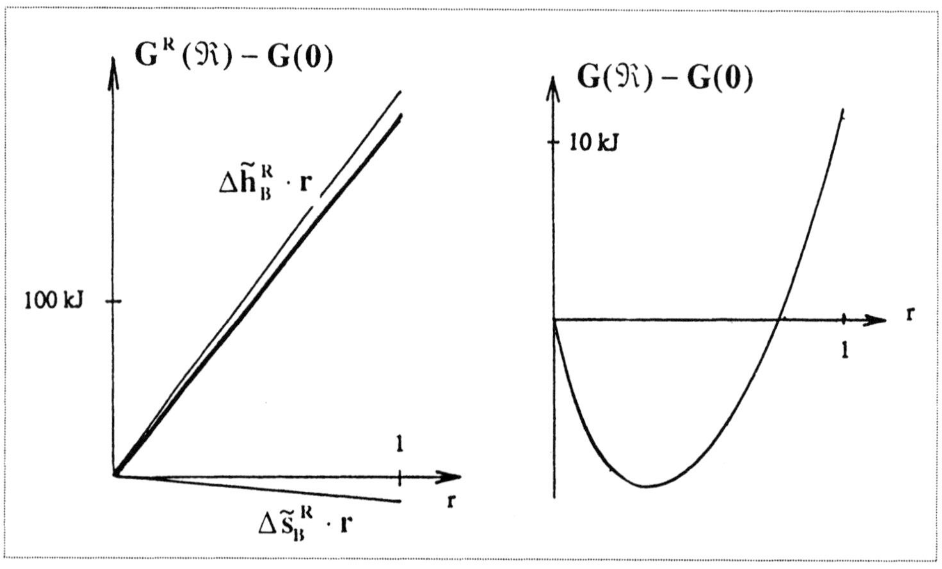


**Abb. 8.3** Freie Enthalpie als Funktion des Reaktionsgrads
Links:  Bei $T = T_R$, $p = p_R$
Rechts: Bei $T = 3500$ K, $p = p_R$ .

Abb. 8.3$_R$ zeigt ebenfalls die freie Enthalpie der Mischung H, $H_2$, aber für eine Temperatur $T = 3500$ K. In diesem Fall erhalten wir aus (8.62) anstelle von (8.64)

$$G(\mathfrak{R}) - G(0)\Big|_{\substack{T=3500\,K \\ p=p_R}} = 237,9\,\frac{kJ}{mol} \cdot r - 226,4\,\frac{kJ}{mol} \cdot r +$$

$$+ 29,13\,\frac{kJ}{mol}\left\{\frac{1}{2}(1-r)\ln\frac{1-r}{1+r} + r\ln\frac{2r}{1+r}\right\}. \qquad (8.65)$$

Es ist immer noch so, daß die Energie den Zustand $H_2$ favorisiert und die Entropie der ungemischten Komponenten den Zustand H, aber nunmehr reicht die Mischungsentropie aus, um das Minimum aus der Nähe von $r = 0$ wegzuschieben bis zu dem Wert $r \approx 0,32$ mol, d.h. bei 3500 K liegen 32 % des Wasserstoffs atomar vor. Bei höherer Temperatur rückt das Minimum immer weiter nach rechts, aber das ist nicht mehr gezeigt.

### 8.4.3 Beispiel II: Ammoniaksynthese

Für die Reaktion $\frac{3}{2}H_2 + \frac{1}{2}N_2 \rightarrow NH_3$ gilt

| | $\gamma_\alpha$ | $v_\alpha^0$ | $\Delta\tilde{h}_B^R$ | $\Delta\tilde{s}_B^R$ | $z_\alpha$ |
|---|---|---|---|---|---|
| $H_2$ | $-\frac{3}{2}$ | $\frac{3}{2}\,mol$ | | | $\frac{5}{2}$ |
| $N_2$ | $-\frac{1}{2}$ | $\frac{1}{2}\,mol$ | $-46{,}2\,\frac{kJ}{mol}$ | $-89{,}3\,\frac{J}{mol\,K}$ | $\frac{5}{2}$ |
| $NH_3$ | $1$ | $0$ | | | $3$ |

und für 1 mol entstehendes Ammoniak hat (8.63) die Form

$$G^R(\Re) - G(0) = -46{,}2\,\frac{kJ}{mol}\,kJ \cdot r + 26{,}6\,\frac{kJ}{mol} \cdot r + \tag{8.66}$$

$$+2{,}48\,\frac{kJ}{mol}\left\{\frac{3}{2}(1-r)\ln\left(\frac{3}{2}\frac{1-r}{2-r}\right) + \frac{1}{2}(1-r)\ln\left(\frac{1}{2}\frac{1-r}{2-r}\right) + r\ln\frac{r}{2-r} - \frac{3}{2}\ln 3 + 2\ln 4\right\}$$

Abb. 8.4 zeigt den Verlauf dieser Funktion. Wir erkennen ein Minimum bei $r = 0{,}98\,mol$. Das bedeutet, daß bei Normalbedingungen die Reaktion zu 98 % abgelaufen sein müßte. In der Realität jedoch findet praktisch keine Reaktion statt. Die Reaktion bedarf eines Katalysators. Im Haber-Bosch-Verfahren benutzt man für diesen Zweck durchlochte Eisenbleche. Deren katalytische Wirkung erfordert hohe Temperaturen von ca. 500° C. Aber bei 500° C wird der entropische Anteil der freien Enthalpie stärker betont. Aus (8.62) berechnen wir

$$G(\Re) - G(0)\Big|_{\substack{T=798\,K \\ P=P_R}} = -58{,}67\,\frac{kJ}{mol} \cdot r + 90{,}83\,\frac{kJ}{mol} \cdot r + \tag{8.67}$$

$$+6{,}64\,\frac{kJ}{mol}\left\{\frac{3}{2}(1-r)\ln\left(\frac{3}{2}\frac{1-r}{2-r}\right) + \frac{1}{2}(1-r)\ln\left(\frac{1}{2}\frac{1-r}{2-r}\right) + r\ln\frac{r}{2-r} - \frac{3}{2}\ln 3 + 2\ln 4\right\}$$

anstelle von (8.66). Abb. 8.4 zeigt, daß jetzt das Gleichgewicht ganz auf der $(H_2,N_2)$-Seite liegt, – es liegt bei $r \approx 10^{-3}\,mol$, und die Ausbeute an $NH_3$ ist minimal.

Um das Gleichgewicht bei 500° C zurückzuschieben zu vernünftigen Werten von r, muß man den entropischen Anteil von G verkleinern, und das kann durch Druckerhöhung geschehen. Für p = 200 bar berechnen wir aus (8.62)

$$G(\Re) - G(0)\Big|_{\substack{T=798\ K \\ p=200\ bar}} = -58{,}67\,\frac{kJ}{mol}\cdot r + 55{,}68\,\frac{kJ}{mol}\cdot r + \tag{8.68}$$

$$+\,6{,}64\,\frac{kJ}{mol}\left\{\frac{3}{2}(1-r)\ln\!\left(\frac{3}{2}\frac{1-r}{2-r}\right) + \frac{1}{2}(1-r)\ln\!\left(\frac{1}{2}\frac{1-r}{2-r}\right) + r\ln\frac{r}{2-r} - \frac{3}{2}\ln 3 + 2\ln 4\right\}$$

Abb. 8.4 zeigt den zugehörigen Graphen, und wir sehen, daß bei r ≈ 0,42 mol das Gleichgewicht liegt, so daß eine Ammoniakausbeute von 42 Vol % erhalten wird.

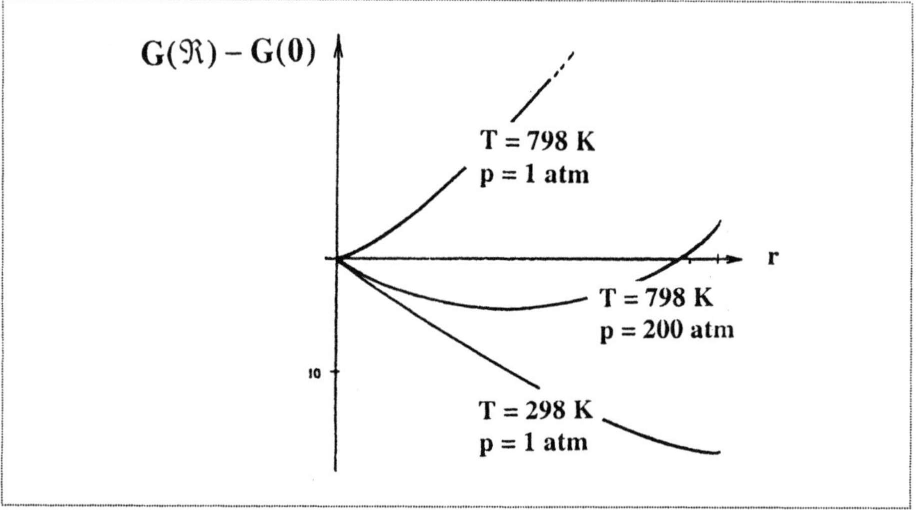


**Abb. 8.4** Freie Enthalpie bei Ammoniaksynthese

Wir schließen, daß sich durch Temperatur- und Druckänderungen Enthalpie und Entropie weitgehend unabhängig voneinander gewichten lassen. Dadurch gelingt es in diesem Fall – und vielen anderen –, das chemische Gleichgewicht dahin zu schieben, wo wir es haben wollen.

## 8.5   Die Brennstoffzelle

### 8.5.1  Chemische Reaktionen

In der Brennstoffzelle findet die „kalte Verbrennung" von Wasserstoff $H_2$ und Sauerstoff $O_2$ zu Wasser statt. Dabei nehmen sowohl Energie als auch Entropie ab, und es gilt nach $(8.41)_3$ und $(8.47)_3$ für die Umsetzung der freien Enthalpie bei Erzeugung von 1 mol $H_2O$ im Bezugszustand

$$\Delta \tilde{g}_B^R = \Delta \tilde{h}_B^R - T_R \Delta \tilde{s}_B^R = -236{,}3 \frac{kJ}{mol}. \tag{8.69}$$

Also läßt sich mit dieser Reaktion Energie gewinnen; in der Brennstoffzelle erfolgt die Reaktion durch Vermittlung von Katalysatoren und eines Elektrolyten. Die anfallende Energie ist elektrische Energie.

Abb. 8.5 zeigt schematisch den Aufbau der Brennstoffzelle, und wir beschreiben in verkürzter Form die Teilreaktionen auf der Anodenseite (links) und der Kathodenseite (rechts).

| | |
|---|---|
| Anodenkatalysator | Kathodenkatalysator |
| $H_2 \rightarrow 2H$ | $\frac{1}{2}O_2 \rightarrow O$ |

$$\tag{8.70}$$

Die Dissoziationen geschehen an den Oberflächen, die die porösen Katalysatoren reichlich zur Verfügung stellen.

| | |
|---|---|
| Anodische Oxidation von H | Kathodische Reduktion von O |
| $2H \rightarrow 2H^+ + 2e$ | $O + H_2O + 2e \rightarrow 2OH^-$ |

$$\tag{8.71}$$

e ist die negative Elementarladung, deren Betrag gleich $1{,}60206 \cdot 10^{-19}$ Cb ist. Das Wasser, welches bei der kathodischen Reduktion beteiligt ist, ist Teilkomponente des Elektrolyten. Im Ergebnis haben wir nun

| | |
|---|---|
| Elektronenüberschuß 2e | Elektronenmangel  −2e. |

Diese Ladungsdifferenz führt zu einer Spannungsdifferenz zwischen den Elektroden − Kathode und Anode − oder bei vorhandener leitender Verbindung zu einem Strom von 2 Elektronen durch den Außenwiderstand $R_a$. Der Ladungsaustausch der $H^+$- und $OH^-$-Ionen geschieht über den Elektrolyten hinweg durch Ionenwanderung. Die Details hängen von der Natur des Elektrolyten ab, siehe Absatz 8.5.2. In jedem Fall jedoch erfolgt am Ende die Reaktion

$$2H^+ + 2OH^- \rightarrow 2H_2O. \tag{8.72}$$

Die Pauschalreaktion ergibt sich durch Addition der Reaktionsgleichungen (8.70), (8.71) und (8.72). Es gilt

$$H_2 + \frac{1}{2}O_2 \rightarrow H_2O. \tag{8.73}$$

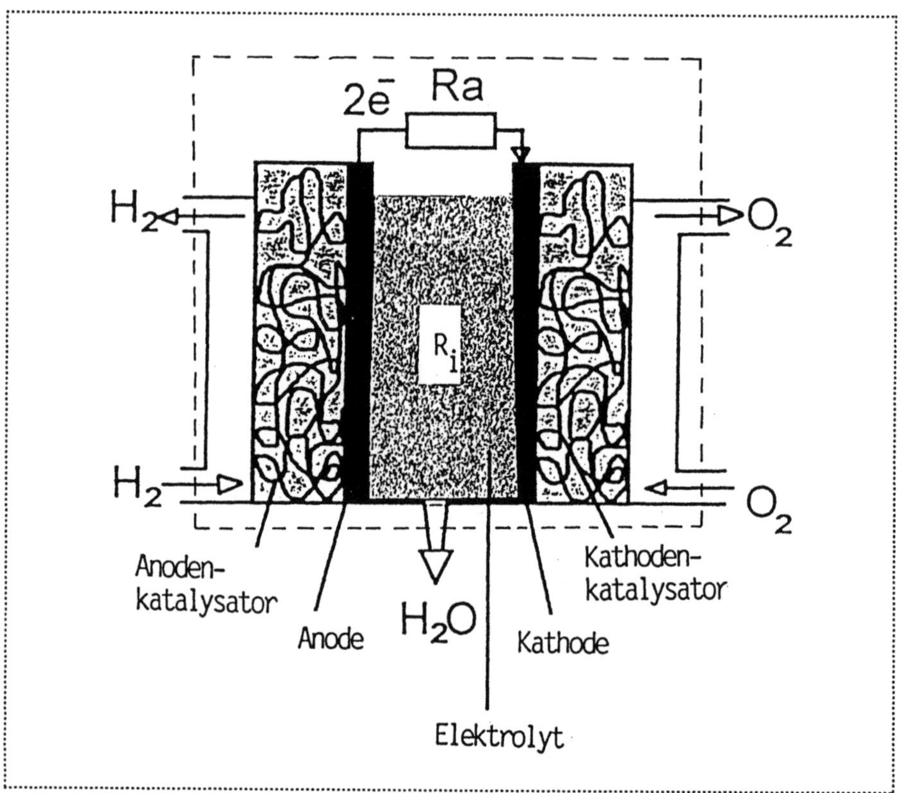


**Abb. 8.5** Schematischer Aufbau einer Brennstoffzelle.

## 8.5.2 Typenvielfalt

Verschiedene Brennstoffzellen unterscheiden sich durch die Art ihres Elektrolyten.

Bei der alkalischen Brennstoffzelle – gemeinhin AFC genannt (für „alcaline fuel cell") – ist der Elektrolyt eine Lauge, z. B. Kalilauge KOH in wässriger Lösung, die vollständig in $K^+$- und $OH^-$-Ionen zerfallen ist. Auf der Anodenseite werden sich die in (8.71) gebildeten $H^+$-Ionen mit je einem $OH^-$ des Elektrolyten zusammentun zu zwei Wassermolekülen, nach (8.72). Der dadurch entstehende $OH^-$-Mangel an der Anode wird durch Wanderung der an der Kathode gebildeten $OH^-$-Ionen durch den Elektrolyten ausgeglichen. Das Wasser fällt also an der Anode an. Die Betriebstemperatur einer AFC liegt bei 80° C, also ist das entstehende Wasser flüssig.

Bei der phosphorsauren Brennstoffzelle – genannt PAFC für „phosphoric acid fuel cell" – besteht der Elektrolyt aus der wässrigen Lösung von Phosphorsäure $H_3PO_4$, die vollständig in $H^+$– und $PO_4^{(3-)}$–Ionen zerfallen ist. Die gemäß (8.71) an der Kathode entstandenen $OH^-$-Ionen verbinden sich mit den $H^+$- Ionen der Säure zu Wasser, welches also an der Kathode anfällt. Der danach auftretende Mangel an $H^+$ in der Nähe der Kathode wird durch Wanderung der gemäß (8.71) auf der Anodenseite entstandenen $H^+$-Ionen durch den Elektrolyten ausgeglichen. Die Betriebstemperatur liegt bei ca. 180° C, so daß das entstehende Wasser dampfförmig ist.

Eine vielversprechende Brennstoffzelle – genannt PEMFC – benutzt ein polyelektrolytisches Gel als Elektrolyten [siehe Absatz 10.6 für die Beschreibung von polyelektrolytischen Gelen]. Hier werden vom Gelnetzwerk $H^+$-Ionen freigesetzt, und der Ladungsausgleich erfolgt ähnlich wie bei der PAFC; die Betriebstemperatur liegt gewöhnlich unter dem Siedepunkt des Wassers.

Es ist hier nicht der Platz, um Vor- und Nachteile der verschiedenen Typen von Brennstoffzellen zu diskutieren. So sei nur gesagt, daß AFC's  nur sehr reinen Wasserstoff und Sauerstoff ausnutzen können. Insbesondere verbietet schon der geringe $CO_2$-Gehalt der Luft die Verwendung von Luft als Sauerstofflieferant.


### 8.5.3 Thermodynamik

Wir betrachten das ruhende offene System, dessen Oberfläche $\partial V$ in Abb. 8.5 durch das gestrichelte Rechteck angedeutet ist. Wasserstoff und Sauerstoff fließen ein und aus, und Wasser fließt aus, alles nach Maßgabe der Reaktionsrate $\Lambda$. Die Brennstoffzelle sei im stationären Betrieb.

Dann lauten die Massenbilanzen

$$\int_{\partial V} \rho_\alpha w_i^\alpha n_i \, dA = \int_V \tau_\alpha \, dV$$

oder mit (8.4) für die Komponenten $H_2$, $O_2$ und $H_2O$ sowie $\Lambda = \int \lambda \, dV$

$$\dot{m}^{aus}_{H_2} - \dot{m}^{ein}_{H_2} \quad = - \quad M_r^{H_2}\,\mu_0\Lambda$$

$$\dot{m}^{aus}_{O_2} - \dot{m}^{ein}_{O_2} \quad = -\frac{1}{2}\quad M_r^{O_2}\,\mu_0\Lambda \qquad (8.74)$$

$$\dot{m}^{aus}_{H_2O} \quad = \quad M_r^{H_2O}\,\mu_0\Lambda$$

Die Energiebilanz lautet bei Vernachlässigung von kinetischer Energie und von Scherspannungen

$$\int_{\partial V} \sum_\alpha \rho_\alpha \left( u_\alpha + \frac{p_\alpha}{\rho_\alpha}\right) w_i^\alpha n_i dA + \int_{\partial V} q_i n_i dA = 0 \,,$$

oder mit $h_\alpha = u_\alpha + \frac{p_\alpha}{\rho_\alpha}$ und für den Fall, daß die ein- und austretenden Gase dieselbe spezifische Enthalpie haben,

$$\left(\dot{m}^{aus}_{H_2} - \dot{m}^{ein}_{H_2}\right)h_{H_2} + \left(\dot{m}^{aus}_{O_2} - \dot{m}^{ein}_{O_2}\right)h_{O_2} + \dot{m}^{aus}_{H_2O}\,h_{H_2O} + \int_{\partial V} q_i n_i dA = 0. \qquad (8.75)$$

Die Entropiebilanz lautet

$$\int_{\partial V} \sum_\alpha \rho_\alpha s_\alpha w_i^\alpha n_i dA + \frac{1}{T}\int_{\partial V} q_i n_i dA = P \,.$$

P ist die Entropieproduktion; sie beruht auf der Bewegung der Elektronen durch den Außenwiderstand $R_a$ und auf der Bewegung der Ionen in dem Elektrolyten, der den Widerstand $R_i$ besitze. Wenn I den Strom durch beide Widerstände angibt, so lautet die Entropieproduktion

$$P = \frac{R_a I^2}{T} + \frac{R_i I^2}{T} \,;$$

sie ist gleich der in den Widerständen erzeugten Joule'schen Wärmen $RI^2$ geteilt durch T.[8.2] Folglich lautet die Entropiebilanz

---

8.2  Wir sind schlecht vorbereitet auf diese Aussage. Die Berechnung von Entropieproduktionen ist Gegenstand der *irreversiblen* Thermodynamik.

$$\left(\dot{m}_{H_2}^{aus} - \dot{m}_{H_2}^{ein}\right)s_{H_2} + \left(\dot{m}_{O_2}^{aus} - \dot{m}_{O_2}^{ein}\right)s_{O_2} + \dot{m}_{H_2O}^{aus}\,s_{H_2O} + \frac{1}{T}\int_{\partial V} q_i n_i dA = \frac{1}{T}(R_a + R_i)I^2 .$$

$$(8.76)$$

Elimination von $\int q_i n_i dA$ aus (8.75), (8.76) und Einsetzen der Massenströme (8.74) ergibt mit $g = h - Ts$ und $\tilde{g} = Mg$

$$\underbrace{\left(-\tilde{g}_{H_2} - \frac{1}{2}\tilde{g}_{O_2} + \tilde{g}_{H_2O}\right)}_{\Delta\tilde{g}_B = \Delta\tilde{h}_B - T\Delta\tilde{s}_B}\frac{\Lambda}{A} + R_a I^2 + R_i I^2 = 0. \qquad (8.77)$$

Für jede chemische Elementarreaktion fließt ein Strom von zwei Elektronen. Also gilt

$$I = 2e\Lambda \quad . \qquad (8.78)$$

Außerdem gilt für die Klemmenspannung, – die Spannung zwischen den Elektroden – $U = R_\alpha I$. Folglich läßt sich aus (8.77) die Klemmenspannung als Funktion des elektrischen Stroms berechnen. Wir erhalten

$$U = -(\Delta\tilde{h}_B - T\Delta\tilde{s}_B)\frac{1}{2F} - R_i I. \qquad (8.79)$$

$F = eA \approx 96000\frac{Cb}{mol}$ ist die Faraday-Konstante, die molspezifische Ladung von Elektronen. Mit (8.69) erhalten wir also für die Klemmenspannung im Bezugszustand bei $T_R = 298$ K und $p_R = 1$ atm

$$U = \frac{236{,}3\cdot 10^3 J}{2\cdot 96000\,Cb} - R_i I \qquad (8.80)$$

$$U = 1{,}23\,V - R_i I.$$

Abb. $8.6_L$ zeigt den Graphen dieser einfachen Funktion für einen Innenwiderstand $R_i = 4\cdot 10^{-2}\Omega$ der typisch ist für den Elektrolyten einer alkalischen Brennstoffzelle. [Man muß dazu sagen, daß tatsächliche Brennstoffzellen nicht das lineare Verhalten von (8.80) zeigen. Tatsächlich gibt es in der Nähe von $I = 0$ einen steilen Spannungsabfall, bevor die (U,I)-Kurve linear wird. Und bei großem I fällt die Kurve wiederum steil ab. Das beruht auf Sekundäreffekten, – Abschirmung der Elektroden durch Raumladungen. Entstehung anderer Komponenten, wie $H_2O_2$, und anderes –, die wir hier nicht diskutieren; sie sind quantitativ nicht einfach zu beschreiben.]

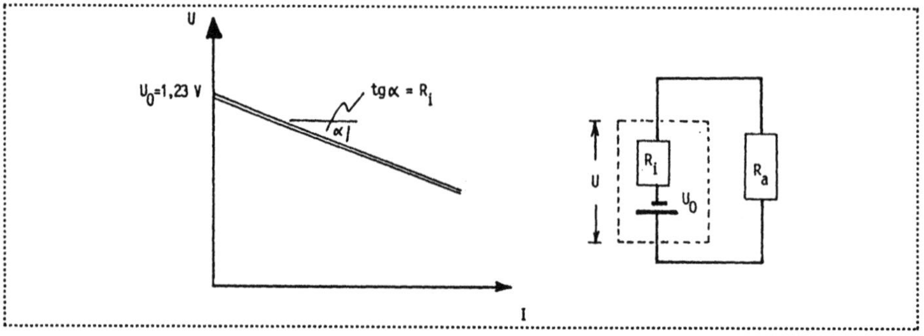


**Abb. 8.6**   Zur Brennstoffzelle
Links:   Ideale Kennlinie
Rechts: Stromkreis mit Brennstoffzelle.


## 8.5.4  Effekt von Temperatur- und Druckänderungen

Der Wert der Nullpunktspannung $U_0$ – gleich 1,23 V in (8.80) – kann verändert werden, wenn man den Bezugszustand verläßt. Solange das anfallende Wasser noch flüssig bleibt, hat man

$$\Delta \tilde{h}_B = \Delta \tilde{h}_B^R + \left(\gamma_{H_2}(z_{H_2}+1) + \gamma_{O_2}(z_{O_2}+1)\right)\tilde{R}(T-T_R) + \tilde{c}_{FW}(T-T_R)$$

$$\Delta \tilde{s}_B = \Delta \tilde{s}_B^R + \left(\gamma_{H_2}(z_{H_2}+1) + \gamma_{O_2}(z_{O_2}+1)\right)\tilde{R}\ln\frac{T}{T_R} + \tilde{c}_{FW}\ln\frac{T}{T_R} -$$

$$-\left(\gamma_{H_2}\ln\frac{p_{H_2}}{p_R} - \gamma_{O_2}\ln\frac{p_{O_2}}{p_R}\right)\tilde{R}.$$

Dabei ist $\tilde{c}_{FW} = 75,24\frac{J}{mol\,K}$ die molare spezifische Wärme des flüssigen Wassers. Wir erhalten somit

$$\Delta \tilde{g}_B = \Delta \tilde{g}_B^R - (T-T_R)\Delta \tilde{s}_B^R + \tilde{R}T\left(-\ln\frac{p_{H_2}}{p_R} - \frac{1}{2}\ln\frac{p_{O_2}}{p_R}\right) +$$

$$+\left(-\frac{21}{4}\tilde{R} + 75,24\frac{J}{mol\,K}\right)\left[(T-T_R) - T\ln\frac{T}{T_R}\right]. \tag{8.81}$$

Bei einer Temperatur von 75° C und $p_{H_2} = p_{O_2} = p_R$ folgt als Korrektur zu $\Delta \tilde{g}_B^R = -236{,}3 \cdot \frac{kJ}{mol}$ der Wert $+8{,}44\frac{kJ}{mol}$, so daß sich die Nullpunktspannung um 3,6 % erniedrigt. Bei einem Druck beider Gase von 10 bar und $T = T_R$ folgt als Korrektur zu $\Delta \tilde{g}_B^R = -236{,}3 \cdot 10^3 \frac{kJ}{mol}$ der Wert $-8{,}56\frac{kJ}{mol}$, so daß sich die Nullpunktspannung um 3,6 % erhöht.

## 8.5.5  Leistung der Brennstoffzelle

Das elektrische Netzwerk aus Brennstoffzelle mit Nullpunktspannung $U_0$, Innenwiderstand $R_i$ und Außenwiderstand $R_a$ ist in Abb. $8.6_R$ gezeichnet. Die Arbeitsleistung einer solchen Zelle hängt vom Außenwiderstand $R_a$ ab. Sie berechnet sich nach den Regeln der Elektrotechnik aus $\dot{A} = UI$ : Es gilt

$$U = U_0 - R_i I \quad \text{sowie} \quad U_0 - R_i I - R_a I = 0,$$

letzteres entspricht der Kirchhoff'schen *Maschenregel*. Damit folgt

$$\dot{A} = (U_0 - R_i I)I \quad \text{mit} \quad I = \frac{U_0}{R_i + R_a}$$

$$\dot{A} = \frac{R_a}{(R_i + R_a)^2} U_0^2 \quad . \tag{8.82}$$

Man sieht, daß für $R_a = 0$ und $R_a = \infty$ die Arbeitsleistung gleich Null ist, denn dann ist entweder $U = 0$ oder $I = 0$. Dazwischen liegt für $R_a = R_i$ ein Maximum der Leistung

$$\dot{A}_{max} = \frac{U_0^2}{4R_i} \quad \text{mit} \quad I_{max} = \frac{U_0}{2R_i} \quad \text{und} \quad U = \frac{U_0}{2} . \tag{8.83}$$

Mit $R_i = 10^{-2}\,\Omega$ als typischem Widerstandswert einer PAFC und $U_0$ – wie immer – gleich 1,23 V ergibt sich

$$\dot{A}_{max} \approx 40W \qquad I_{max} \approx 15 Amp.$$

Es ist demnach klar, daß sich mit *einer* Brennstoffzelle kein Auto antreiben läßt; ein Mittelklassewagen leistet etwa 40 kW, und dazu braucht man einen „Stapel" von 1000 Brennstoffzellen – oder weniger, wenn $R_i$ kleiner ist. Jede einzelne muß mit Zu- und Abführleitungen versehen werden, und es ist klar, daß sich hier große Probleme für die Ingenieure stellen. Ein nicht unwichtiges Problem – vor allem im Fahrzeug – ist allein schon das Gewicht eines solchen Stapels.

## 8.5.6  Wirkungsgrad

Es gehört zur wissenschaftlichen Folklore in diesem Gebiet, den Wirkungsgrad einer Brennstoffzelle zu loben. Insbesondere liest man häufig, daß die Brennstoffzelle nicht durch den Carnot-Wirkungsgrad eingeschränkt sein und den Wirkungsgrad 1 erreichen könne. Nun, es ist klar, daß die Brennstoffzelle keine Wärmekraftmaschine ist; folglich ist der Carnot-Wirkungsgrad völlig irrelevant für sie. Die Brennstoffzelle verwandelt chemische Energie in elektrische Energie, und wir müssen überlegen, was hier „Nutzen und Aufwand" bedeuten, wenn wir den Wirkungsgrad als Nutzen zu Aufwand definieren wollen. Den Aufwand kann man definieren als $\Delta \tilde{g}_B^R$ , die freie Enthalpiedifferenz bei der Zerlegung von Wasser in Wasserstoff und Sauerstoff, unsere Treibstoffe. [8.3] Der Nutzen ist die Leistung UI. Beziehen wir beide auf 1 mol Wasser, d.h. A Wassermoleküle, so gilt

$$\left| \Delta G_B^R \right| = U_0\, 2F \quad \text{und} \quad UI = U \cdot 2eA \,,$$

und es folgt für den Wirkungsgrad [erinnere, daß F die Ladung von 1 mol Elektronen ist]

$$e = \frac{U}{U_0} = 1 - \frac{R_i I}{U_0} \,. \tag{8.84}$$

Bei ganz kleinen Strömen nähert sich also der Wirkungsgrad dem Wert 1, aber da erhalten wir dann praktisch keine Leistung. Wenn wir der Brennstoffzelle den Strom entnehmen, bei dem die Leistung maximal wird, d.h. nach $(8.83)_2$ $I = \frac{U_0}{2R_i}$ , so ist $e = \frac{1}{2}$ . Und das ist immer noch ein ansehnlicher Wirkungsgrad im Vergleich mit Wärmekraftmaschinen und Verbrennungsmotoren. Allerdings wird dieser Wirkungsgrad vermindert, auf ca. die Hälfte – durch die erwähnten, hier nicht behandelten Sekundäreffekte.

---

8.3 Wenn man die Ausgangsstoffe $H_2$ und $O_2$ nicht durch Zerlegung von Wasser erhält, sondern etwa aus Erdgas und Luft, so ist ein anderer Wert von $\Delta \tilde{g}_B^R$ für den Wirkungsgrad relevant.

## 8.6    Thermodynamik der Photosynthese

### 8.6.1  Das Dilemma der Glukose-Synthese

Pflanzen erzeugen Glukose $C_6H_{12}O_6$ aus dem Kohlendioxid der Luft und aus dem
Wasser im Boden. Dabei setzen sie Sauerstoff frei. Der Prozeß heißt Photosynthese, da er unter Mitwirkung des Lichts der Sonnenstrahlen abläuft. Die
Teilschritte der Photosynthese sind von den Biochemikern noch nicht vollständig
aufgeklärt worden, aber sie interessieren hier nicht: Wir betrachten den Prozeß
lediglich thermodynamisch und bilanzieren Ein- und Ausflüsse. Die Reaktionsgleichung lautet

$$CO_2 + H_2O \rightarrow \frac{1}{6}C_6H_{12}O_6 + O_2. \tag{8.85}$$

Wie alle Prozesse muß auch dieser den ersten und zweiten Hauptsatz der Thermodynamik erfüllen. Das heißt, wenn der Prozeß bei festem T und p abläuft, etwa bei
$T_R = 298$ K  und  $p_R = 1$ atm, so muß gelten – für den Umsatz von 1 mol $CO_2$ –

$$Q^p = \Delta \tilde{h}_B^R \qquad\qquad \Delta \tilde{h}_B^R = 466{,}3\,\frac{kJ}{mol}$$

$$,\text{wobei nach } (8.43), (8.49) \text{ gilt} \tag{8.86}$$

$$Q^p \leq T_R \Delta \tilde{s}_B^R \qquad\qquad \Delta \tilde{s}_B^R = -40{,}1\,\frac{J}{mol\,K}$$

Es folgt, daß die Gesetze widersprüchliche Forderungen stellen: Der erste Hauptsatz verlangt, daß wir Wärme zuführen, während der zweite eine Wärmeabfuhr
vorschreibt.

Eine alternative Version dieses Dilemmas erhält man, wenn man $Q^p$ aus den
beiden Relationen (8.86) eliminiert. Dann ergibt sich aus den Hauptsätzen, daß die
*freie* Enthalpie abnehmen muß

$$\Delta \tilde{g}_B^R = \Delta \tilde{h}_B^R - T_R \Delta \tilde{s}_B^R < 0,$$

während aus den Zahlenwerten in (8.86) folgt: $\Delta \tilde{g}_B^R = 478{,}3\frac{kJ}{mol}$ !

Wir schließen daraus, daß die Reaktion nicht für sich allein ablaufen kann;
vielmehr muß sie begleitet werden von einem entropievergrößernden Prozeß. Und
die Entropievergrößerung des begleitenden Prozesses muß so groß sein, daß sie
die Entropieverminderung der Glukose kompensiert *und* deren Enthalpiever-
größerung aufwiegt.

Der Schlüssel zur Auflösung des Dilemmas liegt in der Beobachtung, daß eine
Pflanze viel mehr Wasser verbraucht als für die Glukosebildung nach (8.85) benötigt wird: 100 bis 1000 mal mehr Wasser! Dieses Wasser wird von der Pflanze

verdampft – oder verdunstet – , und der entstehende Wasserdampf vermischt sich mit der umgebenden Luft. Die Verdunstung allein hilft uns nicht weiter. Zwar wächst die Entropie bei der Verdunstung um den Betrag $r(T_R)/T_R$, aber auch die Enthalpie wächst um den Betrag $r(T_R)$, so daß die *freie* Enthalpie konstant bleibt. Aber, wenn der Wasserdampf sich mit der umgebenden Luft vermischt, so entsteht Vermischungsentropie, ohne daß sich die Enthalpie ändert. Wird die entstehende Vermischungsentropie berücksichtigt, so können die Hauptsätze erfüllt werden. Wir untersuchen diese Vorstellung im Detail.

## 8.6.2 Massenbilanzen

Wir betrachten das offene System der Abb. 8.7, in das trockene Luft und flüssiges Wasser einströmt, während feuchte Luft – mit geändertem $CO_2$- und $O_2$-Gehalt – ausströmt. Das zugeführte flüssige Wasser soll so bemessen sein, daß es vollständig verdampft. Innerhalb des Systems wächst das Blatt einer Pflanze; d.h. es wird Glukose gebildet, und diese wird dem System entzogen, damit stationäre Verhältnisse vorliegen. Temperatur und Druck sind im ganzen System gleich.

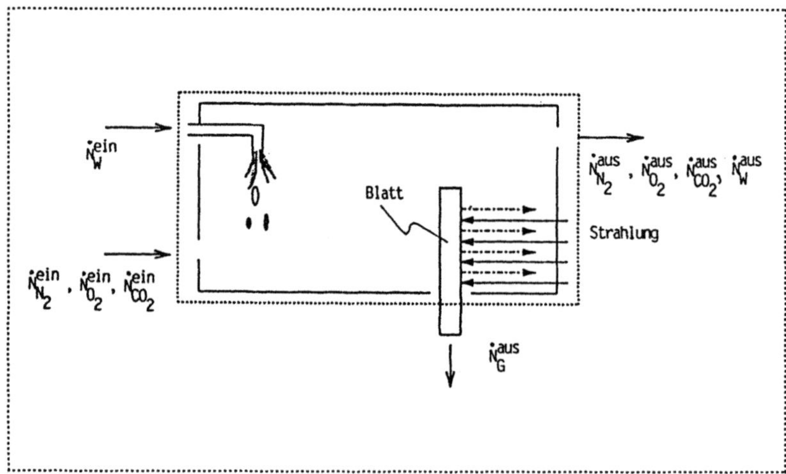


**Abb. 8.7** Kontrollvolumen zum stationären Pflanzenwachstum

Die Massenbilanzen lauten $\dot{m}_\alpha^{aus} - \dot{m}_\alpha^{ein} = \gamma_\alpha M_r^\alpha \mu_0 \Lambda$ , wo $\Lambda$ die Reaktionsrate ist. Es folgt für die Bilanz der Teilchenzahlen $N_\alpha$

$$\dot{N}_\alpha^{aus} - \dot{N}_\alpha^{ein} = \gamma_\alpha \Lambda \tag{8.87}$$

Glukose tritt nicht ein, und die eintretenden Teilchenströme $\dot{N}_{CO_2}^{ein}$ und $\dot{N}_{H_2O}^{ein}$ müssen mindestens gleich $\Lambda$ sein; dann werden alle $CO_2$-Moleküle der einströmenden Luft verbraucht, und alles Wasser wird zur Glukosebildung benutzt. Aber wir gestatten *mehr* Einströmung von Luft und Wasser und setzen

$$\dot{N}_G^{ein} = 0, \quad \dot{N}_{CO_2}^{ein} = y\Lambda, \quad \dot{N}_W^{ein} = x\Lambda, \tag{8.88}$$

wo $(x-1)\,\Lambda$ und $(y-1)\,\Lambda$ die Exzeßströme sind, die das System durchlaufen, ohne an der chemischen Reaktion teilzunehmen. [Das heißt jedoch nicht, daß diese Exzeßströme überflüssig sind, denn Wasser verdampft, und die zusätzliche Luft stellt dem verdampften Wasser ein größeres Volumen zur Vermischung zur Verfügung.]

Wir setzen die Partialdrücke der einströmenden Luft wie folgt an [8.4]

$$\frac{p_{N_2}^{ein}}{p} = 0{,}7897, \quad \frac{p_{O_2}^{ein}}{p} = 0{,}21, \quad \frac{p_{CO_2}^{ein}}{p} = 0{,}0003. \tag{8.89}$$

Mit $p_\alpha \dot{V} = \dot{N}_\alpha kT$ für die idealen Gase folgt aus $(8.88)_2$

$$\dot{N}_{CO_2}^{ein} = p_{CO_2}^{ein} \frac{\dot{V}^{ein}}{kT} = 3 \cdot 10^{-4} \frac{p\dot{V}^{ein}}{kT} = y\Lambda, \quad \text{also} \quad \dot{V}^{ein} = \frac{kT}{p} \frac{y}{3 \cdot 10^{-4}} \Lambda. \tag{8.90}$$

Hieraus folgt, daß für die Synthese von 1 gr Glukose mindestens ein Luftvolumen von ca. 2,7 m³ gebraucht wird; oder mehr, wenn $y > 1$ ist.

Die anderen einströmenden Gasmengen sind dann

$$\dot{N}_{N_2}^{ein} = p_{N_2}^{ein} \frac{\dot{V}^{ein}}{kT} = 0{,}7897 \frac{p\dot{V}^{ein}}{kT} = \frac{0{,}7897}{3 \cdot 10^{-4}} y\Lambda$$

$$\tag{8.91}$$

$$\dot{N}_{O_2}^{ein} = p_{O_2}^{ein} \frac{\dot{V}^{ein}}{kT} = 0{,}21 \frac{p\dot{V}^{ein}}{kT} = \frac{0{,}21}{3 \cdot 10^{-4}} y\Lambda.$$

Daraus folgen die austretenden Gasteilchenströme mit (8.87) zu

---

[8.4] Wir ignorieren Argon und wählen die $p_\alpha$ so, daß $p_{N_2} + p_{O_2} + p_{CO_2} = p$ gilt.

In diesem ganzen Abschnitt ist $T,p$ (fast) immer gleich $T_R, p_R$; der Einfachheit halber unterdrücken wir den Index R.

$$\dot{N}^{aus}_{CO_2} = (y-1)\Lambda, \quad \dot{N}^{aus}_{N_2} = \frac{0{,}7897}{3\cdot 10^{-4}}\, y\Lambda, \quad \dot{N}^{aus}_{O_2} = \left(1 + \frac{0{,}21}{3\cdot 10^{-4}}\, y\right)\Lambda. \qquad (8.92)$$

Die austretende Glukose und der austretende Wasserdampf entsprechen den Teilchenströmen

$$\dot{N}^{aus}_{G} = \frac{1}{6}\Lambda, \quad \dot{N}^{aus}_{W} = (x-1)\Lambda. \qquad (8.93)$$

Mit (8.88) und (8.90) bis (8.93) sind alle ein- und ausströmenden Teilchenflüsse durch die Reaktionsrate gegeben.

Der Wasserdampf wird als ideales Gas angesehen, und dann folgt für die Partialdrücke der austretenden Gaskomponenten $p^{aus}_\alpha \dot{V}^{aus} = \dot{N}^{aus}_\alpha kT$. Daraus ergibt sich durch Addition

$$\dot{V}^{aus} = \frac{kT}{p}\left(\frac{y}{3\cdot 10^{-4}} + (x-1)\right)\Lambda \qquad (8.94)$$

und schließlich

$$\frac{p^{aus}_{CO_2}}{p} = \frac{3\cdot 10^{-4}(y-1)}{y + 3\cdot 10^{-4}(x-1)} \qquad\qquad \frac{p^{aus}_{N_2}}{p} = \frac{0{,}7897\, y}{y + 3\cdot 10^{-4}(x-1)}$$

$$(8.95)$$

$$\frac{p^{aus}_{O_2}}{p} = \frac{3\cdot 10^{-4} + 0{,}21\, y}{y + 3\cdot 10^{-4}(x-1)} \qquad\qquad \frac{p^{aus}_{W}}{p} = \frac{3\cdot 10^{-4}(x-1)}{y + 3\cdot 10^{-4}(x-1)}.$$

## 8.6.3 Energiebilanz. Warum eine Pflanze viel Wasser braucht

Wir betrachten nach wie vor das offene System der Abb. 8.7 und bilanzieren die Energie wie folgt.

$$\left(650\frac{w}{m^2} - J_s\right)F = \left(\sum_\alpha \tilde{h}^{aus}_\alpha \frac{\dot{N}^{aus}_\alpha}{A} - \sum_\alpha \tilde{h}^{ein}_\alpha \frac{\dot{N}^{ein}_\alpha}{A}\right). \qquad (8.96)$$

Dabei sind $\tilde{h}_\alpha$ die molaren Enthalpien der aus- bzw. eintretenden Stoffe. Die linke Seite von (8.96) berücksichtigt die Wärmeeinstrahlung der Sonne auf die Fläche F des Blattes und die Wärmeabstrahlung vom Blatt. Wir erinnern uns an die Überlegungen von Abschnitt 6.3, wo die Grundzüge der Wärmestrahlung behandelt wurden. Dort hatten wir die einfallende Strahlungs-Energieflußdichte als 1330 W/m² angegeben; der jetzt in (8.96) gewählte kleinere Wert von 650 W/m² trägt der Tatsache Rechnung, daß im Mittel nur 75 % der Sonnenstrahlung die Erdoberfläche erreichen und daß von der einfallenden Strahlung nur 65 % von der Pflanze absorbiert werden, − nämlich der rot-gelbe Teil des Spektrums. Mit (6.50) und unter Berücksichtigung von (8.87) ergibt sich

$$\left(650 - 5{,}66 \cdot 10^{-8}\, \frac{T^4}{K^4}\right) \frac{W}{m^2}\, F = \sum_\alpha \tilde{h}_\alpha^{aus} \gamma_\alpha\, \frac{\Lambda}{A} + \sum_\alpha \left(\tilde{h}_\alpha^{aus} - \tilde{h}_\alpha^{ein}\right) \frac{\dot{N}_\alpha^{ein}}{A}. \qquad (8.97)$$

Die einzige Komponente, für die sich $\tilde{h}_\alpha^{aus}$ von dem Bezugswert $\tilde{h}_\alpha^{R}$ unterscheidet, ist Wasser, da es dampfförmig austritt; es gilt $\tilde{h}_\alpha^{aus} = \tilde{h}_W^{R} + M_W r(T)$ Außerdem trägt nur Wasser zu der Differenz in der zweiten Summe (8.97) bei, da die Enthalpien der Gase $N_2$, $O_2$ und $CO_2$ nur von der Temperatur abhängen, und diese ist bei Ein- und Ausströmung gleich. Mit $\Delta h_B^{R} = \sum_\alpha \tilde{h}_\alpha^{R} \gamma_\alpha$ und unter Berücksichtigung von (8.88)$_3$ ergibt sich dann

$$\left(650 - 5{,}66 \cdot 10^{-8}\, \frac{T^4}{K^4}\right) W = \left(\Delta\tilde{h}_B^{R} + M_W r(T)(x-1)\right) \frac{\Lambda / A}{F / m^2}. \qquad (8.98)$$

Unter günstigen Umständen erzeugt ein Blatt 20 gr Glukose pro Tag und m², − d.h. $\frac{1}{9}$ mol , − und das bedeutet für die Reaktionsrate, siehe (8.93)$_1$,

$$\frac{\Lambda / A}{F / m^2} = 0{,}67\, \frac{mol}{d}. \qquad (8.99)$$

Wir erinnern $\Delta\tilde{h}_B^{R} = 466{,}3\frac{kJ}{mol}$ , $M_W r(T) = 44{,}0\frac{kJ}{mol}$ und erhalten aus (8.98) mit $T = 298\ K : x \approx 600(!)$. Das heißt, es wird von der Pflanze ca. 600 mal mehr Wasser benötigt als für den Aufbau der Glukose nach der Reaktion (8.85) nötig wäre. Natürlich wissen Landwirte, Gärtner und Hausfrauen das und bewässern darum ihre Pflanzen ausgiebig.

Die zusätzliche Wassermasse wird durch die Pflanze verdunstet, und man kann sagen, daß die Pflanze sich dadurch Kühlung verschafft. In der Tat, wäre x = 1, so würden wir aus der Gleichung (8.98) eine Temperatur T = 327 K ausrechnen, also 54° C; und bei einer so hohen Temperatur kann die Pflanze den photosynthetischen Prozeß zur Erzeugung der Glukose nicht mehr durchführen.[8.5]

---

[8.5] Es ist wahr, daß strenggenommen die Gleichung (8.98) nur für $T = T_R = 298\ K$ gilt; aber in sehr guter Näherung gilt sie auch zwischen 0° C und 60° C, da die spezifischen Wärme-Terme im Vergleich zu Reaktions- und Verdampfungswärme sehr klein sind.

### 8.6.4 Entropiebilanz. Warum eine Pflanze viel Luft braucht

Die Entropiebilanz des offenen Systems der Abb. 8.7 lautet

$$\frac{\left(650\,\frac{W}{m^2} - J_s\right)F}{T} \leq \left(\sum_\alpha \tilde{s}_\alpha^{aus}\,\frac{\dot{N}_\alpha^{aus}}{A} - \sum_\alpha \tilde{s}_\alpha^{ein}\,\frac{\dot{N}_\alpha^{ein}}{A}\right). \tag{8.100}$$

Dabei repräsentiert die linke Seite die vom System mit der Umgebung ausgetauschte Wärme, geteilt durch T. Nach dem zweiten Hauptsatz muß diese Größe kleiner sein als die Differenz zwischen dem Ein- und Ausfluß der Entropie.

Wir eliminieren die ausgetauschte Wärme aus (8.96) und (8.100) und erhalten mit $\dot{N}_\alpha^{aus} = \dot{N}_\alpha^{ein} + \gamma_\alpha \Lambda$

$$\sum_\alpha \left(\tilde{h}_\alpha^{aus} - T\tilde{s}_\alpha^{aus}\right)\gamma_\alpha\,\frac{\Lambda}{A} + \sum_\alpha \left(\tilde{h}_\alpha^{aus} - \tilde{h}_\alpha^{ein} - T\left(\tilde{s}_\alpha^{aus} - \tilde{s}_\alpha^{ein}\right)\right)\frac{\dot{N}_\alpha^{ein}}{A} \leq 0. \tag{8.101}$$

Die Terme mit $\tilde{h}_\alpha^{aus}$ und $\tilde{h}_\alpha^{ein}$ haben wir schon in Absatz 8.6.3 diskutiert. Es gilt, immer mit $T = T_R$

$$\begin{aligned}
\tilde{h}_{CO_2}^{ein} &= \tilde{h}_{CO_2}^R & \tilde{h}_{CO_2}^{aus} &= \tilde{h}_{CO_2}^R \\[2mm]
\tilde{h}_W^{ein} &= \tilde{h}_W^R & \tilde{h}_W^{aus} &= \tilde{h}_W^R + M_w r_w(T) \\[2mm]
\tilde{h}_{O_2}^{ein} &= \tilde{h}_{O_2}^R & \tilde{h}_{O_2}^{aus} &= \tilde{h}_{O_2}^R \\[2mm]
\tilde{h}_{N_2}^{ein} &= \tilde{h}_{N_2}^R & \tilde{h}_{N_2}^{aus} &= \tilde{h}_{N_2}^R \\[2mm]
& & \tilde{h}_G^{aus} &= \tilde{h}_G^R
\end{aligned} \tag{8.102}$$

Diese Enthalpiewerte sind einfacher als die Entropiewerte, da s für die Gaskomponenten auch von den Partialdrücken $p_\alpha$ abhängt, nicht nur von der Temperatur. Es gilt

$$\tilde{s}_{CO_2}^{ein} = \tilde{s}_{CO_2}^{R} - \tilde{R}\ln\frac{p_{CO_2}^{ein}}{p} \qquad \tilde{s}_{CO_2}^{aus} = \tilde{s}_{CO_2}^{R} - \tilde{R}\ln\frac{p_{CO_2}^{aus}}{p}$$

$$\tilde{s}_{W}^{ein} = \tilde{s}_{W}^{R} \qquad \tilde{s}_{W}^{aus} = \tilde{s}_{W}^{R} - \tilde{R}\ln\frac{p_{W}^{aus}}{p(T)} + \frac{M_{W}r_{W}(T)}{T}$$

$$\tilde{s}_{O_2}^{ein} = \tilde{s}_{O_2}^{R} - \tilde{R}\ln\frac{p_{O_2}^{ein}}{p} \qquad \tilde{s}_{O_2}^{aus} = \tilde{s}_{O_2}^{R} - \tilde{R}\ln\frac{p_{O_2}^{aus}}{p} \qquad . \quad (8.103)$$

$$\tilde{s}_{N_2}^{ein} = \tilde{s}_{N_2}^{R} - \tilde{R}\ln\frac{p_{N_2}^{ein}}{p} \qquad \tilde{s}_{N_2}^{aus} = \tilde{s}_{N_2}^{R} - \tilde{R}\ln\frac{p_{N_2}^{aus}}{p}$$

$$\tilde{s}_{G}^{aus} = \tilde{s}_{G}^{R}$$

$p(T)$ in $\tilde{s}_{W}^{aus}$ ist der Sättigungsdampfdruck von Wasser bei 298 K, also gilt $p(T) = 0{,}032$ bar. Man bedenke, daß das ausströmende Wasser dampfförmig ist, während Wasser im Bezugszustand flüssig ist. Um $\tilde{s}_{W}^{aus}$ zu berechnen, beginnen wir darum mit $\tilde{s}_{W}^{R}$, addieren dazu die Verdampfungsentropie $M_{W}r_{W} / T$ bei T bzw. $p(T)$ und expandieren den Wasserdampf dann auf $p_{W}^{aus}$.

Wir setzen (8.102), (8.103) in die Entropiebilanz (8.101) ein und benutzen (8.88), (8.91) um die einströmenden Mengen zu ersetzen. Die Verdampfungswärme $r_{W}(T)$ fällt überall heraus − immer für $T = T_{R}$ −, und wir erhalten die Ungleichung

$$\Delta\tilde{h}_{B}^{R} - T\Delta\tilde{s}_{B}^{R} + \tilde{R}T\left(-\ln\frac{p_{CO_2}^{aus}}{p} + \ln\frac{p_{O_2}^{aus}}{p} + \ln\frac{p_{N_2}^{aus}}{p} - \ln\frac{p_{W}^{aus}}{p(T)}\right) +$$

$$(8.104)$$

$$+ \tilde{R}T\left(y\ln\frac{p_{CO_2}^{aus}}{p_{CO_2}^{ein}} + x\ln\frac{p_{W}^{aus}}{p(T)} + \frac{0{,}21}{3\cdot 10^{-4}}y\ln\frac{p_{O_2}^{aus}}{p_{O_2}^{ein}} + \frac{0{,}7897}{3\cdot 10^{-4}}y\ln\frac{p_{N_2}^{aus}}{p_{N_2}^{aus}}\right) \le 0.$$

Die Drücke der ein- und ausströmenden Gase sind aus (8.89) und (8.95) bekannt; ebenso ist $\Delta\tilde{h}_{B}^{R} - T_{R}\Delta\tilde{s}_{B}^{R} = 478{,}3\frac{kJ}{mol}$ bekannt, siehe Absatz 8.6.1. Also ist die linke Seite der Ungleichung eine explizite Funktion von x und y. Nun kennen wir aber auch x; es hat nach den Überlegungen von Absatz 8.6.3 den Wert x = 600. Somit steht links in der Ungleichung eine Funktion, die nur von y abhängt, und wir können nach *dem* Wert von y fragen, für den die Ungleichung tatsächlich erfüllt ist.

Wir erinnern uns, daß y die zugeführte Luftmenge charakterisiert. Wenn y = 1 ist, so trägt die Luft gerade genug $CO_2$, um die chemische Reaktion zu bedienen. Aber für y = 1 läßt sich (8.104) nicht erfüllen, und daraus ist zu schließen, daß mehr Luft zugeführt werden muß. Alle logarithmischen Terme in (8.104) hängen von y ab, aber die meisten sind sehr klein. Der führende Term, der alle anderen bei weitem übertrifft, ist derjenige mit dem Faktor x. Darum können wir die Ungleichung (8.104) verkürzt – und näherungsweise – schreiben als

$$\Delta \tilde{h}_B^R - T_R \Delta \tilde{s}_B^R + \tilde{R} T_R x \ln \frac{p_W^{aus}}{p(T)} \leq 0. \qquad (8.105)$$

Mit (8.95)$_4$, $T_R$ = 298 K, p = 1 bar, p(T) = 0,032 bar, x = 600 und $\Delta \tilde{g}_B^R = 478,3 kJ$ ergibt sich

$$478,3 + 2,48 \cdot 600 \ln \frac{3 \cdot 10^{-4} \cdot 599}{0.032 \cdot (y + 3 \cdot 10^{-4} \cdot 599)} \leq 0.$$

Auflösung zeigt, daß die Ungleichung für y > 7,5 erfüllt ist. Es muß also 7 bis 8 mal mehr Luft zugeführt werden als stöchiometrisch nötig, wenn die Glukosebildung ablaufen soll.

## 8.6.5  Diskussion

Eigentlich spricht alles dagegen, daß die Glukosebildung möglich sein sollte: Die Energie steigt, und die Entropie nimmt ab, wo es doch das Bestreben der Energie ist, abzunehmen, und  wo doch die Entropie danach strebt, maximal zu werden. Das Energiewachstum ist das kleinere Problem, denn die Pflanze kann sich bei Glukosebildung aus der Sonnenenergie bedienen, die reichlich vorliegt, ja sogar zu reichlich.

Denn wir haben gesehen, daß die Strahlungsenergie eine Pflanze so stark aufheizen würde, daß der Prozeß der Photosynthese nicht mehr ablaufen kann. Die Pflanze muß sich durch das Verdampfen von Wasser abkühlen – wie übrigens auch Tiere durch das Verdunsten von Schweiß. Der erste Hauptsatz hat uns gestattet, den Wasserbedarf für optimales Wachstum zu berechnen: Es verdampft 600 mal mehr Wasser, als in Glukosemoleküle eingebaut wird.

Aber Begießen allein reicht nicht! Einer Pflanze muß auch genügend Luft zugeführt werden : Der zweite Hauptsatz verlangt 7 bis 8 mal soviel Luft, wie für den $CO_2$-Bedarf der Glukose nötig ist. Die zusätzliche Luft senkt den Partialdruck des verdampften Wassers und gibt so dem Wasserdampf reichlich Volumen, um seine Mischungsentropie zu vergrößern.

# 9 Feuchte Luft

## 9.1 Charakterisierung Feuchter Luft

### 9.1.1 Feuchtegrad

Ungesättigte feuchte Luft ist eine Mischung aus Luft und Wasserdampf. Beide werden als ideale Gase angesehen. Tatsächlich benutzen wir die ideale Gasgleichung für Wasserdampf bis zum Zustand der Sättigung, wo Kondensation auftritt. Bei einer gegebenen Temperatur soll das passieren, wenn der Wasserdampfdruck den Wert $p' = p(T)$ hat, den man aus der Wasserdampftafel abliest, siehe Tabelle 2.4.

Gesättigte feuchte Luft enthält Luft, gesättigten Wasserdampf und flüssiges Wasser, letzteres in Form von Tröpfchen, wie im Nebel, oder in einer Wolke, oder in Form einer Flüssigkeitsmenge am Boden eines Behälters.

Der Gesamtdruck der feuchten Luft wird immer als $p_0$ bezeichnet, der Partialdruck des Wasserdampfes ist $p$ – oder im Fall der Sättigung $p'$. Feuchte Luft wird durch den *Feuchtegrad* x charakterisiert

$$x = \frac{m_W}{m_L} \, , \tag{9.1}$$

welcher den Quotienten der Wassermasse – Flüssigkeit und Dampf – und der Luftmasse angibt.

Wenn kein flüssiges Wasser vorliegt, aber der Dampf gerade gesättigt ist, dann haben wir den Sättigungsfeuchtegrad

$$x' = \frac{m'_D}{m_L} \, , \tag{9.2}$$

wobei $m'_D$ die maximale Dampfmasse ist, welche die Luft enthalten kann, ohne daß Wasser ausfällt.

## 9.1.2 Enthalpie feuchter Luft

Wir erinnern uns an den ersten Hauptsatz der Thermodynamik in der Form

$$\dot{Q} = \frac{dU}{dt} + p\frac{dV}{dt} = \frac{dH}{dt} - V\frac{dp}{dt} \, , \tag{9.3}$$

aus dem folgt, daß eine Erwärmung bei konstantem Druck dazu dient, die Enthalpie $H = U + pV$ zu vergrößern.

Da die spezifische innere Energie u eine beliebige additive Konstante enthält, ist das auch für die spezifische Enthalpie h der Fall. In der Thermodynamik feuchter Luft ist es üblich, diese Konstanten für Luft und Wasser so zu wählen, daß Luft und flüssiges Wasser von $0°$ C die Enthalpien Null haben.

Wir bezeichnen die Celsius–Temperaturen mit $\tau$ und erhalten dann für die Enthalpie von ungesättigter bzw. gesättigter feuchter Luft

$$H = m_L \, c_p^L \, \tau + m_D ( r_0 + c_p^D \, \tau) \, ,$$

$$H^s = m_L \, c_p^L \, \tau + m_D' ( r_0 + c_p^D \, \tau) + m_F \, c^F \, \tau \, . \tag{9.4}$$

Dabei sind $c_p^L$, $c_p^D$ die spezifischen Wärmen von Luft und Wasserdampf, und $c^F$ ist die spezifische Wärme von flüssigem Wasser, $m_F$ seine Masse. $r_0$ ist die Verdampfungswärme von flüssigem Wasser bei $0°$ C. Die Zahlenwerte dieser Größen sind

$$c_p^L \approx 1.00\frac{kJ}{kgK} \qquad c_p^D = 1.86\frac{kJ}{kgK} \qquad c^F = 4.18\frac{kJ}{kgK} \qquad r_0 \approx 2500\frac{kJ}{kg} \, . \tag{9.5}$$

In der Thermodynamik feuchter Luft ist es üblich, die Enthalpie auf die Luftmasse $m_L$ zu beziehen und so die spezifische Enthalpie $h_{1+x} = H/m_L$ zu definieren; wegen

$$h_{1+x} = \frac{H}{m_L} = \frac{m}{m_L}\frac{H}{m} = \frac{m_L + m_W}{m_L} h = (1+x)h$$

ist dies die Enthalpie von $(1+x)$ kg feuchter Luft. Aus (9.4) erhalten wir

$$h_{1+x} = c_p^L \, \tau + x \, (r_0 + c_p^D \, \tau)$$

$$h_{1+x}^s = c_p^L \, \tau + x'(r_0 + c_p^D \, \tau) + (x - x') \, c^F \, \tau \, . \tag{9.6}$$

für ungesättigte bzw. gesättigte feuchte Luft. Wir können diese Gleichungen kombinieren und erhalten so

$$h^s_{1+x} = h_{1+x'} + (x - x')c^F \tau .$$
(9.7)

Dabei ist $h_{1+x'}$ der Wert von $h_{1+x}$ für $x = x'$.

| °C | p'<br>mbar | x'<br>g/kg | $h_{1+x'}$<br>kJ/kg | °C | p'<br>mbar | x'<br>g/kg | $h_{1+x'}$<br>kJ/kg |
|---|---|---|---|---|---|---|---|
| 0 | 6.107 | 3.822 | 9.56 | 35 | 25.22 | 37.05 | 130.3 |
| 1 | 6.566 | 4.111 | 11.29 | 36 | 59.40 | 39.28 | 137.1 |
| 2 | 7.054 | 4.419 | 13.06 | 37 | 62.74 | 41.64 | 144.2 |
| 3 | 7.575 | 4.747 | 14.91 | 38 | 66.24 | 44.12 | 151.7 |
| 4 | 8.129 | 5.097 | 16.81 | 39 | 69.91 | 46.75 | 159.6 |
| 5 | 8.719 | 5.471 | 18.76 | 40 | 73.75 | 49.52 | 167.8 |
| 6 | 9.346 | 5.868 | 20.77 | 41 | 77.77 | 52.45 | 176.4 |
| 7 | 10.012 | 6.290 | 22.85 | 42 | 81.98 | 55.55 | 185.5 |
| 8 | 10.721 | 6.740 | 25.00 | 43 | 86.39 | 58.81 | 195.1 |
| 9 | 11.743 | 7.219 | 27.22 | 44 | 91.00 | 62.27 | 205.1 |
| 10 | 12.271 | 7.727 | 29.52 | 45 | 95.82 | 65.91 | 215.6 |
| 11 | 13.118 | 8.267 | 31.90 | 46 | 100.86 | 69.77 | 226.7 |
| 12 | 14.015 | 8.841 | 34.37 | 47 | 106.12 | 73.84 | 238.4 |
| 13 | 14.967 | 9.450 | 36.93 | 48 | 111.62 | 78.14 | 250.7 |
| 14 | 15.974 | 10.097 | 39.59 | 49 | 117.36 | 82.70 | 263.7 |
| 15 | 17.041 | 10.783 | 42.35 | 50 | 123.35 | 87.52 | 277.3 |
| 16 | 18.17 | 11.51 | 45.22 | 51 | 129.60 | 92.61 | 291.7 |
| 17 | 19.36 | 12.28 | 48.20 | 52 | 136.12 | 98.00 | 306.9 |
| 18 | 20.63 | 13.10 | 51.30 | 53 | 142.92 | 103.71 | 322.9 |
| 19 | 21.96 | 13.97 | 54.62 | 54 | 150.01 | 109.77 | 339.9 |
| 20 | 23.37 | 14.88 | 57.88 | 55 | 157.40 | 116.19 | 357.8 |
| 21 | 24.86 | 15.85 | 61.38 | 56 | 165.10 | 122.99 | 376.8 |
| 22 | 26.42 | 16.88 | 65.03 | 57 | 173.11 | 130.21 | 396.8 |
| 23 | 28.08 | 17.97 | 68.84 | 58 | 181.46 | 137.88 | 418.1 |
| 24 | 29.82 | 19.12 | 72.81 | 59 | 190.15 | 146.04 | 440.6 |
| 25 | 31.66 | 20.34 | 76.95 | 60 | 199.1 | 154.71 | 464.6 |
| 26 | 23.60 | 21.63 | 81.28 | 61 | 208.6 | 163.9 | 490.0 |
| 27 | 35.64 | 22.99 | 85.80 | 62 | 218.4 | 173.8 | 517.0 |
| 28 | 37.97 | 24.42 | 90.52 | 63 | 228.5 | 184.3 | 545.8 |
| 29 | 40.04 | 25.94 | 95.45 | 64 | 239.1 | 195.4 | 576.5 |
| 30 | 42.42 | 27.55 | 100.62 | 65 | 250.1 | 207.4 | 609.3 |
| 31 | 44.91 | 29.23 | 106.02 | 66 | 261.5 | 220.2 | 644.2 |
| 32 | 47.54 | 31.04 | 111.67 | 67 | 273.3 | 233.9 | 681.7 |
| 33 | 50.29 | 32.94 | 117.59 | 68 | 285.6 | 248.7 | 721.8 |
| 34 | 53.18 | 34.94 | 123.79 | 69 | 298.4 | 264.5 | 764.9 |
|  |  |  |  | 70 | 311.6 | 281.5 | 811.3 |

**Tab. 9.1** Eigenschaften gesättigter feuchter Luft bei $p_0 = 1$ bar.

### 9.1.3  Tabelle für feuchte Luft

Tabelle 9.1 enthält Eigenschaften gesättigter feuchter Luft als Funktion von $\tau$ für $p_0 = 1$bar. Die Eintragungen für p' sind die des Dampfdrucks p(T) aus einer normalen Wasserdampftafel. Der Feuchtegrad x' kann als Quotient von

$$m_D' = \frac{p'V}{R\big/M_r^w\, T} \qquad \text{und} \qquad m_L = \frac{(p_0 - p')V}{R\big/M_r^L\, T} \tag{9.8}$$

bestimmt werden, und $h_{1+x}'$ folgt aus $(9.6)_1$ für x = x'.

## 9.1.4  Das $(h_{1+x},x)$–Diagramm

Das $(h_{1+x},x)$–Diagramm dient dazu, eine einfache Auswertung der Erwärmung von feuchter Luft oder der Mischung zweier feuchter Luftmengen durchzuführen. Der Ursprung des Diagramms liegt bei $(h_{1+x},x) = (0,0)$, und die schiefwinkligen Achsen liegen so, wie in Abb. 9.1 gezeichnet. Wir finden $h_{1+x}$ und x für einen gegebenen Zustand durch Orthogonalprojektion auf die Achsen. Die $h_{1+x}$–Achse wird so skaliert, daß dem Punkt x = 0.01 auf der x-Achse die Enthalpie $h_{1+x} = 25$ kJ/kg zukommt. Dann ergibt sich aus (9.5) und $(9.6)_1$, daß die Isotherme $\tau = 0$ in ungesättigter feuchter Luft mit der x-Achse zusammenfällt.

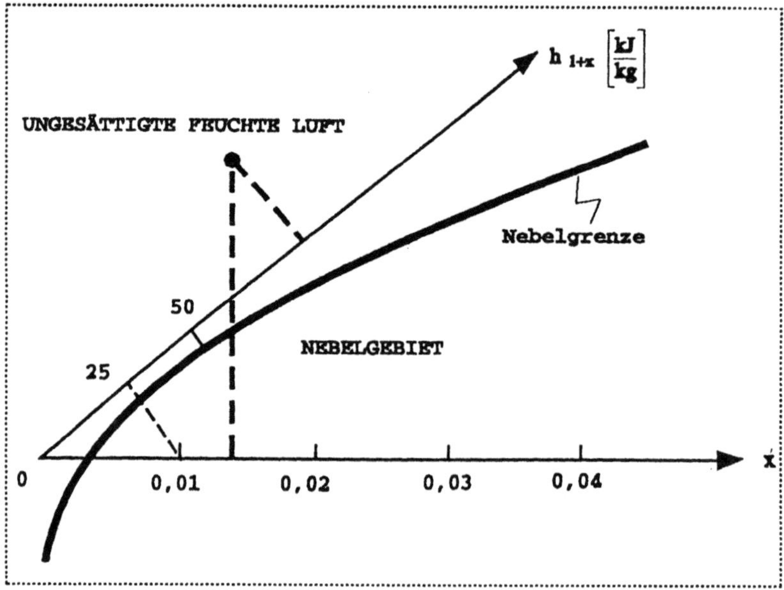


**Abb. 9.1** $(h_{1+x},x)$–Diagramm für $p_0 = 1$ bar.

Abb. 9.1 zeigt auch die Nebelgrenze; diese besteht aus den Punkten $(h_{1+x'}, x')$, die der Tabelle 9.1 entnommen sind. Unterhalb der Nebelgrenze befindet sich das Nebelgebiet, hier liegen Zustände, in denen gesättigte feuchte Luft und flüssiges Wasser enthalten sind. Dagegen enthalten Zustände oberhalb der Nebelgrenze nur ungesättigte feuchte Luft.

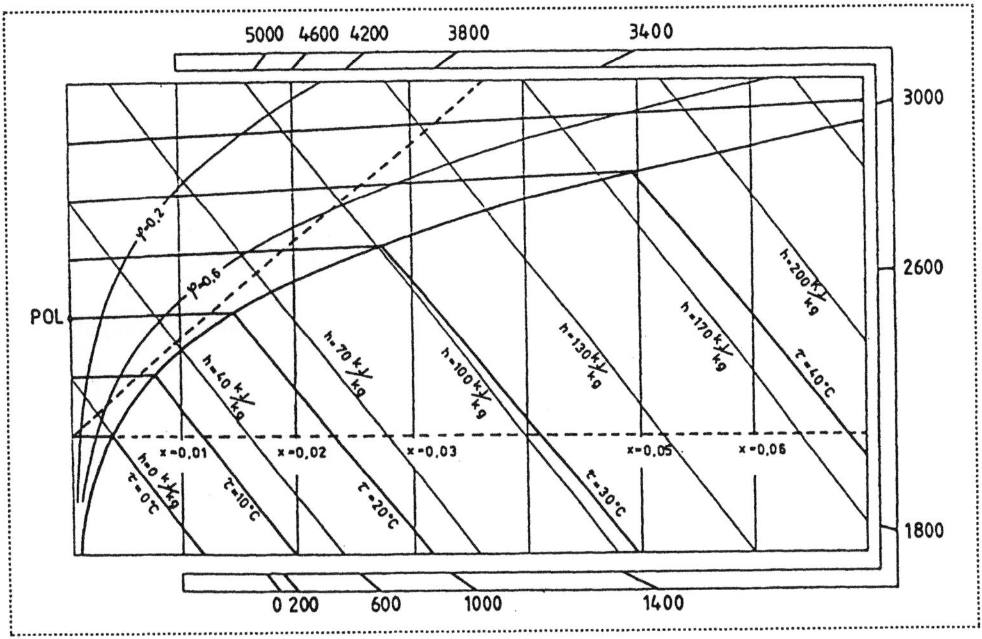


**Abb. 9.2**   $(h_{1+x}, x)$–Diagramm für feuchte Luft bei $p_0 = 1$ bar. $x-$ und $h_{1+x}$–Achsen gestrichelt. Siehe Text in Absatz 9.2.1 für Erklärung von Pol und Randmaßstab.

Aus (9.5) und (9.6)$_1$ schließen wir, daß Isothermen $\tau > 0$ die vertikale Linie durch $x = 0$ für wachsendes $\tau$ bei immer höheren Punkten schneiden, und daß ihre Anstiege mit wachsendem $\tau$ zunehmen. Im Nebelgebiet fällt die Isotherme $\tau = 0$ mit der Isenthalpen $h_{1+x}$ zusammen, und die Isothermen $\tau > 0$ sind etwas flacher als die Isenthalpen $h_{1+x'} = c_p^L \tau + x'(\tau)(r_0 + c_p^D \tau)$, umso flacher, je höher $\tau$ ist. Abb. 9.2 zeigt ein realistisches Diagramm, in dem auch die Linien konstanten Sättigungsgrades $\varphi = x/x'$ für einige $\varphi < 1$ angezeichnet sind.

## 9.2    Einfache Prozesse in Feuchter Luft

### 9.2.1  Zufuhr von Wasser

Wenn man feuchter Luft im Zustand $(h_{1+x},x)$ reines Wasser als Flüssigkeit oder gesättigten Dampf oder überhitzten Dampf zuführt, so ändert sich die Enthalpie um den Wert $\Delta H = h\,\Delta m_W$. Dabei ändert sich x um $\Delta x = \dfrac{\Delta m_W}{m_L}$ und $h_{1+x}$ um $\Delta h_{1+x} = h\,\Delta x$. So sieht man, daß h, die spezifische Enthalpie des zugeführten Wassers, die Richtung bestimmt, in der sich der Zustand der feuchten Luft bei Wasserzufuhr ändert. Führen wir flüssiges Wasser von 0° C zu, so bewegen wir uns in Richtung der Isenthalpen des $(h_{1+x},x)$–Diagramms, weil h = 0 ist. Führen wir aber Sattdampf von 100° C zu mit h = 2676 kJ/kg, so bewegen wir uns in eine Richtung mit leicht positivem Anstieg.

Das $(h_{1+x},x)$–Diagramm der Abb. 9.2 erleichtert es uns durch seinen Randmaßstab, die Anstiege der Zufuhrlinien zu finden. Der Randmaßstab zeigt Linienstücke mit Werten von h in kJ/kg. Diese Linienstücke müssen mit dem Pol auf der linken Seite verbunden werden, um die Zufuhrrichtung zu erhalten.

Wir lesen daraus ab, daß die Zufuhr von Sattdampf von 100° C zu kalter feuchter Luft immer zu Nebel führen wird. Die Zufuhr von flüssigem Wasser zu ungesättigter feuchter Luft ist immer mit Abkühlung verbunden, selbst dann, wenn die Wassertemperatur höher ist als die Temperatur der feuchten Luft; denn die Zufuhrrichtung zeigt steil nach rechts unten. Der Grund ist klar: Die feuchte Luft liefert die Verdampfungswärme für das flüssige Wasser und wird so auch selbst kälter.

### 9.2.2  Erwärmung

Wenn feuchte Luft erwärmt wird, bleibt der Feuchtegrad konstant, und der Zustand ändert sich entlang einer vertikalen Linie im $(h_{1+x},x)$–Diagramm; die Enthalpie wächst. So sehen wir, daß Erwärmung von feuchter Luft im Nebelgebiet zu ungesättigter feuchter Luft führt. Daher kommt es, daß sich der Frühnebel in einem Flußtal beim Erscheinen der Morgensonne auflöst.

### 9.2.3  Mischen

Mischt man zwei feuchte Luftmassen mit $m_L^1, x^1, \tau^1$ und $m_L^2, x^2, \tau^2$, so erhalten wir einen Zustand $m_L$, x, $\tau$, der auf einer geraden Linie zwischen den Zuständen 1 und 2 im $(h_{1+x},x)$–Diagramm liegt. In der Tat, wir haben

$$m_L(1+x) = m_L^1(1+x^1) + m_L^2(1+x^2) \quad \text{und} \quad m_L h_{1+x} = m_L^1 h_{1+x^1} + m_L^2 h_{1+x^2}\,,$$

und daraus folgt

$$x = \frac{m_L^1}{m_L}\, x^1 + \frac{m_L^2}{m_L}\, x^2 \quad \text{und} \quad h_{1+x} = \frac{m_L^1}{m_L}\, h_{1+x^1} + \frac{m_L^2}{m_L}\, h_{1+x^2} \ . \tag{9.9}$$

Somit unterteilt der Endzustand die gerade Linie zwischen 1 und 2 im Verhältnis $m_L^1/m_L^2$ in derselben Art, wie die Lage des Schwerpunktes zwischen zwei Massen die Linie zwischen diesen Massen unterteilt.

Ein Ergebnis dieser Mischungsregel ist die Tatsache, daß die Mischung zweier gesättigter feuchter Luftmassen immer Nebel erzeugt. Das folgt daraus, daß die Nebelgrenze konkav ist, so daß die Verbindungslinie zweier gesättigter feuchter Zustände ganz im Nebelgebiet verläuft. Diese Beobachtung erklärt das häufige Nebelwetter vor der Küste von Neufundland, wo zwei Luftmassen verschiedener Temperaturen sich mischen, die gesättigt wurden über dem warmen Golfstrom bzw. über dem kalten Labradorstrom.

Aber selbst die Mischung von gesättigter warmer Luft mit ungesättigter kalter Luft kann Nebel erzeugen, wie wir aus dem $(h_{1+x},x)$–Diagramm sehen. So atmen wir im Winter Nebel aus, wenn unsere in der Lunge erwärmte und gesättigte Luft sich mit der kalten Außenluft mischt. Oder: Das Dampfen von heißem Kaffee rührt daher, daß die über der Flüssigkeitsoberfläche gesättigte heiße Luft sich mit der kälteren ungesättigten Umgebungsluft mischt. Auch Speiseeis kann im Sommer dampfen, wenn die feuchte Außenluft durch das Eis soweit gekühlt wird, daß ihr Zustand ins Nebelgebiet eintritt.

## 9.2.4  Mischung feuchter Luft mit Nebel

Wenn wir Nebel vom Zustand 1 mit $m_L^1, x^1, \tau^1$ mit ungesättigter feuchter Luft im Zustand 2 mit $m_L^2, x^2, \tau^2$ mischen, so wissen wir, daß der Mischzustand auf einer geraden Linie zwischen den Zuständen 1 und 2 im $(h_{1+x},x)$–Diagramm liegt, siehe Abb. 9.3.

Es folgt, daß der ungesättigte Partner in diesem Mischprozeß kälter wird, unabhängig davon, wo Zustand 2 liegt. Aber der Nebel kann kälter oder wärmer werden, oder gar seine Temperatur beibehalten, je nachdem, wo Zustand 1 in Relation zu Zustand 2 liegt. Wenn Zustand 2 auf der Verlängerung der Nebel-isothermen $\tau_1$ liegt, so ändert der Nebel seine Temperatur bei dem Mischvorgang nicht. Wenn er dagegen rechts oder links von der $\tau_1$–Nebelisotherme liegt, so wird der Nebel wärmer bzw. kälter.

Man beachte, daß wir hier das überraschende Resultat haben, daß die Mischung zweier Massen zu einem Zustand führen kann, dessen Temperatur niedriger ist als beide Anfangstemperaturen.

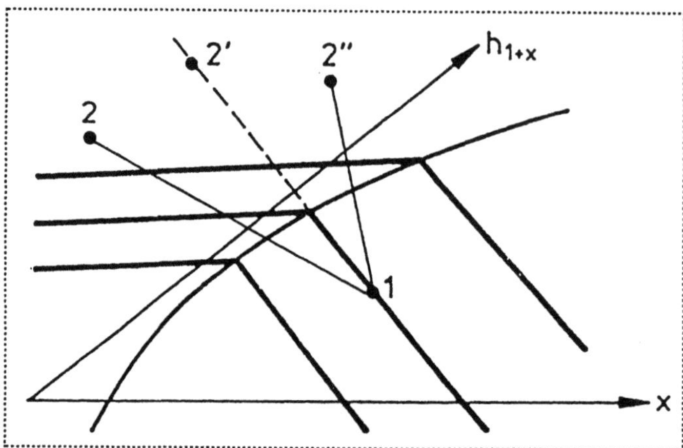

**Abb. 9.3** Mischung von Nebel mit ungesättigter feuchter Luft verschiedener Zustände.

## 9.3 Verdampfungsgrenze und Kühlgrenze

### 9.3.1 Massenbilanz und Verdampfungsgrenze

Beim Anblasen einer Flüssigkeitsoberfläche kann man zwei Ziele verfolgen: Verdampfen und Kühlen, siehe Abb. $9.4_L$. Um ein wohldefiniertes Problem zu haben, betrachten wir den Zylinder der Abb. $9.4_R$, in den links der stationäre feuchte Luftstrom $\dot{m}_I = (\rho_L^I + \rho_D^I) w_i^I n_i A = (1 + x_I) \dot{m}_L$ mit der Temperatur $\tau_I$ eintritt, während rechts der gesättigte Luftstrom $\dot{m}_{II} = (1 + x'(\tau)) \dot{m}_L$ austritt. Der (trockene) Luftstrom $\dot{m}_L$ sei beim Ein- und Austritt gleich, so daß sich auch die Luftmasse $m_L$ im Zylinder nicht ändert. $\tau$ und $x$ sind die momentane Temperatur bzw. der momentane Feuchtegrad im Zylinder.

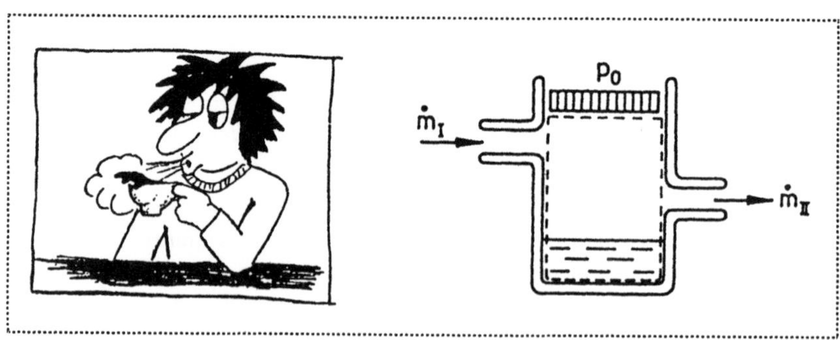


**Abb. 9.4** Links:   Kühlung des Frühstückskaffees.
Rechts:   Zur Massen- und Energiebilanz.

Die Massenbilanz für die Wassermasse $xm_L$ im Zylinder lautet mithin

$$\frac{d(xm_L)}{dt} = \dot{m}_L(x_I - x'(\tau)) \;\Rightarrow\; \frac{dx}{dt} = \frac{\dot{m}_L}{m_L}(x_I - x'(\tau)) \tag{9.10}$$

Daraus folgt, daß Wasser im Zylinder verdampft, das heißt, daß x abnimmt, wenn die Anblasluft trockener ist als die über der Flüssigkeitsoberfläche vorhandene Luft mit dem Feuchtegrad $x'(\tau)$. Umgekehrt kondensiert Wasser im Zylinder, falls $x_I > x'(\tau)$ ist. Die Gebiete des $(h_{1+x},x)$–Diagramms, in denen die Anblasluft liegen muß, um Verdampfung oder Kondensation zu erreichen, sind in Abb. $9.5_L$ durch die Verdampfungsgrenze getrennt.

## 9.3.2 Energiebilanz und Kühlgrenze

Wir erinnern an die allgemeine Bilanzgleichung (1.2) und wenden diese auf die Energie an. Das Kontrollvolumen ist in Abb. $9.4_R$ gestrichelt angedeutet. Die kinetische Energie und Reibungskräfte werden vernachlässigt. Außerdem sei der Zylinder adiabat abgeschlossen. Dann ändert sich die innere Energie U im Zylinder

i.)  durch die Leistung $-p_0 \dfrac{dV}{dt}$ des Drucks am Kolben,

ii.)  durch den konvektiven Einfluß von Energie am Einflußstutzen und die Leistung des Drucks $p_0$ dort

$$\left(\left(\rho_L^I + \rho_D^I\right)u^I + p_0\right)w_i^I n_i A = (1+x_I)h_I \dot{m}_L = h_{1+x_I}\dot{m}_L ,$$

iii.)  durch den entsprechenden Term am Ausflußstutzen

$$h_{1+x'}(\tau)\dot{m}_L$$

Somit folgt als Energiebilanz

$$\frac{dU}{dt} = -p_0\frac{dV}{dt} + \dot{m}_L\left(h_{1+x_I} - h_{1+x'}(\tau)\right) \;\Rightarrow\; \frac{dH}{dt} = \dot{m}_L\left(h_{1+x_I} - h_{1+x'}(\tau)\right)$$

oder mit $H = m_L h_{1+x}^s$

$$\frac{dh_{1+x}^s}{dt} = \frac{\dot{m}_L}{m_L}\left(h_{1+x_I} - h_{1+x'}(\tau)\right). \tag{9.11}$$

Wir setzen $h^s_{1+x}$, $h_{1+x_I}$ und $h_{1+x'}$ aus (9.6) und (9.7) ein und erhalten die Differentialgleichung

$$\left\{ c^L_p + x'(\tau)c^D_p + \left(x - x'(\tau)\right)c^F + \left[r_0 + c^D_p\tau - c^F\tau\right]\frac{dx'}{d\tau}\right\}\frac{d\tau}{dt} + c^F\tau\frac{dx}{dt} =$$

$$= \frac{\dot{m}_L}{m_L}\left[c^L_p\tau_I + x_I\left(r_0 + c^D_p\tau_I\right) - c^L_p\tau - x'(\tau)\left(r_0 + c^D_p\tau\right)\right] \quad (9.12)$$

Die beiden Gleichungen (9.10) und (9.12) stellen ein System von zwei gewöhnlichen Differentialgleichungen dar zur Bestimmung von x(t) und $\tau$(t) bei kontinuierlichem Anblasen. Eine Lösung ist nur numerisch möglich, da $x'(\tau)$ nicht analytisch gegeben ist. Wir überlassen dieses Problem dem interessierten Leser, der natürlich zunächst die Parameter des Systems festlegen muß, nämlich

$$\tau_I, x_I, \dot{m}_L/m_L \quad \text{sowie die Anfangsbedingungen } \tau(0), x(0)\,.$$

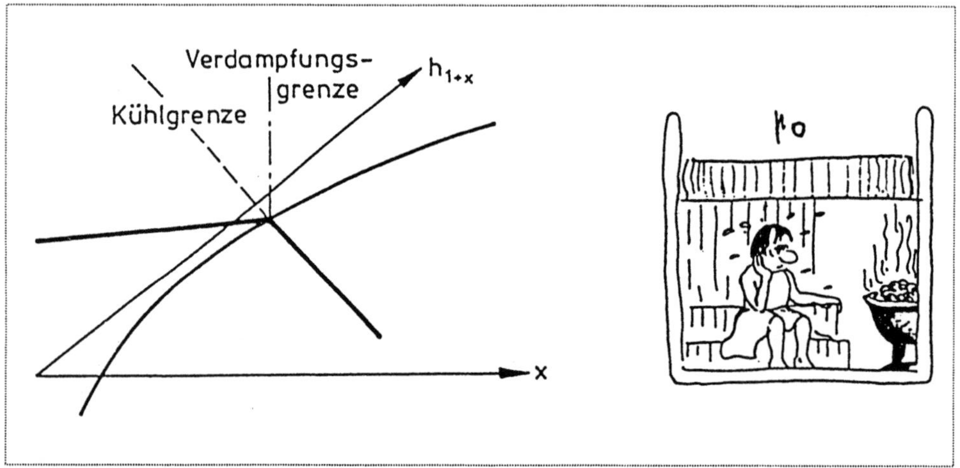



**Abb. 9.5** Links:   Verdampfungsgrenze und Kühlgrenze
Rechts:   Sauna.

Wir beschränken uns hier auf die Betrachtung des stationären Falls, wo $\tau$ nach längerem Anblasen einen konstanten Wert erreicht hat. Dann folgt aus (9.10) und (9.12)

$$\underbrace{c^L_p\tau + x'(\tau)(r_0 + c^D_p\tau) + \left(x_I - x'(\tau)\right)c^F\tau}_{h^s_{1+x_I}(\tau) \text{ siehe } (9.6)_2} = \underbrace{c^L_p\tau_I + x_I(r_0 + c^D_p\tau_I)}_{h_{1+x_I}(\tau_I) \text{ siehe } (9.6)_1} \quad (9.13)$$

Das ist eine Gleichung für den stationären Wert $\tau$, die wir jedoch analytisch nicht lösen können. Aber graphisch – im $(h_{1+x},x)$-Diagramm – ist die Lösung leicht zu finden, denn die linke Seite von (9.13) ist, wie angedeutet, die Gleichung der Isothermen im Nebelgebiet des $(h_{1+x},x)$-Diagramms. Es folgt, daß die stationäre Temperatur demjenigen $\tau$ entspricht, dessen Nebelisotherme bei Verlängerung ins ungesättigte Gebiet durch den Zustand $(x_I,\tau_I)$ der Anblasluft geht. In Abb. $9.5_L$ ist diese Nebelisotherme eingezeichnet; sie wird als Kühlgrenze bezeichnet. Die Interpretation ist wie folgt: Wenn die Nebelisotherme der angeblasenen Flüssigkeit rechts am Zustand $x_I,\tau_I$ der Anblasluft entlang läuft, so wird die Flüssigkeit durch das Anblasen abgekühlt, andernfalls wird sie erwärmt.

Man beachte, daß die Flüssigkeit selbst dann abgekühlt werden kann, wenn die Anblasluft wärmer ist als die Flüssigkeit; Voraussetzung ist allerdings, daß die Anblasluft trocken genug ist. Es ist klar, daß der Kühleffekt in solchen Fällen durch den Entzug der Verdampfungswärme zustande kommt.

Man beachte ferner, daß obiges Resultat über die Kühlgrenze auch zu den früheren Überlegungen über das Mischen paßt, siehe Absatz 9.2.4. In der Tat, der Punkt 2' in Abb. 9.3 liegt auf der Kühlgrenze des Nebels 1, und folgerichtig ändert der Nebel bei der Vermischung der Luftmassen 1 und 2' seine Temperatur nicht.

## 9.4 Zwei instruktive Beispiele - Sauna und Wolkenuntergrenze

### 9.4.1 Eine Sauna wird klimatisiert.

Wir bereiten eine Sauna vor, indem wir trockene Luft der Temperatur $\tau_1 = 10°C$ und gesättigte feuchte Luft der Temperatur $\tau_2 = 24°C$ mischen. Die resultierende Mischluft soll einen Feuchtegrad von $x_3 = 0.01$ haben. Danach wird geheizt, bis wir die Kühlgrenze von flüssigem Wasser von 40° C erreichen. Wir fragen nach der entsprechenden Temperatur $\tau_4$ der Saunaluft.[9.1]

Bevor wir dieses Problem lösen, wollen wir seine Bedeutung untersuchen: Die Haut eines Saunabesuchers sollte sich nicht auf mehr als 40° C aufwärmen, und sie wird auf dieser "niedrigen" Temperatur gehalten durch die Verdampfung der Schweißtropfen. Das aber bedeutet, daß der Zustand der umgebenden feuchten

---

[9.1] Der Druck ist $p_0 = 1$ bar, und dieser bleibt konstant. Darum muß während der Heizperiode feuchte Luft aus der Sauna durch Türritzen usw. entweichen. Es wird also eine immer kleiner werdende feuchte Luftmasse erwärmt. Diese Tatsache bedeutet eine unnötige Komplikation für unsere Rechnung, und wir vermeiden diese, indem wir eine Situation betrachten, wie sie in Abb. $9.5_R$ dargestellt ist, in der Masse und Druck gleichbleiben, während sich das Volumen ändert.

Luft entweder auf der Kühlgrenze von Flüssigkeit bei 40° C liegt oder links von ihr. Darum sollte die Sauna nicht über diese Kühlgrenze hinaus geheizt werden.

Um das gestellte Problem zu lösen, machen wir Gebrauch vom $(h_{1+x}, x)$–Diagramm der Abb. 9.2, welches in Abb. 9.6 noch einmal dargestellt ist. Die Zustände 1, 2 und 3 sind dort markiert. Nach allem, was wir gelernt haben, liegt Zustand 3 auf einer geraden Linie zwischen den Zuständen 1 und 2, und seine Lage auf dieser Linie wird durch den angegebenen Feuchtegrad $x_3 = 0.01$ festgelegt. Die Temperatur der Mischluft lesen wir ab zu $\tau_3 \approx 17°C$. Beim Heizen bewegt sich der Zustand der Mischluft senkrecht nach oben bis zu der Kühlgrenze von flüssigem Wasser von 40° C. Leider sehen wir an Abb. 9.6, daß der Schnittpunkt der Linie $x_3 = 0.01$ und der relevanten Kühlgrenze von 40° C außerhalb des Diagramms liegt. Darum müssen wir die Temperatur des Schnittpunktes rechnerisch bestimmen. Wir tun das, indem wir Gebrauch von (9.13) machen. In dieser Gleichung setzen wir $\tau = 40°C$, $x_I = 0{,}01$ und lösen nach $\tau_I$ auf; das ist unsere gesuchte Temperatur $\tau_4$. Es ergibt sich

$$\tau_4 = \tau_I = 136°C \quad .$$

Der Saunabesucher überlebt diese hohe Lufttemperatur nur, weil sein Schweiß verdampft und die Haut kühlt, indem er ihr die Verdampfungswärme entzieht.

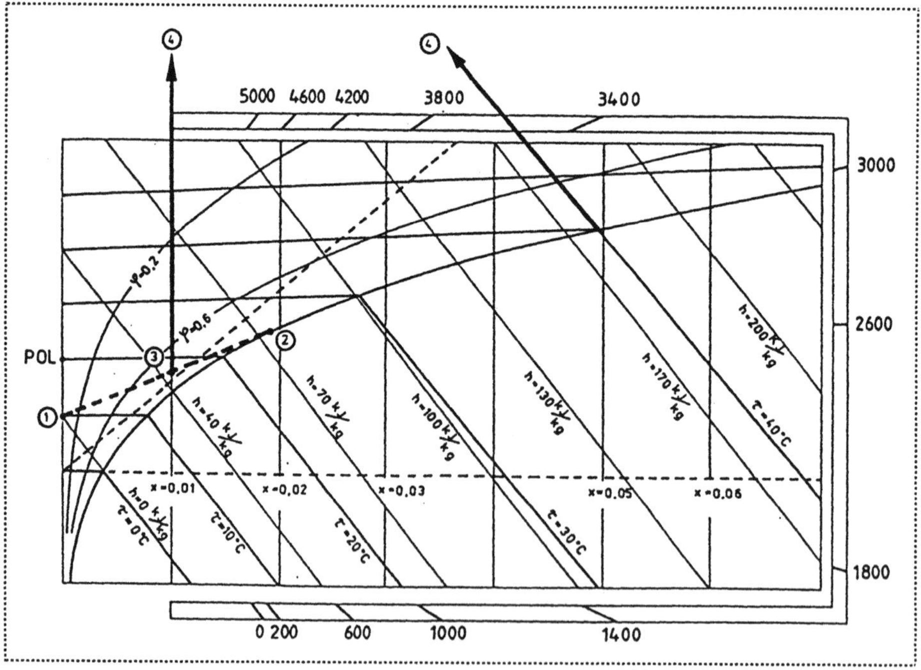


**Abb. 9.6** Zur Klimatisierung einer Sauna.

## 9.4.2 Wolkenuntergrenze

Kumuluswolken bilden sich, weil die Bodenluft sich erwärmt und Feuchtigkeit aufnimmt. Warme Luft mit ihrer für die gegebene Höhe zu kleinen Dichte steigt auf und expandiert – mehr oder weniger adiabat – beim Steigen, weil der Druck mit wachsender Höhe abnimmt. Die adiabatische Expansion verringert die Temperatur der aufsteigenden Luft, und schließlich ist die Temperatur so klein, daß die Luft ihren Wasserdampf nicht mehr halten kann. Dann kommt es zur Wolkenbildung.

In Absatz 2.3.10 haben wir den Temperaturverlauf in der Atmosphäre angegeben und den Druckverlauf berechnet, siehe (2.50). Der Druckverlauf in feuchter Luft kann in guter Näherung durch dieselbe Formel beschrieben werden, und wir erhalten somit

$$p_0 = p_{0G}\left(1 - \frac{\gamma}{T_G}z\right)^{\frac{1}{R/M_r^L}\frac{g}{\gamma}} \quad \text{mit} \quad \begin{array}{ll} p_{0G} = 1\,\text{bar} & \gamma = \frac{0{,}65\,\text{K}}{100\,\text{m}} \\ T_G = 15°\text{C} & M_r^L \approx 29 \end{array} \quad . \tag{9.14}$$

Die adiabatische Abkühlung der aufsteigenden feuchten Luft genügt dem ersten Hauptsatz mit $\dot{Q} = 0$, d. h.

$$dU = -p_0\,dV \quad \text{oder} \quad dH = V\,d\,p_0 \quad . \tag{9.15}$$

Die Materialgleichungen für H und V sind gegeben durch

$$H = m_L\left[c_p^L(T_A - T_s) + x(r_0 + c_p^D(T_A - T_s))\right] \quad \text{und}$$

$$V = m_L\left[\frac{R}{M_r^L} + x\frac{R}{M_r^W}\right]\frac{T_A}{p_0} \quad , \tag{9.16}$$

wobei $(9.16)_2$ die ideale Gasgleichung der Luft-Dampf Mischung darstellt. $T_A$ ist die Temperatur der aufsteigenden Luft, und $T_s$ ist unsere Bezugstemperatur von 273,15. Einsetzen in $(9.15)_2$ ergibt die Differentialgleichung

$$\left(c_p^L + xc_p^D\right)dT_A = \left[\frac{R}{M_r^L} + x\frac{R}{M_r^W}\right]\frac{T_A}{P_0}dp_0 \quad ,$$

die leicht integriert werden kann mit dem Ergebnis

$$T_A = T_E\left[\frac{p_0}{p_{0G}}\right]^{\frac{R/M_r^L}{c_p^L}\frac{1+x\,M_r^L/M_r^W}{1+x\,c_p^D/c_p^L}} \quad . \tag{9.17}$$

Dabei ist $T_E$ die Temperatur, welche die Luftblase vor dem Aufsteigen durch ihren Kontakt mit dem Boden angenommen hatte. Die Temperatur der aufsteigenden Luft kann sich deutlich von der Umgebungsluft unterscheiden; diese ist in Ruhe, und ihre Temperatur ist durch $T_G-\gamma z$ angegeben, das Temperaturprofil der Standardatmosphäre. Der Temperaturausgleich zwischen den Luftmengen ist langsam und wenig effektiv. Das gilt jedoch nicht für den Druckausgleich, und wir werden annehmen, daß die Druckverteilung in der aufsteigenden Luft dieselbe ist wie in der Umgebung, nämlich (9.14). Darum können wir $p_0$ aus (9.14) in (9.17) einsetzen und erhalten so die Temperatur der aufsteigenden Luft als Funktion der Höhe z

$$T_A = T_E\left[1 - \frac{\gamma}{T_G}z\right]^{\frac{g}{\gamma c_p^L}\frac{1+x\,M_r^L/M_r^W}{1+x\,c_p^D/c_p^L}} . \qquad (9.18)$$

Diese Temperatur bestimmt den Sättigungs-Dampfdruck $p'(z) = p'(T_A(z))$, den man etwa aus Tabelle 9.2 abliest.

Der tatsächliche Dampfdruck in der aufsteigenden Luft ist durch die ideale Gasgleichung für den Wasserdampf gegeben

$$p = \frac{1}{V}m_W\frac{R}{M_r^W}T_A \;\Rightarrow\; \text{mit (9.16)}_2 \text{ und (9.14)}: p(z) = \frac{x}{\dfrac{M_r^W}{M_r^L}+x}\,p_{0G}\left[1-\frac{\gamma}{T_G}z\right]^{\frac{g/\gamma}{R/M_r^L}}$$

$$(9.19)$$

Die Wolkenbildung beginnt in der Höhe z, wo $p(z)$ größer wird als $p'(z)$. Die Tabelle 9.2 und Abb. 9.7 zeigen, daß das passiert bei

$$z_{WU} = 1400 \text{ m}.$$

Die Parameter, für welche die Tabelle berechnet wurde, sind

$$p_{0G} = 1\text{ bar} \qquad T_E = 298\text{K} \qquad x = 0.01 .$$

| z [m] | $T_A$ [K] | $p'(T_A)$ [hPa] | p [hPa] |
|---|---|---|---|
| 0 | 298 | 31.7 | 16.0 |
| 500 | 293 | 23.4 | 15.1 |
| 1000 | 288 | 17.0 | 14.2 |
| 1500 | 283 | 12.3 | 13.4 |
| 2000 | 278 | 8.7 | 12.6 |

**Tabelle 9.2**  Temperatur der aufsteigenden Luft, Sättigungsdruck und Dampfdruck als Funktionen der Höhe.

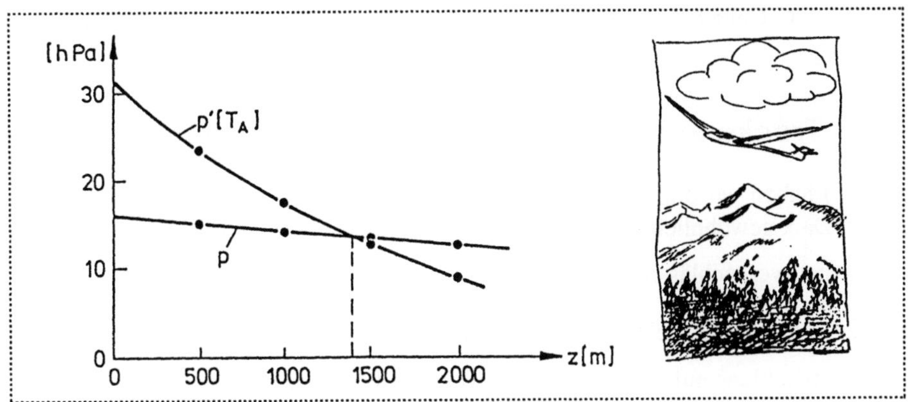


**Abb. 9.7** Höhe der Wolkenuntergrenze.

## 9.5 Faustregeln

### 9.5.1 Alternative Feuchteangaben

Sobald x'(τ) vorliegt, etwa in Form der Tabelle 9.1, können wir den Feuchtegrad auch anders ausdrücken als durch die Angabe der Größe $x = m_W/m_L$. Meteorologen ziehen den Sättigungsgrad vor, definiert als

$$\varphi(x,\tau) = \frac{x}{x'(\tau)} \cdot 100\% \ .$$

Diese Größe mißt die Wassermenge in ungesättigter Luft relativ zur maximalen Wassermenge, welche die Luft bei dieser Temperatur als Dampf enthalten kann. Es ist klar, daß die relative Feuchtigkeit bei gegebenem x von der Temperatur T abhängt. Zum Beispiel für $x = 0{,}01$ und $\tau = 20°$ C haben wir $\varphi = 67\%$ , und für dasselbe x bei $\tau = 25°$ C haben wir $\varphi = 49\ \%$.

Die *relative Feuchtigkeit*, die ebenfalls von Meteorologen gebraucht wird, ist definiert als

$$\psi(x,\tau) = \frac{p}{p'(\tau)} \ 100\% \ ,$$

der Quotient aus Wasserdampfdruck und Sättigungs-Dampfdruck. $\varphi$ und $\psi$ sind zahlenmäßig fast gleich, jedenfalls dann, wenn p und p' klein gegen $p_0$ sind.

Ein weiteres Maß für den Feuchtegrad – nun unabhängig von τ – ist der *Taupunkt* $\tau_T$. Dieser ist definiert als diejenige Temperatur, bei der der Wasserdampf in Luft vom Feuchtegrad x kondensiert. Aus der Tabelle 9.1 entnehmen wir, daß für

$x = 0,01$ der Taupunkt $\tau_T = 14°C$ beträgt, während wir für $x = 0,005$ haben: $\tau_T = 4°C$.

## 9.5.2 Trocken-adiabatischer Temperaturgradient

In (9.18) haben wir die Temperatur aufsteigender Luft als Funktion der Höhe bestimmt. Da x gewöhnlich sehr klein ist gegen 1, können wir die x-Abhängigkeit im Exponenten vernachlässigen. Außerdem haben wir $\frac{\gamma}{T_G} = \frac{1}{288K}\frac{0,65K}{100m} \approx 0,23 \cdot 10^{-4}\frac{1}{m}$, so daß $\frac{\gamma}{T_G}z \ll 1$ ist, selbst noch in der Höhe von 2000 m. Das rechtfertigt eine Reihenentwicklung auf der rechten Seite von (9.18), und wir erhalten

$$T_A = T_E - \frac{g}{c_p^L}\frac{T_E}{T_G}z\,.$$

Mit $g = 9,81\frac{m}{s^2}$, $c_p^L = 1\frac{kJ}{kgK}$ und $T_G = 288\,K$ haben wir also für $T_E \approx T_G$

$$T_A = T_E - \gamma_{ad}\,z \quad \text{mit} \quad \gamma_{ad} \approx \frac{1}{100}\frac{K}{m}. \tag{9.20}$$

Das bedeutet, daß aufsteigende Luft sich um 1K pro 100 m Höhengewinn abkühlt. $\gamma_{ad}$ heißt der trocken-adiabatische Temperaturgradient.[9.2]

Die Durchmischung der Luft in den unteren Schichten der Atmosphäre geschieht zum Teil durch "Thermik", d.h. den adiabaten Aufstieg von in Erdnähe aufgeheizten Luftmassen. Dabei muß man beachten, daß ein solcher Aufstieg nicht schon dann einsetzt, wenn die Lufttemperatur nach oben abnimmt. Vielmehr muß die Temperatur *stärker* abnehmen als 1K/100 m. So ist z. B. die Standardatmosphäre mit einer Abnahme von nur 0,65K/100 m völlig stabil. Und besonders stabil sind *Inversionen*, bei denen die Temperatur nach oben *zunimmt*. Inversionswetterlagen treten durch die nächtliche Abkühlung der Erdoberfläche auf; im Winter verhindern sie oft tagelang die Durchmischung der unteren Atmosphäre.

Beim Föhn - dem warmen trockenen Fallwind an der Nordseite der Alpen – ist zunächst feuchte Luft von Süden herkommend durch das Gebirge zum Steigen gezwungen worden; dabei hat sie sich abgeregnet und „feucht-adiabatisch" abgekühlt, mit 0.6K pro 100 m Höhengewinn. Oben angekommen, schiebt sich diese nun trockene Luft unter die dort vorliegende wärmere Luft. Sie "fällt" am Nordhang der Alpen nach unten und wärmt sich trocken-adiabatisch auf, mit 1K pro 100 m Höhenverlust. So kommt die Luft in München wärmer an als sie in der Po-Ebene gestartet ist.

---

[9.2] Trocken-adiabatisch, solange keine Flüssigkeit ausfällt. Sobald das geschieht, wird die Kondensationswärme frei, und die aufsteigende Luft kühlt sich langsamer ab: mit ca. 0.6 K pro 100 m Höhengewinn; das ist der feucht-adiabatische Temperaturgradient.

### 9.5.3  Die Wolkenuntergrenze. Abschätzung.

Bei Meteorologen und Fliegern, insbesondere Segelfliegern, besteht der Bedarf, die Untergrenze von Kumuluswolken schnell abschätzen zu können. Sie benutzen die Faustregel

$$z_{WU} = 123 \, (\tau_E - \tau_T) \frac{m}{K} \, . \tag{9.21}$$

Zur Ableitung dieser Formel schreiben wir den Druck des in der aufsteigenden Luft befindlichen Wasserdampfes in der Form

$$p = \frac{1}{V} m_W \frac{R}{M_r^W} T_A \;\Rightarrow\; p(z) = \frac{x}{\dfrac{M_r^W}{M_r^L} + x} \, p_0(z) \, . \tag{9.22}$$

$$\text{mit} \quad V = \left( m_L \frac{R}{M_r^L} + m_W \frac{R}{M_r^W} \right) \frac{T_A}{p_0}$$

Aufgrund der Definition des Taupunktes, der ja am Boden bestimmt wird, gilt

$$p'(\tau_T) = \frac{x}{\dfrac{M_r^W}{M_r^L} + x} \, p_0(0) \quad . \tag{9.23}$$

Wir kombinieren (9.22), (9.23) und erhalten mit $p_0(z) = p_{0G} - \delta z$, siehe (2.51),

$$p(z) = p'(\tau_T) \frac{p_{0G}}{p_0(0)} \left( 1 - \frac{\delta}{p_{0G}} z \right) . \tag{9.24}$$

An der Wolkenuntergrenze muß gelten

$$p(z) = p'(T_A(z)) \qquad \text{mit} \quad T_A(z) = T_E - \gamma_{ad} z$$
$$p(z) = p'(T_E - \gamma_{ad} z) \, . \tag{9.25}$$

Dann folgt aus (9.24), (9.25)

$$p'(T_E - \gamma_{ad} z_{WU}) = p'(\tau_T) \frac{p_{0G}}{p_0(0)} \left( 1 - \frac{\delta}{p_{0G}} z_{WU} \right) \, .$$

Wir setzen $\dfrac{p_{0G}}{p_0(0)} \approx 1$ und entwickeln die Funktion $p'(T)$ auf beiden Seiten um $T_E$ gemäß

$$p'(T_E - \gamma_{ad} z_{WU}) = p'(T_E) - \left.\frac{dp'}{dT}\right|_{T_E} \gamma_{ad}\, z_{WU}$$

$$p'(T_T) \qquad\quad = p'(T_E) - \left.\frac{dp'}{dT}\right|_{T_E} (T_E - T_T)\,.$$

Durch Einsetzen ergibt sich

$$z_{WU} = \frac{T_E - T_T}{\gamma_{ad} - \dfrac{1}{\left.\dfrac{d\ln p'}{dT}\right|_{T_E}} \dfrac{\delta}{p_{0G}} + \dfrac{\delta}{p_{0G}}(T_E - T_T)}\,. \qquad (9.26)$$

Mit $\left.\dfrac{d\ln p'}{dT}\right|_{T_E} = \dfrac{r(T_E)}{T_E^2\, R/M_r^W}$ — nach Clausius-Clapeyron — und $T_E \approx 300K$,

$r(T_E) = 2440\,\dfrac{kJ}{kg}$ folgt, daß der dritte Term im Nenner um den Faktor $\dfrac{T_E - T_T}{T_E}$ kleiner ist als der zweite Term. Darum wird er vernachlässigt.

Dann folgt

$$z_{WU} = 125.7\,(T_E - T_T)\,\frac{m}{K}\,. \qquad (9.27)$$

Das ist ungefähr das gewünschte Ergebnis (9.21). Man wird erkennen, daß mehrere der hier gemachten Näherungen einigermaßen grob waren. Bei genauerer Rechnung wird das Ergebnis (9.27) sich der Faustformel (9.21) besser anpassen.

## 9.6  Verdunstung

### 9.6.1  Der Druck von gesättigtem Dampf bei Gegenwart von  Luft

Bisher haben wir immer angenommen, daß die Kondensation des Wasserdampfes bei dem Druck $p' = p(T)$ geschieht, den wir der Tabelle 9.1 entnehmen. Dies ist jedoch nicht ganz richtig, weil die Tabelle 9.1 Messungen wiedergibt, die für Wasser allein gemacht wurden, d. h. ohne Anwesenheit von Luft. Wir werden jetzt untersuchen, wie die Anwesenheit von Luft diese Ergebnisse verändert.

Um die Ideen zu fixieren, betrachten wir die Situation, die in Abb. $9.8_L$ dargestellt ist: Feuchte Luft befindet sich im Gleichgewicht mit flüssigem Wasser.

Die Gleichgewichtsbedingung lautet, daß die spezifische freie Enthalpie des flüssigen Wassers gleich der des Wasserdampfes ist, d. h.[9.1]

$$g^F(T, p^0) = g^D(T, p_E) \,, \tag{9.28}$$

wobei p – wie immer in diesem Kapitel – der Partialdruck des Dampfes in der feuchten Luft ist. Dementsprechend ist $p_E$ dieser Partialdruck im Gleichgewicht.

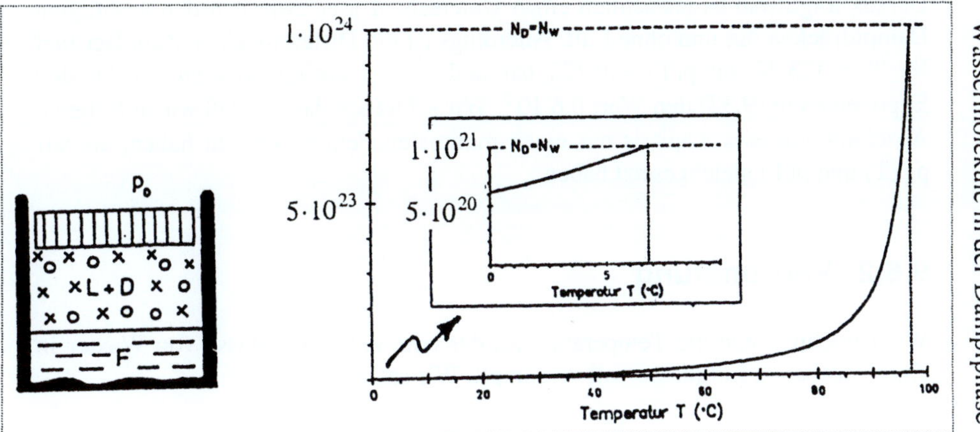


**Abb. 9.8** Zur Verdunstung von Wasser.

Um die Gleichung (9.28) nach $p_E$ (T) aufzulösen, benutzen wir die Tatsache, daß in reinem Wasser gilt

$$g^F(T, p(T)) = g^D(T, p(T)) \,. \tag{9.29}$$

Nun ist $\dfrac{\partial g^F}{\partial p} = v^F$ , und $v^F$ ist unabhängig von p, wenn wir die Flüssigkeit als imkompressibel ansehen. Darum gilt

$$g^F(T, p_0) = g^F(T, p(T)) + v^F(p_0 - p(T)). \tag{9.30}$$

$g^D(T, p)$ ist die freie Enthalpie eines idealen Gasen, und darum gilt

---

[9.1] Eigentlich sollen die chemischen Potentiale gleich sein. Im vorliegenden Fall – wo die Flüssigkeit ein Reinstoff ist und der Wasserdampf ein ideales Gas – ist diese Bedingung äquivalent der Bedingung (9.28).

$$g^D(T, p_E) = g^D(T, p(T)) + R/M_r^W \, T \ln \frac{p_E}{p(T)} \quad . \tag{9.31}$$

Wir kombinieren (9.28), (9.30), (9.31), benutzen (9.29) und erhalten

$$p_E(T) = p(T)\, e^{\dfrac{v^F(p_0 - p(T))}{R/M_r^W T}} \quad . \tag{9.32}$$

Daraus folgt, daß es tatsächlich einen Unterschied gibt zwischen den gesättigten Dampfdrücken mit und ohne Luft. Allerdings ist die Differenz klein. Zum Beispiel für T = 323 K mit p(T) = 0.123 bar und $v^F = 1$ cm$^3$/gr erhalten wir für den Exponenten in (9.32) den Wert $0{,}6 \cdot 10^{-3}$. Wir schließen daraus, daß wir in früheren Abschnitten dieses Kapitels nur einen minimalen Fehler gemacht haben, als wir $p_E(T)$ und $p(T)$ gleichgesetzt haben.

## 9.6.2 Verdunstung

Wir berechnen nun die Temperatur, bei der eine gegebene Masse von Wasser in einer gegebenen Luftmasse voll verdampft. Wir setzen in (9.32)

$$p_E = \frac{N^D kT}{V^{L+D}}$$

und erhalten

$$\frac{N^D}{V^{L+D}} = \frac{p(T)}{kT} \; e^{\dfrac{v^F(p_0 - p(T))}{R/M_r^W T}} \quad .$$

Wir haben auch $p_0 - p_L = p$ und folglich aus (9.32)

$$p_0 - \frac{N^L}{V^{L+D}} kT = p(T) \; e^{\dfrac{v^F(p_0 - p(T))}{R/M_r^W T}} \quad .$$

Elimination von $V^{L+D}$ aus den beiden letzten Gleichungen liefert

$$N^D = N^L \; \frac{p(T) \; e^{\dfrac{v^F(p_0 - p(T))}{R/M_r^W T}}}{p_0 - p(T) \; e^{\dfrac{v^F(p_0 - p(T))}{R/M_r^W T}}} \quad . \tag{9.33}$$

Diese Formel gibt die Zahl der Dampfmoleküle im Gleichgewicht als Funktion von T an. Die Temperatur bei der $N^D$ den Wert $N^W$ erreicht, – d. h. die Zahl aller Wassermoleküle im System –, ist die Temperatur der vollen Verdunstung. Leider muß diese Temperatur numerisch bestimmt werden oder graphisch, da wir die analytische Form von p(T) nicht kennen.

### 9.6.3 Zwei Beispiele für Verdunstung

Wir berechnen die Temperaturen der vollen Verdunstung für zwei Wertetripel

i)    $p_0$    $= 1$ bar        ii)    $p_0$    $= 1$ bar

      $N^L$    $= 10^{23}$   $\hat{=} 4$ l         $N^L$    $= 10^{23}$   $\hat{=} \ 4$ l

      $N^W$   $= 10^{24}$   $\hat{=} 30$ cm$^3$       $N^W$   $= 10^{21}$   $\hat{=} \ 30$ mm$^3$

Mit (9.33) können wir ein $(N^D,T)$-Diagramm berechnen, so wie in Abb. 9.8$_R$ gegeben. Der Rahmen im Diagramm stellt eine Vergrößerung des Bereichs von 0 bis $10^{21}$ Wassermolekülen und für kleine Temperaturen dar.

    Das flüssige Wasser ist vollständig verdunstet, wenn $N^D = N^W$ gilt, und das Diagramm zeigt, daß dies passiert bei 97,2° C im Fall i) und bei 6,8° C im Fall ii).

# 10  Ausgesuchte Kapitel der Thermodynamik

## 10.1  Tropfen und Blasen

### 10.1.1 Verfügbare Freie Energie

Wir untersuchen das Gleichgewicht eines Flüssigkeitstropfens mit seinem Dampf, und gleichzeitig entwickeln wir die Gleichgewichtsbedingungen, die für eine Dampfblase in der umgebenden Flüssigkeit gelten. Abb. 10.1 zeigt die betrachteten Systeme und führt die Bezeichnungen ein. Tropfen und Blase seien kugelförmig. p sei der Außendruck, und T sei die Temperatur. Bei der Teilung einer Seite beziehen sich Formeln und Bilder links auf den Tropfen, rechts auf die Blase.

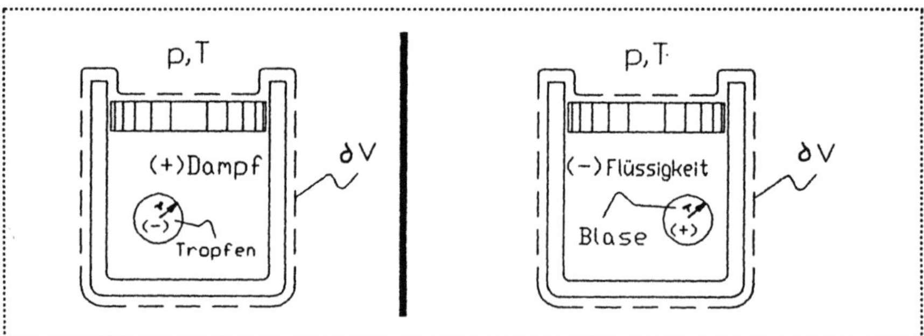


**Abb. 10.1** Flüssigkeitstropfen in Dampf und Dampfblase in Flüssigkeit.

Nach den Überlegungen von Absatz 4.2.7 – angewandt auf das in $\partial V$ enthaltene Volumen – lautet die verfügbare freie Energie

$$\mathscr{A} = E - TS + pV. \qquad (10.1)$$

Diese Größe muß folglich im Gleichgewicht ein Minimum haben. Die potentielle Energie des Kolbens ist bei dieser Betrachtung irrelevant, daher wird sie ignoriert. Vernachlässigt wird auch die kinetische Energie, so daß die verfügbare freie Energie – mit F als freier Energie – die Form annimmt

$$\mathscr{A} = F + pV \quad . \qquad (10.2)$$

V setzt sich additiv aus zwei Anteilen zusammen, $V^+$ und $V^-$, während F aus *drei* Anteilen besteht, $F^+ + F^- + F^G$, wobei $F^G$ die Oberflächenenergie von Tropfen bzw. Blase ist. Wir setzen diese proportional zur Oberfläche $4\pi r^2$ der Phasengrenze und erhalten mit $\sigma$ als Proportionalitätsfaktor

$$\mathcal{A} = m^+ f^+(T, v^+) + m^- f^-(T, v^-) + 4\pi r^2 \sigma(T) + p(V^+ + V^-) \,. \qquad (10.3)$$

$\sigma(T)$ heißt die *Oberflächenspannung*. Sie ist eine positive Größe und von der Temperatur abhängig. Unter den vier Variablen $m^+, m^-$, $V^+ = v^+ m^+$, $V^- = v^- m^-$ sind nur drei unabhängig, denn die Gesamtmasse $m = m^+ + m^-$ ist konstant. Als unabhängige Variablen wählen wir $V^+, V^-$ und $m^-$.

## 10.1.2 Notwendige und hinreichende Gleichgewichtsbedingungen

Notwendige Bedingungen für das Gleichgewicht erhalten wir, indem wir die Ableitungen von $\mathcal{A}$ nach den drei unabhängigen Variablen gleich Null setzen. Mit

$$p = -\frac{\partial f}{\partial v}, \quad V = \frac{4\pi}{3} r^3 \quad \text{und} \quad g = f + pv$$

ergibt sich leicht

$$
p^+ = p \qquad\qquad\qquad p^+ = p + \frac{2\sigma}{r}
$$
$$
p^- = p + \frac{2\sigma}{r} \qquad\qquad\qquad p^- = p
$$

$$g^-(p^-, T) = g^+(p^+, T) \,. \qquad (10.4)$$

Man sieht, daß in diesem System selbst im Gleichgewicht kein homogener Druck herrscht. Der Druck innerhalb von Tropfen und Blase ist größer als der Außendruck, und die Druckdifferenz ist umgekehrt proportional zum Radius.

Die ersten zwei Zeilen in den Gleichgewichtsbedingungen (10.4) stellen dynamische Gleichgewichtsbedingungen dar, *Kräftegleichgewichte*. Die dritte Zeile beschreibt das *Phasengleichgewicht* zwischen Flüssigkeit und Dampf.

Hinreichend für ein Gleichgewicht – oder für die Stabilität des durch (10.4) gekennzeichneten Zustands – ist die Forderung, daß die Matrix der zweiten Ableitungen von $\mathcal{A}$ nach $V^+, V^-$ und $m^-$ positiv definit sei. Dies ist eine umständliche Bedingung, und wir werden sie nicht auswerten. Stattdessen werden wir die realistische Annahme machen, daß in den Systemen der Abb. 10.1 das dynamische Gleichgewicht schon eingestellt ist, während sich das Phasengleichgewicht erst noch einstellt. Auf diese Weise geben die zwei ersten Zeilen von (10.4) zwei Bedingungen zur Bestimmung von zwei der drei unabhängigen Variablen an, und $\mathcal{A}$ wird zu einer Funktion von nur *einer* Variablen, etwa r. Diese Funktion *einer* Variablen ist dann ganz leicht zu beurteilen. Sie definiert stabile Gleichgewichte, wo sie minimal ist, und unstabile Gleichgewichte, wo sie Maxima hat.

## 10.1.3 Verfügbare Freie Energie als Funktion des Radius

Die Berücksichtigung des dynamischen Gleichgewichts in der verfügbaren freien Energie $\mathcal{A}$ geschieht am einfachsten wie folgt. Man schreibt

$$p(V^+ + V^-) = pV^+ + p^-V^- - (p^- - p)V^-$$
und mit $p = p^+$; $p^- - p = \dfrac{2\sigma}{r}$ nach $(10.4)_1$

$$p(V^+ + V^-) = p^+V^+ + pV^- - (p^+ - p)V^+$$
und mit $p = p^-$, $p^+ - p = \dfrac{2\sigma}{r}$ nach $(10.4)_2$

$$p(V^+ + V^-) = p^+V^+ + p^-V^- - \frac{8\pi}{3}\sigma r^2$$

und erhält für die verfügbare freie Energie (10.3) mit $g = f + pv$

$$\mathcal{A} = m^+g^+(T,p^+) + m^-g^-(T,p^-) + \frac{4\pi}{3}\sigma r^2. \qquad (10.5)$$

Wir beziehen $\mathcal{A}$ auf den Zustand, in dem $r = 0$ ist, also die reine Dampfphase bzw. die reine Flüssigkeitsphase. Dazu subtrahieren wir $mg^+(T,p^+)$ bzw. – für die Blasen – $mg^-(T,p^-)$ von beiden Seiten in (10.5) und erhalten

$$\overline{\mathcal{A}} = -m^-(g^+(T,p^+) - g^-(T,p^-)) + \frac{4\pi}{3}\sigma r^2 \qquad \overline{\mathcal{A}} = m^+(g^+(T,p^+) - g^-(T,p^-)) + \frac{4\pi}{3}\sigma r^2.$$

$$(10.6)$$

Wir nehmen an, daß die Flüssigkeit inkompressibel ist, während der Dampf sich wie ein ideales Gas verhält. Dann gilt

$$m^- = \frac{1}{v^-}\frac{4\pi}{3}r^3 \text{ mit } v^- = \text{const} \qquad m^+ = \frac{p^+\dfrac{4\pi}{3}r^3}{k/\mu T}$$

und $\overline{\mathcal{A}}$ aus (10.6) lautet mit $(10.4)_{1,2}$

$$\overline{\mathcal{A}}(r) = -\frac{1}{v^-}\frac{4\pi}{3}r^3\left(g^+(p) - g^-\left(p+\frac{2\sigma}{r}\right)\right) + \frac{4\pi}{3}\sigma r^2$$

$$\overline{\mathcal{A}}(r) = \frac{1}{k_\mu T}\frac{4\pi}{3}r^3\left(p+\frac{2\sigma}{r}\right)\left(g^+\left(p+\frac{2\sigma}{r}\right) - g^-(p)\right) + \frac{4\pi}{3}\sigma r^2. \qquad (10.7)$$

Wie angedeutet ist $\mathcal{A}$ Funktion von nur einer Variablen, nämlich r. Die T-Abhängigkeit von g wird hier und im folgenden unterdrückt.

Allerdings ist die Abhängigkeit von r nicht explizit, da wir die Funktionen $g^\pm(p)$ nicht explizit kennen. Immerhin, wie in Absatz 7.5.1, können wir Gebrauch machen von der Bedingung $g^+(p(T)) = g^-(p(T))$ des Phasengleichgewichts *ohne* Oberflächenenergie. Wir schreiben dazu

$$g^+(p) = g^+(p(T)) + k_\mu T \ln\frac{p}{p(T)}$$

$$g^+\left(p+\frac{2\sigma}{r}\right) = g^+(p(T)) + k_\mu T \ln\frac{p+\frac{2\sigma}{r}}{p(T)}$$

$$g^-\left(p+\frac{2\sigma}{r}\right) = g^-(p(T)) + v^-\left(p - p(T) + \frac{2\sigma}{r}\right)$$

$$g^-(p) = g^-(p(T)) + v^-(p - p(T))$$

und setzen dies in (10.7) ein. Auf diese Weise verschwindet die freie Enthalpie aus der Formel, und man erhält

$$\overline{\mathcal{A}}(r) = 4\pi\sigma r^2 - \frac{4\pi}{3}r^3 p\left[\frac{k_\mu T}{pv^-}\ln\frac{p}{p(T)} - \left(1 - \frac{p(T)}{p}\right)\right] \qquad \text{bzw.}$$

$$\overline{\mathcal{A}}(r) = \frac{4\pi}{3}\sigma r^2 + \frac{4\pi}{3}r^3\left(p+\frac{2\sigma}{r}\right)\left[\ln\frac{p+\frac{2\sigma}{r}}{p(T)} - \frac{pv^-}{k_\mu T}\left(1 - \frac{p(T)}{p}\right)\right].$$

In beiden Formeln ist $\dfrac{pv^-}{k_\mu T}$ ein kleiner Faktor, da das spezifische Volumen des Dampfes sehr viel größer ist als das der Flüssigkeit. Darum läßt sich jeweils der zweite Term in eckigen Klammern vernachlässigen, und wir erhalten

$$\overline{\mathcal{A}}(r) = 4\pi\sigma r^2 - \frac{4\pi}{3}r^3\frac{k_\mu T}{v^-}\ln\frac{p}{p(T)}$$

$$\overline{\mathcal{A}}(r) = \frac{4\pi}{3}\sigma r^2 + \frac{4\pi}{3}r^3\left(p+\frac{2\sigma}{r}\right)\ln\frac{p+\frac{2\sigma}{r}}{p(T)}.$$

$$(10.8)$$

Dies sind nun analytische Funktionen von r. Die r-Abhängigkeit ist einfacher für Tropfen als für Blasen.

## 10.1.4  Keimbildungsbarriere für Tropfen

Wir untersuchen die freie Energie $\overline{\mathcal{A}}$ (10.8)₁ für Tropfen in ihrer r-Abhängigkeit und vor allem ihre Extrema. Es handelt sich um eine Summe aus einer quadratischen Parabel mit positiver Krümmung und einer kubischen Parabel, deren Beitrag von p abhängt.

Ist p < p(T), so ist der kubische Term – einschließlich des Minuszeichens – positiv-wertig, und das einzige Extremum liegt bei r = 0, d. h. das System hat sein stabiles Gleichgewicht in der Dampfphase. Für p = p(T) ist das immer noch der Fall. Für p > p(T) sind die Verhältnisse komplexer: Wir haben nach wie vor das Minimum bei r = 0, welches von der Oberflächenspannung diktiert wird. Aber für große r haben wir ein weiteres – sehr tiefes – "Endpunkt"-Minimum; dieses entspricht dem Zustand der völligen Kondensation. Dazwischen liegt ein Maximum beim *kritischen* Radius $r_k$.

$$r_k = \frac{2\sigma v^-}{\tfrac{k}{\mu}T\ln\frac{p}{p(T)}} \quad \Rightarrow \quad \overline{\mathcal{A}}(r_k) = \frac{4\pi}{3}\sigma r_k{}^2 \ . \tag{10.9}$$

Dieses Maximum stellt ein instabiles Gleichgewicht dar. Abb. 10.2$_L$ zeigt einige Kurven $\overline{\mathcal{A}}(r)$ für verschiedene Werte von $\frac{p}{p(T)}$ für Wasser mit $\sigma = 7{,}5\cdot 10^{-2}\,\tfrac{N}{m}$, $T = 5°C$.

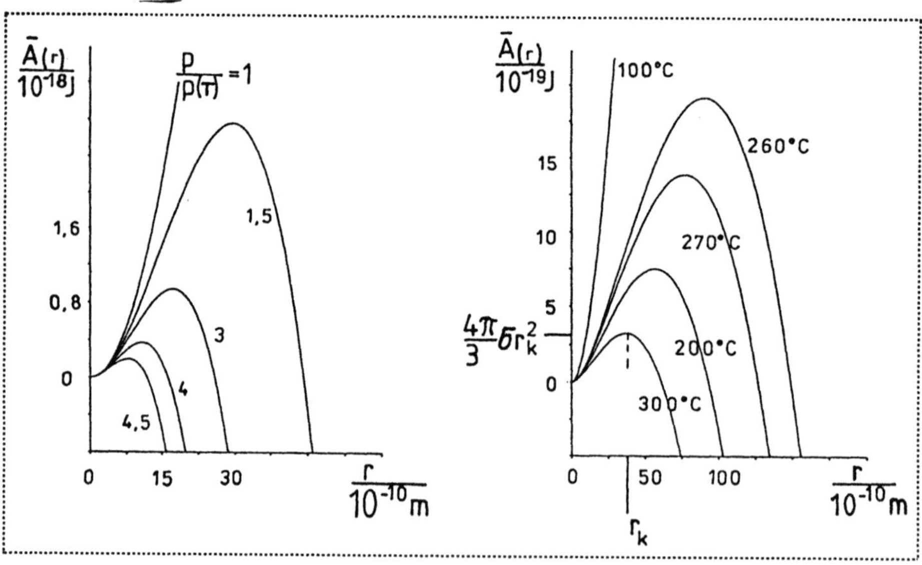


**Abb. 10.2**  Verfügbare Freie Energie bei Tropfen und Blase.
Links:    Tropfen in Dampf bei T = 278 K
Rechts:  Blase in Flüssigkeit bei p = 1 atm.

Man beachte den "Normalfall", wo $\sigma = 0$ gilt. Hier gibt es kein Maximum. Für $p \lessgtr p(T)$ liegen Minima bei $r = 0$ bzw. bei großen $r$–Werten, und für $p = p(T)$ haben wir $\overline{\mathscr{A}}(r) \equiv 0$, d. h. hier liegt ein indifferentes Gleichgewicht vor: Energetisch ist es dann gleichgültig, wieviel Flüssigkeit verdampft ist.

Die Interpretation des Maximums ist klar: Wenn wir einen Tropfen vom Radius $r < r_k$ haben, so kann das System seine freie Energie verkleinern, indem es den Tropfen verdampft; der Tropfen wird verschwinden. Andererseits bei $r > r_k$ wird der Tropfen auf Kosten des Dampfes wachsen, bis das ganze System in flüssiger Phase vorliegt, denn so kann es seine freie Energie verkleinern.

$r_k$ heißt der Keimbildungsradius, und $\overline{\mathscr{A}}(r_k)$ ist die Keimbildungsbarriere. Dies bedeutet, daß ein Tropfen zunächst die Größe $r_k$ erreichen muß – durch eine Schwankung etwa oder, wahrscheinlicher, indem er sich an ein Staubteilchen anlagert – bevor er als Keim für die Verflüssigung dienen kann.

Die Existenz der Keimbildungsbarriere hat vielfache Konsequenzen und Anwendungen. Die Barriere gestattet dem Dampf, im unterkühlten Zustand vorzuliegen. Das heißt, es liegt Dampf vor, obwohl das Wertepaar (p,T) sich im Flüssigkeitsgebiet des (p,T)–Diagramms der Abb. 2.14 befindet. Es gibt dafür vielfältige Beispiele.

- Die über dem Pazifik gesättigte feuchte Luft, die ins nördliche Australien einströmt, ist so staubfrei, daß sich keine Keime bilden können. Man bringt das Wasser zum "Abregnen", indem man Wetterflugzeuge in großer Höhe ein harmloses Mittel versprühen läßt, an dessen Partikeln die Wassermoleküle Keime bilden können.

- Näher zu Hause beobachten wir den gleichen Effekt bei der Bildung von Kondensstreifen. Die heißen, teilweise ionisierten Gase aus dem Flugzeugtriebwerk dienen hier zur Nukleation von Keimen.

- In kleinem Maßstab passiert dasselbe in der Wilson'schen Nebelkammer. Hier wird durch adiabate Expansion staubfreier feuchter Luft die Temperatur soweit herabgesetzt, daß p(T) kleiner ist als der Dampfdruck p des Wassers. Eingeschossene Elementarteilchen ionisieren die Luftmoleküle, und die so entstandenen Ionen gestatten die Keimbildung entlang der Bahn der Teilchen.

Bei sauberen Dämpfen, die erschütterungfrei gehalten werden - so daß keine wesentliche Dichteschwankungen auftreten - kann p bis zu viermal (!) größer werden als p(T), ohne daß Keimbildung eintritt.

## 10.1.5 Keimbildungsbarriere für Blasen

Die Verhältnisse bei Blasen sind prinzipiell ganz ähnlich wie beim Tropfen, wenn auch verschieden im Detail. Der Unterschied rührt von der Verschiedenheit der Funktionen $(10.8)_{1,2}$ her. Abb. $10.2_R$ zeigt den Verlauf von $\overline{\mathcal{A}}(r)$ für verschiedene Temperaturen für Wasserdampfblasen bei p = 1 atm.

Wäre $\sigma = 0$, so hätte die Funktion $\overline{\mathcal{A}}(r)$ ein Minimum bei r = 0, d. h. das System wäre ganz flüssig, solange T < 100° C ist, denn dann wäre p(T) < p. Für höhere Temperaturen läge ein Minimum nur bei großen Werten von r vor, d. h. das System wäre dampfförmig.

Für $\sigma > 0$ dagegen beobachten wir für alle T > 100° C ein Maximum bei dem kritischen Radius

$$r_k = \frac{2\sigma}{p(T) - p} \quad \Rightarrow \quad \overline{\mathcal{A}}(r_k) = \frac{4\pi}{3}\sigma r_k^2 . \qquad (10.10)$$

Die Interpretation des Maximums als Keimbildungsbarriere für Blasen verläuft ganz analog zu der Diskussion im Fall der Tropfen. Es ist klar, was $(10.10)_1$ bedeutet: Verdampfung erfolgt bei *der* Temperatur, für die p(T) gleich dem Druck innerhalb der Blase ist.

Die Existenz der Keimbildungsbarriere gestattet es, *überhitzte* Flüssigkeiten zu haben, d. h. Flüssigkeiten, die nicht sieden, obwohl ihre "normale" Siedetemperatur T(p) überschritten ist. Es fehlen in solchen Flüssigkeiten die Schwankungen oder die Verunreinigungen, an denen sich Keime bilden können. Eine Anwendung ist die Blasenkammer zum Nachweis von Elementarteilchen. Die durch solche Teilchen erzeugten Ionen ermöglichen die Keimbildung von Blasen, und diese markieren die Bahn des Teilchens. Gegenüber der Nebelkammer hat die Blasenkammer den Vorteil der größeren Dichte des Mediums, so daß auch selten stoßende Teilchen – z. B. Neutrinos – ihre Spur hinterlassen können.

## 10.1.6 Bewertung

Obige Argumente bezüglich der Keimbildungsbarriere von Tropfen und Blasen gehen zurück auf W. Thomson (Lord Kelvin). Insbesondere heißen die Gleichungen $(10.9)_1$ und $(10.10)_1$ für die kritischen Radien *Thomson-Formeln*.

Die Erkenntnis, daß es eine Keimbildungsbarriere gibt, ist bedeutsam, weil sie die Existenz unterkühlter Dämpfe und überhitzter Flüssigkeiten erklärt. Die vorliegenden Argumente stellen jedoch keine Keimbildungstheorie dar. In der Tat, die Frage, wie die Barriere überwunden wird – und wie die Keimbildungsrate von $r_k$ und $\overline{\mathcal{A}}(r_k)$ abhängt – ist sehr schwer zu beantworten, und wir beschäftigen uns damit nicht.

# 10.2   Nebel und Wolken. Tropfen in feuchter Luft

## 10.2.1   Problemstellung

Nachdem nun – nach Abschnitt 10.1 – Tropfen in ihrem Dampf unstabil sind,
könnte man sich wundern, wieso Nebel und Wolken so stabile Gebilde sind, daß
sie manchmal tagelang existieren. Die Antwort lautet, daß die Wassertropfen des
Nebels sich in ihrem stabilen "Endpunkt"-Minimum befinden, siehe Abb. $10.2_L$,
oder in der Nähe dieses Minimums. Wenn sie trotzdem nicht das ganze System
ausfüllen, so liegt das an dem gleichzeitigen Vorhandensein der Luft.

Wir machen uns das klar durch Betrachtung des in Abb. $10.3_L$ gezeichneten
Systems, wo bei der Temperatur T und dem Druck $p_0$ ein Wassertropfen in
Wasserdampf und Luft schwebt. Dieses System untersuchen wir auf seine
Stabilität in der gleichen Weise wie das System Tropfen – Dampf der Abb. $10.1_L$
in Abschnitt 10.1.

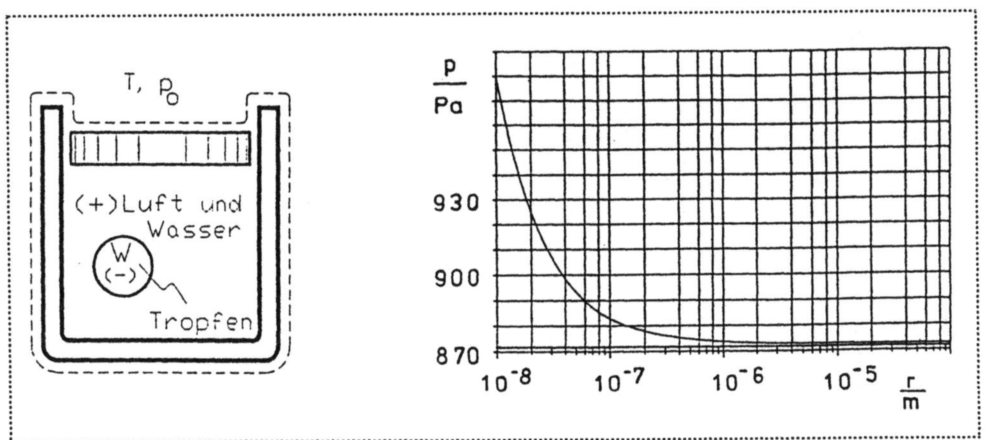


**Abb.10.3**   Tropfen in Wasserdampf und Luft
　　　　　　Links:   Betrachtetes System mit *einem* Tropfen
　　　　　　Rechts: Wasserdampfdruck über Tropfenradius für 5°C

## 10.2.2  Verfügbare freie Energie, Gleichgewichtsbedingungen

Ebenso wie in Absatz 10.1.1 bzw. in Absatz 4.2.7 schließt man, daß die verfügbare
freie Energie

$$\mathcal{A} = F + p_0 V$$

im (stabilen) Gleichgewicht ein Minimum annimmt. Wir nehmen an, daß Luft und
Wasserdampf eine Mischung idealer Gase ist, und führen folgende Bezeichnungen
ein

Gasraum:    Massen $m_L, m_W^+,$    Volumen $V^+$

Tropfen:    Masse $m^- = m_W - m_W^+,$ Volumen $V^-$ .

Der Tropfen sei kugelförmig mit Radius $r = \left( \dfrac{3}{4\pi} V^- \right)^{1/3}$ .

Die verfügbare freie Energie schreibt sich dann als

$$\mathcal{A} = F^+ + F^- + 4\pi r^2 \sigma + p_0 (V^+ + V^-)$$

$$\begin{array}{c} F_W^-(T, m^-, V^-) \\ F_W^+(T, m_W^+, V^+) + F_L(T, m_L, V^+) \end{array}$$

$$\tag{10.11}$$

Somit liegen vier Variable vor, $m^-, m_W^+, V^-, V^+$ , davon drei unabhängig, etwa $m^-, V^-, V^+$ , und vier Parameter, nämlich $p_0, T, m_W$ und $m_L$.

Die notwendigen Gleichgewichtsbedingungen folgen aus dem Verschwinden der Ableitungen von $\mathcal{A}$ nach den drei unabhängigen Variablen. Es folgt mit

$$\mu_\alpha = \frac{\partial F}{\partial m_\alpha} \quad \text{und} \quad p = -\frac{\partial F}{\partial V}$$

$$\frac{\partial \mathcal{A}}{\partial m^-} = 0 \quad \Rightarrow \quad \frac{\partial F_W^-}{\partial m^-} - \frac{\partial F_W^+}{\partial m_W^+} = 0 \quad \Rightarrow \quad \mu_W^- = \mu_W^+ , \tag{10.12}$$

$$\frac{\partial \mathcal{A}}{\partial V^-} = 0 \quad \Rightarrow \quad \frac{\partial F_W^-}{\partial V^-} + \frac{2\sigma}{r} + p_0 = 0 \quad \Rightarrow \quad p^- - \frac{2\sigma}{r} = p_0 .$$

$$\frac{\partial \mathcal{A}}{\partial V^+} = 0 \quad \Rightarrow \quad \frac{\partial F_W^+}{\partial V^+} + \frac{\partial F_L^+}{\partial V^+} + p_0 = 0 \quad \Rightarrow \quad p_W^+ + p_L^+ = p_0 .$$

$$\tag{10.13}$$

Die beiden Gleichungen (10.13) sind die dynamischen Gleichgewichtsbedingungen, während (10.12) das Phasengleichgewicht repräsentiert. Wie vorher stellen wir fest, daß der Druck im Zylinderraum selbst im Gleichgewicht nicht homogen ist.

### 10.2.3 **Wasserdampfdruck im Phasengleichgewicht**

Vor einer Diskussion der Stabilität des Gleichgewichts betrachten wir die Phasengleichgewichtsbedingung (10.12) etwas näher mit dem Ziel der Bestimmung des Wasserdampfdrucks über einem Tropfen. Da die $(-)$–Phase aus reinem flüssigem – inkompressiblem – Wasser besteht, und da die $(+)$–Phase eine Mischung idealer Gase ist, können wir nach den Erkenntnissen des Kapitels 7 schreiben

$$\mu_W^- = g_W^-(T, p^-) = g_W^-\left(T, p_0 + \frac{2\sigma}{r}\right) = g_W^-(T, p(T)) + v^-\left(p_0 + \frac{2\sigma}{r} - p(T)\right)$$

$$\Big|$$
$$\text{mit } (10.13)_1$$

$$\mu_W^+ = g_W^+(T, p^+) + \frac{R}{M_r^W} T \frac{p_W^+}{p^+} = g_W^+(T, p(T)) + \frac{R}{M_r^W} T \ln \frac{p_W^+}{p(T)} .$$

(10.14)

Der Bezug auf den Dampfdruck $p(T)$ wird gemacht, um die spezifischen freien Enthalpien $g_W$ loszuwerden; das gelingt, weil gilt $g_W^+(T, p(T)) = g_W^-(T, p(T))$. Einsetzen von (10.14) in (10.12) liefert

$$p_W^+ = p(T) \exp\left\langle \frac{v^-\left(p_0 - p(T) + \dfrac{2\sigma}{r}\right)}{R\big/M_r^W\, T} \right\rangle .$$

(10.15)

Für den Fall $r \to \infty$ erkennen wir diese Formel wieder als Gleichung (9.32), die uns lehrte, daß bei Anwesenheit von Luft der Wasserdampfdruck – über einer ebenen Wasserfläche – nicht ganz genau gleich $p(T)$ ist, wenn auch die Abweichung klein ist. Ist $r \neq \infty$, so kann der Exponentialausdruck in (10.15) dazu führen, daß $p_W^+$ deutlich größer ist als $p(T)$. Abb. $10.3_R$ zeigt $p_W^+$ als Funktion von $r$ für Wasser mit $\sigma = 7{,}5 \cdot 10^{-2}\,\mathrm{N/m}$, $p_0 = 10^5\,\mathrm{Pa}$ und $T = 278$ K, was einem $p(T) = 872$ Pa entspricht. Der Wasserdampfdruck über kleinen Tropfen ist im Gleichgewicht erheblich größer als über großen Tropfen oder als über einer flachen Wasserfläche. Daraus können wir schließen, daß viele kleine Tropfen schneller verdunsten als ein großer. Ein kleiner Tropfen neben einem großen wird verschwinden, während der große wächst.

## 10.2.4 Die Form der verfügbaren freien Energie

Wie in Abschnitt 10.1 nehmen wir an, daß die dynamischen Gleichgewichts-bedingungen (10.13) schon erfüllt sind, während sich das Phasengleichgewicht noch einstellt. Dann können wir die beiden Gleichungen (10.13) dazu benutzen, $\mathcal{A}$ auf eine Funktion der *einen* Variablen r zu reduzieren. Wir schreiben

$$p_0(V^+ + V^-) = p^+V^+ + p^-V^- + (p_0 - p^+)V^+ + (p_0 - p^-)V^- \quad \text{und mit (10.13)}$$

$$= p^+V^+ + p^-V^- - \frac{2\sigma}{r}V^-$$

und setzen dies in (10.11) ein. Mit $G = F + pV$ erhalten wir

$$\mathcal{A} = G^+ + G^- + \frac{4\pi}{3}\sigma r^2 \,.$$

Nach (7.6) ist $G^+ = m_W^+ \mu_W^+ + m_L\mu_L$ und $G^- = m^- g_W^-$. Die chemischen Potentiale sind die von idealen Mischungen

$$\mu_W^+ = g_W^+(T,p^+) + \frac{R}{M_r^W}T\ln\frac{N_W^+}{N_W^+ + N_L}, \quad \mu_L^+ = g_L\left(T,p^+\right) + \frac{R}{M_L^W}T\ln\frac{N_L}{N_W^+ + N_L},$$

wo N Teilchenzahlen bedeuten. Daraus folgt

$$\mathcal{A} = \left(m_W - m^-\right)\left(g_W^+(T,p^+) + \frac{R}{M_r^W}T\ln\frac{N_W^+}{N_W^+ + N_L}\right) + m_L\left(g_L(T,p^+) + \frac{R}{M_L^W}T\ln\frac{N_L}{N_W^+ + N}\right.$$

$$+ m^- g_W^-(T,p^-) \; + \frac{4\pi}{3}\sigma r^2 \quad .$$

Mit $p^+ = p_0$ nach $(10.13)_2$ ergibt sich die auf den tropfenfreien Zustand bezogene verfügbare freie Energie $\overline{\mathcal{A}} = \mathcal{A} - m_W\, g_W^+(T,p_0) - m_L\, g_L(T,p_0)$. Mit $g_W^-(T,p^-) = g_W^-(T,p_0) + v^- \cdot 2\sigma/r$ erhalten wir dann

$$\overline{\mathcal{A}} = 4\pi\sigma r^2 + \hspace{4cm} -\text{ Oberflächenenergie} \hspace{2cm} (10.16)$$

$$+ kT\left(N_W^+ \ln\frac{N_W^+}{N_W^+ + N_L} + N_L \ln\frac{N_L}{N_W^+ + N_L}\right) -\text{ Vermischungs-Freie Enthalpie}$$

$$- N^- M_r^W\, \mu_0(g_W^+(T,p_0) - g_W^-(T,p_0)) \hspace{2cm} -\text{ Freie Enthalpie der Kondensation.}$$

Die Bezeichnungen rechts in (10.16) identifizieren die physikalische Bedeutung der einzelnen Zeilen. Die „freie Enthalpie der Kondensation" beruht auf der van der Waals-Anziehung, welche den Dampf zur Flüssigkeit werden läßt. Die Gleichung läßt noch nicht explizit erkennen, daß $\overline{\mathcal{A}}$ nur von einer Variablen abhängt; genau das ist jedoch der Fall, denn es gilt $N_W^+ = N_W - N^-$ und $N^- M_r^W \mu_0 v^- = \frac{4\pi}{3} r^3$, so daß $\overline{\mathcal{A}}$ nur von r abhängt. Parameter sind $p_0, T$ sowie $N_W$ und $N_L$. Eine Vereinfachung erfährt (10.16), wenn wir die freien Enthalpien durch Bezug auf $p(T)$ eliminieren. Wir schreiben

$$g_W^+(T, p_0) = g_W^+(T, p(T)) + \frac{R}{M_r^W} T \ln \frac{p_0}{p(T)}$$

$$g_W^-(T, p_0) = g_W^-(T, p(T)) + v^-(p_0 - p(T))$$

und erhalten wegen $g_W^+(T, p(T)) = g_W^-(T, p(T))$ und $N^- M_r^W \mu_0 v^- = \frac{4\pi}{3} r^3$

$$N^- M_r^W \mu_0 \left( g_W^+(T, p_0) - g_W^-(T, p_0) \right) = \frac{4\pi}{3} r^3 \left( \frac{1}{v^-} \frac{R}{M_r^W} T \ln \frac{p_0}{p(T)} - (p_0 - p(T)) \right).$$

$$(10.17)$$

Wir setzen (10.17) in (10.16) ein und führen den dimensionslosen Radius x ein

$$x^3 = \frac{N^-}{N_W} = \left( \frac{r}{a} \right)^3,$$

dies ist die einzige Variable in $\overline{\mathcal{A}}$, sie variiert zwischen 0 und 1, dem tropfenfreien Zustand und dem Zustand, wo alles Wasser kondensiert ist. Eine leichte Umrechnung ergibt

$$\overline{\mathcal{A}} = 4\pi \sigma a^2 x^2$$
$$+ kTN_W \left[ \left(1 - x^3\right) \ln \frac{1 - x^3}{1 - x^3 + N_L/N_W} + N_L/N_W \ln \frac{1}{1 - x^3 + N_L/N_W} + N_L/N_W \ln N_L/N_W \right] -$$
$$- \frac{4\pi}{3} a^3 x^3 \left( \frac{1}{v^-} \frac{R}{M_r^W} T \ln \frac{p_0}{p(T)} - (p_0 - p(T)) \right). \qquad (10.18)$$

In der ersten und letzten Zeile von (10.18) erkennen wir die verfügbare freie Energie des Tropfens ohne Luft, siehe Absatz 10.1.3. Die Anwesenheit von Luft macht sich in dem Mischungsentropie-Term der zweiten Zeile bemerkbar. Dieser

Term verhindert im wesentlichen die vollständige Entmischung von Wasser und Luft, d. h. die vollständige Kondensation.

Um einen besseren Eindruck vom Verlauf von $\overline{\mathcal{A}}$ zu erhalten, betrachten wir einen Spezialfall mit

$$p_0 \quad = 10^5\,\mathrm{Pa},\ T = 283\mathrm{K} \ \Rightarrow p(T) = 12{,}3 \cdot 10^2\,\mathrm{Pa}$$
$$N_W = 2 \cdot 10^{15} \ \Rightarrow a = 25 \cdot 10^{-6}\,\mathrm{m}, \quad N_L = zN_W \tag{10.19}$$

Die Luftmasse lassen wir offen. In einer Wolke hat $z$ – das Verhältnis von Luft zu Wasser – Werte zwischen 10 und 100. $\overline{\mathcal{A}}$ nimmt mit den Werten (10.19) die folgende Form an

$$\frac{\overline{\mathcal{A}}}{10^{-5}\mathrm{J}} = 5{,}89 \cdot 10^{-5}x^2 +$$

$$+ 0{,}78\left[\left(1-x^3\right)\ln\frac{1-x^3}{1-x^3+z} + z\ln\frac{1}{1-x^3+z} + (1+z)\ln(1+z)\right] -$$

$$- 3{,}76\,x^3 \tag{10.20}$$

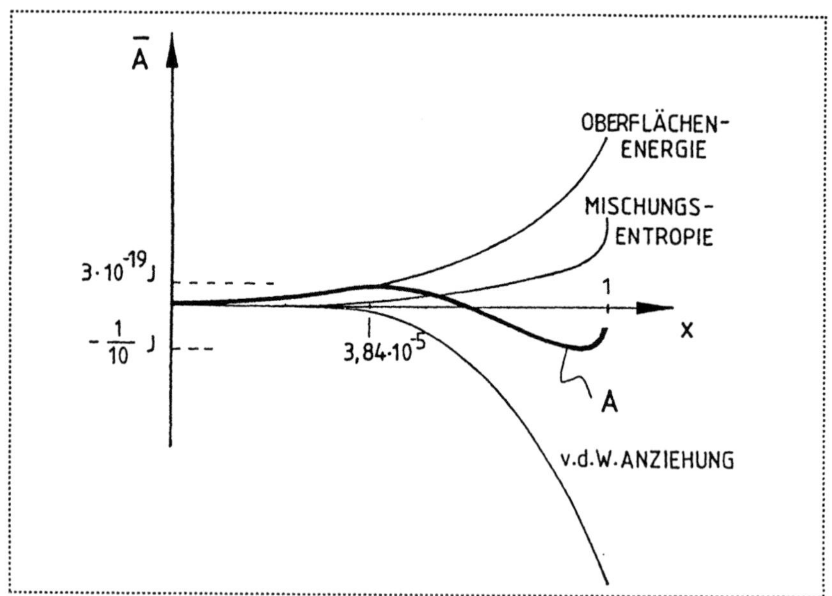


**Abb. 10.4** Beiträge zur verfügbaren freien Energie eines Tropfens in Luft. [Schematisches Bild; beachte die Maßstabsverzerrung].

Abb. 10.4 gibt ein qualitatives Bild dieser Funktion, welche Minima bei x = 0 und in der Nähe von x = 1 hat. Dazwischen liegt ein Maximum, die Keimbildungsbarriere. Die angegebenen Werte beziehen sich auf z = 30. Die Abbildung zeigt – ebenfalls schematisch – die Beiträge von Oberflächenspannung, Mischungsentropie und der van der Waals-Anziehung, die für die Kondensation verantwortlich ist. Man sieht, daß jetzt – in Anwesenheit von Luft – das Endpunktminimum durch die Mischungsentropie in ein "echtes" Minimum verwandelt wird. Dieses definiert die Größe der Nebeltropfen.

## 10.2.5  Keimbildungsbarriere und Tropfenradius

Für x << 1 kann (10.20) in der Form geschrieben werden

$$\frac{\overline{\mathcal{A}}}{10^{-59}} \xrightarrow[x \to 0]{} (0{,}78\ln(1+z) - 3{,}76)\, x^3 + 5{,}89 \cdot 10^{-5} x^2 \,.$$

Daraus folgt für Lage und Höhe der Keimbildungsbarriere

$$x_{max} = \frac{11{,}78 \cdot 10^{-5}}{11{,}1 - 2{,}34\ln(1+z)} \overset{z=30}{\approx} 4 \cdot 10^{-5}, \quad \frac{\overline{\mathcal{A}}_{max}}{10^{-59}} = \frac{3{,}03 \cdot 10^{-14}}{(0{,}78\ln(1+z) - 3{,}96)^2} \overset{z=30}{\approx} 3 \cdot 10^{-14}\,\text{J} \,.$$

Wir schließen, daß

- der Keimbildungsradius von der Größenordnung $10^{-9}$ m ist.
  Er wächst mit zunehmender Luftmenge z.
- die Höhe der Keimbildungsbarriere von der Größenordnung $5 \cdot 10^{-19} \approx 100\,\text{kT}$
  ist. Sie wächst mit zunehmender Luftmenge z.

Man beachte, daß die Barriere 100 mal so groß ist wie die mittlere kinetische Energie der Moleküle. Darum stellt die Barriere eine effektive Schwelle dar, die nicht leicht zu überwinden ist.

Betrachten wir nun die stabilen Minima: Sie entstehen dadurch, daß sich zwei konkurrierende Tendenzen ins Gleichgewicht setzen, nämlich

Tendenz zur Kondensation und Tendenz zur Mischung.

Letztere wächst mit wachsendem T und mit wachsendem z, so daß die Tropfen kleiner werden. Siehe dazu die Kurven der Abb. 10.5.

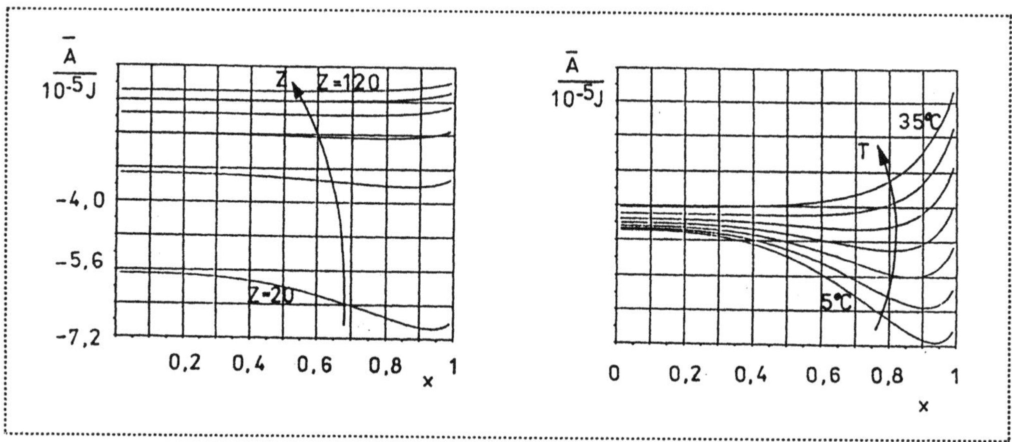



**Abb. 10.5** Einfluß von Luftmenge und Temperatur auf den Tropfenradius.

## 10.3    Luftballons

### 10.3.1  Druck–Radius Charakteristik

Wir betrachten kugelförmige Ballons vom Radius r und Membrandicke d. Im entlüfteten Zustand sollen diese die Werte R bzw. D haben. Die Ableitung der Druck–Radius Beziehung für einen Luftballon ist ein schönes Beispiel für die nichtlineare Elastizitätstheorie. Wir können das hier nicht nachvollziehen, da uns dafür die Grundlagen fehlen. Hier folgt darum eine "Räuberableitung", die uns immerhin *fast* bis an das richtige Ergebnis führt.

Wir stellen uns einen infinitesimal kleinen quadratischen Ausschnitt aus der Luftballon-Membran vor, siehe Abb. 10.6$_R$. Diese sei nur mit den Kräften $P_1$ und $P_2$ in Tangentialrichtung belastet. Die Differenz der Druckkräfte auf die Grund– und Deckfläche ist im Vergleich dazu so klein, daß wir sie vernachlässigen können. Aus dem ersten und zweiten Hauptsatz

$$\frac{dU}{dt} = \dot{Q} + \dot{A} \qquad \text{und} \qquad \frac{dS}{dt} = \frac{\dot{Q}}{T}$$

folgt mit $\quad \dot{A} = P_1\frac{dL_1}{dt} + P_2\frac{dL_2}{dt} \quad$ durch Elimination von $\dot{Q}$

$$dF = -SdT + P_1dL_1 + P_2dL_2$$

wo $F = U - TS$ die freie Energie ist. Da die Gummielastizität nach Absatz 4.5.2 entropieinduziert ist, folgt

$$P_1 = -T\frac{\partial S}{\partial L_1} \qquad \text{und} \qquad P_2 = -T\frac{\partial S}{\partial L_2} \quad . \qquad (10.21)$$

Um $P_1$ und $P_2$ zu berechnen, brauchen wir mithin die Entropie S. Diese wird wie in Absatz 4.4.6 aus der kinetischen Theorie des Gummis berechnet. Die Entropien im unbelasteten und belasteten Zustand lauten nach (4.90)

$$S_0 = k \int_{-\infty}^{\infty} \left( N\ln 4\pi Z - \frac{\vartheta_1^2 + \vartheta_2^2 + \vartheta_3^2}{\frac{1}{3}Nb^2} \right) z_0(\vartheta_1\vartheta_2\vartheta_3)d\vartheta_1 d\vartheta_2 d\vartheta_3$$

$$\text{bzw. } S = k \int_{-\infty}^{\infty} \left( N\ln 4\pi Z - \frac{\vartheta_1^2 + \vartheta_2^2 + \vartheta_3^2}{\frac{1}{3}Nb^2} \right) z(\vartheta_1\vartheta_2\vartheta_3)d\vartheta_1 d\vartheta_2 d\vartheta_3 .$$

$$(10.22)$$

Die Verteilungsfunktionen $z_0$ und $z$ sind gegeben durch

$$z_0 = \frac{n}{\sqrt{\frac{1}{3}\pi Nb^2}^{\,3}} e^{-\frac{\vartheta_1^2 + \vartheta_2^2 + \vartheta_3^2}{\frac{2}{3}\pi Nb^2}} \qquad \text{und} \qquad z = \frac{n}{\sqrt{\frac{1}{3}\pi Nb^2}^{\,3}} e^{-\frac{\frac{1}{\lambda_1^2}\vartheta_1^2 + \frac{1}{\lambda_2^2}\vartheta_2^2 + \lambda_1^2\lambda_2^2\vartheta_3^2}{\frac{1}{3}\pi Nb^2}} .$$

$$(10.23)$$

Die Ableitung dieser Gleichungen benutzt dieselben Argumente wie die in Absatz 4.4.6; der einzige Unterschied besteht darin, daß jetzt der Deformationsgradient lautet

$$\underline{F} = \begin{pmatrix} \lambda_1 & 0 \\ 0 & \lambda_2 & \\ & & \frac{1}{\lambda_1\lambda_2} \end{pmatrix} \qquad \text{anstatt} \qquad \underline{F} = \begin{pmatrix} \lambda & 0 \\ 0 & \frac{1}{\sqrt{\lambda}} & \\ & & \frac{1}{\sqrt{\lambda}} \end{pmatrix} \quad .$$

$\lambda_1$ und $\lambda_2$ sind gegeben durch $L_1/L_1^0, L_2/L_2^0$, wo $L_1^0$ und $L_2^0$ die Längen des Körpers im unbelasteten Zustand sind. $\lambda_3 = L_3/L_3^0$ ist wegen der Inkompressibilität des Gummis durch $\lambda_1\lambda_2\lambda_3 = 1$ vorgegeben. Einsetzen von (10.23) in (10.22) ergibt nach Integration

$$S - S_0 = -\frac{nk}{2}\left( \lambda_1^2 + \lambda_2^2 + \frac{1}{\lambda_1^2\lambda_2^2} - 3 \right), \qquad (10.24)$$

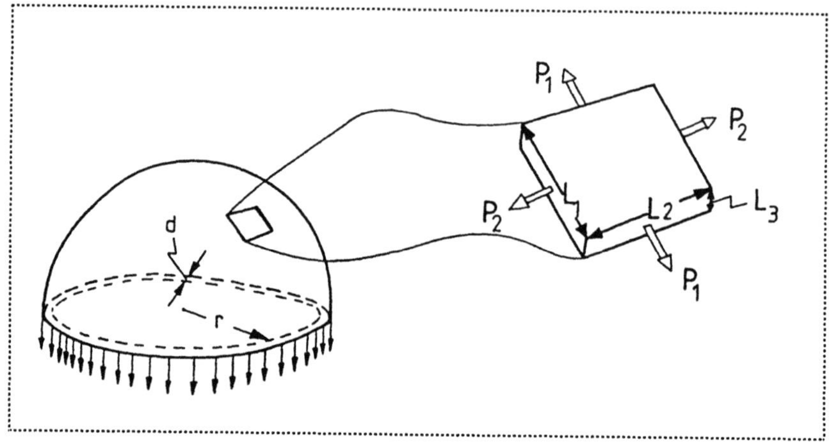

**Abb. 10.6** Links:   Kräftebilanz am halben Ballon
Rechts:   Tangentialkräfte am Ballonausschnitt

und daraus folgt mit (10.21) für die Spannungen $t_{11}$ und $t_{22}$

$$t_{11} = \frac{P_1}{L_2 L_3} = \lambda_1 \frac{P_1}{L_2^0 L_3^0} = \frac{nkT}{V}\left(\lambda_1^2 - \frac{1}{\lambda_1^2 \lambda_2^2}\right) = \rho\,\frac{k}{\mu}\,T\left(\lambda_1^2 - \frac{1}{\lambda_1^2 \lambda_2^2}\right)$$

$$t_{22} = \frac{P_2}{L_1 L_3} = \lambda_2 \frac{P_2}{L_1^0 L_3^0} = \frac{nkT}{V}\left(\lambda_2^2 - \frac{1}{\lambda_1^2 \lambda_2^2}\right) = \rho\,\frac{k}{\mu}\,T\left(\lambda_2^2 - \frac{1}{\lambda_1^2 \lambda_2^2}\right).$$

$$(10.25)$$

V ist das Volumen des betrachteten Körpers, $\rho$ seine Dichte, und $\mu$ ist die Masse eines Kettenmoleküls. Im vorliegenden Fall, wo es sich um ein quadratisches Stück der Gummimembran handelt, gilt

$$\lambda_1 = \lambda_2 = \frac{r}{R} \quad \text{und} \quad \lambda_3 = \frac{d}{D} \quad \Rightarrow \quad dr^2 = DR^2 \,, \qquad (10.26)$$

letzteres wegen der Inkompressibilität.

Die gesuchte Druck–Radius Beziehung erhalten wir als Gleichgewichtsbedingung für den halben Ballon, siehe Abb. 10.6$_L$. Die Tangentialkraft $t_{11} 2\pi r d$ auf den Kreisring am Äquator muß gleich der Kraft von Innendruck $p_i$ und Außendruck $p_a$ auf die Querschnittsfläche sein. Wir schreiben $[p] = p_i - p_a$ und erhalten mit (10.25), (10.26)

$$\left[p\right]\pi r^2 = t_{11}\,2\pi r d \quad \Rightarrow \quad \left[p\right] = 2 \underbrace{\rho\frac{k}{\mu}T}_{s_1 = 3\cdot10^5\,\frac{N}{m^2}} \frac{D}{R}\left(\frac{R}{r} - \left(\frac{R}{r}\right)^7\right) \; . \qquad (10.27)$$

Der in (10.27) angedeutete Koeffizient $s_1$ hat für ein typisches Gummi bei Raumtemperatur den Wert 3 bar. $D/R$ hat für einen Luftballon ungefähr den Wert $0.5 \cdot 10^{-2}$. Für diese Werte ist die Druck–Radius Relation (10.27) in Abb. $10.7_L$ als gestrichelte Linie gezeichnet. Diese Kurve hat einen ansteigenden und einen abfallenden Teil mit einem Maximum bei $\left[p\right] \approx 0{,}025\,\text{bar}$. Die Druckabsenkung ist der Grund für die Erleichterung, die man beim Aufblasen eines Ballons spürt, wenn eine gewisse Schwelle überwunden ist. Man beachte, daß $\left[p\right]$ weniger als 1 % von $t_{11}$ ausmacht, deshalb konnten wir den Druck bei der Berechnung von $t_{11}$ vernachlässigen.

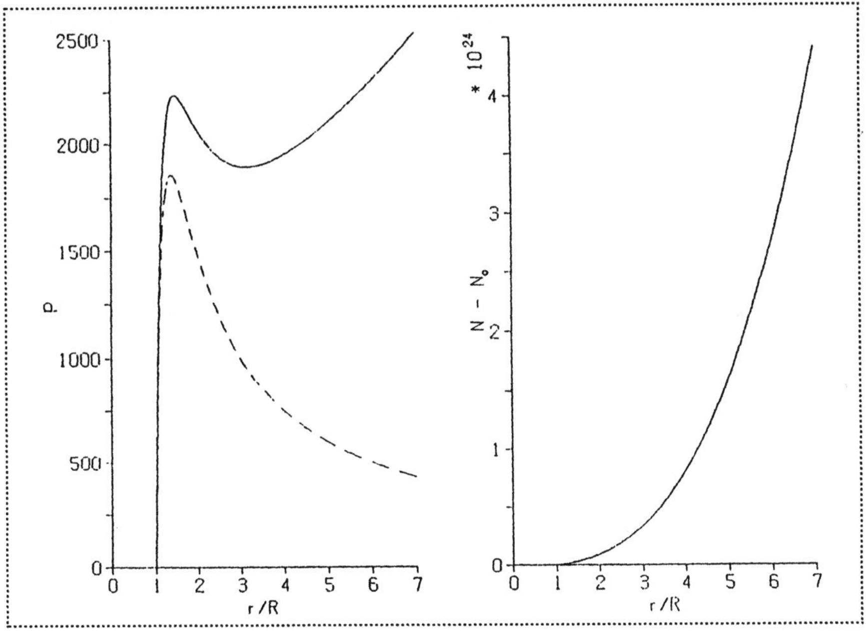

**Abb. 10.7** Links:   Druck-Radius-Charakteristik
                   gestrichelt:   nach der kinetischen Theorie des Gummis
                   ausgezogen:  tatsächlicher Verlauf.
        Rechts: Teilchenzahl im Ballon als Funktion des Radius.

Und doch gibt (10.27) noch nicht die korrekte Druck–Radius Beziehung eines Luftballons wieder. Das liegt daran, daß die in der Ableitung benutzte kinetische

Theorie des Gummis unvollständig ist. Sie beschreibt zwar die nichtlinearen Effekte bei einachsigem Zug zufriedenstellend, aber nicht bei zweiachsigen Verformungen wie hier. In der nichtlinearen Elastizitätstheorie erhält man dann auch anstelle von (10.27) die Formel

$$[p] = 2s_1 \frac{D}{R}\left(\frac{R}{r} - \left(\frac{R}{r}\right)^7\right)\left(1 - \frac{s_{-1}}{s_1}\left(\frac{r}{R}\right)^2\right) \qquad (10.28)$$

mit einem weiteren Koeffizienten $s_{-1} \approx -0{,}1\,s_1$ für Gummi. Diese Funktion werden wir benutzen. Sie ist in Abb. $10.7_L$ als ausgezogene Linie gezeichnet und überdeckt Teile der gestrichelten Kurve nach (10.27).

Die $([p], r)$ – Charakteristik ist nicht–monoton mit zwei ansteigenden Zweigen bei kleinem und großem r und dazwischen einem abfallenden Teil. Wir vermuten deshalb interessante Stabilitätseigenschaften des Ballons. Diese werden wir in den nächsten Absätzen untersuchen.

Die Zahl $N-N_0$ der in den Ballon geblasenen Moleküle als Funktion des Radius berechnet sich aus der idealen Gasgleichung

$$\left(N - N_0\right) kT = p_i \frac{4\pi}{3} r^3 - p_a \frac{4\pi}{3} R^3 = \frac{4\pi}{3}\left\{p_a\left(r^3 - R^3\right) + [p]r^3\right\} \qquad (10.29)$$

Für $p_a = 1$ bar ist diese Funktion in Abb. $10.7_R$ gezeichnet. Die $(N,r)$–Abhängigkeit ist monoton. Deshalb ergibt sich die Möglichkeit, die Variable r aus den Abhängigkeiten $([p], r)$ und $(N, r)$ zu eliminieren. Man erhält eine $([p], N)$ – Kurve, die in Abb. $10.7_R$ gezeigt ist.


## 10.3.2  Stabilität eines Ballons

Wir betrachten das in Abb. 10.8 dargestellte System, in dem wir dem Ballondruck durch das Gewicht eines Kolbens und eine Federkraft das Gleichgewicht halten. Die Gesamtmasse $m = m_1 + m_2$ der Luft läßt sich durch Einblasen durch ein Ventil verändern und wird dann festgehalten. Zu untersuchen ist die Stabilität des Ballons bei festem m. Aus den Überlegungen von Absatz 4.2.7 schließen wir, daß die verfügbare freie Energie gegeben ist durch

$$\mathcal{A} \quad = \quad F_{\text{Luft}} + F_{\text{Ballon}} + E_{\text{Kolben}}^{\text{Pot}} + E_{\text{Feder}} + p_0\left(V_1 + V_2\right) \qquad \text{mit}$$

$$F_{Luft} = m_1 f\left(\frac{V_1}{m_1}\right) + m_2 f\left(\frac{V_2}{m_2}\right) = m_1 \frac{R}{M_L}\ln p_1 + m_2 \frac{R}{M_L}\ln p_2 + mc(T)$$

$$F_{Ballon} = \int_R^r [p]4\pi r^2 dr$$

$$E_{Kolben}^{Pot} = m_k g\left(\frac{V_1 - V_{10}}{A}\right)$$

$$E_{Feder} = \tfrac{1}{2}\lambda\left(\frac{V_1 - V_{10}}{A}\right)^2 \tag{10.30}$$

A in $(10.30)_4$ ist die Querschnittsfläche des Zylinders, und $V_{10}$ ist das Zylindervolumen bei ungespannter Feder. Somit ist $(V_1-V_{10})/A$ gleich der Längenänderung
der Feder mit der Federkonstanten $\lambda$. Die spezifische freie Energie f der Luft hängt
ab von $v = V/m$ oder von $p = p(m/V)$ ; die Abhängigkeit von p ist logarithmisch wie
in (10.30) angegeben. Die freie Energie $\mathcal{A}$ hängt somit von vier Variablen ab,
nämlich $m_1, m_2, V_1, V_2$, von denen drei unabhängig sind, etwa $m_2, V_1, V_2$. $c(T)$ ist
eine hier uninteressante Temperaturfunktion.

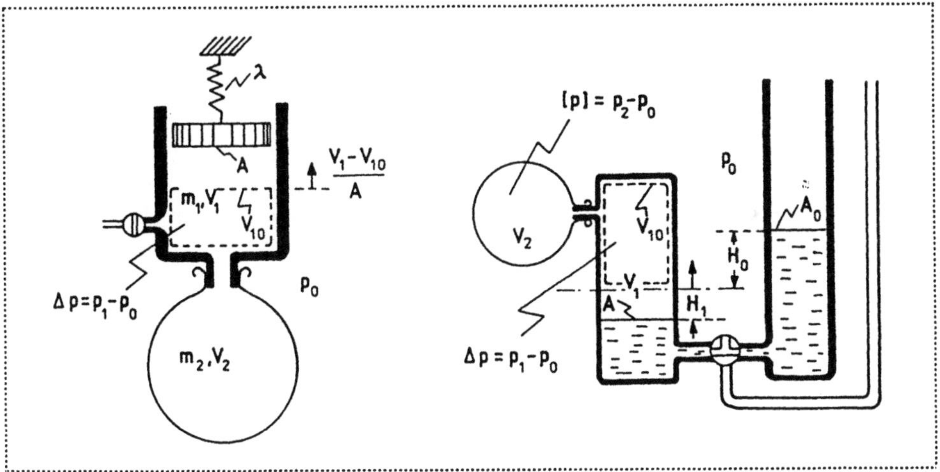


**Abb. 10.8** Zur Stabilität eines Ballons.

Die Ableitungen von $\mathcal{A}$ müssen im Gleichgewicht verschwinden. Die Auswertung
dieser Bedingungen ist einfach; sie führt auf die Gleichungen

$$p_0 = \frac{m_k g}{A} + \lambda \frac{V_1 - V_{10}}{A^2} = p_1 \qquad - \qquad \text{Kräftegleichgewicht am Kolben}$$

$$p_0 + [p] = p_2 \qquad\qquad - \qquad \text{Kräftegleichgewicht am Ballon} \qquad (10.31)$$

$$g(T, p_1) = g(T, p_2) \qquad - \qquad \text{Druckgleichgewicht von Ballon und Zylinder.}$$

Die Gleichheit der freien Enthalpien impliziert hier Gleichheit der Drücke in $V_1$ und $V_2$, daher sprechen wir vom "Druckgleichgewicht".

Das Gleichgewicht ist stabil, wenn die Matrix der zweiten Ableitungen von $\mathcal{A}$ nach $m_2, V_1$ und $V_2$ positiv definit ist. Die Auswertung dieser Bedingungen ist mühsam, und hier wird nur das Ergebnis angegeben. Zwei der drei Bedingungen sind identisch erfüllt, und die dritte lautet mit $N = m/M_L \, \mu_0$

$$\frac{1}{4\pi r^2} \frac{\partial [p]}{\partial r} \; > \; - \frac{1}{\dfrac{A^2}{\lambda} + \dfrac{NkT}{p_2^2}} \; . \qquad (10.32)$$

Daraus schließen wir zunächst, daß alle Zustände stabil sind, bei denen sich der Ballon auf einem ansteigenden Teil der $\left([p], r/_R\right)$-Charakteristik befindet. Aber selbst Zustände im abfallenden Bereich können stabil sein; das hängt von der Federkonstanten ab. In der Tat

- für $\lambda = 0$ – d. h. ohne wirksame Feder – sind alle Punkte auf dem abfallenden Ast *instabil*.
- für $\lambda \to \infty$ – d. h. für die unendlich steife Feder – sind alle Punkte auf dem abfallenden Ast *stabil*, denn selbst das steilste abfallende Stück der Charakteristik hat noch einen größeren Anstieg als $- p_2^2/NkT$. [Es sei denn, das Zylindervolumen ist sehr groß; in diesem Fall kann auch für eine sehr steife Feder der Ballon im abfallenden Ast instabil sein.]
- für mittlere Werte von $\lambda$ sind die steilsten Teile des abfallenden Bereichs instabil.

Dieses Ergebnis zeigt besonders deutlich, daß Stabilität nie allgemeingültig ist, sondern immer von der Art der Belastung abhängt. Wir untersuchen diese Situation im nächsten Absatz genauer.

### 10.3.3   Ein anschauliches Argument zur Stabilität des Ballons

Um ein *anschauliches* Kriterium für die Stabilität eines Gleichgewichtszustandes zu erhalten, berechnen wir den Zylinderdruck $\Delta p = p_1 - p_0$ für das System von Abb. $10.8_L$ als Funktion der Teilchenzahl $N_2$ im Ballon. Es gilt, wenn wir das Gewicht des Kolbens gegenüber der Federkraft vernachlässigen,

$$\Delta p = \lambda \frac{V_1 - V_{10}}{A^2} \quad \text{mit} \quad V_1 = \frac{N_1 kT}{p_1} = \frac{(N - N_2)kT}{p_0\left(1 - \dfrac{\Delta p}{p_0}\right)} \approx \frac{(N - N_2)kT}{p_0}:$$

$$\text{mit } \Delta p < 0{,}025 p_0$$

$$\Delta p = -\frac{\lambda}{A^2} \frac{kT}{p_0} N_2 + \frac{\lambda}{A^2}\left(\frac{NkT}{p_0} - V_{10}\right). \tag{10.33}$$

Wir schließen, daß $\Delta p$ eine abfallende Funktion von $N_2$ ist, mit einem zu $\lambda$ proportionalen Anstieg, siehe Abb. $10.9_L$.

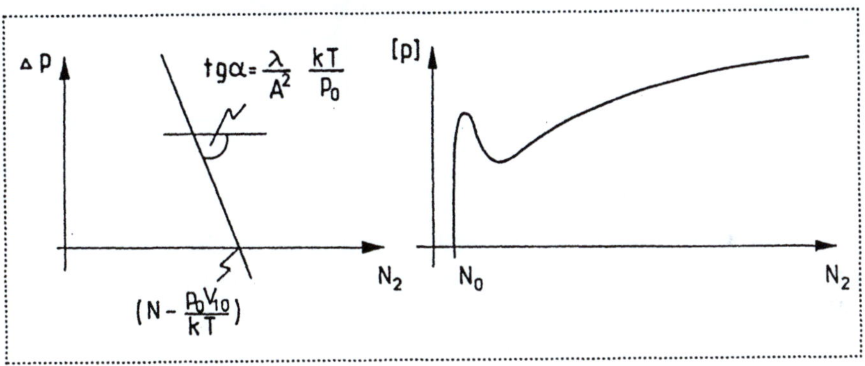


**Abb. 10.9**  Links:  Zylinderdruck $\Delta p$ als Funktion von $N_2$.
Rechts:  Ballondruck $[p]$ als Funktion von $N_2$.

Andererseits kann man auch $[p]$ als Funktion von $N_2$ schreiben. In der Tat, Abb. $10.9_R$ zeigt diese Funktion; sie entsteht durch Elimination der Variablen $r$ aus den beiden Funktionen der Abb. 10.7. Im Gleichgewicht muß nach $(10.31)_3$ gelten $\Delta p = [p]$. Die Punkte in Abb. 10.10 definieren folglich Gleichgewichte in dem empfindlichen Bereich, wo $[p]$ mit $r$ abfällt, links bei weicher Feder $- \lambda$ klein $-$ und rechts bei steifer Feder $- \lambda$ groß. Wir wollen die Stabilität dieser Gleichgewichte untersuchen. Dazu stören wir das Gleichgewicht, indem wir $N_2$ um ein $\delta N_2$ verändern. Nach Abb. 10.10 steigt dadurch der Druck in Ballon *und* Zylinder an. Wir erkennen, daß

- bei weicher Feder der Ballondruck stärker ansteigt als der Zylinderdruck. Folglich strömt nach der Störung weiterhin Luft aus dem Ballon; der Anfangszustand war *instabil*.
- bei steifer Feder der Ballondruck schwächer ansteigt als der Zylinderdruck. Folglich strömt nach der Störung die Luft in den Ballon zurück; der Anfangszustand was *stabil*.

Auf diese Weise gewinnen wir ein anschauliches Stabilitätskriterium: Man vergleicht die Anstiege von $\Delta p$ und $[p]$ als Funktion von $N_2$, und wenn der von $\Delta p$ kleiner ist als der von $[p]$ ; so handelt es sich um einen stabilen Zustand, andernfalls ist der Zustand instabil.

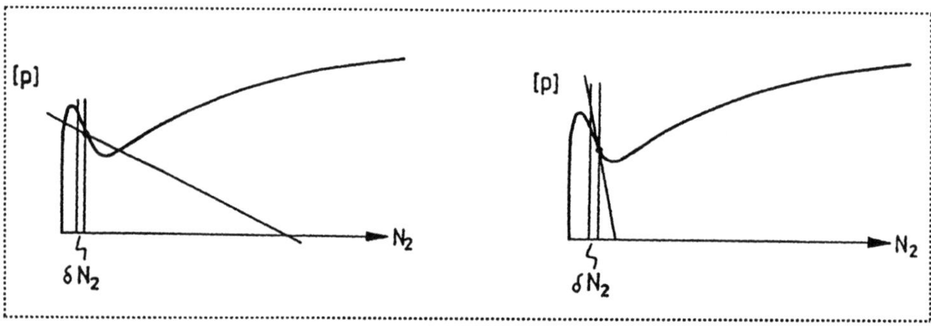

**Abb. 10.10**  Links:   Instabiles Gleichgewicht bei weicher Feder:
Rechts: Stabiles Gleichgewicht bei steifer Feder.

Das in Abb. $10.8_L$ dargestellte System aus Feder, Kolben, Zylinder und Ballon ist ein Ersatzmodell, gut für die Demonstration eines Arguments, aber unpraktisch in der Realisierung. Äquivalent dazu ist das in Abb. $10.8_R$ gezeichnete System.

Bei diesem steht eine offene Röhre im Kontakt mit einer oben geschlossenen Röhre, an deren Auslaß ein Ballon aufgesteckt werden kann. Es ist offensichtlich, daß das Einfüllen von Wasser in die offene Röhre den Ballon aufbläst. $V_{10}$ ist das Luftvolumen der linken Röhre, wenn der Ballon abgenommen wird. Wir beziehen uns auf Abb.10.8 und berechnen $\Delta p$ für die Systeme links und rechts in der Abbildung.[10.1]

---

[10.1] Das Gewicht des Kolbens in Abb. $10.8_L$ wird jetzt gegenüber der Federkraft vernachlässigt.

$$\Delta p = \lambda \frac{V_1 - V_{10}}{A^2}$$

$$\Delta p = \rho_W g (H_1 + H_0)$$

$$\text{mit } AH_1 = A_0 H_0$$

und

$$AH_1 = V_1 - V_{10}$$

$$\Delta p = A \rho_W g \left( 1 + \frac{A}{A_0} \right) \frac{V_1 - V_{10}}{A^2}$$

Vergleich der beiden Formeln zeigt, daß die beiden Systeme der Abb. 10.8 dynamisch äquivalent sind, wenn wir im rechten System die Federkonstante des linken Systems interpretieren als

$$\lambda \mathrel{\hat{=}} A \rho_W g \left( 1 + \frac{A}{A_0} \right).$$

Die "Federkonstante" kann somit vergrößert werden, indem man $A_0$ verkleinert. In dem System der Abb. $10.8_R$ geschieht das, indem man den Dreiwegehahn um eine Vierteldrehung entgegen dem Uhrzeigersinn dreht und so den dünnen Schlauch in Druckkontakt mit dem Ballon bringt. Dieses Gerät ist gebaut worden, und es war instruktiv zu sehen, wie der Ballon, der seinen unstabilen Bereich durchfuhr, bei *jedem* Radius durch Bestätigung des Hahns stabilisiert werden konnte.[10.2]

## 10.3.4  Gleichgewichte kommunizierender Ballons

Zwei gleiche Ballons sind im Gleichgewicht miteinander, wenn die Drücke gleich sind. Wegen der nichtmonotonen Charakteristik der Ballons bedeutet das nicht unbedingt, daß auch die Radien gleich sind. In dem interessanten Druckbereich gibt es sechs mögliche Gleichgewichte – a bis f – die in Abb. 10.11 angedeutet sind, und die sich durch verschiedene Gesamtteilchenzahl N unterscheiden. Wir fragen, welche dieser Gleichgewichte stabil sind.

Diese Frage ist leicht zu beantworten: Die Ballons haben beide eine $\big([p], N\big)$-Charakteristik der in Abb. $10.9_R$ gezeigten Form. Trägt man $\big([p], N_1\big)$ für den ersten Ballon auf und $[p](N_2) = [p](N - N_1)$ für den zweiten – beide als Funktion von $N_1$ – so erhält man das in Abb. $10.12_L$ gezeigte Bild, wo ein Gleich-

---

[10.2] Viele dieser Betrachtungen von Ballons wurden von W. Kitsche in seiner Studien- und Diplomarbeit ersonnen. Siehe auch: W. Dreyer, I. Müller, P. Strehlow, A Study of Equilibria of Interconnected Balloons. Quarterly J. Mech. Appl. Math. <u>35</u> (1982) sowie: W. Kitsche, I. Müller, P. Strehlow, in Metastastability and Incompletely Posed Problems. IMA Lecture Notes, Springer, New York (1986).

gewicht des Typs e betrachtet wird. Stört man dieses, indem man $\delta N_1$ Teilchen aus Ballon 1 herausdrückt, so sinken die Drücke in  beiden Ballons, aber der in Ballon 1 sinkt weniger stark als der in Ballon 2, so daß die Störung nicht geheilt werden kann; das Gleichgewicht e ist instabil. Analog beurteilt man die Stabilität der anderen Gleichgewichte und  findet, daß nur d und e instabil  sind.

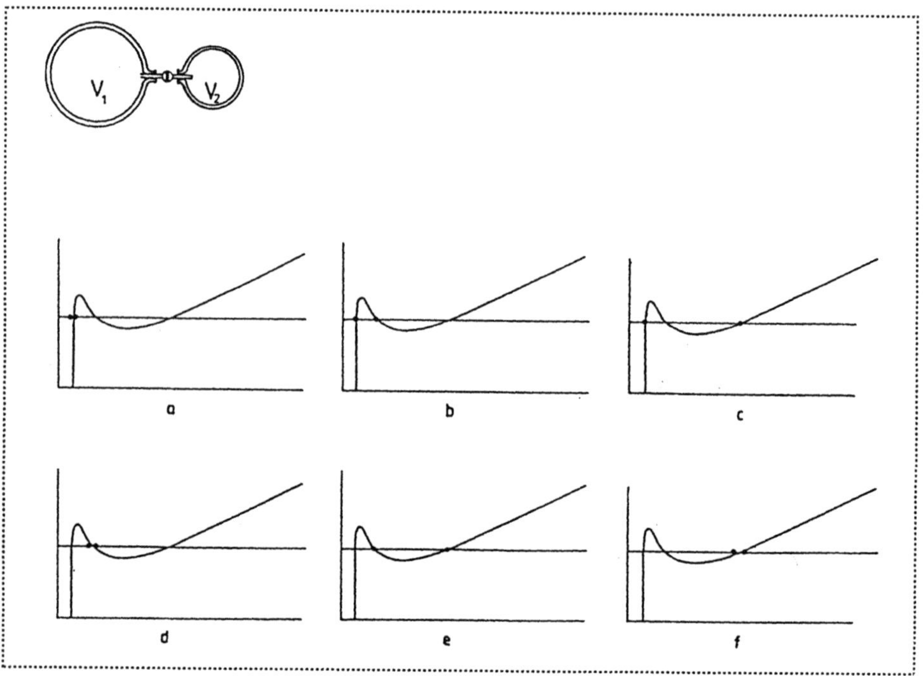


**Abb. 10.11** Zwei Ballons und ihre möglichen Gleichgewichte.

Insbesondere ist b ein stabiles Gleichgewicht. Man kann über b sagen, daß "der Ballon 1 − auf dem ansteigenden Ast − stabiler ist, als der Ballon 2 instabil ist"; daher ist das Gesamtsystem stabil. Der Grund ist klar: $N = N_1 + N_2$ ist konstant, und Ballon 1 kann nicht genug Luft liefern, um Ballon 2 von dem „unbequemen" abfallenden Ast herunterzuhelfen.

    Abb. 10.12$_R$ stellt den Druck in beiden Ballons als Funktion des "Äquivalenzradius"

$$\lambda = \sqrt[3]{\frac{r_1^3 + r_2^3}{2R^3}} \quad .$$

$$(10.34)$$

dar für die verschiedenen Aufblaswege der beiden Ballons. Dabei entsprechen die verschiedenen Zweige a bis f den Situationen in Abb. 10.11. Die Zweige d und e sind gestrichelt, da instabil.

Ein beliebter und zuverlässiger Handversuch in Experimentalvorlesungen oder Knoff Hoff Shows verbindet zwei gleiche Ballons verschiedener Größe. Die Zuschauer erwarten gewöhnlich, daß sich die Ballongrößen angleichen, und sie sind überrascht zu sehen, daß der kleinere Ballon im Volumen abnimmt und seine Luft dem größeren Ballon abgibt, welcher wächst. Zwar ist bei solchen Versuchen der Anfangszustand im allgemeinen kein Gleichgewicht, aber das gleiche Phänomen tritt auf, wenn wir im instabilen Gleichgewicht e starten; dann wird sich schnell das stabile Gleichgewicht c einstellen. Viele der Experimentatoren wissen nicht, daß sich die Ballongrößen tatsächlich angleichen, wenn sie *insgesamt mehr* Luft enthalten. Dann streben sie nämlich dem stabilen Gleichgewicht f zu.

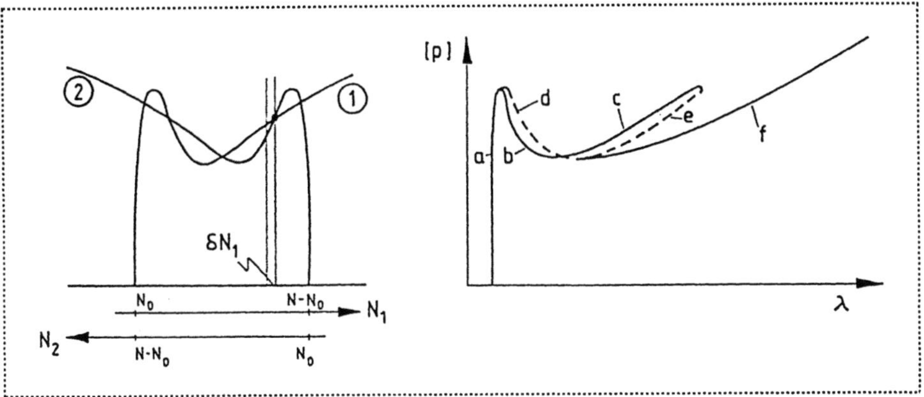

**Abb. 10.12** Links:  Zur Stabilität des Gleichgewichts e  
Rechts:  Der (gleiche) Druck in zwei Ballons als Funktion des Äquivalenzradius' $\lambda$.

Beim gleichzeitigen Aufblasen zweier Ballons durch ein Rohr und anschließender Entlüftung werden die stabilen Kurventeile in der in Abb. $10.13_L$ durch Pfeile angedeuteten Richtung durchlaufen. Die Endpunkte der gezeichneten Sprünge sind geschätzt worden. Der Absprung tritt auf, wenn der erste – bereits voll aufgeblasene – Ballon den zweiten über das Druckmaximum "nachzieht". Der Aufsprung passiert, wenn beim Entlüften der eine Ballon den anderen über das Maximum "zurückschiebt". Ein Be- und Entlüftungsvorgang ist hiernach mit einer Hysterese verbunden.

Abb. 10.13 zeigt in der Mitte und rechts die entsprechenden Bilder für 10 und 1000 Ballons, wo nun allerdings Auf- und Absprünge schematisch durch senkrechte Linien angedeutet sind. Bei genauem Hinsehen erkennt man für

10 Ballons, daß sogar zwei Hystereseschleifen auftreten, eine hinter dem Druckmaximum und eine für große Werte von

$$\lambda_n = \sqrt[3]{\frac{\sum\limits_{i=1}^{n} r_i^3}{nR^3}} \; . \tag{10.35}$$

Für wachsende Ballonzahl n werden diese Hysteresen größer, und bei n = 1000 sind sie zusammengewachsen. Wir gehen nicht im einzelnen auf die Interpretation dieser Bilder ein. Es ist jedoch offensichtlich, daß die Zacken in den Kurven dadurch zustandekommen, daß immer ein Ballon mehr das Maximum überwindet. Gesagt sei auch, daß eine Charakteristik wie in Abb. 10.13$_R$ ganz ähnlich auch bei Gedächtnislegierungen im pseudoelastischen Bereich auftritt, siehe Abschnitt 10.7.

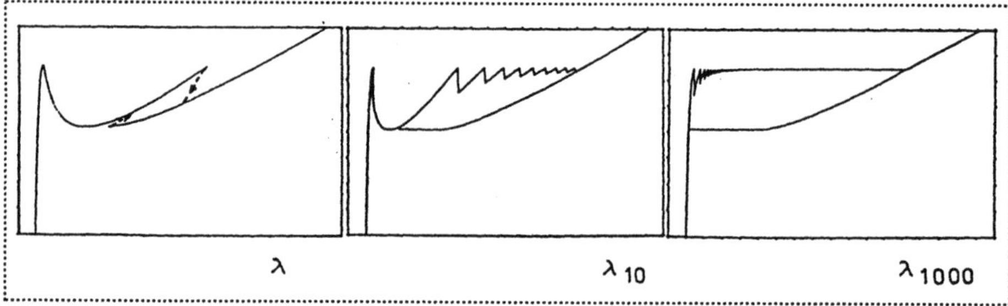


**Abb. 10.13**  Be- und Entlüften von zwei, zehn und tausend Ballons.

# 10.4  Schall

## 10.4.1  Wellengleichung

Schall ist die Ausbreitung von Druck-, Dichte-, Temperatur- und Geschwindigkeitsstörungen. Diese Ausbreitung wird beschrieben durch die Bilanzgleichungen von Masse, Impuls und (innerer) Energie, siehe (1.10), (1.16) und (1.48). Schwerkraft und Strahlung interessieren in diesem Zusammenhang nicht, und wir vernachlässigen hier auch Reibungskräfte und Wärmefluß. Dann lauten die erwähnten Bilanzen

$$\frac{\partial \rho}{\partial t} + \frac{\partial \rho w_i}{\partial x_i} = 0$$

$$\frac{\partial \rho w_i}{\partial t} + \frac{\partial (\rho w_i w_j + p \delta_{ij})}{\partial x_j} = 0 \tag{10.36}$$

$$\frac{\partial \rho u}{\partial t} + \frac{\partial \rho u w_i}{\partial x_i} = -p \frac{\partial w_i}{\partial x_i} \; ,$$

und wir haben die thermische und kalorische Zustandsgleichung $p = p(\rho, T)$ und $u = u(\rho, T)$, um das System abzuschließen.

Der Einfachheit halber betrachten wir den eindimensionalen Fall, das heißt, wir setzen $\rho = \rho(x_1, t)$, $T = T(x_1, t)$ sowie $w_2 = w_3 = 0$ und $w_1 = w(x_1, t)$, dann sind die zweite und dritte Komponente der Impulsbilanz identisch erfüllt, und es bleiben nur die Gleichungen.

$$\frac{\partial \rho}{\partial t} + \frac{\partial \rho w}{\partial x_1} = 0,$$

$$\frac{\partial \rho w}{\partial t} + \frac{\partial \rho w^2}{\partial x_1} + \frac{\partial p}{\partial x_1} = 0, \tag{10.37}$$

$$\frac{\partial \rho u}{\partial t} + \frac{\partial \rho u w}{\partial x_1} = -p \frac{\partial w}{\partial x_1} \; .$$

Außerdem betrachten wir Prozesse

$$\rho(x_j, t), \; w_i(x_j, t), \; T(x_j, t),$$

in denen die Felder nur wenig von konstanten Werten $\rho = \rho_0$, $w_i = 0$, $T = T_0$ abweichen. Wir schreiben deshalb

$$\begin{aligned}
\rho(x_j, t) &= \rho_0 + \overline{\rho}(x_j, t), \\
w_i(x_j, t) &= \overline{w}_i(x_j, t), \\
T(x_j, t) &= T_0 + \overline{T}(x_j, t)
\end{aligned} \tag{10.38}$$

und vernachlässigen alle Produkte von $\overline{\rho}, \overline{w}_1$ und $\overline{T}$ sowie ihrer Ableitungen. Einsetzen dieser Ansätze für die Zerlegung der Felder in konstante Anteile und *kleine* veränderliche Anteile liefert dann das  lineare Gleichungssystem

$$\frac{\partial \overline{\rho}}{\partial t} + \rho_0 \frac{\partial \overline{w}}{\partial x_1} = 0,$$

$$\rho_0 \frac{\partial \overline{w}}{\partial t} + \left(\frac{\partial p}{\partial \rho}\right)_0 \frac{\partial \overline{\rho}}{\partial x_1} + \left(\frac{\partial p}{\partial T}\right)_0 \frac{\partial \overline{T}}{\partial x_1} = 0,$$

$$\rho_0 \left(\frac{\partial u}{\partial \rho}\right)_0 \frac{\partial \overline{\rho}}{\partial t} + \rho_0 \left(\frac{\partial u}{\partial T}\right)_0 \frac{\partial \overline{T}}{\partial t} = p \frac{\partial \overline{w}}{\partial x_1},$$

wenn alle Produkte mit $\overline{\rho}, \overline{w}$ und $\overline{T}$ vernachlässigt werden. Mit $\frac{\partial \overline{w}}{\partial x_1} = -\frac{1}{\rho_0} \frac{\partial \overline{\rho}}{\partial t}$ sowie der Integrabilitätsbedingung (4.24), hier geschrieben als $-\rho^2 \left(\frac{\partial u}{\partial \rho}\right)_T = T \left(\frac{\partial p}{\partial T}\right)_\rho - p$, folgt

$$\frac{\partial \overline{\rho}}{\partial t} + \rho_0 \frac{\partial \overline{w}}{\partial x_1} = 0,$$

$$\rho_0 \frac{\partial \overline{w}}{\partial t} + \left(\frac{\partial p}{\partial \rho}\right)_0 \frac{\partial \overline{\rho}}{\partial x_1} + \left(\frac{\partial p}{\partial T}\right)_0 \frac{\partial \overline{T}}{\partial x_1} = 0, \qquad (10.39)$$

$$\rho_0 \, c_v^0 \frac{\partial \overline{T}}{\partial t} - \frac{1}{\rho_0} T_0 \left(\frac{\partial p}{\partial T}\right)_0 \frac{\partial \overline{\rho}}{\partial t} = 0.$$

Aus diesem System von Differentialgleichungen erster Ordnung machen wir *eine* Differentialgleichung zweiter Ordnung wie folgt. Wir differenzieren die erste Gleichung nach t und die zweite nach $x_1$ und eliminieren $\rho_0 \frac{\partial^2 w}{\partial x_1 \partial t}$. Dann ergibt sich

$$\frac{\partial^2 \overline{\rho}}{\partial t^2} - \left(\frac{\partial p}{\partial \rho}\right)_0 \frac{\partial^2 \overline{\rho}}{\partial x_1^2} - \left(\frac{\partial p}{\partial T}\right)_0 \frac{\partial^2 \overline{T}}{\partial x_1^2} = 0. \qquad (10.40)$$

Integration der letzten Gleichung führt auf

$$\overline{T} = \frac{T_0}{\rho_0^2} \frac{1}{c_v^0} \left(\frac{\partial p}{\partial T}\right)_0 \overline{\rho}, \qquad (10.41)$$

wenn man die Integrationskonstante gleich 0 setzt. Das setzt nur voraus, daß irgendwann einmal $\overline{T}$ und $\overline{\rho}$ an der Stelle $x_1$ gleich 0 sind. Einsetzen dieser Beziehung (10.41) für $\overline{T}$ in (10.40) ergibt eine partielle Differentialgleichung für $\overline{\rho}$, welche die Form hat

$$\frac{\partial^2 \overline{\rho}}{\partial t^2} - \left\{ \left(\frac{\partial p}{\partial \rho}\right)_T + \frac{T_0}{\rho_0^2}\frac{1}{c_v^0}\left(\frac{\partial p}{\partial T}\right)_0^2 \right\} \frac{\partial^2 \overline{\rho}}{\partial x^2} = 0\,. \tag{10.42}$$

Man kann den von geschwungenen Klammern eingeschlossenen Koeffizienten vereinfachen wie folgt

$$\left(\frac{\partial p}{\partial \rho}\right) + \frac{T}{\rho^2}\frac{1}{c_v}\left(\frac{\partial p}{\partial T}\right)^2 = \left(\frac{\partial p}{\partial \rho}\right) + \frac{T}{\rho^2}\frac{1}{c_v}\left(\frac{\partial \rho}{\partial T}\right)^2\left(\frac{\partial p}{\partial \rho}\right)^2$$

$$= \frac{1}{c_v}\left(\frac{\partial p}{\partial \rho}\right)\left[c_v - \frac{T}{\rho^2}\left(\frac{\partial \rho}{\partial T}\right)\left(\frac{\partial p}{\partial T}\right)\right]$$

$$= \frac{c_p}{c_v}\left(\frac{\partial p}{\partial \rho}\right)\,. \tag{10.43}$$

So ergibt sich mit $\kappa = c_p / c_v$ für die Differentialgleichung (10.42)

$$\frac{\partial^2 \overline{\rho}}{\partial t^2} - \kappa^0\left(\frac{\partial p}{\partial \rho}\right)_0 \frac{\partial^2 \overline{\rho}}{\partial x_1^2} = 0\,. \tag{10.44}$$

Dies ist eine *Wellengleichung*, und wir schließen daraus, daß die Lösungen der linearisierten Grundgleichungen der Thermodynamik Wellen sind. Diese nennen wir Schallwellen.

## 10.4.2 Lösung der Wellengleichung, d'Alembert-Methode

Zum Beweis der Behauptung, daß die Gleichung $\dfrac{\partial^2 \overline{\rho}}{\partial t^2} - \kappa^0\left(\dfrac{\partial p}{\partial \rho}\right)_0 \dfrac{\partial^2 \overline{\rho}}{\partial x_1^2} = 0$ Wellen als Lösungen hat, und zur Bestimmung der Ausbreitungsgeschwindigkeit dieser Wellen lösen wir die Wellengleichung. Dazu führen wir eine Variablensubstitution durch

$$\zeta = x_1 + a\,t \qquad x_1 = \frac{1}{2}(\zeta + \eta)$$

$$\Leftrightarrow$$

$$\eta = x_1 - a\,t \qquad t = \frac{1}{2a}(\zeta - \eta)\,,$$

wobei a eine zunächst beliebige Konstante ist. Es folgt

$$\frac{\partial}{\partial x} = \frac{\partial}{\partial \zeta} + \frac{\partial}{\partial \eta} \quad , \quad \frac{\partial^2}{\partial x^2} = \frac{\partial^2}{\partial \zeta^2} + 2\frac{\partial^2}{\partial \zeta \partial \eta} + \frac{\partial^2}{\partial \eta^2}$$

$$\frac{\partial}{\partial t} = a\frac{\partial}{\partial \zeta} - a\frac{\partial}{\partial \eta} \quad , \quad \frac{\partial^2}{\partial t^2} = a^2\frac{\partial^2}{\partial \zeta^2} - 2a^2\frac{\partial^2}{\partial \zeta \partial \eta} + a^2\frac{\partial^2}{\partial \eta^2} ,$$

und damit ergibt sich für die Differentialgleichung

$$\left(a^2 - \kappa_0\left(\frac{\partial p}{\partial \rho}\right)_0\right)\frac{\partial^2 \overline{\rho}}{\partial \zeta^2} - 2\left(a^2 + \kappa_0\left(\frac{\partial p}{\partial \rho}\right)_0\right)\frac{\partial^2 \overline{\rho}}{\partial \zeta \partial \eta} + \left(a^2 - \kappa_0\left(\frac{\partial p}{\partial \rho}\right)_0\right)\frac{\partial^2 \overline{\rho}}{\partial \eta^2} = 0 .$$

Die Wahl der bisher beliebigen Konstante a zu $a^2 = \kappa_0\left(\frac{\partial p}{\partial \rho}\right)_0$ führt dann auf die

wesentlich einfachere Differentialgleichung $\frac{\partial^2 \overline{\rho}}{\partial \zeta \partial \eta} = 0$  mit der Lösung

$$\overline{\rho}(x_1, t) = g(\eta) + h(\zeta), \qquad \text{also}$$

$$\overline{\rho}(x_1, t) = g\left(x_1 + \sqrt{\kappa_0\left(\frac{\partial p}{\partial \rho}\right)_0}\, t\right) + h\left(x_1 - \sqrt{\kappa_0\left(\frac{\partial p}{\partial \rho}\right)_0}\, t\right) . \qquad (10.45)$$

Diese Lösung stellt die Überlagerung einer nach links und einer nach rechts laufenden Welle dar. Die Funktionen g und h werden aus den Anfangsbedingungen bestimmt: Ist die Dichte zur Zeit 0 gegeben, wie in Abb. 10.14 oben gezeigt, und ist $\frac{\partial \overline{\rho}}{\partial t} = 0$  zur Zeit 0, so gilt

$$g(x_1) + h(x_1) = \rho_0(x_1) \qquad\qquad g(x_1) = \frac{\rho_0(x_1)}{2} + \frac{c}{2}$$

$$\Rightarrow$$

$$g'(x_1) - h'(x_1) = 0 \qquad\qquad h(x_1) = \frac{\rho_0(x_1)}{2} - \frac{c}{2} ,$$

wobei c eine Integrationskonstante ist. Es folgt damit als Lösung des betrachteten Anfangswertproblems

$$\overline{\rho}(x_1, t) = \frac{1}{2}\left(\rho_0\left(x_1 + \sqrt{\kappa_0\left(\frac{\partial p}{\partial \rho}\right)_0}\, t\right) + \rho_0\left(x_1 - \sqrt{\kappa_0\left(\frac{\partial p}{\partial \rho}\right)_0}\, t\right)\right) .$$

Diese Lösung ist in Abb. 10.14 unten dargestellt: Die ursprüngliche Verteilung läuft je zur Hälfte nach rechts und links und zwar mit der Geschwindigkeit

$$V = \sqrt{\kappa\left(\frac{\partial p}{\partial \rho}\right)} \, . \tag{10.46}$$

Dies ist die Schallgeschwindigkeit.

Für ideale Gase ergibt sich aus (10.46) für die Schallgeschwindigkeit

$$V = \sqrt{\kappa\frac{R}{M_r}T} \, . \tag{10.47}$$

Sie hängt von der Temperatur ab. Für Luft von 20° C ergibt sich mit $\kappa = \frac{7}{5}$ und $M_r = 28{,}9$

$$V = 343\frac{m}{sec} \, .$$

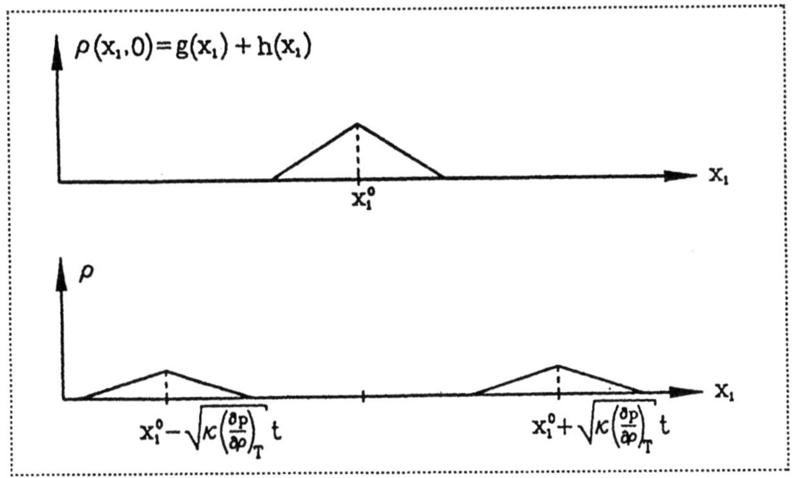


**Abb. 10.14** Ausbreitung eines Schallpulses.

Je weniger komprimierbar eine Flüssigkeit ist, desto größer ist ihre Schallgeschwindigkeit. V für Wasser hat einen Wert von ca. $1500\frac{m}{sec}$ .

### 10.4.3  Ebene harmonische Wellen

Ein Feld von der Form

$$s(x_i,t) = \overline{s}\, e^{k_I n_i x_i} \cos(\omega t - k_R n_i x_i + \varphi) \qquad (10.48)$$

heißt eine ebene harmonische Welle mit

| | |
|---|---|
| Amplitude | $\overline{s}$ , |
| Kreisfrequenz | $\omega$  ($\omega = 2\pi\nu$  mit $\nu$ als Frequenz) |
| Wellenzahl | $k_R$ ($k_R = 2\pi/\lambda$ mit $\lambda$ als Wellenlänge) |
| Dämpfung | $- k_I$ |
| Phasenverschiebung | $\varphi$ |
| Fortpflanzungsrichtung | $n_i$ ( $n_i \cdot n_i = 1$). |

Die Welle heißt *eben*, weil die *Phase* $\omega t - k_R n_i x_i + \varphi$ auf den zu $n_i$ senkrechten Ebenen $\omega t - k_R n_i x_i + \varphi = \text{const}$ konstant ist. Ein fester Phasenwert bewegt sich mit der Geschwindigkeit $v_{Ph}$ in Richtung von $n_i$. Es folgt

$$v_{Ph} = n_i \frac{dx_i}{dt} = \frac{\omega}{k_R}, \qquad (10.49)$$

und $v_{Ph}$ heißt die Phasengeschwindigkeit der Welle. Die Welle heißt *harmonisch*, weil $s(x_i,t)$ an jedem festen Ort durch eine harmonische Schwingung gegeben ist. Für $k_I < 0$ ist die Welle in Ausbreitungsrichtung exponentiell gedämpft.

Die harmonischen Wellen sind wichtig, weil man – nach FOURIER, siehe Abschnitt 6.1 – die Ausbreitung beliebiger Störungen als eine Summe harmonischer Wellen beschreiben kann.

Allerdings ist (10.49) nicht die einfachste Darstellung einer ebenen Welle. Führt man nämlich ein

die komplexe Amplitude   $\hat{\overline{s}} = \overline{s}\, e^{i\varphi}$       und

die komplexe Wellenzahl  $k = k_R + i\, k_I$ ,

so läßt sich (10.49) als Realteil einer komplexen Funktion schreiben

$$s(x_i,t) = \mathrm{Re}\left( \hat{\overline{s}}\, e^{i(\omega t - k\, n_i x_i)} \right). \qquad (10.50)$$

Diese Form ist nützlich, insbesondere weil sich die Exponentialfunktion bei der Differentiation – und Integration – reproduziert. Man nennt (10.50) die komplexe Darstellung einer ebenen harmonischen Welle und, in der Tat, meist schreibt man

$$s(x_i, t) = \hat{\hat{s}}\, e^{i(\omega t - k\, n_i x_i)} \; ; \qquad (10.51)$$

man muß sich dann nur erinnern, daß von dieser komplexen Funktion nur der Realteil die Welle darstellt.

## 10.4.4 Ebene harmonische Schallwellen

Wir erinnern uns an das linearisierte Feldgleichungssystem (10.39) und machen den Lösungsansatz

$$\overline{\rho}\,(x_1, t) = \hat{\hat{\rho}}\, e^{i(\omega t - k\, x_1)}$$
$$\overline{w}(x_1, t) = \hat{\hat{w}}\, e^{i(\omega t - k\, x_1)} \qquad (10.52)$$
$$\overline{T}\,(x_1, t) = \hat{\hat{T}}\, e^{i(\omega t - k\, x_1)} \; .$$

Das heißt, wir nehmen an, daß die Gleichungen Lösungen in der Form ebener harmonischer Wellen besitzen, die sich in $x_1$-Richtung fortpflanzen. Einsetzen des Ansatzes (10.52) in das Gleichungssystem (10.39) ergibt nach Herauskürzen des allen Termen gemeinsamen Exponentialfaktors das algebraische Gleichungssystem

$$i\omega\hat{\hat{\rho}} \quad - \quad ik\rho_0\hat{\hat{w}} \qquad\qquad\qquad = 0$$
$$-ik\left(\frac{\partial p}{\partial \rho}\right)_0 \hat{\hat{\rho}} \; + \; i\omega\rho_0\hat{\hat{w}} \; - \; ik\left(\frac{\partial p}{\partial T}\right)_0 \hat{\hat{T}} \; = 0 \qquad (10.53)$$
$$i\omega\,\frac{T_0}{\rho_0}\left(\frac{\partial p}{\partial T}\right)_0 \hat{\hat{\rho}} \qquad\qquad\quad + \; i\omega\rho_0\, c_v^0\, \hat{\hat{T}} \; = 0 \; .$$

Dies ist ein *homogenes* lineares Gleichungssystem, welches nur dann nichtverschwindende Lösungen hat, wenn die Determinante verschwindet. Wir müssen also fordern

$$\begin{vmatrix} i\omega & - ik\rho_0 & 0 \\[2ex] -ik\left(\dfrac{\partial p}{\partial \rho}\right)_0 & + i\omega\rho_0 & - ik\left(\dfrac{\partial p}{\partial T}\right)_0 \\[2ex] -i\omega\,\dfrac{T_0}{\rho_0}\left(\dfrac{\partial p}{\partial T}\right)_0 & 0 & + i\omega\rho_0\, c_v^0 \end{vmatrix} = 0 \;\Rightarrow\; \frac{\omega}{k} = \sqrt{\left(\frac{\partial p}{\partial \rho}\right)_0 + \frac{T_0}{\rho_0^2}\frac{1}{c_v^0}\left(\frac{\partial p}{\partial T}\right)_0^2} \; .$$

$$\qquad (10.54)$$

Es folgt, daß die ebene harmonische Welle (10.52) nur dann Lösung unserer Gleichungen ist, wenn k und $\omega$ in der durch (10.54) gegebenen Weise zusammenhängen.

Wir erinnern uns, daß $\omega/k$ gleich der Phasengeschwindigkeit $v_{Ph}$ war, und daß der Radikand in (10.54) als $\kappa_0 \left( \dfrac{\partial p}{\partial \rho} \right)_0$ geschrieben werden kann, siehe (10.43). Damit folgt

$$v_{Ph} = \sqrt{\kappa_0 \left( \frac{\partial p}{\partial \rho} \right)_0} \; . \tag{10.55}$$

Die Phasengeschwindigkeit ebener harmonischer Wellen ist somit – nicht überraschend – gleich der Geschwindigkeit der Schallausbreitung, siehe (10.46). Aus (10.54) folgt, daß k reell ist, und das heißt, daß die ebene harmonische Welle ungedämpft ist.

[Hätten wir viskose Reibungskräfte und Wärmeleitung berücksichtigt, so wäre k komplex, d. h. die Welle würde gedämpft. Und nicht nur das: Im Falle einer viskosen, wärmeleitenden Flüssigkeit hätte sich $v_{Ph}$ als Funktion von $\omega$ ergeben; die Welle wäre *dispersiv*. Diese komplizierteren, wenn auch realistischeren Fälle ignorieren wir hier. Siehe jedoch Absatz 11.1.3.]

Mit (10.54) läßt sich das homogene lineare Gleichungssystem lösen, d. h. falls $\hat{w}$ bekannt ist, können $\hat{\rho}$ und $\hat{T}$ bestimmt werden. Man erhält

$$\frac{1}{\rho_0}\hat{\rho} = \frac{1}{v_{Ph}}\hat{w} \qquad \text{und} \qquad \frac{1}{T_0}\hat{T} = \frac{1}{\rho_0 c_v^0}\left( \frac{\partial p}{\partial T} \right)_0 \frac{1}{v_{Ph}}\hat{w} \; . \tag{10.56}$$

Für ein zweiatomiges ideales Gas ergibt das

$$\frac{1}{\rho_0}\hat{\rho} = \frac{1}{\sqrt{\dfrac{7}{5}\dfrac{R}{M_r}T_0}}\hat{w} \qquad \text{und} \qquad \frac{1}{T_0}\hat{T} = \frac{2}{5}\frac{1}{\sqrt{\dfrac{7}{5}\dfrac{R}{M_r}T_0}}\hat{w} \; .$$

und die Druckamplitude folgt aus der idealen Gasgleichung zu

$$\hat{p} = \rho_0 \sqrt{\frac{7}{5}\frac{R}{M_r}T_0}\; \hat{w} \; . \tag{10.57}$$

Ein kräftiger – heute üblicher – Disco-Sound mit 120 Dezibel hat eine Druckamplitude von

$$\overline{p} = 20 \text{ Pa} = 0{,}2 \text{ mbar} \; .$$

Daraus folgt nach Obigem für die Amplituden von Geschwindigkeit, Dichte und Temperatur bei Normalbedingungen

$$\overline{w} = 0{,}064\,\frac{m}{s} \qquad \overline{\rho} = 2{,}4\cdot 10^{-4}\,\frac{kg}{m^3} \qquad \overline{T} = 0{,}022\ K\ .$$

Nur $\overline{p}$ können wir mit unseren Sinnen wahrnehmen, da das menschliche Trommelfell ein empfindliches und auf Druckänderungen schnell reagierendes Organ ist.

## 10.5  Landau-Theorie der Phasenübergänge

### 10.5.1  Freie Energie und Last als Funktion von Temperatur und Dehnung. Phasenübergänge Erster und Zweiter Ordnung

Landau hat ein mathematisches Modell für Phasenübergänge angegeben, welches man auf das thermomechanische Verhalten eines eindimensionalen Zugstabes anwenden kann, siehe Abb. 4.12. Dabei wird die freie Energie F in ihrer Abhängigkeit von Temperatur T und Dehnung $D = L - L_0$ durch eine einfache Polynomfunktion angegeben

$$F(D,T) = F_0(T) + \frac{1}{2}a(T - T_0)D^2 - \frac{1}{4}b\,D^4 + \frac{1}{6}c\,D^6\ . \qquad (10.58)$$

Die Last P ist die Ableitung von F nach D, und darum lautet die Last–Dehnungsbeziehung im Landau–Modell

$$P(D,T) = a(T - T_0)D - b\,D^3 + c\,D^5\ . \qquad (10.59)$$

a, b, c und $T_0$ sind Konstanten. Man unterscheidet zwei wichtige Sonderfälle

    i.)   Phasenübergänge Erster Ordnung, für die alle Konstanten positiv sind,
    ii.)  Phasenübergänge Zweiter Ordnung, für die $b < 0$ gilt.

Diese Sonderfälle betrachten wir einzeln.

### 10.5.2  Phasenübergänge Erster Ordnung

Wir zeichnen Isothermen F(D,T) und P(D,T) und erhalten die Graphen der Abb. 10.15, die den verschiedenen angegebenen Temperaturbereichen entsprechen. Die Grenztemperaturen sind durch die Koeffizienten $T_0$ und a, b, c gegeben; sie lauten

$$T_a = T_0 + \frac{3}{16}\frac{b^2}{ac}, \quad T_b = T_0 + \frac{1}{5}\frac{b^2}{ac}, \quad T_c = T_0 + \frac{1}{4}\frac{b^2}{ac}, \quad T_d = T_0 + \frac{9}{20}\frac{b^2}{ac} \quad . \quad (10.60)$$

Unterhalb $T_0$ liegen zwei seitliche Minima der freien Energie vor, zwischen $T_0$ und $T_c$ haben wir drei Minima – zwei seitlich und eines bei $D = 0$ – und oberhalb $T_c$ liegt nur noch ein Minimum bei $D = 0$ vor. Die Minima entsprechen Gleichgewichten des unbelasteten Körpers. Wir sprechen von lastfreien Phasen und unterscheiden die Phase (0) mit $D_{(0)} = 0$ und die Phasen ($\pm$) für $D_{(\pm)} \neq 0$. Stabil sind jeweils die Phasen mit der niedrigsten freien Energie. Die Phasen ($\pm$) heißen Zwillingsphasen, da sie energetisch völlig identisch sind.

Wir wissen aus Kapitel 4, daß die (P,D)–Kurvenstücke mit negativem Anstieg instabil sind, und aus den Überlegungen von Absatz 4.2.5 wissen wir auch, wie der Körper diese Zustände vermeidet: Indem er in Phasen zerfällt, deren Anteile sich entlang horizontaler Linien im (P,D)–Diagramm linear verändern. Die Höhe der horizontalen Linien wird durch die "gleiche Flächen-Regel" festgelegt, siehe Abb. 4.6$_\mathrm{M}$. In der Abb. 10.15 sind diese Linien des Phasengleichgewichts in einigen Bildern durch gestrichelte Linien gekennzeichnet. Die D–Werte der Minima als Funktion der Temperatur ergeben sich aus (10.59), indem man $P = 0$ setzt und nach D auflöst. So folgt

$$D_{(0)} = 0 \quad \text{und} \quad D_{(\pm)} = \pm\sqrt{\frac{1}{2}\frac{b}{c} \underset{(-)}{+} \sqrt{\frac{1}{4}\left(\frac{b}{c}\right)^2 - \frac{a}{c}(T - T_0)}} \quad . \quad (10.61)$$

Die hierdurch angegebenen D(T)–Kurven werden in Abb. 10.16$_\mathrm{L}$ durch die dicken Linien angedeutet; wo diese gestrichelt sind, entsprechen sie instabilen lastfreien Gleichgewichten, d. h. Maxima der Energiefunktion oder nur lokalen Minima.

Wenn wir – beginnend bei einem hohen Wert – die Temperatur absenken, so ist zunächst nur die Phase (0) stabil, da das mittlere Minimum der freien Energie das tiefste Minimum ist. Das ändert sich bei $T = T_a$. Bei dieser Temperatur werden die Phasen ($\pm$) stabil. Im allgemeinen ist dieser Phasenübergang nicht mit einer merkbaren Dehnungsänderung verbunden. Zwar springt lokal die Dehnung vom Wert 0 auf den Wert $D_{(+)}$ oder $D_{(-)}$, aber die Teile des Körpers springen mit gleicher Wahrscheinlichkeit nach $D_{(+)}$ und $D_{(-)}$, so daß im Mittel die Dehnung weiterhin gleich Null ist.

Wir definieren den Elastizitätsmodul der verschiedenen Phasen als

$$E = \left.\frac{\partial P}{\partial D}\right|_{P=0} = a(T - T_0) - 3b\,D^2\big|_{P=0} + 5c\,D^4\big|_{P=0} \quad . \quad (10.62)$$

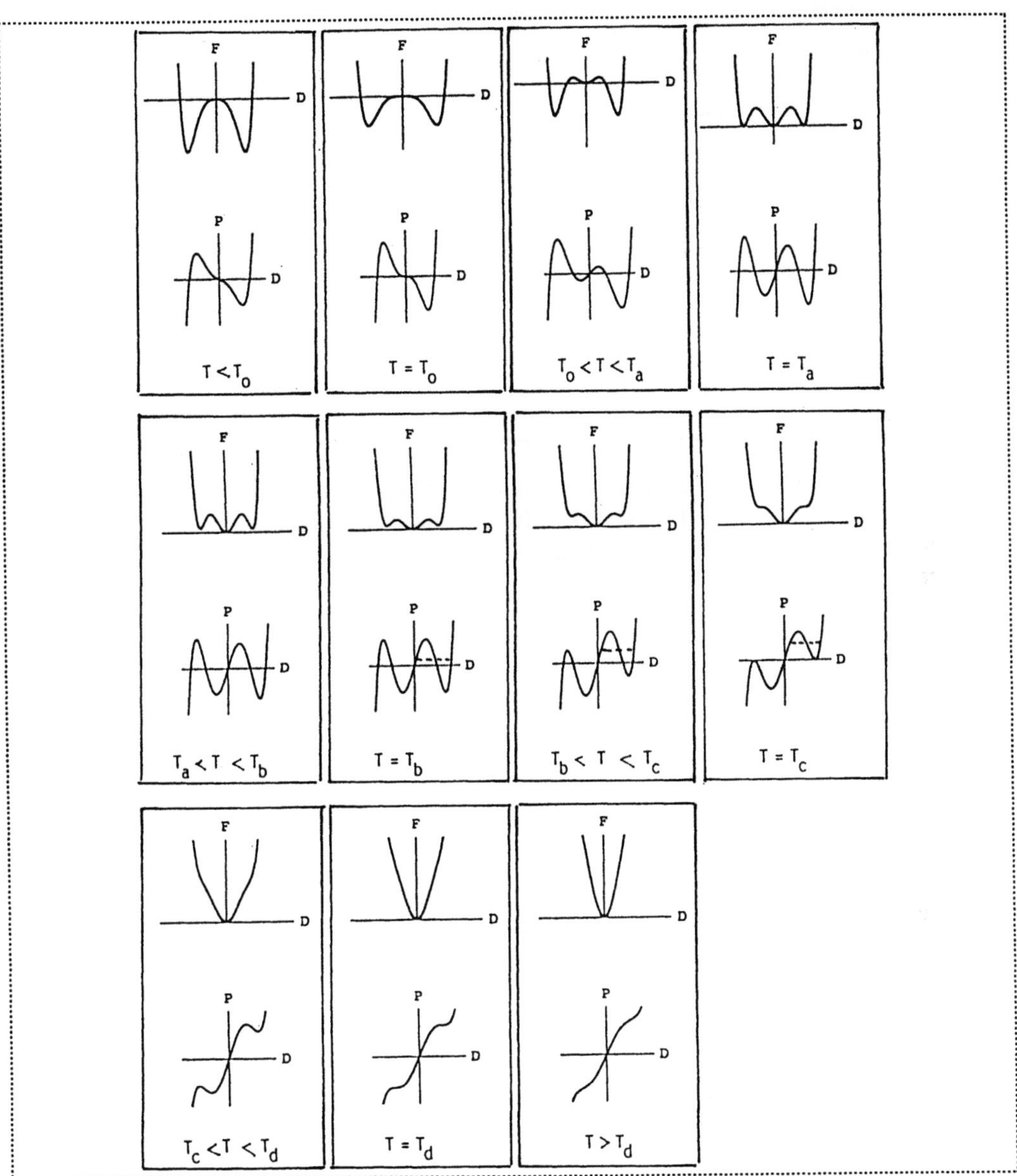

**Abb. 10.15**  Freie Energien und Last-Dehnungs-Kurven
beim Phasenübergang erster Ordnung.

Für die Phase (0) ergibt sich ein linear mit T ansteigender E–Modul, da in (10.62) $D_{(0)}= 0$ einzusetzen ist. Der E–Modul $E_{(\pm)}$ ergibt sich durch Einsetzen von $D_{(\pm)}$ aus (10.61) in die Gleichung (10.62). Es folgt eine recht komplizierte Funktion von T, die in Abb. $10.16_R$ zusammen mit $E_{(0)}$ gezeichnet ist. Da der Phasenübergang (0) $\rightarrow$ (±) bei $T_a$ erfolgt, macht der E-Modul bei dieser Temperatur einen Sprung.

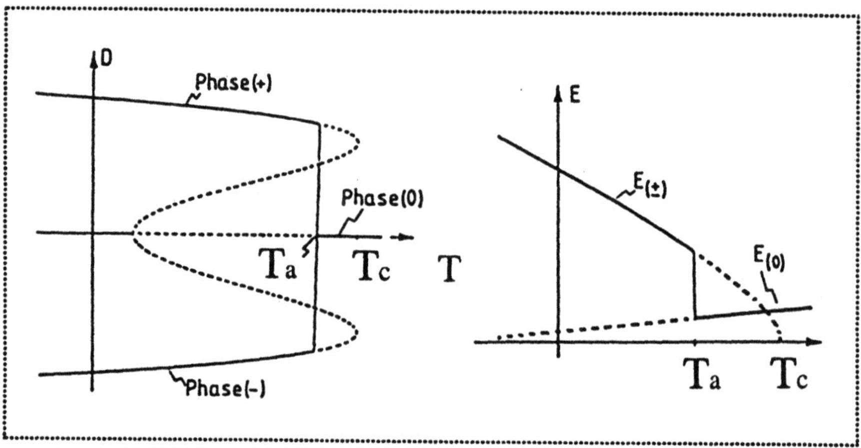


**Abb. 10.16** Phasenübergang Erster Ordnung
Links:    D(T) für die Phasen (±) und (0)
Rechts:   E-Modul als Temperaturfunktion.

Die Entropie S folgt aus $S = -\left(\dfrac{\partial F}{\partial T}\right)$ zu

$$S = S_0(T) - \frac{a}{2}D^2 .\qquad (10.63)$$

Für die Phasen (±) und (0) ergibt sich also mit (10.61)

$$S_{(0)} = S_0(T) \quad \text{und} \quad S_\pm = S_0(T) - \frac{a}{2}\left(\frac{1}{2}\frac{b}{c}{}_{(-)}^{+} \sqrt{\frac{1}{4}\left(\frac{b}{c}\right)^2 - \frac{a}{c}(T - T_0)}\right). \qquad (10.64)$$

S hat beim Phasenübergang einen Sprung. Die Wärmekapazität $C = T\left(\dfrac{\partial S}{\partial T}\right)$ ist
dort nicht definierbar.

## 10.5.3 Phasenübergang Zweiter Ordnung

Falls in (10.58) und (10.59) der Koeffizient b kleiner als Null ist, so ergeben sich
nur drei qualitativ verschiedene Isothermen F = F(D,P) und P = P(D,T) und zwar
für die Temperaturwerte

$$T \underset{>}{\overset{<}{=}} T_0 \ .$$

Die dementsprechenden Isothermen sind in Abb. 10.17 gezeichnet. Wir erkennen wieder die Phasen (0) und die Zwillingsphasen (±) als Minima der freien Energie. Stabil sind jeweils die tieferen Minima. Die Deformationen der lastfreien Phasen sind wiederum durch (10.61) gegeben.

Wegen $b < 0$ haben wir maximal drei reelle Lösungen. Für $T \geq T_0$ ist $D = 0$ die einzige Lösung, und für $T < T_0$ gibt es drei, darunter $D = 0$; dieses ist instabil , da es einem Maximum von F entspricht. In der Nähe von $T = T_0$ lauten die Lösungen

$$D_{(0)} = 0 \qquad \text{und} \qquad D_{(\pm)} = \pm \sqrt{\frac{a}{-b}(T - T_0)} \ . \qquad (10.65)$$

Diese Funktionen $D(T)$ sind in Abb. $10.18_L$ gezeichnet; die Funktionen $D_{(\pm)}(T)$ sind parabolisch bei $T \approx T_0$.

Für die E-Moduln der Phasen ergibt sich aus (10.62) mit (10.65)

$$E_{(0)} = a(T - T_0), \qquad E_{(\pm)} = -2a(T - T_0) \ .$$

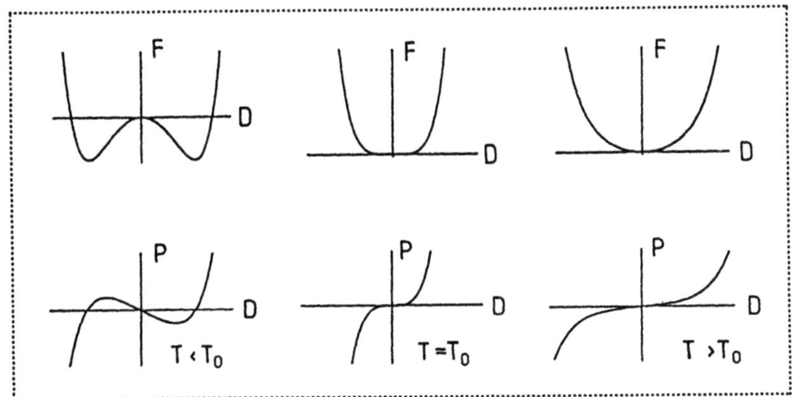

**Abb. 10.17**  Phasenübergang 2. Ordnung
          Oben:   Freie Energien bei verschiedenen Temperaturen
          Unten:  Last-Dehnungsdiagramme.

Abb.$10.18_R$ zeigt die T–Abhängigkeit dieser E–Moduln. Für $T = T_0$ ist $E = 0$, d. h. bei dem Phasenübergang (0) $\rightarrow$ (±) wird der Körper "weich". Bemerkenswert ist auch, daß der Abfall von E bei Annäherung an $T = T_0$ von unten doppelt so steil ist wie von oben.

Die Entropie folgt aus (10.64). Einsetzen von (10.65) ergibt in der Nähe von $T = T_0$

$$S_{(0)} = S_0(T), \qquad \text{und} \qquad S_{(\pm)} = S_0(T) - \frac{a^2}{2b}(T_0 - T) \ . \qquad (10.66)$$

Wir schließen, daß S bei $T = T_0$ einen Knick hat, und folglich hat die Wärmekapazität $C = T\left(\frac{\partial S}{\partial T}\right)$ einen Sprung: Sie wird bei $T = T_0$ um den Wert $\frac{a^2}{2|b|}T_0$ kleiner.

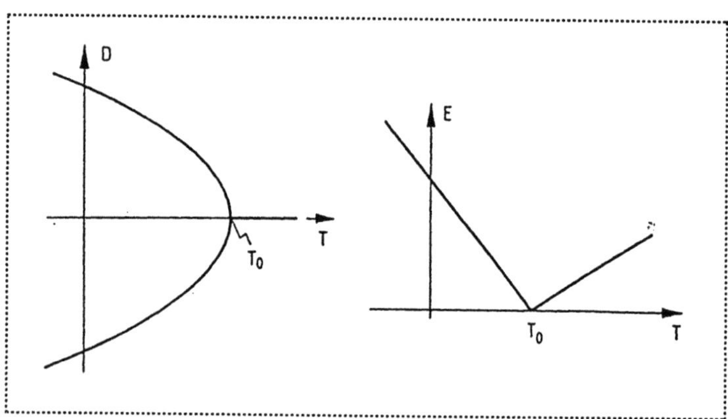


**Abb. 10.18**  Phasenübergang Zweiter Ordnung.
Links:   D(T) für die Phasen (±) und (0)
Rechts:  E–Modul als Temperaturfunktion.

## 10.5.4  Phasenübergänge unter Last

In den Absätzen 10.5.2 und 10.5.3 haben wir nur Phasenübergänge im unbelasteten Körper betrachtet. Dann ließ sich die Gleichung (10.59) mit P = 0 leicht auswerten. Wenn jedoch $P \neq 0$ ist, so stellt (10.59) eine echte algebraische Gleichung fünfter Ordnung dar, und ihre Lösung D(T;P) kann nur numerisch erfolgen. Abb. 10.19 zeigt je eine solche Lösung für einen Phasenübergang erster Ordnung (oben) und zweiter Ordnung (unten).
Es ist instruktiv zu sehen, daß eine Last P > 0 die Symmetrie der Phasen (±) "bricht". Tatsächlich ist die (−) Phase bei Temperaturabsenkung aus der (0) Phase nicht erreichbar; die Last bevorzugt die (+) Phase, die sich bei niedriger Temperatur als einzige einstellt. Es folgt, daß jetzt der Phasenübergang mit einer drastischen Dehnungsänderung verknüpft ist.

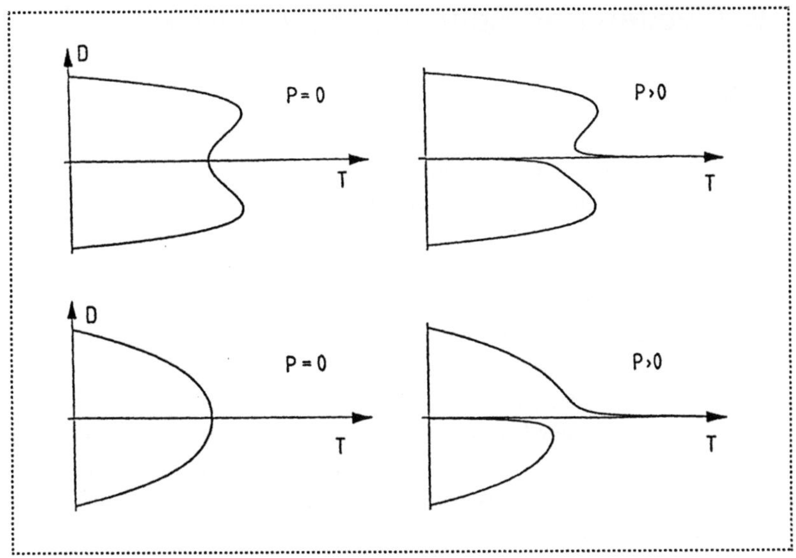


**Abb.10.19**  Phasenübergänge unter Last.
Oben:  D(T;P) bei P $\geq$ 0 für Übergang 1. Ordnung.
Unten: D(T;P) bei P $\geq$ 0 für Übergang 2. Ordnung.

## 10.5.5 Eine Bemerkung zur Klassifizierung von Phasenübergängen

Die Klassifizierung von Phasenübergängen in solche von erster und zweiter Ordnung ist älter als die Landau Theorie. Die ursprüngliche Definition unterschied Übergänge, bei denen die ersten Ableitungen der freien Enthalpie – hier S und D – als Temperaturfunktionen

einen Sprung    (1. Ordnung) oder nur
einen Knick     (2. Ordnung)

haben. Ein Rückblick auf die Argumente der letzten Absätze zeigt, daß sich diese Unstetigkeitseigenschaften im Landau-Modell an den richtigen Stellen wiederfinden.

In diesem Buch haben wir nur Phasenübergänge erster Ordnung betrachtet und außerdem nur solche, die Last, Temperatur und Deformation oder – im Fall von Flüssigkeiten – Druck, Temperatur und Volumen betrafen. Dabei müssen wir es auch bewenden lassen.

Es soll nur gesagt werden, daß Phasenübergänge ein universelles Phänomen sind, das in vielen Bereichen der Physik vorkommt, und besonders bei den elektromagnetischen Eigenschaften. Dabei treten die elektromagnetischen Felder und die Magnetisierung und Polarisation auf anstelle der (p,V,T)–Eigenschaften eines Körpers. Tatsächlich ist das bestbekannte Beispiel eines Phasenübergangs zweiter Ordnung der Ferromagnetismus, bei dem sich die atomaren magnetischen Dipole eines Körpers unterhalb der Temperatur $T_0$ alle in einer Richtung ausrichten.

# 10.6  Schwellen und Schrumpfen von Gelen

## 10.6.1 Phänomen

Gele bestehen aus langkettigen Molekülen, die zu einem Netzwerk verknüpft sind, so wie früher für Gummi beschrieben, siehe Absatz 4.4.6. In einem polyelektrolytischen Gel ist hier und da ein Glied des Kettenmoleküls ionisiert. Das Standardbeispiel ist Polybisacrylamid, in dem einige $CONH_2$-Gruppen durch Hydrolyse in saure $COOH$-Gruppen umgewandelt worden sind. Diese ionisieren in wässriger Lösung, so daß auf dem Netzwerk ein $COO^-$-Ion zurückbleibt, während ein $H^+$-Ion freigesetzt wird. Letzteres lagert sich schnell an ein Wassermolekül an und bildet ein $H_3O^+$-Ion; dieses nennen wir ein *Gegenion*.

Gele schwellen in wässriger Lösung, indem sie das Wasser absorbieren, und sie schrumpfen durch Ausstoßen des Wassers. Schwellen und Schrumpfen sind besonders ausgeprägt bei polyelektrolytischen Gelen. Diese Volumänderungen können verursacht werden durch

- eine Temperaturänderung
- eine Änderung des Ionisierungsgrades
- das Anbringen einer Last.

In einem typischen Zustand besteht das Gel aus drei Teilchenarten: Kettenglieder der Polymermoleküle, – einige ionisiert – Gegenionen und Wassermolekülen. Es ist üblich, die beobachteten Erscheinungen in einem $(T,v)$-Diagramm darzustellen, wo T die Temperatur ist und $v$ der *Schrumpfgrad*, definiert als Verhältnis der Zahl der Polymerglieder zur Gesamtzahl der Teilchen im Gel. Darum gilt $v = 1$, wenn das Gel vollständig geschrumpft ist; andernfalls ist $v < 1$.

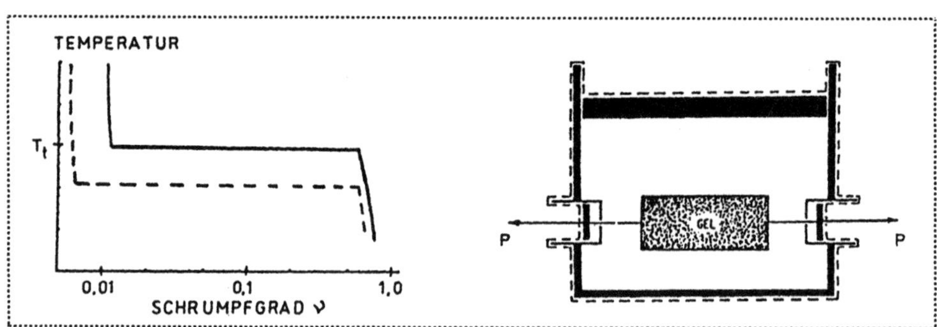


**Abb. 10.20** Gel in wässriger Lösung

Links:  (T,v)-Diagramm für zwei polyelektrolytische Gele.
Die gestrichelte Kurve entspricht einer stärkeren
Ionisierung des Gels.

Rechts: Gel im Bad, belastet mit der Zuglast P.

Abb. $10.20_L$ zeigt ein schematisches Diagramm dieser Art. Bei niedriger Temperatur ist das Gel geschrumpft, und es schwillt nur wenig bei Temperaturerhöhung. Dann allerdings, bei der Übergangstemperatur $T_t$, beginnt der Schwellvorgang richtig, und er setzt sich fort bis zu Werten $v \ll 1$, so daß das Volumen des Gels um den Faktor 300 oder mehr zunimmt. Danach erfolgt bei weiterer Temperaturerhöhung nur noch unwesentliches Schwellen. Beim anschließenden Absenken der Temperatur wird die Kurve rückwärts durchlaufen. Insbesondere erfolgt der wesentliche Teil des Schrumpfvorgangs auch bei der Temperatur $T_t$.

Bei Betrachtung der Abb. $10.20_L$ erinnert dieses Phänomen an einen Phasenübergang, d. h. ein Stabilitätsproblem. Und in der Tat werden wir das Schwellen und Schrumpfen als Ergebnis einer Konkurrenz dreier thermodynamischer Kräfte beschreiben – zwei von ihnen entropisch, und eine energetisch. Diese Kräfte sind

- der osmotische Druck der Gegenionen - eine entropische expandierende Kraft
- die Netzwerk–Elastizität – eine entropische kontrahierende Kraft
- die molekulare Wechselwirkung. Diese ist für das Gels eine energetische kontrahierende Kraft.

Bei der Übergangstemperatur gewinnt die expandierende Tendenz des osmotischen Drucks die Oberhand über die beiden kontrahierenden Tendenzen. Das führt zu dem abrupten Schwellvorgang. Wir besprechen im folgenden diese Kräfte genauer und diskutieren die Gründe für ihr Auftreten.

Die elektrostatische Wechselwirkung der Netzwerkionen und der Gegenionen erzwingt in jedem Punkt des Systems Elektroneutralität. Da die Netzwerkionen an das Gel gebunden sind, können folglich auch die Gegenionen das Gel nicht verlassen. Andererseits sind die Gegenionen praktisch freie Teilchen, und als solche haben sie die Tendenz, das ganze System aus Gel und Wasserbad homogen auszufüllen. Deshalb drücken sie von innen gegen die Oberfläche des Gels und expandieren dieses durch teilweise Entknäuelung seiner langkettigen Moleküle. Der Raum, der dadurch im Gel geschaffen wird, wird von Wassermolekülen ausgefüllt; diese können frei in das Gel ein- und austreten. Die Geloberfläche wirkt also wie eine semipermeable Wand, und die Wirkung der Gegenionen kann als osmotischer Druck beschrieben werden.

Die Expansion des Gels bringt die langen Kettenmoleküle in den unwahrscheinlichen entknäuelten Zustand, siehe Absatz 4.4.3. Sie haben die Tendenz, sich zu verknäueln und erzeugen so die Netzwerk-Elastizität, eine entropische Kraft, die dem osmotischen Druck entgegenwirkt. Beide Kräfte sind linear abhängig von der Temperatur.

Das Netzwerk ist energetisch in der günstigsten Lage, wenn nur Glieder des Netzwerks nächste Nachbarpaare bilden. Es gibt einen Energiemalus für die Bildung eines Paars aus Kettenglied und Wassermolekül oder jedes anderen ungleichen Paars. Dieser Effekt ist weitgehend unabhängig von der Temperatur, und daher bestimmt er das Verhalten bei tiefer Temperatur, – wo die beiden anderen Kräfte klein sind –, und führt zum Schrumpfen.

Das System aus Gel und Wasserbad kann als inkompressibel angesehen werden, und das werden wir in der folgenden Rechnung annehmen.

## 10.6.2  Freie Enthalpie

Wir betrachten das in Abb. $10.20_R$ gezeigte System und führen eine Stabilitätsbetrachtung der in Absatz 4.2.7 beschriebenen Art durch. Daraus folgt wegen der angenommenen Inkompressibilität, daß die verfügbare freie Energie die Form hat

$$\mathcal{A} = E - TS - Pl \quad . \tag{10.67}$$

Die konstante Kraft P verändert die Länge l des Gels.

Um das System zu charakterisieren, führen wir die folgenden Bezeichnungen ein:

$n_1$  –  Zahl der Wassermoleküle

$\quad n_1^I$  –  Zahl der Wassermoleküle im Gel

$\quad n_1^{II}$  –  Zahl der Wassermoleküle im Wasserbad

$n_2$  –  Zahl der Polymerketten

$\quad xn_2$  –  Zahl der Kettenglieder "von Molekülgröße"

$n_3$  –  Zahl der Gegenionen

$n^I = n_1^I + xn_2 + n_3$  –  Zahl der Teilchen "von Molekülgröße" im Gel.

Die Einführung von x Kettengliedern "von Molekülgröße" in einer Kette ist bestimmt durch den Wunsch, sich Teilchen gleicher Größe vorstellen zu können, die das Gel bilden: Wassermoleküle, Gegenionen und Kettenglieder. Dann ist der Schrumpfgrad

$$v = \frac{xn_2}{n^I} \tag{10.68}$$

auch gleich dem *Volum*verhältnis des geschrumpften und des geschwollenen Gels.

Der Deformationsgradient

$$F_{ij} = \begin{pmatrix} \alpha & & 0 \\ & \beta & \\ 0 & & \beta \end{pmatrix} = \begin{pmatrix} l/L & & 0 \\ & b/B & \\ 0 & & b/B \end{pmatrix} \quad , \tag{10.69}$$

wo l, b und L, B Länge und Breite des Gels im geschwollenen belasteten bzw. im geschrumpften lastfreien Zustand sind. Daraus folgt, daß $\alpha\beta^2$ gleich dem Verhältnis der Volumina des geschwollenen und geschrumpften Gels sind, und es gilt

$$\alpha\beta^2 = \frac{1}{\nu}. \tag{10.70}$$

Die Größen $x$, $n_2$ und $n_3$ werden als durch die Herstellung des Gels gegebene konstante Größen angesehen. Darum gibt es nur zwei Variablen, nämlich

$$n_1^I \ (\text{oder } \nu) \ \text{ und } \ \alpha. \tag{10.71}$$

$\nu$ hat den Wert 1, wenn sich im Gel kein Wasser befindet, d. h. wenn das Gel vollständig geschrumpft ist. Andernfalls ist es kleiner als 1.

Außer $\nu$ und $\alpha$ als Variablen führen wir den Ionisierungsgrad ein

$$R = \frac{n_3}{x n_2}.$$

$R$ charakterisiert offenbar den Bruchteil der ionisierten Kettenglieder. Typischerweise hat $R$ den Wert 0,2 oder 0,3.

Nun folgt die Berechnung der verfügbaren freien Energie als Funktion der Variablen $\nu$ und $\alpha$. Als erstes betrachten wir das Gel. Dieses enthält die drei Komponenten Wassermoleküle, Gegenionen und Kettenglieder. Die Temperatur ist $T$, und der Druck ist $p$.

Die freie Energie $E - TS$ des Gels ist gleich den freien Energien der ungemischten Komponenten bei $T$ und $p$ plus freie Energie der Vermischung, siehe Absatz 7.2.1 und 7.2.2. Wir schreiben

$$\begin{aligned} (E - TS)_{\text{Gel}} = {}& n_1^I f_1(T,p) + x n_2 f_2(T,p) + n_3 f_3(T,p) \\ & + e_{12} n_1^I \frac{x n_2}{n^I} + e_{13} n_1^I \frac{n_3}{n^I} + e_{23} n_3 \frac{x n_2}{n^I} \\ & + kT\left( n_1^I \ln \frac{n_1^I}{n^I} + n_2 \ln \frac{x n_2}{n^I} + n_3 \ln \frac{n_3}{n^I} \right) \end{aligned} \tag{10.72}$$

$f_\alpha$ ($\alpha = 1, 2, 3$) sind die spezifischen freien Energien der Komponenten (freie Energie pro Teilchen). Die zweite Zeile bestimmt die Mischungswärme, dabei ist $e_{12}$ der Energiemalus für die Bildung eines Nachbarpaars Wassermolekül-Kettenglied, und $e_{13}$ sowie $e_{23}$ sind entsprechend definiert. Es wird angenommen, daß die Zahlen der ungleichen Nachbarpaare gleich ihren Erwartungswerten sind, nämlich

$$n_1^I \frac{x n_2}{n^I}, \ n_1^I \frac{n_3}{n^I} \ \text{ und } \ n_3 \frac{x n_2}{n^I}.$$

Die dritte Zeile in (10.72) ist die Mischungsentropie.[10.3]

Das ist jedoch nicht alles, denn auch das Netzwerk mit seinen verknäuelten Ketten trägt zur Entropie bei. Dieser Beitrag ist in Kapitel 4, und wiederum in Abschnitt 10.3, berechnet worden für verschiedene Belastungsfälle. Hier erhalten wir durch eine leichte Abänderung der früheren Argumente

$$S_{\text{Netzwerk}} = k\,\frac{n_2}{2}(\alpha^2 + 2\beta^2 - 3)\,.$$

(10.73)

Die freie Energie $E - TS$ des Wasserbades außerhalb des Gels ist gegeben durch

$$(E - TS)_{\text{BAD}} = n_1^{\text{II}} f_1(T,p)\,.$$

(10.74)

Wir kombinieren (10.72) bis (10.74) und erhalten für die verfügbare freie Energie (10.67) des Systems

$$\begin{aligned}
\mathcal{A} = {}& n_1 f_1(T,p) + x n_2 f_2(T,p) + n_3 f_3(T,p) \\
& + e_{12} n_1^{\text{I}}\,\frac{x n_2}{n^{\text{I}}} + e_{13} n_1^{\text{I}}\,\frac{n_3}{n^{\text{I}}} + e_{23}\,n_3\,\frac{x n_2}{n^{\text{I}}} + \\
& + kT\left( n_1^{\text{I}} \ln\frac{n_1^{\text{I}}}{n^{\text{I}}} + n_2 \ln\frac{x n_2}{n^{\text{I}}} + n_3 \ln\frac{n_3}{n^{\text{I}}} \right) + \\
& + \frac{n_2}{2}\,kT(\alpha^2 + 2\beta^2 - 3) \\
& - PL\alpha
\end{aligned}$$

(10.75)

Wir erinnern uns, daß $n_1$, $n_2$, $n_3$ und $x$ konstant sind, und bestätigen so, daß $\mathcal{A}$ wirklich nur von zwei Variablen abhängt, nämlich von $v$ und $\alpha$.

Zum Zweck der folgenden Rechnung nehmen wir an, daß die drei Energiemali $e_{ji}$ alle denselben Werte haben; wir dividieren durch $x n_2 kT$ und schieben alle konstanten Werte in (10.75) auf die linke Seite. Dann führen wir noch die dimensionslose Kraft

---

[10.3] Die Mischungsentropie haben wir in Kapitel 7 ausführlich besprochen und benutzt. Sie kann berechnet werden aus der Zahl der Möglichkeiten, die vorhandenen Teilchen zur Mischung zusammenzusetzen. Aber in einem Punkt weicht die jetzt angeschriebene Mischungsentropie von früheren Formeln ab: Beachte, daß der zweite ln-Term mit $n_2$ – anstatt mit $x n_2$ – mulitpliziert ist. Dies beruht auf der Tatsache, daß die Kettenglieder bei der Zusammensetzung der Mischung nicht beliebig verteilt werden können. Vielmehr müssen sie Nachbarplätze besetzen, denn sie sollen ja die Ketten und das Netzwerk bilden. Flory hat die Zahl der Möglichkeiten zur Herstellung der Mischung unter diesen Umständen berechnet und das angegebene Ergebnis erhalten. [Siehe: Flory, P.I. Principles of Polymer Science, Cornell Univ. Press, Ithaca, N.Y., London .]

$$f = \frac{PL}{n_2 kT}$$

ein und erhalten

$$\overline{\mathcal{A}} = \frac{1-(1+R)v}{v}\ln[1-(1+R)v] + R\ln v + \frac{e}{kT}(Rv - (1+R)^2 v) + \frac{1}{2x}\left(\alpha^2 + 2\frac{1}{av} + 2\ln v\right) - \frac{1}{x}f\alpha .$$

$$(10.76)$$

wo $\overline{\mathcal{A}}$ der variable Teil von $\mathcal{A}$ ist, dimensionslos gemacht durch Division mit $xn_2kT$.

## 10.6.3 Schwellen und Schrumpfen als Funktion der Temperatur

Zunächst betrachten wir das unbelastete Gel und setzen $f = 0$. Wegen der Isotropie des Gels sind dann die Komponenten des Deformationsgradienten (10.69) alle gleich, und aus (10.70) schließen wir

$$\alpha = v^{-\frac{1}{3}} \quad . \qquad\qquad (10.77)$$

Dann wird (10.76) eine Funktion der einzigen Variablen $v$, des Schrumpfgrades. Wir finden das Minimum der Funktion durch Differentiation nach $v$ und erhalten

$$\frac{kT}{e} = -(1+R+R^2)\frac{v^2}{\ln[1-(1+R)v]+\left(1+\dfrac{1}{x}\right)+\dfrac{1}{x}v^{\frac{1}{3}}} . \qquad (10.78)$$

Abb. $10.21_L$ zeigt zwei Graphen dieser Funktion $T(v)$ für $x = 100$ und $R = 0,2$ bzw. $R = 0,3$. Der auffallendste Zug dieser Kurven ist ihr nicht–monotoner Verlauf. Dieser läßt vermuten, daß es einen plötzlichen Übergang von dem geschrumpften Gel zu dem geschwollenen Gel geben kann.

Die Temperatur dieses Übergangs kann man aus Abb. $10.21_R$ ablesen. Diese Abbildung stellt die verfügbare freie Energie $\mathcal{A}$ als Funktion von $v$ für verschiedene Werte von $\frac{kT}{e}$ dar. In einem gewissen Bereich dieses Parameters gibt es zwei Minima. Die Interpretation ist klar: Solange das rechte Minimum tiefer ist als das linke, liegt das Gel im geschrumpften Zustand vor. Das Schwellen geschieht, wenn die zwei Minima ihre Rolle tauschen. Für $R = 0,2$ ist das bei $\frac{kT}{e} = 0,61$ der Fall, während es für $R = 0,3$ (nicht gezeichnet) bei $\frac{kT}{e} = 0,45$ passiert. Die dementsprechenden horizontalen Übergangslinien sind in Abb. $10.21_L$ eingezeichnet.

Wir schließen daraus, daß das Schwellen für stärkere Ionisierung bei niedrigerer Temperatur geschieht. Eine sorgfältige Rechnung zeigt, daß dies auf dem höheren osmotischen Druck des stärker ionisierten Gels beruht. Abb. 10.21 wird bestätigt durch die in Abb. 10.20 schematisch angedeuteten experimentellen Beobachtungen.

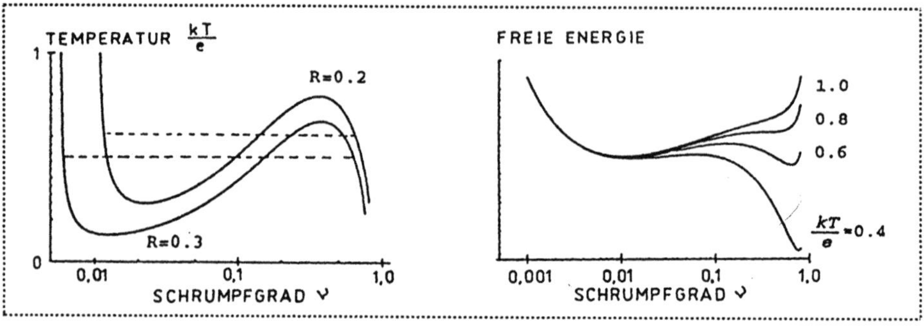


**Abb. 10.21** Der "Phasenübergang" geschwollen – geschrumpft.
Links:   Die Temperatur als Funktion des Schrumpfgrads
für zwei Ionisierungsgrade.
Rechts:  Die verfügbare freie Energie für verschiedene
Temperaturen.

Nun betrachten wir das einachsig belastete Gel, d. h. wir setzen f ≠ 0. Dann ist die verfügbare freie Energie (10.76) eine Funktion von v *und* α, und die Minima ergeben sich durch Ableitung von $\mathcal{A}$ nach diesen Variablen. Wir erhalten

$$\frac{kT}{e} = -(1+R+R^2)\frac{v^2}{\ln[1-(1+R)v]+\left(1-\frac{1}{x}\right)v+\frac{1}{x}\frac{1}{\alpha}} \quad \text{und} \quad f = \alpha - \frac{1}{v}\frac{1}{\alpha^2}.$$

$$(10.79)$$

Für gegebene Werte von f und T sind dies zwei Gleichungen für die beiden Unbekannten v und α. $(10.79)_2$ ist eine kubische Gleichung für α, die nur eine reelle Lösung besitzt, nämlich

$$\alpha = \frac{f}{3} + \frac{2^{1/3} f^2 v^{1/3}}{3\left(27+2f^3v+3^{3/2}\sqrt{27+4f^3v}\right)^{1/3}} + \frac{\left(27+2f^3v+3^{3/2}\sqrt{27+4f^3v}\right)^{1/3}}{3\cdot 2^{1/3} v^{1/3}}.$$

$$(10.80)$$

Setzt man diesen Wert für $\alpha$ in (10.79), ein, so erhält man $\frac{kT}{e}$ als eine Funktion von $v$ mit der Last $f$ als Parameter. Abb. 10.22 zeigt solche Funktionen – für $R = 0{,}2$ und $x = 100$ – für fünf verschiedene Werte der Last.

Wir sehen an Abb. 10.22, daß der Bereich mit positivem Anstieg in den Kurven $T(v;f)$ für positive Werte von $f$, d. h. Zuglasten, höher liegt als für negative Werte, die Drucklasten entsprechen. Daraus schließen wir, daß das Schwellen durch eine Zuglast erleichtert und durch eine Drucklast erschwert wird. Das ist auch intuitiv ein plausibles Verhalten.

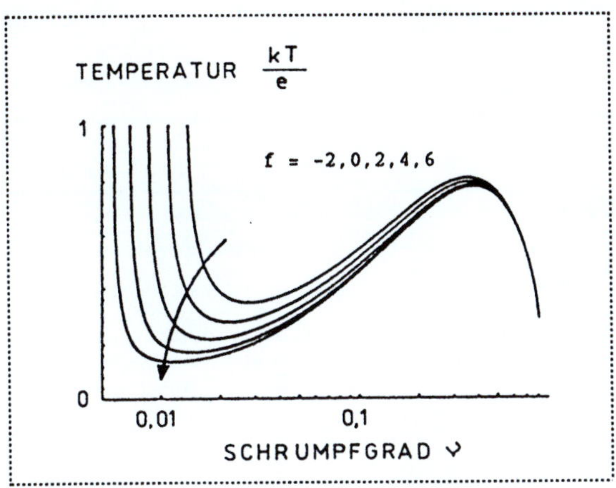


**Abb. 10.22** Temperatur als Funktion des Schrumpfgrades
für verschiedene Belastungen.

Ein anschauliches Beispiel für Schwellen und Schrumpfen eines belasteten Gels ist in Abb. 10.23 gezeigt. Diese Abbildung zeigt Höhenlinien der Funktion $\mathcal{A}$ nach (10.76) über einer Ebene, die von $v$ und $\alpha$ aufgespannt wird. Alle Bilder beziehen sich auf die Temperatur $\frac{kT}{e} = 0{,}66$ und auf verschiedene Lasten: zwei Drucklasten, den unbelasteten Fall und eine Zuglast.

Wir erkennen zwei Minima, die dem geschwollenen und geschrumpften Zustand entsprechen. Für die Drucklasten $f < 0$ sind die geschrumpften Zustände stabil, da ihr Minimum tiefer liegt; für $f = 0$ ist das Schwellen eingetreten, da nun das tiefere Minimum bei kleinen Werten von $v$ liegt. Und für $f = 2$ ist das tiefere Minimum zu größeren Werten von $\alpha$ fortgeschritten. Daraus folgt, daß bei fester Temperatur der Schwellvorgang durch eine Zuglast ausgelöst werden kann.

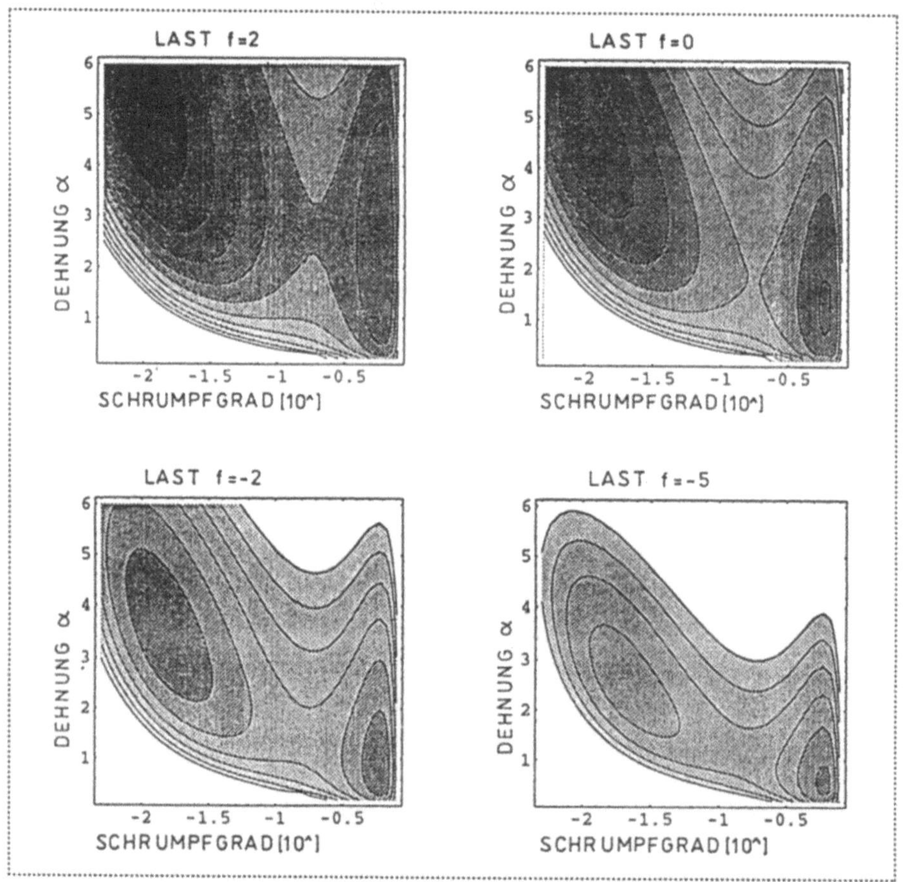


**Abb. 10.23**  Höhenlinienbilder von $\mathcal{A}$ (v,α) für feste Temperatur und verschiedene Lasten.

# 10.7    Gedächtnislegierungen

## 10.7.1 Phänomene und Anwendungen

Einige Metallegierungen kehren bei Erwärmung nach einer plastischen Verformung in ihre alte Form zurück. Man sagt dann, das Material "erinnere sich" an diese Form, und die Legierungen, die diese Eigenschaft haben, heißen Gedächtnislegierungen. Abb. 10.24 illustriert den Gedächtniseffekt schematisch.

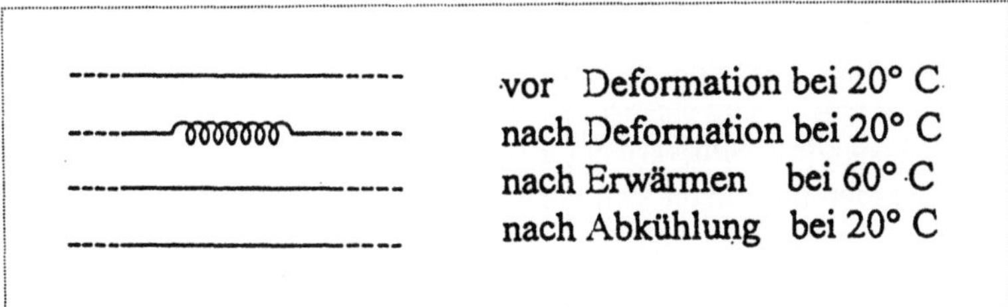



**Abb. 10.24** Gedächtniseffekt in einem Draht

Der Gedächtniseffekt ist eine Folge der starken Temperaturabhängigkeit der Last–Dehnungs Diagramme solcher Legierungen. Für ansteigende Temperaturen $T_1$ bis $T_4$ zeigt Abb. 10.25 solche Last–Dehnungs Isothermen.

Bei der niedrigen Temperatur ist das Last–Dehnungs Diagramm $T_1$ ähnlich dem eines plastischen Körpers: Ein Be- und Entlastungsexperiment mit einer kleinen Last führt zur Dehnung entlang der elastischen Linie durch den Ursprung: Sobald die Last jedoch eine Grenzlast erreicht, wächst die Dehnung ohne weitere Lastzunahme, und man sagt: Der Körper fließt – wie ein plastischer Körper. Anders als beim plastischen Körper kommt der Fließvorgang jedoch zum Stillstand auf einer zweiten elastischen Geraden, entlang der der Körper weit über die ursprüngliche Grenzlast hinaus belastet werden kann. Entlastung führt danach zu der Restverformung $D_1$, siehe Abb. 10.25.

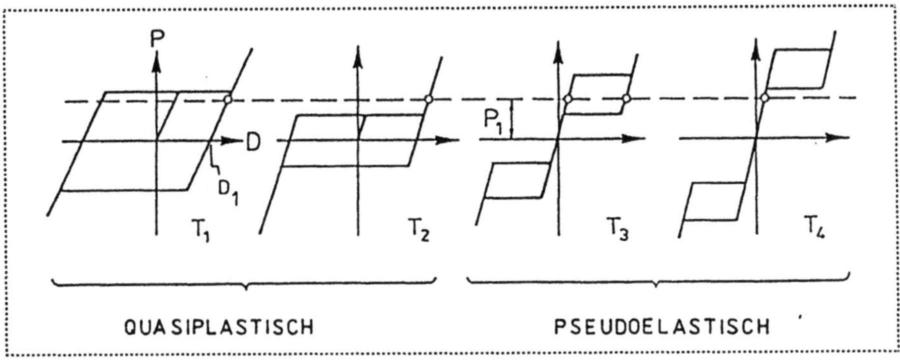



**Abb. 10.25** Last–Dehnungs Diagramme für verschiedene Temperaturen. Quasiplastizität und Pseudoelastizität.

Für die etwas höhere Temperatur $T_2$ ist dieses Verhalten qualitativ unverändert, außer daß die Fließlast niedriger liegt.

Unter Druck, d. h. bei negativer Last, ergibt sich ein entsprechendes Verhalten, und so entsteht bei abwechselnder Zug- und Druckbelastung eine Hystereseschleife um den Ursprung.

Bei der höheren Temperatur $T_3$ beobachten wir ein ganz anderes Verhalten. Zwar gibt es immer noch eine elastische Gerade durch den Ursprung sowie eine Fließgrenze und eine zweite elastische Gerade. Aber bei Entlastung, wenn die Last unter eine Rückstellast fällt, kriecht der Körper zurück zu der ursprünglichen elastischen Geraden und findet sich nach völliger Entlastung wieder im Ursprung. Dieses Verhalten nennt man pseudoelastisch; es ist elastisch, weil der Körper zum Ursprung zurückkehrt, aber es ist nur *pseudo*elastisch, weil in einem Be- und Entlastungsexperiment eine Hystereseschleife durchfahren wird. Bei noch höheren Temperaturen ist nun wieder dieses pseudoelastische Verhalten qualitativ unverändert. Fließ- und Rückstellgrenze wachsen, aber sie wachsen gleich schnell mit der Temperatur, so daß das Hysteresegebiet unverändert bleibt.

Es ist klar, daß die Diagramme von Abb. 10.25 den Gedächtniseffekt implizieren: Prägt man dem Körper bei tiefer Temperatur eine Restverformung, etwa $D_1$ auf, so muß er bei hoher Temperatur zum Ursprung zurückkehren, denn das ist die einzige mögliche Dehnung im lastfreien Zustand hoher Temperatur.

Typischerweise ist das Temperaturintervall für die Kurven der Abb. 10.25 etwa 40 K breit, die mittlere Temperatur kann bei Zimmertemperatur liegen, und die maximale Dehnung liegt bei 6 bis 8 %.

Wenn man Last–Dehnungs Kurven für genügend viele Temperaturen mißt, so kann man ein Dehnungs–Temperatur Diagramm konstruieren. Abb. 10.26 zeigt dieses Diagramm für eine positive Last in schematischer Form. Es ist auch angedeutet, wie man die Punkte des (D,T)–Diagramms aus den (P,D)–Diagrammen der Abb. 10.25 erhält. Man erkennt, daß die Hystereseschleife im (D,T)–Diagramm die Hysteresen des (P,D)–Verhaltens reflektiert.

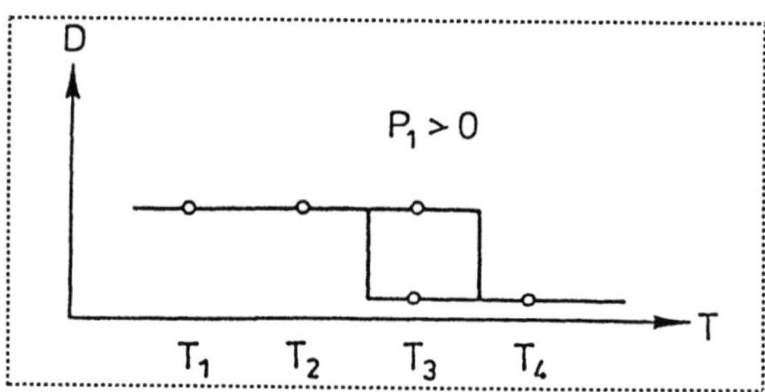


**Abb. 10.26** Dehnungs–Temperatur  Diagramm für eine konstante Zuglast.

Inspektion des (D,T)–Diagramms zeigt, daß ein Gedächtnismetall unter Last zwei Dehnungen "in seinem Gedächtnis speichert", eine kleine bei hoher Temperatur und eine große für niedrige Temperatur. Unterwirft man den Körper einer alternierenden Temperatur, so wird er sich ständig verlängern und verkürzen. Deshalb kann man Gedächtnismetalle benutzen, um ein thermisches Stellglied zu bauen. Oder man kann einen Abtrieb anbringen und eine Wärmekraftmaschine betreiben. Abb. 10.27 zeigt zwei interessante – und funktionierende – Konstruktionen.

Wenn man dem Körper durch häufig wiederholte Be– und Entlastung innere Spannungen einprägt, so kann man das in Abb. 10.26 dargestellte Verhalten auch ohne äußere Last beobachten. Man sagt dann, der Körper habe ein Zweiweg–Gedächtnis, er erinnert sich bei hoher Temperatur an *eine* Konfiguration und bei niederiger Temperatur an eine *andere*.

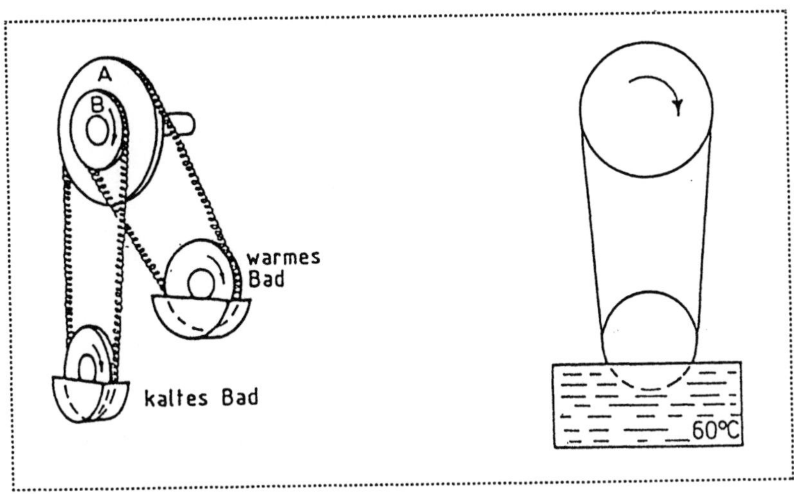


**Abb. 10.27** Zwei Memory-Maschinen.
Links:    Konstruktion von A.D. Johnson.
Rechts: Thermobile von F.E. Wang

Eine interessante Anwendung ergibt sich auch im Bereich der Medizin, sie ist in Abb. 10.28 illustriert. Die Abbildung zeigt einen gebrochenen Kieferknochen, der geschient werden soll. Beim Anbringen der Schienen kommt es darauf an, daß die Knochenenden gegeneinander gedrückt werden, weil dann der Heilerfolg besser ist. Aber das ist schwierig, es erfordert viel Geschick der Chirurgen, und selbst bei bestem Geschick sind die Enden nicht so stark verklammert, wie man es sich wünscht. Hier nun hilft es, wenn man die Schiene aus Gedächtnismetall herstellt. Man bringt sie im Zustand großer Dehnung an und läßt sie Körpertemperatur annehmen. Anschließend erwärmt man das Implantat leicht, die Dehnung nimmt ab, und die Knochenenden werden fest aufeinandergepreßt. Das ändert sich auch nicht, wenn die Temperatur wieder auf die Körpertemperatur absinkt, denn nun befindet sich das Metall auf der unteren Begrenzung des Hysteresegebietes. Die relevanten Zustände sind im zugehörigen (D,T)–Diagramm der Abb. 10.28 durch Kreise gekennzeichnet.

Der Schlüssel zum Verständnis der beobachteten Phänomene liegt in der Beobachtung, daß das Metallgitter einem Phasenübergang unterliegt. Bei hoher

Temperatur herrscht eine hochsymmetrische austenitische Phase vor, während sich das Gitter bei niedriger Temperatur in der weniger symmetrischen martensitischen Phase befindet. Der Martensit neigt zur Zwillingsbildung.

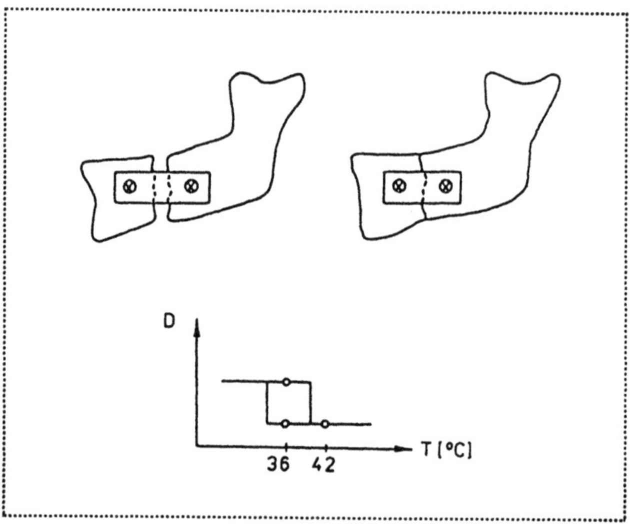


**Abb. 10.28** Medizinische Anwendung; Schienen eines Kieferknochens.

Im jungfräulichen Zustand bei tiefer Temperatur liegen hiernach die Zwillinge des Martensitgitters in gleicher Konzentration vor. Bei Belastung im Fließbereich wird *ein* Zwilling durch die Lastrichtung bevorzugt. Er bildet sich auf Kosten des – oder der – anderen.

Bei hoher Temperatur liegt im lastfreien Zustand kein Martensit vor. Aber die Anwendung einer Last kann den vorliegenden Austenit in eine Zwillingsvariante des Martensits zwingen. Das geschieht auf der pseudoelastischen Fließlinie. Auf der Rückstellinie geht der umgekehrte Phasenübergang vor sich.

Auf dieser Basis läßt sich ein Modell entwickeln, welches das beschriebene Verhalten simulieren kann.

## 10.7.2  Ein Modell für Gedächtnislegierungen

Das Grundelement des Modells ist ein Gitterteilchen, ein kleines Stück des metallischen Gitters. Abb. $10.29_L$ zeigt dieses Gitterteilchen in drei Gleichgewichtskonfigurationen, die als A und $M_\pm$ bezeichnet sind, was für den Austenit bzw. zwei Martensitzwillinge steht.

Man kann sich vorstellen, daß die Martensitzwillinge durch Scherung aus dem Austenitteilchen hervorgehen. Die postulierte Form der potentiellen Energie als Funktion der Scherlänge ist gekennzeichnet durch seitliche stabile Minima, welche den Martensitzwillingen entsprechen, und durch ein mittleres metastabiles Minimum für das Austenitteilchen. Zwischen den Minima befinden sich energetische Barrieren, siehe    Abb. 10.29$_L$. Der Einfachheit halber setzen wir die potentielle Energie aus Parabeln zusammen. Die analytische Form dieser Parabeln lautet

$$\Phi(\Delta) = \begin{cases} \Phi_A & = \Phi_0 + K_A \Delta^2 & \text{für} \quad |\Delta| \leq \Delta_s \\ \Phi_{M_\pm} & = K_M(\Delta \mp J)^2 & \text{für} \quad |\Delta| \geq \Delta_s \end{cases} \qquad (10.81)$$

Wir werden sehen, daß es wichtig ist, $K_M > K_A$ zu wählen, so daß die seitlichen Potentialtöpfe enger sind als der mittlere Potentialtopf.

Wenn eine Last auf das Gitterteilchen wirkt, so muß deren potentielle Energie zu der des Teilchens addiert werden. Die potentielle Energie der Last ist eine lineare Funktion von $\Delta$ mit dem Anstieg $-P$. Unter Last verformt sich mithin die potentielle Energie, so wie in Abb. 10.29$_R$ gezeigt.

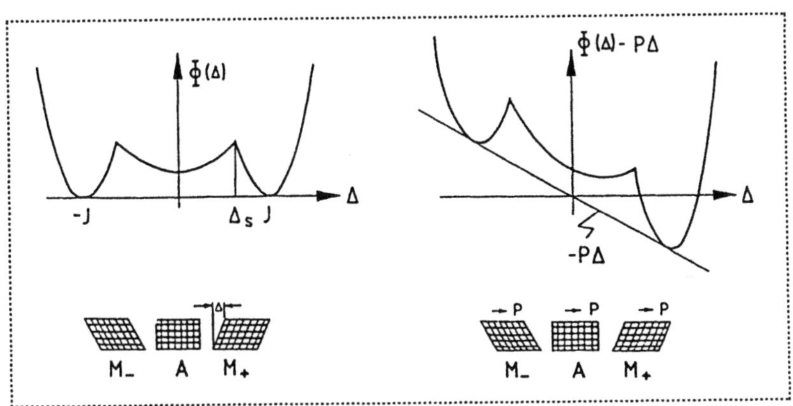


**Abb. 10.29** Gitterteilchen und ihre potentielle Energie.
Links:    unbelastetes Teilchen.
Rechts:  Teilchen unter Last.

Das Modell für den Körper als Ganzes entsteht, indem wir die Gitterteilchen zu Schichten zusammensetzen und diese Schichten übereinanderstapeln, so wie in Abb. 10.30 gezeigt. Der linke Körper der Abbildung mit seinen alternierenden martensitischen Schichten entspricht dem lastfreien Zustand bei einer tiefen Temperatur. Wir überlegen anhand von Abb. 10.30, wie sich das Modell bei vertikaler Belastung verhält.

Bei kleiner vertikaler Belastung geraten die Gitterschichten unter eine Scherspannung, die $M_+$-Schichten werden flacher, die $M_-$-Schichten werden steiler. Die Vertikalkomponenten der Scherlängen $\Delta_i$ aller N Schichten addieren sich zu der Dehnung D gemäß

$$D = L - L_0 = \frac{1}{\sqrt{2}} \sum_{i=1}^{N} \Delta_i \ . \tag{10.82}$$

Bei Entlastung nehmen die Gitterschichten ihre alte Form wieder an, d. h. die Dehnung war elastisch. Erhöht man jedoch die Last, so klappen die $M_-$–Schichten in die $M_+$–Stellung um und vergrößern so ihre Scherlänge beträchtlich. Es resultiert eine drastische Dehnung. Bei Entlastung gehen alle Schichten in die $M_+$–Stellung des Gleichgewichts, und so bleibt eine beträchtliche Restverformung.

Auf diese anschauliche Weise versteht man die anfängliche elastische Verformung, den Fließvorgang als Folge des Umklappens der Schichten und die Restverformung.

Bei Temperaturerhöhung bildet sich die austenitische Phase. Dadurch zieht sich der Körper zusammen, so wie in Abb. 10.30 ganz rechts gezeigt. Für das bloße Auge hat er schon jetzt die anfängliche Form wiedererlangt, er hat nur noch eine andere innere Struktur und eine Oberfläche ohne Knicke. Bei nachfolgender Abkühlung gehen die Austenitschichten wieder in martensitische Schichten über, und zwar mit gleicher Wahrscheinlichkeit in $M_+$ und $M_-$, so daß wir nun den Körper wieder in seinem alten Zustand sehen; äußere Form und innere Struktur sind wiederhergestellt.

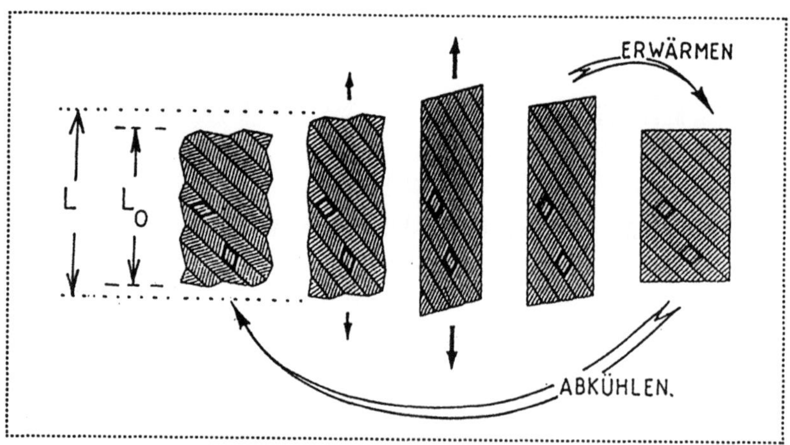


**Abb. 10.30** Modellkörper.

Somit haben wir den Modellkörper durch einen vollen Zyklus geführt aus elastisch-plastischer Verformung, Restverformung und Erwärmung sowie Rückkehr in den Ausgangszustand. Diese Schritte sind sehr einfach zu verstehen, *bis auf einen*: Wir müssen uns fragen, wieso der Austenit bei hoher Temperatur stabil sein kann, wo doch sein Potentialminimum nur metastabil ist. Zur Beantwortung dieser Frage kommen wir im nächsten Absatz. Zunächst jedoch wollen wir den Fließvorgang noch einmal betrachten, im energetischen Bild, und uns die Rolle der Temperatur klarmachen.

Wir betrachten dazu die Abb. 10.31 und zwar zunächst deren linke  Seite, die einer niedrigen Temperatur entspricht. Die Gitterschichten liegen tief unten in den martensitischen Potentialmulden und zwar − im jungfräulichen Zustand − zu gleichen Teilen rechts und links.

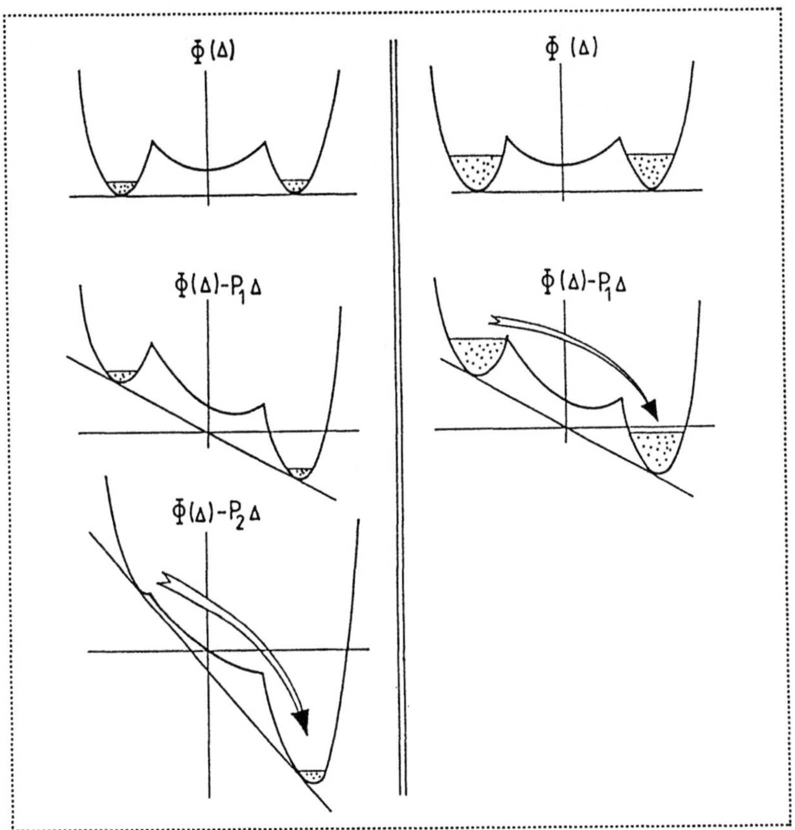


**Abb. 10.31** Fließen bei tiefer und hoher Temperatur.

Wirkt eine Last $P_1$, so verformt die potentielle Energie der Last das Potential: Das rechte Minimum wird tiefer, das linke höher, und die linke Barriere wird kleiner. Solange jedoch die Barrieren vorhanden sind, bleibt die Teilchenverteilung unverändert. Erst wenn die Last groß genug ist, um die linke Barriere zu eliminieren, klappen die Teilchen um, und der Fließvorgang setzt ein. Das ist in Abb. 10.31 bei $P_2$ der Fall.

Bei hoher Temperatur liegen die Gitterteilchen nicht so tief in den Potentialminima, sie fluktuieren um diese Minima herum, und die mittlere kinetische Energie dieser Fluktuationsbewegung ist proportional zur Temperatur. Auf der rechten Seite von Abb. 10.31 ist diese Energie durch die Höhe des Teilchenpools angegeben. Solange die kinetische Energie kleiner ist als die Barrierenhöhe, können die Potentialtöpfe keine Teilchen austauschen. Aber wenn wir die Last $P_l$ aufbringen – eine Last, die bei tiefer Temperatur nicht ausreichte, um das Fließen zu ermöglichen – so ist die Barriere klein genug, daß die Teilchen sie überwinden können. Darum kommt es bei höherer Temperatur schon bei $P_l$ zum Fließen, d. h. die Fließlast sinkt bei wachsender Temperatur.

Die bisher angestellten Überlegungen geben uns ein anschauliches Bild von dem Last–Dehnungs–Temperaturverhalten von Gedächtnismetallen. Natürlich reicht das für eine überzeugende Erklärung dieses Verhaltens nicht aus. Dazu brauchen wir mathematische Formulierungen der Eigenschaften des Modellkörpers, und solche werden im folgenden vorgestellt: zunächst eine statistisch mechanische Theorie zur Beschreibung des statischen Last–Dehnungs–Verhaltens und dann eine kinetische Theorie zur Beschreibung der Fließ- und Kriechvorgänge.


## 10.7.3  Entropische Stabilisierung

Wir wenden uns der bereits erwähnten Frage zu, wieso der Austenit bei hoher Temperatur stabil sein kann, wo doch der Martensit energetisch viel günstiger ist. Die Antwort lautet: Zwar sind die Martensit–Minima tiefer, aber sie sind auch enger – erinnere $K_A < K_M$ – und diese Tatsache stabilisiert den Austenit bei hoher Temperatur. Wir überlegen:

Die Teilchen fluktuieren um ihre Minima und zwar umso stärker, je höher die Temperatur ist. So ist die $A \rightarrow M$–Barriere bei hoher Temperatur leicht, die höhere $M \rightarrow A$–Barriere nicht so leicht überwindbar. Das würde uns erwarten lassen, daß Martensit stabil ist. *Aber*: da der M–Potentialtopf enger ist als der A–Topf, treffen die M–Teilchen häufig gegen ihre hohe Barriere – häufiger als die A–Teilchen gegen ihre niedrige – und jedesmal haben sie die Chance zum Übertritt. Dieser Vorteil kann den Nachteil des tieferen M–Topfes aufheben, so daß sich die Teilchen am Ende im höheren, aber flacheren A–Topf befinden.

Es ist dies ein Fall von *entropischer Stabilisierung*. In der Tat ist ein Phasenübergang das Ergebnis zweier konkurrierender Tendenzen, einer energe- tischen und einer entropischen. Die Energie versucht minimal zu werden, indem sie die Teilchen in den Potentialminima versammelt, und die Entropie versucht maximal zu werden, indem sie die Teilchen gleichmäßig über die vorhandenen Zustände verteilt, d. h. maximale Unordnung schafft, siehe Absatz 4.2.7. In diesem Wettbewerb ist es dann die freie Energie

$$F = E - TS \,, \tag{10.83}$$

die tatsächlich minimal wird. Für niedrige Temperatur kann der zweite Term vernachlässigt werden, und die freie Energie wird minimal, weil die Energie minimal wird. Für hohe Temperatur kann der erste Term vernachlässigt werden, und die freie Energie wird minimal, weil die Entropie maximal wird.

Im vorliegenden Fall bewirkt die entropische Tendenz zur Maximierung durch Gleichverteilung, daß die Teilchen in den martensitischen Minima sich bemühen, ihrem engen Potentialtopf zu entkommen.

Wir befassen uns nun damit, diese anschaulichen Überlegungen analytisch zu fassen: Dazu führen wir eine Verteilungsfunktion $N_\Delta$ ein, welche die Zahl der Schichten mit der Scherlänge $\Delta$ angibt. Dann gilt für Dehnung, Energie und Entropie des Modellkörpers[10.4]

$$D = \sum_\Delta \Delta N_\Delta \qquad E = \sum_\Delta \Phi(\Delta) N_\Delta \qquad S = k \ln \frac{N!}{\prod_\Delta N_\Delta!} \, . \qquad (10.84)$$

Dehnung, Energie und Entropie der Phasen A und $M_\pm$ sind genauso definiert, nur daß jeweils Summen und Produkt aus den Bereichen $\Delta_A \, (|\Delta| \le \Delta_s)$, $\Delta_{M_+} (\Delta > \Delta_s)$, $\Delta_{M_-} (\Delta < -\Delta_s)$ genommen werden müssen. Wir benutzen die Stirlingformel und berechnen die freien Energien, Schichtenzahlen und Dehnungen der einzelnen Phasen

$$F_A = \sum_{\Delta_A} \left( \Phi_A(\Delta) + kT \ln \frac{N_\Delta}{N_A} \right) N_\Delta \qquad N_A = \sum_{\Delta_A} N_\Delta \qquad D_A = \sum_{\Delta_A} \Delta N_\Delta$$

$$F_{M_\pm} = \sum_{\Delta_{M_\pm}} \left( \Phi_{M_\pm}(\Delta) + kT \ln \frac{N_\Delta}{N_{M_\pm}} \right) N_\Delta \qquad N_{M_\pm} = \sum_{\Delta_{M_\pm}} N_\Delta \qquad D_{M_\pm} = \sum_{\Delta_{M_\pm}} \Delta N_\Delta \, .$$

$$(10.85)$$

Um die Gleichgewichtsverteilungen der Schichtenzahlen in den Phasen zu finden, minimieren wir $F_A, F_{M_\pm}$ unter Nebenbedingungen, die $N_A, D_A$ bzw. $N_{M_\pm}, D_{M_\pm}$ konstant halten. Es ergibt sich

$$N_\Delta = N_A \, \frac{e^{-\frac{\Phi_A(\Delta) - \beta_A \Delta}{kT}}}{\sum_{\Delta_A} e^{-\frac{\Phi_A(\Delta) - \beta_A \Delta}{kT}}} \qquad \text{für} \ \ |\Delta| \le \Delta_s$$

---

[10.4] D folgt aus (10.82), wobei der Faktor $\sqrt{2}$ der Einfachheit halber unterdrückt wird.

$$N_\Delta = N_{M_\pm} \; \frac{e^{-\dfrac{\Phi_{M_\pm}(\Delta)-\beta_{M_\pm}\Delta}{kT}}}{\displaystyle\sum_{\Delta_{M_\pm}} e^{-\dfrac{\Phi_{M_\pm}(\Delta)-\beta_{M_\pm}\Delta}{kT}}} \qquad \text{für}\quad |\Delta| > \Delta_s \; . \qquad (10.86)$$

Die Größen $\beta$ sind Lagrange-Multiplikatoren, die zur Berücksichtigung der Nebenbedingung fester Dehnungen eingeführt wurden. Ihre Werte lassen sich aus den Nebenbedingungen berechnen. Dazu müssen wir die Summen in Integrale umwandeln. Wir tun das, indem wir annehmen, daß die Zahl der Scherlängen zwischen $\Delta$ und $\Delta + d\Delta$ gleich $Yd\Delta$ ist. Vereinfachend wird weiter angenommen, daß die Integrationen über $\Delta_A$ und $\Delta_{M_\pm}$ von $-\infty$ bis $+\infty$ laufen –, anstatt nur über die Parabelzüge in den einzelnen Integrationsbereichen; diese Annahme ist umso besser, je tiefer die Schichten in den Potentialtöpfen (10.81) liegen. Damit ergibt sich

$$\beta_A = 2K_A \frac{D_A}{N_A}, \qquad \beta_{M_\pm} = 2K_M\left(\frac{D_{M_\pm}}{N_{M_\pm}} \mp J\right) . \qquad (10.87)$$

Einsetzen in (10.86) liefert die Verteilungsfunktionen in expliziter Form. Setzt man diese in die freien Energien $F_A$ und $F_{M_\pm}$ nach (10.85) ein, so folgt

$$\frac{F_A}{N_A} = \Phi_0 + K_A\left(\frac{D_A}{N_A}\right)^2 + \frac{1}{2}kT\ln K_A - kT\ln\left(Y\sqrt{\pi kT}\right)$$

$$\frac{F_{M_\pm}}{N_{M_\pm}} = K_M\left(\frac{D_{M_\pm}}{N_{M_\pm}} \mp J\right)^2 + \frac{1}{2}kT\ln K_M - kT\ln\left(Y\sqrt{\pi kT}\right) \qquad . \qquad (10.88)$$

Wir erkennen, daß für $T = 0$ in (10.88) nur die unterstrichenen Teile vorhanden sind. Diese sind als Funktionen von $D/N$ – dem Beitrag einer Schicht zur Dehnung – gleich der potentiellen Energiefunktion (10.81). Mit wachsender Temperatur verschieben sich die Funktionen $F_A$ und $F_{M_\pm}$ in vertikaler Richtung und zwar $F_{M_\pm}$ mehr als $F_A$, weil $K_M > K_A$ gilt. Mit steigender Temperatur erhalten wir also nacheinander die Graphen der Abb. 10.32.

Wir schließen hieraus für niedrige Temperatur zunächst, daß die Martensit-zwillinge stabil sind, d. h. die niedrigsten freien Energieminima haben. Bei einer höheren Temperatur sind alle Minima zunächst gleich tief, und dann wird das

Austenitminimum stabil. Wir erkennen hierin die analytische Version der vorher diskutierten entropischen Stabilisierung.

Es ist instruktiv, die Kurven der Abb. 10.32 mit denen des Landau–Modells zu vergleichen, siehe Abb. 10.15 Die Verschiebung der Minima relativ zueinander bei veränderlicher Temperatur ist hier wie dort qualitativ die gleiche.

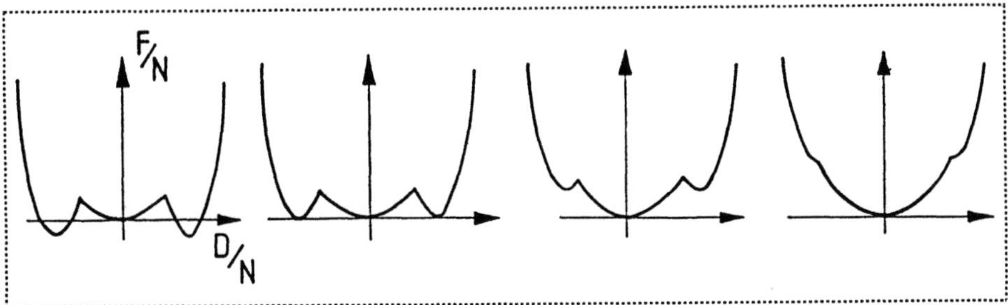


**Abb. 10.32** Freie Energien der Phasen A und $M_\pm$ als Funktionen von D/N für wachsende Temperatur. (F(0) willkürlich, aber ohne Beschränkung der Allgemeinheit, gleich Null gesetzt.)


## 10.7.4 Pseudoelastizität

Weder hier, noch im Landau–Modell treten Hysteresen auf, und darum ist unser Modell noch nicht in der Lage, die in Gedächtnislegierungen auftretenden hysteretischen Kurven der Abb. 10.25 zu beschreiben. In der Tat, nach den Überlegungen des Absatzes 4.5.5 vermuten wir, daß sich eine Hysterese nur dann ergibt, wenn wir die Bildung einer Phasengrenzfläche durch einen Energiemalus bestrafen. In diesem Absatz werden wir diese Idee verfolgen, allerdings nicht für das volle Spektrum der Möglichkeiten, die in Abb. 10.25 aufgezeigt sind, sondern nur für den Fall der Pseudoelastizität.

An der pseudoelastischen Hysterese ist mehr dran, als wir bisher besprochen haben. Denn, wenn man den Fließvorgang unterbricht und entlastet, oder wenn man den Rückstellvorgang unterbricht und wiederbelastet, so zeigt sich das in Abb. 10.33 dargestellte Verhalten. Die steilen Linien innerhalb der Hysterese sind elastisch, d. h. sie können rauf und runter durchfahren werden. Wenn man aber entlastet und dabei unter eine diagonale Linie – von links oben nach rechts unten – gerät, so setzt eine Rückstellung innerhalb der Hysterese bei konstanter Last ein. Analog erhält man inneres Fließen, wenn man sich der Diagonale von unten nähert. Man kann so auch durch den richtigen Belastungswechsel Schleifen innerhalb der großen Hystereseschleife umfahren.

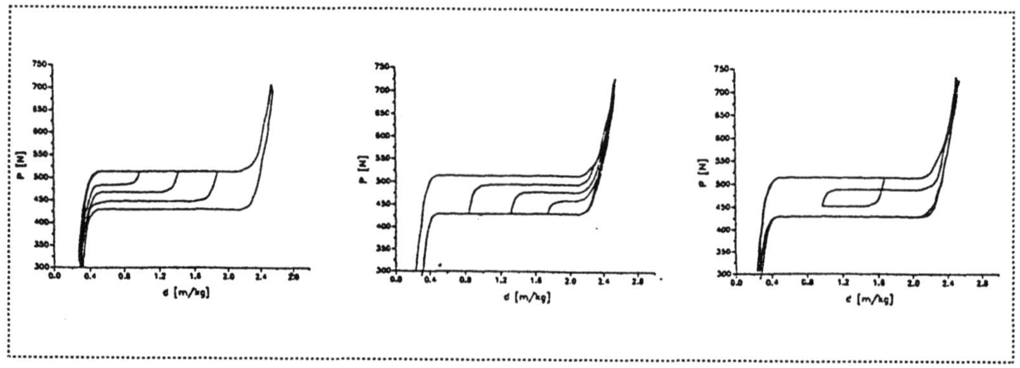

**Abb. 10.33** Innere Rückstellung, inneres Fließen, innere Schleife.

In dem Bereich der Pseudoelastizität ist Martensit im unbelasteten Zustand
instabil. Das heißt, die freie Energie ist gegeben durch eines der beiden rechten
Bilder in Abb. 10.32. In Abb. $10.34_L$ oben ist diese Funktion für positive D noch
einmal gezeichnet. Die untere Parabel entspricht der austenitischen Phase, die
obere der martensitischen. Wenn beide Phasen vorliegen, so wie im pseudoelastischen Hysteresebereich, so ist die Zugprobe in alternierenden Streifen
austenitisch und martensitisch, siehe Abb. $10.34_R$ für ein schematisches Bild. Es
können hunderte solcher Streifen auftreten; ihre Zahl setzen wir in plausibler
Weise an als proportional zu $N_A N_M/N$. Jede Grenzfläche enthält wegen der zu
ihrer Bildung notwendigen Gitterverzerrung eine gewisse Energie, die sogenannte
*Kohärenzenergie*, deren Gesamtbetrag wir schreiben als

$$A\,N_A\,\frac{N_M}{N} \quad \text{mit} \quad A > 0 \; - \; \text{Kohärenzfaktor.}$$

Die freie Energie und die Dehnung der Phasenmischung lautet mithin

$$F = F_A + F_M + A N_A \frac{N_M}{N} \quad \text{und} \quad D = D_A + D_M \; , \tag{10.89}$$

und für die spezifischen Werte $f = F/N$, $d = D/N$, bezogen auf eine Gitterschicht,
ergibt sich damit

$$\begin{aligned}
f &= (1 - x_M) f_A(d_A) + x_M f_M(d_M) + A x_M (1 - x_M), \\
d &= (1 - x_M)\quad d_A \quad + x_M \quad d_M \; ,
\end{aligned} \tag{10.90}$$

wo $x_M$ der Bruchteil der Martensit–Schichten ist. Die Variable T in $f_A$ und $f_M$ ist
hier der Kürze halber weggelassen worden.

Um das Gleichgewicht der Phasen zu bestimmen, ist f in $(10.90)_1$ zu minimieren unter der Nebenbedingung, daß d nach $(10.90)_2$ konstant ist. f ist eine Funktion von drei Variablen, nämlich $d_A$, $d_M$ und $x_M$, und die Bedingungen für ein Minimum lauten

$$(1 - x_M)\left(\frac{\partial f_A}{\partial d_A} - \lambda\right) = 0$$

$$x_M \quad \left(\frac{\partial f_M}{\partial d_M} - \lambda\right) = 0 \tag{10.91}$$

$$\lambda(d_M - d_A) - (f_M - f_A) = A(1 - 2x_M). \tag{10.92}$$

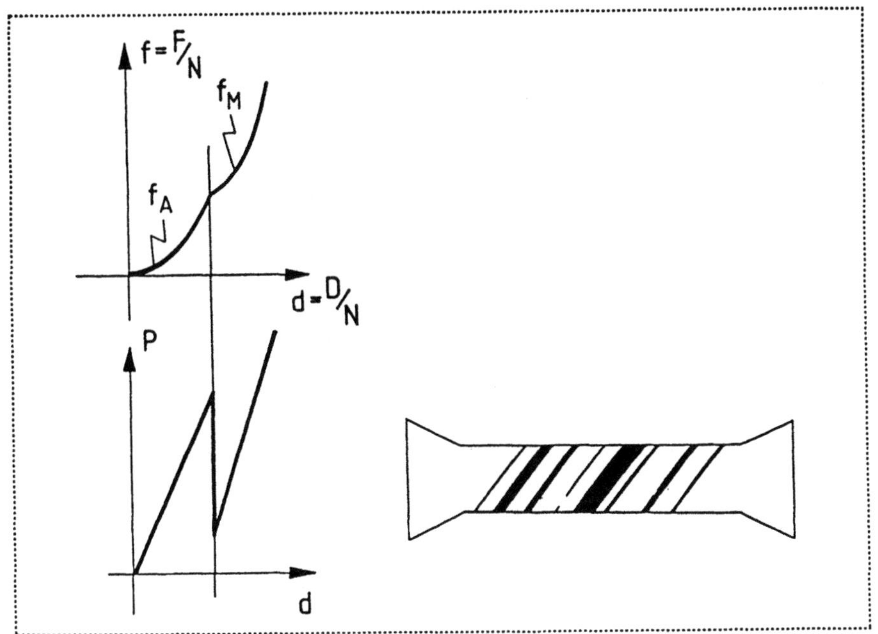



**Abb. 10.34** Phasenmischung (A,M).
Links:  Spezifische freie Energie und Last als
Funktion der spezifischen Dehnung.
Rechts: Schematisches Bild der Zugprobe.

$\lambda$ ist der Lagrange–Multiplikator zur Berücksichtigung der Nebenbedingung. Zusammen mit $(10.90)_2$ sind dies – bei gegebenem d – vier Gleichungen zur Bestimmung von $\lambda$ und $d_A$, $d_M$, $x_M$ im Gleichgewicht. Im vorliegenden Fall, wo $f_A$

und $f_M$ explizit durch (10.88) gegeben sind, könnten wir diese Gleichungen leicht analytisch lösen. Es ist jedoch auch instruktiv, ein einfaches graphisches Verfahren anzuwenden.

Zunächst einmal schließen wir aus (10.91)

$$\lambda = \frac{\partial f_A}{\partial d_A} = \frac{\partial f_M}{\partial d_M},$$

und da $\frac{\partial f}{\partial d}$ im Gleichgewicht gleich der Last P ist, so identifizieren wir den Lagrange–Multiplikator als Last und schließen gleichzeitig, daß im Gleichgewicht die Last auf beiden Phasen gleich ist. Die Last als Ableitung der freien Energie ist in Abb. $10.34_L$ unten gezeichnet; sie ist in diesem einfachen Modell in beiden Phasen eine lineare Funktion von d.

Weiterhin gilt mit $\lambda = P$ und $f = \int P dd$ nach (10.92)

$$P(d_M - d_A) - \int_{d_A}^{d_M} P(d)dd = A(1 - 2x_M) \quad . \tag{10.93}$$

Das ist die Bedingung für das Phasengleichgewicht, und aus ihr werden wir die Last bestimmen, unter der die Phasen im Gleichgewicht sind, sowie die zugehörigen Dehnungen $d_M$ und $d_A$. Gleichung (10.93) bietet sich für eine graphische Bestimmung dieser Werte an; allerdings werden diese von $x_M$ abhängen, da $x_M$ auf der rechten Seite vorkommt.

Betrachten wir zunächst $x_M \gtrsim 0$, d. h. sehr wenig Martensit ist im Gleichgewicht mit dem vorherrschenden Austenit. Dann ist die rechte Seite in (10.93) gleich A, und das Rechteck $P(d_M - d_A)$ ist um den Wert A größer als die Fläche

$$\int_{d_A}^{d_M} P(d)dd$$

unter der Kurve P(d). Abb. $10.35_L$ zeigt, wie man die zugehörigen Werte $P^0, d_M^0, d_A^0$ findet: Offenbar müssen die Dreiecksflächen I und II sich um A unterscheiden. Nun sei $x_M \lesssim 1$, d. h. sehr wenig Austenit ist im Gleichgewicht mit dem vorherrschenden Martensit. Dann ist die rechte Seite von (10.93) gleich $-A$, und das zweite Bild von Abb. 10.35 zeigt, wie man die zugehörigen Werte $P^1, d_M^1, d_A^1$ findet: Wieder müssen sich die Dreiecksflächen III und IV um A in der Fläche unterscheiden.

Es erscheint plausibel, die Lasten $P^0$ und $P^1$, die die beginnenden Phasengleichgewichte charakterisieren, als die Fließlast bzw. Rückstellast anzusehen. Auf diese Weise erhält man eine Hysterese mit der Fläche 2 A, wie in Abb. 10.35$_R$ gezeigt.

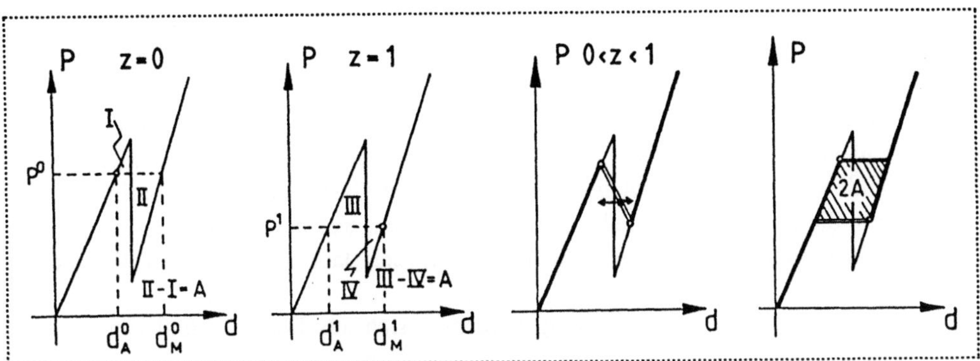


**Abb. 10.35** Zur Konstruktion der Hysterese und der Linie des Phasengleichgewichts.

Die Last $P^x$ und die Dehnungen $d_M^x, d_A^x$, die zu einem beliebigen Wert von $x_M$ zwischen 0 und 1 gehören, findet man aus (10.93) graphisch ganz so wie die Werte für $x_M = 0$, und $x_M = 1$. Danach bestimmt man aus (10.90)$_2$ das zugehörige d, und damit erhält man die (P,d)–Kurve des Phasengleichgewichts. Im vorliegenden Fall ist das eine abfallende Gerade, so wie in Abb. 10.35 gezeichnet.

Die Tatsache, daß die Gleichgewichtslinie einen negativen Anstieg besitzt, läßt vermuten, daß das Phasengleichgewicht instabil ist. Und in der Tat, man kann zeigen,

- daß zwar die freie Energie auf dieser Linie im Vergleich zu anderen Zuständen mit demselben Wert d ein *Minimum* besitzt,
- daß aber die freie Enthalpie auf dieser Linie im Vergleich zu anderen Zuständen mit demselben Wert P ein *Maximum* hat.

Also sind die Zustände auf der Gleichgewichtsgeraden ähnlich wie Sattelpunkte. Ein Zustand auf dieser Linie wird bei festem P seitlich "abrutschen", wie in Abb. 10.35 durch die horizontalen Pfeile angedeutet. Es erscheint plausibel anzunehmen, daß die in Abb. 10.33 dokumentierten Phänomene der inneren Rückstellung und des inneren Fließens mit dieser Instabilität zusammenhängen.

Wir schließen aus diesen Argumenten, daß die pseudoelastische Hysterese auf der Kohärenzenergie beruht. Ist der Kohärenzfaktor A gleich 0, so wird aus (10.93) die "übliche" Phasengleichgewichtsbeziehung, und die in Abb. 10.35 angedeuteten Konstruktionen führen zu Ergebnissen, die exakt denen entsprechen, die wir in Absatz 4.2.5 im Zusammenhang mit der von der Waals Gleichung diskutiert haben. Es gibt dann eine horizontale Linie des Phasengleichgewichts, – die Maxwell Linie – und das Phasengleichgewicht ist nicht mehr instabil, sondern indifferent.

## 10.7.5  Latente Wärme

Die austenitisch–martensitische Phasenumwandlung im pseudoelastischen Bereich läuft nicht über Gleichgewichte. In der Tat, nach Abb. 10.33 werden nicht die Zustände auf der Gleichgewichtslinie innerhalb der Hystereseschleife durchlaufen, sondern die horizontalen Fließ– und Rückstellinien, welche den Hysteresebereich oben bzw. unten begrenzen. Wir berechnen die dabei entwickelten Wärmeleistungen.

Die spezifische Wärmeleistung $\dot{q}$ berechnet sich aus Energie– und Entropiebilanz (4.57). Im vorliegenden Fall der einachsigen Belastung haben wir

$$\frac{de}{dt} - \dot{q} - P\frac{dd}{dt} = 0 \quad \text{und} \quad \frac{ds}{dt} - \frac{\dot{q}}{T} = \sigma, \tag{10.94}$$

wo $\sigma \geq 0$ die spezifische Entropieproduktion ist. Mit $s = -\frac{\partial f}{\partial T}$ sowie f nach $(10.90)_1$ und $f_A(d_A,T)$, $f_M(d_M,T)$ nach (10.88) folgt für einen isothermen Prozeß, wie das hier zu betrachtende Fließen bzw. die Rückstellung,

$$\frac{ds}{dt} = \frac{1}{2} k \ln \frac{K_M}{K_A} \frac{dx_M}{dt}. \tag{10.95}$$

Einsetzen in (10.94) ergibt

$$\dot{q} = \frac{1}{2} kT \ln \frac{K_M}{K_A} \frac{dx_M}{dt} - T\sigma. \tag{10.96}$$

Es bleibt noch die Bestimmung der Entropieproduktion. Diese folgt aus den beiden Gleichungen (10.94) durch Elimination von $\dot{q}$. Man erhält – immer für einen isothermen Prozeß

$$-T\sigma = \frac{df}{dt} - P\frac{dd}{dt} \qquad \text{und mit (10.88)}$$

$$-T\sigma = \left(1-x_M\right)\left(\frac{\partial f_A}{\partial d_A} - P\right)\frac{dd_A}{dt} + x_M\left(\frac{\partial f_M}{\partial d_M} - P\right)\frac{dd_M}{dt} +$$

$$+\left[f_M - f_A - P(d_M - d_A) + A(1-2x_M)\right]\frac{dx_M}{dt} . \qquad (10.97)$$

Wir nehmen an, daß in jeder der Phasen – auch auf der Fließ- und Rückstellinie – dynamisches Gleichgewicht herrscht, während das Phasengleichgewicht nicht gegeben ist. Dann verschwinden in (10.97) die unterstrichenen Klammern, und die Entropieproduktion ist durch die letzte Zeile dieser Gleichung gegeben; wir schreiben mit $f = \int P dd$

$$-T\sigma = -\left[P(d_M - d_A) - \int_{d_A}^{d_A} P dd - A(1-2x_M)\right]\frac{dx_M}{dt} . \qquad (10.98)$$

Auf der Fließ- und Rückstellinie ist $P = P^0$ bzw. $P = P^1$, siehe Absatz 10.7.4, und $P^0$ und $P^1$ sind gegeben durch die Bedingung

$$P(d_M - d_A) - \int_{d_A}^{d_A} P dd = \pm A .$$

Folglich gilt

$$-T\sigma = \begin{cases} -2Ax_M \dfrac{dx_M}{dt} & \text{auf der Fließlinie} \\[2ex] 2A(1-x_M)\dfrac{dx_M}{dt} & \text{auf der Rückstellinie .} \end{cases} \qquad (10.99)$$

Einsetzen in (10.96) ergibt die Wärmeleistung beim Fließen und bei der Rückstellung.

$$\dot{q} = \begin{cases} \left(\dfrac{1}{2}kT\ln\dfrac{K_M}{K_A} - 2A\,x_M\right)\dfrac{dx_M}{dt} & \text{Fließlinie} \\[3ex] \left(\dfrac{1}{2}kT\ln\dfrac{K_M}{K_A} + 2A\,(1-x_M)\right)\dfrac{dx_M}{dt} & \text{Rückstellinie .} \end{cases} \qquad (10.100)$$

Durchlaufen wir die Fließlinie, beginnend bei $x_M = 0$, nur teilweise bis zu einem beliebigen Wert $x_M$, so folgt die zugeführte Wärme durch Integration von $(10.100)_1$

$$q^F(x_M) = \frac{1}{2}kT\ln\frac{K_M}{K_A}\cdot x_M - Ax_M^2 \,. \qquad (10.101)$$

Entsprechend gilt für eine teilweise Rückstellung, beginnend bei $x_M = 1$,

$$q^R(x_M) = \frac{1}{2}kT\ln\frac{K_M}{K_A}\cdot (x_M - 1) - A(x_M - 1)^2 \,. \qquad (10.102)$$

Wir erkennen, daß der jeweils erste Term in (10.101) und (10.102) unterschiedliches Vorzeichen hat: Die beim Fließen zugeführte Wärme wird bei der Rückstellung wieder abgegeben. Dies ist die wohlbekannte *reversible* Wärme, die mit dem Phasenübergang verbunden ist, die sogenannte *latente Wärme*. Für $A = 0$ ist dies der einzige Beitrag zur Wärmeentwicklung eines Phasenübergangs. Ist jedoch $A \neq 0$, so ist mit dem Phasenübergang eine *irreversible* Wärmeentwicklung verbunden. Im Gegensatz zur latenten Wärme, welche in $x_M$ linear ist, hängt die irreversible Wärme quadratisch von der Phasenfraktion ab.

Die gesamte Wärmeentwicklung beim Umlaufen der Hysterese ist gegeben durch

$$q^F(x_M = 1) + q^R(x_M = 0) = -2A \,; \qquad (10.103)$$

sie entspricht betragsmäßig der Fläche innerhalb der Hystereseschleife, siehe Abb. 10.35. Es folgt, daß die beim Umlaufen der Hysterese verlorene Arbeit in Wärme umgewandelt wird. Dies war auch zu erwarten.

## 10.7.6  Simulation einer Gedächtnislegierung

Grundlage für die Entwicklung einer kinetischen Theorie der Gedächtnismetalle ist die Formulierung von Ratengleichungen für die Phasenfraktionen der austenitischen Gitterschichten und der martensitischen Zwillinge. Wir betrachten wieder die potentielle Energie mit ihren drei Minima. Links von der linken Barriere und rechts von der rechten befinden sich die $M_-$-Schichten bzw. die $M_+$-Schichten. In der Mitte haben wir die $A$-Schichten (Abb. 10.36). Nun fragen wir nach der zeitlichen Veränderung der Phasenfraktionen $x_{M_\pm}$ und $x_A$.

Wir setzen dafür Ratengleichungen wie folgt an:

$$\begin{aligned}
\dot{x}_{M_-} &= -p^{-0}x_{M_-} + p^{0-}x_A \\
\dot{x}_A &= \phantom{-}p^{-0}x_{M_-} - p^{0-}x_A - p^{0+}x_A + p^{+0}x_{M_+} \,, \\
\dot{x}_{M_+} &= \phantom{-p^{-0}x_{M_-} - p^{0-}x_A} \; p^{0+}x_A - p^{+0}x_{M_+}
\end{aligned} \qquad (10.104)$$

und zur Begründung dieses Ansatzes diskutieren wir die Rate $\dot{x}_{M_-}$. Diese hat zwei Anteile, einen Verlust und einen Gewinn. Der Verlust ist bedingt durch die Schichten, die aus dem linken Potentialtopf herausspringen; deren Zahl ist proportional zu der Zahl der Schichten, welche sich in diesem Topf befinden. Der Proportionalitätsfaktor ist $p^{-0}$, die *Übergangswahrscheinlichkeit* von links in die Mitte. Der Gewinn geht zurück auf die Schichten, die von der Mitte nach links springen, und ist proportional der Zahl der mittleren Schichten mit Proportionalitätsfaktor $p^{-0}$. Genauso argumentiert man bei der Bestimmung der Raten $\dot{x}_A$ und $\dot{x}_{M+}$, nur daß $\dot{x}_A$ vier Terme enthält, denn das mittlere Minimum kann Schichten mit beiden Seiten austauschen.

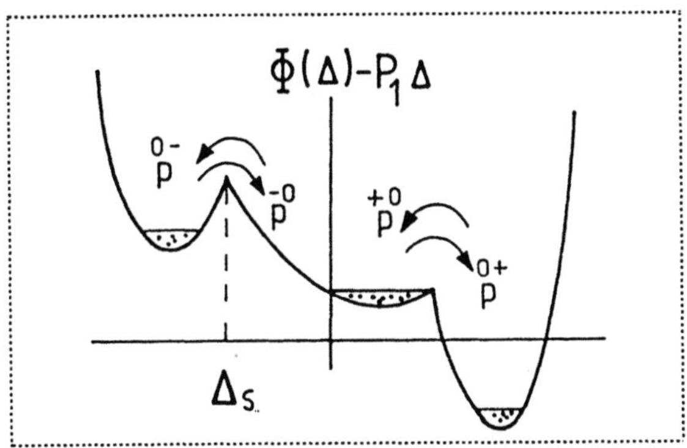


**Abb. 10.36** Austausch zwischen den Potentialtöpfen der Gitterschichten.

Die Übergangswahrscheinlichkeiten kann man sich nach den Prinzipien der Theorie aktivierter Prozesse konstruieren, die zuerst in der Chemie entwickelt wurden. Im vorliegenden Fall etwa bestimmt sich die Übergangswahrscheinlichkeit $p^{-0}$ als Ausdruck der Form

$$p^{-0} = \sqrt{\frac{kT}{2\pi m}} \; \frac{e^{-\frac{\Phi(-\Delta_s)+P\Delta_s}{kT}}}{\sum\limits_{\Delta_{M_-}} e^{-\frac{\Phi_{M_-}(\Delta)-P\Delta}{kT}}} \; e^{-\frac{A}{kT}(1-2x_A)} \;. \qquad (10.105)$$

Der Bruch in diesem Ausdruck gibt nach $(10.86)_2$ die Wahrscheinlichkeit an, daß eine Schicht der Phase $M_-$ eine Energie besitzt, die der Höhe der linken Potentialschwelle bei $\Delta = -\Delta_s$ entspricht. [Man beachte, daß $\beta_A$ in (10.86) der Last P auf die Phase A entspricht, das folgt aus (10.87) und (10.88) mit $P = \frac{\partial F}{\partial d}$

und $d = D/N$. Auch hier nehmen wir an, daß dynamisches Gleichgewicht schon herrscht, während sich das Phasengleichgewicht noch einstellt, so daß alle Phasen unter der gleichen Last liegen.] Die Idee ist dabei, daß eine Gitterschicht nur dann die Barriere überwinden kann, wenn sie einmal diese Höhe erreicht hat. Allerdings nicht ganz: Denn es ändert sich beim Austausch einer Schicht auch die Zahl der Grenzflächen und folglich die Kohärenzenergie und zwar um den Betrag $A(1-2x_A)$, wenn A die mit einer Grenzfläche verknüpfte Energie ist. Dieser Effekt wird durch den Exponentialfaktor rechts in (10.105) berücksichtigt. Der Wurzelfaktor in (10.105) repräsentiert die mittlere Geschwindigkeit, mit der sich die M.–Gitterschichten in Richtung zur Barriere hinbewegen. m ist die Masse einer Schicht. Alle diese Anteile von (10.105) sind plausibel; für eine überzeugenden Ableitung sollte man ein Buch über thermisch aktivierte Prozesse zu Rate ziehen.[10.5]

Die Summe im Nenner kann in ein Integral verwandelt werden in der Art, wie in Absatz 10.7.3 beschrieben, und so erhalten wir

$$p^{-0} = \frac{1}{2\pi Y} \sqrt{\frac{2K_M}{m}}\; e^{-\frac{P^2/4K_M{}^{-PJ}}{kT}}\; e^{-\frac{\Phi(-\Delta_s)+P\Delta_s}{kT}}\; e^{-\frac{A(1-2x_A)}{kT}}. \tag{10.106}$$

Man erkennt hier eine explizite Bestätigung der in Absatz 10.7.3 angeführten Argumente über die entropische Stabilisierung: Je größer die Krümmung $K_M$ des Potentialtopfes ist, d. h. je enger der Topf ist, desto größer ist die Austrittswahrscheinlichkeit.

Die anderen Übergangswahrscheinlichkeiten in (10.104) lassen sich in entsprechender Weise begründen wie $p^{-0}$ in (10.105) bzw. (10.106). Wir verzichten darauf. Gesagt sei nur, daß alle Übergangswahrscheinlichkeiten explizite Funktionen von P, T und $x_{M_\pm}$, $x_A$ sind. Folglich läßt sich mittels der Gleichungen (10.104) folgendes Problem lösen:

Gegeben P(t), T(t) sowie Anfangswerte $x_{M_\pm}(0)$, $x_A(0)$.

Gesucht $x_{M_\pm}(t)$, $x_A(t)$.

Die Lösung ergibt sich durch schrittweise Integration nach einem einfachen numerischen Verfahren. Eine analytische Lösung ist wegen der offensichtlichen Nichtlinearitäten unmöglich.

---

[10.5] Etwa Chen, R., Kirsh, Y., Analysis of thermally stimulated processes. Pergamon Press, Oxford (1981).

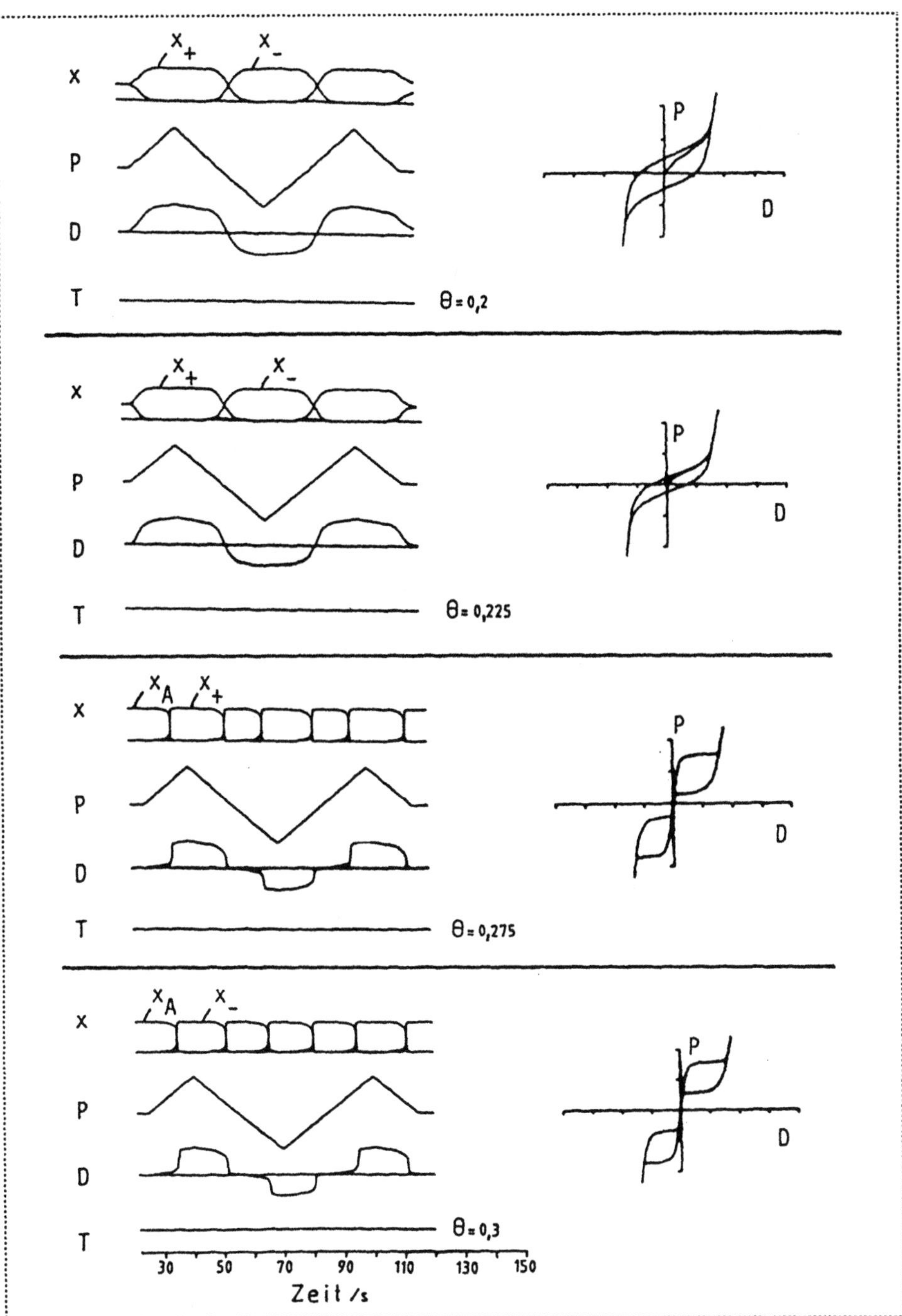



**Abb. 10.37** Antwort des Modellkörpers auf die Eingabe einer Zug-Drucklast bei verschiedenen konstanten Temperaturen.

Sobald man $x_{M_\pm}(t)$ und $x_A(t)$ hat, kann man die Deformation $D(t)$ bestimmen. Dazu schreibt man $D = D_{M_-} + D_A + D_{M_+}$ und berechnet $D_{M_\pm}$ und $D_A$ aus (10.87) unter Berücksichtigung der Tatsache, daß $\beta_{M_\pm}$ und $\beta_A$ im dynamischen Gleichgewicht alle gleich $P$ sind. Dann ergibt sich

$$D = N\left\{ x_{M_-}\left(\frac{P}{2K_M} + J\right) + x_A \frac{P}{2K_A} + x_{M_+}\left(\frac{P}{2K_M} - J\right) \right\}. \qquad (10.107)$$

Abb. 10.37 zeigt solche Lösungen $x_{M_\pm}(t)$, $x_A(t)$ und $D(t)$ bei Eingabe einer konstanten Temperatur und einer Dreieckslast, die zwischen Zug und Druck variiert. Die Graphen sind für geeignete Werte der Parameter des Modells berechnet und zwar für vier verschiedene konstante dimensionslose Temperaturen $\theta$ – von oben nach unten ansteigend.

In den beiden oberen Tableaus starten wir mit $x_{M_\pm}(0) = \frac{1}{2}$ und beobachten, wie sich unter Zug die Zwillingsvariante $x_{M+}$ durchsetzt und unter Druck die Variante $x_{M-}$. Die Deformation schwankt zwischen positiven und negativen Werten, im Takt mit der Last. Die unteren Tableaus zeigen Kurven, die zu höheren Temperaturen gehören. Hier ist $x_{M\pm}(0) = 0$ und $x_A(0) = 1$ angenommen worden, und unter wachsender Last wird die Austenitphase in die $M_+$–Phase gezwungen. Die Korrelation zwischen dem vorgegebenen $P(t)$ und dem berechneten $D(t)$ ist immer noch deutlich, aber $D(t)$ ist sehr klein, solange Austenit vorliegt.

Instruktiv sind auch die $(P,D)$–Diagramme rechts in Abb. 10.37. Diese erhält man durch Elimination der Zeit aus $P(t)$ und $D(t)$. Man sieht durch Vergleich mit den anfänglich gezeigten schematischen Diagrammen der Abb. 10.25, daß sich der Modellkörper qualitativ genauso verhält wie ein Gedächtnismetall: Bei niedrigen Temperaturen sehen wir eine Hysterese um den Ursprung, bei höheren Temperaturen sehen wir pseudoelastisches Verhalten.

# 11 Thermodynamik irreversibler Prozesse

## 11.1. Reinstoffe

### 11.1.1 Die Gesetze von Fourier und Navier-Stokes

Wir erinnern uns, daß wir es – am Anfang dieses Buches – zum Ziel der Thermodynamik erklärt haben, die fünf Felder

$$
\begin{array}{lll}
\text{Massendichte} & \rho\,(\mathbf{x},t) & \\
\text{Geschwindigkeit} & w_i(\mathbf{x},t)\,. & \qquad (11.1)\\
\text{Temperatur} & T\,(\mathbf{x},t) &
\end{array}
$$

zu bestimmen. Zu diesem Zweck braucht man Feldgleichungen, und diese leiten sich ab aus den Bilanzgleichungen der Strömungsmechanik und der Thermodynamik; nämlich den Erhaltungssätzen der Masse und des Impulses, sowie der Bilanzgleichung der inneren Energie, siehe (1.10), (1.16) und (1.48). Ohne Volumkraft und Strahlungszufuhr können diese Gleichungen geschrieben werden als

$$
\begin{aligned}
\dot\rho &+ \rho\,\frac{\partial w_i}{\partial x_i} = 0 \\[2ex]
\rho\dot w_i &+ \frac{\partial t_{ji}}{\partial x_j} = 0 \\[2ex]
\rho\dot u &+ \frac{\partial q_i}{\partial x_i} = t_{ij}\,\frac{\partial w_j}{\partial x_i}
\end{aligned}
\qquad (11.2)
$$

Dabei ist $\dot a = \frac{\partial a}{\partial t} + w_j\,\frac{\partial a}{\partial x_j}$ die *substantielle* oder *materielle* Zeitableitung, d.h. die Änderungsrate von a, wie sie von einem Beobachter gesehen wird, der sich mit der Strömung bewegt.

Nun sind dies zwar 5 Gleichungen, aber es sind nicht Feldgleichungen für die 5 Felder (11.1). Tatsächlich kommt T in den Bilanzgleichungen überhaupt nicht vor, und dazu enthalten sie neue Größen, nämlich den

$$
\begin{array}{lll}
\text{(symmetrischen) Spannungstensor} & t_{ij} & \\
\text{Wärmefluß} & q_i & \text{(11.3)} \\
\text{spezifische innere Energie} & u\,. &
\end{array}
$$

Um das System der 5 Gleichungen (11.2) abzuschließen, brauchen wir Beziehungen zwischen $t_{ij}, q_i, u$ und den Feldern (11.1); sogenannte *Materialgleichungen*,

denn es stellt sich heraus, daß die gesuchten Beziehungen materialabhängig sind.

In der Thermodynamik irreversibler Prozesse, – einer Theorie, die weltweit als TIP bekannt ist, – werden solche Gleichungen aus einer Entropiebilanz abgeleitet, die auf der Gibbs-Gleichung (4.3) der reversiblen Thermodynamik beruht. Bezogen auf die Masseneinheit und geschrieben für einen in der Zeit ablaufenden Prozeß lautet diese Gleichung mit $v = \frac{1}{\rho}$

$$
\dot{s} = \frac{1}{T}\left( \dot{u} - \frac{p}{\rho^2}\dot{\rho} \right) \; . \tag{11.4}
$$

$u$ und $p$ werden als Funktionen von $\rho$ und $T$ angesehen, und diese Funktionen sollen durch die kalorische und thermische Zustandsgleichung gegeben sein, gerade so, als seien die betrachteten Prozesse reversibel. [11.1]

Eliminiert man $\dot{u}$ und $\dot{\rho}$ aus der Gibbs-Gleichung mit Hilfe der Bilanzgleichungen für Energie und Masse $(11.2)_{1,3}$, so ergibt sich nach leichter Umformung [11.2]

$$
\rho\dot{s} + \frac{\partial}{\partial x_i}\left( \frac{q_i}{T} \right) = \acute{q}_i\,\frac{\partial \frac{1}{T}}{\partial x_i} + \frac{1}{T}\,t_{\langle ij\rangle}\,\frac{\partial w_{\langle i}}{\partial x_{j\rangle}} + \frac{1}{T}\left( \frac{1}{3}t_{ii} + p \right)\frac{\partial w_k}{\partial x_k}. \tag{11.5}
$$

Diese Gleichung kann offenbar als Entropiebilanz interpretiert werden; siehe (1.7) für die Form einer generischen Bilanzgleichung. Dazu muß man annehmen, daß

---

[11.1] Diesen wichtigen Bezug auf die Thermodynamik reversibler Prozesse nennt man das *Prinzip des lokalen Gleichgewichts.*

[11.2] Spitze Klammern kennzeichnen deviatorische, d.h. symmetrische spurfreie Tensoren, so daß z. B. gilt

$$
\frac{\partial w_{\langle i}}{\partial x_{j\rangle}} = \frac{1}{2}\left( \frac{\partial w_i}{\partial x_j} + \frac{\partial w_j}{\partial x_i} - \frac{2}{3}\frac{\partial w_k}{\partial x_k}\delta_{ij} \right) \text{ und } t_{\langle ij\rangle} = t_{ij} - \frac{1}{3}t_{kk}\,\delta_{ij}.
$$

$\dfrac{q_i}{T}$  der nichtkonvektive Entropiefluß ist   und

$$(11.6)$$

$$\frac{q_i}{T}\frac{\partial \frac{1}{T}}{\partial x_i} + \frac{1}{T}t_{\langle ij\rangle}\frac{\partial w_{\langle i}}{\partial x_{j\rangle}} + \frac{1}{T}\left(\frac{1}{3}t_{ii}+p\right)\frac{\partial w_k}{\partial x_k} \qquad \text{die Dichte der Entropieproduktion.}$$

Wir erkennen, daß die Entropieproduktionsdichte eine Summe aus Produkten ist aus

*thermodynamischen Flüssen*  und  *thermodynamischen Kräften*

Wärmefluß $q_i$  Temperaturgradient $\dfrac{\partial T}{\partial x_i}$

Spannungsdeviator $t_{\langle ij\rangle}$  deviatorischer Geschwindigkeitsgradient $\dfrac{\partial w_{\langle i}}{\partial x_{j\rangle}}$

dynamischer Druck $\pi = -p - \dfrac{1}{3}t_{ii}$  Divergenz der Geschwindigkeit $\dfrac{\partial w_k}{\partial x_k}$  (11.7)

Die Entropieproduktion muß nach dem zweiten Hauptsatz (4.5) für irreversible Prozesse nicht negativ sein. Diese Forderung wird von der TIP erfüllt, indem sie lineare Beziehungen fordert zwischen Flüssen und Kräften, nämlich

$$q_i = -\kappa\frac{\partial T}{\partial x_i} \qquad \kappa \ge 0$$

$$t_{\langle ij\rangle} = 2\eta\frac{\partial w_{\langle i}}{\partial x_{j\rangle}} \qquad \eta \ge 0 \qquad\qquad (11.8)$$

$$\pi = -\lambda\frac{\partial w_n}{\partial x_n} \qquad \lambda \ge 0.$$

Im TIP-Jargon heißen diese Beziehungen *phänomenologische Gleichungen*, denn sie waren – schon lange bevor die TIP formuliert wurde – den Phänomenen der Wärmeleitung und inneren Reibung abgeschaut worden, von Fourier bzw. Newton oder Navier, Stokes. Wir haben diese Gleichungen auch bereits in Kapitel 2 kennengelernt: als Gesetze von Fourier und Navier-Stokes. $\kappa$ ist die Wärmeleitfähigkeit und $\eta, \lambda$ sind Scher- bzw. Volumviskosität. Im allgemeinen sind diese Koeffizienten Funktionen von $\rho$ und $T$, die durch Messung bestimmt werden müssen.

Die Annahme $(11.6)_1$ über den Entropiefluß ist offenbar die natürliche Extrapolation der Formel (4.5) von Clausius für den Fall, daß die Wärmeleistung $\dot{Q}$

einem Volumen zugeführt wird, auf dessen Oberfläche von Punkt zu Punkt unterschiedliche Temperaturen vorliegen.

Wenn man die thermische und kalorische Zustandsgleichunge kennt sowie $\kappa(\rho,T)$, $\eta(\rho,T)$ und $\lambda(\rho,T)$, so kann man $q_i, t_{\langle ij \rangle}$ und $\pi$ mittels der phänomenologischen Gleichung (11.8) aus den Bilanzgleichungen (11.2) eliminieren. So erhält man explizite Feldgleichungen zur Bestimmung der Felder $\rho(x_i,t), w_j(x_i,t)$ und $T(x_i,t)$. Für die Lösung dieser Gleichungen müssen Anfangs- und Randwerte der Felder gegeben werden.

## 11.1.2  Scherströmung und Wärmeleitung zwischen zwei Platten

Wir erinnern uns an die in Absatz 2.2.1 betrachtete stationäre Scherströmung zwischen zwei unendlich ausgedehnten Platten, siehe Abb. 2.1. Damals hatten wir im Lösungsansatz angenommen, die Temperatur sei konstant, und diese Annahme brachte uns in Konflikt mit dem Energiesatz, siehe Bemerkung am Ende von Absatz 2.2.1.

Nunmehr betrachten wir dieselbe Situation, aber wir erlauben T, ebenso wie $\rho$ und $w_2$ von $x_3$ abzuhängen, während $w_1 = w_3 = 0$ sind. Das heißt, unser Ansatz lautet

$$\rho = \rho(x_3), \quad w_2 = w_2(x_3), \quad T = T(x_3), \qquad (11.9)$$

und diese drei Funktionen sollen aus Massen-, Impuls- und Energiesatz so bestimmt werden, daß die folgenden Randbedingungen erfüllt sind

$$w_2(0) = 0, \quad w_2(D) = V, \quad T(0) = T_0, \quad T(D) = T_D, \quad p(0) = p_0. \qquad (11.10)$$

Das strömende Fluid sei ein ideales Gas mit $p = \rho \frac{R}{M_r} T$, und Viskositäten und Wärmeleitfähigkeit seien konstant.

Aus (11.8) folgt

$$q_i = -\kappa \begin{bmatrix} 0 \\ 0 \\ \dfrac{dT}{dx_3} \end{bmatrix}, \quad t_{ij} = p(\rho,T)\delta_{ij} + \eta \begin{bmatrix} 0 & 0 & 0 \\ 0 & 0 & \dfrac{dw_2}{dx_3} \\ 0 & \dfrac{dw_2}{dx_3} & 0 \end{bmatrix}, \quad \pi = 0. \qquad (11.11)$$

Die Massenbilanz ist identisch erfüllt, und Impuls- und Energiesatz lauten:

Impuls 1- Komponente:   identisch erfüllt

$$\text{Impuls 2 - Komponente:} \quad \frac{d^2 w_2}{dx_3^2} = 0 \quad . \tag{11.12}$$

$$\text{Impuls 3 - Komponente:} \quad \frac{dp}{dx_3} = -\rho g$$

$$\text{Energie:} \quad -\kappa \frac{d^2 T}{dx_3^2} = 2\eta \left( \frac{dw_2}{dx_3} \right)^2 \quad . \tag{11.13}$$

Es folgt aus $(11.12)_2$ mit den Randbedingungen $(11.10)_{1,2}$

$$w_2(x_3) = V \frac{x_3}{D} . \tag{11.14}$$

Damit ergibt sich durch Integration der Energiebilanz mit den Randbedingungen $(11.10)_{3,4}$

$$T(x_3) = \frac{\eta}{\kappa} V^2 \frac{x_3}{D} \left( 1 - \frac{x_3}{D} \right) + T_0 \left( 1 - \frac{x_3}{D} \right) + T_D \frac{x_3}{D} . \tag{11.15}$$

Schließlich folgt $p(x_3)$ durch Integration von $(11.12)_3$ mit $(11.15)$

$$p(x_3) = p_0 \left( \frac{\dfrac{x_3}{A_-} + 1}{\dfrac{x_3}{A_+} + 1} \right)^{\dfrac{g}{R/M_r} \dfrac{\kappa D^2}{\eta V^2} \dfrac{1}{A_+ - A_-}} . \tag{11.16}$$

Dabei wurde zur Abkürzung definiert

$$A_\pm = + \frac{D}{2} \left\{ -\left( 1 + \frac{\kappa(T_D - T_0)}{\eta V^2} \right) \pm \sqrt{1 + 2\frac{\kappa(T_D - T_0)}{\eta V^2} + \left( \frac{\kappa(T_D - T_0)}{\eta V^2} \right)^2} \right\} . \tag{11.17}$$

Damit ist das Problem gelöst. Abb. 11.1 zeigt qualitativ die Felder $w_2(x_3)$ und $T(x_3)$; die Profile sind linear bzw. parabolisch. Es ist klar, daß an den Rändern Wärme – oder besser: innere Energie – abgeführt werden muß, um die Randtemperaturen aufrechtzuerhalten. Diese innere Energie wurde zwischen den Platten von der Scherströmung erzeugt durch den Produktionsterm in der Bilanzgleichung der inneren Energie.

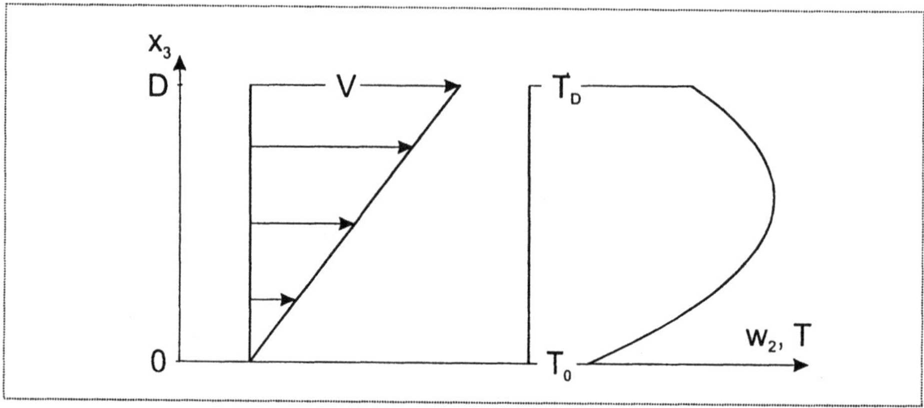



**Abb. 11.1** Geschwindigkeits- und Temperaturfeld einer Scherströmung.

## 11.1.3 Absorption und Dispersion des Schalls

Wir erinnern an Absatz 10.4, wo wir die Schallausbreitung in einem nichtviskosen und nichtwärmeleitendem einatomigen Gas betrachtet haben. Jetzt werden wir die Wirkung der Viskosität und Wärmeleitung auf die Schallausbreitung eines solchen Gases untersuchen. Insbesondere werden wir berechnen, wie die Schallwelle gedämpft wird und wie ihre Phasengeschwindigkeit von der Frequenz abhängt.

Wie in Absatz 10.4.1 betrachten wir den eindimensionalen Fall $\rho = \rho(x_1,t)$, $w_1 = w(x_1,t)$, $w_2 = w_3 = 0$ und $T = T(x_1,t)$, aber anders als dort berücksichtigen wir jetzt Wärmefluß und viskose Spannung, allerdings unter Vernachlässigung der Volumviskosität. Folglich setzen wir

$$q_i = \begin{pmatrix} -\kappa \frac{\partial T}{\partial x_1} \\ 0 \\ 0 \end{pmatrix} \quad \text{und} \quad t_{ij} = -p\delta_{ij} + \eta \begin{pmatrix} \frac{4}{3}\frac{\partial w}{\partial x_1} & & 0 \\ & -\frac{2}{3}\frac{\partial w}{\partial x_1} & \\ 0 & & -\frac{2}{3}\frac{\partial w}{\partial x_1} \end{pmatrix} . \quad (11.18)$$

Deshalb ergibt sich nun anstelle von (10.37)

$$\frac{\partial \rho}{\partial t} + \frac{\partial \rho w}{\partial x_1} = 0.$$

$$\frac{\partial \rho w}{\partial t} + \frac{\partial \rho w^2}{\partial x_1} + \frac{\partial p}{\partial x_1} - \frac{4}{3}\eta \frac{\partial^2 w}{\partial x_1^2} = 0. \tag{11.19}$$

$$\frac{\partial \rho u}{\partial t} + \frac{\partial \rho u w}{\partial x_1} - \kappa \frac{\partial^2 T}{\partial x_1^2} = -p\frac{\partial w}{\partial x_1} + \frac{2}{3}\left(\frac{\partial w}{\partial x_1}\right)^2.$$

Wie früher linearisieren wir um einen homogenen und zeitunabhängigen Zustand $\rho_0, w_0 = 0, T_0$, d. h. wir setzen

$$\begin{aligned}
\rho(x_1,t) &= \rho_0 + \overline{\rho}(x_1,t) \\
w(x_1,t) &= \overline{w}(x_1,t) \\
T(x_1,t) &= T_0 + \overline{T}(x_1,t)
\end{aligned} \tag{11.20}$$

und vernachlässigen alle Produkte von überstrichenen Größen. Dann folgt das linearisierte System in der Form

$$\frac{\partial \overline{\rho}}{\partial t} + \rho_0 \frac{\partial \overline{w}}{\partial x_1} = 0.$$

$$\rho_0 \frac{\partial \overline{w}}{\partial t} + \left(\frac{\partial p}{\partial \rho}\right)_0 \frac{\partial \overline{\rho}}{\partial x_1} + \left(\frac{\partial p}{\partial T}\right)_0 \frac{\partial \overline{T}}{\partial x_1} - \frac{4}{3}\eta \frac{\partial^2 \overline{w}}{\partial x_1^2} = 0. \tag{11.21}$$

$$\rho_0 c_v^0 \frac{\partial \overline{T}}{\partial t} - \frac{1}{\rho_0} T_0 \left(\frac{\partial p}{\partial T}\right)_0 \frac{\partial \overline{\rho}}{\partial t} - \kappa \frac{\partial^2 \overline{T}}{\partial x_1^2} = 0.$$

Wir untersuchen ebene harmonische Wellen kleiner Amplitude, die sich in $x_1$-Richtung bewegen, und machen dazu den Lösungsansatz, siehe Absatz 10.4.4

$$\overline{\rho}(x_1,t) = \hat{\overline{\rho}}\, e^{i(\omega t - k x_1)}, \quad \overline{w}(x_1,t) = \hat{\overline{w}}\, e^{i(\omega t - k x_1)}, \quad \overline{T}(x_1,t) = \hat{\overline{T}}\, e^{i(\omega t - k x_1)}. \tag{11.22}$$

Einsetzen in (11.21) mit $p = \rho \frac{R}{M_r} T$ und $c_v = \frac{3}{2}\frac{R}{M_r}$ ergibt ein lineares homogenes algebraisches Gleichungssystem der Form

$$\begin{bmatrix} \omega & -k\rho_0 & 0 \\[2ex] k\,\dfrac{R}{M_r}\,T_0 & \rho_0\omega - i\,\dfrac{4}{3}\eta k^2 & -k\,\dfrac{R}{M_r}\,\rho_0 \\[2ex] -\omega T\,\dfrac{R}{M_r} & 0 & -\omega\rho_0\,\dfrac{3}{2}\,\dfrac{R}{M_r} - ik^2\kappa \end{bmatrix} \begin{bmatrix} \hat{\rho} \\[2ex] \hat{w} \\[2ex] \hat{T} \end{bmatrix} = 0. \qquad (11.23)$$

Nichtverschwindende Lösungen existieren nur dann, wenn die Determinante der Matrix des Systems (11.23) verschwindet, d.h. wenn – für gegebenes reelles $\omega$ – die komplexe Wellenzahl k Lösung einer biquadratischen Gleichung ist:

$$\left[i\,\frac{3}{2}\,\frac{\kappa\omega}{\rho\,\frac{3}{2}\,\frac{R}{M_r}} - \frac{\frac{4}{3}\,\frac{\eta\omega}{\rho}\,\frac{\kappa\omega}{\rho\frac{3}{2}R/M_r}}{V^2(0)}\right]\left(\frac{k}{\omega/V(0)}\right)^4 -$$

$$-\left[V^2(0) + i\left(\frac{\kappa\omega}{\rho\,\frac{3}{2}\,\frac{R}{M_r}} + \frac{4}{3}\,\frac{\eta\omega}{\rho}\right)\right]\left(\frac{k}{\omega/V(0)}\right)^2 + V^2(0) = 0. \qquad (11.24)$$

Hierin ist $V^2(0) = \frac{5}{3}\,\frac{R}{M_r}\,T_0$ die normale Schallgeschwindigkeit, die wir kennen.

Die Gleichung (11.24) heißt Dispersionsrelation, sie bestimmt die Wellenzahl als Funktion von $\omega$. Wegen der komplexen Koeffizienten ist k offensichtlich auch eine komplexe Zahl, und wir wissen aus Absatz 10.4.3, daß ihr Realteil die Phasengeschwindigkeit bestimmt, während die Dämpfung aus dem Imaginärteil von k bestimmt wird.

Die Lösung der Gleichung (11.24) mit ihren doppelten Wurzelausdrücken ist wenig instruktiv. Darum beschränken wir uns hier auf den Grenzfall kleiner Frequenzen. Kleine Frequenzen sind die üblichen hörbaren Schallfrequenzen mit $10^2\frac{1}{s} < \omega < 10^5\frac{1}{s}$. Wir müssen diese als „klein" ansehen, weil sie verglichen werden müssen mit der Stoßfrequenz der Atome, die ca. $10^9\frac{1}{s}$ beträgt bei normalem Druck und normaler Temperatur. [Man beachte, daß $\omega$ in den Koeffizienten der Dispersionsrelation nur als Faktor von $\kappa$ und $\eta$ auftritt, und diese beiden Koeffizienten sind umgekehrt proportional zu der Stoßfrequenz; der Beweis für diese Aussage wird hier allerdings nicht geliefert.]

Für $\omega \to 0$ folgt aus (11.24) $k_R/\omega = \dfrac{1}{V(0)}$, d.h.

$$-k_I = 0, \qquad v_{Ph} = \frac{\omega}{k_R} = \sqrt{\frac{5}{3}\,\frac{R}{M_r}\,T_0}\,. \qquad (11.25)$$

Es gibt dann weder Dämpfung noch Dispersion, denn die Phasengeschwindigkeit ist unabhängig von $\omega$ .

Der führende Term in der Dämpfung ist linear in $\omega$ , und der führende $\omega$ -abhängige Term in $v_{Ph}$ ist quadatisch in $\omega$ . Die Rechnung ergibt

$$-k_I = \frac{2}{5p_0}\left(\frac{1}{5}\frac{\kappa}{R/M_r}+\eta\right)\omega$$

$$(11.26)$$

$$v_{Ph} = \sqrt{\frac{5}{3}\frac{R}{M_r}T_0}\left\{1-\frac{1}{25p_0^2}\left(\frac{6}{25}\left(\frac{\kappa}{R/M_r}\right)^2-4\frac{\kappa}{R/M_r}\eta-6\eta^2\right)\omega^2\right\}$$

Wir schließen daraus, daß die Wärmeleitfähigkeit und die Viskosität zur Schalldämpfung führen sowie zu Dispersion; die Phasengeschwindigkeit nimmt mit wachsender Frequenz zu. Bei höheren Frequenzen „zerläuft" deshalb ein Wellenpaket, da sich die einzelnen Frequenzanteile unterschiedlich schnell bewegen.

Es hat keinen großen Sinn, die Dispersionsrelation bis zu höherer als zweiter Ordnung in $\omega$ auszurechnen, denn bei höheren Frequenzen werden die Gesetze von Navier-Stokes und Fourier sowieso ungültig. Was dann an deren Stelle zu setzen ist, kann hier nicht behandelt werden.

Narürlich hat die biquadratische Gleichung (11.24) *zwei* wesentliche Lösungen, von denen wir nur diejenige verfolgt haben, die bei kleiner Frequenz in den uns bekannten Schall übergeht. Die andere Lösung ist schon bei kleinen Frequenzen so stark gedämpft, daß sie nicht mehr zu hören ist, wenn sie unsere Ohren erreicht.

## 11.2    Mischungen

### 11.2.1    Die Gesetze von Fourier, Fick und Navier-Stokes

Wir betrachten homogene Mischungen von $v$ Komponenten. Man kann sagen, es sei das Ziel der Thermodynamik solcher Mischungen, die $v+4$ Felder

$$
\begin{array}{lll}
\text{Massendichten} & \rho_\alpha(x_i,t) & (\alpha=1,2,...v) \\
\text{Geschwindigkeit} & w_j(x_i,t) & (11.27) \\
\text{Temperatur} & T(x_i,t) &
\end{array}
$$

zu bestimmen. In der Thermodynamik irreversibler Prozesse (TIP) benutzt man zur Herleitung der notwendigen Feldgleichungen die Bilanzgleichungen der Massen der Komponenten und die Erhaltungssätze des Impulses und der Energie der Mischung, nämlich

$$\dot{\rho} + \rho \frac{\partial w_i}{\partial x_i} = 0$$

$$\frac{\partial \rho_\alpha}{\partial t} + \frac{\partial \rho_\alpha w_i^\alpha}{\partial x_i} = \tau_\alpha$$

$$\rho \dot{c}_\alpha + \frac{\partial J_j^\alpha}{\partial x_j} = \tau_\alpha \quad (\alpha = 1,2,..\,\nu - 1)$$

$$\frac{\partial \rho w_j}{\partial t} + \frac{\partial (\rho w_j w_i - t_{ji})}{\partial x_i} = 0 \qquad \text{oder}$$

$$\rho \dot{w}_i + \frac{\partial t_{ji}}{\partial x_i} = 0$$

$$\frac{\partial \rho u}{\partial t} + \frac{\partial (\rho u w_i + q_i)}{\partial x_i} = t_{ji} \frac{\partial w_i}{\partial x_j}$$

$$\rho \dot{u} + \frac{\partial q_i}{\partial x_i} = t_{ij} \frac{\partial w_i}{\partial x_j}. \qquad (11.28)$$

Der Punkt bezeichnet die zeitliche Änderungsrate, die von einem Beobachter registriert wird, der sich mit der Mischungsgeschwindigkeit $w_i = \sum_{\alpha=1}^\nu \frac{\rho_\alpha}{\rho} w_i^\alpha$ mitbewegt. $\rho = \sum_{\alpha=1}^\nu \rho_\alpha$ und $c_\alpha = \frac{\rho_\alpha}{\rho}$ sind die Dichte der Mischung bzw. die Konzentration der Komponente $\alpha$. $J_i^\alpha = \rho_\alpha (w_i^\alpha - w_i)$ ist der Diffusionsfluß der Komponente $\alpha$; er gibt die Bewegung der Komponente relativ zur Mischung an.[11.3] $\tau_\alpha$ ist wie in (8.1) die Dichte der Massenproduktion der Komponente $\alpha$, und wie in den stöchiometischen Überlegungen des Absatzes 8.1.1 können wir setzen, siehe (8.4)

$$\tau_\alpha = \sum_{\alpha=1}^n \gamma_\alpha^a M_r^\alpha \mu_0 \lambda^a . \qquad (11.29)$$

Hier ist nun freilich – anders als in Absatz 8.1.1 – der Möglichkeit Rechnung getragen, daß mehrere Reaktionen mit mehreren Reaktionsraten $\lambda^a$ und eigenen stöchiometrischen Koeffizienten $\gamma_\alpha^a$ auftreten, Die Gesamtzahl dieser Reaktionen ist n, und natürlich gilt wegen der Erhaltung der Masse in jeder Raktion $\sum_{\alpha=1}^\nu \gamma_\alpha^a M_r^\alpha = 0$.

Um das System (11.29) abzuschließen, brauchen wir Materialgleichungen für

---

[11.3] Beachte, daß es nur $(\nu - 1)$-unabhängige Konzentrationen $c_\alpha$ und Diffusionsflüsse $J_i^\alpha$ gibt, denn es gilt $\sum_{\alpha=1}^\nu c_\alpha = 1$ und $\sum_{\alpha=1}^\nu J_i^\alpha = 0$.

| Diffusionsflüsse | $J_i^\alpha$ | $(\alpha = 1,2 \dots \nu - 1)$ | |
|---|---|---|---|
| Reaktionsraten | $\lambda^a$ | $(a = 1,2,\dots n)$ | |
| (symmetrischer) Spannungstensor | $t_{ji}$ | | (11.30) |
| spezifische innere Energie | $u$ | | |
| Fluß der inneren Energie | $q_i$ | | |

In der TIP werden die Materialgleichungen aus der Gibbs-Gleichung für Mischungen hergeleitet, siehe (7.10). Mit $G = U - TS + pV$ kann diese Gleichung, bezogen auf die Masseneinheit, geschrieben werden als

$$\dot{s} = \frac{1}{T}\left( \dot{u} - \frac{p}{\rho^2}\dot{\rho} - \sum_{\alpha=1}^{\nu} \mu_\alpha \dot{c}_\alpha \right).$$ (11.31)

$s$ ist die spezifische Entropie, und $p$ ist der Druck der Mischung. $\mu_\alpha$ sind die chemischen Potentiale. $u$, $p$ und $\mu_\alpha$ werden als bekannte Funktionen von $\rho, c_\alpha, T$ angenommen, so wie sie aus Messungen im Gleichgewicht bestimmt werden. Das ist wiederum die Annahme des Prinzips des lokalen Gleichgewichts, siehe Absatz 11.1.1, nunmehr angewendet auf Mischungen.

Wir eliminieren $\dot{u}, \dot{\rho}$ und $\dot{c}_\alpha$ aus (11.31) mittels der Bilanzgleichungen (11.28) und erhalten nach Umformungen

$$\rho\dot{s} + \frac{\partial}{\partial x_i}\left( \frac{q_i - \sum_{\alpha=1}^{\nu} \mu_\alpha J_i^\alpha}{T} \right) = \frac{1}{T}\sum_{a=1}^{n}\left( \sum_{\alpha=1}^{\nu} \mu_\alpha \gamma_\alpha^a M_r^\alpha \mu_0 \right)\lambda^a +$$

$$+ q_j \frac{\partial \frac{1}{T}}{\partial x_j} - \sum_{\alpha=1}^{\nu} J_j^\alpha \frac{\partial \frac{\mu_\alpha}{T}}{\partial x_j} + \frac{1}{T} t_{\langle ij\rangle} \frac{\partial w_{\langle j}}{\partial x_{i\rangle}} + \frac{1}{T}\left( \frac{1}{3}t_{ii} + p \right)\frac{\partial w_k}{\partial x_k}.$$ (11.32)

Diese Gleichung kann als Entropiebilanz interpretiert werden, wenn wir

$$\frac{1}{T}\left( q_i - \sum_{\alpha=1}^{\nu} \mu_\alpha J_i^\alpha \right) \quad \text{und}$$

$$\frac{1}{T}\sum_{a=1}^{n}\left( \sum_{\alpha=1}^{\nu} \mu_\alpha \gamma_\alpha^a M_r^\alpha \right)\lambda^a + q_j \frac{\partial \frac{1}{T}}{\partial x_j} - \sum_{\alpha=1}^{\nu-1} J_j^\alpha \frac{\partial \frac{\mu_\alpha - \mu_\nu}{T}}{\partial x_j}$$

$$+ \frac{1}{T} t_{\langle ji\rangle} \frac{\partial w_{\langle i}}{\partial x_{j\rangle}} + \frac{1}{T}\left( \frac{1}{3}t_{ii} + p \right)\frac{\partial w_k}{\partial x_k}$$ (11.33)

als nichtkonvektiven Entropiefluß bzw. als Dichte der Entropieproduktion interpretieren.

Wir erkennen, daß die Entropieproduktionsdichte eine Summe von Produkten ist aus

*thermodynamischen Flüssen*          und          *thermodynamischen Kräften*

Fluß der inneren Energie $q_i$ $\qquad$ Temperaturgradient $\dfrac{\partial \frac{1}{T}}{\partial x_i}$

Diffusionsflüsse $J_i^\alpha$ $\qquad$ chemische Potentialgradienten $\dfrac{\partial \frac{\mu_\alpha - \mu_v}{T}}{\partial x_i}$

Spannungsdeviator $t_{\langle ij \rangle}$ $\qquad$ deviatorischer Geschwindigkeitsgradient $\dfrac{\partial w_{\langle i}}{\partial x_{j \rangle}}$

dynamischer Druck $\pi = -\dfrac{1}{3} t_{ii} - p$ $\qquad$ Divergenz der Geschwindigkeit $\dfrac{\partial w_k}{\partial x_k}$

Reaktionsraten $\lambda^a$ $\qquad$ chemische Affiniäten $\displaystyle\sum_{\alpha=1}^{v} \mu_\alpha \gamma_\alpha^a M_r^\alpha$ .

Die Entropieproduktion sollte nach dem zweiten Hauptsatz für irreversible Prozesse nicht negativ sein. Diese Forderung wird von der TIP erfüllt, indem sie lineare Beziehungen fordert zwischen Flüssen und Kräften – sogenannte phänomenologische Beziehungen –, nämlich

$$\lambda^a = \sum_{b=1}^{n} L_{ab}\left( \sum_{b=1}^{v} \mu_\alpha \gamma_\alpha^b M_r^\alpha \right) + L_a \frac{\partial w_k}{\partial x_k} \qquad \begin{pmatrix} L_{ab} & L_a \\ \tilde{L}_b & \lambda \end{pmatrix} - \text{nichtnegativ definit}$$

$$\frac{1}{3} t_{ii} + p = \sum_{b=1}^{n} \tilde{L}_b \left( \sum_{\alpha=1}^{v} \mu_\alpha \gamma_\alpha^b M_r^\alpha \right) + \lambda \; \frac{\partial w_k}{\partial x_k}$$

$$q_i = \kappa T^2 \frac{\partial \frac{1}{T}}{\partial x_i} + \sum_{\beta=1}^{v-1} B_\beta \frac{\partial \frac{\mu^\beta - \mu^v}{T}}{\partial x_i} \qquad \begin{pmatrix} \kappa T^2 & B_\beta \\ \tilde{B}_\alpha & B_{\alpha\beta} \end{pmatrix} - \text{nichtnegativ definit}$$

$$J_i^\alpha = \tilde{B}_\alpha \frac{\partial \frac{1}{T}}{\partial x_i} + \sum_{\beta=1}^{v-1} B_{\alpha\beta} \frac{\partial \frac{\mu^\beta - \mu^v}{T}}{\partial x_i}$$

$$t_{\langle ij \rangle} = 2\eta \frac{\partial w_{\langle i}}{\partial x_{j \rangle}} \qquad\qquad \eta \geq 0. \qquad\qquad (11.34)$$

Die Terme mit den Koeffizienten $\kappa, \eta$ und $\lambda$ erkennen wir wieder aus der irreversiblen Thermodynamik der Reinstoffe, siehe Absatz 11.1.1; dort wie hier sind $\kappa, \eta$ und $\lambda$ die Wärmeleitfähigkeit sowie die Scher- und Volumviskosität. Hier jedoch stellen diese bekannten Terme nur einen kleinen Teil der Materialgleichungen dar: Tatsächlich kann nach $(11.34)_3$ ein Fluß der inneren Energie auch ohne Temperaturgradient existieren. Der Energiefluß wird dann von den chemischen Potentialgradienten „getrieben"; dieser Effekt wird tatsächlich beobachtet. Er ist bekannt als *Diffusionsthermoeffekt*. Und der dynamische Druck $\pi = -\tfrac{1}{3} t_{ii} - p$ kann außer von der Divergenz der Geschwindigkeit auch von den chemischen Aktivitäten $\sum\limits_{\alpha=1}^{\nu} \mu_\alpha \gamma_\alpha^a M_r^\alpha$ abhängen.

Daneben stehen in (11.34) die Materialgleichungen für die Reaktionsraten $\lambda^a$ und die Diffusionsflüsse $J_i^\alpha$, welche in Reinstoffen nicht auftreten. Die primären treibenden Kräfte der Diffusionsflüsse sind die chemischen Potentialgradienten. Das macht auch unmittelbar Sinn, wenn wir uns an Kapitel 7 erinnern, wo gezeigt wurde, daß sich chemische Potentiale über Phasengrenzen und semipermeable Wände hinweg ausgleichen, um Gleichgewichte herzustellen. Aus $(11.34)_4$ schliessen wir aber auch, daß ein Temperaturgradient – auch ohne chemische Potentialgradienten – zu Diffusion führen kann. Tatsächlich wird solch eine „temperaturgetriebene" Diffusion beobachtet; sie ist bekannt als der *Thermodiffusionseffekt*.

Die Reaktionsraten $\lambda^a$ hängen primär von den Affinitäten $\sum\limits_{\alpha=1}^{\nu} \mu_\alpha \gamma_\alpha^a M_r^\alpha$ ab. In der Tat, ohne den Divergenzterm in $(11.34)_1$ schließen wir, daß alle Reaktionsraten verschwinden, wenn die chemischen Affinitäten gleich Null sind. Dann liegt chemisches Gleichgewicht vor, charakterisiert durch das Massenwirkungsgesetz

$$\sum\limits_{\alpha=1}^{\nu} \mu_\alpha \Big|_E \gamma_\alpha^a M_r^\alpha = 0. \qquad (a = 1,2,\dots n). \qquad (11.35)$$

In Kapitel 8, siehe (8.9), hatten wir dieses Gesetz schon kennengelernt, allerdings ohne den Index a an den stöchiometrischen Koeffizienten; schließlich hatten wir in Kapitel 8 immer nur eine einzige Reaktion betrachtet.

## 11.2.2 Diffusionskoeffizienten und Diffusionsgleichung

Diffusionsflüsse werden in aller Regel unter isothermen und isobaren Bedingungen betrachtet, und wenn die Mischung ruht, d.h. $w_i \equiv 0$. In einem solchen Fall reduzieren sich die Gleichungen $(11.34)_4$ auf

$$J_i^\alpha = \sum_{\beta=1}^{\nu-1} \frac{B_{\alpha\beta}}{T} \; \frac{\partial \mu^\beta - \mu^\nu}{\partial x_i}$$

und die chemischen Potentialdifferenzen $\mu^\beta - \mu^\nu$ hängen dann nur von den Konzentrationen $c_\delta$ der Komponenten ab, oder von den Molenbrüchen $X_\delta$, siehe Absatz 7.1.3. Man kann folglich schreiben

$$J_i^\alpha = \sum_{\delta=1}^{\nu-1} \left( \sum_{\beta=1}^{\nu-1} \frac{B_{\alpha\beta}}{T} \; \frac{\partial\left(\mu^\beta - \mu^\nu\right)}{\partial c_\delta} \right) \frac{\partial c_\delta}{\partial x_i} = -\sum_{\delta=1}^{\nu-1} \rho \, D_{\alpha\delta} \frac{\partial c_\delta}{\partial x_i} . \qquad (11.36)$$

$D_{\alpha\delta}$ heißt, die Matrix der Diffusionskoeffizienten.[11.4] Wegen $\sum_{\beta=1}^{\nu-1} J_i^\alpha = 0$ muß auch

gelten $\sum_{\alpha=1}^{\nu-1} D_{\alpha\delta} = 0$. Für eine binäre Mischung – mit $\nu = 2$ – reduziert sich (11.36)

auf eine einzige Gleichung für $J_i^1 = J_i$ oder auch $J_i^2 = -J_i$. Wir können dann mit $D_{11} = D$ und $c_1 = c$ schreiben

$$J_i = -\rho \, D \frac{\partial c}{\partial x} \qquad (11.37)$$

Diese Gleichung, – ein Sonderfall der Gleichung (11.34), – heißt auch das Fick'sche Gesetz, nach Adolf Fick, der diese Beziehung zuerst aufgestellt hat.

Der Diffusionskoeffizient D ist für viele binäre Mischungen gemessen worden, und Tabelle 11.1 zeigt einige wenige Werte für Gasdiffusion. Zwar hängt D von p ab und schwach von c, aber das berücksichtigen wir in der Tabelle nicht. Die angegebenen Werte sind die für $p = 1$ atm, sie nehmen mit wachsender Temperatur zu.

| 1. Gas | 2. Gas | 300 K | 400 K | 500 K |
|--------|--------|-------|-------|-------|
| $H_2$ | $O_2$ | 0,887 | 1,420 | 2,040 |
| $N_2$ | $O_2$ | 0,243 | 0,400 | 0,587 |
| $O_2$ | $CO_2$ | 0,245 | 0,401 | 0,585 |
| $H_2$ | $CO_2$ | 0,806 | 1,272 | 1,807 |

**Tab. 11.1**   Diffusionskoeffizienten D in $10^{-4} \frac{m^2}{s}$ für

einige ideale Gasmischungen.

---

[11.4] Der Faktor $\rho$ wird hier eingeführt, damit in der Diffusionsgleichung (11.39) nur der Diffusionskoeffizient steht.

Eliminiert man $J_i$ aus der Gleichung $(11.28)_2$ für $\alpha = 1$ und mit $w_i = 0$ und ohne chemische Reaktion, also

$$\rho \frac{\partial c}{\partial t} + \frac{\partial J_i}{\partial x_i} = 0 , \qquad (11.38)$$

so ergibt sich im linearisierten Fall mit dem Fick'schen Gesetz

$$\frac{\partial c}{\partial t} = D \frac{\partial^2 c}{\partial x_i \partial x_i} . \qquad (11.39)$$

Das ist dieselbe Differentialgleichung in ihrer mathematischen Struktur wie (6.3). Letztere bestimmte das Feld der Temperatur $T(x_i,t)$ durch „Wärmediffusion", und wir haben sie *Wärmeleitungsgleichung* genannt. Tatsächlich werden Gleichungen dieses Typs, – wo immer sie auftreten, – in der mathematischen Literatur auch *Diffusionsgleichungen* genannt; wir verstehen jetzt, weshalb das so ist.

## 11.2.3  Stationäre Wärmeleitung gekoppelt mit Diffusion und chemischer Reaktion

Wir betrachten ein zweiatomiges dissoziierbares Gas zwischen zwei undurchlässigen Platten bei $x = \pm D$, deren Temperaturen $T_\pm$ unterschiedlich sind. Der Temperaturunterschied erzeugt einen Wärmefluß. Gleichzeitig geschieht Diffusion aufgrund von Konzentrationsunterschieden, wenn nämlich das Gas – wie zu erwarten – in der Nähe der wärmeren Platte stärker dissoziiert als auf der kälteren Seite. Die Dissoziations- und Rekombinationsreaktion erfolgt ihrerseits als Folge der Diffusion der beiden Komponenten: des atomaren und des molekularen Gases. Wir berechnen diesen gekoppelten Prozeß qualitativ.

Wir setzen Stationarität voraus, d.h. Unabhängigkeit aller Felder von t, außerdem seien alle Felder nur von der x-Koordinate abhängig. Wir nehmen auch an, daß die Mischung zwischen den Platten ruht und daß der Druck homogen ist. Die Viskositäten setzen wir der Einfachheit halber gleich Null. Dann sind von den Bilanzgleichungen (11.28) die Massen- und Impulsbilanz identisch erfüllt, und die Konzentrationsbilanz $(11.28)_2$ sowie die Energiebilanz $(11.28)_4$ reduzieren sich auf

$$\frac{dJ}{dx} = \tau \qquad \text{und} \qquad \frac{dq}{dx} = 0, \qquad (11.40)$$

wo J und q jeweils die x-Komponenten des Diffusionsflusses $J_i^1$ und des Flusses der inneren Energie $q_i$ sind. Wir beschreiben die Dissoziationsreaktion als

$$\frac{1}{2}A_2 \to A$$

und kennzeichnen $A_2$ und $A$ als Komponenten 1 bzw. 2 der Mischung. Beachte, daß bei dieser Dissoziationsreaktion gilt $\gamma_1 = -\frac{1}{2}, \gamma_2 = 1$ und $M_r^1 = 2M_r^1$, und folglich lautet das Massenwirkungsgesetz $(\mu_1 - \mu_2)_E = 0$.

Mit $\mu \equiv \mu_1 - \mu_2$ folgen für die Materialgleichungen oder phänomenologischen Gleichungen für J, $\tau$ und q aus (11.34):

$$q = \kappa T^2 \frac{d\frac{1}{T}}{dx} + B_1 \frac{d\frac{\mu}{T}}{dx} \qquad \tau = \left[ L_{11}\, \gamma_1^2 \left( M_r^1 \right)^2 \mu_0 \right] \mu$$

$$(11.41)$$

$$J = \tilde{B}_1 \frac{d\frac{1}{T}}{dx} + B_{11} \frac{d\frac{\mu}{T}}{dx}$$

Wir linearisieren um einen Gleichgewichtszustand mit $J = \bar{J} = 0$, $T = \bar{T}$ und $\mu = \bar{\mu} = 0$ und erhalten durch Einsetzen von (11.41) in (11.40) mit $B = \kappa T^2 B_{11}$

$$\det B \frac{d^2\mu}{dx^2} = \left[ \gamma_1^2 \left( M_r^1 \right)^2 \mu_0 L_{11} \right] \mu \qquad \text{und} \qquad \frac{d^2 T}{dx^2} = \frac{B_1}{\kappa \bar{T}} \frac{d^2\mu}{dx^2} \qquad (11.42)$$

mit detB als Koeffizientendeterminante des Systems (11.41). Durch Integration erhalten wir die allgemeine Lösung dieser Differentialgleichungen

$$\mu(x) = \left( \alpha \cos h\sqrt{P}x + \beta \sin h\sqrt{P}\, x \right)$$

$$T(x) = \frac{B_1}{\kappa \bar{T}} \left( \alpha \cos h\sqrt{P}\, x + \beta \sin h\sqrt{P}\, x \right) + \gamma\, x + \delta \qquad \text{und mit (11.41)}_1: \qquad (11.43)$$

$$J(x) = \frac{\det B}{\kappa \bar{T}^3} \sqrt{P} \left( \alpha \sin h\sqrt{P}\, x + \beta \cos h\sqrt{P}\, x \right) - \frac{\tilde{B}_1}{\bar{T}^2} \gamma\, ,$$

wo $P = \dfrac{\left[ \gamma_1^2 \left( M_r^1 \right)^2 \mu_0 L_{11} \right]}{\det B}$ gesetzt wurde; P ist positiv, da detB und $L_{11}$ positiv sind, siehe (11.34).

Die allgemeine Lösung muß noch an die Randbedingungen angepaßt werden. Nach der Stellung des Problems müssen wir verlangen

$$J(\pm D) = 0 \quad \text{und} \quad T(\pm D) = T_\pm \tag{11.44}$$

und aus diesen 4 Bedingungen ergeben sich nach kurzer Rechnung die 4 Integrationskonstanten $\alpha, \beta, \gamma, \delta$:

$$\alpha = 0 \qquad \beta = \frac{\tilde{B}_1 \kappa \overline{T}}{B_1 \tilde{B}_1 \sin h\sqrt{P}\,D + \sqrt{P}\,D\,\det B \cos h\sqrt{P}\,D} \; \frac{T_+ - T_-}{2}$$

$$\delta = \frac{T_- + T_+}{2} \quad \gamma = \frac{\sqrt{P}\,D\,\det B \cos\sqrt{P}\,D}{B_1 \tilde{B}_1 \sin h\sqrt{P}\,D + \sqrt{P}\,D\,\det B \cos h\sqrt{P}\,D} \; \frac{T_+ - T_-}{2D} \tag{11.45}$$

Man erkennt, daß die Temperaturdifferenz $T_+ - T_-$ den ganzen Prozeß „treibt" bzw. in Gang hält; denn ohne diese Temperaturdifferenz erhalten wir nur die triviale Lösung $\mu = 0$, $T = \text{const}$ und $J = 0$.

Einsetzen von (11.45) in (11.43) ergibt die endgültige Lösung des Problems. Um ein qualitatives Bild der Lösung zu vermitteln, stellen wir $\frac{B_1}{\kappa \overline{T}}\mu(x)$ und $\frac{\overline{T}^2}{B_1}J(x)$ graphisch dar anstelle von $\mu(x)$ und $J(x)$. Es gilt

$$\frac{B_1}{\kappa \overline{T}}\mu(x) = \frac{1}{\sin h\left(\sqrt{P}\,D\right) + \sqrt{P}\,D\,\dfrac{\det B}{B_1 \tilde{B}_1}\cos h\sqrt{P}\,D} \; \frac{T_+ - T_-}{2}\sin h\left(\sqrt{P}\,D\frac{x}{D}\right)$$

$$T(x) - \frac{T_+ + T_-}{2} = \frac{1}{\sin h\left(\sqrt{P}\,D\right) + \sqrt{P}\,D\,\dfrac{\det B}{B_1 \tilde{B}_1}\cos h\sqrt{P}\,D} \; \frac{T_+ - T_-}{2}\sin h\left(\sqrt{P}\,D\frac{x}{D}\right) +$$

$$+ \frac{\sqrt{P}\,D\cos h\sqrt{P}\,D}{\dfrac{B_1 \tilde{B}_1}{\det B}\sin h\left(\sqrt{P}\,D\right) + \sqrt{P}\,D\cos h\sqrt{P}\,D} \; \frac{T_+ - T_-}{2}\frac{x}{D}$$

$$\frac{J(x)}{\tilde{B}_1 / \overline{T}^2} = \frac{\sqrt{P}\,D}{\dfrac{B_1 \tilde{B}_1}{\det B}\sin h\sqrt{P}\,D + \sqrt{P}\,D\cos h\sqrt{P}\,D} \; \frac{T_+ - T_-}{2D}\cos h\left(\sqrt{P}\,D\frac{x}{D}\right) -$$

$$- \frac{\sqrt{P}\,D\cos h\sqrt{P}\,D}{\dfrac{B_1 \tilde{B}_1}{\det B}\sin h\sqrt{P}\,D + \sqrt{P}\,D\cos h\sqrt{P}\,D} \; \frac{T_+ - T_-}{2D} \tag{11.46}$$

Es gibt hier dann nur zwei charakteristische Größen:

$$\frac{\det B}{B_1 \tilde{B}_1}, \quad \sqrt{P}\, D.$$

Wir behandeln zwei wesentliche Fälle für $P \sim \dfrac{L_{11}}{\det B}$

- $\sqrt{P}\, D = 5,$  das heißt  Reaktionsrate klein.
- $\sqrt{P}\, D = 20,$  das heißt  Reaktionsrate groß.

Da wir nur am qualitativen Bild der Lösung interessiert sind, setzen wir willkürlich $B_1 \tilde{B}_1 = 10 \times \det B$  und  plotten  die  Funktionen  von  (11.46)  für $\sqrt{P}\, D = 5$  und $\sqrt{P}\, D = 20$. $T_+ - T_-$ setzen wir auf 100 K. Abb. 11.2 zeigt das Resultat.

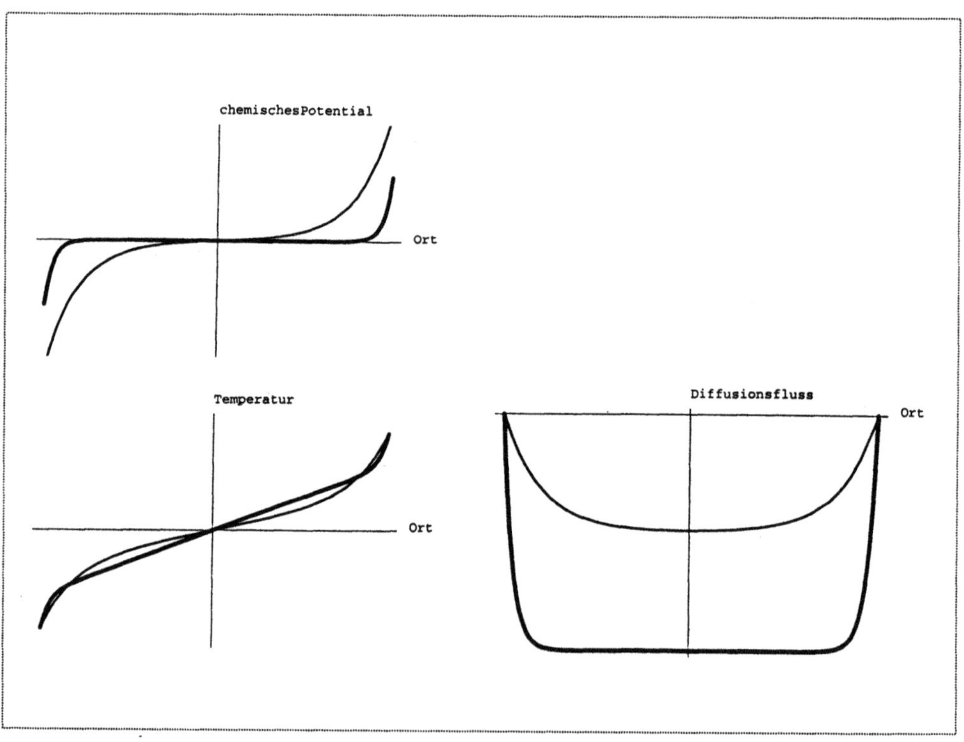


**Abb. 11.2**  Chemische Potentiale, Temperaturen und Diffusionsflüsse für $\sqrt{P}\, D = 5$ (dünn) und $\sqrt{P}\, D = 20.$ (fett). Ordinatenskalierung willkürlich.

Wir erkennen an Abb. 11.2, daß bei großer Reaktionsrate (fette Kurven) auf einer weiten Strecke zwischen $-D$ und $D$ chemisches Gleichgewicht vorliegt, so daß $\mu = 0$ ist. Ungleichgewicht liegt nur in Plattennähe vor, in einer recht dünnen Grenzschicht. Dementsprechend ist auch das Temperaturfeld in diesem Fall über weite Bereiche linear und erhält nur in den Grenzschichten eine Krümmung. Und schließlich hat der Diffusionsfluß nur dort wesentliche Gradienten, wo chemische Reaktionen auftreten können, wo also $\mu \neq 0$ ist.

Im Falle kleiner Reaktionsraten (dünne Kurven in Abb. 11.2) erstreckt sich die Grenzschicht praktisch über die ganze Distanz zwischen den Platten, einen linearen Temperaturverlauf gibt es nur in der Mitte.

# Namen- und Sachverzeichnis

Druck: Mercedes-Druck, Berlin
Verarbeitung: Stürtz AG, Würzburg